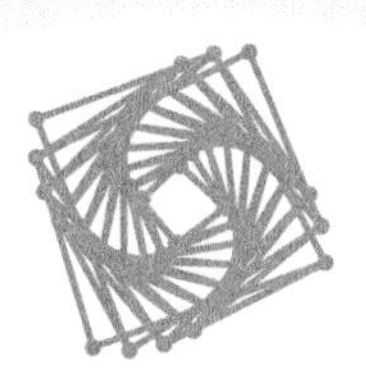

ZEMAX
光学设计
超级学习手册

林晓阳 编著

人民邮电出版社
北京

图书在版编目（CIP）数据

ZEMAX光学设计超级学习手册 / 林晓阳编著. -- 北京 : 人民邮电出版社, 2014.4
ISBN 978-7-115-34585-1

Ⅰ. ①Z… Ⅱ. ①林… Ⅲ. ①光学设计－研究 Ⅳ. ①TN202

中国版本图书馆CIP数据核字(2014)第035925号

内容提要

本书以 ZEMAX 2010 作为软件平台，详细讲解了 ZEMAX 在光学设计中的使用方法与技巧，帮助读者尽快掌握 ZEMAX 这一光学设计工具。

本书结合作者多年的使用和开发经验，通过丰富的工程实例将 ZEMAX 的使用方法详细介绍给读者。全书共分为 11 章，主要讲解了 ZEMAX 的使用界面和基本功能，光学像差理论和成像质量的评价，以及各种透镜和目镜、显微镜、望远镜等目视光学系统的设计。

本书注重基础，内容详实，突出实例讲解，既可以作为光学设计人员、科研人员等相关专业人士的工具书，也可以作为相关专业高年级本科生、研究生的学习教材。

♦ 编　　著　林晓阳
　责任编辑　王峰松
　责任印制　程彦红　杨林杰

♦ 人民邮电出版社出版发行　北京市丰台区成寿寺路 11 号
　邮编　100164　电子邮件　315@ptpress.com.cn
　网址　http://www.ptpress.com.cn
　固安县铭成印刷有限公司印刷

♦ 开本：787×1092　1/16
　印张：21.5　　2014 年 4月第 1 版
　字数：511 千字　　2024 年 7 月河北第 41 次印刷

定价：79.80 元

读者服务热线：(010)81055410　印装质量热线：(010)81055316
反盗版热线：(010)81055315
广告经营许可证：京东市监广登字20170147号

前　言

光学和光学工程是一门古老的学科，它的历史几乎与人类文明同步。从远古时代人们就知道把光作为能源和信息传递工具加以利用。在人的五官中，眼睛是了解和认识客观世界的最直接的感官。人们所能获取的信息 70%来源于视觉，因此，各种光学器件的研发和应用是很需要的。随着该学科技术的发展，光学设计软件的使用成了最有效的手段，随之涌现出一大批通用和专业的设计软件，其中以 ZEMAX、CODEV、LIGHTOOLS 为代表。

自从 ZEMAX 光学设计软件问世以来，已经广泛应用于光刻物镜、投影物镜等成像设计，以及各种车灯照明设计领域。由于可靠性高，加上良好的市场开拓，ZEMAX 光学设计软件得到了中国光学界的广泛认可和青睐，为光学器件的设计、研究、攻关做出了重要贡献。

作为著名的通用、高效的光学设计软件之一，ZEMAX 具有强大的光学设计和仿真分析功能。要掌握此软件，就必须深入学习。本书选用 ZEMAX 2010 作为软件平台，详细讲解了 ZEMAX 的使用。

全书共 11 章。主要讲解了 ZEMAX 的使用界面和基本功能，光学像差理论和成像质量的评价，以及各种透镜和目镜、显微镜、望远镜等目视光学系统的设计。各章主要内容安排如下：

第 1 章，ZEMAX 入门。本章主要讲解 ZEMAX 软件的用户界面，包括主窗口、文件菜单、编辑菜单、系统菜单、分析菜单、工具菜单等，以及快捷方法。

第 2 章，像质评价。本章主要讲解评价小像差系统的波像差、包围圆能量集中度，评价大像差系统的点列图、弥散圆，MTF、PSF，几何像差评价方法等。

第 3 章，初级像差理论与像差校正。本章给出常见的主要像差的产生原因，如球差、彗差、像散、场曲、畸变，并通过图示的方法来说明。

第 4 章，ZEMAX 基本功能详解。本章主要讲解 3 种优化方法、评价函数的使用方法、多重结构的使用方法、坐标断点的使用方法。

第 5 章，公差分析。本章主要讲解公差操作数，公差分析的 3 种方法：灵敏度、反灵敏度、蒙特卡罗，并用例子说明了公差的使用过程。

第 6 章，非序列模式设计。本章主要介绍非序列模型设计和创建非序列模型。通过介绍简单模型面反射镜、棱镜等，了解非序列光学系统的设计方法，非序列物体在 ZEMAX 中的表现形式，以及如何创建复杂的非序列光学物体等。

第 7 章，基础设计实例。本章主要通过单透镜、双透镜、牛顿望远镜、变焦镜头、扫描系统讲解 ZEMAX 的使用过程。

第 8 章，目视光学系统设计方法。本章主要讲解在设计与人眼配合使用的光学系统时，所要涉及的一些基本原理，如放大镜等。

第 9 章，目镜设计。本章主要通过对 9 种独立而又有联系的目镜进行深入的分析，展示目镜复杂化的演变发展过程，以帮助读者进一步掌握 ZEMAX 的使用方法与技巧。

第 10 章，显微镜设计。本章主要讲解显微镜设计的基本特点、基本要求和设计步骤。

第 11 章，望远镜设计。本章主要讲解望远镜设计的基本特点、基本要求和设计步骤。

为便于读者学习，作者在书中设置了"提示"，是指此步操作大多可以用其他方法解决，读者可以自行尝试；书中设置了"注意"的地方，是指本步操作应该注意的要点，否则可能造成操作不成功。书中用到的所有程序代码和数据，请到作者博客下载。

本书结构合理、叙述详细、实例丰富，既适合广大科研工作者、工程师和在校学生等不同层次的读者自学使用，也可以作为大中专院校相关专业的教学参考书。

本书由林晓阳编著。另外孔玲军、张建伟、白海波、李昕、刘成柱、史洁玉、孙国强、代晶、贺碧蛟、石良臣、柯维娜等人为本书的编写提供了大量的帮助，在此一并表示感谢。

ZEMAX 本身是一个庞大的资源库与知识库，本书所讲难窥其全貌，虽然在本书的编写过程中力求叙述准确、完善，但由于水平有限，书中欠妥之处在所难免，希望读者和同人能够及时指出，共同促进本书下一版质量的提高。

为了方便解决本书的疑难问题，读者在学习过程中遇到与本书有关的技术问题，可以发邮件到邮箱 book_hai@126.com，或者访问博客 http://blog.sina.com.cn/tecbook，编者会尽快给予解答，我们将竭诚为您服务。

编　者

2013 年秋

目　　录

第 1 章　ZEMAX 入门

ZEMAX 是一款使用光线追迹的方法来模拟折射、反射、衍射、偏振的各种序列和非序列光学系统的光学设计和仿真软件。ZEMAX 有 3 种版本：ZEMAX-SE（标准版）、ZEMAX-XE（扩展版）、ZEMAX-EE（工程版），其中 ZEMAX-EE 的功能最为全面。

ZEMAX 的界面设计得比较简洁方便，稍加练习就能很快地进行交互设计使用。ZEMAX 的大部分功能都能通过选择弹出或下拉式菜单来实现，键盘快捷键可以用来引导或略过菜单，直接运行。本章将要讲述 ZEMAX 中的有关约定的解释，界面功能的习惯用法，以及一些常用窗口操作的快捷键。一旦学会了在整个软件中通用的、简单的习惯用法，ZEMAX 用起来就很容易了。

学习目标：

（1）了解界面主窗口菜单的各项功能。

（2）熟练运用快捷工具栏。

（3）熟练掌握大量光学行业中约定的解释，如优化、公差分析等。

（4）熟练掌握各对话窗口的操作，如镜头数据、波长数据等。

1.1　ZEMAX 的启动与退出

安装 ZEMAX 软件后，系统自动在桌面上产生了 ZEMAX 快捷图标。同时，“开始”菜单中也自动添加了 ZEMAX 命令。下面讲解 ZEMAX 的启动与退出。

1. ZEMAX 安装成功后，需要启动 ZEMAX，才能使用该软件进行设计工作。ZEMAX 的启动有 4 种方式。

（1）选择“开始”菜单命令启动。

选择“开始→ZEMAX”命令，启动 ZEMAX，如图 1-1 所示。

（2）选择桌面快捷方式图标。

安装完成，系统会在桌面上自动创建 ZEMAX 的快捷方式图标，双击图标便可启动 ZEMAX，如图 1-2 所示；右键单击快捷方式图标后单击“打开”也可以启动，如图 1-3 所示。

如果桌面上没有快捷方式图标，可以从“开始”菜单中找到相应的程序命令发送到桌面快捷方式，如图 1-4 所示。

图 1-1　“开始”菜单命令启动

图 1-2　桌面快捷方式图标

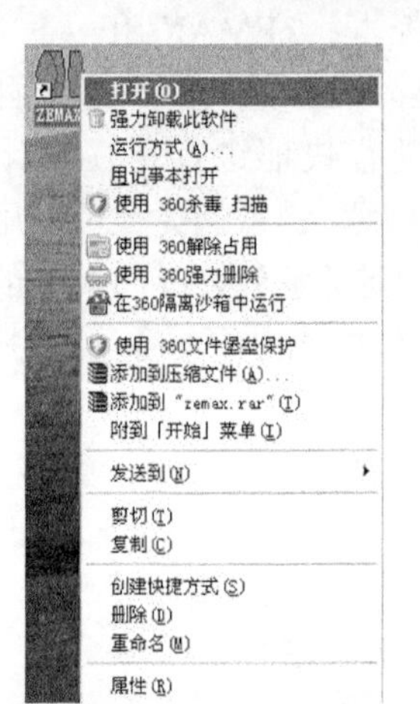

图 1-3　右击快捷方式启动

图 1-4　发送桌面快捷方式

（3）选择快速方式启动。

单击任务栏快速方式图标也可以启动 ZEMAX。如果在任务栏没有快速方式图标，可以在桌面上找到 ZEMAX 图标，把图标拖动到快速启动区。

（4）双击 ZEMAX 文件启动。

在安装目录文件里，双击带有“.exe”后缀格式的 ZEMAX 文件也可以启动 ZEMAX，如图 1-5 所示。

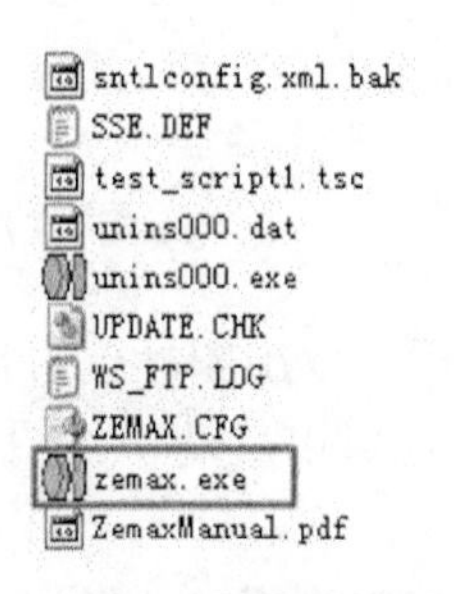

图 1-5　带.exe 后缀格式的文件

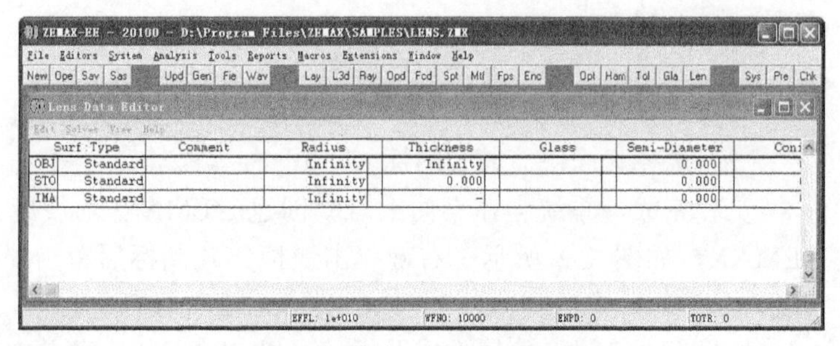

图 1-6　单击“关闭”按钮退出

2. 设计编辑任务完成后，用户退出 ZEMAX 方式。

（1）单击 ZEMAX 界面右上角的“关闭”按钮，退出 ZEMAX。若用户只是要退出当前的 ZEMAX 文件，单击当前 ZEMAX 文件的右上角的“关闭”按钮 ☒，如图 1-6 所示。

（2）从“文件菜单”（File）退出。选择“文件菜单”，在弹出的下拉菜单中选择“Exit”选项，如图 1-7 所示。

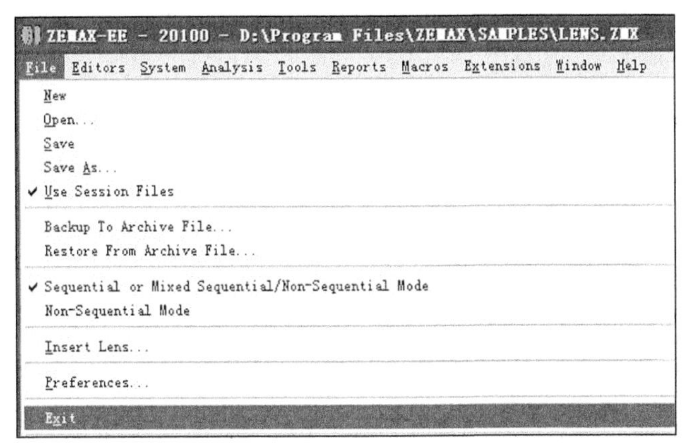

图 1-7 “文件菜单”退出

（3）用键盘退出。按“Ctrl+Q”组合键，退出 ZEMAX。

注意：如果有尚未保存的文件，则弹出“是否保存”对话框，提示保存文件。单击“是”按钮保存文件，单击“否”按钮不保存文件退出，单击“取消”按钮则取消退出操作。

1.2 用户界面

启动 ZEMAX 后将进入 ZEMAX 默认的工作界面。ZEMAX 的基本界面比较简单，包括一系列菜单和工具按钮，以及一个透镜数据编辑界面，如图 1-8 所示。

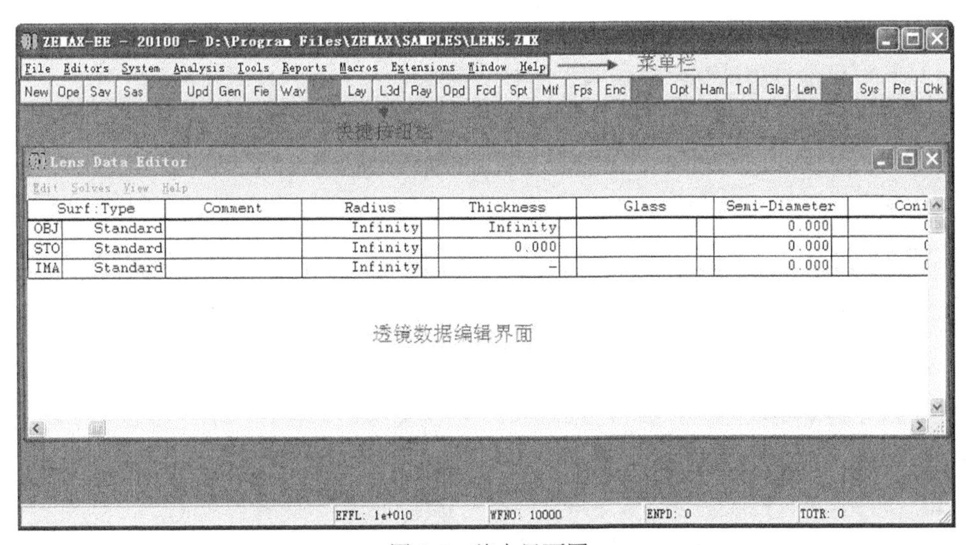

图 1-8 基本界面图

1.2.1 窗口类型

ZEMAX软件有许多不同类型的窗口，每种窗口各有不同的用途，主要包括：

（1）主窗口：此窗口包含一块很大的空面积，其上方有工作区、标题栏、菜单栏、工具栏等。菜单栏中的命令一般来说可作用于当前光学系统的整体。

（2）编辑窗口：ZEMAX软件中有5个不同的编辑器，分别是镜头数据编辑器、评价函数编辑器、多重结构编辑器、公差数据编辑器和附加数据编辑器。

（3）图形窗口：这些窗口是用来显示图形数据、图表等，如轮廓图、像差曲线图、MFT曲线图等。

（4）文本窗口：文本窗口是用来显示文本数据，如光学性能参数、像差系数及数值等。

（5）对话框：对话框是一个弹出窗口，其大小无法改变。对话框是用来改变选项或数据，如视场角、波长、孔径、表面类型。对话框还可用在图形窗口和文本窗口中，以改变选项。图1-9所示为视场对话框。

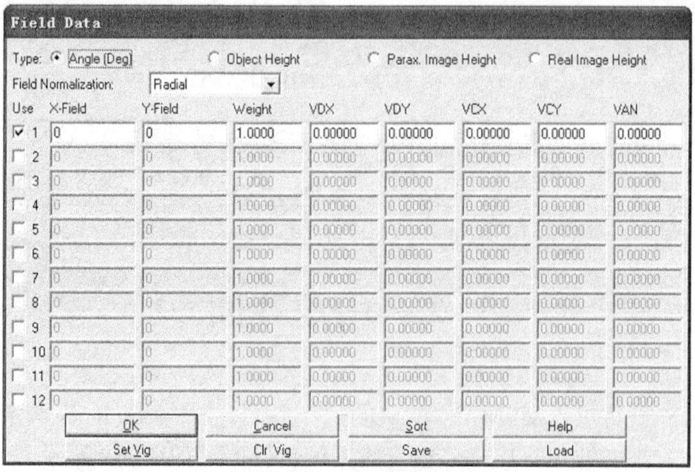

图1-9 视场对话框图

所有的窗口都可用鼠标或键盘命令来移动或改变大小（对话框除外）。

1.2.2 主窗口介绍

主窗口的菜单栏如图1-10所示。

图1-10 主窗口菜单

各菜单在后续章节中有详细的介绍，想了解各菜单中特殊功能的详细使用方法，请看后续章节中的专门介绍。

（1）文件菜单（File）：用于文件的打开、关闭、保存、重命名。

（2）编辑菜单（Editors）：用于打开或关闭编辑器。

（3）系统菜单（System）：用于确定整个光学系统的属性。

（4）分析菜单（Analysis）：不能改变镜头数据，只是从给定的镜头数据中计算出结果，用数字或图形表示。这些结果包括轮廓图、像差曲线图、点列图、衍射计算，等等。

（5）工具菜单（Tools）：可以改变镜头数据或对整个系统进行复杂的计算。这些包括优化计算、公差、套样板、执行宏语言程序，等等。

（6）报告菜单（Reports）：用文本方式记录镜头设计结果，这些特性包括系统数据汇总和各个表面数据汇总。

（7）宏指令菜单（Macros）：用于编辑和运行目录文件。

（8）扩展命令菜单（Extensions）：提供扩展命令功能，这是 ZEMAX 的编辑特性。

（9）窗口菜单（Window）：从当前所有打开的窗口中选择哪一个置于显示的最前面。

（10）帮助菜单（Help）：提供在线帮助文本。

大多数常用菜单选项可用键盘快捷方式执行。例如，按“Ctrl + Q”组合键将退出 ZEMAX。快捷键的缩略字母列在相应的菜单选项边上。

在主窗口中，各窗口之间相互转换的快捷键是“Ctrl + Tab”，可使 ZEMAX 的主窗口自动向前切换。

在主窗口中菜单栏下还显示了一排快捷按钮，如图 1-11 所示。

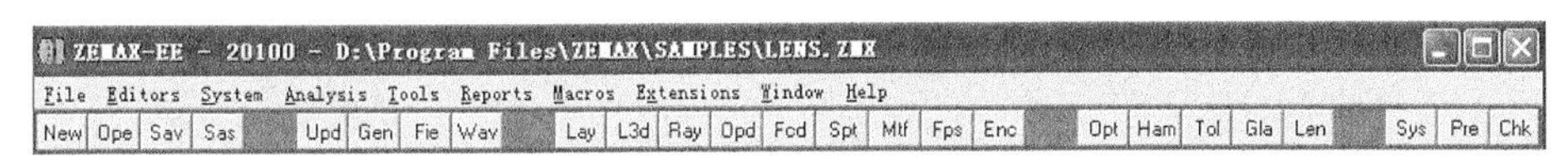

图 1-11 快捷按钮栏

这一排按钮称为工具条，工具条可用来快速选择常用的一些操作命令，所有这些按钮的功能在菜单中都能找到。

在“Environment”窗口中可找到用 3 个字母表示的所有按钮名称。它使用对应于对话框详细标题的 3 个方便记忆字母。如果屏幕分辨率低，就不会显示出所有的按钮。推荐使用 1024×768 或更高的屏幕分辨率。

1.2.3 文件菜单

文件菜单（File）如图 1-12 所示，包含以下几个子菜单项。

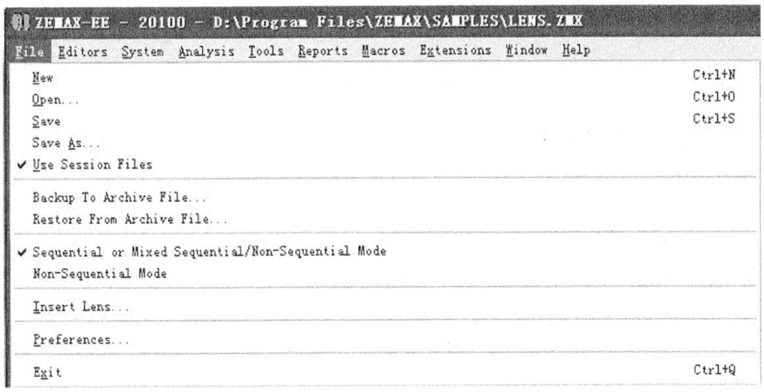

ZEMAX-EE - 20100 - D:\Program Files\ZEMAX\SAMPLES\LENS.ZMX
File Editors System Analysis Tools Reports Macros Extensions Window Help
New Ctrl+N
Open... Ctrl+O
Save Ctrl+S
Save As...
✔ Use Session Files
Backup To Archive File...
Restore From Archive File...
✔ Sequential or Mixed Sequential/Non-Sequential Mode
Non-Sequential Mode
Insert Lens...
Preferences...
Exit Ctrl+Q

图 1-12 文件菜单

（1）新建（New）：清除当前的镜头数据。此选项使 ZEMAX 恢复到起始状态，当前打开的窗口仍然打开，如果当前的镜头未保存，在退出前 ZEMAX 将警告要保存镜头数据。

（2）打开（Open）：打开一个已存在的镜头文件。此选项打开一个新的镜头文件，当前打开的窗口仍然打开，如果当前的镜头未保存，在退出前 ZEMAX 将警告要保存镜头数据。

（3）保存（Save）：保存镜头文件。此选项用于保存镜头文件，当将文件保存为另一名称或保存在另一路径下时，用“另存为”选项。

（4）另存为（Save As）：将镜头保存为另一名称。此选项将文件保存为另一名称或保存在另一路径下。

（5）使用场景文件（Use Session Files）：选择使用 Session 文件。

（6）序列或者混合模式（Sequential or Mixed Sequential/Non Sequential Mode）：选择序列或序列跟非序列混合设计模式。

（7）非序列模式（Non-Sequential Mode）：选择 ZEMAX 非系列设计模式。

（8）插入透镜（Insert Lens）：在编辑器中插入透镜。

（9）属性（Preferences）：软件特性。

（10）退出（Exit）：退出 ZEMAX。如果镜头已被更改，ZEMAX 会提醒保存镜头；否则，将终止程序。

1.2.4　编辑菜单

编辑菜单（Editors）如图 1-13 所示。

1. 镜头数据（Lens Data）

镜头数据编辑器是一个主要的电子表格，将镜头的主要数据填入就形成了镜头数据。这些数据包括系统中每一个面的曲率半径、厚度、玻璃材料。单透镜由两个面组成（前面和后面），物平面和像平面各需要一个面，这些数据可以直接输入到电子表格中。

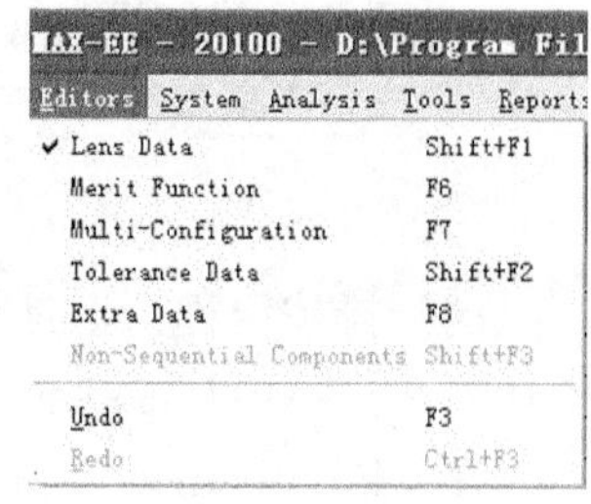

图 1-13　编辑菜单

当镜头数据编辑器显示时，可以将光标移至需要改动的地方并将所需的数值由键盘输入到电子表格中。每一列代表具有不同特性的数据，每一行表示一个光学面，如图 1-14 所示。

Lens Data Editor

Edit Solves View Help

	Surf:Type	Comment	Radius	Thickness	Glass	Semi-Diameter
OBJ	Standard		Infinity	Infinity		0.000
STO	Standard		Infinity	0.000		0.000
IMA	Standard		Infinity	-		0.000

图 1-14　透镜数据编辑窗口

光标可以移动到需要的任意行或列，向左或右连续移动光标会使屏幕滚动，这时屏幕显示其他列的数据，如半径、二次曲线系数，以及与所在面的面型有关的参数。屏幕显示可以从左到右或者从右到左滚动。“Page UP”和“Page Down”键可以移动光标到所在列的头部或尾部。当镜头面数足够大时，屏幕显示也可以根据需要上下滚动。

（1）插入/删除面数据（Insert/Delete Surfaces），如图 1-15 所示。

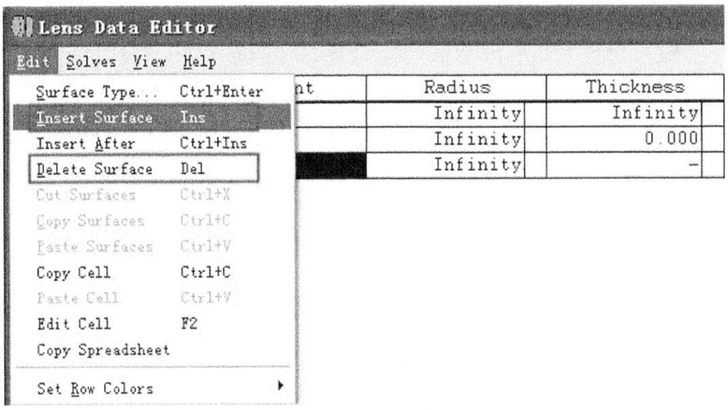

图 1-15 插入/删除面数据菜单

在初始状态（除非镜头已给定）通常显示 3 个面：物面、光阑面、像面，物面与像面是永有的，不能删除，其他面可以用“Insert”或“Delete”键插入或删除（如图 1-15 所示）。物平面前和像平面后不能插入任何面，这里的“前面”表示一个序号较小的面；而“后面”表示一个序号大的面。

光线顺序地通过各个表面，ZEMAX 中的面序号是从物面，即第 0 面，到最后一个面（即像面）排列的。若想在电子表格中输入数据，移动光标到正确的方格，然后从键盘输入，可以用“BackSpace”键编辑修改当前的数据，一旦要编辑方格中的内容，可以用左方向键、右方向键、“Home”键、“End”键浏览整个文件。

当数据已改好时，按任意方向键或单击屏幕的任意位置，或按“Enter”键可结束当前编辑。在数据编辑器中还有一些快捷方法：若要增加当前的值，在数字前写一个加号，例如，如果显示的数据是 10，输入“+5”，按“Enter”键，数字会变为 15。符号“*”和“/”也同样有效。要减少数字，可用负号和一个空格，如输入“– 5”，可以将 17 变为 12。

注意这里“–”和“5”之间必须有一个空格；如果不输入一个空格，程序会认为输入的是一个负的新数值。输入“*、–1”可以改变数值的正负号。

（2）输入面注释（Entering Surface Comments），如图 1-16 所示。

每个面都有一个注释栏，通过它可以输入最大到 32 个用户文本字符，这些注释能增强镜头特性的可读性，且不影响光线追迹。在某些分析功能中也会显示这些面的注释，整个注释内容都可以被隐藏。如图 1-16 所示。

（3）输入半径数据（Entering Radius Data），如图 1-17 所示。

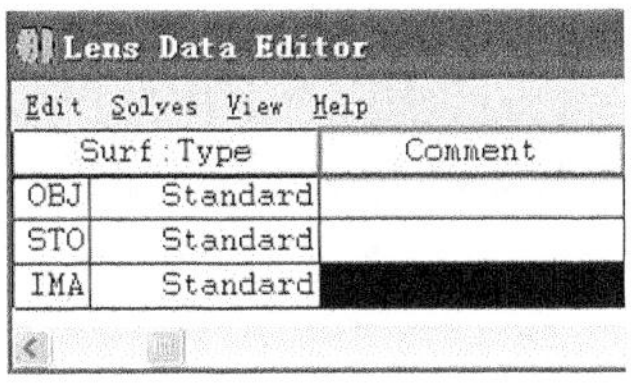

图 1-16 输入面注释栏

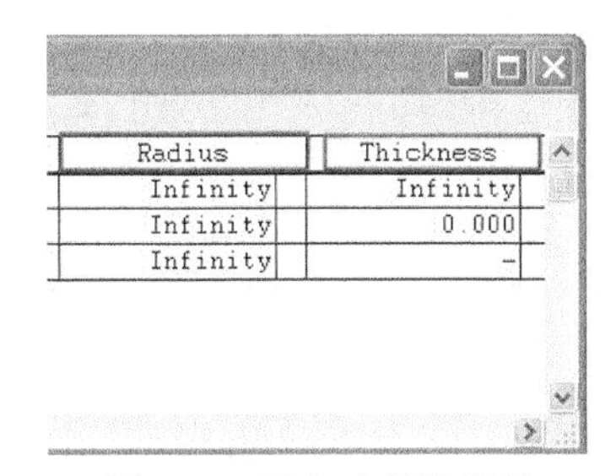

图 1-17 输入半径数据栏

为输入或改变一个面的曲率半径，移动光标到所要的方格中，将新的数据输入，半径数据通常用透镜的计量单位输入和显示，这些计量单位是表示长度的。

（4）输入厚度数据（Entering Thickness Data）。移动光标到所要的方格中，将新的数据输入，厚度数据通常用透镜的计量单位输入和显示。

面厚度表示一个面到另一个面的距离，像平面的厚度是唯一不被使用的数据。通常在一个反射镜后改变厚度符号，奇数次反射后，所有的厚度都是负的，这种符号规定与反射镜的序号和当前的坐标转折无关，这种基本规定不能通过将坐标旋转180°来代替。

（5）输入玻璃数据（Entering Glass Data）。

每个面所用的玻璃材料是通过将玻璃名输入镜头数据编辑器的“Glass”中来确定的，玻璃名字必须是当前已被装载的玻璃库中的玻璃名称之一，默认的玻璃目录是“Schott”，其他目录也是可选用的。

如要把某一个表面定为反射面，这一面的玻璃应命名为“Mirror”。当输入新玻璃时，可在玻璃名称上添加“/ P”选择项，如图1-18所示。

这个选项可以使ZEMAX通过改变前后面的曲率半径，来维持该面前后顶点间的光焦度保持不变。例如，如果玻璃已选择为BK7，输入一个新玻璃“SF1/P”将使玻璃变为SF1，同时调整前后面半径使光焦度保持不变。

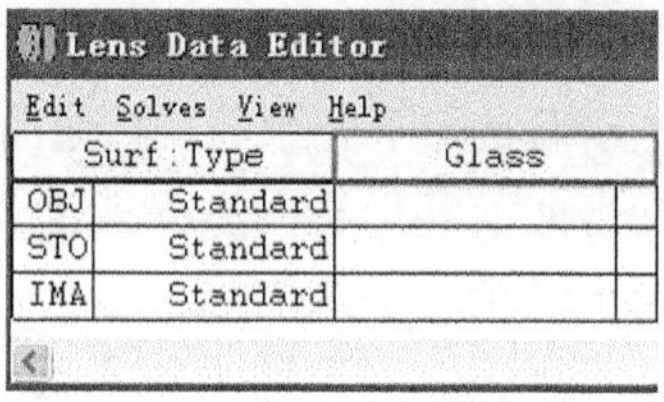

ZEMAX能使顶点间的光焦度保持不变，但是由于玻璃的光学厚度的改变，整个光焦度将会有微小的改变，这种影响对薄透镜是很小的。

Lens Data Editor

Edit Solves View Help

	Surf:Type	Glass
OBJ	Standard	
STO	Standard	
IMA	Standard	

图1-18 输入玻璃数据栏

（6）输入半口径数据（Entering Semi-Diameter），如图1-19所示。

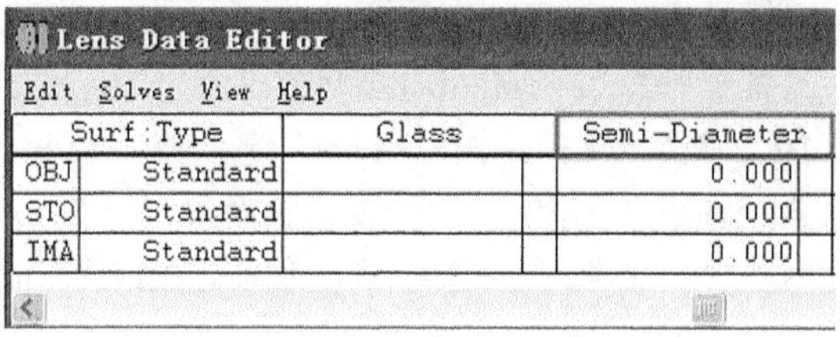

Lens Data Editor

Edit Solves View Help

	Surf:Type	Glass	Semi-Diameter
OBJ	Standard		0.000
STO	Standard		0.000
IMA	Standard		0.000

图1-19 输入半口径数据栏

半口径的默认值是由通过追迹各个视场的所有光线，沿径向所需的通光半径自动计算获得的。如果半口径值已给定，那么这个给定的数据旁将有一个“U”，这说明此半口径是用户定义的，这个半口径只影响外形图中各面的绘图，不反映面的渐晕。如图1-19所示。

（7）输入二次曲面数据（Entering Conic Data），如图1-20所示。

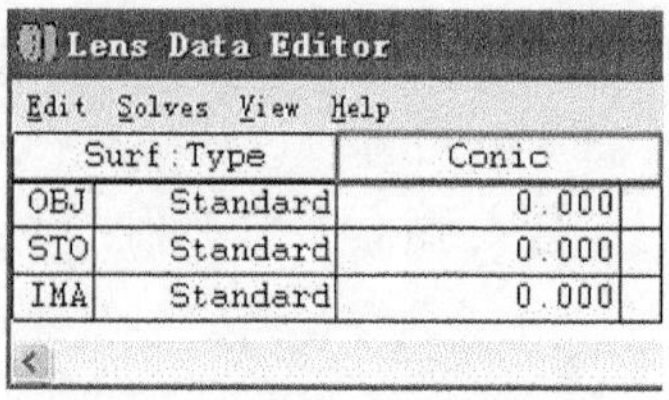

Lens Data Editor

Edit Solves View Help

	Surf:Type	Conic
OBJ	Standard	0.000
STO	Standard	0.000
IMA	Standard	0.000

图1-20 二次曲面数据输入栏

许多不同的曲面面型中都允许有二次曲面数据。输入或改变一个面的二次曲面系数时，移动光标到所需的方格，键入新数值即可。二次曲面系数不是长度度量，参见面型关于二次曲面的定义。

（8）确定光阑面（Defining the Stop Surface）。

光阑面可以是系统中除去物面和像面的任意一面。要改变光阑面，可双击将成为光阑面的这一行最左边的一列（即有数字的一列），打开“Surface 1 Properties”（面型 1）对话框，选择“Make Surface Stop”选项，对话框消失，这个面显示“STO”，而不是面序数（如图 1-21 所示）。

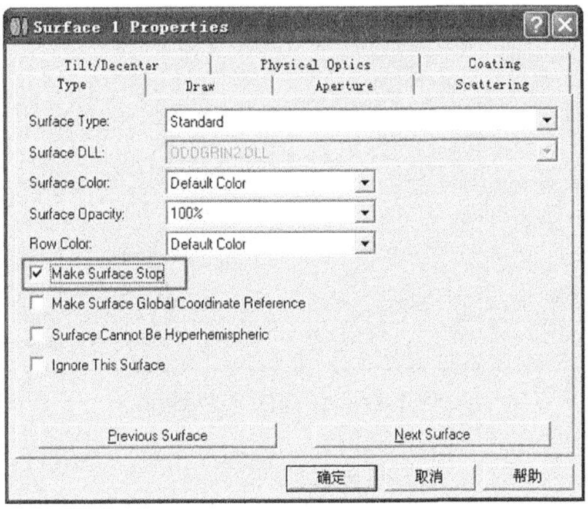

图 1-21　改变光阑面对话框

确定光阑面时保证如下前提是很重要的：使入射光瞳与物面同轴，假定此系统有坐标转折、偏心、全息、光栅以及其他能改变光轴的组件，应将光阑放在这些面之前。

如果系统是关于光轴旋转对称的，那么这种限制就不需要了，只有使用了使光轴产生偏心或倾斜的面的系统，才要求将光阑放在这些面之前。

如果坐标发生转折，对只是由反射镜组成的另一种共轴系统，即使光阑面放在这些反射镜后，光瞳位置也可以正确地计算出来。在某些系统中是不可能将孔径光阑放在坐标转折前的，因此必须对光线进行定位。

（9）选择面型（Selecting Surface Type）。

ZEMAX 中的面有平面、球面、二次曲面，所有这些面型都是在标准面型的基础上组合而成的。双击镜头数据编辑器最左一列，显示面型数据对话框，对话框里有一行是面型，从下拉菜单中选择适当的面型（如图 1-22 所示）。ZEMAX 提供了包括标准型的多种面型，许多光学设计只使用标准面型。

（10）各面通光口径的确定（Specifying Surface Aperture）。

各面的通光口径用来考虑渐晕的影响。ZEMAX 中有 11 种通光口径类型：无口径、环形口径、环形挡光、长方形口径、长方形挡光、椭圆口径、椭圆挡光、星形挡光、用户自定义口径、用户自定义挡光和浮动口径。口径和挡光是用通过和阻拦光线的面积来分别定义的，当通光口径被定义在一个面时，ZEMAX 将在面序号前显示“*”，或在数据编辑器中说明。

可以在需要的位置插入一个厚度为 0 的虚拟面，然后在此面上设定附加口径，从而在某一个光学元件中设定一个以上的口径，这对结构复杂的口径是很有用的。

多重口径或挡光也可以由用户自定义其特性而同时放在一个单独的面上，可以在面数据对话框中为每个面设置通光口径。

双击镜头数据编辑器最左边一列可产生面数据对话框，当口径类型为“无口径”（默认值）时，所有反射和折射的光线都允许通过该面。

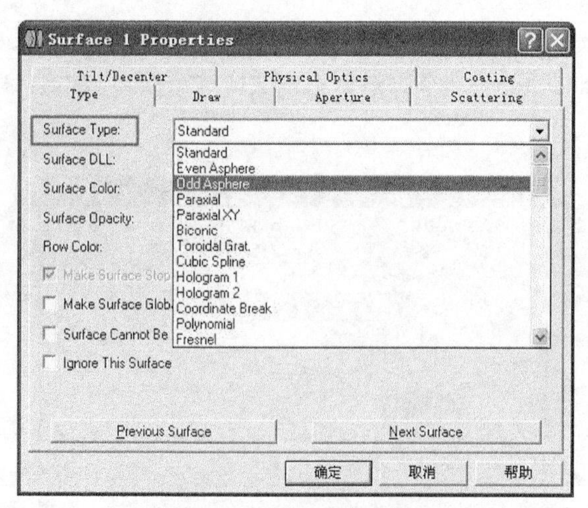

图 1-22 选择面型对话框

通过一个面的光线完全与镜头数据编辑器中的半口径值无关，这些设置的半口径数据只在绘制镜片元件图时起作用，不决定渐晕。为把口径变成默认值或改变当前口径的类型，可以在面数据对话框种选择其他的口径类型，如图 1-23 所示。

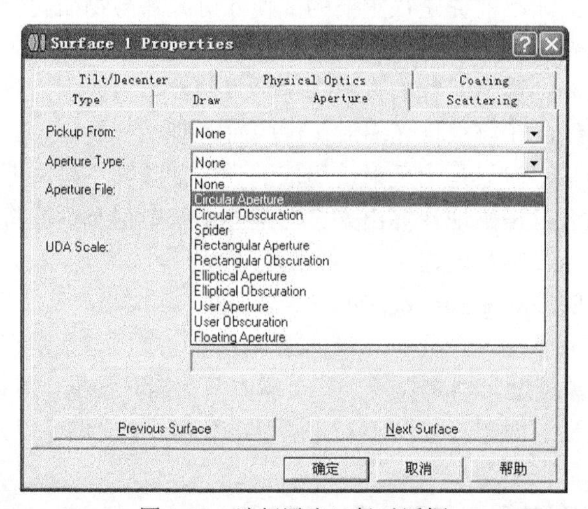

图 1-23 选择通光口径对话框

下面分别讲述各个口径类型。

① 环形口径/挡光：环形口径是由环形面积定义的，到达该面时小于最小半径和大于最大半径的光线被拦掉。最小与最大半径之间的光线允许通过。环形挡光与环形口径互补。

② 长方形口径/挡光：如光线与该面的交点在由长方形的半宽度 x，y 决定的长方形面积以外，光线被阻止通过该面。长方形挡光与长方形口径互补。

③ 椭圆口径/挡光：如光线与该面的交点在由椭圆的半宽度 x，y 决定的椭圆面积以外，光线被阻止通过该面。椭圆挡光与椭圆口径互补。

④ 星形：星形是由每臂的宽度和臂数定义的。ZEMAX 中假定取相同臂长，相同转角分布。第一个臂取沿 x 轴正向角度为零的位置。具有不同臂长和不同转角分布的复杂星形可以用相邻的多个虚拟面上的几个星形构成，坐标转折面可以将星形旋转至任何想要的角度。

⑤ 用户自定义口径/挡光：参见下一节中的详述。

⑥ 浮动口径：除了最小半径一直为 0 外，它与环形口径是相似的。最大半径与该面的半口径相同，由于半口径值可以用 ZEMAX 调整（在自动模式下），因而口径值随半口径值浮动。当宏指令或外部程序追迹默认半口径以外的光线时，浮动口径是很有用的，它可以将这些光线拦掉。

上述的所有口径都是由顶点的子午面向光学面投影模拟的，实际光线与表面交点的坐标 x、y 用来决定渐晕，z 坐标被忽略。如果口径被放在当作光学面前面的虚构面而不是直接放在曲面上，那么对陡峭的光学面来说，会有不同的计算结果。只有在入射角很陡时这种情况才会发生，除非虚构面能更精确地代表你的现状。

通常最好将口径直接放在光学面上，用输入 X 偏离量或 Y 偏离量或 X、Y 偏离量的方法，所有类型的口径都可以偏离当前光轴，这种偏离量以透镜计量单位给定。记住偏离不会改变主光线，光阑必须与物体同轴。例如，设计一个离轴望远镜，可以将光阑放在光轴和离轴系统中。

⑦ 用户自定义口径和挡光（User Defined Apertures and Obscurations）。

通常可以方便地使用环形、长方形、椭圆口径和挡光，它们包括了大多数情况。但是，有时候需要一个更广义的口径。ZEMAX 允许用户用一系列有序数对（x1，y1）、（x2，y2）、（xn，yn），来定义口径，这些点是多边形的顶点。多边形可以是任何形状，且可以用简单或复杂的方式封闭。

复合多边形可以定义成嵌套或独立，建立用户自定义口径或挡光，从口径类型列表中选择需要的类型（口径或挡光）。然后单击“Edit User Aperture”，将会出现一个允许编辑和滚动定义多边形的点的列表框，这是一个简单的文本编辑器。该面的 x 和 y 的坐标可以直接输入，用一组 x 和 y 都设置为 0 的数据行表示多边形的端点，因而多边形不能用顶点为（0，0）的点定义。

若一个顶点必须定义为（0，0），那么将用一个非常小的值代替其中的一个。例如（1e –6，0），只要至少有一个坐标不为 0，那么这个点就被认为是顶点而不是表示多边形的端点。最后列出的顶点被认为与第一个点相连。例如定义一个边长为 20 单位的矩形。这些点为：

–10，–10
–10，10
10，10
10，–10
0，0

注意，最后一个点与第一个点是被假定相联的。因而定义了矩形的最后一条边，复合多边形用坐标为（0，0）的行将其分开。例如，由两个狭缝组成的口径，每个狭缝的宽度是 5 个单位，狭缝之间相隔 10 个单位，这些点为：

–10，–10
–10，10
–5，10
–5，–10

0，0
10，−10
10，　10
5，　10
5，−10
0，0

复合多边形也可以被嵌套。若一条光线的交点落在一个多边形中，而这个多边形又位于另一个多边形里面，那么这个点被认为是在口径外。允许在一个口径中定义一个岛形（Islands），使其变为挡光；反之亦然。允许有多层嵌套，每层都产生点的在内和在外的状态，允许用户自定义口径中的点的最大数目为 100。

（11）到达表面和从表面射出的光线的隐藏（Hide Rays to and from Surface）。

图 1-24 所示面对话框中有一个“hiding”选项，可把到达表面和从表面射出的光线隐藏起来。若此选项被选中，在输出的各种外形图中被选中的面上将不绘制到达或从面上射出的光线。

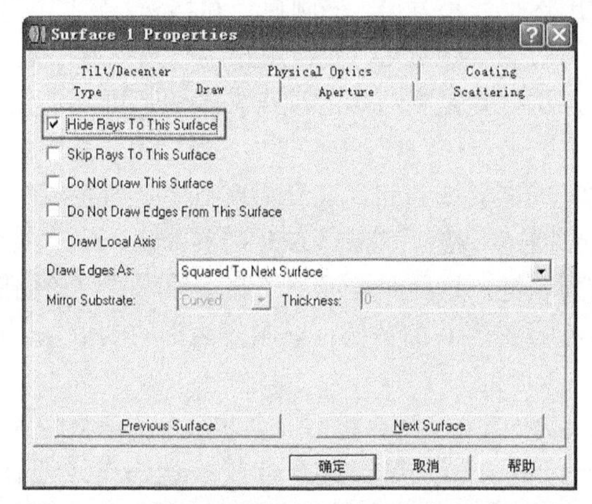

图 1-24　到达表面和从表面射出光线选项对话框

（12）设置和撤销求解（Setting and Removing Solves）。

大多数数据列（如半径和厚度）会有一种或多种求解的方法。在一个方格中设定解，在该位置处双击鼠标左键、单击鼠标右键或者在镜头数据编辑器中选择菜单都可实现上述功能，如图 1-25 所示。

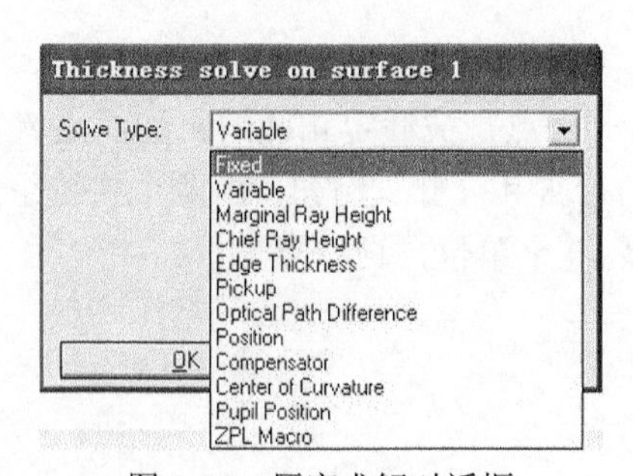

图 1-25　厚度求解对话框

（13）LDE 窗口的菜单选项（Menu Options）。

镜头数据编辑器中的菜单选项用来插入和删除面数据，选择面型，以及设置解和变量，如图 1-26 所示。

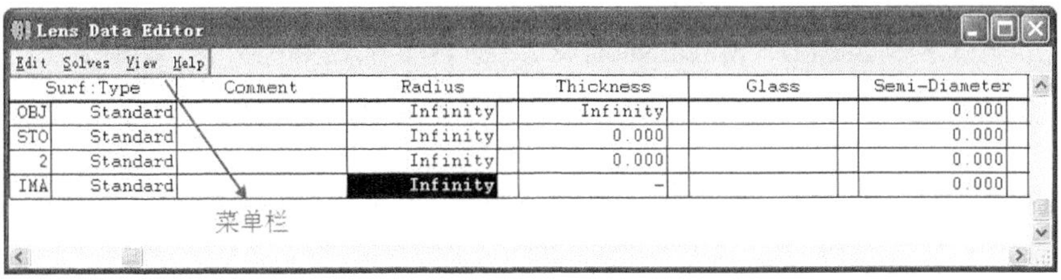

图 1-26 镜头数据编辑器

（14）编辑（Edit）：编辑菜单中提供以下选项，如图 1-27 所示。

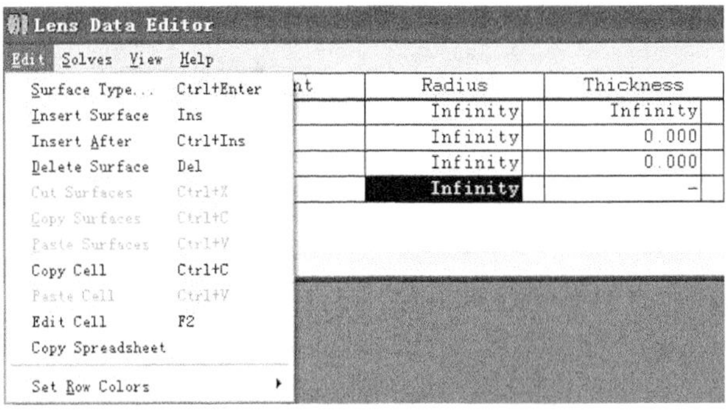

图 1-27 编辑菜单

- 面型（Surface Type）：这个选项可以改变面型。
- 插入面（Insert Surface）：在电子表格的当前行中插入新面，快捷键是“Insert”。
- 后插入（Insert After）：在电子表格的当前行后中插入新面，快捷键是“Ctrl-Insert”。
- 删除面（Delete Surface）：删除电子表格的当前行。快捷键是“Delete”。
- 剪切面（Cut Surface）：将单面或多个面数据复制到 Windows 剪切板上，然后删除这些面。

说明：单面或多面必须用以下的任一种方式选中。

① 用鼠标：单击所要选中的第一面，按住左键拖动鼠标将所选的面覆盖。被选中的面会用当前显示色的反色显示，若只选一个面，从所要的面处上下拖动鼠标至两行被选中，然后将鼠标拖回到所要的行。

② 用键盘：将光标移至所要面的任意方格，按住“Shift”键，上下移动光标直到所需的面被选中，被选中的面用当前显示色的反色显示。若只选一个面，从所要的面处上下移动光标至两行被选中，然后将光标移回到所要的行。

- 复制面（Copy Surface）：将单面或多个面数据复制到 Windows 剪切板上，选中单面或多面，参见“Cut Surface”中的介绍。
- 粘贴面（Paste Surface）：从 Windows 剪切板上复制单面或多个面数据到镜头数据编辑器中当前光标的位置。面数据必须先用上面讲的“Cut Surface”或“Copy

Surface”复制到 Windows 剪切板上。

- 复制方格（Copy Cell）：复制单个方格数据到 Windows 剪切板上。
- 粘贴方格（Paste Cell）：将 Windows 剪切板上的单个方格复制到当前方格。数据必须先用“Copy Cell”将其复制到 Windows 剪切板上。
- 复制电子表格（Copy Spreadsheet）：用适合于粘贴到另外的 Windows 应用程序的文本格式将高亮显示的面或整个表格（如果没有面被选中）复制到 Windows 剪切板上。

（15）求解（Solves）：解和变量可以设置在镜头数据编辑器中的许多数据上，如图 1-28 所示。

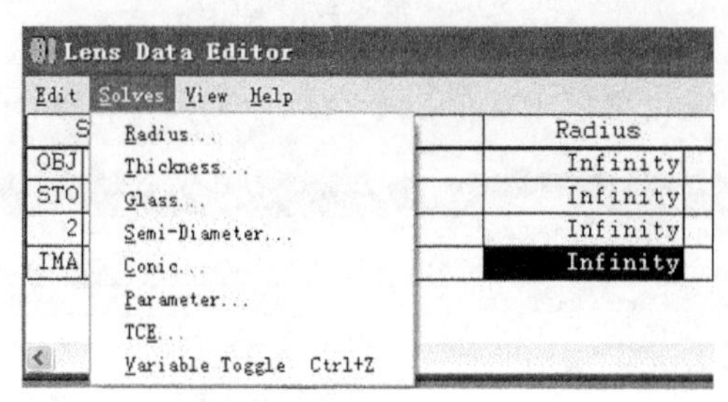

图 1-28　求解菜单选项

- 半径（Radius）：设置曲率半径求解。
- 厚度（Thickness）：设置厚度求解。
- 玻璃（Glass）：设置玻璃求解。
- 半口径（Semi-Diameter）：设置半口径求解。
- 二次曲线（Conic）：设置二次曲线系数求解。
- 参数（Parameter）：设置参数列的求解。
- 变量附加标识（Variable Toggle）：把当前所选方格的状态变为可变。此操作的快捷键是“Ctrl+Z”。

（16）视图（View）。

显示注释（Show Comments）：若该菜单被选取，将显示注释列。若未被选取，注释列将隐藏，如图 1-29 所示。注释的显示与隐藏，只是用于当前对话期间。

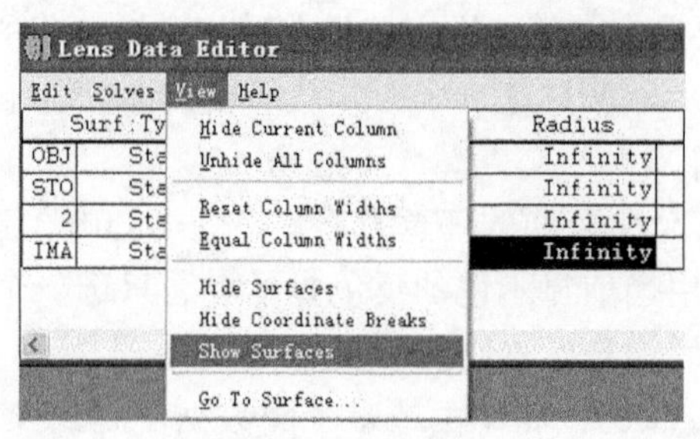

图 1-29　视图菜单

（17）帮助（Help）。

使用 LDE（Using LDE）：产生使用镜头数据编辑器的联机帮助，如图 1-30 所示。

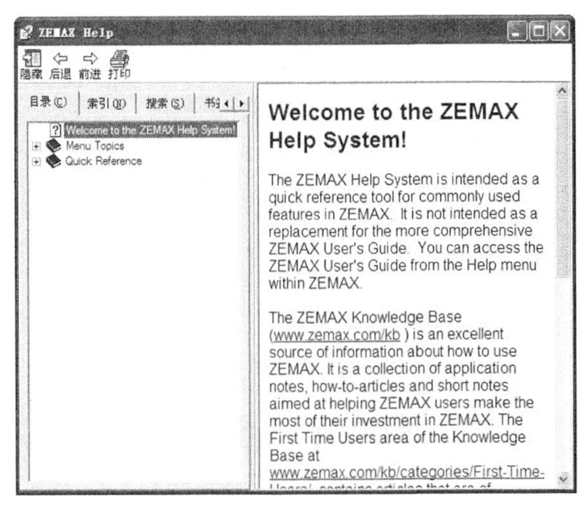

图 1-30　帮助窗口

2. 评价函数（Merit Function）

评价函数编辑器用来定义、修改和检查系统的评价函数，系统评价函数用于优化数据。如图 1-31、图 1-32 所示。

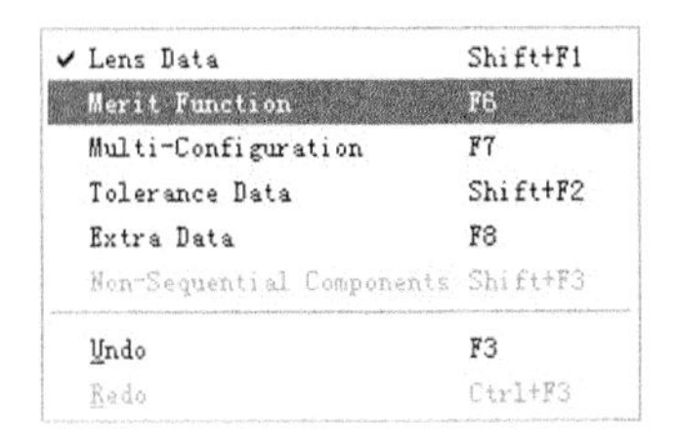

图 1-31　评价函数菜单选项

图 1-32　评价函数编辑器窗口

3. 多重数据结构（Multi-Configuration）

多重数据结构编辑器与镜头数据编辑器相同。为编辑方格中的内容，只要把光标移动到此方格中，将新数据输入（如图 1-33 所示）。若设置方格的解，双击鼠标左键尾或选择求解类型的菜单项，如图 1-34 所示。

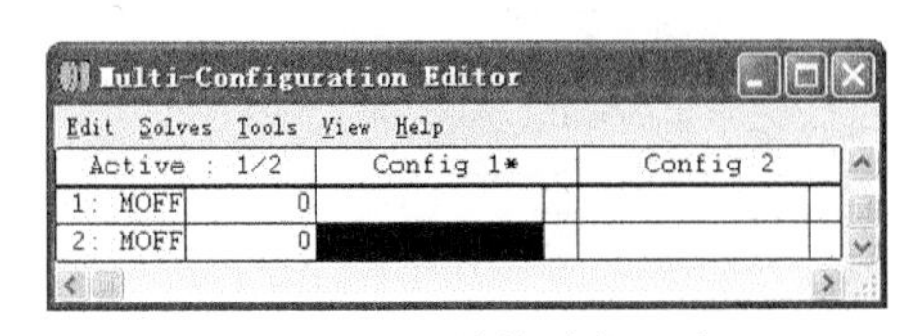

图 1-33　多重结构编辑器窗口

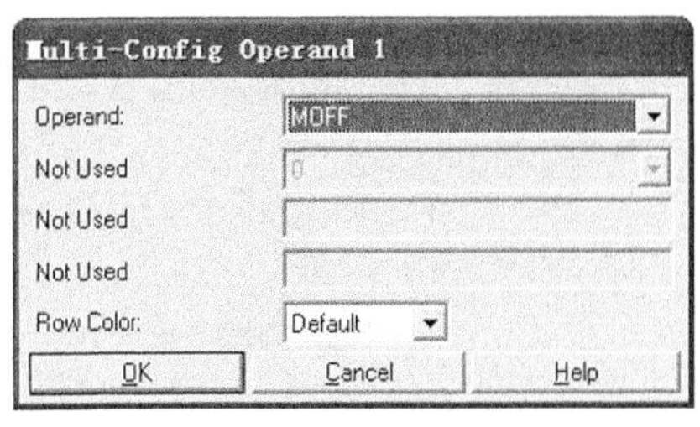

图 1-34　多重结构属性对话框

4. 公差数据（Tolerance Data）

公差数据编辑器用来定义、修改和检查系统中的公差值，如图 1-35 所示。

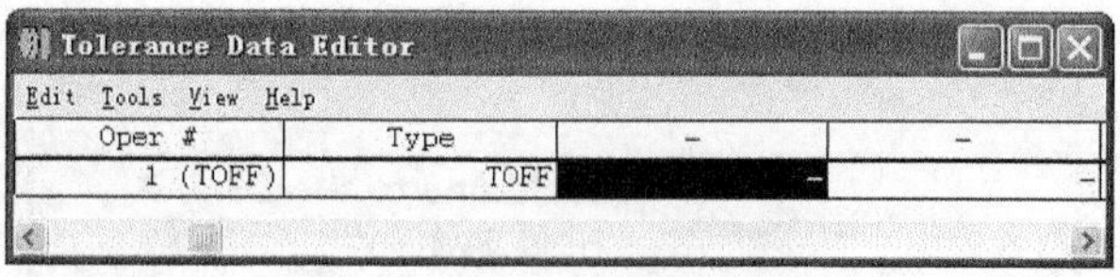

Tolerance Data Editor

Edit Tools View Help

Oper #	Type	-	-
1 (TOFF)	TOFF	-	-

图 1-35　公差数据编辑器窗口

5. 附加数据（Extra Data）

这个功能只能在 ZEMAX-EE 版本中才能使用。附加数据编辑器只有在 ZEMAX-EE 版本中特殊的面才能使用，除了附加数据值能被显示和编辑外，附加数据编辑器与镜头数据编辑器是相同的，如图 1-36 所示。

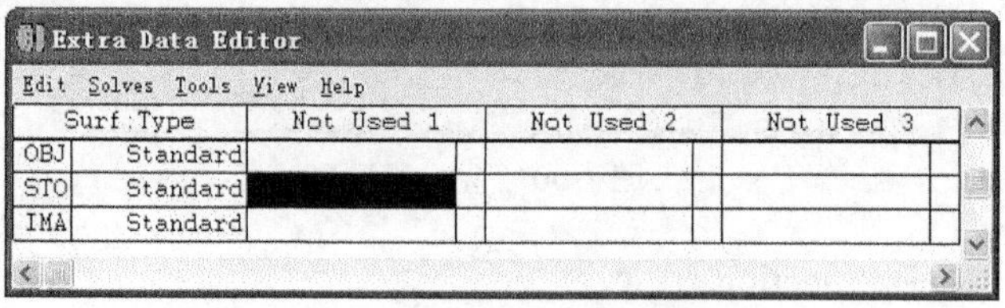

Extra Data Editor

Edit Solves Tools View Help

	Surf:Type	Not Used 1	Not Used 2	Not Used 3
OBJ	Standard			
STO	Standard			
IMA	Standard			

图 1-36　附加数据编辑器窗口

6. 非序列结构（Non-sequential Components），如图 1-37 所示。

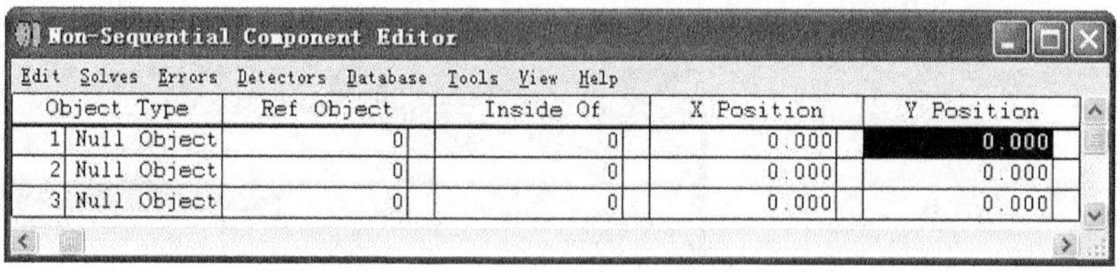

Non-Sequential Component Editor

Edit Solves Errors Detectors Database Tools View Help

	Object Type	Ref Object	Inside Of	X Position	Y Position
1	Null Object	0	0	0.000	0.000
2	Null Object	0	0	0.000	0.000
3	Null Object	0	0	0.000	0.000

图 1-37　非序列结构编辑器窗口

7. 撤销，重做（Undo，Redo）。

1.2.5　系统菜单

系统菜单（System）如图 1-38 所示。此菜单包含以下几个子菜单。

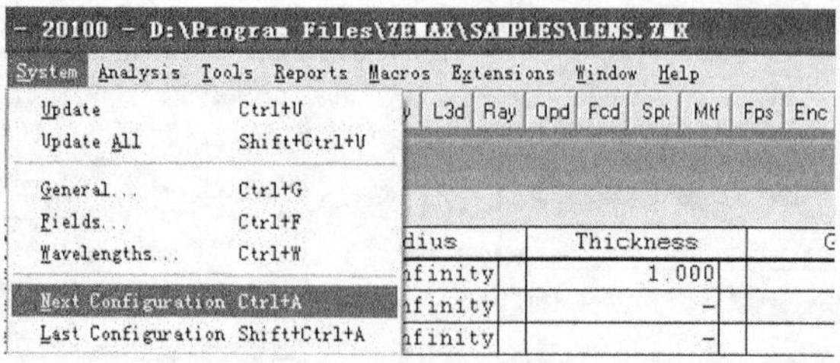

- 20100 - D:\Program Files\ZEMAX\SAMPLES\LENS.ZMX

System Analysis Tools Reports Macros Extensions Window Help

Update	Ctrl+U
Update All	Shift+Ctrl+U
General...	Ctrl+G
Fields...	Ctrl+F
Wavelengths...	Ctrl+W
Next Configuration	Ctrl+A
Last Configuration	Shift+Ctrl+A

L3d Ray Opd Fcd Spt Mtf Fps Enc

dius	Thickness
nfinity	1.000
nfinity	-
nfinity	-

图 1-38　系统菜单窗口

（1）更新（Update）。

这个选项只更新镜头数据编辑器和附加数据编辑器中的数据。更新功能用来重新计算一阶特性，如光瞳位置、半径口径、折射率和求解值。只影响镜头数据编辑器和附加数据编辑器中的当前数据。

（2）全部更新（Update All）。

这个选项更新全部窗口以放映最新镜头数据。ZEMAX 不能在图形和文件窗口自动改变最后形成的镜头数据。

这是由于新数据在镜头数据编辑器中被键入时，ZEMAX 如果不断地计算 MTF、光线特性曲线、点列图和其他数据，程序反应会变得很慢。

对镜头做所有需要的改变，然后选择“Update All”来更新和重新计算所有的数据窗口。单个曲线和文本窗口（非编辑器）也可以双击窗口内的任意位置更新。

（3）通用数据（General）。

这个选项打开通用系统数据对话框。它用来定义作为整个系统的镜头的公共数据，而不是与单个面有关的数据。如图 1-39 所示。

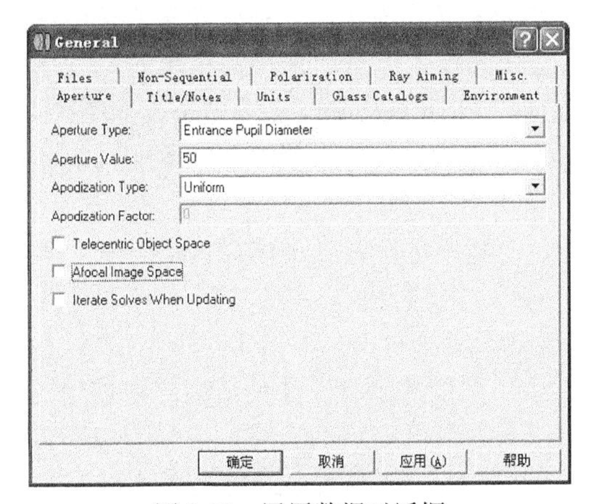

图 1-39 通用数据对话框

镜头标题（Lens Title）：镜头标题出现在曲线和文本输出中，标题是通过将题目输入到所需位置得到的。附加的文本数据可以放在大多数图形输出中。

光圈类型（Aperture Type）：系统光圈表示在光轴上通过系统的光束大小。要建立系统光圈，需要定义系统光圈类型和系统光圈值。

用光标在下拉列表中选择所需的类型，系统光圈类型有如图 1-40 所示几种。

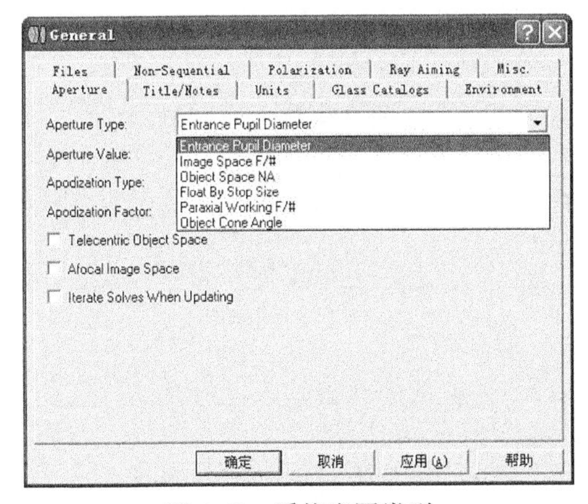

图 1-40 系统光圈类型

- 入瞳直径（Entrance Pupil Diameter）：用透镜计量单位表示的物空间光瞳直径。
- 像空间 F/# （Image Space F/#）：与无穷远共轭的像空间近轴 F/#。
- 物空间数值孔径（Object Space NA）：物空间边缘光线的数值孔径（nsinθm）。
- 通过光阑尺寸浮动（Float By Stop Size）：用光阑面的半口径定义。
- 近轴工作 F/#（Paraxial Working F/#）：共轭像空间近轴 F/#。
- 物方锥形角（Object Cone Angle）：物空间边缘光线的半角度，它可以超过 90 度。

若选择了“Object Space NA”或“Object Cone Angle”作为系统光圈类型，物方厚度必须小于无穷远。上述类型中只有一种系统光圈类型可以被定义，例如一旦入瞳直径确定，以上说明的所有其他光圈都由镜头规格决定。

光圈值（Aperture Value）：系统光圈值与所选的系统光圈类型有关。例如，如果选择“Entrance Pupil Diameter”作为系统光圈类型，系统光圈值是用透镜计量单位表示的入瞳直径，ZEMAX 采用光圈类型和光圈数值一起来决定系统的某些基本量的大小，如入瞳尺寸和各个元件的清晰口径，选择“Float by Stop Size”为系统光圈类型是上述规律的唯一例外。如果选择“Float by Stop Size”作为系统光圈类型，光阑面（镜头数据编辑器中设置）的半口径用来定义系统光圈。

镜头单位（Lens Units）：镜头单位有 4 种选择包括毫米、厘米、英尺、米。这些单位用来表示数据，如半径、厚度、入瞳直径。许多图形（光学特性曲线、点列图）使用微米做单位，波长也是用微米表示。

玻璃库（Glass Catalogs）：本控件组有一个列出当前被使用的玻璃库（无扩展名）名称的可编辑栏（如图 1-41 所示）。栏的默认值是“schott”，它表示镜头可以从库中使用玻璃，如果需要不同玻璃类别，可以用按钮或键入玻璃类名来选择，若要使用不在按钮列表中的玻璃库，可以在编辑栏键入类名。多个玻璃库之间可以用空格来分隔。

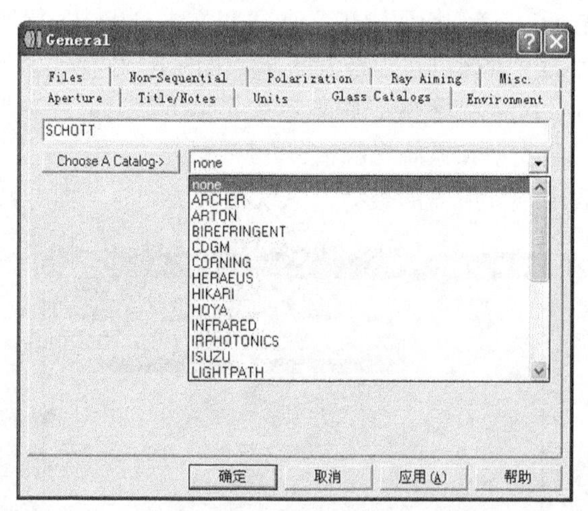

图 1-41　玻璃库

镜头注解（Lens Notes）：注解部分允许输入几行文本，它们与镜头文件一起被存储。

（4）视场（Fields）。

视场对话框允许确定视场点，视场可以用角度、物高或像高来确定。可通过用启动或停止按钮来选择视场位置，也可以输入数据。如图 1-42 所示。

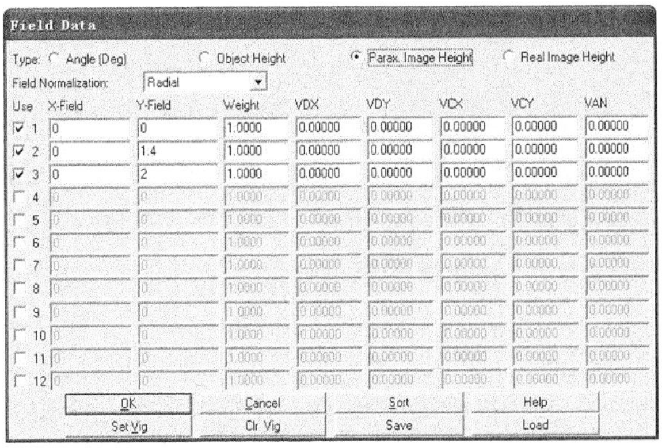

Field Data

Type: Angle (Deg) | Object Height | Parax. Image Height | Real Image Height

Field Normalization: Radial

Use	X-Field	Y-Field	Weight	VDX	VDY	VCX	VCY	VAN
☑ 1	0	0	1.0000	0.00000	0.00000	0.00000	0.00000	0.00000
☑ 2	0	1.4	1.0000	0.00000	0.00000	0.00000	0.00000	0.00000
☑ 3	0	2	1.0000	0.00000	0.00000	0.00000	0.00000	0.00000
☐ 4	0	0	1.0000	0.00000	0.00000	0.00000	0.00000	0.00000
☐ 5	0	0	1.0000	0.00000	0.00000	0.00000	0.00000	0.00000
☐ 6	0	0	1.0000	0.00000	0.00000	0.00000	0.00000	0.00000
☐ 7	0	0	1.0000	0.00000	0.00000	0.00000	0.00000	0.00000
☐ 8	0	0	1.0000	0.00000	0.00000	0.00000	0.00000	0.00000
☐ 9	0	0	1.0000	0.00000	0.00000	0.00000	0.00000	0.00000
☐ 10	0	0	1.0000	0.00000	0.00000	0.00000	0.00000	0.00000
☐ 11	0	0	1.0000	0.00000	0.00000	0.00000	0.00000	0.00000
☐ 12	0	0	1.0000	0.00000	0.00000	0.00000	0.00000	0.00000

OK | Cancel | Sort | Help
Set Vig | Clr Vig | Save | Load

图 1-42 视场对话框

（5）波长（Wavelengths）。

波长对话框用于设置波长、权因子、主波长。“Select→”按钮可以用来启动或停止输入波长和捡取数据。包括常用的波长列表。要使用列表中的项目，选择所需的波长，单击“Select→”按钮。如图 1-43 所示。

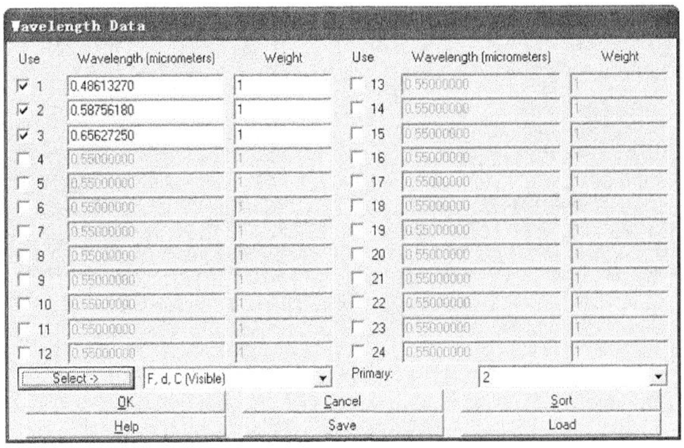

Wavelength Data

Use	Wavelength (micrometers)	Weight	Use	Wavelength (micrometers)	Weight
☑ 1	0.48613270	1	☐ 13	0.55000000	1
☑ 2	0.58756180	1	☐ 14	0.55000000	1
☑ 3	0.65627250	1	☐ 15	0.55000000	1
☐ 4	0.55000000	1	☐ 16	0.55000000	1
☐ 5	0.55000000	1	☐ 17	0.55000000	1
☐ 6	0.55000000	1	☐ 18	0.55000000	1
☐ 7	0.55000000	1	☐ 19	0.55000000	1
☐ 8	0.55000000	1	☐ 20	0.55000000	1
☐ 9	0.55000000	1	☐ 21	0.55000000	1
☐ 10	0.55000000	1	☐ 22	0.55000000	1
☐ 11	0.55000000	1	☐ 23	0.55000000	1
☐ 12	0.55000000	1	☐ 24	0.55000000	1

Select -> | F, d, C (Visible) | Primary: 2
OK | Cancel | Sort
Help | Save | Load

图 1-43 波长对话框

（6）下一重结构（Next Configuration）。

当要更新所有的图表以便放映下一个结构（或变焦位置）时，本菜单选项提供了快捷方式，若选中，所有的电子表格、文本和图解数据都将被更新。如图 1-44 所示。

（7）最后结构（Last Configuration）。

当要更新所有的图表以便放映最后一个结构（或变焦位置）时，本菜单选项提供了快捷方式，若选中，所有的电子表格、文本和图解数据都将被更新。如图 1-45 所示。

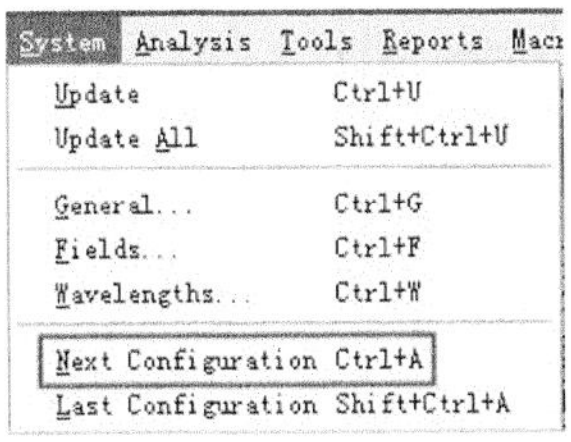

System Analysis Tools Reports Mac
Update Ctrl+U
Update All Shift+Ctrl+U
General... Ctrl+G
Fields... Ctrl+F
Wavelengths... Ctrl+W
Next Configuration Ctrl+A
Last Configuration Shift+Ctrl+A

图 1-44 下一重结构菜单

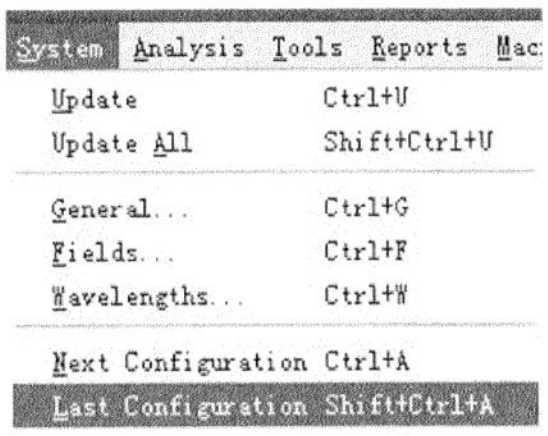

System Analysis Tools Reports Mac
Update Ctrl+U
Update All Shift+Ctrl+U
General... Ctrl+G
Fields... Ctrl+F
Wavelengths... Ctrl+W
Next Configuration Ctrl+A
Last Configuration Shift+Ctrl+A

图 1-45 最后结构菜单

1.2.6 分析菜单

分析菜单（Analysis）包括：外形图（Layout）、特性曲线（Fans）、点列图（Spot Diagrams）、调制传递函数（MTF）、点扩散函数（PSF）、波前（Wave front）、曲面（Surface）、均方根（RMS）、能量分布（Encircled Energy）、照度（Illumination）、像分析（Image Analysis）、双目分析（Biocular Analysis）、杂项（Miscellaneous）、像差系数（Aberration Coefficients）、计算（Calculations）、玻璃和梯度指数（Glass and Gradient Index）、通用图表（Universal Plot）、偏振状态（Polarization）、镀膜（Coatings）、物理光学（Physical Optics）功能，如图 1-46 所示。

本节功能在设计过程中起到很重要的作用，我们将在第二章像质评价中详细介绍每个功能的使用方法。

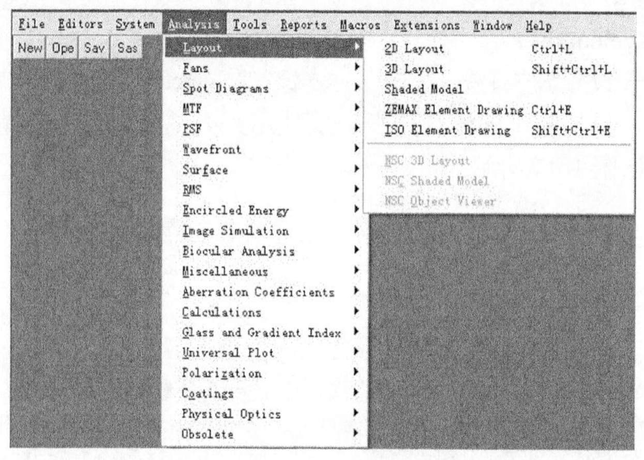

图 1-46　分析菜单窗口

1.2.7 工具菜单

工具菜单（Tools）是 ZEMAX 软件的一个最为重要的模块，包括以下选项：优化（Optimization）、公差（Tolerancing）、样板（Test Plates）、玻璃库（Catalogs）、镀膜（Coating s）、散射（Scattering）、光圈（Apertures）、折叠反射镜（Fold Mirrors）、输出资料（Export Data）、杂项（Miscellaneous），如图 1-47 所示。

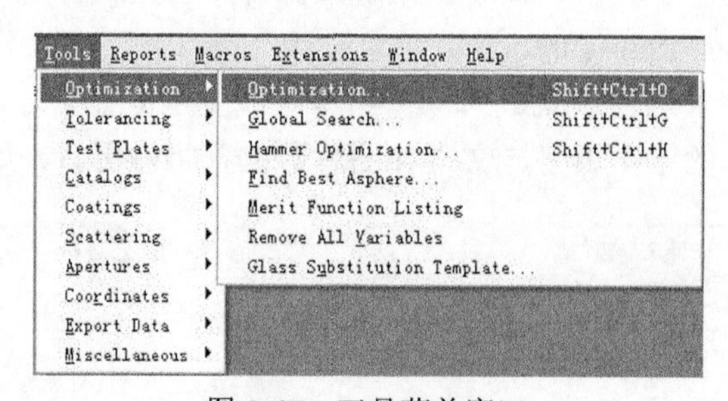

图 1-47　工具菜单窗口

1. 优化（Optimization）

优化的目的是提高或改进设计，使它满足设计要求。执行“Tools→Optimization→

Optimization”命令，弹出如图 1-48 所示的“Optimization”（优化）对话框。

（1）全局搜索（Global Search）：启动一个全局优化，对于给定的评价函数和变量，利用本功能最有可能得到好设计。如图 1-49 所示。

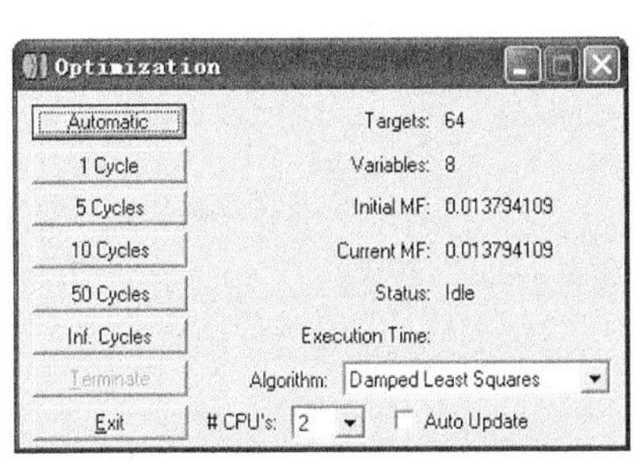

图 1-48 Optimization 对话框

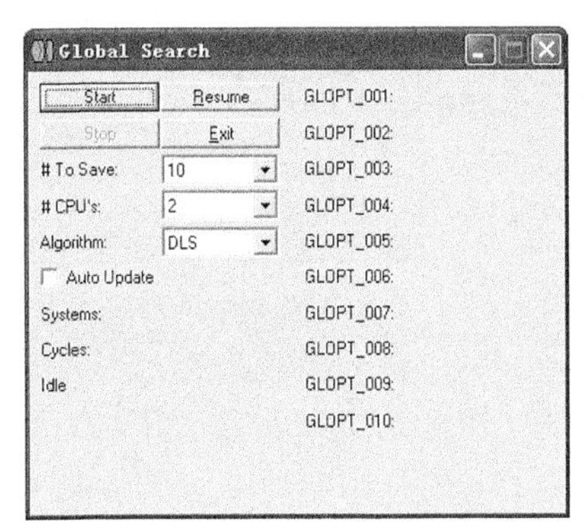

图 1-49 Global Search 对话框

（2）锤形优化（Hammer Optimization）：此功能只在 ZEMAX-EE 或 ZEMAX-XE 版本中才能使用，在评价函数处于局部最小值时，能自动重复一个优化过程，来脱离局部极值区。如图 1-50 所示。

（3）评价函数列表（Merit Funciton Listing）：此操作可产生一个可以被保存或打印的评价函数文本列表。如图 1-51 所示。

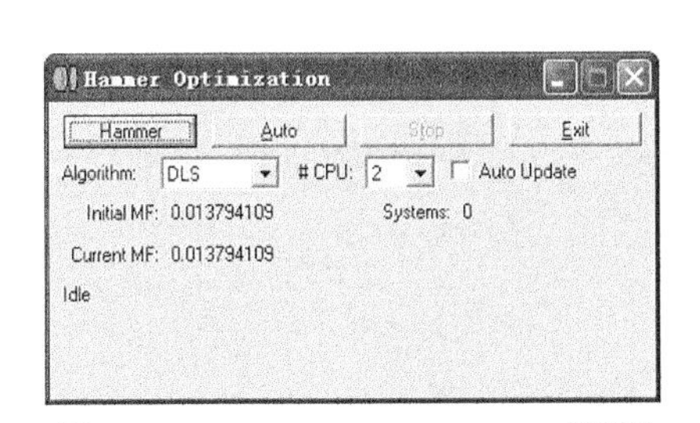

图 1-50 Hammer Optimization 对话框

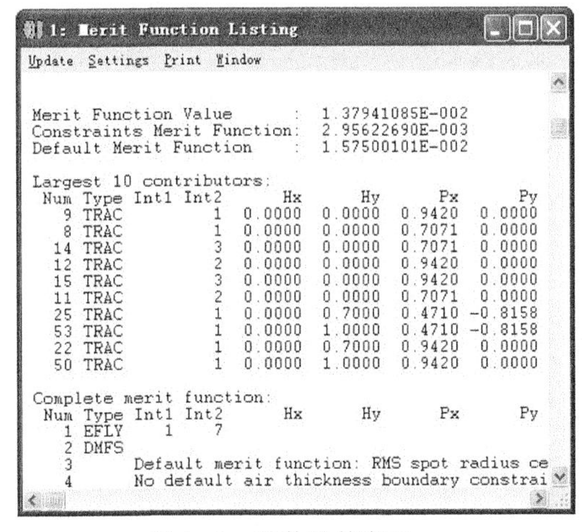

图 1-51 评价函数窗口

（4）消除所有的变量（Remove All Variables）：可快速消除设置在当前数据中的所有变量标识，通过将当前数据之中的所有量设置为“Fixed”而消除所有的变量设置。如图 1-52 所示。

（5）玻璃替换模板（Glass Substitution Template）：此功能可以进行材料的优化。如图 1-53 所示。

2. 公差（Tolerancing）：容许的误差。如图 1-54、图 1-55 所示。

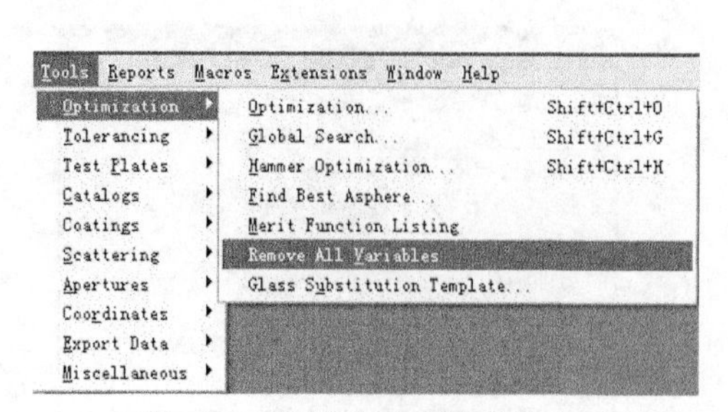

图 1-52　消除所有变量菜单选项

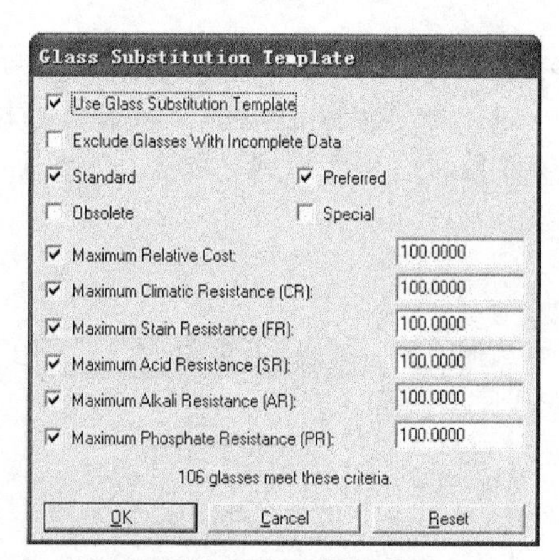

图 1-53　玻璃替换模板窗口

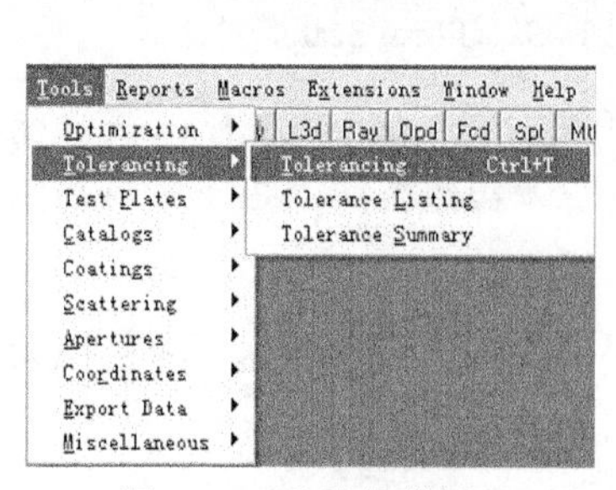

图 1-54　公差菜单栏

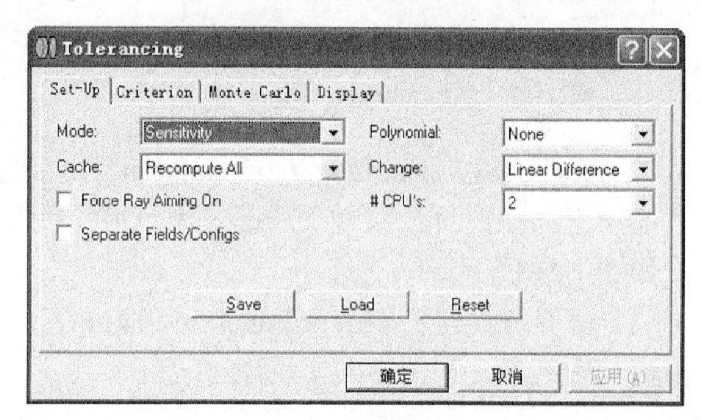

图 1-55　公差对话窗口

（1）公差列表（Tolerance Listing）：此操作可产生一个可以被保存或打印的公差文本列表。如图 1-56 所示。

（2）公差汇总表（Tolerance Summary）：此操作可产生一个可以被保存或打印的公差文本列表。此表的格式比文本公差列表易读，不需要使用专门的变量记忆符，可以使制造者和其他对 ZEMAX 术语不熟悉的人容易理解。如图 1-57 所示。

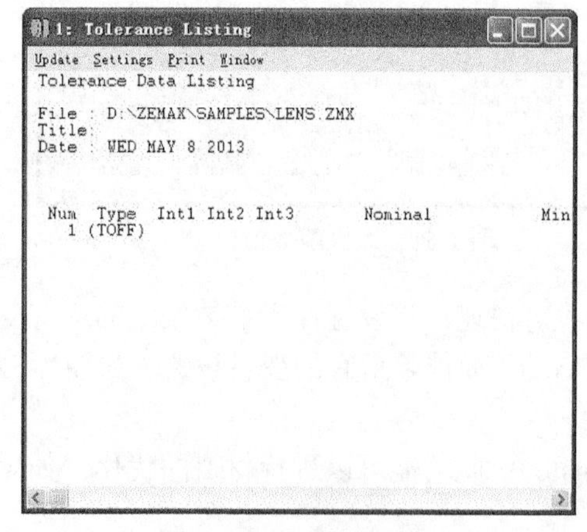

图 1-56　公差列表窗口

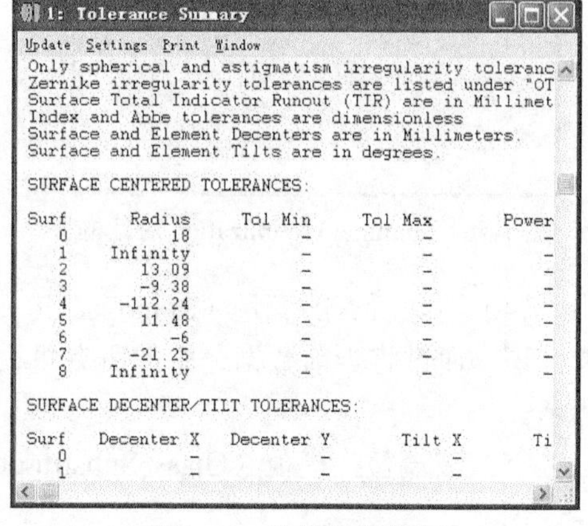

图 1-57　公差汇总表窗口

3. 样板（Test Plates）：在文本窗口中显示特定厂家的样板。如图 1-58 所示。

（1）套样板（Test Plate Fitting）：此功能只在 ZEMAX-EE 或 ZEMAX-XE 版本中才能使用。按厂家提供的样板表自动套半径样板。如图 1-59 所示。

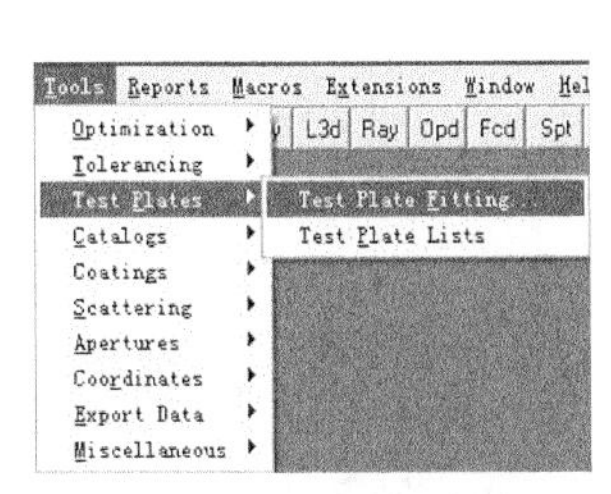

图 1-58 样板菜单栏

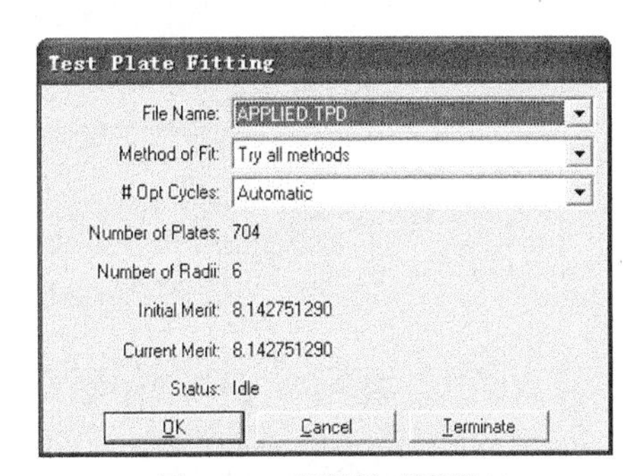

图 1-59 套样板对话窗口

（2）样板列表（Test Plate Lists）：在文本窗口中显示特定厂家的样板表。如图 1-60 所示。

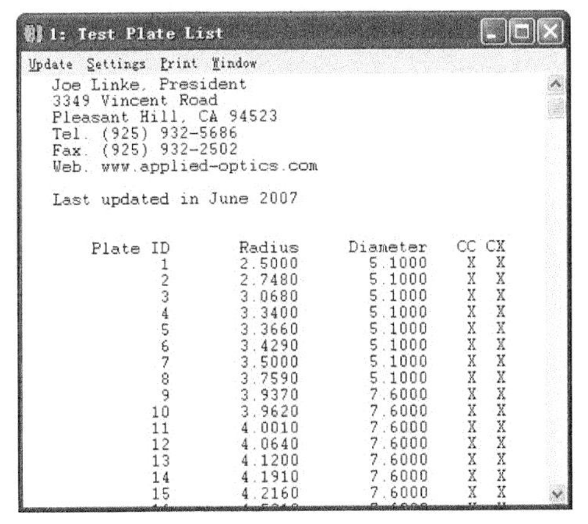
1: Test Plate List

Update Settings Print Window

Joe Linke, President
3349 Vincent Road
Pleasant Hill, CA 94523
Tel. (925) 932-5686
Fax. (925) 932-2502
Web. www.applied-optics.com

Last updated in June 2007

Plate ID	Radius	Diameter	CC	CX
1	2.5000	5.1000	X	X
2	2.7480	5.1000	X	X
3	3.0680	5.1000	X	X
4	3.3400	5.1000	X	X
5	3.3660	5.1000	X	X
6	3.4290	5.1000	X	X
7	3.5000	5.1000	X	X
8	3.7590	5.1000	X	X
9	3.9370	7.6000	X	X
10	3.9620	7.6000	X	X
11	4.0010	7.6000	X	X
12	4.0640	7.6000	X	X
13	4.1200	7.6000	X	X
14	4.1910	7.6000	X	X
15	4.2160	7.6000	X	X

图 1-60 样板列表窗口

4. 玻璃库（Catalogs）：提供玻璃品种库。如图 1-61 所示。

（1）玻璃目录（Glass Catalogs）：展示各类型玻璃品种。如图 1-62 所示。

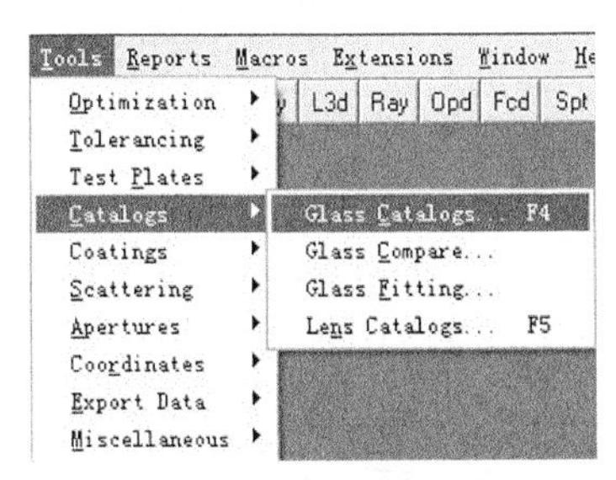

图 1-61 玻璃库菜单栏

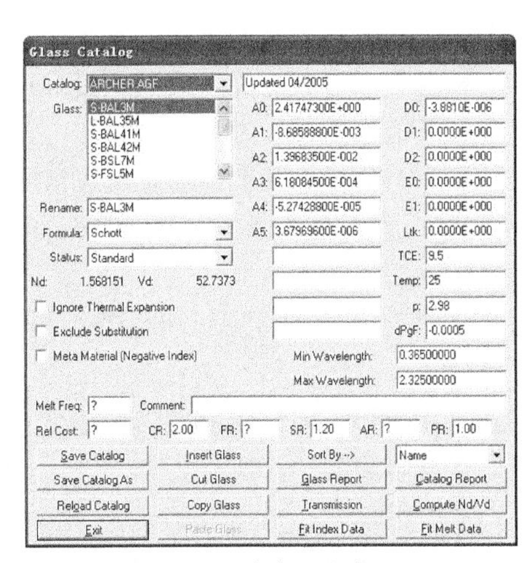

图 1-62 玻璃目录窗口

（2）玻璃部件（Glass Compare）：玻璃部件属性。如图1-63所示。

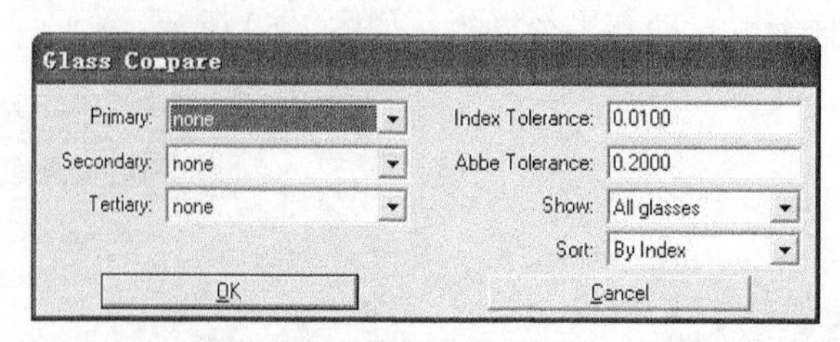

图1-63　玻璃部件对话窗口

（3）镜头库（Lens Catalogs）：从镜头库中搜索或浏览特定的镜头。如图1-64所示。

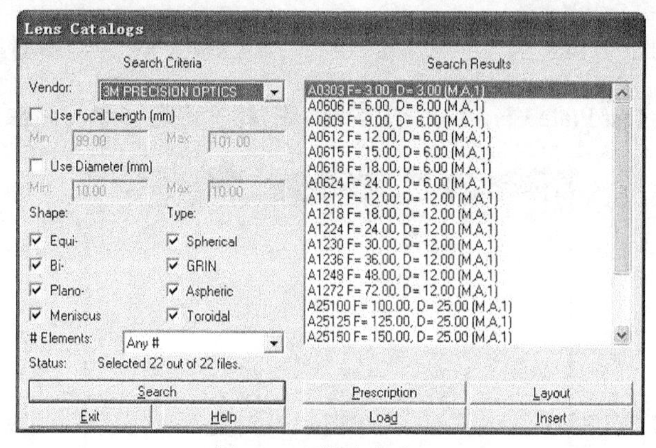

图1-64　镜头库窗口

5. 镀膜（Coatings）：列出了包含在COATING DAT 文件中的材料和膜系。如图1-65所示。

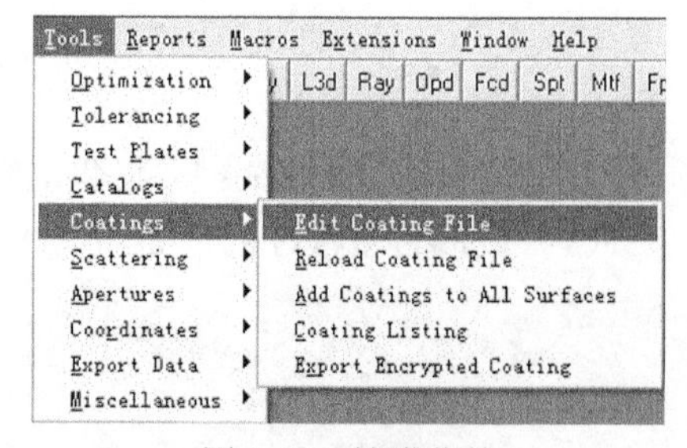

图1-65　镀膜菜单

（1）编辑镀膜文件（Edit Coating File）：产生于WINDOWS下用NOTEPAD编辑器来编辑COATING.DAT文件，这个文件包括材料和镀膜说明。如果COATING.DAT文件被编辑，ZEMAX必须关闭或重新启动来更新新的镀膜数据。

（2）重新载入镀膜文件（Reload Coating File）：系统重新输入镀膜文件。

（3）给所有的面添加膜层参数（Add Coating to All Surfaces）：为所有的空气—玻璃界限面加镀膜参数。如图1-66所示。

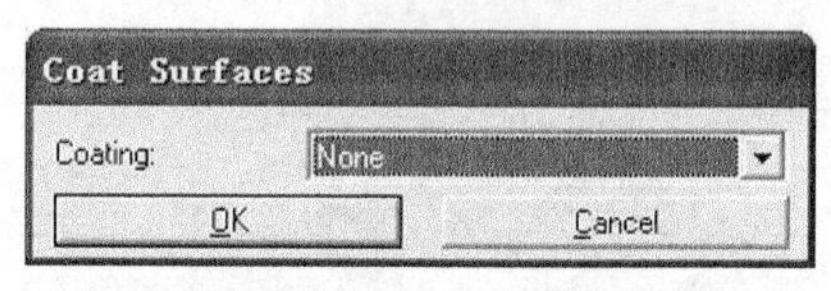

图1-66　面添加膜层参数对话窗口

当选择时，本功能将提示所用的膜层名称，默认膜是“AR”，它代表1/4波长的MgF2膜，可以确定任意定义的镀膜名称。所有从玻璃到空气界面都将使用镀膜，因此本功能对于应用防反射膜是很重要的。

（4）镀膜列表（Coating Listing）：此功能只在ZEMAX-EE版本中才能使用。本操作产生一个文本，它列出了包含在COATING.DAT 文件中的材料和膜系。如图1-67所示。

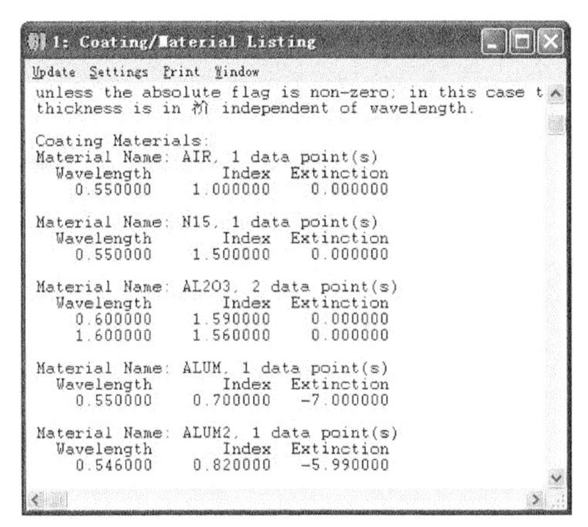

图 1-67 镀膜列表窗口

6. 散射（Scattering）：光线发射分布。如图 1-68 所示。

（1）ABg 散射数据目录（ABg Scatter Data Catalogs）：双向散射分布函数，通过它可以定义入射光经过一个散射面后的能量分布。如图 1-69 所示。

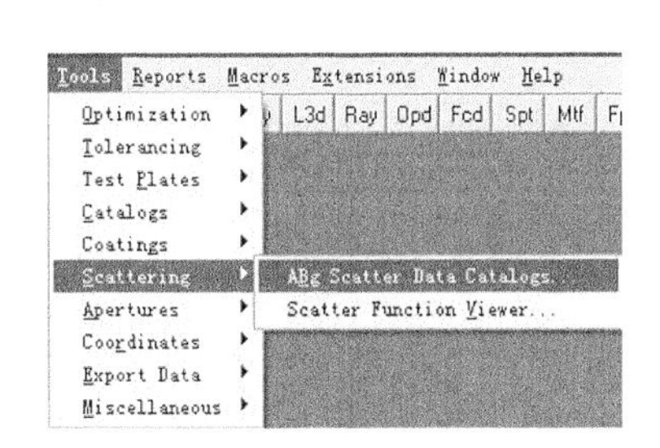

图 1-68 散射菜单栏

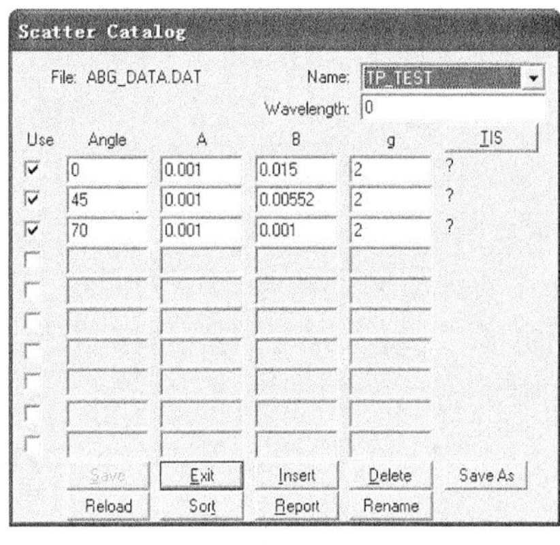

图 1-69 散射数据目录

（2）散射功能视窗（Scatter Function Viewer）：检测散射分布的观测器。如图 1-70 所示。

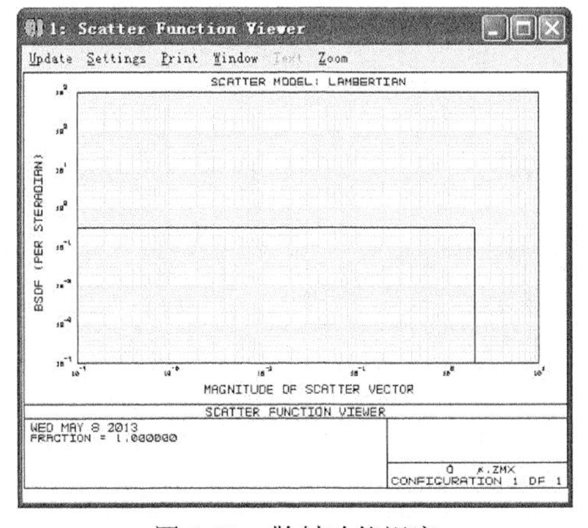

图 1-70 散射功能视窗

7. 光圈（Apertures）：孔径、光阑。如图 1-71 所示。

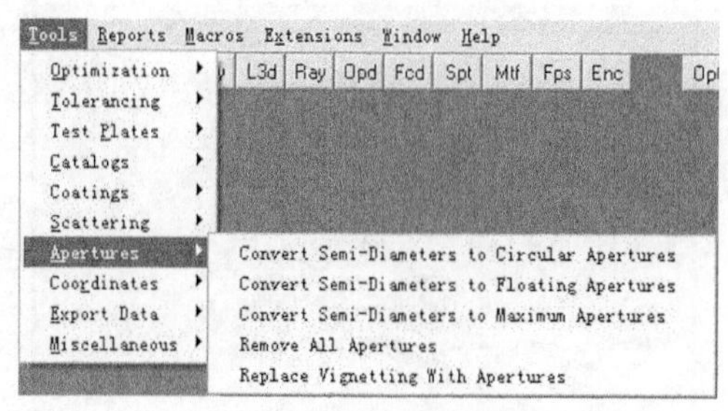

图 1-71　光圈菜单

（1）变换半口径为环形口径（Convert Semi-Diameter to CircularApertures）：将所有未给出表面通光口径的面转化成具有固定的半口径的面，其通光口径是与半口径相应的圆孔。

本功能主要是使渐晕影响的分析简单化。对于多数的光学设计，在优化期间使用渐晕因子是比较简单和快速的。然而，渐晕因子是近似的。

本功能变换所有的半口径为面口径，然后渐晕因子被删除（该功能不会对此自动操作），光瞳被溢出，以便发现何处使光线能真正地通过系统。

（2）变换半口径为浮动口径（Convert Semi-Diameter to FloatingApertures）：将所有未给出表面孔径的面转为按半口径值渐晕的浮动口径。

除了使用浮动口径而不是使用固定的环形口径外，本功能与“Convert Semi-Diameters to Circular Apertures”很相似。

浮动口径将面的半口径值定为“自动”模式，动态地调整渐晕口径来匹配半口径值，注意如果半口径是“固定”，则它们保持固定，渐晕将在每个面的确定半口径上产生。

（3）移除所有光圈（Remove All Apertures）：移除所有孔径、光阑。

（4）重新放置渐晕光圈（Replace Vignetting With Apertures）：在系统上重新放置畸变孔径、光阑。

8. 折叠反射镜（Fold Mirrors）如图 1-72 所示。

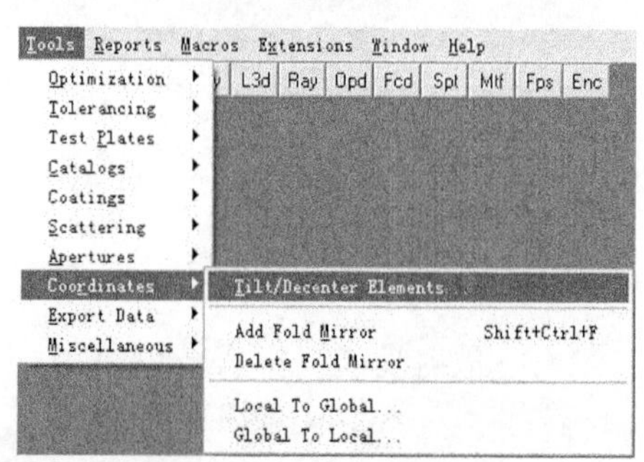

图 1-72　折叠反射镜菜单

（1）添加折叠反射镜（Add Fold Mirror）：为弯曲光束，包括坐标转折，插入一个转折镜。如图 1-73 所示。

（2）删除折叠反射镜（Delete Fild Mirror）：把需要删除的反射镜删除，如图 1-74 所示。

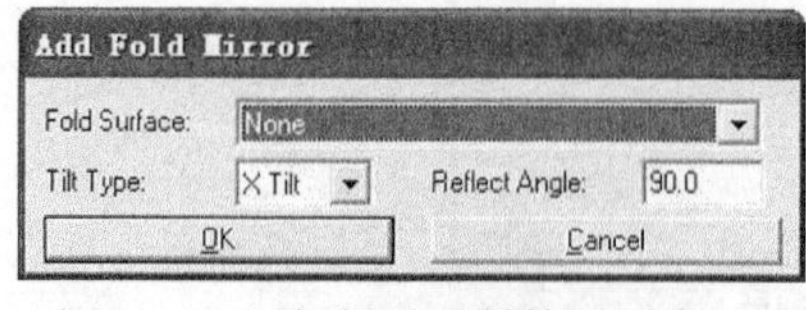

图 1-73　添加折叠反射镜对话窗口

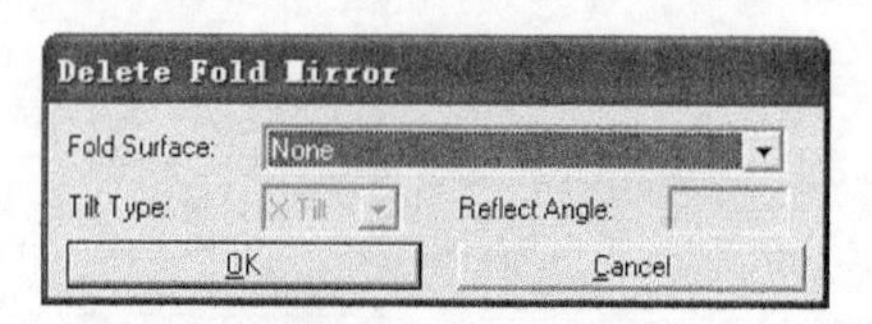

图 1-74　删除折叠反射镜对话窗口

（3）局坐标转换成全局坐标（Conert Local To Global Coordinates）：以某一个面为参考，所有面参考该面进行坐标转换使所有面都具有同一坐标。如图 1-75 所示。

（4）全局坐标转换成局坐标（Conert Local To Global Coordinates）：以全局坐标为参考，把部分面坐标进行坐标转换，如图 1-76 所示。

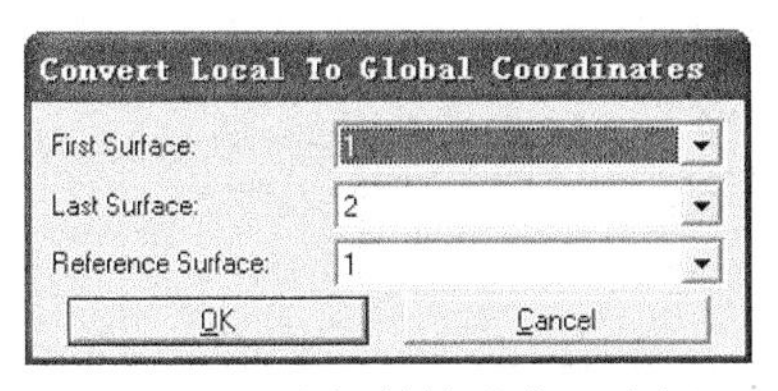

图 1-75 局坐标转换成全局坐标

图 1-76 全局坐标转换成局坐标

9. 导出数据（Export Data）如图 1-77 所示。

（1）导出 IGES/STEP/SAT/STL 实体（Export IGES/STEP/SAT/STL Solid）：通过该操作可以导出三维模型，如图 1-78 所示。

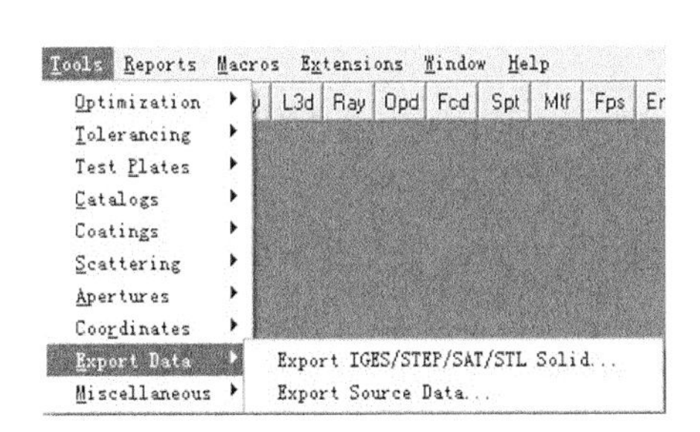

图 1-77 输出数据菜单

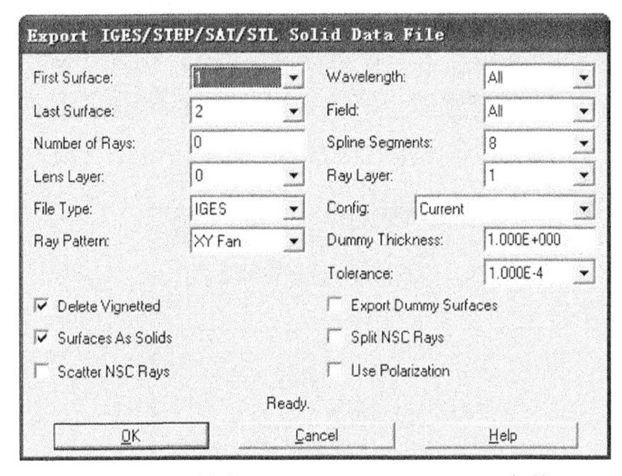

图 1-78 导出 IGES/STEP/SAT/STL 实体

（2）输出 NSC 源文件数据（Export Source Date）：输出非序列数据。

10. 杂项（Miscellaneous）如图 1-79 所示。

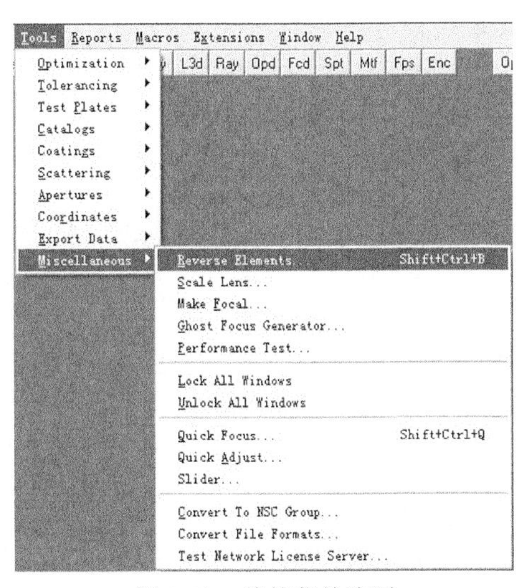

图 1-79 其他菜单选项

（1）零件反向排列（Reverse Elements）：将镜头元件或镜头组反向排列。如图 1-80 所示。

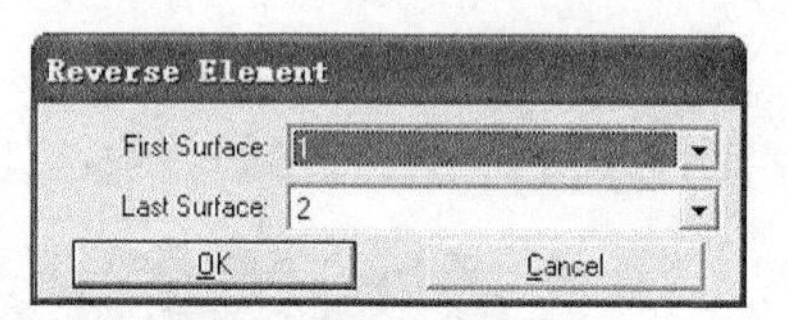

图 1-80　零件反向排列对话窗口

（2）镜头缩放（Scale Lens）：用确定的因子缩放整个镜头。例如，将现有的设计缩放成一个新的焦距时，波长不缩放，缩放镜头功能也可以用来将单位从毫米变为英尺，或其他组合单位类型。如图 1-81 所示。

（3）生成焦距（Make Focal）：除了所要的焦距是直接输入的，生成焦距与缩放镜头是相同的，整个镜头被缩放成焦距为给定值的镜头。如图 1-82 所示。

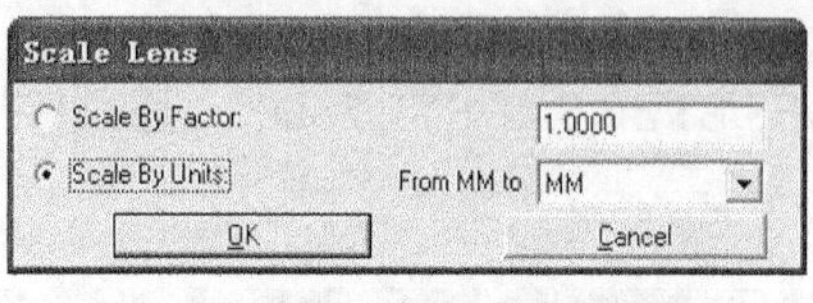

图 1-81　镜头缩放窗口

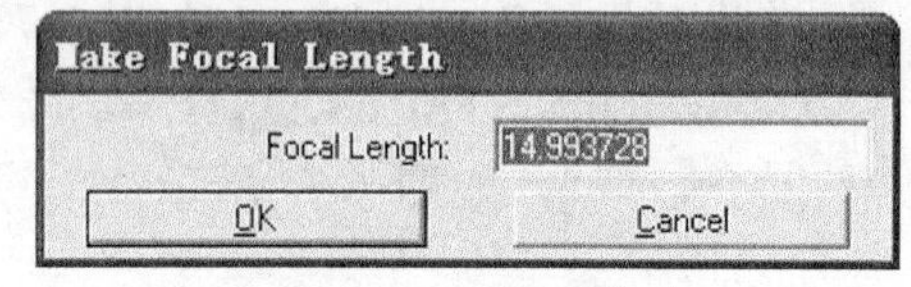

图 1-82　生成焦距窗口

（4）幻像发生器（Ghost Focus Generator）：幻像分析。如图 1-83 所示。

（5）性能测试（Perfirnance Test）：统光线追迹复杂性测试。如图 1-84 所示。

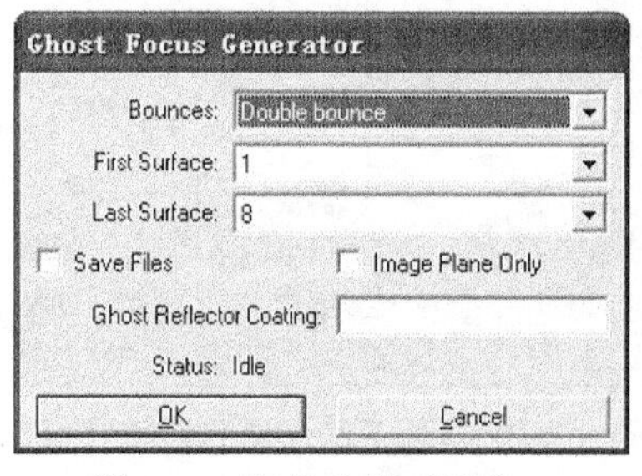

图 1-83　幻象分析对话窗口

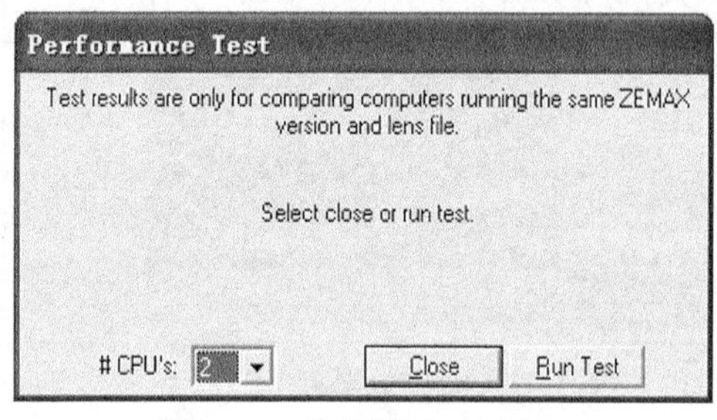

图 1-84　性能测试对话窗口

（6）锁定所有窗口（Lock All Windows）：锁定某个窗口，在其他窗口更新的时候，该窗口保持锁定不变。

（7）解除锁定所有窗口（Unlock All Windows）：解除锁定的窗口，使其可以更新。

（8）快速调焦（Quick Focus）：通过调整后截距对光学系统快速调焦。如图 1-85 所示。

（9）焦距调节（Quick Adjust）：相当于调整最佳焦面。如图 1-86 所示。

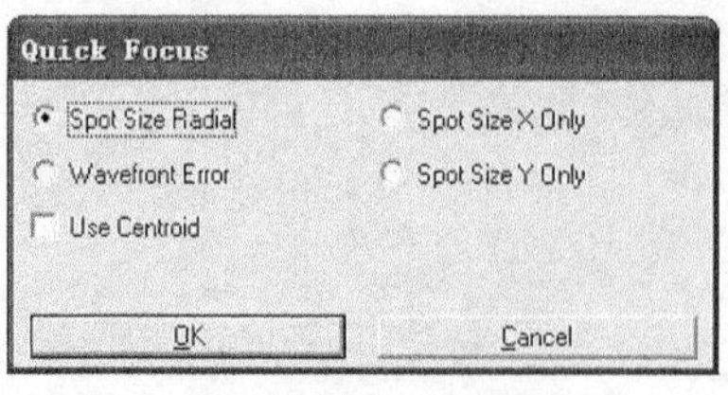

图 1-85　快速调焦对话窗口

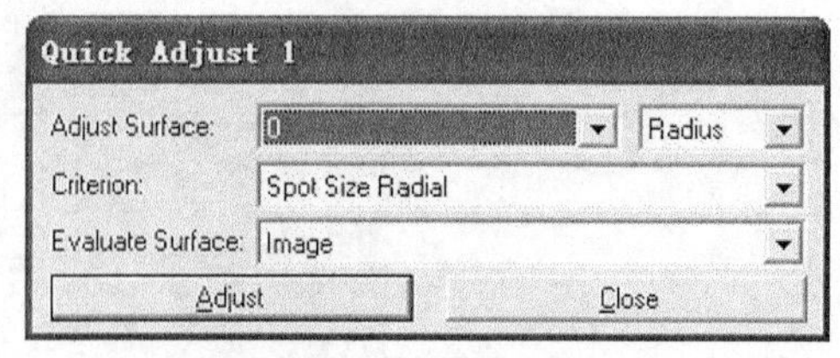

图 1-86　焦距调节窗口

（10）滑块（Slider）：让某个面的半径在某一范围内变化。如图 1-87 所示。

（11）转到 NSC 组（Convert to NSC Group）：从序列转化到非序列中。如图 1-88 所示。

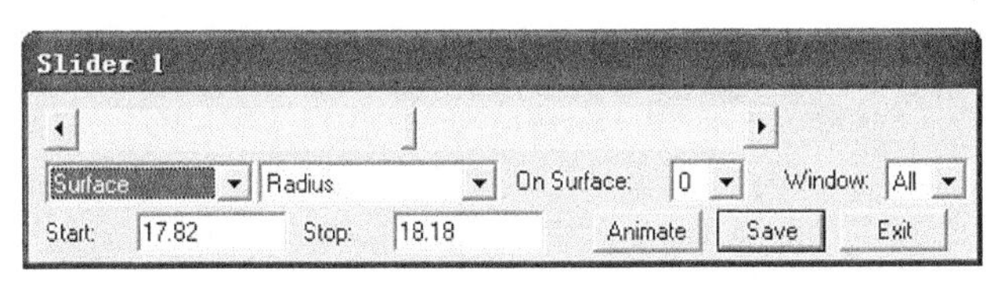

图 1-87 滑块

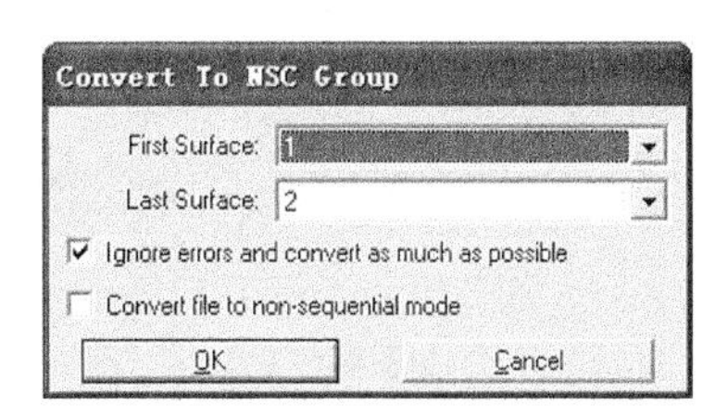

图 1-88 转到 NSC 组窗口

（12）转换文件格式（Convert File Format）：根据需要可以转换格式。如图 1-89 所示。

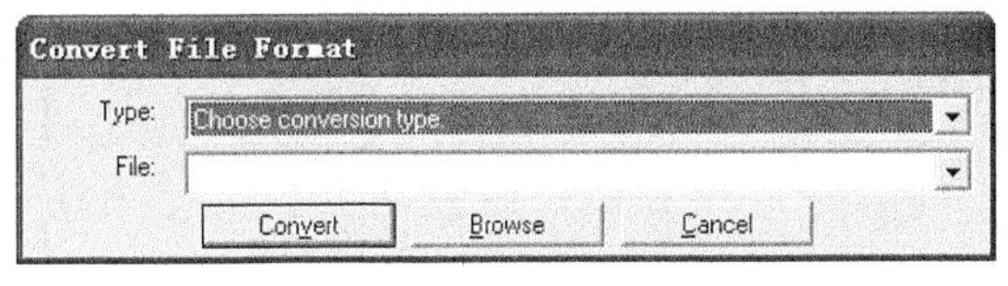

图 1-89 复杂物体窗口

（13）网络系列号测试服务（Test Network License Server）：当安装出现问题时，可以通过该项进行检查。

1.2.8 报告菜单

报告菜单（Reports）包括以下选项：表面数据（Surface Data）、系统数据（System Data）、规格数据（Prescription Data）、系统诊断（System Check）、报告数据 4/6（Report Graphic 4/6），如图 1-90 所示。

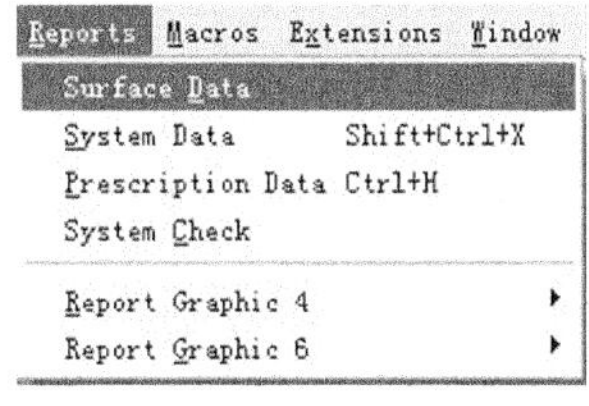

图 1-90 报告菜单

1. 表面数据（Surface Data）

显示表面数据，如图 1-91 所示。

2. 系统数据（System Data）

显示系统数据。此设置是产生一个可列出与系统有关参数的文本框，如光瞳位置与大小、倍率、F/# 等。如图 1-92 所示。

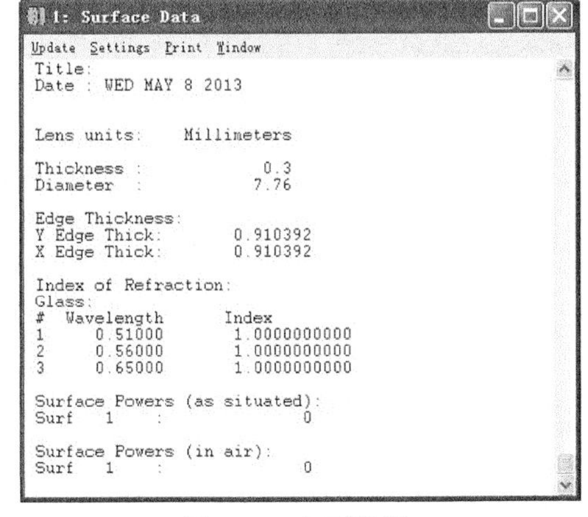

图 1-91 表面数据

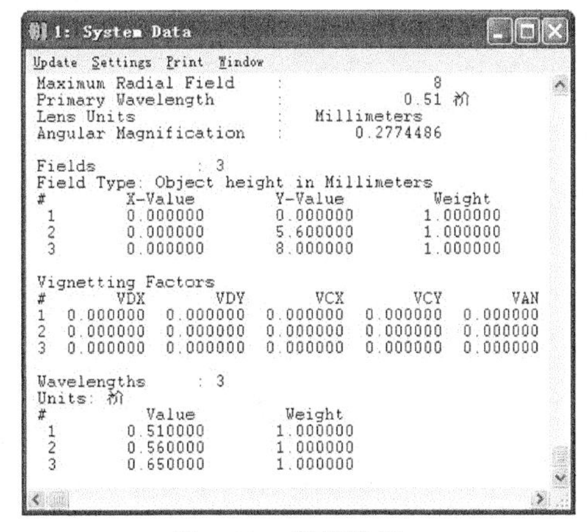

图 1-92 系统数据

3. 规格数据（Prescription Data）

产生一列所有的表面和整个镜头系统数据。可用来打印镜头数据编辑器中的内容。如

图 1-93 所示。

1: Prescription Data

Update Settings Print Window

Surf	Glass	Temp	Pres	0.5
0		20.00	1.00	1.000
1		20.00	1.00	1.000
2	K5	20.00	1.00	1.526
3	F2	20.00	1.00	1.628
4		20.00	1.00	1.000
5	K5	20.00	1.00	1.526
6	F2	20.00	1.00	1.628
7		20.00	1.00	1.000
8		20.00	1.00	1.000

THERMAL COEFFICIENT OF EXPANSION DATA:

Surf	Glass	TCE *10E-6
0		0.00000000
1		0.00000000
2	K5	8.20000000
3	F2	8.20000000
4		0.00000000
5	K5	8.20000000
6	F2	8.20000000
7		0.00000000
8		0.00000000

图 1-93 规格数据

4. 系统诊断（System Check）

光学系统诊断，主要分析有无错误和警告项。

5. 报告图 4/6（Report Graphic 4/6）

此设置可以产生一个同时显示 4 或 6 幅分析图的图形窗口。主要优点是在一张纸上可打印多幅分析图形。如图 1-94、图 1-95 所示。

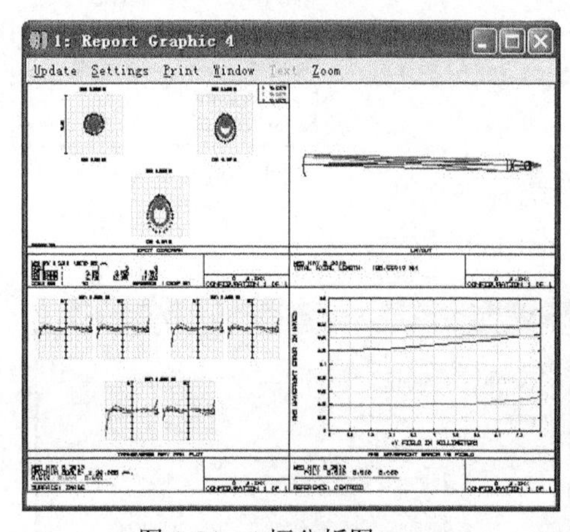

图 1-94 4 幅分析图

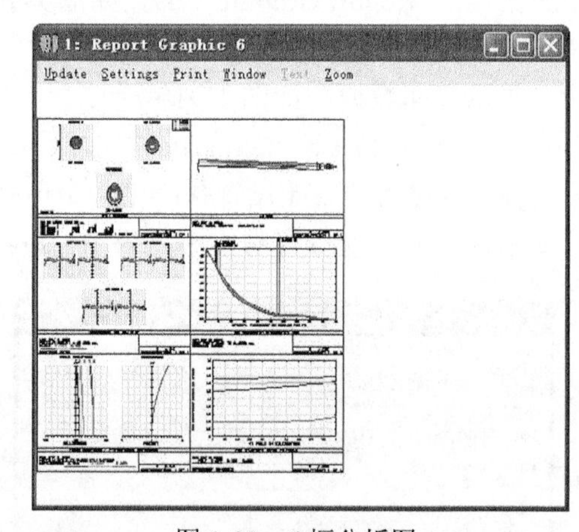

图 1-95 6 幅分析图

在快捷按钮栏单击“Sys”键，打开系统数据窗口有 4 个子菜单选项，如图 1-96 所示。

1: Surface Data

Update Settings Print Window

图 1-96 系统数据子菜单栏

（1）更新（Update）：将重新计算的数据显示在当前设置的窗口中。

（2）设置（Settings）：打开一个控制窗口选项的对话框。

（3）打印（Print）：打印窗口内容。选择此功能在屏幕上出现特性对话框，此对话框有5个按钮，如图1-97所示。

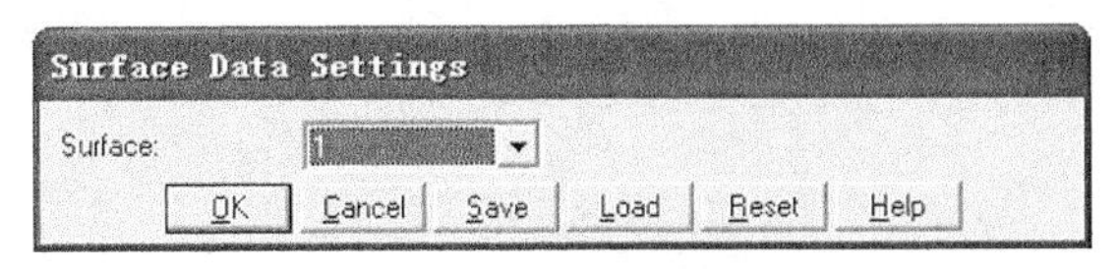

图1-97 面数据打印窗口

- 确定（OK）：使窗口在当前的选项下重新计算并显示数据。
- 取消（Cancel）：使所有选项恢复到对话框使用前的状态，并且不会更新窗口中的数据。
- 保存（Save）：将当前的选项保存为默认值，然后在窗口中重新计算并显示数据。
- 装载（Load）：装载最近保存的默认选项，但不退出对话框。
- 复位（Reset）：将选项恢复到软件出厂时的默认状态，但不退出对话框。在报告窗口中双击鼠标左键可以更新窗口，单击鼠标右键可以打开特性对话框。
- 帮助（Heip）：在线帮助。

（4）窗口（Window）：在此菜单下有6个子菜单选项，如图1-98所示。

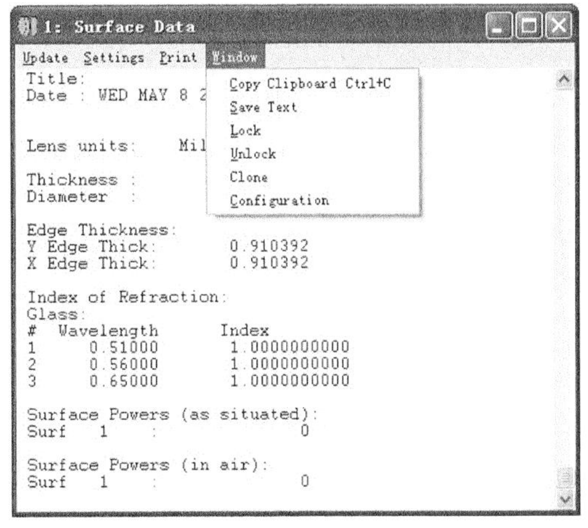

图1-98 Window菜单栏

- 剪贴板（Copy Clipboard）：将窗口文件的内容复制到剪贴板窗口中。
- 保存文件（Save Text）：将显示在文本框中的文本数据保存为ASCII文件。
- 锁定（Lock）：如果选择此选项，窗口将会转变为一个数据不可改变的静止窗口，被锁窗口的文件内容可以打印、复制到剪贴板中，或存为一个文件。这个功能的用途是可以将不同镜头文件的数据相对比。一旦窗口被锁住，就不能修改，随后装载的新镜头文件就可同锁定窗口的结果相比较。
- 解锁（Unlock）：解除锁定的窗口。此功能是结合“Lock”功能使用的，要解除选择“Lock”时锁定的窗口，单击“Unlock”便可解除锁定。
- 复制（Clone）：选择此功能时，可以拷贝当前数据窗口。
- 结构（Clonfiguration）：选择要显示哪个结构的数据。

1.2.9　宏指令菜单

宏指令菜单（Macros）功能包括：编辑/运行 ZPL 宏指令（Edit/Run ZPL Macros）、更新宏指令列表（Refresh Macro List）、宏指令名。如图 1-99 所示。

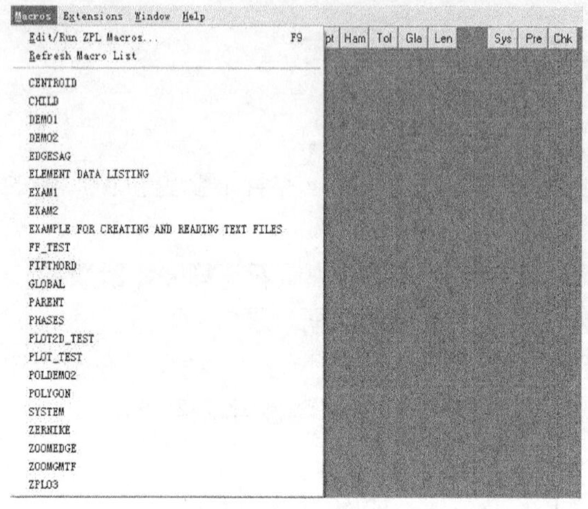

图 1-99　宏观指令菜单

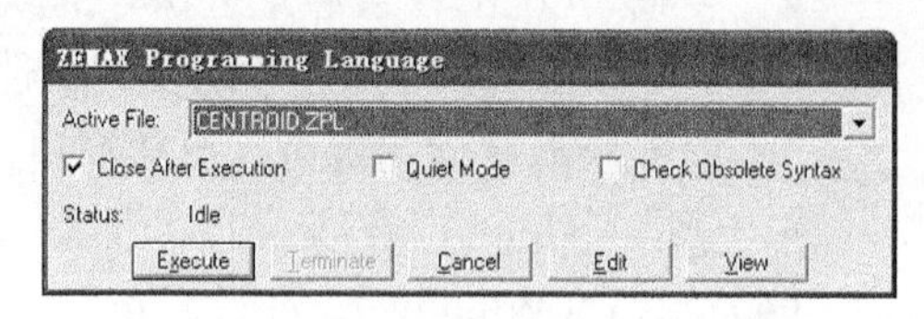

图 1-100　编辑/运行 ZPL 宏指令窗口

（1）编辑/运行 ZPL 宏指令（Edit/Run ZPL Macros）：运行 ZPL 宏指令。选择此项功能弹出一个允许编辑、查看和执行宏指令的对话框，如图 1-101 所示。此特性只用于 ZEMAX-XE 和 ZEMAX-EE 编辑器。

（2）更新宏指令列表（Refresh Macro List）：更新宏指令列表。

（3）宏指令名：列出在默认的宏指令目录下所有的 ZPL 宏指令，单击宏指令名，会立即执行。如图 1-101 所示。

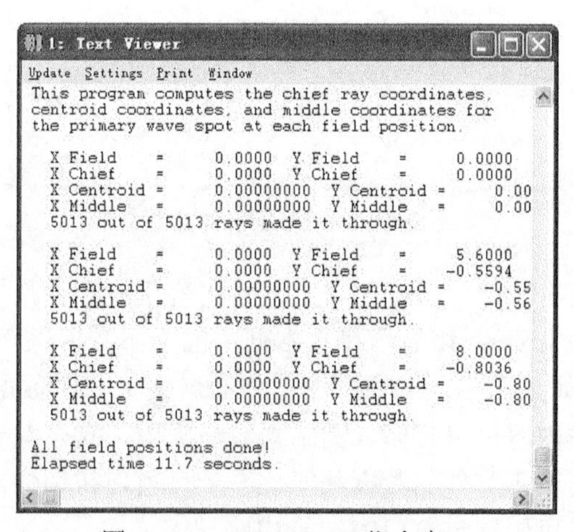

图 1-101　CENTROID 指令窗口

1.2.10　外扩展菜单

外扩展菜单（Extensions）包括：扩展命令（Extensions）、更新扩展命令列表（Refresh

Extensions List)、扩展命令名。如图 1-102 所示。

（1）外扩展指令（Extensions）：运行 ZEMAX 扩展命令。如图 1-103 所示。

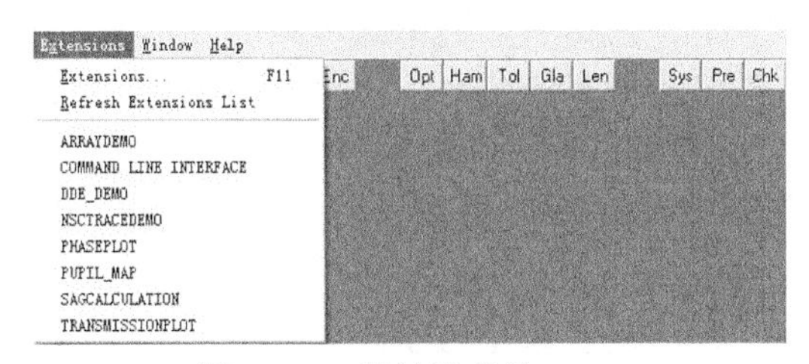

图 1-102 外扩展菜单

图 1-103 运行扩展命名窗口

（2）更新外扩展指令列表（Refresh Extensions List）：更新扩展指令列表。

（3）外扩展指令名：列出在"\ ZEMAX \ Extend"目录下所有的 ZEMAX 外扩展指令。如图 1-104 所示。

Array Demo

Update Settings Print Window

Listing of Array trace data

px	py	error	xout	you
-0.500	-0.500	0	1.796312E-003	1.796312E-00
-0.500	-0.450	0	1.820104E-003	1.638093E-00
-0.500	-0.400	0	1.787538E-003	1.430031E-00
-0.500	-0.350	0	1.718553E-003	1.202987E-00
-0.500	-0.300	0	1.629505E-003	9.777028E-00
-0.500	-0.250	0	1.533691E-003	7.668457E-00
-0.500	-0.200	0	1.441766E-003	5.767066E-00
-0.500	-0.150	0	1.362057E-003	4.086171E-00
-0.500	-0.100	0	1.300806E-003	2.601613E-00
-0.500	-0.050	0	1.262354E-003	1.262354E-00
-0.500	0.000	0	1.249255E-003	0.000000E+00
-0.500	0.050	0	1.262354E-003	-1.262354E-00
-0.500	0.100	0	1.300806E-003	-2.601613E-00
-0.500	0.150	0	1.362057E-003	-4.086171E-00
-0.500	0.200	0	1.441766E-003	-5.767066E-00
-0.500	0.250	0	1.533691E-003	-7.668457E-00
-0.500	0.300	0	1.629505E-003	-9.777028E-00
-0.500	0.350	0	1.718553E-003	-1.202987E-00
-0.500	0.400	0	1.787538E-003	-1.430031E-00
-0.500	0.450	0	1.820104E-003	-1.638093E-00
-0.500	0.500	0	1.796312E-003	-1.796312E-00
-0.450	-0.500	0	1.638093E-003	1.820104E-00
-0.450	-0.450	0	1.602433E-003	1.602433E-00

图 1-104 ARRAYDEMO 外扩展指令窗口

1.2.11 窗口菜单

剪贴板是窗口菜单（Windows）最有用的特性之一。剪贴板是图形和文件的"隐藏领地"，剪贴板的最大好处是所有的 Windows 应用程序都能在剪贴板上输入和输出。

由于 ZEMAX 软件中用的最多的是图形和文本数据，ZEMAX 只支持输出到剪贴板，一旦将数据复制到剪贴板，它就容易被另一程序调用，如文字处理器、图形编辑器、桌面排版系统。例如，在本手册中由 ZEMAX 生成的图形，就是复制到剪贴板中，然后再从剪贴板进入到桌面排版程序中。

将 ZEMAX 图形和文件复制到剪贴板上非常简单，先选中希望复制的图形和文本窗口，然后选择窗口中剪贴板选项。虽然什么也没显示，但是数据已经可被其他应用程序调用。

为将剪贴板中的数据输入到文件处理应用程序中，先运行该应用程序，并从该程序的编辑菜单中选择粘贴选项。仔细观察那个程序，注意 ZEMAX 和那个应用程序可以一直同时处于运行状态。

如果关闭一个应用程序，然后又打开一个，再关闭，那么你一定是不熟悉 Windows 的操作的。我们可以同时保留所有正在运行的程序，用“Alt + Tab”组合键切换它们。

ZEMAX 粘贴图像时，颜色和分辨率不会受到任何影响。剪贴板图像格式是与设备无关的矢量文件，在任何打印设备中都可以最大的分辨率方式输出。

稍加练习就会发现将 ZEMAX 中的图像和文本移动到其他程序中是很快的。旧的 DOS 程序常用打印到一个文件（“Print to File”）的方式来保存图像和文本。

通常，先生成一个 HPGL 图形文件，然后输入到其他应用程序中。现在这种方法被认为是陈旧的，很少用。然而，仍旧可以为打印机驱动器所选择的任何文件格式打印文件。为产生一个 HPGL 文件，用 HP 7470A 打印机驱动软件，然后在打印对话框中选择“Print to File”。

有些 Windows 应用程序不能输入 ZEMAX 图形，尽管这些图形可以正确地显示在 Windows 剪贴板窗口。在这种情况下，就要用本章前面说明的图形窗口中“Export Metafile”选项，一旦生成图元文件，大多数的 Windows 应用程序就能输入图形。

1.2.12 帮助菜单

帮助菜单（Help）功能如图 1-105 所示。

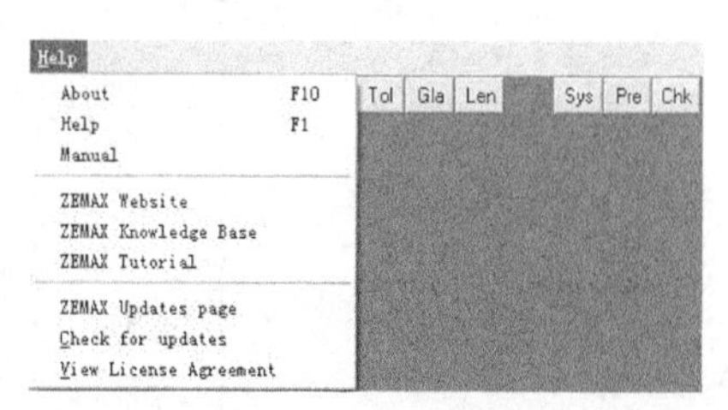

图 1-105 帮助菜单

（1）关于（About）：关于 ZEMAX 软件的简单介绍。

（2）帮助（Help）：提供 ZEMAX 在线帮助文档。

（3）操作手册（Manual）：ZEMAX 软件使用说明。

（4）ZEMAX Website：链接 ZEMAX 网页。

（5）ZEMAX Knowledge Base：提供 ZEMAX 在线帮相关知识。

（6）ZEMAX Tutorial：提供 ZEMAX 帮助指南。

（7）ZEMAX Updates page：链接 ZEMAX 网页。

（8）Check for updates：诊断版本。

（9）View License Agreement：查看 License 声明。

1.3 ZEMAX 常用操作快捷键

ZEMAX 常用操作快捷键是为方便快速打开功能选项设定的。

1.3.1 放弃长时间计算

某些 ZEMAX 工具需要相对较长的计算时间，例如，优化、全局优化和误差分析需要运行几秒到几天。为停止这些工具的运行，有一个可按下的停止键。按下停止键后，将退出 ZEMAX 系统，回到主程序菜单。此时通常不可得到计算的结果，而且不显示。

一些分析特性，如 MTF 和像特性分析，在某些情况下也需要运行很长一段时间。例如，为计算 MTF 采用很密的光线网格和高密度光线分析像面需要很长的计算时间。

然而，分析时并不显示出一个特定框或停止按钮，而直接在窗口中输出，由于这个原因，“Esc”键常用于停止长时间的分析计算，鼠标无此功能，只能用“Esc”键。

“Esc”键可用来中止 MTF、PSF、环绕能量和其他衍射计算。如果按下“Esc”键，画面将回到主菜单（这需要 1～2 秒时间），此时窗口中显示的数据是无效的。对像面的特性分析，“Esc”键用于停止新的光路追迹，已追迹过的光路会显示出来，这些光路数据是正确的、不完全的。

1.3.2　快捷方式的总结

本段总结了既可用键盘又可用鼠标的快捷方式，如表 1-1 所示。

表 1-1　快捷键

热　键	对应的功能
Enter	在对话框中相当于按下确定或取消按钮
Tab	在编辑窗口中将光标移动到下一个选项，或在对话框中移动到下一处
Shift + Tab	在编辑窗口中将光标移动到上一个选项，或在对话框中移动到上一处
Ctrl + Tab	将光标由一个窗口移动到另一个窗口
Ctrl + Esc	打开 Windows 的任务菜单，在菜单中可选择其他运行程序
Ctrl + 字母	ZEMAX 工具框和函数的快捷方式，如“Ctrl + L”组合键可以打开 2D 轮廓图
Ctrl+Page Up/Down	移动光标到最顶部/底部
Home/End	在当前编辑窗口中，将光标移动到左上角/右下角，或在文本窗口中将光标移动到最上端/下端
Ctrl+Home/End	在当前编辑窗口中，将光标移动到左上角/右下角
Alt	选择当前运行程序最上面的菜单项
Alt + Tab	切换当前的应用程序，特别是用于快速切换 ZEMAX 软件和其他运行程序
Alt + 字母	选择与字母相对应的菜单选项，如“Alt + F”组合键可以选中文件菜单项
F1…F10	功能键项
Backspace	当编辑窗口处于输入状态时，高亮选项可用“Backspace”键来编辑。按下“Backspace”键后，用鼠标或左、右方向键可进行编辑
Home/End	在当前编辑窗口中，将光标移动到左上角/右下角，或在文本窗口中将光标移动到最上端/下端
Page Up/Down	上下移动屏幕一次
空格键	切换选择框的开与关
字母	键入下拉框中选项的第一个字母，就进入此选项
双击鼠标左键	如果将鼠标置于图形窗口或文本窗口，双击左键就可打开窗口的内容，这同选项中的修改选项功能相同。双击编辑窗口，可打开对话框
单击鼠标右键	如果将鼠标置于图形窗口或文本窗口，单击右键就可打开窗口的内容，这同选项中的修改选项功能相同。双击编辑窗口，可打开对话框

所有的快捷键在菜单项边上列出，如图 1-106 所示。

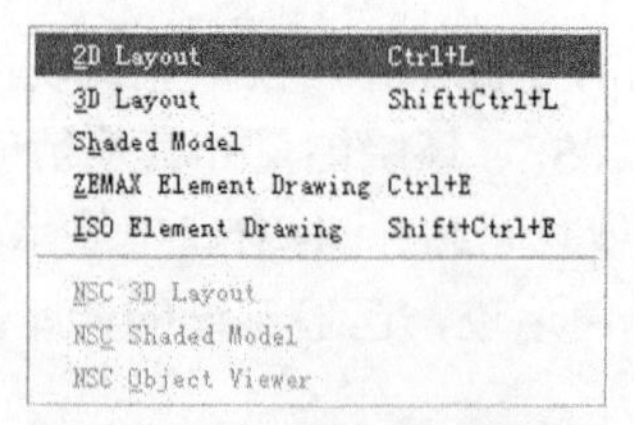

图 1-106　快捷键在菜单项边

1.4　本章小结

本章从 ZEMAX 的入门开始，主要介绍了 ZEMAX 的用户界面，包括主窗口、文件菜单、编辑菜单、系统菜单、分析菜单、工具菜单等，最后列出了 ZEMAX 的常用快捷键，为使用过程带来方便。

第 2 章　像质评价

ZEMAX 提供了丰富的像质评价指标，如评价小像差系统的波像差、包围圆能量集中度；评价大像差系统的点列图、弥散圆、MTF、PSF、几何像差评价方法等。像质评价结果也是表现形式多种多样，既有各种直观的图形表示方法，也有详细的数据报表。我们将在本章中详细介绍。

学习目标：

（1）了解分析界面中像质主窗口菜单的各项功能。

（2）熟练运用像质评价快捷工具栏。

（3）熟练掌握像质评价方法，如波前、点列图等。

（4）熟练掌握各对话框的操作，如镜头数据、波长数据等。

2.1　外形图

外形图（Layout）是指通过镜头截面的外形曲线图。主要有二维外形图、三维外形图、阴影图、原件图。二维外形图是通过镜头 YZ 截面的外形曲线图；三维外形图则显示镜头系统的三维空间外形；阴影图则表示阴影的立体模型；原件图能建立光学加工图。

2.1.1　二维外形图

二维外形图（2D Layout）：通过镜头 YZ 截面的外形曲线。

打开二维外形图对话框“2D Layout → Settings”，如图 2-1 所示。

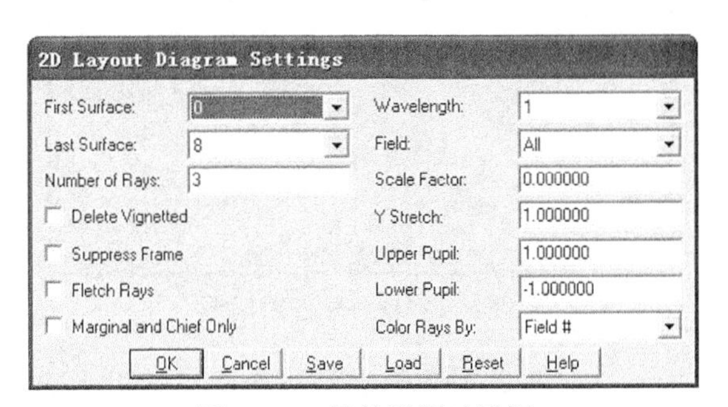

图 2-1　二维外形图对话框

（1）First Surface：绘图的第一个面。

（2）Last Surface：绘图的最后一个面。

（3）Number of Rays：光线数目确定了每一个被定义的视场中画出的子午光线数目。除非变迹已被确定，否则光线沿着光瞳均匀分布。这个参数可以设置为0。

（4）Delete Vignetted：若选取，被任意面拦住的光线不画出。

（5）Suppress Frame：隐藏屏幕下端的绘画框，这可以为外形图留出更多的空间。比例尺、地址或者其他数据都不显示。

（6）Fletch Rays：显示光线箭头。

（7）Marginal and Chief Only：只画出边缘光线和主光线。

（8）Wavelength：显示的任意或所有波长。

（9）Field：显示的任意或所有视场。

（10）Scale Factor：若比例因子设置为0，则“Fill Frame”将被选取，“Fill Frame”将缩放各面来充满画页。若输入数值，则图形将按实际尺寸乘以比例因子画出。

比例因子为1.0将打印（不是在屏幕上）出镜头的实际尺寸。比例因子为0.5将按尺寸的一半画图。

（11）Y Stretch：Y向放大。

（12）Upper Pupil：画出光线通过的最大光瞳坐标。

（13）Lower Pupil：画出光线通过的最小光瞳坐标。

（14）Color Rays By：选择“Field”用每个视场来区分，选择“wave”用每个波长来区分。Suppress Frame 隐藏屏幕下端的绘图框，这可以为外形图留出更多的空间、比例尺、地址，或其他数据都不显示。

2.1.2　3D 外形图

3D外形图（3D Layout）：显示镜头系统的三维空间外形。运算绘制镜头的网格表示，如图2-2所示。

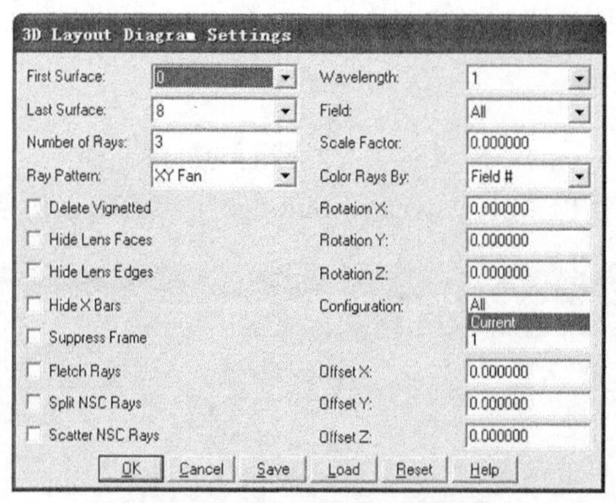

图2-2　3D外形图对话框

（1）Hide Lens Faces：若选取，则不画镜头表面，只画镜头边缘。许多复杂的系统如果画各面会使图形看起来很乱，因而本功能很有用。

（2）Hide Lens Edges：若选取，则不画镜头外侧的口径。对于给出3D外形的2D横截面外表很有用。

（3）Hide X Bars：若选取，则不画镜头的 X 部分。当“Hide Lens Edges”选取，而“Hide Lens Faces”未选取时是有用的。

（4）Rotation About X：用度表示的镜头绕 x 轴的旋转角。

（5）Rotation About Y：用度表示的镜头绕 y 轴的旋转角。

（6）Rotation About Z：用度表示的镜头绕 Z 轴的旋转角。

（7）PositionX，Y，Z：画出 X、Y、Z 方向的结构。

（8）Offset X，Y，Z：用透镜单位表示的结构间的 X、Y、Z 方向的偏离量。只有变焦位置选择为“All”时本选项才起作用。

按上、下、左、右方向键及 Page Up、Page Down 键会使显示的图形旋转到不同的透视位置。

若光线在某一面上发生光线溢出，则该面光线不画出，如果光线发生全反射，那么在发生全反射的面射入的光线画出，射出的光线不画。光线溢出与否将使用本章后面所讲的光线追迹计算来详细判断。

当画所有的变焦位置时，在每个变焦位置 X、Y、Z 的方向独立地加上偏离量。若需要，偏离量可以都为 0。若所有的偏离量都为 0，那么所有的变焦位置是重叠的；否则，各变焦位置之间用确定的数值相互分隔，以便区别。

> **注意：**所有的偏离量都是相对于参考面的位置定义的。参考面在系统中的 Advanced 对话框中定义。若所有的偏离量都是 0，多重变焦位置在参考面处是重叠的。

2.1.3 阴影图

阴影图（Shaded Model）：用 OpenGL 图画表示镜头的带阴影的立体模型。除了能设置亮度和背景色外，本选项与在 3D 模型中的设置是相同的。如图 2-3 所示。

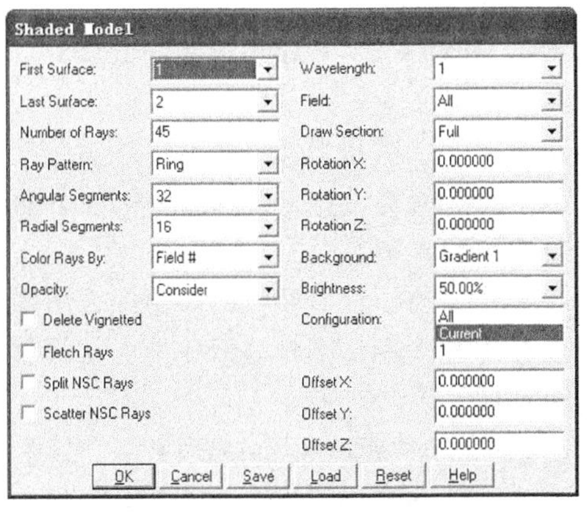

图 2-3 阴影图对话框

2.1.4 元件图

ZEMAX 元件图（ZEMAX Element Drawing）：能建立供光学车间生产使用的表面、单透镜、双胶合透镜或三胶合透镜的机械图。如图 2-4、图 2-5 所示。

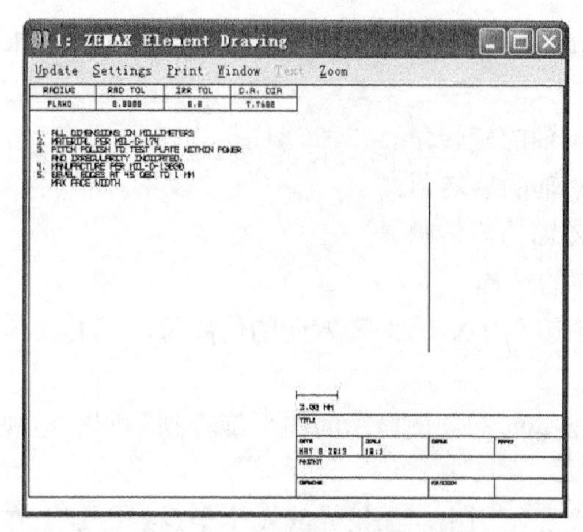

图 2-4 ZEMAX 元件图

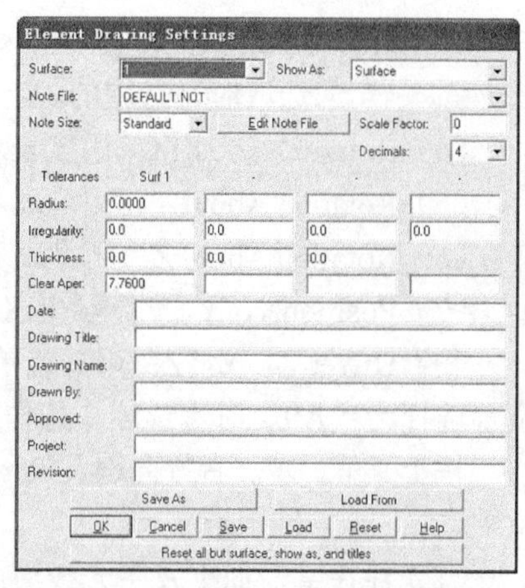

图 2-5 ZEMAX 元件图属性窗口

（1）Note File：ASCII 码文件的文件名，该文件包含被添加在元件绘图注释部分的注释。注释项总是从第 2 项开始，因为第 1 项注释是保留作为规定单位用的。

（2）Note Size：选择 Standard、Medium、Small 或 Fine。这些选项是按字体大小的顺序排列的。注释字体大小（Note Size）的设置只影响在图形中注释的注释文件的字体大小。较小的字体允许显示较大的注释文件。

（3）Edit Note File：单击此按钮打开 NOTEPAD.EXE 编辑器，可用来修改被选择的注释文件。

（4）Radius：半径（第 1、2 或 3 面）的公差栏中的值。

（5）Irregularity：各面（第 1、2 或 3 面）的光焦度不规则公差栏中的值。

（6）Thickness：第 n 面中心厚度公差。默认值是 1%。

（7）Clear Aper：在第 n 个面上的镜片的全口径。默认值是半口径的两倍。

（8）Title：用户自定义文本区域。默认值是镜头的标题。

（9）Drawing Title/ Name、Drawn By、Approved、Project、Revision：所有这些区域用于用户自定义文本。可以输入任何文本。无默认值。

元件图的设置通过单击“Save”按钮被保存在专门的镜头文件中。与多数的分析功能不同。元件图功能可以将每个面的所有设置分别保存。例如，面 1 的注释和公差可以被保存，然后面 3 的注释和公差也被输入和保存。

若要将该设置赋予某一个特定的面，只要将面序号改为所需要的面号，单击“Load”按钮就可以了。若与先前保存的面匹配，则将显示先前面的设置。本功能使重新产生多组元光学系统的复杂图形变得容易了。

画元件图功能的重要特性是它能装载不同的注释文件并把它们放在图形中。默认注释文件“DEFAULT.NOT”是一套普通的、很少使用的注释。但是用户可以修改注释文件（它们是 ASCII 码文件，Word 或文本编辑器都可以修改）并把它们用不同的名字存储。例如，可以为自己设计的每一个光学部件建立一个“NOT”文件，当元件图产生时装载适合的注释文件。

注释文件注释行从数字 2 开始。注释行 1 被 ZEMAX 保留给行“1）All dimensions in millimeters”或当前镜头的单位，注释文件中的分行和空格在元件图中被严格复制。

一旦新零件图产生或“Reset”按钮被按下，默认设置将重新产生。默认公差从公差数据编辑器中获得。min/max 公差范围中的最大值使用默认值。例如，若 TTHI 厚度公差为–0.3，+0.5，公差值将为 0.05。这里只考虑 TTHI、TRAD 和 TIRR 公差。若不能产生一个适合的默认值，公差设置为 0。

注意：所有的公差都是文本，可以按需要进行编辑。

当用检测样板检查零件的牛顿圈（光圈）时，半径公差和用干涉条纹表示的光焦度之间的简便的转换公式为：

$$\# fringes = \frac{\Delta R \rho^2}{\lambda R^2}$$

这里 ΔR 是半径误差，λ 是测试波长，ρ 是径向口径，R 是曲率半径。此公式可以近似用于小曲率。

2.1.5　ISO 元件图

ISO 元件图（ISO Element Drawing）：能建立供光学制造商使用的表面、单透镜、双胶合透镜的 ISO.10110 制图。

2.2　几何光学像质量评价

几何光学像质量评价主要通过特性曲线、点列图、衍射调制传递函数、波前分析、像差系数等，了解成像光学系统的性能。

2.2.1　特性曲线

特性曲线（Fans）包含 3 个子菜单项：光线像差（Ray Aberration）、光程（Optical Path）、光瞳像差（Pupil Aberration），如图 2-6 所示。

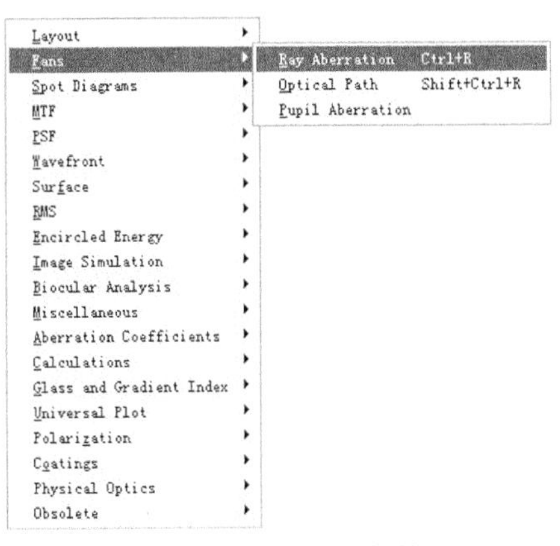

图 2-6　特性曲线菜单

（1）光线像差（Ray Aberration）：显示作为光瞳坐标函数的光线像差。

单击快捷工具栏“Ray”，打开特性曲线窗口，如图 2-7、图 2-8 所示。

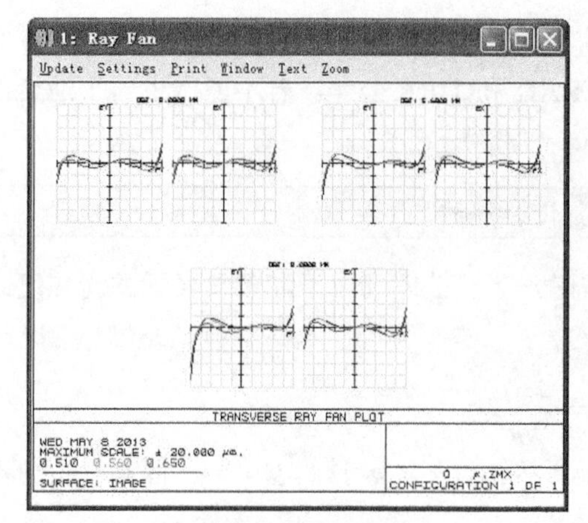

图 2-7　光线像差

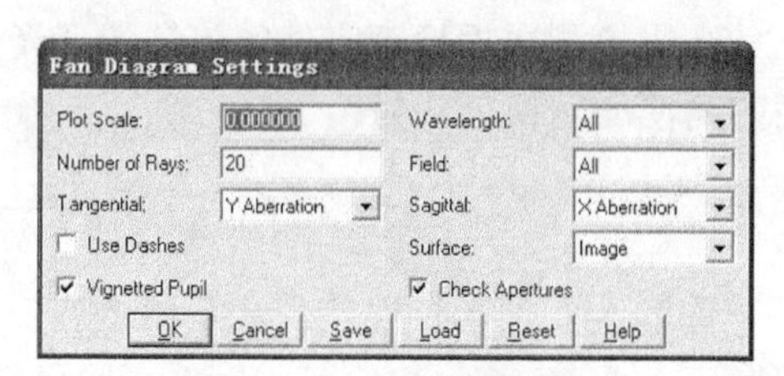

图 2-8　光线像差属性窗口

横向特性曲线是用光线的光瞳的 y 坐标的函数表示的横向光线像差的 x 或 y 分量。默认选项是画出像差的 y 分量曲线。但是由于横向像差是矢量，它不能完整地描述像差。当 ZEMAX 绘制 y 分量时，曲线标称为 EY，当绘制 x 分量时，曲线标称为 EX。

垂轴刻度在图形的下端给出。绘图的数据是光线坐标和主光线坐标之差。横向特性曲线是以光瞳的 y 坐标作为函数，绘制光线和像平面的交点的 x 或 y 坐标与主波长的主光线 x 或 y 坐标的差。

弧矢特性曲线是以光瞳的 x 坐标作为函数，绘制光线和像平面的交点的 x 或 y 坐标与主波长的主光线 x 或 y 坐标的差。每个曲线图的横向刻度是归一化的入瞳坐标 PX 或 PY。

若显示所有波长，则图形参考主波长的主光线。若选择单色光，那么被选择的波长的主光线被参照。由于这个原因，在单色光和多色光切换显示时，非主波长的数据通常被改变。

因为像差是有 x 和 y 分量的矢量，光线像差曲线不能完全描述像差，特别是在像平面倾斜或者系统是非旋转对称时。另外，像差曲线仅仅表示了通过光瞳的两个切面的状况，而不是整个光瞳。像差曲线图的主要目的是判断系统中有哪种像差，它并不是系统性能的全面描述，尤其系统是非旋转对称时。

（2）光程（Optical Path）：显示用光瞳坐标函数表示的光程差。如图 2-9、图 2-10 所示。

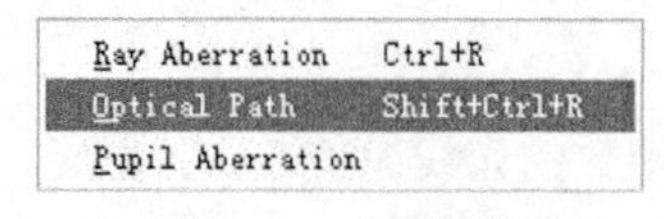

图 2-9　光程菜单

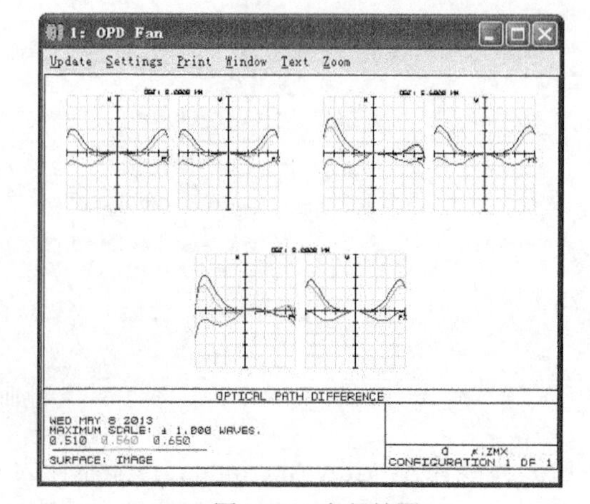

图 2-10　光程差图

垂轴刻度在图形的下端给出。绘图的数据是光程差（OPD），它是光线的光程和主光线的光程之差，通常计算以返回到系统出瞳上的光程差为参考。每个曲线的横向刻度是归一化的入瞳坐标。

若显示所有波长，那么图形以主波长的参考球面和主光线为参照基准。若选择单色光，那么被选择的波长的参考球面和主光线被参照。由于这个原因，在单色光和多色光切换显示时，非主波长的数据通常被改变。

（3）光瞳像差（Pupil Aberration）：显示用光瞳坐标函数表示的入瞳变形。如图 2-11 所示。

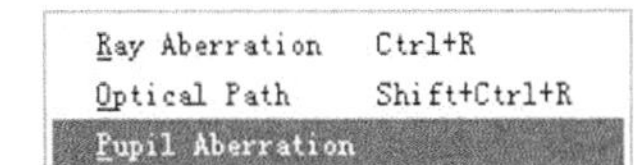

图 2-11 光瞳像差菜单

入瞳像差是以实际光线在光阑面的交点和主波长近轴光线交点的差，在近轴光阑半径所占的百分比来定义的。

若最大像差超过一定的百分比，就得用光线定位，以便在校正物空间的光线使它正确地充满光阑面。若光线定位选择被打开，入瞳像差将为 0（或剩下很小的值），因为变形被光线追迹算法补偿了。读者可以利用这一点来检查光线定位是否正确。

这里所用的光瞳像差的定义并不是追求其完整性和与其他定义的一致性。本功能的唯一目的是为是否需要光线定位提供依据。

2.2.2 点列图

点列图（Spot Diagrams）下方给的数可以看出每个视场的 RMS RADIUS（均方根半径值）、AIRY（光斑半径）及 GEO RADIUS（几何半径），值越小成像质量越好。

另外根据分布图形的形状也可了解系统的各种几何像差的影响，如是否有明显像散或慧差特征，几种色斑的分开程度如何等。

点列图包括：标准（Standard）、离焦（Through Focus）、全视场（Full Field）、矩阵（Matrix）、配置矩阵（Configuration Matrix）等子菜单项。如图 2-12 所示。

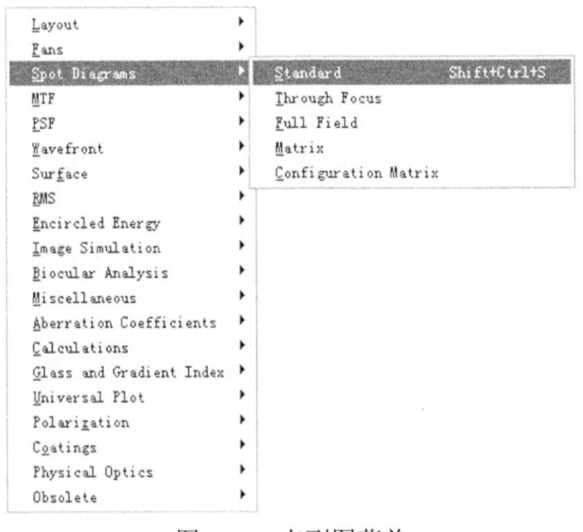

图 2-12 点列图菜单

（1）打开标准（Standard）对话框“Analysis→Spot Diagrams→ Standard”。如图 2-13、图 2-14 所示。

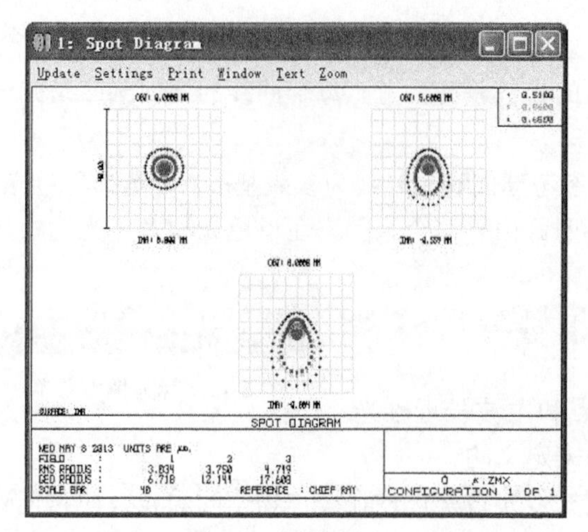

图 2-13　光斑图

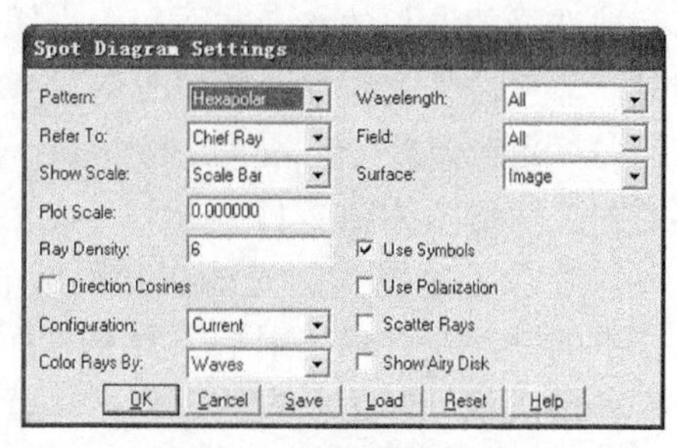

图 2-14　光斑属性窗口

- Pattern：光瞳模式可以是六角形、方形或高频脉冲。这些方式与出现在光瞳面的光线的分布模式有关。当镜头大离焦时来研究光瞳分布模式。高频脉冲点列图是在长方形或六角形模式的点列图中，删去对称因素的伪随机光线而产生的。

如果光瞳变迹给定，则用光瞳分布变形来给出正确的光线分布。没有最好的模式，每一种模式都只能表示点列图的不同特性。

- Refer To：默认点列图是以实际主光线为参考的。列在图形尾部的 RMS 和 GEO（在说明部分定义）点尺寸是假定主光线是零像差点计算的。但是，本选项允许选择其他两个参考点：重心和中点。重心是用被追迹的光线分布定义的。中点定义使其最大光线误差在 X 和 Y 方向相等。
- Show Scale：比例条目是默认的。选择艾利圆斑“Airy Disk”，将在图的每个点的周围画椭圆环表示艾利椭圆。空心环的半径是 1.22 乘以主波长乘以系统的 F#；它通常依赖于视场的位置和光瞳的方向。

如果空心环比点大，空心环将设置为放大尺，否则点尺寸将设置比例尺。选择“Square”将画方形，其中心是参考点，宽度是从参考点到最外光线距离的 2 倍。选择“Cross”将通过参考点画一个十字。设置为“Circle”将以参考点为中心画圆。

- Plot Scale：设置用毫米表示的最大比例尺。0 设置将产生一个适合的比例。
- Ray Density：若选择六角形或高频脉冲光瞳模式，光线密度决定了六角环形的数目，若选择长方形模式，光线密度决定了光线数目的均方根。被追迹的光线越多，虽然计算时间会增加，但点列图的 RMS 越精确。第 1 个六角环中有 6 条光线，第 2 个有 12 条，第 3 个有 18 条，依此类推。
- Use Symbols：若选中，每种波长将画不同的符号，而不是点。它可以帮助区分不同的波长。
- Use Polarization：若选中，将用偏振光追迹每个需要的光线，通过系统的透过强度将被考虑。只有 ZEMAX-EE 版本支持这个功能。

光线密度有一个依据视场数目，规定的波长数目和可利用的内存的最大值。离焦点列图将追迹标准点列图最大值光线数目的一半光线。

列在曲线上的每个视场点的 GEO 点尺寸是参考点（参考点可以是主波长的主光线，所有被追迹的光线的重心，或点集的中点）到距离参考点最远的光线的距离。换句话讲，GEO 点尺寸是由包围了所有光线交点的、以参考点为中心的圆的半径。

RMS 点尺寸是径向尺寸的均方根。先把每条光线和参考点之间的距离的平方，求出所有光线的平均值，然后取平方根。点列图的 RMS 尺寸取决于每一条光线，因而它给出光线扩散的粗略概念。GEO 点尺寸只给出距离参考点最远的光线的信息。

艾利圆环的半径是 1.22 乘以主波长乘以系统的 F# ，它通常依赖于视场的位置和光瞳的方向。对于均匀照射的环形入瞳，这是艾利圆环的第 1 个暗环的半径。艾利圆环可以被随意地绘制来给出图形比例。

例如，如果所有的光线都在艾利圆环内，则系统被认为处于衍射极限状态。若 RMS 尺寸大于空心环尺寸，那么系统不是衍射极限。衍射极限特性的域值依赖于判别式的使用。系统是否成为衍射极限并没有绝对的界限。若系统没有均匀照射或用渐晕来除去一些光线，艾利圆就不能精确地表示衍射环的形状或大小。

在点列图中，ZEMAX 不能画出拦住的光线，它们也不能被用来计算 RMS 或 GEO 点尺寸。ZEMAX 根据波长权因子和光瞳变迹产生网格光线（如果有的话）。有最大权因子的波长使用由“Ray Density”选项设置的最多光线的网格尺寸。有最小权因子的波长在图形中设置用来维持正确表达的较少光线的网格。

如果变迹被给定，光线网格也被变形来维持正确的光线分布。位于点列图上的 RMS 点尺寸考虑波长权因子和变迹因子。但是，它只是基于光线精确追迹基础上的 RMS 点尺寸的估算，在某些系统中它不是很精确的。

像平面上参考点的交点坐标在每个点列图下被显示。如果是一个面被确定而不是像平面，那么该坐标是参考点在那个面上的交点坐标。既然参考点可以选择重心，这为重心坐标的确定提供了便利的途径。

（2）离焦（Through Focus）：显示偏离最佳焦点位置某个距离的点图。如图 2-15 所示。

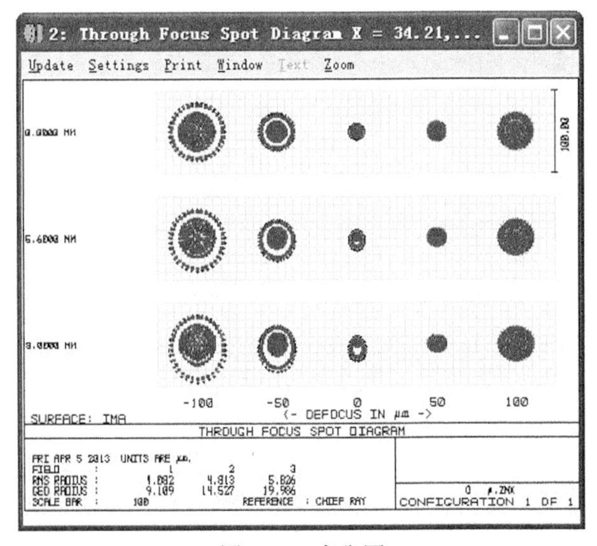

图 2-15 离焦图

（3）全视场（Full Field）。

全视场点列图类型与标准类型是基本相同的，但所有的点是关于相同的参考点画出的，与每个视场位置各自的参考点是不同的。这为相对于其他视场点表达所分析点的点列图提供了方法。

例如，这可以用来确定像空间中两个相近的点能否被分辨。如果点的尺寸比整个视场的尺寸小，在这种情况下，每个视场的点只是以简单的点的形式出现，“全视场点列图”类型是无用的。如图 2-16 所示。

（4）矩阵（Matrix）：显示所有不同波长下所有视场的点图。如图 2-17 所示。

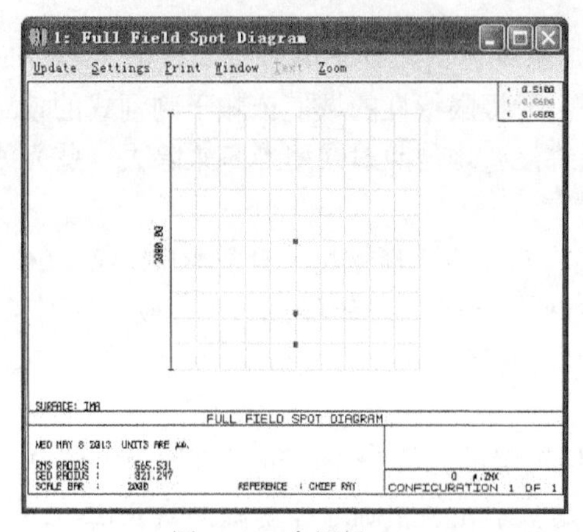

图 2-16　全视场

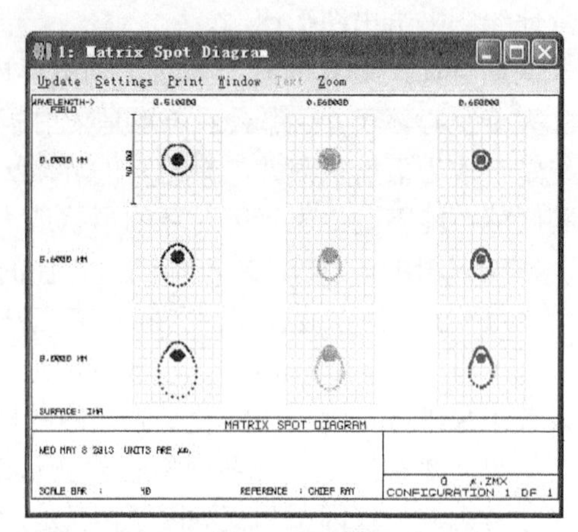

图 2-17　矩阵

（5）配置矩阵（Configuration Matrix）：显示多重结构下的点图。如图 2-18 所示。

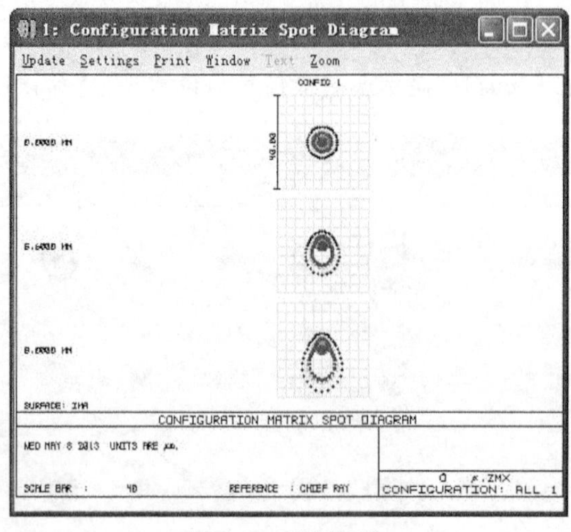

图 2-18　配置矩阵

2.2.3　调制传递函数

调制传递函数（MTF）是计算所有视场位置的衍射调制传递函数。本功能包括衍射调制传递函数（DMTF）、衍射实部传递函数（DRTF）、衍射虚部传递函数（DITF）、衍射相位传递函数（DPTF）、方波传递函数（DSWM）。

DMTF、DRTF、DITF、DPTF 和 DSWM 函数分别表示模数（实部和虚部的模）、实部、虚部、相位或方波响应曲线。

与正弦波目标响应的其他曲线相反，方波 MTF 是特定空间频率下方波目标的模数响应，方波响应是用下面的公式由 DMTF 数据计算的。

$$S(v)=\frac{4}{\pi}\left[\frac{M(v)}{1}-\frac{M(3v)}{3}+\frac{M(5v)}{5}-\frac{M(7v)}{7}+\ldots\right]$$

这里 S（v）表示方波响应，M（v）表示正弦目标响应的模数，v 表示空间频率。

当采样点增加或 OPD 的峰谷值减小时，衍射计算更精确。如果光瞳处的峰谷值很大，则波前采样是很粗糙的，会有伪计算产生。伪计算会产生不精确的数据。当伪计算发生时，ZEMAX 会试图检测出来，并发出适当的出错信息。但是，ZEMAX 不能在所有情况下，尤其是在出现很陡的波前相位时，自动检测出何时采样太小。

当 OPD（以波长为单位）很大时，如大于 10 个波长，这时最好用计算几何 MTF 来代替衍射 MTF。对于这些大像差系统，尤其是在低的空间频率下，几何 MTF 是很精确的。

任一波长的截止频率用波长乘以工作 F/#分之一所得的值表示。ZEMAX 分别计算每个波长、每个视场的子午和弧矢的工作 F/#。这样可以得出精确的 MTF 数据，即使是那些有失真和色畸变的系统，如有混合柱面和光栅的系统也是如此。因为 ZEMAX 不考虑矢量衍射，MTF 数据对大于 $F/1.5$ 的系统是不精确的（精度的衰退变化是逐步的）。

这些系统中，OPD 特性曲线数据是更重要的，因而是更可靠的性能指标。如果系统不接近衍射极限，几何 MTF 可以证实是有用的。

若显示，衍射极限曲线是在轴上计算的与像差无关的 MTF 值。在轴上光线不能被追迹的情况下（如当一个系统只有在轴外视场才能工作时），那么第 1 个视场位置被用来计算"衍射极限" MTF。

MTF 曲线的空间频率刻度用像空间每毫米的线对数表示，它只是一个对正弦目标响应 MTF 曲线的确切术语。但术语"每毫米的线对数"经常被使用，与正弦目标曲线相反，严格地说"每毫米的线对数"应使用黑白条纹，因为在工业上是通用的，ZEMAX 在使用这些术语时不加区别。MTF 通常是在像空间测量的，当决定物空间的空间频率响应时，需要考虑系统的放大率。

FFT MTF：在确定的空间频率下，计算所有视场位置的离焦衍射传递函数。此功能包括离焦衍射传递函数，离焦衍射传递函数的实部，离焦衍射传递函数的虚部，离焦衍射传递函数的相位，离焦衍射方波传递函数。

单击快捷工具栏"Mtf"，打开调制传递函数窗口，如图 2-19、图 2-20 所示。

- Sampling：在光瞳上对 OPD 采样的网格尺寸，采样可以是 32x32、64x64 等。虽然采样数目越高产生的数据越精确，但计算时间会增加。
- Max Frequency：确定绘图的最大空间频率（每毫米的线对数）。
- Show Diffraction Limit：选择是否需要显示衍射极限的 MTF 数据。
- Use Polarization：对每一条所要求的光线进行偏振光追迹，由此可得出通过系统的最后的光强。只有 ZEMAX-EE 版本才有此功能。
- Use Dashes：选择彩色（对彩色显示器或绘图仪）或虚线（对单色显示器或绘图仪）

来表达。

- Wavelength：计算中所使用的波长序号。
- Field：计算中所使用的视场序号。
- Type：可选择模数、实部、虚部、相位或方波。
- Surface：扫描计算可以在任何一面进行，但是相对照度计算只在像平面上是精确的。

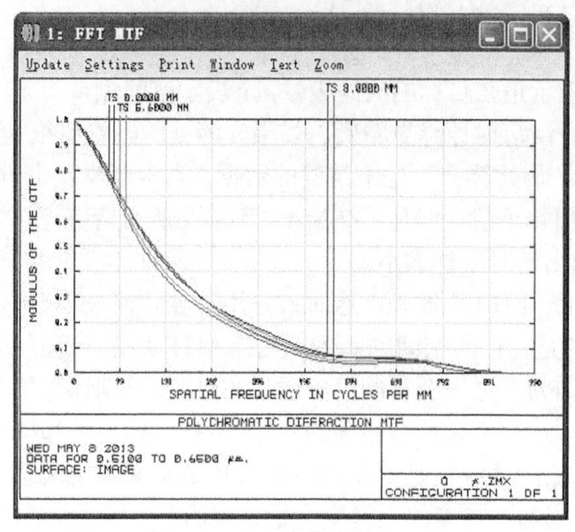

图 2-19 MTF 曲线图

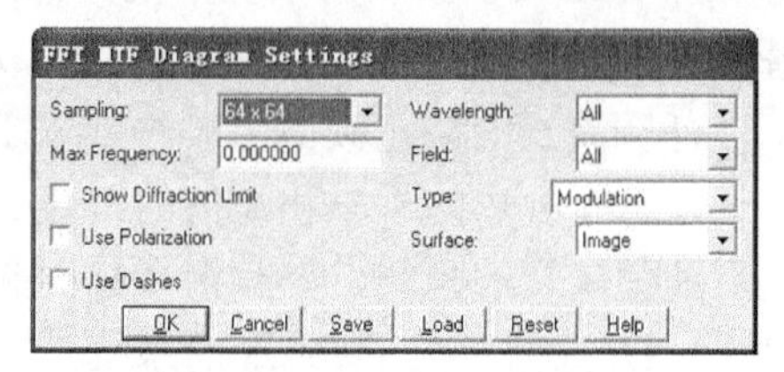

图 2-20 MTF 曲线属性窗口

2.2.4 点扩散函数

点扩散函数（PSF）是用快速傅里叶变换方法计算衍射的点扩散函数。它包括：FFT PSF、FFT PSF Cross Section、FFT Line/Edge Spread、Huygens PSF、Huygens PSF Cross Section。如图 2-21 所示。

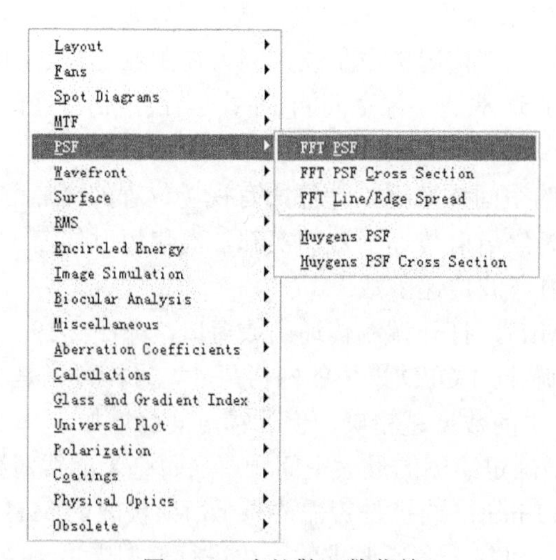

图 2-21 点扩散函数菜单

（1）FFT PSF：用快速傅里叶变换方法计算衍射的点扩散函数。

用快速傅里叶变换（FFT）计算点扩散函数的速度很快，但必须有几个假设，这些假设并不是永远成立的。速度慢但更通用的办法是惠更斯法，它并不要求这些假定，详见下节。

用 FFT 计算的 PSF（点扩散函数），可以计算由物方某一点光源发出由一个光学系统所成的衍射像的强度分布。强度是在垂直于参考波长入射主光线的成像平面上计算得出的，参考波长在多色光计算中指的是主波长，而在单色光计算中指的是所计算的波长。

因为成像平面是与主光线垂直的，所以它不是像平面。因此当入射主光线的角度不为 0 时，由 FFT 计算 PSF 的结果一般总是过于乐观的（即 PSF 较小），尤其是对倾斜像平面系统、广角系统，含有出瞳像差系统和离远心条件较大的系统，更是如此。

对于那些主光线与像平面接近于垂直（小于 20 度）和出瞳像差可以忽略的系统而言，用 FFT 计算 PSF 是精确的，并且总是比惠更斯方法更快，如果对计算结果有怀疑，可使用两种方法进行计算比较。

用 FFT 计算 PSF 的算法基于下例事实：即衍射的点扩散函数和光学系统的出瞳上的波前的复数振幅的傅里叶变换有关。先计算出瞳上的光线网格的振幅和位相，然后进行快速傅里叶变换，从而可以计算出衍射像的强度。

在出瞳的抽样网格尺寸和衍射像的抽样周期之间存在着一个折衷，如为了减少衍射像的抽样周期，瞳面上的抽样周期必须增加，这可以通过“扩大”入瞳抽样网格使它充满入瞳来达到。这一过程意味着真正处在入瞳中间的点子的减少。

当抽样网格尺寸增加时，ZEMAX 按比例增加瞳面上的网格数，以增加处于瞳面上的点的数量，与此同时，可以得到衍射像的更接近的抽样。

每当网格尺寸加倍，瞳面的抽样周期（瞳面上各点之间的距离）在每一维上以 2 的平方根的比例增加，像平面上的抽样周期也以 2 的平方根的因子增加（因为在每维上的点子数增加了 2 倍），所有比例是近似的，对大的网格是渐近式正确的。

网格延伸是以 16×16 的网格尺寸为参考基准的。16×16 个网格点在整个瞳面上分布，处于光瞳内的各点被真正追迹，衍射像平面上的各点之间距离由下式给出：

$$\Delta x = \lambda F \frac{n-2}{2n}$$

式中 F 是工作 F/#（与像空间 F/#不同），λ 是所定义的最短波长，n 是通过网格的点数，在本例中 n 为 16（抽样网格尺寸为 16×16），式中–2 是由于瞳面和网格不是同心的（因为 n 是偶数），有一个 $n/2+1$ 的偏离，分母中的 $2n$ 是由于零位添调整而产生的，详见以后论述。

对一个大于 16×16 的网格，每当抽样密度加倍时，网格在瞳空间以 0 的比例增大。$\sqrt{2}$ 像空间抽样的一般公式为：

$$\Delta x = \lambda F \frac{n-2}{2n}\left(\frac{16}{n}\right)^{1/2}$$

像方网格的总宽度为：

$$W = \Delta x(2n-1)$$

因为瞳面网格的扩展会减少瞳面上抽样点的数目，有效的网格尺寸（即实际代表所追光线的网格尺寸）比抽样网格为小。随着抽样增加，有效网格尺寸也增加，但增加速度并没有那样快。表 2-1 所列是近似的有效网格抽样尺寸随各种抽样密度值的变化。

表 2-1　　点扩散函数计算中有效网格尺寸表

抽样网格尺寸	近似的有效网格尺寸
32×32	23×23
64×64	32×32
128×128	45×45
256×256	64×64
512×512	90×90
1024×1024	128×128
2048×2048	181×181

抽样还是波长的函数，上述讨论只是对计算中最短波长有效，如果用多色光计算，那么对长波必须按比例缩小网格，这里的比例因子是波长之比。对波长范围较宽的系统选择抽样网格时，必须考虑到这一点。对多色光计算而言，短波长的数据比长波长的数据更精确。

一旦抽样确定以后，ZEMAX 在一个被称为“零位添加”的过程中，将陈列尺寸加倍，这意味着对抽样密度为 32×32 的网格，ZEMAX 在中间部分用 64×64 的网格。因此衍射点扩散函数将在 64×64 的网格中分布。像空间中的抽样总是瞳面抽样的两倍，“零位添加”是为了减少伪运算。

（2）Huygens PSF：用惠更斯子波直接积分法计算衍射点扩散函数。

考虑衍射效应的一种方法是将波阵面上的每一个点想象成为具有一定振幅和相位的完整点光源，每一个这样的点都会发出球面的“子波”，有时人们也称它为“惠更斯子波”，这是因为惠更斯首先提出了这一模型。当波阵面在空中传播时，波面的衍射是由各个点发出的球面子波干涉或复数和。

为了计算惠更斯点扩散函数，一个网格的光线将通过光学系统，每一条光线代表一个特殊的振幅和相位的子波，像面上任何一点的衍射强度是所有子波的复数求和再平方。

与 FFT 的 PSF 计算中不一样，ZEMAX 在主光线交点处与像平面相切的想象平面上计算惠更斯的点扩散函数。

注意：这个想象平面垂直于表面的法线而不是主光线，因此，惠更斯的点扩散函数计算中考虑了像平面上的任何倾斜，这些倾斜可以是像平面的倾斜引起的，或主光线的入射角引起的，或者同时由两者引起的。

更进一步，惠更斯的 PSF 计算方法中，考虑到了光束沿像面传播时衍射像的演变形状。如果像平面和入射光束之间是非常倾斜的话，这是一个很重要的效应。

用惠更斯 PSF 计算中心方法的另一个好处的使用者可任意选择网格大小和网格间隙，这样可以对两个不同镜头的 PSF 值之间进秆直接比较，即使它们的 F/#或波长不同。

用惠更斯 PSF 计算的唯一缺点是计算速度与 FFT 方法相比，直接积分法并不是很有效（详见上节），因此它所耗费的时间很长，计算时间大致上与瞳面网格尺寸平方、像面网格尺寸平方、波长的个数成正比。

2.2.5 波前

波前（Wavefront）有 3 个子功能：波前图（Wavefront Map）、干涉图（Interferogram）、傅科切口分析（Foucault Analysis）。如图 2-22 所示。

（1）波前图（Wavefront Map）：显示波前像差。图 2-23 所示为打开波前图对话框。

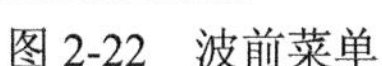
图 2-22 波前菜单

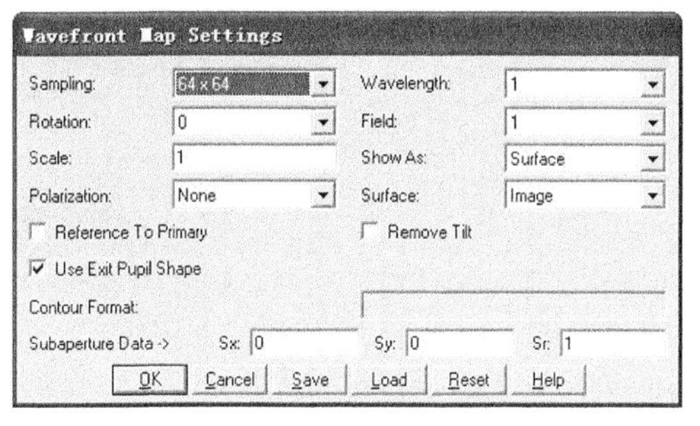

图 2-23 波前图对话框

- Rotation：规定图形在观察时的旋转角度，可以是 0、90、180 或 270 度。
- Scale：比例因子用来覆盖程序在表面图上已设置的自动垂直比例。比例因子可以大于 1 以便在垂直方向加强效果，或者小于 1 以便压缩图形。
- Reference To Primary：默认时，波前误差是以所用波长的参考球面为参照物的，如果选中本选项，则用主波长的参考球面为参照物。换句话说，选中本选项，将使数据包含横向色差的影响。
- Use Exit Pupil Shape：默认时，瞳形是变形的，用来表达从轴上主光线像点所看到的出瞳近似形状。如果本选项没有选中，那么图形将与图形入瞳坐标成比例，而不考虑实际出瞳是如何变形的。
- Show As：显示时的选择，有表面图、等高线图、灰度图和伪彩色图等。

（2）干涉图（Interferogram）：产生并显示干涉图。干涉图对话框如图 2-24 所示。

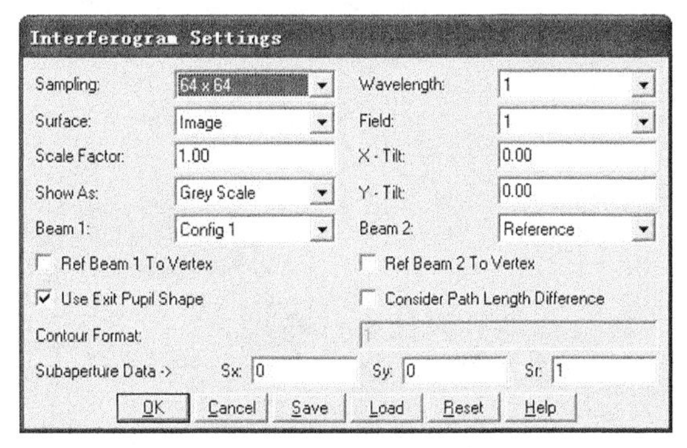

图 2-24 干涉图对话框

- Scale Factor：决定每个波长的 OPD 所对应的条纹数，适用于模拟两次干涉仪的情况（即比例因子为 2）。
- X-Tilt：应用比例因子后，加到 X 方向的倾斜波长数。
- Y-Tilt：应用比例因子后，加到 Y 方向的倾斜波长数。

干涉图要求很长的打印时间，光线密度高的话，计算时间也很长，如果填充因子设置得很大，伪灰度图也许会变得无意义。

（3）傅科切口分析（Foucault Analysis）：产生和显示傅科切口阴影图。模拟焦点附近任何位置上 X 或者 Y 方向的切口，然后计算由切口渐晕光束回到近场的阴影图。如图 2-25 所示。

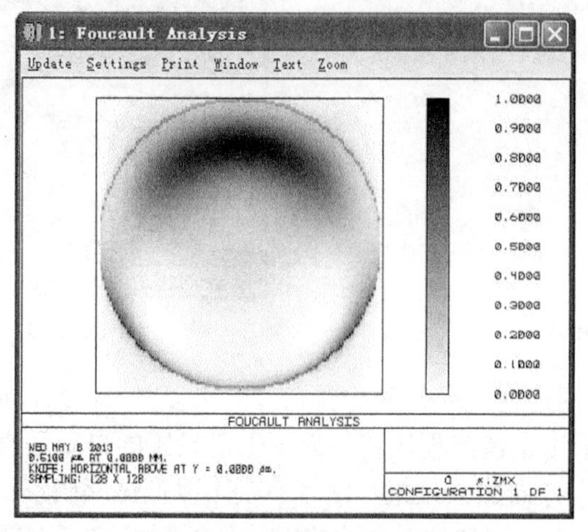

图 2-25 傅科切口阴影图

2.2.6 曲面

曲面（Surface）包括：Surface Sag、Surface Phase，如图 2-26 所示。

（1）表面凹陷（Surface Sag）：显示某个面对通过的光线的相位改变情况，单位为毫米。如图 2-27 所示。

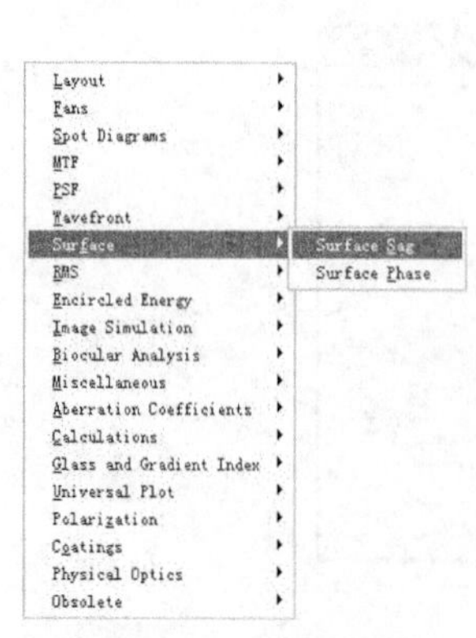

图 2-26 曲面菜单

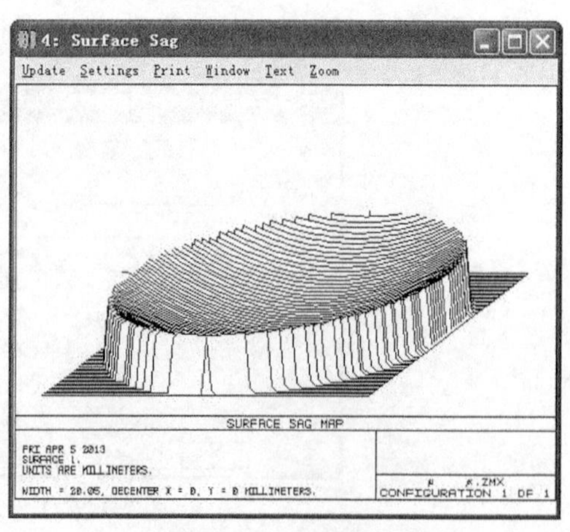

图 2-27 表面凹陷图

（2）表面相位（Surface Phase）：显示某个面对通过的光线的相位改变情况，单位为周期。如图 2-28 所示。

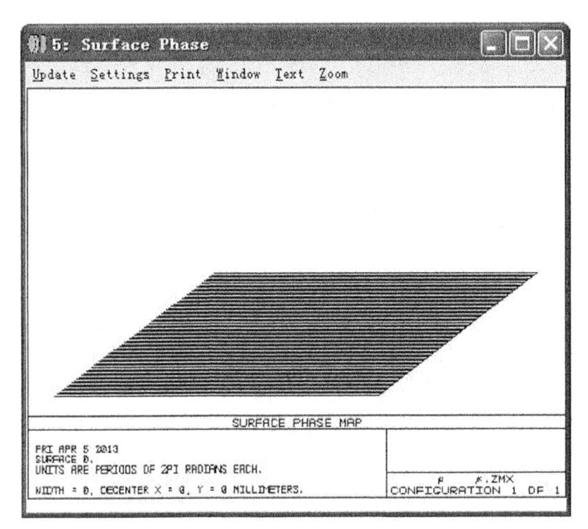

图 2-28　表面相位

2.2.7　均方根

（1）视场函数与均方根（RMS vs Field）：画出径向 X 方向和 Y 方向点列图的均方根（RMS），波前误差或斯特列尔比率的均方根，它们是视场角的函数，计算时波长可以是单色光或多色光。如图 2-29 所示。

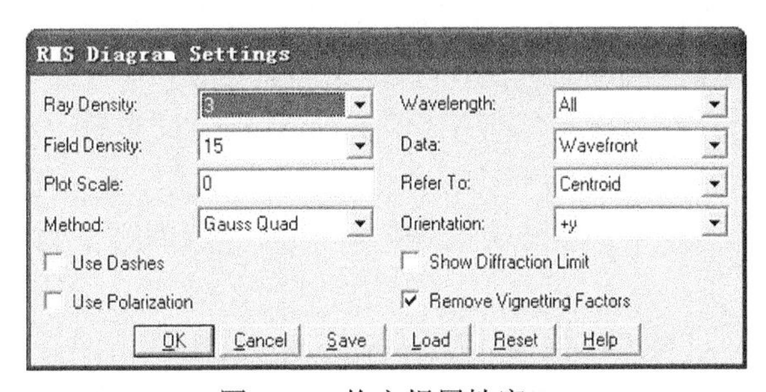

图 2-29　均方根属性窗口

- Ray Density：如果用高斯求积法，那么光线密度决定了要追迹的径向光线的数目。所追迹的光线越多，精度也越高，但是所需的时间也增加了。最大的密度是 18，这对有 36 次方的光瞳像差来说已足够了。如果用方形列阵方法，那么光线密度表示了网格的尺寸，在圆形入瞳以外的光线将被省略。
- Field Density：本设置（视场密度）决定了计算均方根斯特列尔比率数时确定 0 到最大视场角之间的视场点的个数。中间值用插值法求出，最大允许的视场点数为 100。
- Method：选择高斯求积法或矩形列阵法。高斯求积法速度快精度高，但只对无渐晕系统起作用，若有渐晕，则用方形列阵法更精确。
- Use Dashes：选择彩色（对彩色显示器或绘图仪）或虚线（对单色显示器或绘图仪）来表达。

- Use Polarization：若选中，对每一条所要求的光线进行偏振光追迹，由此可得出通过系统的最后的光强。只有 ZEMAX-EE 版本才有此功能。
- Show Diffraction Limit：如果选中，则表示衍射极限响应的一条水平线将画在图中，对弥散斑的径向、X 或 Y 方向的 RMS，衍射极限是 F#乘以波长乘以 1.22（对多色光来说，波长用主色光），不考虑视场的话，衍射极限只随工作 F#而变。整个图形中只使用单一值。对斯特列尔比率用 0.8，对波前 RMS 用 0.072 个波长。这些仅仅是为方便而采用的近似值。衍射极限的真正定义应公开以便理解。
- Data：可选择项包括波前、弥散斑半径、X 方向弥散尺寸、Y 方向弥散尺寸或斯特列尔比率。
- Refer To：参考基准，可选择主光线或重心光线。对单色光，将所计算特定的波长用作参考基准，对多色光计算，主色光用作参考基准。两种参考基准都要减去波前位移，在重心光线模式中，应减去波前的倾斜，以得到较小的 RMS 值。
- Orientation 方向：可选择+y、–y、+x 或–x 方向。

注意：只有在所规定视场的所选方向范围内，才计算数据。

本功能对每个波长计算出作为视场角函数的 RMS 误差或斯特列尔数，并能给出波长加权后的多色光计算结果。

可以采用两种计算方法即高斯求积法或光线的方形列阵法。在高斯求积法中，所追迹的光线按径向方法排列，并用一个可选的权因子用中等数量的光线来估算 RMS。这个方法在 G.W.Forbes 的论文（JOSA ASP1943）中有详细叙述。

虽然这个方法很有效，但对某些因表面孔径而拦截了的光线，它并不准确。用渐晕因子表达的渐晕并不使光线拦截，而表面孔径却会拦截光线。

在波前计算时 ZEMAX 自动地减去了 OPD 的平均值，这导致了归一化的偏离而不足实际的 RMS。然而 ZEMAX 在这里使用术语 RMS 以满足光学工业中的普遍定义。

在带有表面孔径的系统中计算波前 RMS 要求用方形列阵法，为了得到足够的精度，必须计算大量的光线。

（2）波长函数与均方根（RMS vs Wavelength）：画出作为波长函数的弥散斑径向、X 方向、Y 方向的 RMS 图或斯特列尔比率。本功能计算每一个视场以离焦量为函数的 RMS 误差和斯特列尔数，所用的计算方法和前面“视场函数的均方根”中所叙述的一样。

（3）离焦量函数与均方根（RMS vs Focus）：画出作为离焦量函数的弥散斑的径向、X 方向、Y 方向的均方根值。本功能计算每一个视场以离焦量为函数的 RMS 误差和斯特列尔数，所用的计算方法和前面“视场函数与均方根”中所叙述的一样。

ZEMAX 只是简单地对像面前的表面厚度加上所规定的离焦量。如果系统中有奇数个反射面，那么该表面厚度就是负的。因此，负的离焦量使像平面离开系统最后一个元件更远，对有偶数个反射面的系统，负的离焦量使像平面离开最后一个元件更近。

2.2.8 像差系数（Aberration Coefficients）

（1）塞得尔系数（Seidel Coefficients）：显示赛得尔系数和波前系数。如图 2-30、图 2-31 所示。

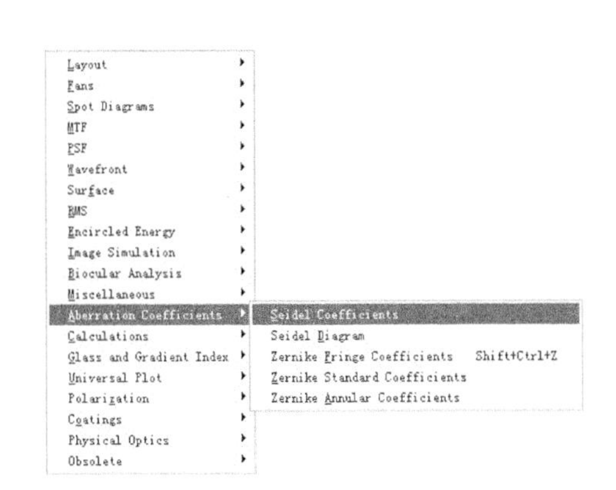

图 2-30 塞得尔系数

```
1: Seidel Coefficients
Update Settings Print Window
Marginal Ray Slope, Object Space:          0.0250
Marginal Ray Slope, Image Space :         -0.2518
Petzval radius                  :        -14.9609
Optical Invariant               :         -0.2003

Seidel Aberration Coefficients:

Surf    SPHA  S1     COMA  S2     ASTI  S3     FCUR  S4
STO   -0.000000    0.000000   -0.000000   -0.000000
  2    0.032817   -0.005380    0.000882    0.001057
  3   -0.039400   -0.001622   -0.000067   -0.000175
  4    0.005624    0.001956    0.000681    0.000138
  5   -0.000429    0.000409   -0.000390    0.001205
  6   -0.028861    0.005606   -0.001089   -0.000273
  7    0.040521   -0.002120    0.000111    0.000728
IMA    0.000000    0.000000    0.000000    0.000000
TOT    0.010272   -0.001151    0.000128    0.002681

Seidel Aberration Coefficients in Waves:

Surf       W040        W131        W222       W220P
STO   -0.000000    0.000000   -0.000000   -0.000000
  2    8.043399   -5.274996    0.864858    0.518190
  3   -9.656846   -1.590265   -0.065470   -0.085708
  4    1.378317    1.918068    0.667296    0.067597
```

图 2-31 塞得尔系数列表

ZEMAX 将计算固定的赛得尔系数，横向的、轴向的某些波前系数。赛得尔系数逐面排列，然后是整个系统的赛得尔系数，所列的系数为球差（SPHA，SI）、彗差（COMA，S2）、像散（ASTI，S3）、场曲（FCUR，S4）、畸变（DIST，S5）、轴向色差（CLA，CL）和横向色差（CTR，CT），它们的单位和系统的透镜单位相同，只是以波长为单位的系数除外。

这些数据只对系统完全由标准面组成的情况有效。任何包含坐标折断、光栅、理想面或其他标准面的系统是不能用计算赛得系数的近轴光线适当地描述的。

横向像差系数也是逐面列出并列出总和，所给出的系数是横向球差（TSPH）、横向弧矢彗差（TSCO）、横向子午彗差（TTCO）、横向弧矢场曲（TSFC）、横向子午场曲（TTFC）、横向畸变（TDIS）和横向轴上色差（TLAC）。这些横向像差均以系统的透镜单位为计量单位，这些横向像差系数当出射光线处于接近平行状况下会变得很大，在光学空间中变得没有意义。

纵向像差系数所计算的内容包括：纵向球差（LSPH）、纵向像散（LAST）、纵向匹兹凡场曲（LFCP）、纵向弧矢场曲（LFCS）、纵向子午场曲（LFCT）和纵向轴上色差（LAXC），纵向像差用透镜单位计量。当出射光线接近于平行时，纵向像差系数会变得很大，以至于在光学空间中变得没有意义。

所给出的波前系数包括球差（W040）、彗差（W131）、像散（W222）、匹兹凡场曲（W220P）、畸变（W311）、轴向色离焦项（W020）、轴向色倾斜（W111）、弧矢场曲（W220S）、平均场曲（W220M）、子午场曲（W220T）。所有这些波前系数以出瞳边缘的波长单位为单位。

各种像差系数的关系如表 2-2 所示，符号 n 和 u 代表团各面的物空间的近轴光线的夹角和折射率，在 n 和 u 的右上角撇号代表该面的像空间的有关量。

表 2-2　　像差系数之间的相互关系表

名　称	赛得尔系数	波　前	描　述	横向系数	纵向系数
球差	S_1	$\frac{S_1}{8}$	—	$-\frac{S_1}{2n'u'}$	$\frac{S_1}{2n'u'^2}$

续表

名　称	赛得尔系数	波　前	描　述	横向系数	纵向系数
彗差	S_2	$\frac{S_2}{2}$	弧矢彗差	$-\frac{S_2}{2n'u'}$	—
			子午彗差	$-\frac{3S_2}{2n'u'}$	—
像散	S_3	$\frac{S_3}{2}$	子午到弧矢的焦散	—	$\frac{S_3}{n'u'^2}$
场曲	S_4	$\frac{S_4}{4}$	高斯面到匹兹凡面	—	—
			高斯面到弧矢面	$-\frac{(S_3+S_4)}{2n'u'}$	$\frac{S_3+S_4}{2n'u'^2}$
			高斯面到子午面	$-\frac{(3S_3+S_4)}{2n'u'}$	$\frac{3S_3+S_4}{2n'u'^2}$
畸变	S_5	$\frac{S_5}{2}$	—	$\frac{-S_5}{2n'u'}$	—
轴向色差	C_L	$\frac{C_L}{2}$	—	—	$\frac{C_L}{n'u'^2}$
横向色差	C_T	C_T	—	$\frac{C_T}{n'u'}$	—

在赛得尔面上的匹兹凡曲率半径是以透镜单位度量的。拉格朗日不变量也是这样。

（2）泽尼克边缘系数（Zernike Fringe Coefficients）：显示 z1 至 z37 泽尼克边缘系数值。

（3）标准泽尼克系数（Zernike Standard Coefficients）：显示 z1 至 z37 标准泽尼克系数值。

（4）泽尼克环形系数（Zernike Annular Coefficients）：显示 z1 至 z10RMS 波前误差值。

2.2.9　杂项（Miscellaneous）

（1）场曲和畸变（Field Curv/Distortion）：显示场曲和畸变曲线。如图 2-32、图 2-33 所示。

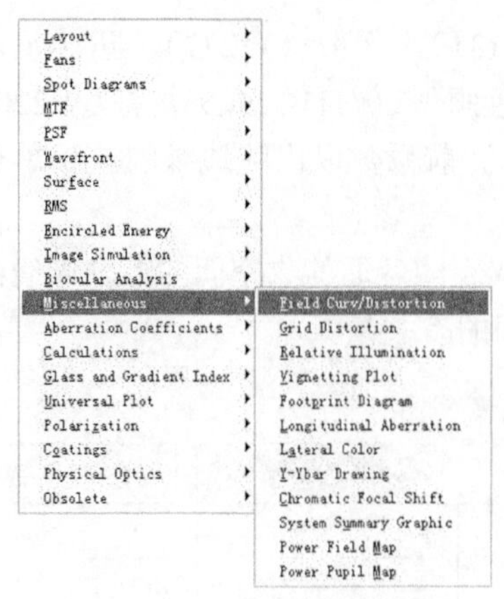

图 2-32　场曲和畸变菜单

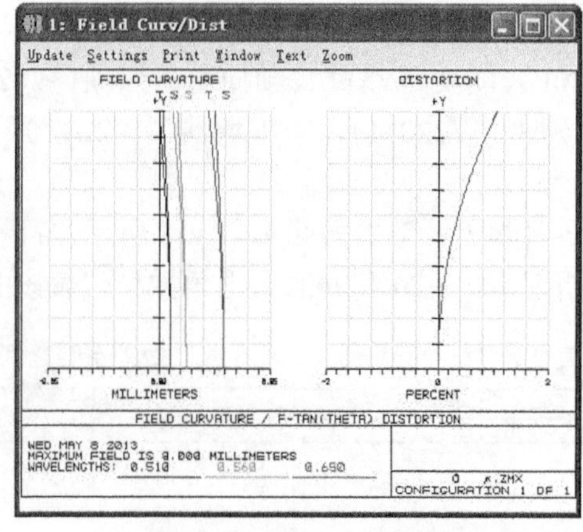

图 2-33　场曲和畸变图

场曲曲线显示作为视场坐标函数的当前的焦平面或像平面到近轴焦面的距离，子午场曲数据是沿着 z 轴测量的从当前所确定的聚焦面到近轴焦面的距离，并且是在子午（YZ 面）上测量的。

弧矢场曲数据测量的是在与子午面垂直的平面上测量的距离，示意图中的基线是在光轴上，曲线顶部代表最大视场（角度或高度），在纵轴上不设置单位，这是因为曲线总是用最大的径向视场来归一化的。

子午光线和弧矢光线的场曲是以用该光线的确定的像平面到近轴焦点之间的距离定义的。在非旋转对称系统，实际光线和主光线从不相交，因此所得出的数据是在最接近处理的点上得出的。

在默认时视场扫瞄是沿 y 轴的正方向进行的，如果选择“Do X_Scan”，那么最大视场是沿着 X 的正方向，在这种情况下，子午场曲代表 XZ 平面，弧矢场曲代表 YZ 平面。

初学者常问为什么零视场的场曲图并不总是从 0 开始的呢？这是因为图中所显示的距离是从当前定义的像平面到近轴焦面的距离，而当前定义的像平面并不需要与近轴像平面重合。如果存在着任何离焦量，那么这两个平面之间是有位移的，由此可以解释场曲的数据为什么会是那样。

“标准”的畸变大小定义为实际主光线高度减去近轴主光线高度值，然后被近轴主光线相除，再乘以 100。无论像平面如何定义（该数据不再以近轴像平面为参照系），近轴像高是用一条视场高度很小的实际光线求得的，然后按要求将结果按比例缩放。这一规则允许即使对不能用近轴光线很好描述的系统也能计算合理的畸变。

“F-”畸变并不用近轴主光线高度，而是用由焦距乘以物方主光线的夹角决定的高度。这种称为“F-”高度的系统只有物在无穷远时才有意义，此时视场高度用角度来代替。一般来讲“F-”只适用于扫瞄系统，这些系统像高与扫瞄角需要成线性关系。

“刻度标定”畸变与“F-”畸变类似，只是使用的是“最适焦距”，而不是系统焦距，标定畸变用像高和视场角之间的非线性程度来衡量，不限制由 F-条件定义的线性。选择一个最适合该数据的焦距而不是系统焦距进行计算，尽管一般来说，最适焦距与系统焦距是非常接近的。在本功能中，标定焦距在列出本功能的文本（“Text”）中给出。

对于非旋转对称系统和只有弯曲的像平面的系统，畸变很难确定，并且所得到的数据也可能是无意义的。对非旋转对称的系统而言，没有一个单一的数字可以在单一的视场点适当地描述畸变，作为替代可用“网格图”表示。

说明：严格地说场曲和畸变图只对旋转对称并且具有平的像面的系统有效。然而 ZEMAX 采用了场曲和畸变的推广概念去描述某些（并非全部）非旋转对称系统的合理结果，在理解非旋转对称系统的相应图示时必须注意。

在画场曲和畸变时，默认情况下不考虑渐晕。渐晕系数可以改变主光线在光阑面上的位置，以致使主光线不再通过光阑中心。

（2）网格畸变（Grid Distortion）：显示主光线交点的网格以表示畸变。如图 2-34 所示。

本功能显示或计算主光线网格的坐标，在一个无畸变的系统中，像平面的主光线坐标值和视场坐标之间遵守线性关系：

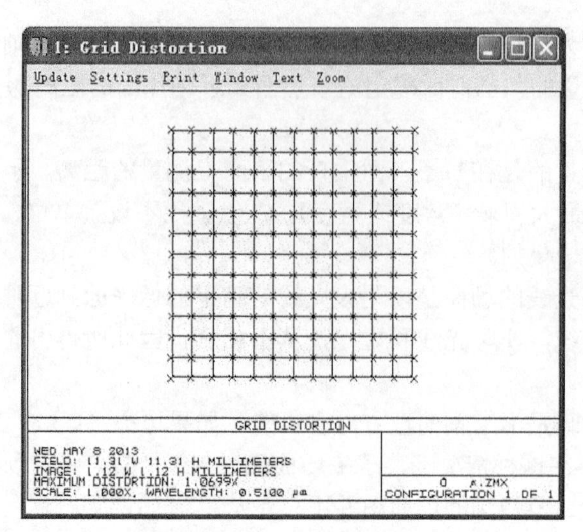

图 2-34　网格畸变

$$\begin{bmatrix} x_p \\ y_p \end{bmatrix} = \begin{bmatrix} A & B \\ C & D \end{bmatrix} \begin{bmatrix} f_x \\ f_y \end{bmatrix}$$

式中 x_p 和 y_p 是以参考像点为基准的像方坐标，f_x 和 f_y 是以参考物点为基准的物方线性坐标，对于以“角度”来定义视场的光学系统，f_x 和 f_y 为视场角的正切（视场坐标必须是线性的，因此用角度的正切而不是角度本身）。

为了计算 ABCD 矩阵，ZEMAX 在以参考视场点为中心的很小区域中追迹光线。通常，这是视场中心，ZEMAX 允许选择任何一个视场位置用作参考点。

ZEMAX 将物空间视场网格的角落设置成为最大径向视场距离。由于物高与视场角的正切而不是角度本身成正比，当用角度来定义视场时，全视场宽度为：

$$\theta_{wide} = 2tg^{-1}\left[\frac{\sqrt{2}}{2} tg\theta_r\right]$$

式中，r 是视场角落的最大径向视场角。

在计算 ABCD 矩阵的分量时，采用像空间的很小视场的光线坐标，使用 ABCD 矩阵允许坐标旋转。

如果像平面旋转使得物方 Y 坐标的物体成像为像方的 X 和 Y 坐标，那么 ABCD 矩阵将自动地考虑旋转，网格畸变图会显示线性网格，然后对具有相同线性视场坐标的网格上各点的实际主光线的交点作上记号“×”。在文本中列出了预测的像的坐标，实际的像的坐标和由下式定义的百分畸变：

$$P = 100\% \frac{R_{real} - R_{predicted}}{R_{predicted}}$$

式中 R 是像平面上的相对于参考视场位置的像定焦点的径向坐标，本定义并非对所有场合均适用，使用所得结果时必须小心。

（3）相对照度（Relative Illumination）：描述不同不同视场下的照度情况。

（4）渐晕曲线（Vignetting Plot）：描述不同视场下的渐晕。

（5）光线痕迹图（Footprint Diagram）：显示任何面上叠加的光束的痕迹，通常用于显示畸变效果和表面孔径。如图 2-35、图 2-36 所示。

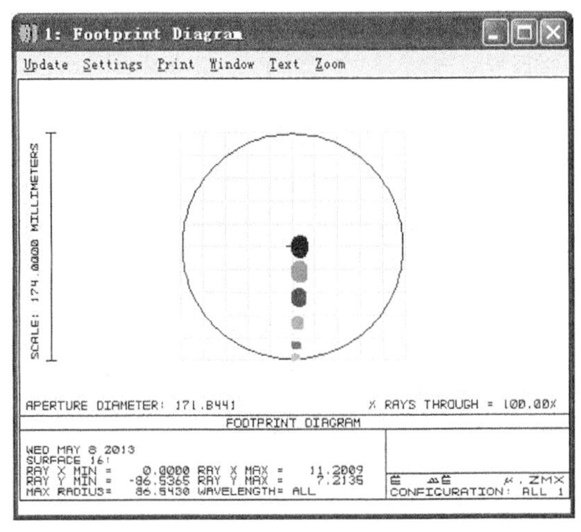

图 2-35 光线痕迹图

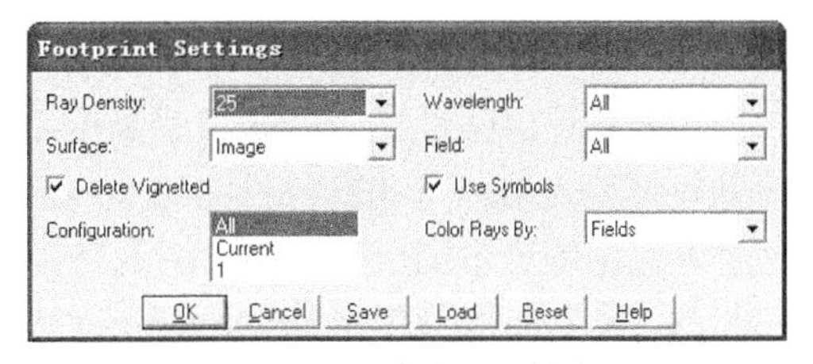

图 2-36 光线痕迹属性窗口

本设置将画出所研究面的形状，然后在该面上复盖光线网格。如果该面不设置孔径，那么带有清晰的半直径值的径向孔径的园形将显示出来。否则，孔径将显示出来。

面孔径在显示时是以外形框架定中心的，即使在实际面上孔径是偏心的。如果说在该面上有遮拦，那么遮拦将沿着由半直径决定的园孔径画出。

光线网格将由光线密度参数规定，光线可以采用任何或所有视场，任何或所有波长。若选定了“Delete Vignetted”选项，那么被该面及该面以后的面拦去的光线将不被显示出来。否则，它们将显示。

（6）轴向色差（Longitudinal Aberration）：显示每个波长的以入瞳高度为函数的纵向像差。如图 2-37 所示。

本设置计算从像平面到一条区域边缘光线聚焦点的距离。本计算只对轴上点进行，并且仅当区域子午边缘光线是光瞳高度函数时适用。图形的基点在光轴上，它代表像平面到光线与光轴交点的距离。

因为纵向像差用像平面到光线与光轴的交点距离来表示，所以对非旋转对称系统而言，本功能也许会产生一个无意义的结果。在非旋转对称系统中解释本图时，必须特别引起注意。

（7）垂轴色差（Lateral Color）：默认的对于每个视场 ZEMAX 以一个公共的参考点来引用 RMS 或 PTV 计算。对于每一个视场点，所有波长的所有光线都被追迹，并且主波长的主光线或者所有光线的质心被用来作为参考点。如图 2-38 所示。

本设置计算横向色差。它是像平面上最短波长的主光线交点到最长波长的主光线交点之间的距离。图形的基点在光轴上，图形的顶点代表最大的视场半径，只使用正的视场角或 Y 方向的高度。

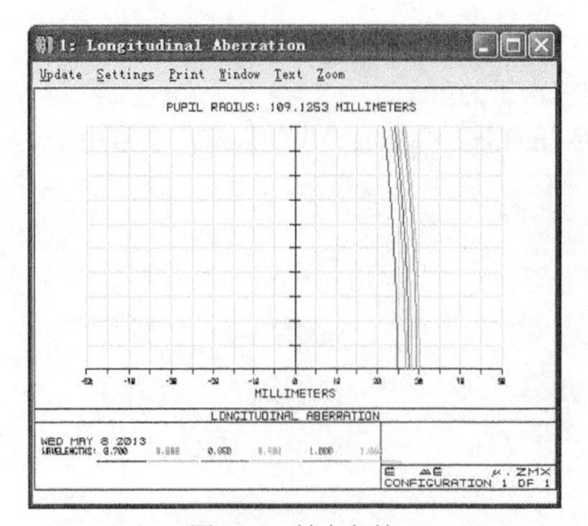

图 2-37　轴向色差

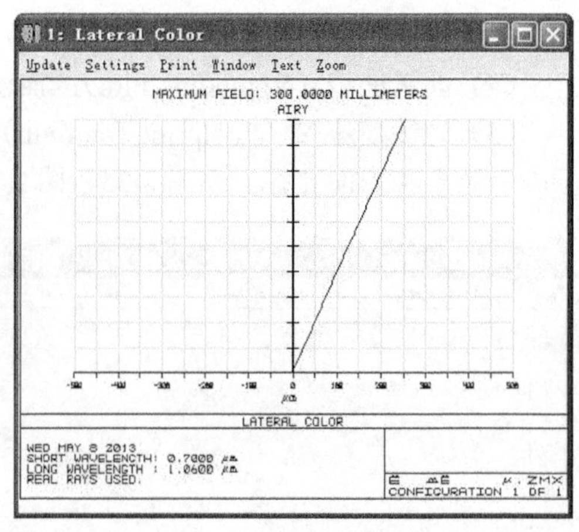

图 2-38　垂轴色差

垂直刻度经常用最大视场角或高度归一化，子午刻度用透镜单位表示，实际光线和近轴光线都可采用。对非旋转对称的系统而言，本功能会得出一个无意义的结果。因此，在这种系统中解释本图形时，必须引起特别注意。

（8）Y-Ybar 图（Y-Ybar Drawing）：Y-Y bar 显示图。如图 2-39 所示。

对镜头中每一面的近轴斜光线来说，Y-Ybar 图表示边缘光线高度与主光线高度之间的函数关系

（9）焦点色位移（Chromatic Focal Shift）：表示的是系统工作波长范围内不同波长的色光近焦距位移。如图 2-40 所示。

本图代表与主波长有关的后焦距的色位移。在每一个图示的波长，为使该种颜色的边缘光线到达近轴焦点所需要的像平面的位移被计算出来。对非旋转对称的系统本图示也许会失去意义。

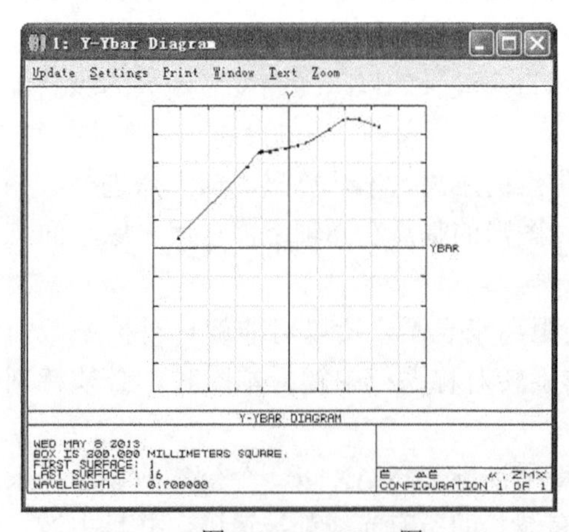

图 2-39　Y-Ybar 图

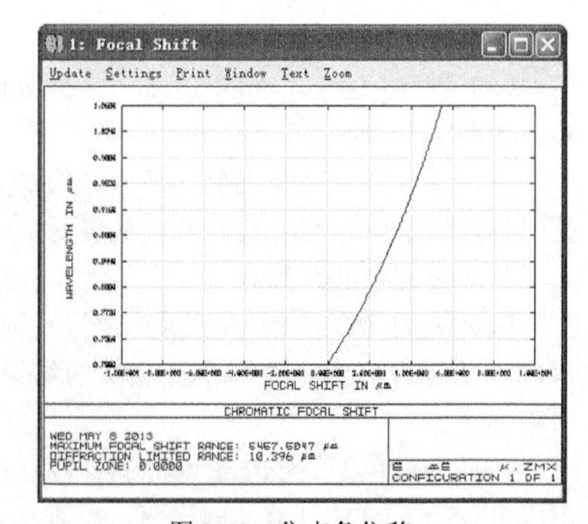

图 2-40　焦点色位移

最大偏离的设置将复盖默认的设置。整个图形总是以主波长的近轴焦点为参考基准。所列的衍射极限的焦深由公式求出。

（10）系统总结图（System Summary Graphic）：在图形框内显示和系统数据报表的文本

类似的系统总结图。如图 2-41 所示。

本图表主要是用来在一页打印纸张内显示 4～6 幅系统总结图形。

（11）功率场地图（Power Field Map）：显示某一个视场点的光学能量或者有效焦距长度，用来分析球差和透镜的能量梯度分布。如图 2-42 所示。

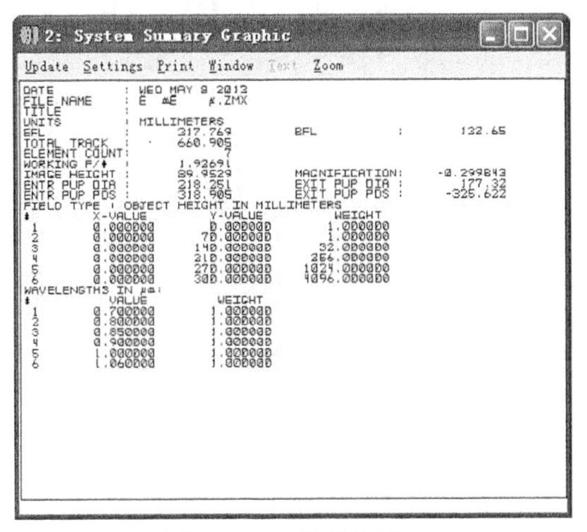

图 2-41 系统总结图

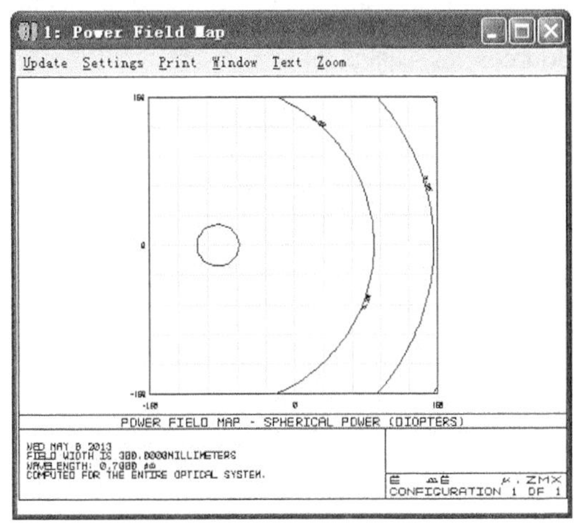

图 2-42 功率场地图

（12）功率瞳孔地图（Power Pupil Map）：显示某一个光瞳位置的光学能量或者有效焦距长度，用来分析球差和透镜的能量梯度分布。如图 2-43 所示。

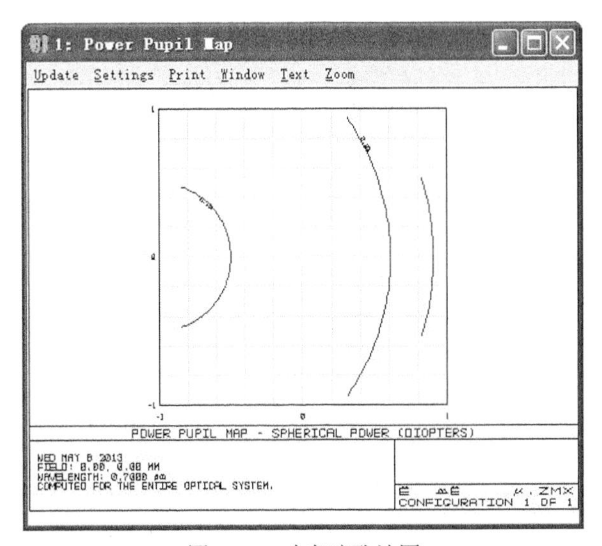

图 2-43 功率瞳孔地图

2.3 能量分析

能量分析主要包括能量分布（Encircled Energy）和照度照度（Illumination）分析两种

类型。

2.3.1　能量分布

能量分布（Encircled Energy），如图 2-44 所示，能量分布主要包括衍射法（Diffraction）、几何法（Geometric）、线性/边缘响应（Geometric Line/Edge Spread）、扩展光源（Extended Source）这 4 种分布。

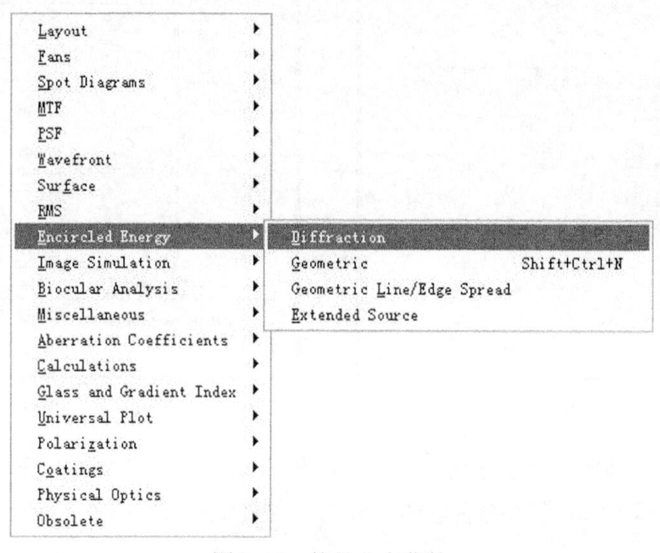

图 2-44　能量分布菜单

（1）衍射法（Diffraction）：显示能量分布图。以离主光线或物点的像的重心的距离为函数的包围圆能量占总能量的百分比。

衍射的包围圆能量计算的精度受到光程差（OPD）误差的大小和斜率以及抽样密度的限制。如果抽样密度不够，那么 ZEMAX 将显示“出错信息”表示该数据不够精确。为了提高精度，就得提高抽样密度或减少 OPD 误差。

衍射极限曲线是轴上无像差的包围圆能量分布。当轴上光线不能被追迹时（如在系统专门为离轴视场设计的情况下），在计算衍射极限的 MTF 响应时用第一个视场点代替。

（2）几何法（Geometric）：用光线与像平面交点的办法计算包围圆能量。

（3）线性/边缘响应（Geometric Line/Edge Spread）：对线状物体和边缘物体计算几何响应。

（4）扩展光源（Extended Source）：用扩展光源分析包围圆能量。

2.3.2　照度

照度（Illumination）如图 2-45 所示。

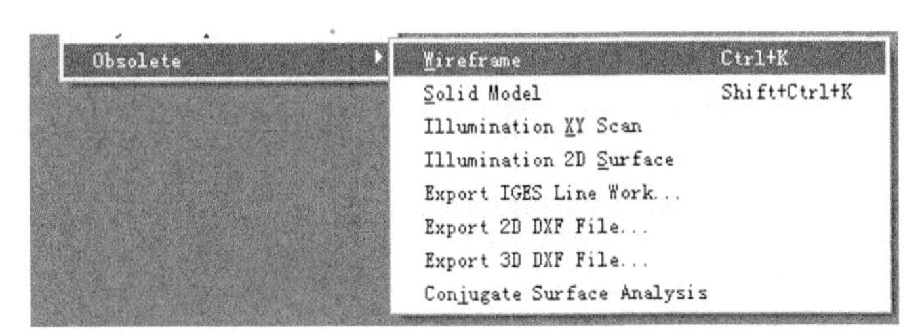

图 2-45 照度菜单

（1）相对照度（Relative Illumination）：相对照度计算结果被用来对视场中各点加权，以便精确地考虑出瞳辐射和立体角的影响。本设置如果选中，计算更精确，但更花时间。

本功能计算以径向视场坐标 y 为函数的相对照度。相对照度是按照零视场的照度归一化后的像平面上的一个微小区域上的照度。计算时考虑了变迹、渐晕、孔径、像面上和瞳面上的像差、F# 的变化、色差、像面形状、入射角，若假定用非偏振光的话，还考虑它的偏振效应。

计算时所利用的方法基本上根据“Relative Illumination”M. Rimner，SPIE，Vol.655PP99（1996）。我们将此文所公布的方法推广到变迹法、透过率和偏振效应。

本方法假定光源是一个均匀的朗伯体，相对照度由从像点观察得到的出瞳有效面积的数值积分计算而得。求积时，利用像方余弦空间的均匀网格在方向余弦空间上执行。

注意：相对照度计算一般不会得出余弦的四次方曲线。这是因为余弦四次方定律曲线的根据是无像差的薄透镜系统，系统中的光阑均匀照明平的像面。

对于包括远心光学系统、光瞳或像面有像差的系统或渐晕系统，相对照度可以用立体角的积分或从像方位置观察的出瞳上的有效面积积分求得。如图 2-46 所示。

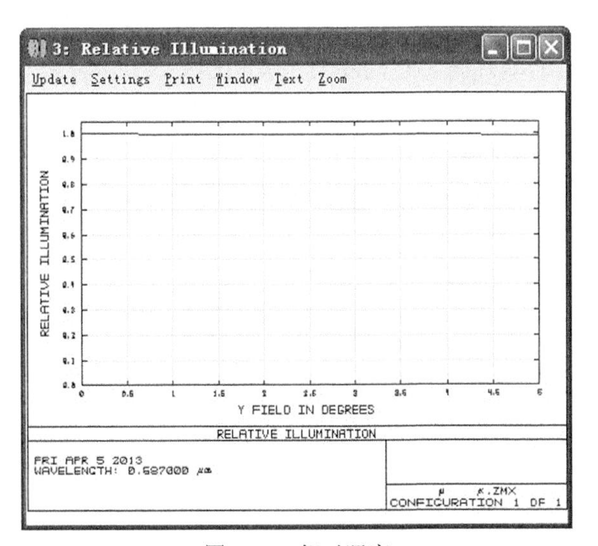

图 2-46 相对照度

（2）渐晕图（Vignetting Plot）：计算以视场角为函数的渐晕系数。

用分数表示的渐晕系数是如同上的入射光线中通过系统所有面的孔径，不被遮挡而落到像面的光线的百分比。并以相对瞳面积归一化（如果有渐晕的话）。由此得出的曲线图表示了分数渐晕是视场位置的函数。如果所用的光线太少，结果会不精确。当系统中有很多孔径和较大的视场时，更是如此。

在计算中只用到主波长，因此它是一种几何计算，Y 方向只使用正的坐标，所它只适用于旋转对称的镜头和视场。渐晕系数在此用来决定相对瞳面积。在计算中对光线溢出或全反射引起的出错则考虑为渐晕。如图 2-47 所示。

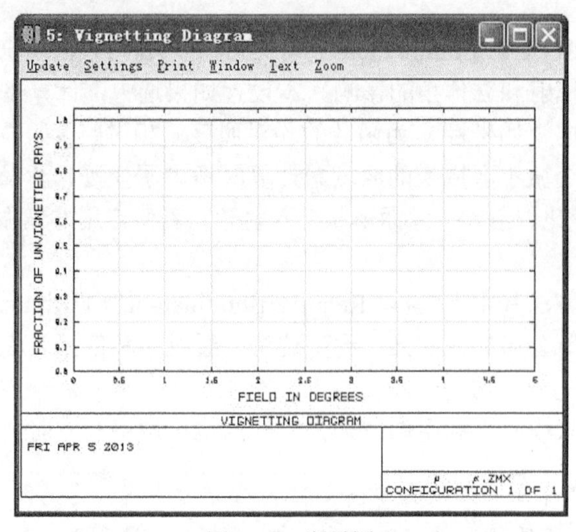

图 2-47　渐晕图

（3）XY 方向照度分布（Illumination XY Scan）：计算在像面上沿着横截线的由面光源产生的照度。

X，Y 方向的照度扫描和相对照度功能相类似，只是加上了相对非均匀的面光源相对照度估计。对均匀照明的朗体来说，用相对照度功能更快计算更精确。然而对复杂光源系统，XY 的照度扫描可以通过蒙特卡罗光线追迹及常用的相对照度计算法进行估算。

（4）二维面照度（Illumination 2D Surface）：对二维面计算面光源的相对照度。

设置选项与 XY 扫描一样，只是二维面照度的输出用等高线或轮廓图或灰度图或伪彩色图形表示。

2.4　像分析

图像分析在光学模拟过程中的使用是必不可少的，其中比较常用的分析功能有模拟图像（Image Simulation）、双目分析（Biocular Analysis）、计算（Calculations）等。

2.4.1　模拟图像

模拟图像（Image Simulation）菜单包括模拟图像、几何像分析、几何图像分析、部分相干像分析、拓展衍射像分析、IMA/BIM 格式浏览文件等子菜单项，如图 2-48 所示。

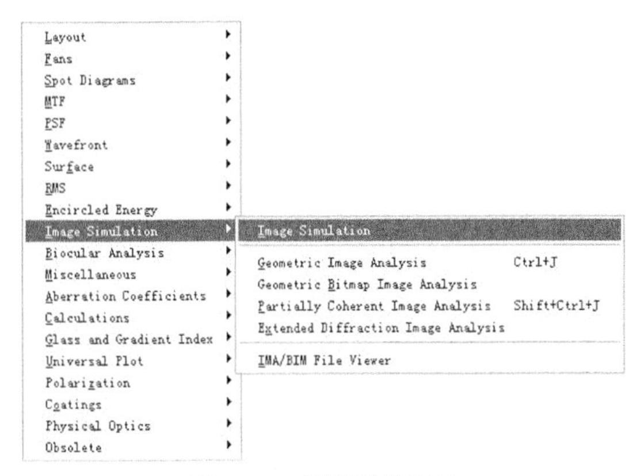

图 2-48 模拟图像菜单

（1）模拟图像（Image Simulation）：模拟图像功能主要用来仿真、分析、查看，如畸变、场曲、色差的直观图像。

（2）几何像分析（Geometric Image Analysis）：几何像分析功能有很多应用。它可以用于模拟面光源，分析实用的鉴别率，显示畸变，表现成像物体的外形提供像面旋转时的直观感觉。计算面形或点物体像耦合到光纤中去的耦合效率，显示光束的“轨迹”，展示任意面上照度的图形。

ZEMAX 支持两种不同的 IMA 文件格式，一种是 ASCII 码，一种是二进制码，不管哪一种格式，该文件的名称必须以 IMA 作为扩展名。ZEMAX 能自动地区别这两种文件类型。

ASCII 码成像文件是一种文本文件。它的扩展名是 IMA，位于文件顶部，是一个表示文件大小的数字（用像素表示），期于的行列包含着像素的数据。每一个字符代表一个像素，所有 IMA 文件是方块状排列着的，内含 n×n 个像素。例如一个 7×7 代表字母“F”的 IMA 文件，可写成以下形式：

```
7
0111110
0100000
0100000
0111100
0100000
0100000
0100000
```

注意：文件开始处有单个数字“7”，然后按回车键，输入七行七列的数据，每行结尾按回车键，每一列之间不能用空格键或任何其他的字符分隔。像文件必须是正方形的，ZEMAX 为储存成像文件分配足够的内存。如果内存不够，它会报告出错。

每一个像素的光强度可以是 0 到 9 之间的任何数字，每个像素的光线条数和该数字的大小成正比，若数字为 0，该像素不发射任何光线。

二进制的 IMA 文件比 ASCII 码格式的文件复杂，并且不能用文本编辑器编辑。然而二进制文件功能特别强。在二进制 IMA 文件中每一个像素用不带符号的字节表示，这意味着它有256个灰度等级来表示强度。并且每一种波长可以用分隔的像素图来表示，因此它是可以模拟像面光源那样的实际照片。

二进制的IMA文件格式要求在开头部分有3个16字节的二进制数。第1个16位数代表一个等于零的带符号的整数。第2个带符号的16位二进制数是像素图的宽度（以像素来表示），它可以是1到4000之间的任意数。第3个带符号的16位二进制数是像素图的数目，它代表文件中所描述的颜色（或波长）的个数。

例如，3种颜色的50×50的像的二进制像素图，在文件头上将有6个字节（0，50，3），接着，是代表第1种颜色的2500个字节，然后是代表第2种颜色的2500个字节，再是代表第3种颜色的2500个字节。这样总共字节数是7500个。每一种颜色按照每行的列排列（按列排比按行排更快）。

每一个像素种的光线是从像素单元中的坐标之间随机选择的。每一个光线的入瞳坐标也是随机选择的。对指定的像素和近轴图形，入瞳光线分布是均匀的（如果采用光线定位的话，入瞳会产生某些变形）。

在ASCII码的IMA文件中，每一像素所产生的光线总数等于该像素的光强乘以波长数乘以光线密度。每一条光线所用的波长是随机的，并且和波长数据屏幕中提供的波长权因子成正比。在二进制的IMA文件中从每一像素产生的光线数和光线密度乘以相对于256的分数密度成正比。

视场大小决定了光学系统可以看到的成像文件的物理大小。例如，视场大小为2mm（在这里已假定视场大小是用物方或像方的高度来表示），使用30×30个像素的像文件，那么每一个像素所代表的区域是67×67μm。

如果同样的像文件后来又用在全视场为40度的系统，那么视场大小就是40度，每一个像素就代表1.33度。如果用量度单位来区别各个物体形式，同一个像文件可以应用于不同的场合，如图象文件“letterf.ima”包含了7×7个像素网格，代表了大写字母F，像的大小可以是1 mm，然后是0.1 mm，再是0.01 mm，可以得出该光学系统能分辨出多小的字母，而用不着修改IMA文件。

注意：如果视场是由像高定义的，那么视场尺寸决定了像空间的物的大小，而不是物空间的物的大小。

视场尺寸总是用视场的同一单位度量。同样对像高而言，视场大小决定了像高。物的大小由视场大小除以镜头的放大率得出。

视场位置的选择使得像质分析有很大的灵活性。例如，字母F的像文件，可以在视场的若干位置进行测试以便判断分辨率是否是受到视场像差的影响。物的大小用字母的高度来设定，但是以所选定的视场点的主光线的交点为中心的。

在默认情况下，光源是一个光线的均匀辐射体，在这里均匀是指在“入瞳”面上均匀，所有发出的光线都均匀地落在入瞳之内，它们的权因子都相等。因为光线波长是按照波长权重的比例关系随机地选择的，所以不需要一个明确的波长加权因子。均匀设置通常对物距很大的小视场系统比较合适，光源也可以设定为朗伯体，这种光源的所有光线的权因子是它们的余弦因子。

在默认设置时，所有无渐晕的光线被显示出来，在确定探测器的选项时，允许设置数值孔径，这样可以把大于所规定的数值孔径的光线排除在外。作为例子，本功能可以用于估计光纤光线耦合效率。

探测器上像素的尺寸和数量也可以设置。这些值只能用于“面形图”和“三维直方图”选项。本功能只是简单地统计落到每一个像素的光线数目，把结果用三维强度图形方式来表示最后的像。为了计算和显示面形图和三维直方图，需要庞大的内存和计算时间。

百分效率是由下式定义的：

$$E\% = \frac{\sum W_i}{\sum W_j}$$

式中 i 的求和是对所有未产生渐晕的光线进行的，而 j 的求和是对所有已发射的光线进行的。如果在计算中选择了“Use Polarization”这一设置的话，那么所计算的效率中就考虑到了光学系统中反射和透过的损失。它还考虑到了渐晕、光源分布、波长的权重和探测器的数值孔径。为了限制像接收直径（如在光纤中），可在紧靠具有最大径向孔径的像面的前面放置一个圆形孔径。

本功能另一个普通的用处是选择一个网格状的物体（如 GRID.IMA 抽样文件），然后利用最后得到的像来评价畸变。本功能对把物高作为所选择的视场类型的系统特别有效，这是因为畸变是指整个物平面上的固定放大率的偏离。

然而对用角度来定义视场的系统而言，像分析功能会产生虽然是正确的但容易引起误解的结果，这是因为在作像分析时，将把扩展的光源像文件分成等角度的小面积，而不是等高度。

例如，用 10 个像素宽的像文件来表达 10 mm 的视场宽度时，每平方毫米有 1 个像素，同一个像文件用于视场为 10 度的系统时，每个平方角度有 1 个像素。在这两种情况下，物的形状是完全不相同的，在这种场合应使用更广义的网格畸变图。

当观察面形图和三维直方图时，按左、右、上、下方向键及 Page Up 或 Page Down 键时可转动所显示的像，以得到不同的透视。

在像分析窗口中选择“Text”选项将产生并显示一个 ASCII 文件，文件中列出了光线数据。如果将“Show”这一选项设置成“Image Diagram”，文件将有 9 列，第 1 列为光线序号，第 2 列和第 3 列分别为 X 和 Y 方向的视场坐标（用度或物高表示），第 4、5 列为归一化的瞳坐标 Px 和 Py，第 6 列为波长序号，第 7 列为光线的权重，它与光源的特性有关，第 8、9 列为以参考光线为基准的用透镜单位表示的像坐标，如果“Show”这一选项选择为“表面图”或“三维直方图”，那么“Text”将列出每一像素中加权的光线数。用“Esc”键可以中断像分析时的长时间的计算。

（3）几何图像分析（Geometric Bitmap Image Analysis）：用 RGB Bitmap 文件做光源，产生 RGB 彩色像。

（4）部分相干像分析（Partially Coherent Image Analysis）：部分相干像功能只是它利用了复杂的光学传函计算（OTF）来计算像的外形。本方法考虑了光束通过时的频谱限制和其他与衍射有关的实际光学系统对像构成的影响。

（5）拓展衍射像分析（Extended Diffraction Image Analysis）：用 OTF 计算扩展光源的像的外观。像面上不同视场上的 OTF 不同。

（6）IMA/BIM 格式浏览文件（IMA/BIM File Viewer）：提供这两种不同图片格式。

2.4.2　双目分析

双目分析（Biocular Analysis）如图 2-49 所示。

（1）观察视场（Fild Of View）：提供多重结构下视场点。如图 2-50 所示。

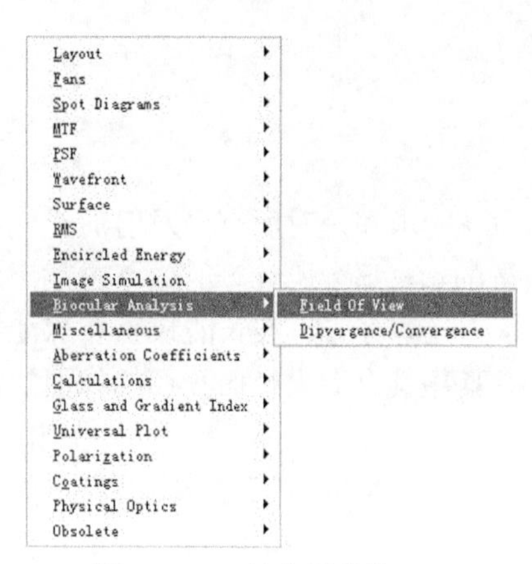

图 2-49　双目分析菜单

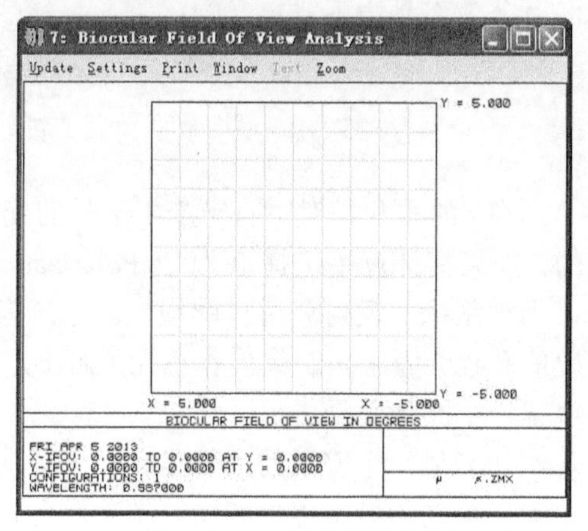

图 2-50　双目和视场分析

（2）双目垂直角差/集中、收敛（Dipvergence/Convergence）：提供多重结构下收敛角度。如图 2-51 所示。

2.4.3　计算

计算（Calculations）如图 2-52 所示。

（1）光线追迹（Ray Trace）：单一光线的近轴或实际追迹。

如果选中"Y_m、U_m、Y_c、U_c"，那么 H_x、H_y、P_x、P_y 及全局坐标设置将被忽略。对于其他设置本功能允许使用者确定归一化的物方坐标，归一化的光瞳坐标、波长序号，然后在各个面上考察实际和近轴光线的坐标。

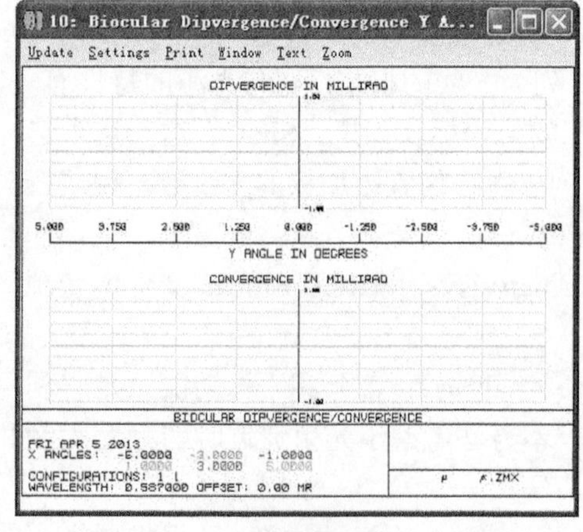

图 2-51　双目垂直角差/集中、收敛

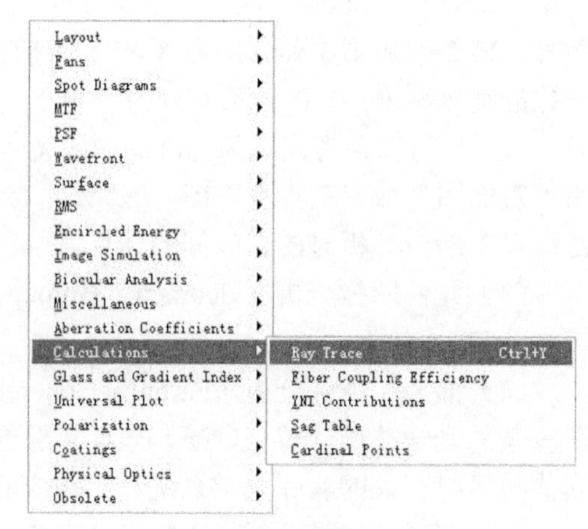

图 2-52　计算菜单

所得到的第一套数据代表实际光线，所出现的数值代表光线与面交点的坐标（在该面的局部坐标系或全局坐标系）方向余弦（或角度的正切）是光线在该面折射后的数据。

方向余弦是由光线与特定轴线所成的夹角的余弦（如 X 方向的方向余弦是光线与 x 轴构成的夹角的余弦）。

第二套数据库与第一套数据类似，只是对近轴光线计算出来的。角度的正切总是采用局部的 Z 坐标而不考虑全局坐标系统的设置。

（2）光线耦合效率（Fiber Coupling Efficiency）：计算单模光纤藕合系统的耦合效率。

（3）YNI 贡献（YNI Contributions）：列出每个面的近轴 YNI 贡献值，拉赫不变量。

（4）面型凹陷表（Sag Table）：列出所选面上，距顶点不同距离处的表面 z 坐标。

（5）主要参数（Cardinal Points）：主点、节点、焦点和反主点的位置列表。

2.5 其他

本节主要对玻璃材料、镀膜、物理光学做简单阐述。

2.5.1 玻璃和梯度折射率

玻璃和梯度折射率（Glass and Gradient Index）如图 2-53 所示。

（1）散射图（Dispersion Diagram）：显示光线某个面的散射的情况。如图 2-54 所示。

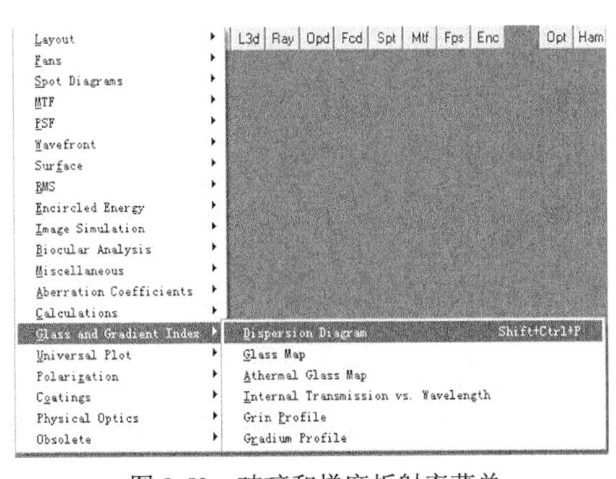

图 2-53 玻璃和梯度折射率菜单

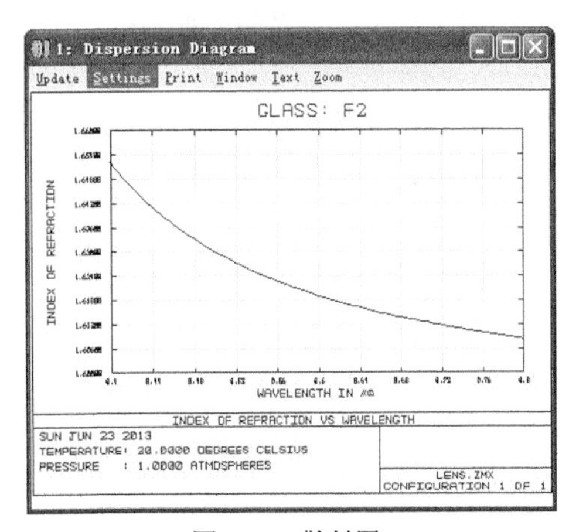

图 2-54 散射图

（2）玻璃图（Glass Map）：根据折射率和 Abbe 数画出的玻璃分布图。如图 2-55 所示。

在玻璃图上按照折射率和阿贝数画出玻璃名称。折射率和阿贝数是直接从玻璃库的入口中得到的，而并不是根据波长数据或色散系数计算出来的。在下表所决定的边界范围内，对当前所装载的玻璃库进行搜寻，以找到所需要的玻璃。

本功能对具有特定折射率和色散特性的玻璃定位是很有用的。通常，玻璃图的阿贝数从左到右是逐渐下降的，这可以解释为什么最大和最小的阿贝数看上去是相反的。

（3）Athermal Glass Map：描述某个玻璃的折射率和色散特性数值。

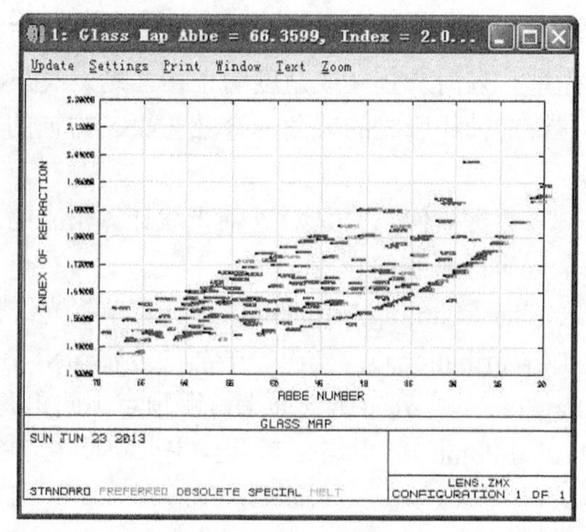

图 2-55　玻璃图

（4）内部传输与波长（Internal Transmission vs. Wavelength）：不同厚度的玻璃透过率情况。

（5）表面轮廓（Grin Profile）：在某个波长下，在某个表面上相对 x 或 y 的折射率。如图 2-56 所示。

（6）梯度折射表面轮廓（Gradium Profile）：在某个波长下，不同位置的折射率。如图 2-57 所示。

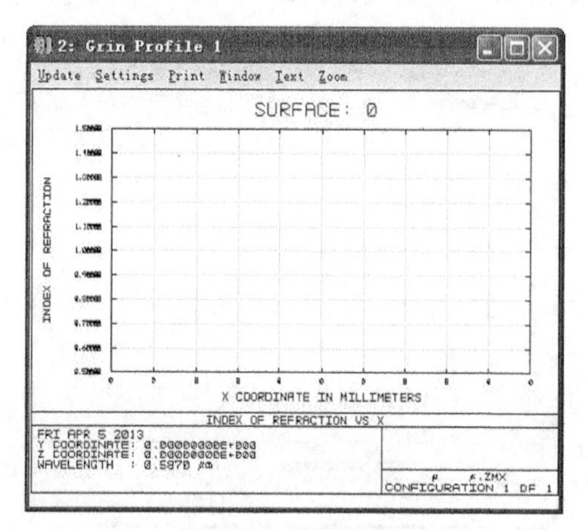

图 2-56　表面轮廓图

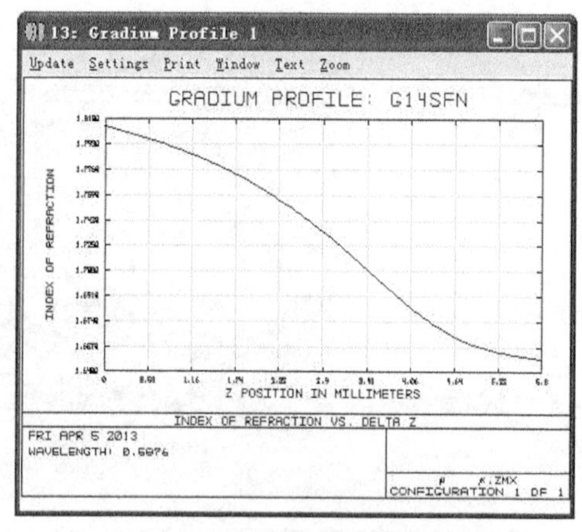

图 2-57　梯度折射表面轮廓图

2.5.2　通用图表

通用图表（Universal Plot）包含两个子菜单，如图 2-58 所示。

（1）Universal Plot 1D：用图表或文本形式列出某一个面的半径、厚度等参数与 merit funcation 的关系，还可以描述光学系统的孔径、视场、波长与 merit funcation 的关系。

通用图表 New Universal Plot 可以将任何一个优化用的操作数表示成为任何系统或面参数的函数，这种函数关系可以用曲线或文本列表的方式表达出来，共有 300 个优化操作数和 200 个面参数，27 个系统参数，这样在原则上，本功能可以产生 60 000 种不同的曲线。

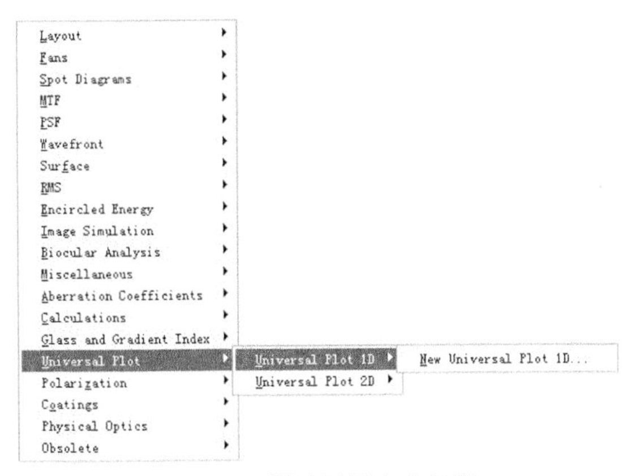

图 2-58 梯通用图表菜单栏

例如，假定弧矢 MTF，空间频率为 30 线对/mm，需要表达成为透镜组偏心的函数（这在公差分析诊断中是很有用的）。由于操作数 MTFS 计算弧矢传递函数，所以万用图表将得出这种函数图形或数据列表。请参阅“优化”这一章中所能得到的优化操作数列表。

一个透镜组的偏心是有关的坐标断点面上的参数 1 和参数 2 定义的。面参数 1 和参数 2 两者均列在相应的面的参数中。

由于本功能所能产生的各种图形在数目是非常巨大的，因此，没有一种巧妙的默认设置能适用于独立变量或函数，这些值必须在对话框中仔细地设置。如果优化操作数不能计算，就会显示出一个出错信息，图形就不会产生。

因为很多优化操作数采用 H_x 和 H_y 值来定义所计算的视场点，这些操作数必须要求视场数设定为 1，然后设定 $H_x=0$，$H_y=1$。最后选定 y 视场 1 作为独立变量就可以得出操作数与视场之间的函数关系。对操作数与波长之间的函数关系也可用类似手段得到。

若计算时间太长的话，用“Esc”键可以结束本功能的分析。

（2）Universal Plot 2D：与 Universal Plot 1D 类似，只不过是用图表或文本形式列出某两个面的半径、厚度等参数与 merit funcation 的关系，还可以描述光学系统的孔径、视场、波长与 merit funcation 的关系。

2.5.3 偏振状态

偏振状态（Polarization）对话框用于设置使用偏振光线追迹的许多分析计算的默认输入状态。许多分析功能“Use Polarization”开关来使用偏振光线追迹和变迹，如点列图和作为视场函数的均方根 RMS。

本对话框是设置初始偏振状态的唯一工具，对于这些功能，当考虑菲涅尔衍射、薄膜和内部吸收影响时，偏振光线追迹只被用来决定光线的透过强度。

在这里电磁场的矢量方向被忽略，而假定只有标量理论可适用，光线只是在强度上衰减，加权计算被应用。偏振是由 4 个数值定义的：表示电磁场 X 和 Y 方向模值的 Ex 和 Ey，用度表示的 X-位相和 Y-位相的相位角，ZEMAX 将电磁场向量归一化为 1 个强度单位。

有一个标签为“Unpolarized”检查框，若选取，那么偏振值 Ex、Ey、X-位相，Y-位相被忽略，这时使用非偏振计算，非偏振计算用正交偏振的两条光线追迹并计算最终透过率的平均值。

注意：非偏振计算比偏振计算所需的时间长，而偏振计算也比完全忽略偏振的计算所需的时间长。

（1）偏振光线追迹（Polarization Ray Trace）：显示单根光线的偏振数据。

（2）偏振入瞳图（Polarization Pupil Map）：显示瞳上偏振状态的变化情况。

（3）透过率（Transmission）：考虑偏振时，主光线在各个面上的透射率。

（4）相位像差（Phase Aberration）：计算偏振引起的光学系统的像差，主要是电介质折射和导体及电介质的反射引起的。

（5）透过率分布（Transmission Fan）：每个视场和波长上，透过率和瞳上弧矢或子午光瞳像差。可以确定瞳上透过率对视场和波长的变化情况。如图2-59所示。

2.5.4　镀膜（Coatings）

（1）反射与角度（Reflection vs. Angle）：反射光线和入射角。

（2）透过率与角度（Transmission vs. Angle）：透射光线和入射角。如图2-60所示。

（3）吸收与角度（Aberration vs. Angle）：吸收光线和入射角。

（4）衰减与角度（Diattenuation vs. Angle）：反射R和透射T的二次衰减和入射角。

（5）相位与角度（Phase vs. Angle）：反射或者透射光线的S和P偏振的位相和入射角。

（6）延迟与角度（Retardance vs. Angle）：计算指定面的位相延迟和入射角。

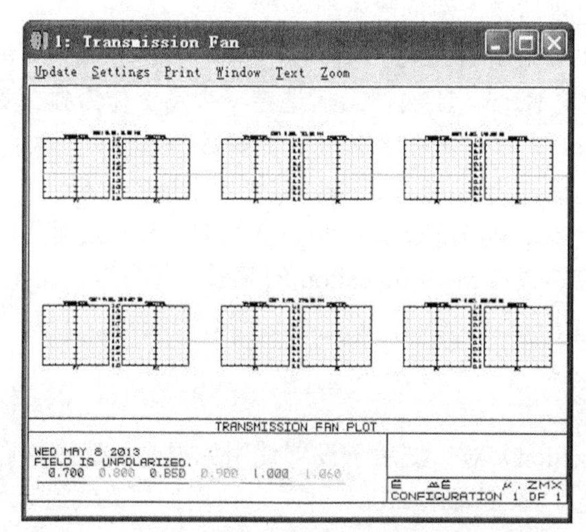

图2-59　透过率分布图

（7）反射与波长（Reflection vs. Wavelength）：反射光线和波长。

（8）透过率与波长（Transmission vs. Wavelength）：透射光线和波长。

（9）吸收与波长（Absorption vs. Wavelength）：吸收光线和波长。

（10）衰减与波长（Diattenuation vs. Wavelength）：反射R和透射T的二次衰减和波长。

（11）相位与波长（Phase vs. Wavelength）：反射或者透射光线的S和P偏振的位相和波长。

（12）延迟与波长（Retardance vs. Wavelength）：计算指定面的位相延迟和波长。

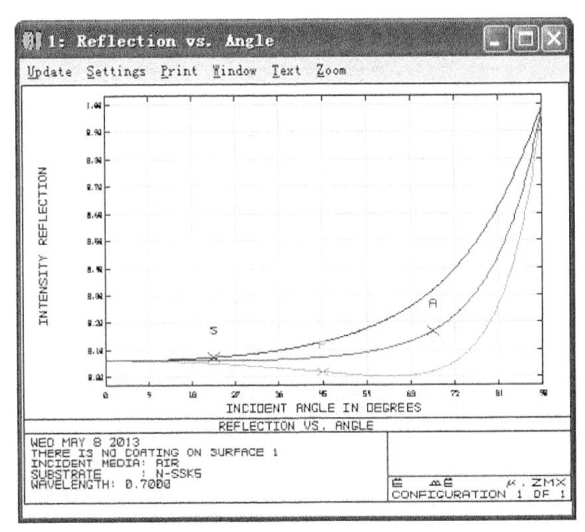

图 2-60　透过率与角度

2.5.5　物理光学（Physical Optics）

（1）近轴光束（Paraxial Gaussian Beam）：提供束腰位置和大小。

（2）倾斜高斯光束（Skew Gaussian Beam）：提供倾斜系统束腰位置和大小。

（3）物理光学传播（Physical Optics Propagation）：提供高斯光束束腰图。如图 2-61 所示。

（4）光束预览（Beam File Viewer）：显示光斑束腰大小和位置。如图 2-62 所示。

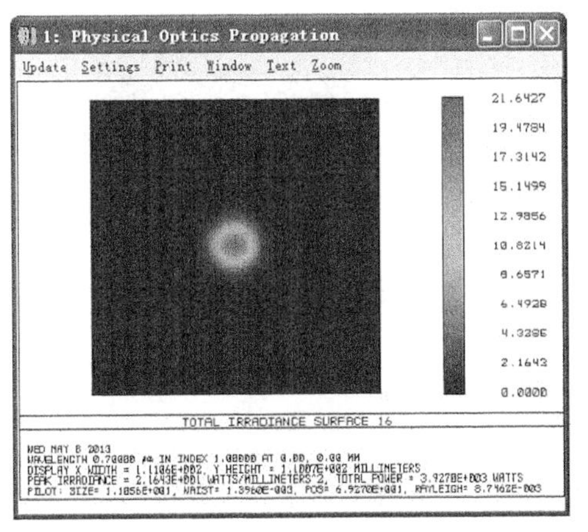

图 2-61　物理光学传播图

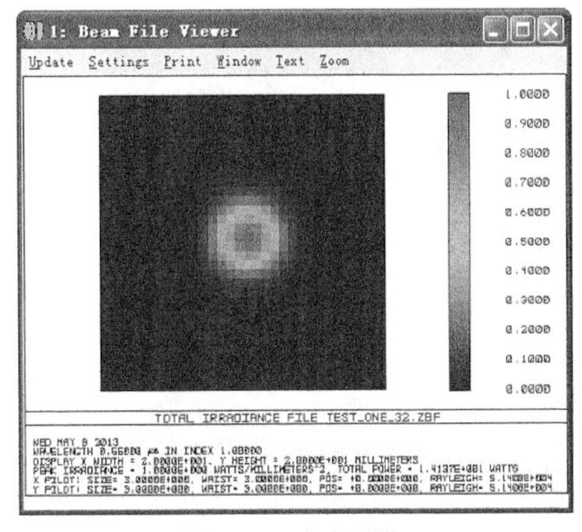

图 2-62　光束预览

2.6　本章小结

本章详细介绍了 ZEMAX 中的所有分析功能，简单阐述了各种外形图如何打开，以及相关定义说明，分析了镜头数据的曲线和文本，通常包括像差、MTF、点列图以及其他的计算结果。

第3章 初级像差理论与像差校正

在成像光学系统设计中，我们首先要了解一些基本的基础知识，即基本的像差理论，懂得像差在光学系统中形成的原因，可以极大的帮助我们校正产生的像差，达到很好的像质。常见的初级像差有球差、彗差、像散、场曲、畸变、倍率色差、轴上色差。

学习目标：

（1）了解各种像差产生的原因，如球差、彗差、像散、场曲、畸变，像薄透镜和厚透镜的像差理论。

（2）熟练掌握厚薄透镜和透镜的像差理论校正方法。

（3）熟练掌像差容限和评价方法。

（4）熟练掌握光学传递函数及评价方法。

3.1 几何像差与像差表示方法及像差校正

实际光学系统的成像是不完善的，光线经光学系统各表面传输会形成多种像差，使成像产生模糊、变形等缺陷。像差就是光学系统成像不完善程度的描述。光学系统设计的一项重要工作就是要校正这些像差，使成像质量达到技术要求。

光学系统的像差可以用几何像差来描述，常见的初级像差包括 5 种单色像差和 2 种色差。其中 5 种单色像差分别为球差、慧差、像散、场曲和畸变；2 种色差为球色差和倍率色差。

3.1.1 球差

球差（Spherical Abereation）对成像光学系统设计有着重要地影响，我们要详细地分析球差产生的原因，以及在 ZEMAX 中的表现形式和消除方法。

1. 球差的概念

球差也叫球面像差，是指轴上物点发出的光束通过球面透镜时，透镜不同孔径区域的光束最后汇集在光轴的不同位置，在像面上形成圆形弥散斑，这就是球差。如图 3-1 所示。

如果使用定量的方法来计算球差的大小，它表示在不同光瞳区域上的光线入射到像面后，在像面上与光轴的垂直高度大小。

由于绝大多数玻璃透镜元件都是球面，所以球差的存在也是必然性。由于球差的存在，使球面透镜的成像不再具有完美性，球面单透镜的球差是不可消除的。

球差的特点：当在轴上视场产生的时候，是旋转对称的像差。

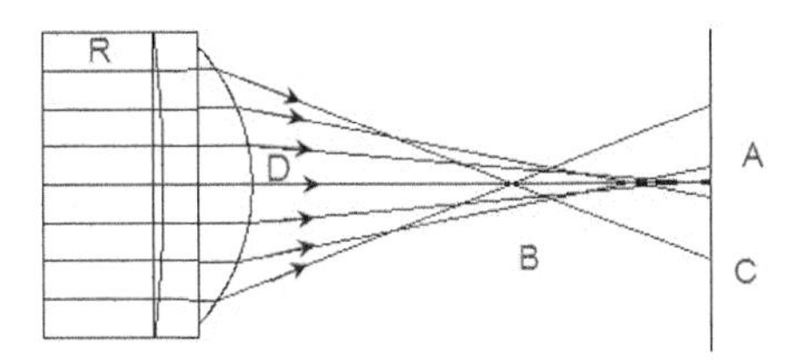

图 3-1　球差效果图

2. ZEMAX 中球差描述

为了研究球差在 ZEMAX 软件中的详细表示，我们先来设计一个简单的单透镜。

最终文件：第 3 章\球差.zmx

ZEMAX 设计步骤。

步骤 1：在透镜数据编辑栏内输入参数。

（1）在文件菜单“File”下拉菜单中单击“New”，弹出对话框“Lens Date Editor”。

（2）在弹出对话框“Lens Date Editor”中，按“Insert”键插入 2 个面。

（3）输入厚度、材料，如图 3-2 所示。

Lens Data Editor

Edit Solves View Help

Surf:Type		Comment	Radius	Thickness	Glass
OBJ	Standard		Infinity	Infinity	
STO	Standard		Infinity	20.000	
2	Standard		100.000	10.000	BK7
3	Standard		Infinity	0.000	
IMA	Standard		Infinity	-	

图 3-2　透镜数据编辑器

步骤 2：设置入瞳直径大小为 50 mm。

（1）在快捷按钮栏中单击“Gen→Aperture”。

（2）在弹出对话框“General”中，“Aperture Type　”选择“Entrance Pupil Diameter”，“Aperture Value”输入“50”，“Apodization type”选择“Uniform”。

（3）单击“确定”按钮，如图 3-3 所示。

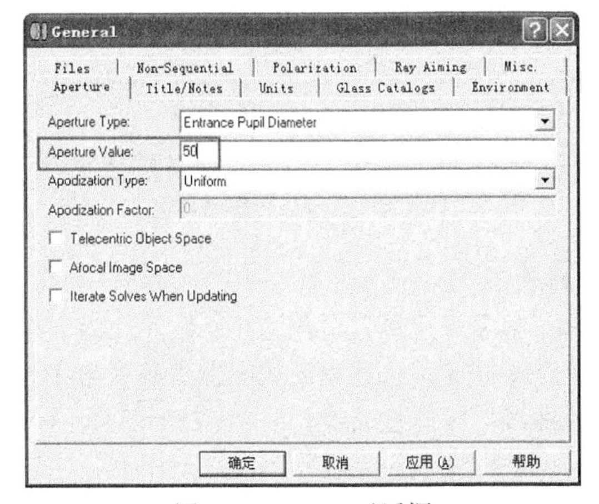

图 3-3　General 对话框

步骤3：在透镜后表面的曲率半径上设置F/#解为1.5（f=D*F/#，所以焦距为75 mm）。

（1）在透镜后表面半径上双击鼠标左键，弹出对话框"Curvature solve on surface 3"。

（2）在弹出对话框"Curvature solve on surface 3"中，"Solve Type"栏选择"F Number"。

（3）"F/#"栏输入"1.5"。

（4）单击"OK"按钮完成，如图3-4所示。

步骤4：在像面前的厚度上设置边缘光线高度解。

（1）在像面前的厚度上双击鼠标左键，弹出对话框"Thickness solve on surface 3"。

（2）在弹出对话框"Thickness solve on surface 3"中"Solve Type"栏选择"Marginal Ray Height"。

（3）单击"OK"按钮完成，如图3-5所示。

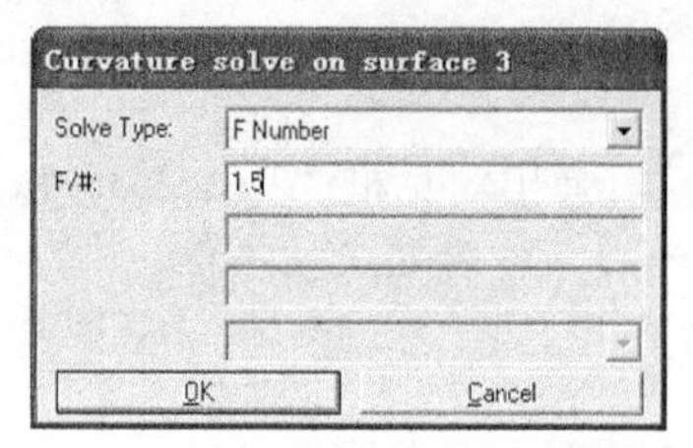

图3-4　曲率半径设置求解类型窗口

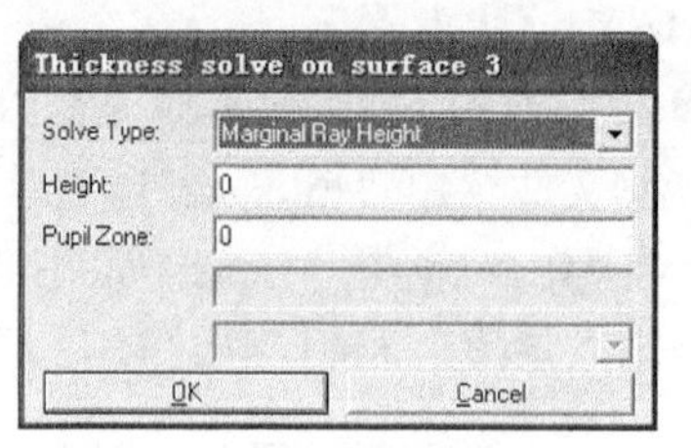

图3-5　厚度设置求解窗口

步骤5：完成简单的单透镜系统。

单击快捷按钮"L3d"打开光路结构图，我们可以观察到不同孔径区域光线聚焦位置不同。如图3-6所示。

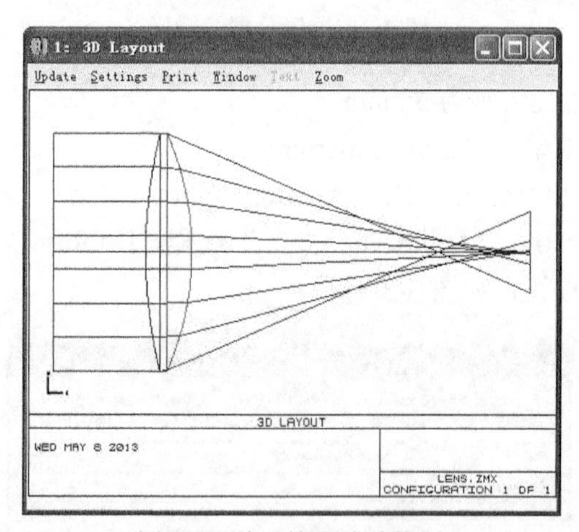

图3-6　单透镜光路结构图

3. 球差在光扇图中的表示

在ZEMAX的Ray Fan图中可定量分析球差在不同孔径的大小。Ray Fan图也叫光扇图或光线差图，它描述的是在不同光瞳位置处光线在像上高度与主光线高度差值。图3-8所示为这个单透镜的光线差曲线，即球差曲线。当3D外形图Py=1时，光线在像面上高度对应光扇图大小，如图3-7、图3-8所示。

从Ray Fan图上可以看出球差曲线的旋转对称性。同样，我们也可以从Spot Diagram

（光斑图）上看出球差特点，如图 3-9 所示不同孔径区域形成的弥散图。

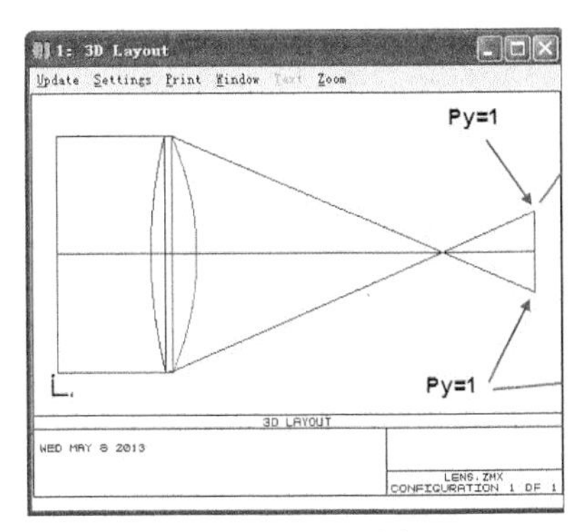

图 3-7 3D 视图

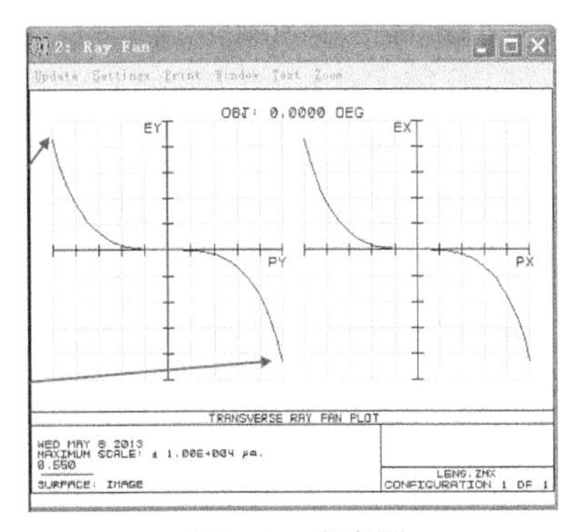

图 3-8 光扇图

从光程差上分析，球差的产生其实是波前相位的移动，即在出瞳参考球面与实际球面波前的差异，如图 3-10 所示是有球差时的波面。

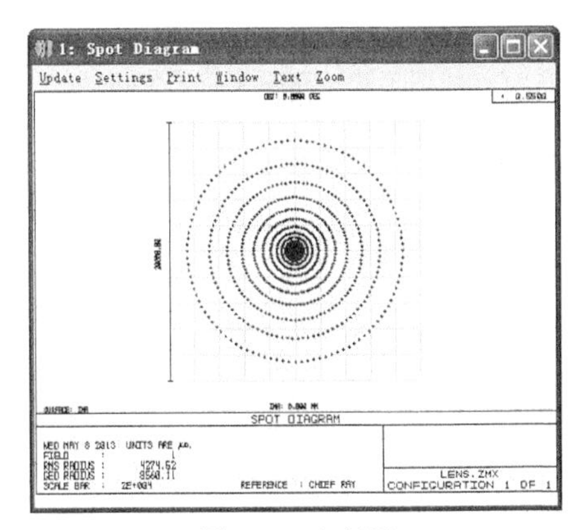

图 3-9 光斑图

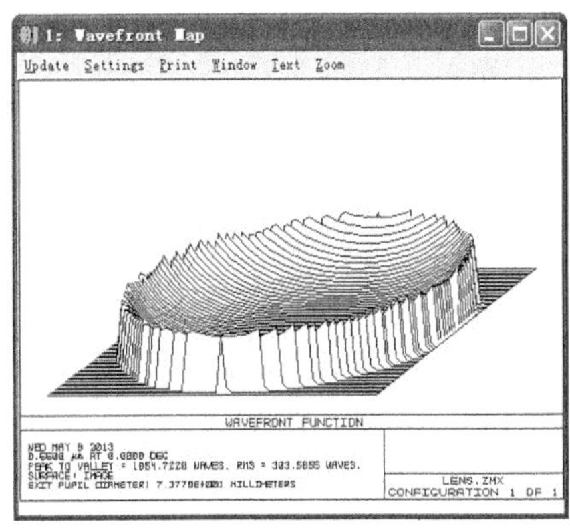

图 3-10 波前图

其实当实际波前与参考波前产生分离时，光程差不再相等，这样物面同一束光经实际透镜和理想透镜后，相当于产生了牛顿干涉环，我们使用波前的干涉图分析功能得到的牛顿干涉环，正如分析的那样，如图 3-11 所示。

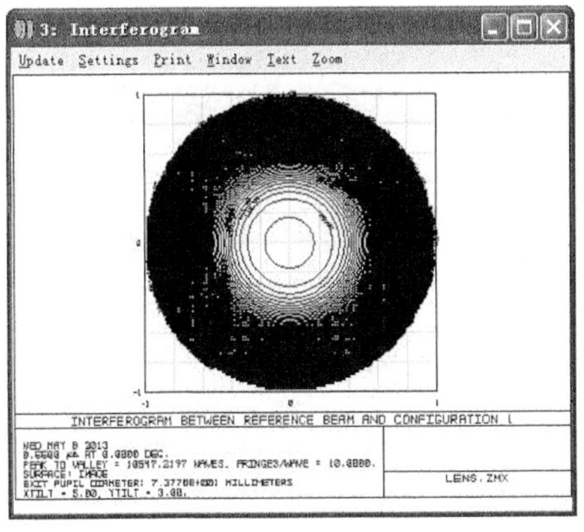

图 3-11 干涉图

4. 球差的定量分析

这些分析功能都是相互联系的，理论结合实际。我们可以使用 ZEMAX 提供的 Seidel 像差统计查看球差数据，如图 3-12 所示在菜单栏打开塞得尔系数。打开后塞得尔系数窗口显示如图 3-13 所示。

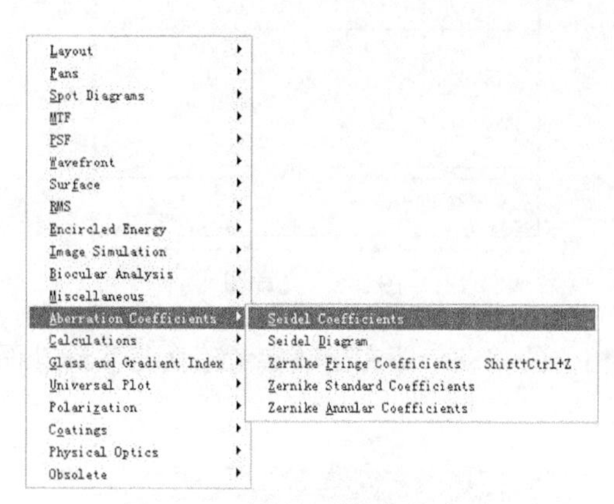

图 3-12　塞得尔系数菜单选项

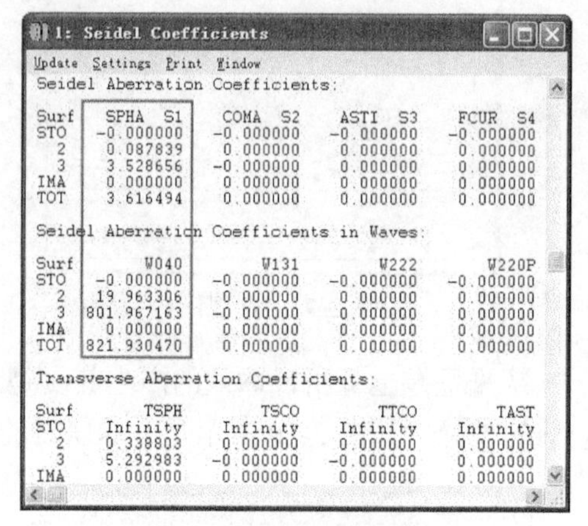

图 3-13　塞得尔系数窗口

同时可以使用评价函数操作数来直接查看球差值 SPHA，如图 3-14 所示。

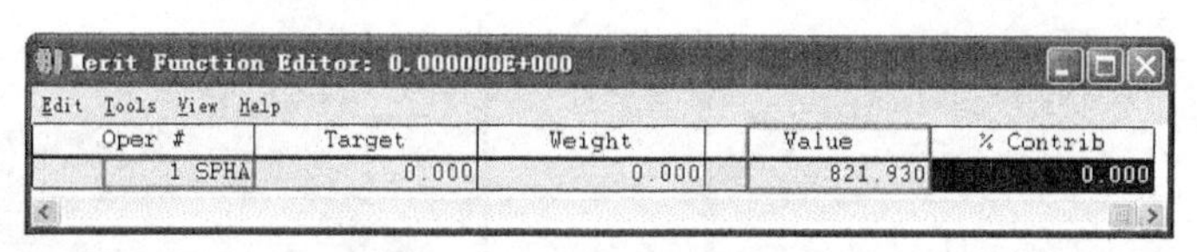

图 3-14　评价函数编辑器

5. 球差的校正方法

球差如何校正呢？在实际应用中主要使用两种方法：凹凸透镜补偿法和非球面校正球差。我们知道凸面（提供正的光焦度）始终提供正的球差，凹面提供负的球差。这就是为什么双凸单透镜不能消除球差的原因。

我们可以采用增加透镜的方法，增加凹凸面，从而减小球差大小。另外，在不能增加透镜的情况下，常使用二次曲面来消除球差，即常说的 Conic 非球面。下面我们以图 3-15 所示的单透镜为例。

Lens Data Editor

Surf:Type		Radius		Thickness		Glass	Semi-Diameter	Conic	
OBJ	Standard	Infinity		Infinity			0.000	0.000	
STO	Standard	Infinity		20.000			25.000	0.000	
2	Standard	100.000	V	10.000		BK7	25.000	0.000	
3	Standard	-61.464	F	72.439	M		24.862	0.000	V
IMA	Standard	Infinity		-			8.560	0.000	

图 3-15　添加优化变量

添加优化的目标函数，如图 3-16 所示。

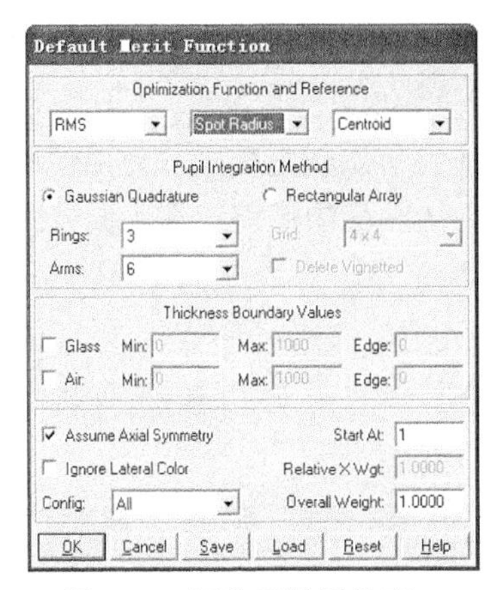

图 3-16　评价函数属性窗口

优化后，3D 视图光线焦距在一点上，如图 3-17 所示。光斑变为 0，球差完全消除，如图 3-18 所示。

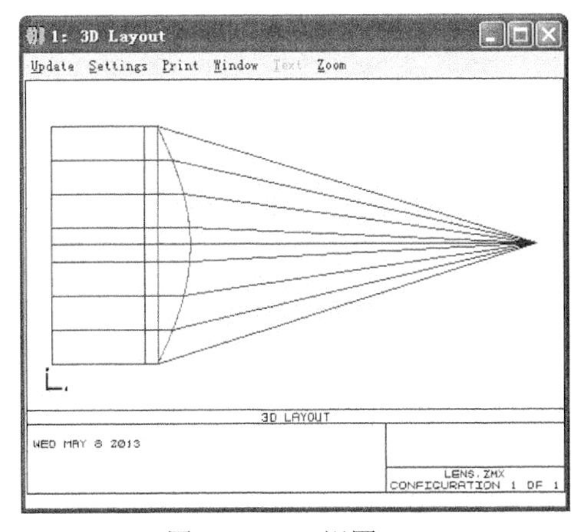

图 3-17　3D 视图

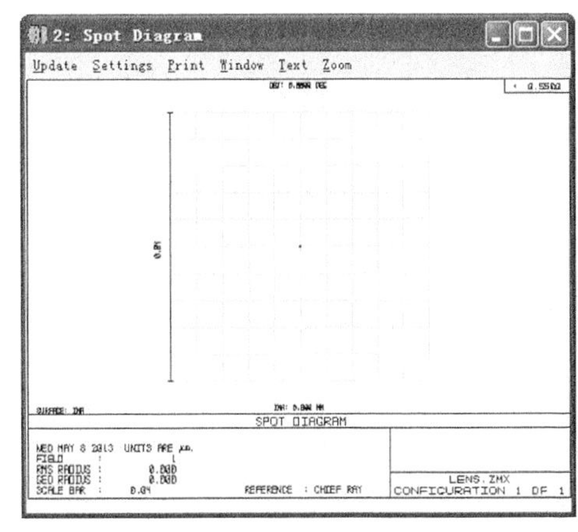

图 3-18　光斑图

可见使用非球面的方法效果显著，但由于非球面加工成本较高，这也是未能广泛推广的根本原因。

3.1.2　慧差

上一节已经详细介绍了球差，知道球差在轴上视场产生时是旋转对称的像差。那么在设计时，对镜头的成像不只要求轴上物点，同样也需要保证轴外物点的成像质量。此时，轴外物点成像时，便引入了轴外像差，也就是轴外视场产生的慧差（Coma Aberration）。

本节将详细分析慧差的概念，以及在 ZEMAX 中的表现形式和解决办法。

1. 慧差概念

慧差，也就是轴外物点（或称轴外视场点）所发出的锥形光束通过光学系统成像后，在理想像面不能成完美的像点，而是形成拖着尾巴的如彗星形状的光斑，故对此光学系统的这种像差称其为慧差。

使用几何光学的方法描述慧差，它表示外视场不同孔径区域的光束聚焦在像面上高度不同，换言之，就是外视场不同孔径区域成像的放大率不同形成的。使用几何光斑描述，即主光线光斑偏离整个视场光斑的中心。

通常由于慧差的存在，外视场聚焦光斑变大，使图像外边缘像素拉伸变得模糊不清。慧差只存在于外视场，它是非旋转对称的像差。在不同光瞳区域的光线对入射在像面的高度各不相同。

2. 慧差描述

用轴外物点发出的锥形光束在像面的聚焦情况来形像描述慧差产生的原因，如图3-19所示。

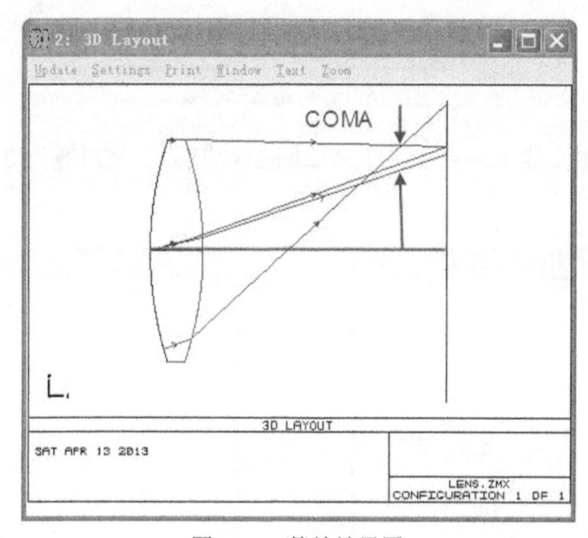

图3-19　慧差效果图

把外视场整个锥形光束分为4个光瞳区域，靠近主光线的光束区域（光瞳中心区域）成像在像面上的高度为Zone1，边缘光线的光束区域（光瞳边缘）成像在像面上高度为Zone4，这样就造成了在不同光瞳区域处成像的高度的区别。

我们知道，物点在像面上的成像高度决定了系统的放大率。这也说明慧差是由于外视场不同光瞳区域成像放大率不同造成的。

接下来我们使用ZEMAX中的几何光线来描述，先来创建一个理想光学系统。所谓的理想光学系统是指这个不会产生任何像差，它的成像是“完美的”。ZEMAX专门提供了这样一种理想系统供我们进行基础理论分析。

最终文件：第3章\慧差.zmx

ZEMAX设计步骤。

步骤1：设置入瞳直径为50 mm。

（1）在快捷按钮栏中单击“Gen→Aperture”。

（2）在弹出对话框“General”中，“Aperture Type ”选择“Entrance Pupil Diameter”，“Aperture Value”输入“50”，“Apodization type”选择“Uniform”。

（3）单击“确定”按钮，如图3-20所示。

步骤 2： 输入视场 10 度。

（1）在快捷按钮栏中单击“Fie”。

（2）在弹出对话框“Field Data”中选择“Angle（Deg）”。

（3）在“Use”栏里，选择“1”。

（4）在“Y-Field”栏输入数值“10”。

（5）单击“OK”按钮，如图 3-21 所示。

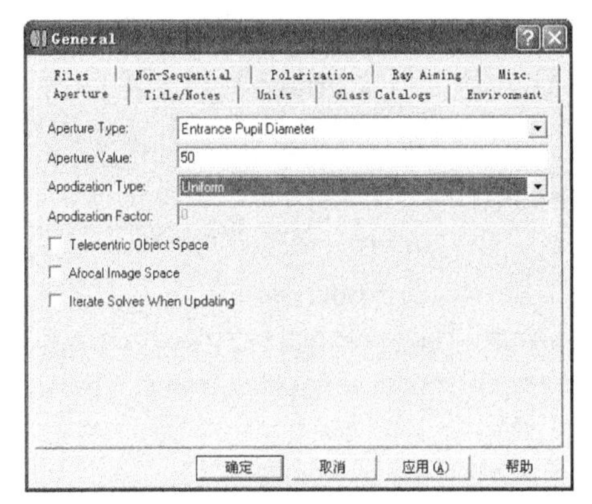

图 3-20　入瞳直径对话窗口

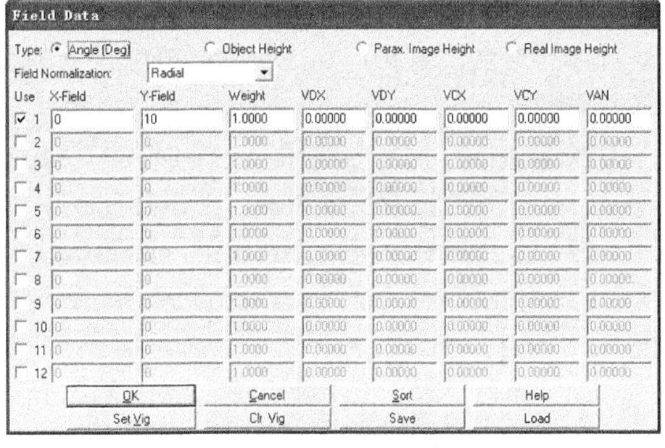

图 3-21　视场对话窗口

步骤 3： 在 LDE 中将第 1 面面型选择“Paraxial”，这便是近轴理想透镜面型，不会产生任何像差。

（1）把鼠标放在“STO”栏双击鼠标左键，弹出对话框“Surface 1 Properties”。

（2）在对话框“Surface 1 Properties”中，“Surface Type　”栏选择“Paraxial”。

（3）单击“确定”按钮，如图 3-22 所示。

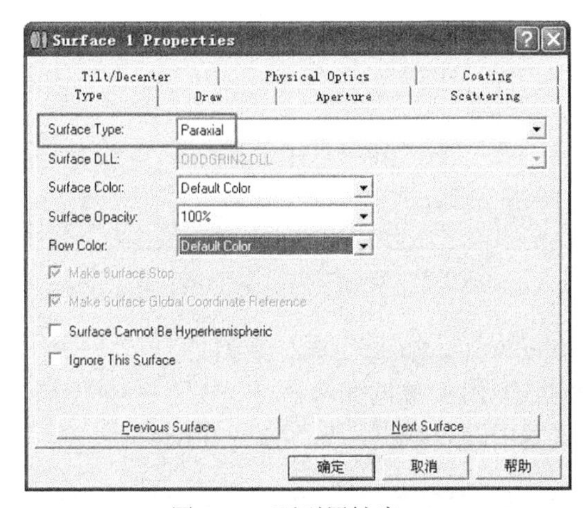

图 3-22　面型属性窗口

步骤 4： 查看透镜焦距。

（1）在文件菜单“File”下拉菜单中单击“New”，弹出对话框“Lens Date Editor”。

（2）移动界面到焦距一栏，看到透镜默认焦距为 100 mm。如图 3-23 所示。

Lens Data Editor

Edit Solves View Help

	Surf:Type	Par 0(unused)	Focal Length	OPD Mode
OBJ	Standard			
STO	Paraxial		100.000	1
IMA	Standard			

图 3-23　透镜数据编辑器

接下来需要模拟慧差的产生，使用 Zernik Fringe Phase 面型可对任意系统的波前进行调制，得到想要的波前形状。我们知道理想透镜聚焦时在像空间形成完美的球面波，通过对行的球面波重新调制，便可模拟出任意的像差。这就是 Zernik Fringe Phase 面工作的基本原理。

步骤 5：在 IMA 面前插入一个面，并设置为“Zernik Fringe Phase”面型。

（1）打开透镜数据编辑器，把鼠标放在“IMA”栏，按“Insert”键插入一个面。

（2）双击鼠标左键，打开新插入面的属性对话框“Surface 2 Properties”。

（3）在属性对话框“Surface 2 Properties”中，“Surface Type”栏选择“Zernike Fringe Phase”。

（4）单击“确定”按钮完成，如图 3-24 所示。

我们让这个面与理想透镜紧密贴合在一起，表示直接对理想透镜的完美球面波进行调制，由于此面型数据项较多，它的数据输入需要使用专门提供的附加数据编辑器。

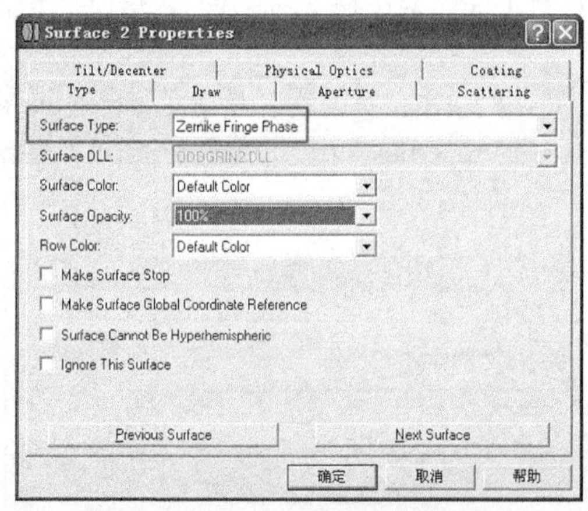

图 3-24　新插入面型属性对话窗口

步骤 6：编辑“Zernike Fringe Phase”面型数据。

（1）按“F8”快捷键打开附加数据编辑器。

（2）在附加数据编辑器中输入数据，如图 3-25 所示。

Extra Data Editor

Edit Solves Tools View Help

	Surf:Type	Max Term #	Norm Radius	Zernike 1
OBJ	Standard			
STO	Paraxial			
2	Zernike F..	10	25.000	0.000
IMA	Standard			

图 3-25　Zernike Fringe Phase 面型数据

有关 Zernike（泽尼克）各系数代表的像差，请看下面的参数描述。

图 3-26 前 9 个 Zernike（泽尼克）项和像差的对应关系：

Zernike 1　　平移（Piston）
Zernike 2　　x 轴倾斜
Zernike 3　　y 轴倾斜
Zernike 4　　离焦
Zernike 5　　像散@0 度&离焦
Zernike 6　　像散@45 度&离焦
Zernike 7　　慧差& x 轴倾斜
Zernike 8　　球差&离焦

它的前 9 项表示基本的三阶像差，我们需要的慧差为第 7 项和第 8 项。

（3）在 ZEMAX 中对应 Z7 和 Z8，输入“Z8”为“100”。如图 3-26 所示。

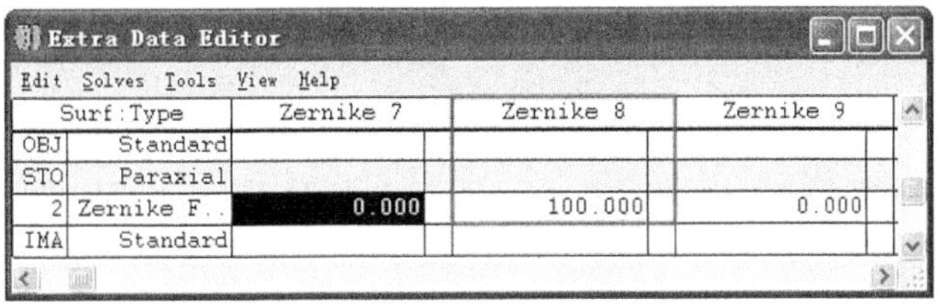

Extra Data Editor

Edit Solves Tools View Help

	Surf:Type	Zernike 7	Zernike 8	Zernike 9
OBJ	Standard			
STO	Paraxial			
2	Zernike F...	0.000	100.000	0.000
IMA	Standard			

图 3-26　附加数据编辑器

（4）打开 3D 视图，在焦点处放大便可看到慧差的几何光线形式了。如图 3-27 所示。

3. *慧差表现形式*

从上面光线分布我们不难想像慧差的光斑形式，打开 Spot Diagram（光斑图），放大后我们清楚地看出慧差光斑的图案，如图 3-28 所示。

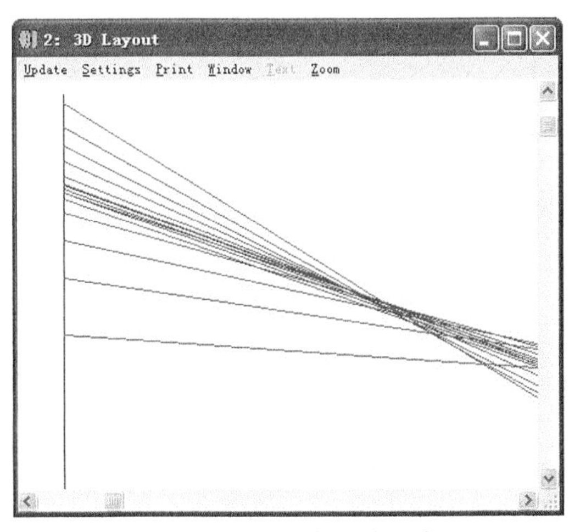

图 3-27　慧差几何光线形式

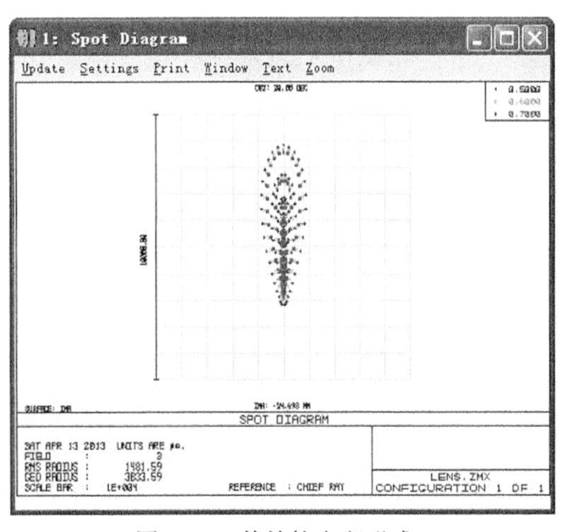

图 3-28　慧差的光斑形式

那么，从光线差（Ray Fan）图上是如何定量描述慧差曲线的呢？我们知道，慧差是由于不同孔径区域成像在像面上高度不同形成的。那么也就是孔径边缘光线对与主光线的偏离，而这种光线对此时不再是旋转对称的，如图 3-29 所示。

主光线同光斑质心的偏移，我们使用波前来描述，即慧差的波前面将是一个倾斜的波面，如图 3-30 所示。

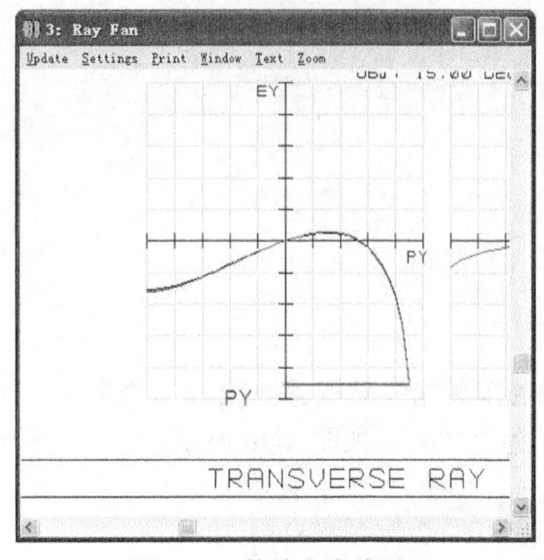

图 3-29　慧差光线差图

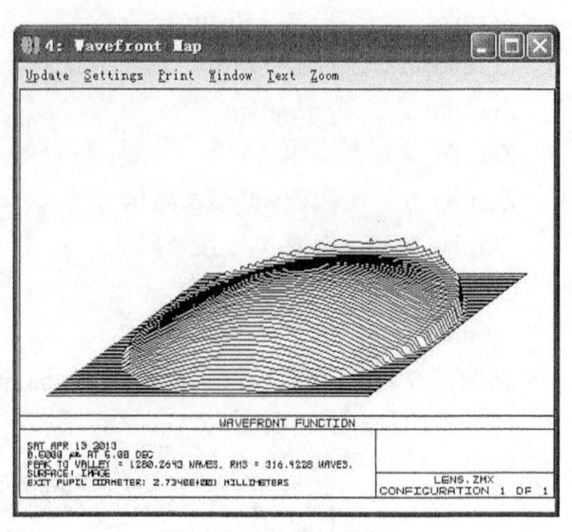

图 3-30　慧差波前面

同样，我们使用干涉的方法测试慧差波面与理想波面间的光程差，可看到慧差产生时的干涉图，如图 3-31 所示。

我们可以在 Seidel 像差图中查看慧差的详细数据，如图 3-32 所示。

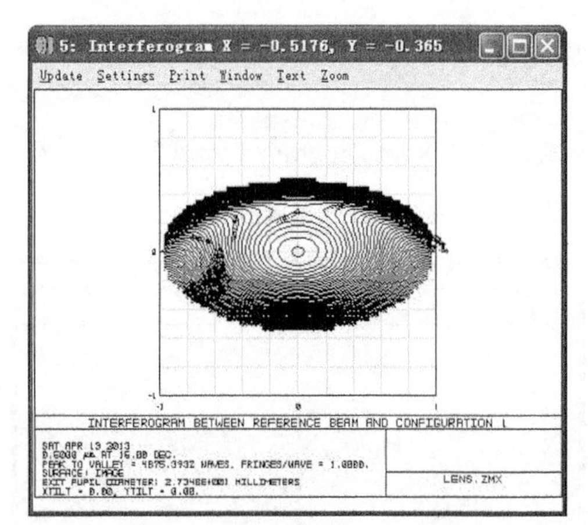

图 3-31　慧差产生时的干涉图

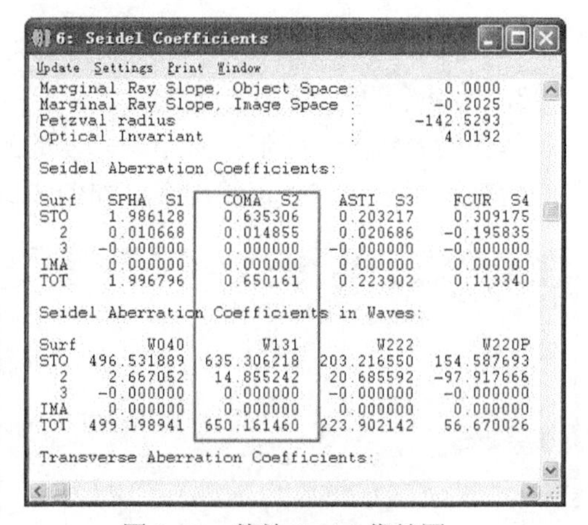

图 3-32　慧差 Seidel 像差图

4. *慧差的优化方法*

我们可以使用评价函数操作数 COMA 来专门对慧差进行优化。

慧差是由外视场物点成像形成的，可以通过调整视场光阑的方法来减小慧差。即在优化时调整光阑与镜头的相对位置来优化慧差大小。

使用对称结构的光学系统可以十分有效地消除轴外视场的像差，如经典的库克三片物镜、双高斯照相物镜等，都是将视场光阑置于镜头组中间使光阑两边对称。这种结构不单单只对慧差校正，对像散、场曲和畸变的校正作用也非常有帮助。

3.1.3 像散

前两节详细介绍了光学设计基础像差中的球差和慧差，有关场曲的详细介绍将在本节中讲解，这里将着重分析像散（Astigmatism）的概念，以及在 ZEMAX 中的表现和消除方法。

1. 像散概念

像散指轴外物点发出的锥形光束通过光学系统聚焦后，光斑在像面上子午方向与弧矢方向的不一致性。换言之，就是轴外视场光束通过光瞳后，在子午方向与弧矢方向光程不相等，造成两个方向光斑分离所形成的弥散斑，称为光学系统的像散。

像散类似于我们通常提及的散光，比如人眼的散光，指的是人眼看上下方向与左右方向的景物时清晰度不一样，主要原因是人眼角膜在上下方向与左右方向弯曲不同，造成的屈光度不同，这其实就像是人眼产生的像散。我们所提及的像差主要在于使用透镜光学系统成像后，像面上光斑的分布情况。像散也正是镜头系统在上下方向与左右方向聚焦能力不同形成的。

由于像散的存在，使我们在调整成像光斑时会始终寻找不到最佳焦点，看到的都是一定的弥散斑，光斑或者呈线条形式，或者呈弥散圆形式，或者呈椭圆形式。

像散的大小与视场及孔径值大小紧密相关，同时也要注意视场光阑的影响。

2. 像散描述

在 ZEMAX 中我们要了解什么是子午和弧矢面，物点发出的是锥形光束且充满整个光瞳面的，为了几何光线追迹分析及采样方便，人为地将此锥形光束分为两个剖面，即子午面和弧矢面。定义：凡是过光瞳 y 轴的所有光束剖面均称为子午面；凡是过光瞳 x 轴的光束剖面均称为弧矢剖面。

为了详细演示说明子午及弧矢面与像散的关系，我们以 ZEMAX 自带的库克 3 片式物镜为例。

打开[ZEMAX 根目录：\Samples\Sequential\Objectives\Cooke 40 Degree fild.zmx]。

在 3D 视图中，我们可以看到，当前 YZ 平面内看到的光线其实就是过光瞳 y 轴的剖面，即子午面，如图 3-33 所示。

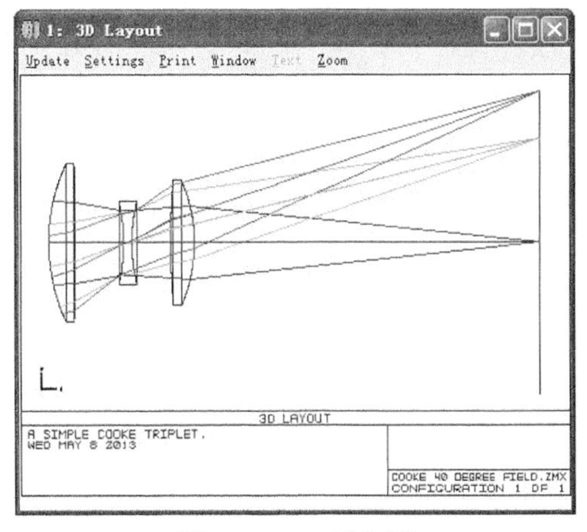

图 3-33 3D 子午面

默认视图下显示的是 XY 光扇，指的就是子午与弧矢面的光扇，做图 3-34 所示设置便可看到弧矢光扇了，如图 3-35 所示。

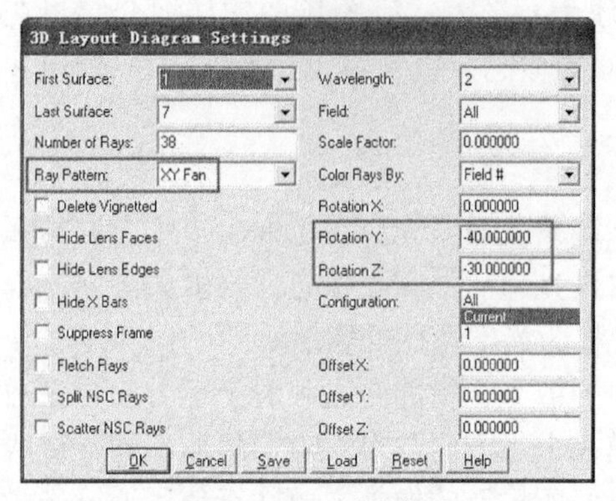

图 3-34　3D 属性窗口

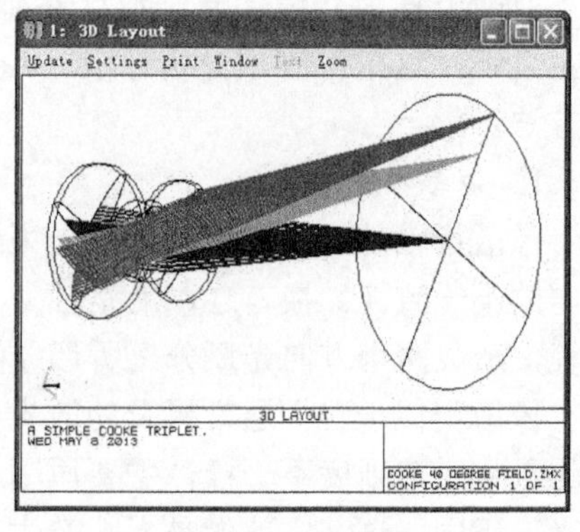

图 3-35　3D 视图

了解了 ZEMAX 中这两个方向的描述，我们就具体分析一下，在这个系统中轴外视场是如何表现出这两个方向光斑聚焦的不一致性。

我们来看此系统的 Spot Diagram（光斑图）分析光斑的形状，如图 3-36 所示。

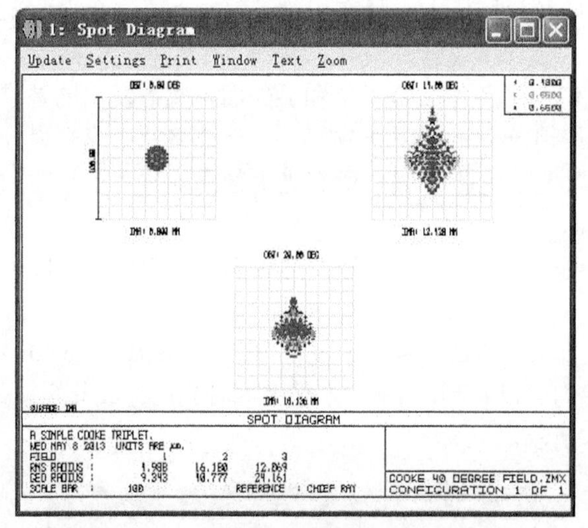

图 3-36　光斑图

从上面光斑看到，轴外视场表现出明显的非旋转对称性，特别是中间视场具有明显椭圆特征。这是像散的主要表现形式。现在来重点分析第 2 个视场，看看像散用几何光线是如何表现出来的。

在 3D 视图中只选择第 2 个视场的子午面（设置如图 3-37 所示），放大像面处的焦点，我们看到此时子午剖面光线处于未完全聚焦状态，如图 3-38 所示。

再让视图绕 z 轴旋转 90 度，查看第 2 视场弧矢剖面光线聚焦，放大像面处焦点，如图 3-39、图 3-40 所示。

从上面子午剖面与弧矢剖面的光线聚焦情况对比，相信读者已经很清楚像散产生的原因了。

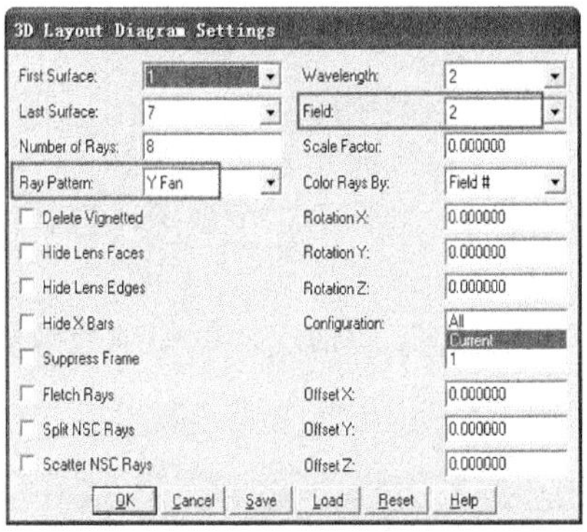

图 3-37 3D 属性窗口

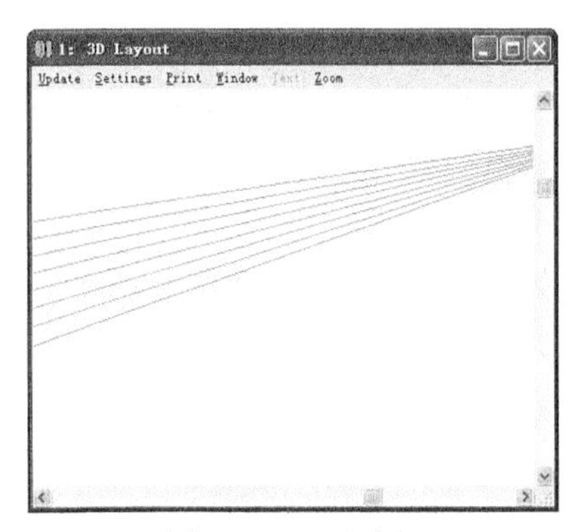

图 3-38 3D 视图

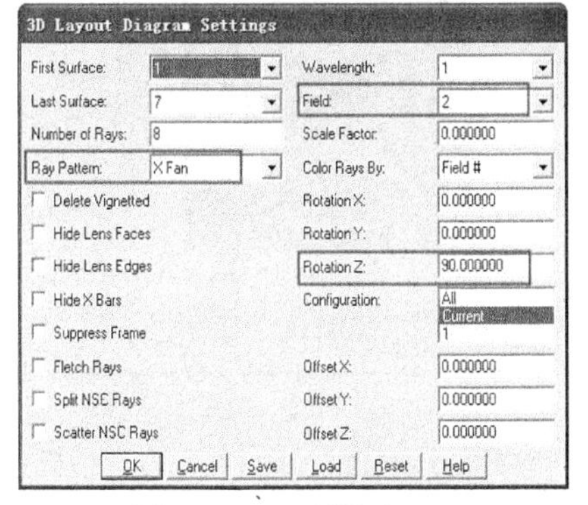

图 3-39 3D 属性窗口

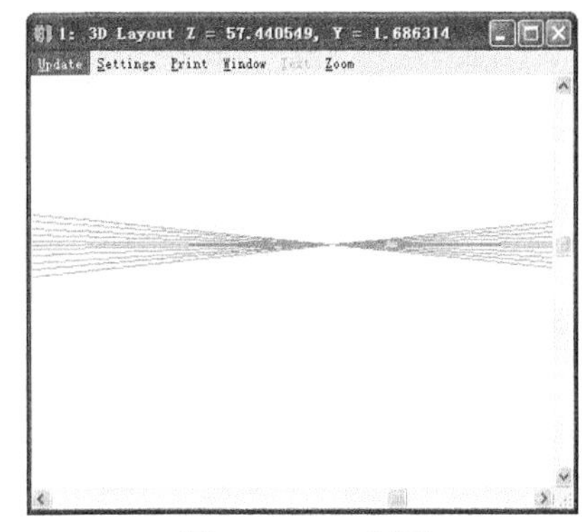

图 3-40 3D 视图

3. *像散表现形式*

使用离焦分析功能可以更直观地表示像散的光斑，我们也可以想象到，如果把当前像面取在子午或弧矢面中任何一个焦点处，光斑都将是一条线。打开 Through Focus 图，设置离焦间隔为 150 mm，弧矢剖面聚焦排列如图 3-41 所示。

由于子午与弧矢剖面几何光线聚焦（或光程）不同，在光线差图中我们就可以理解像散曲线的描述方法了。也就是光瞳 Py 像差大小与光瞳 Px 像差大小不相等。打开光线差图查看第 2 个视场的像差曲线，如图 3-42 所示可以看到子午与弧矢像差不相同。

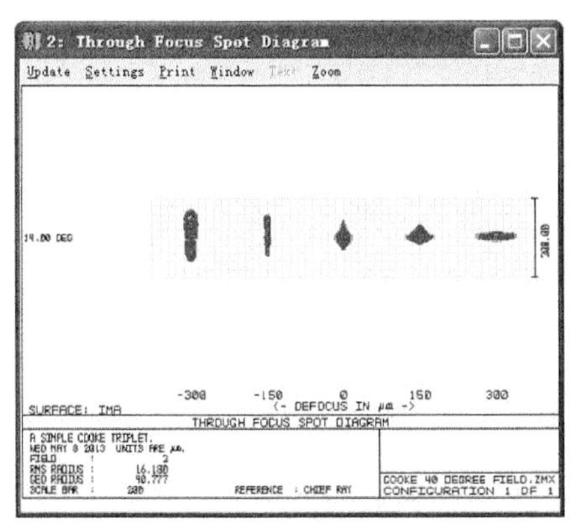

图 3-41 离焦剖面图

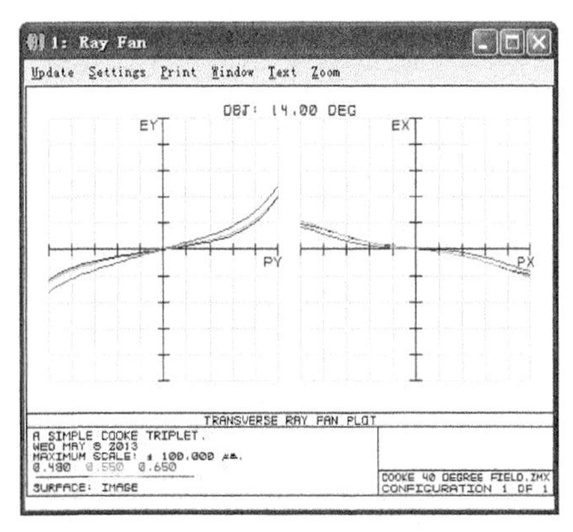

图 3-42 光线差图

图3-42所示的光线差图便是像散最具特征的曲线表现形式，当我们在其他系统中看到类似于这样Py与Px像差曲线不一致性，即说明系统存在较大像散。

同样，我们使用波前传播考虑像散形成，由于子午与弧矢面光束光程差不同，这将形成类似于柱面的波前形状，打开Wavefront Map（波前图），选择第2个视场，查看像散产生的柱面波前，如图3-43所示。

考虑有像散产生时的实际波前与理想球面波间的光程差干涉情况，可得到像散的干涉图，如图3-44所示。

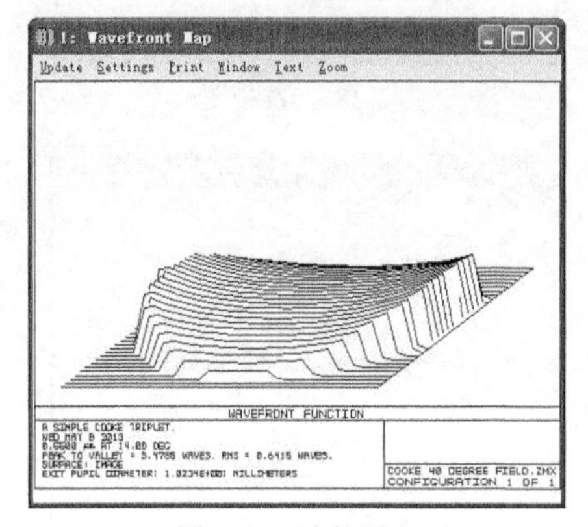

图3-43　波前图

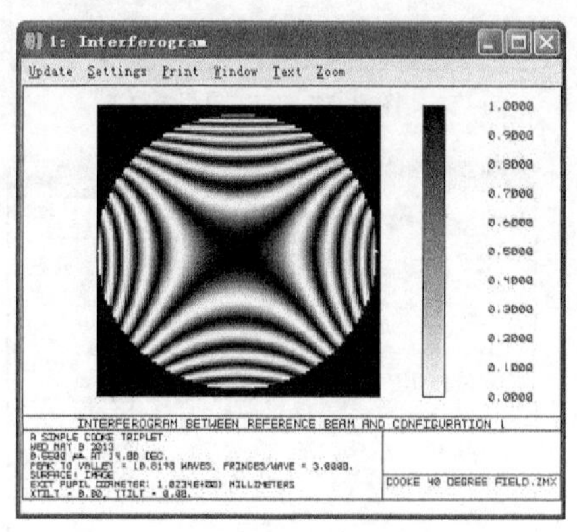

图3-44　干涉图

在Seidel数据表中可查看像散的实际大小，如图3-45所示。

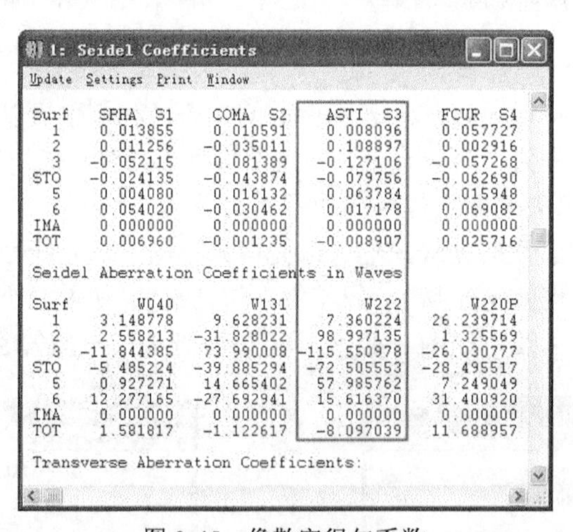
1: Seidel Coefficients

Update Settings Print Window

Surf	SPHA S1	COMA S2	ASTI S3	FCUR S4
1	0.013855	0.010591	0.008096	0.057727
2	0.011256	-0.035011	0.108897	0.002916
3	-0.052115	0.081389	-0.127106	-0.057268
STO	-0.024135	-0.043874	-0.079756	-0.062690
5	0.004080	0.016132	0.063784	0.015948
6	0.054020	-0.030462	0.017178	0.069082
IMA	0.000000	0.000000	0.000000	0.000000
TOT	0.006960	-0.001235	-0.008907	0.025716

Seidel Aberration Coefficients in Waves

Surf	W040	W131	W222	W220P
1	3.148778	9.628231	7.360224	26.239714
2	2.558213	-31.828022	98.997135	1.325569
3	-11.844385	73.990008	-115.550978	-26.030777
STO	-5.485224	-39.885294	-72.505553	-28.495517
5	0.927271	14.665402	57.985762	7.249049
6	12.277165	-27.692941	15.616370	31.400920
IMA	0.000000	0.000000	0.000000	0.000000
TOT	1.581817	-1.122617	-8.097039	11.688957

Transverse Aberration Coefficients:

图3-45　像散塞得尔系数

4. 像散消除方法

可以使用优化的方法直接优化像散大小，操作数ASTI，如图3-46所示。

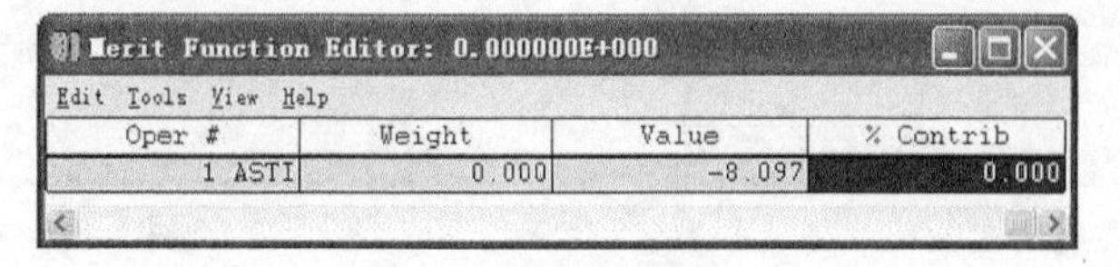
Merit Function Editor: 0.000000E+000

Edit Tools View Help

Oper #	Weight	Value	% Contrib
1 ASTI	0.000	-8.097	0.000

图3-46　评价函数编辑器

由于像散是轴外视场物点成像的不完美性造成的，我们可以通过调节视场光阑的位置来减小像散影响。通常光视场光阑远离镜头组时像散会减小，最常用的是使用对称结构系统，同慧差消除方法一样，而且对称结构可以同时校正这些轴外像差。

另外，也可使用远离视场光阑的非球面透镜校正外视场像差，效果比较显著。

3.1.4 场曲

本节将会对场曲（Field Curvature）做详细讲解，它是完全依赖于视场的像差。它不像慧差或像散是专门针对轴外某一物点聚焦后光斑的分析，所以不能用慧差或者像散一样的方法来分析场曲。

1. 场曲概念

什么是场曲？场曲也叫“像场弯曲”，是指平面物体通过透镜系统后，所有平面物点聚焦后的像面不与理想像平面重合，而是呈现为一个弯曲的像面，这种现象称为场曲。有时我们也理解为视场聚焦后像面的弯曲。

虽然每个物点通过透镜系统后自身能成一个清晰的像点，但所有像点的集合却是一个曲面。通常像面都为平面，这时无论将像面选取在任何位置，都不可能得到整个物体清晰的像，它是一个清晰度随像面位置渐变的像。这样对我们观察或照相都造成极大困难。所以一般检测镜头或照相物镜都需要校正场曲，如观测用的显微镜都是平场物镜，即校正场曲。

注意： 在这个概念上需要说明的一点就是，场曲并不是我们观察到的像是弯曲的，而是实际物体成像后最佳焦点集合面是弯曲的。在像面为平面时，我们所看到像是一种清晰度渐变效果，即某一区域很清晰，其他区域却很模糊，如果看到实际像面是弯曲的，便不是场曲造成的，而是畸变！将在下一节中详细介绍畸变。

2. 场曲描述

场曲是随视场变化的，所以不能用单一视场或某一物点成像光斑来描述场曲。此时的光斑图（Spot Diagram）、光线差（Ray Fan）图、波前图（Wave front Map）都失去了作用，因为这些分析功能都是只针对某一物点成像质量评价的。但它们又不是完全独立的，如在场曲较大时，不同视场的光斑图大小相差很大，或不同视场光线差相差较大，这都是场曲存在的标志。

为了直观描述场曲的特征，我们以一个单透镜为例，先来设计一个简单的单透镜。

EFFL：100

F/#：5

FOV：20

材料：K9

最终文件：第 3 章\场曲.zmx

ZEMAX 设计步骤如下。

步骤 1： 输入入瞳直径 20 mm（EPD=EFFL/F#，可知入瞳直径 20 mm）。

（1）在快捷按钮栏中单击“Gen→Aperture”。

（2）在弹出对话框“General”中，“Aperture Type　”选择“Entrance Pupil Diameter”，“Aperture Value”输入“20”，“Apodization type”选择“Uniform”。

（3）单击“确定”按钮，如图 3-47 所示。

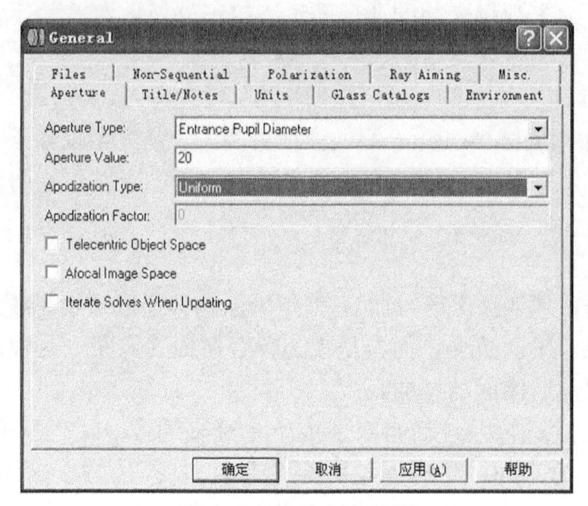

图 3-47　输入入瞳直径

步骤 2：半视场 FOV= 20 度，输入 3 个视场。

（1）在快捷按钮栏中单击“Fie”。

（2）在弹出对话框“Field Data”中选择“Angle（Deg）”。

（3）在“Use”栏里，选择“1”、“2”、“3”。

（4）“Y-Field”栏输入数值“0”、“14”、“20”。

（5）单击“OK”按钮，如图 3-48 所示。

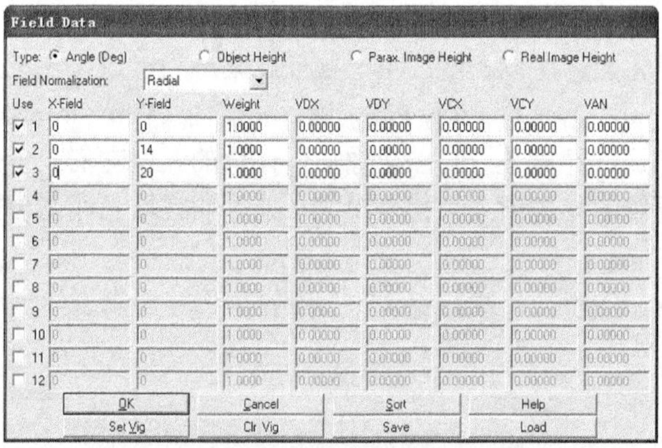

Field Data

Type: Angle (Deg)　Object Height　Parax. Image Height　Real Image Height

Field Normalization: Radial

Use	X-Field	Y-Field	Weight	VDX	VDY	VCX	VCY	VAN
☑ 1	0	0	1.0000	0.00000	0.00000	0.00000	0.00000	0.00000
☑ 2	0	14	1.0000	0.00000	0.00000	0.00000	0.00000	0.00000
☑ 3	0	20	1.0000	0.00000	0.00000	0.00000	0.00000	0.00000
☐ 4	0	0	1.0000	0.00000	0.00000	0.00000	0.00000	0.00000
☐ 5	0	0	1.0000	0.00000	0.00000	0.00000	0.00000	0.00000
☐ 6	0	0	1.0000	0.00000	0.00000	0.00000	0.00000	0.00000
☐ 7	0	0	1.0000	0.00000	0.00000	0.00000	0.00000	0.00000
☐ 8	0	0	1.0000	0.00000	0.00000	0.00000	0.00000	0.00000
☐ 9	0	0	1.0000	0.00000	0.00000	0.00000	0.00000	0.00000
☐ 10	0	0	1.0000	0.00000	0.00000	0.00000	0.00000	0.00000
☐ 11	0	0	1.0000	0.00000	0.00000	0.00000	0.00000	0.00000
☐ 12	0	0	1.0000	0.00000	0.00000	0.00000	0.00000	0.00000

OK　Cancel　Sort　Help

Set Vig　Clr Vig　Save　Load

图 3-48　视场对话窗口

步骤 3：在透镜数据编辑栏内输入初始参数。

（1）打开透镜数据编辑器，把鼠标放在“IMA”栏，按“Insert”键插入一个面。

（2）在第 1 面输入材料“H-K9L”，厚度为“10”。如图 3-49 所示。

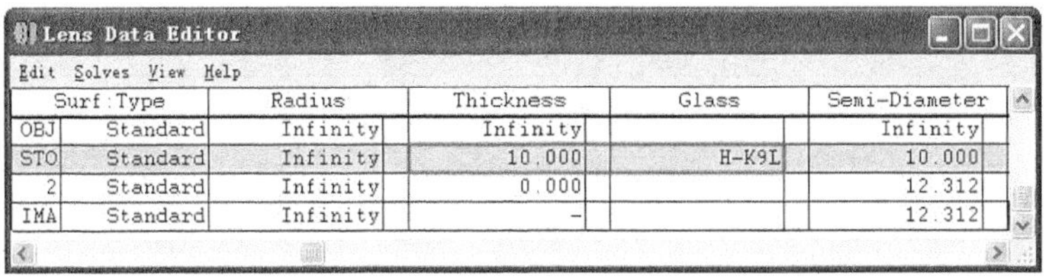

Lens Data Editor
Edit Solves View Help
Surf:Type | Radius | Thickness | Glass | Semi-Diameter
OBJ Standard Infinity Infinity Infinity
STO Standard Infinity 10.000 H-K9L 10.000
2 Standard Infinity 0.000 12.312
IMA Standard Infinity - 12.312

图 3-49 透镜初始参数

步骤 4： 设置后表面曲率半径 F Number 求解类型。

（1）在后表面曲率半径栏单击鼠标右键（如图 3-50 所示），弹出对话框“Curvature solve on surface 2”。

Lens Data Editor
Edit Solves View Help
Surf:Type | Radius | Thickness | Glass | Semi-Diameter
OBJ Standard Infinity Infinity Infinity
STO Standard Infinity 10.000 H-K9L 10.000
2 Standard Infinity 0.000 12.312
IMA Standard Infinity - 12.312
单击鼠标右键

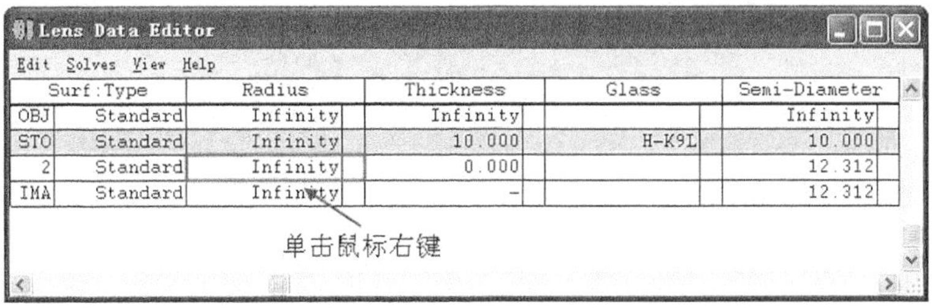

图 3-50 透镜数据编辑栏

（2）在弹出对话框“Curvature solve on surface 2”中，“Solve Type”栏选择“F Number”。

（3）在“F/#”栏输入“5”。

（4）单击“OK”按钮，如图 3-51 所示。

步骤 5： 设置后表面厚度边缘光线高度求解，固定后焦面在近轴焦平面上。

（1）在后表面厚度栏单击鼠标右键，弹出对话框“Thickness solve on surface 2”。

（2）在弹出对话框“Thickness solve on surface 2”中，“Solve Type”栏选择“Marginal Ray Height”。

（3）单击“OK”按钮，如图 3-52 所示。

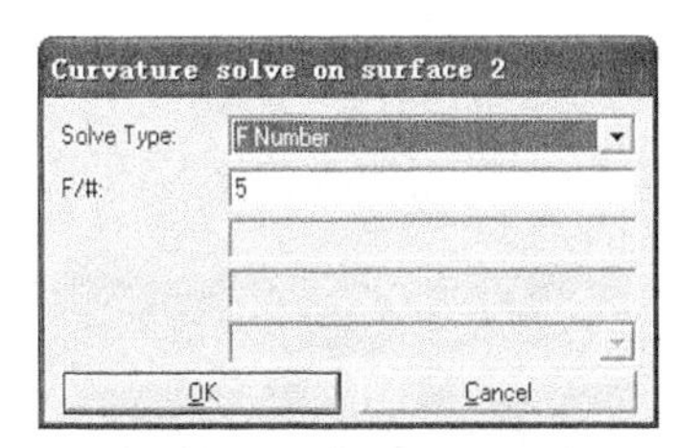

Curvature solve on surface 2
Solve Type: F Number
F/#: 5
OK
Cancel

图 3-51 曲率半径求解类型窗

Thickness solve on surface 2
Solve Type: Marginal Ray Height
Height: 0
Pupil Zone: 0
OK
Cancel

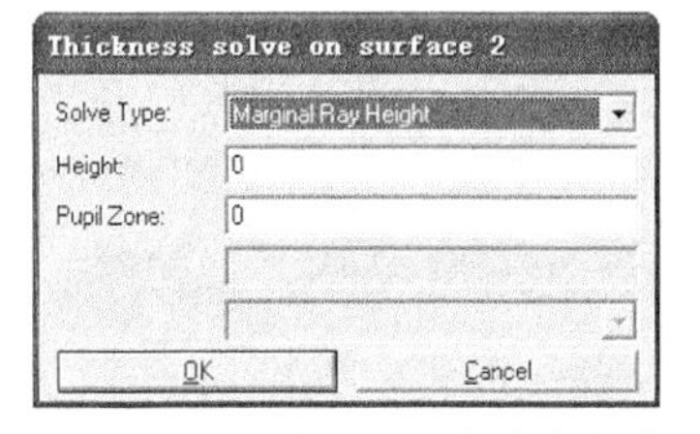

图 3-52 厚度边缘光线高度求解窗口

步骤 6： 查看光路结构图。

（1）在快捷按钮栏中单击“L3d”打开光路结构图。如图 3-53 所示。

从图中不难看出，3 个视场的最佳焦点位于一个曲面上。对于单透镜系统，这样的场曲是固定的必然存在的，我们称其为匹兹万场曲。场曲曲面弯曲半径大小近似为透镜焦距的 2 倍，如图 3-54 所示。

（2）在快捷按钮栏中单击“Spt”打开光斑图。如图 3-55 所示。

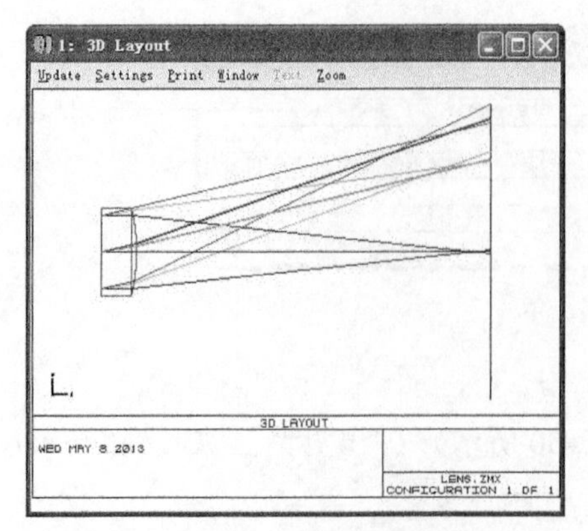

图 3-53　单透镜光路结构图

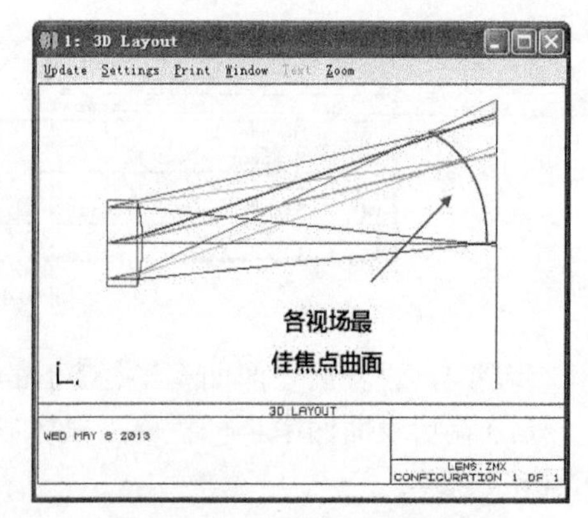

图 3-54　3 个视场最佳焦点图

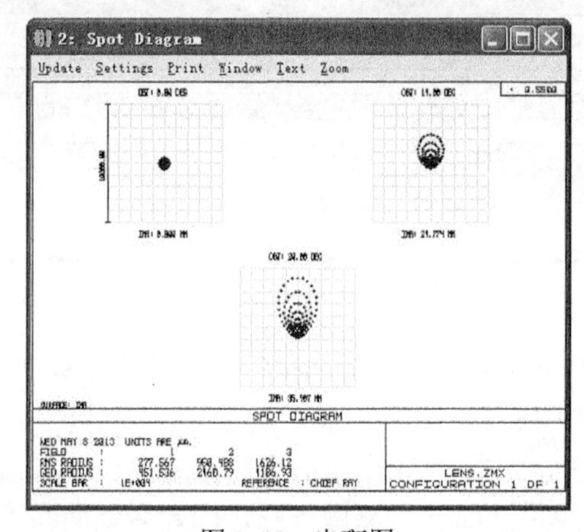

图 3-55　光斑图

通过光斑的变化可以知道场曲的存在。

ZEMAX 提供了一个专门查看场曲的分析功能："Analysis→Miscellaneous→Field Curv/Distortion"，图 3-56 的左半部分表示系统场曲情况，可以看到子午方向与弧矢方向场曲大小。

在像模拟功能上我们可以看到实际物面成像后像面模糊情况，打开菜单"Analysis→Image Simulation→Image Simulation"，得到图 3-57 所示像分析图。

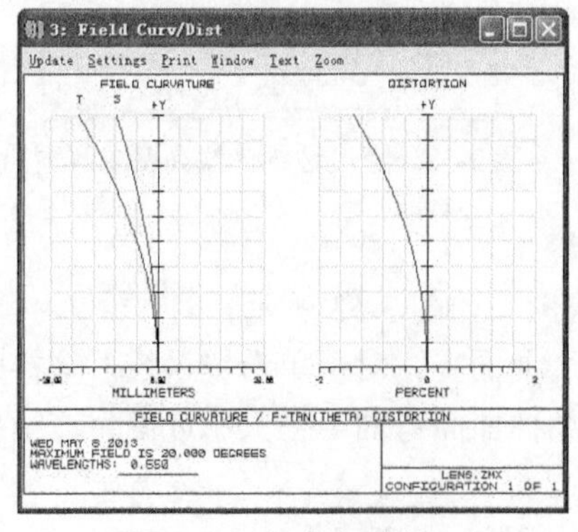

图 3-56　场曲和畸变

图 3-57　像分析图

上面模拟后的图像可以看到场曲对像质的影响，由于像面位于近轴焦平面，所以模拟得到的图像中心区域非常清晰，边缘很模糊。如果将像面置于边缘视场焦点处，可得到图3-58所示图像。

注意图3-59所示为畸变效果，边缘和中心都很清晰，而非场曲造成的，畸变不影响成像的清晰度，只改变像的形状。我们要区分这两种像差的不同。

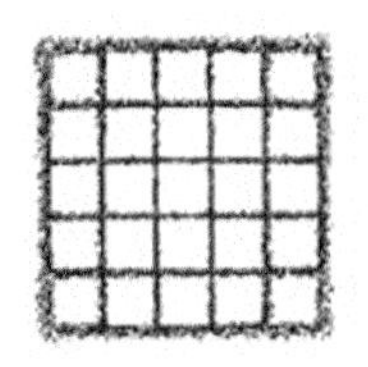

图3-58 置于边缘视场焦点处像分析图

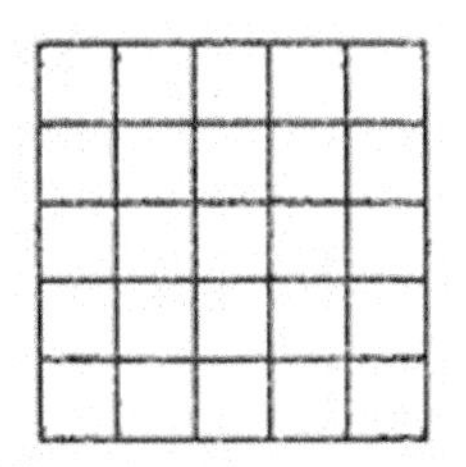

图3-59 畸变效果

3. 场曲校正方法

我们知道场曲是由于视场因素造成的，可以通过优化视场光阑的位置来减小场曲。如上面例子中的单透镜，我们在单透镜前插入一个虚拟面，将其做为光阑。设置厚度为变量，进行优化，如图3-60所示。

Lens Data Editor

Edit Solves View Help

Surf:Type		Radius		Thickness		Glass		Semi-Diameter
OBJ	Standard	Infinity		Infinity				Infinity
STO	Standard	Infinity		0.000	V			10.000
2	Standard	Infinity		10.000		H-K9L		10.000
3	Standard	-51.852	F	100.000	V			11.987
IMA	Standard	Infinity		-				40.094

图3-60 设置厚度为变量

通过优化可以看到，场曲明显减小，效果十分理想，如图3-61、图3-62所示。

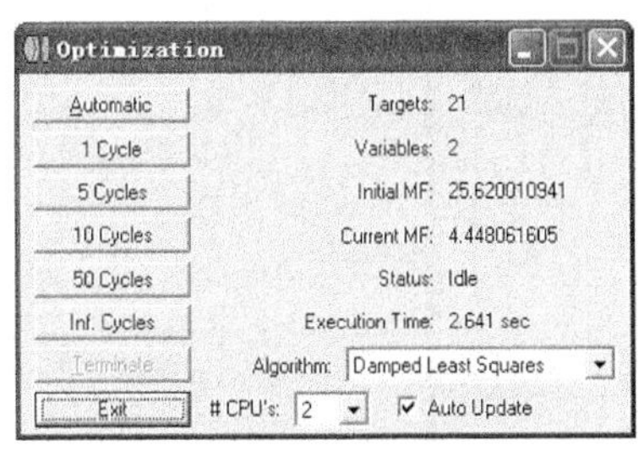

图3-61 优化结果

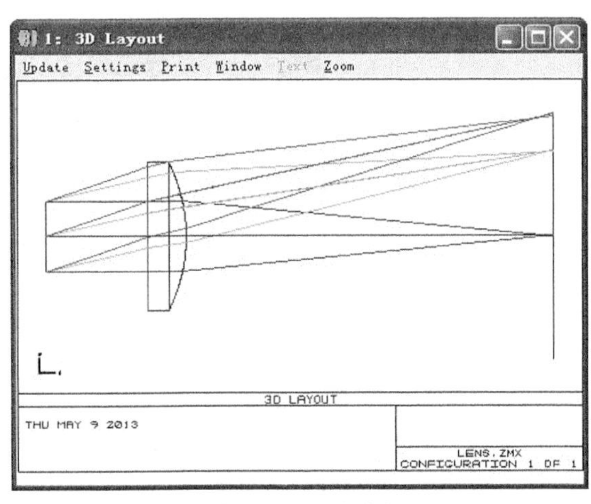

图3-62 3D视图

再次使用像模拟查看实际图片成像，此时我们看到的整张图片清晰度趋于一致，除了边角有些畸变，如图 3-63 所示。

图 3-63　像分析图

同样，也可使用对称结构来有效地减小场曲，如在我们的单透镜前面再加一个单透镜，设计为对称式透镜组。

对称式透镜数据参数，如图 3-64 所示。

Lens Data Editor

Edit Solves View Help

Surf:Type		Radius	Thickness	Glass	Semi-Diameter
OBJ	Standard	Infinity	Infinity		Infinity
1	Standard	50.000	10.000	H-K9L	23.019
2	Standard	110.320	25.000		20.409
STO	Standard	Infinity	25.000		8.019
4	Standard	-123.181	10.000	H-K9L	17.849
5	Standard	-50.000	60.000		20.099
IMA	Standard	Infinity	-		36.819

图 3-64　透镜数据编辑栏

对称式透镜外形图，如图 3-65 所示。

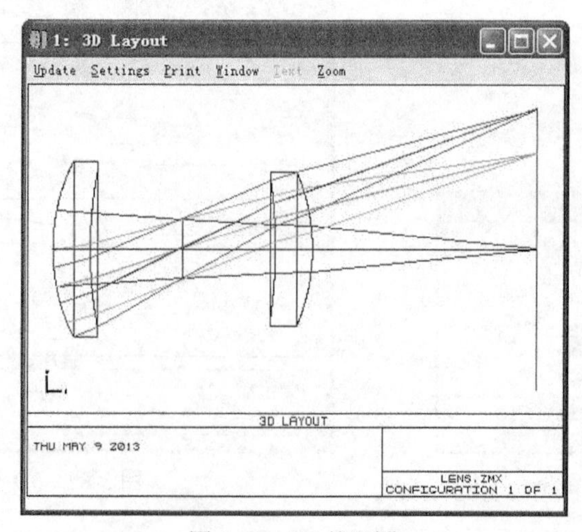

图 3-65　3D 外形图

另外，使用匹兹万镜头形式消场曲，即将最后透镜面设计为凹透镜，其目的就是校正场曲的，例如，图 3-66 中的镜头。

Lens Data Editor

Edit Solves View Help

	Surf:Type	Radius		Thickness		Glass	Semi-Diameter	
OBJ	Standard	Infinity		Infinity			Infinity	
1*	Standard	91.669	V	21.676		BALKN3	28.000	U
2*	Standard	-60.188	V	3.484		F4	28.000	U
*	Standard	3972.619	V	76.509			28.000	U
4*	Standard	35.207	V	17.361		BK7	24.000	U
5*	Standard	-58.825	V	3.484		F2	24.000	U
6*	Standard	-166.141	V	19.400			24.000	U
7*	Standard	-27.783	V	1.970		F2	16.000	U
8*	Standard	1.112E+006	V	15.238	M		16.000	U
IMA	Standard	Infinity		-			6.993	

图 3-66 透镜数据编辑器

结构效果如图 3-67、图 3-68 所示。

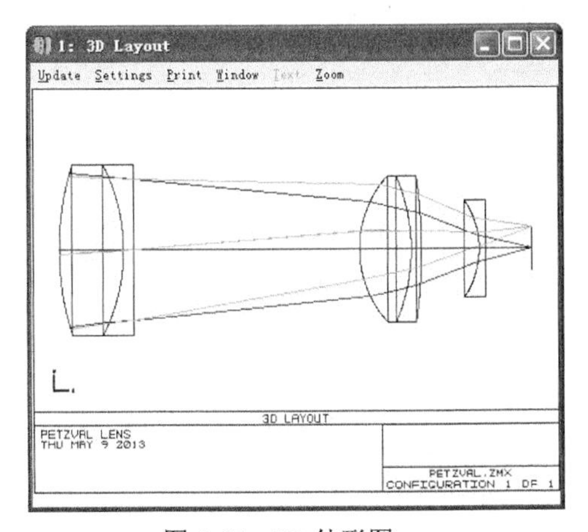

图 3-67 3D 外形图

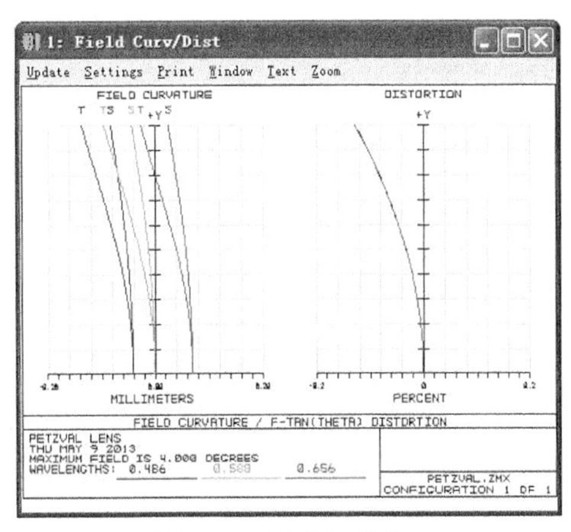

图 3-68 场曲和畸变

3.1.5 畸变

关于光学系统成像后产生的畸变（Distortion）问题，大家可能都不陌生。可能大家在做实际成像系统设计项目的时候，客户大多会要求最大畸变量的大小。也有相当一部分激光镜头设计师在设计扫描镜头时，经常会提到 F-Theta 畸变，或者更严格情况下客户会提出两种畸变，其中包括 TV 畸变。

无论是哪种畸变情况，它都反应了系统成像的缺陷或不完美性。我们在设计时应尽可能减小或避免，因为人眼对图像形变的响应能力高于对清晰度的响应。

在本节中我们就来详细介绍畸变的概念、影响因素，以及在 ZEMAX 软件中的表现形式和查看方法，最后如何使用优化操作数来减小系统畸变量。

1. 畸变概念

畸变指物体通过镜头成像时，实际像面与理想像面间产生的形变。或者说物体成像后，物体的像并非实际物体的等比缩放，由于局部放大率不等而使物体的像产生变形。

畸变分两种：正畸变和负畸变。也就是我们所提及到的枕形畸变与桶形畸变。如图 3-69、图 3-70 所示。

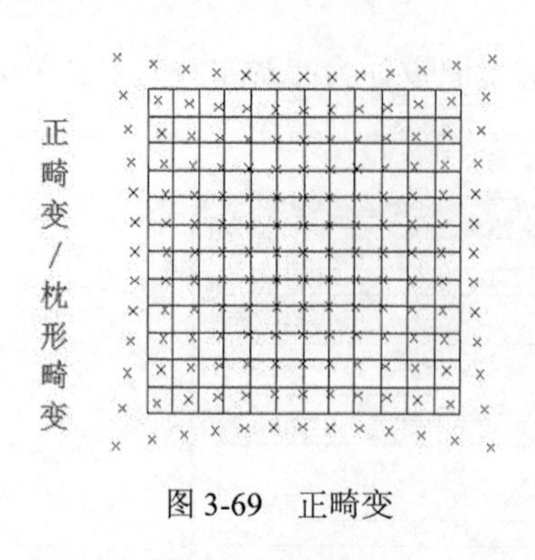

图 3-69　正畸变

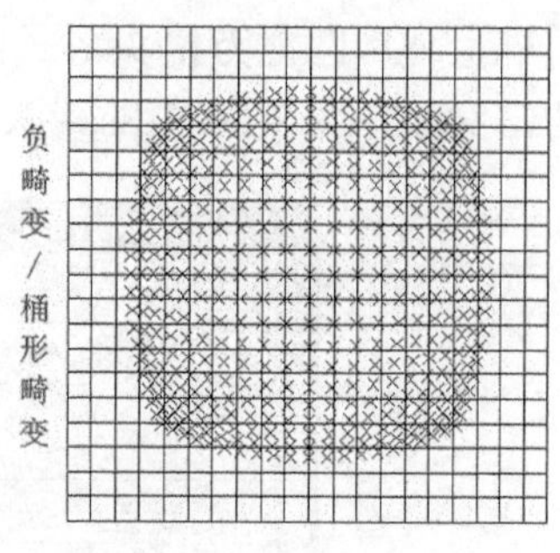

图 3-70　负畸变

畸变是造成像面与物面间不一致形，甚至局部扭曲变形，特别对于相机镜头，当畸变大于一定的百分比时拍摄出的照片会看到明显变形，使客户难以接受。但畸变不同于前面讲的 4 种像差，像面的变形与成像的分辨率有本质的区别。畸变仅是影响了不同视场在像面上的放大率，即物点成像后的重新分布。但物点在像面上的光斑大小却是由其他像差控制的，如像散、慧差及场曲。

所以在进行畸变分析时，ZEMAX 需要提供专门的畸变分析功能来查看畸变量大小，不能用几何光线来描述，也不能通过光斑图或波前图来预测畸变量。只能对所有物点进行光线追迹得到像面高度，作为最终评价畸变量的大小。

2. 畸变描述

通常的畸变计算公式如下：

Distortion=100*（Y chief–Y ref）/Y ref

其中 Y chief 指实际主光线在像面上的高度，Y ref 指参考光线通过视场比例缩放后在像面上的高度。通常有 3 种方法来查看畸变的大小：畸变曲线图、畸变网格图和畸变操作数。

在讲场曲时我们提到场曲曲线图，它是和畸变曲线图在同一图上，我们以 ZEMAX 自带的超广角系统为例，打开【ZEMAX 目录：\Samples\Sequential\Objectives\ Wide angle lens 100 degree field.zmx】，如图 3-71 所示，这是一个 100 度视场的广角镜头，在这样的视场下畸变可想而知：

打开场曲/畸变图（“Analysis→Miscellaneous→Field Curv/Distortion”），如图 3-72 所示，通过曲线可看到这个系统的畸变大约有 45%左右。

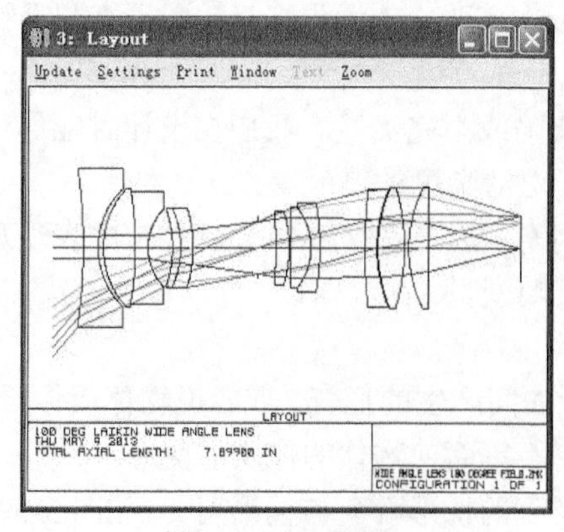

图 3-71　3D 视图

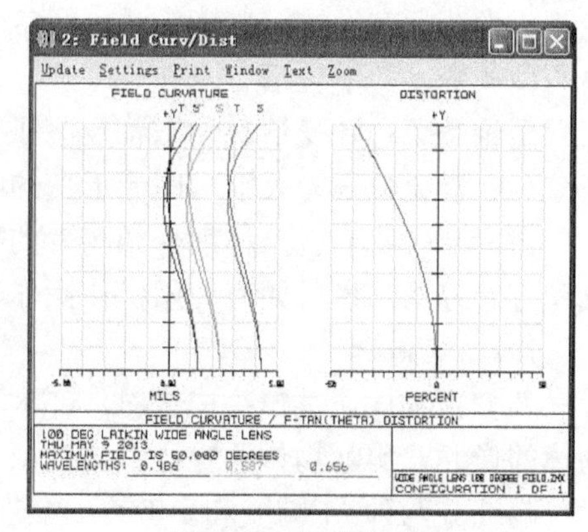

图 3-72　场曲和畸变

同样使用网格畸变功能可直观观察畸变形状大小，也可用来查看 TV 畸变量，打开菜单“Analysis→Miscellaneous→Grid Distortion”，如图 3-73 所示。

从图 3-73 可看出，此系统为明显的负畸变（桶形畸变），可以使用窗口上的 Text 打开数据描述，定量查看具体每个视场点所对应的畸变大小，如图 3-74 所示。

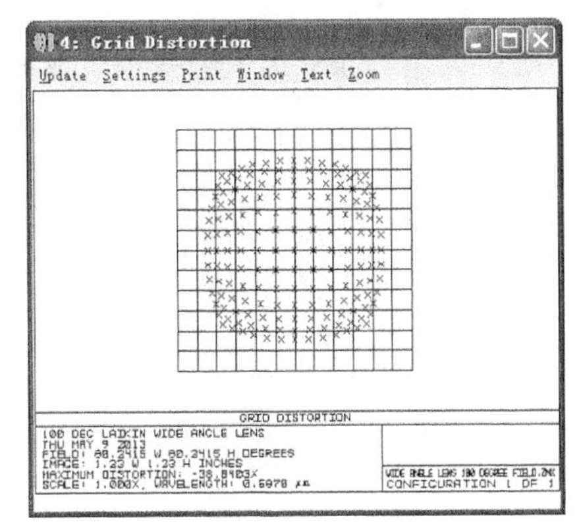

图 3-73　畸变图

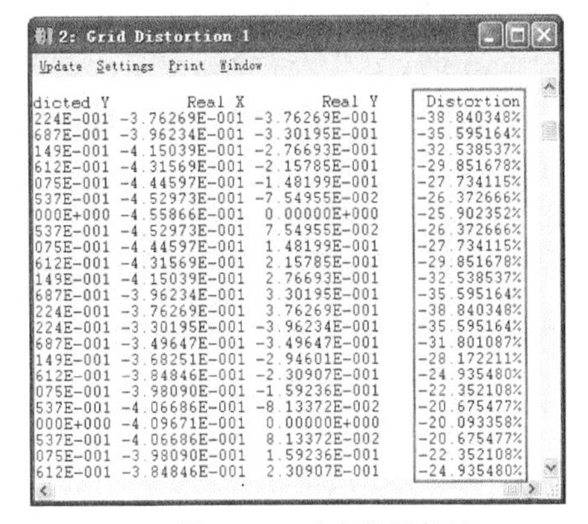

2: Grid Distortion 1

Update Settings Print Window

dicted Y	Real X	Real Y	Distortion
224E-001	-3.76269E-001	-3.76269E-001	-38.840348%
687E-001	-3.96234E-001	-3.30195E-001	-35.595164%
149E-001	-4.15039E-001	-2.76693E-001	-32.538537%
612E-001	-4.31569E-001	-2.15785E-001	-29.851678%
075E-001	-4.44597E-001	-1.48199E-001	-27.734115%
537E-001	-4.52973E-001	-7.54955E-002	-26.372666%
000E+000	-4.55866E-001	0.00000E+000	-25.902352%
537E-001	-4.52973E-001	7.54955E-002	-26.372666%
075E-001	-4.44597E-001	1.48199E-001	-27.734115%
612E-001	-4.31569E-001	2.15785E-001	-29.851678%
149E-001	-4.15039E-001	2.76693E-001	-32.538537%
687E-001	-3.96234E-001	3.30195E-001	-35.595164%
224E-001	-3.76269E-001	3.76269E-001	-38.840348%
224E-001	-3.30195E-001	-3.96234E-001	-35.595164%
687E-001	-3.49647E-001	-3.49647E-001	-31.801087%
149E-001	-3.68251E-001	-2.94601E-001	-28.172211%
612E-001	-3.84846E-001	-2.30907E-001	-24.935480%
075E-001	-3.98090E-001	-1.59236E-001	-22.352108%
537E-001	-4.06686E-001	-8.13372E-002	-20.675477%
000E+000	-4.09671E-001	0.00000E+000	-20.093358%
537E-001	-4.06686E-001	8.13372E-002	-20.675477%
075E-001	-3.98090E-001	1.59236E-001	-22.352108%
612E-001	-3.84846E-001	2.30907E-001	-24.935480%

图 3-74　畸变数据描述

可以使用像模拟功能来实际模拟成像效果，即放入一张图片来看成像后的结果，如图 3-75、图 3-76 所示。

图 3-75　模拟前的图片

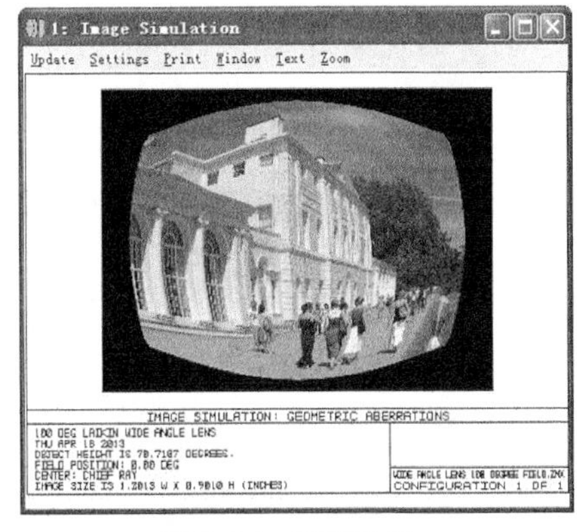

图 3-76　畸变效果

同样，可使用优化操作数 DIMX 来查看最大畸变量，如图 3-77 所示。

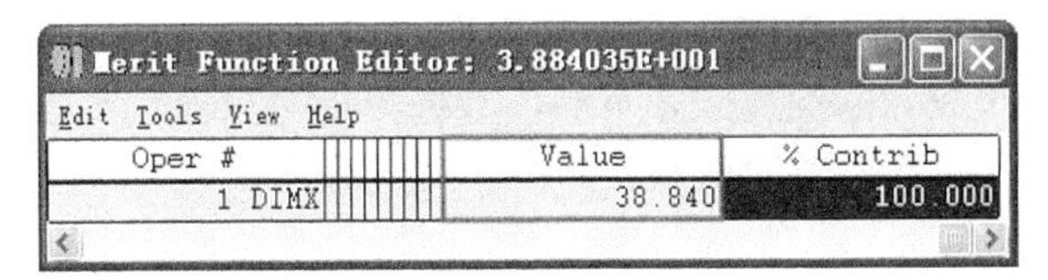

图 3-77　通过操作数 DIMX 查看最大畸变量

注意：以上 3 种方法查看畸变量，所得到的畸变数值大小是完全相同的，只不过是不同的表现形式而已。

3. 畸变的优化

畸变是由于光线系统不同物点成像后放大率不同造成的像面形变，它是与视场紧密相关的。我们也看到畸变曲线图等描述都是相对于视场扫描得到的，畸变不影响光斑大小，也就是我们在优化光学系统的成像质量及分辨率时，是没有考虑到畸变的影响。

因为优化几何光斑时畸变虽也在变化，但没有特定的控制条件。这就需要我们在评价函数中专门加入优化操作数，常用的便是 DIMX。DIMX 表示系统的最大畸变量，也可指定在不同视场下的最大畸变量。在优化时它会控制系统当前最大畸变不大于某个值。

由于视场影响畸变大小，所以不同的视场光阑位置得到的畸变贡献都是不一样的。通常对称结构贡献的畸变最小，如双高斯或库克三片对称结构。视场光阑在系统前或系统后都会引入较大畸变，如手机镜头的视场光阑一般位于第 1 面，所以手机镜头在设计时一般会产生较大畸变，需重点考虑。

有一点需要说明的就是扫描镜头，由于工作状态及要求不同，扫描镜头在设计时需要视场角度与像高成线性关系，以更好地校正 TV 畸变，所以优化时需要使用专门的操作数 DISC，也就是优化 F-Theta 畸变。因此扫描镜头也称 F-Theta 镜头。

3.1.6 色差（ColorAberration）

多数成像镜头都是应用于可见光波段，波长大约在 400～700 mm，这就引入了多色光情况下成像后的颜色分离，也就是色散现象。

本节中我们将详细介绍色差分类，色差形成原因，以及色差在 ZEMAX 中的分析和优化方法。

1. 色差概念

色差，指颜色像差，是透镜系统成像时的一种严重缺陷，由于同种材料对不同波长的光有不同的折射率，便造成了多波长的光束通过透镜后传播方向分离，也就是色散现象。这样物点通过透镜聚焦于像面时，不同波长的光汇聚于不同的位置，形成一定大小的色斑。

简单理解，色差就是颜色分离带来的光学系统的像差。色差分两种：轴向色差和垂轴色差。

轴向色差也叫球色差或位置色差，指不同波长的光束通过透镜后焦点位于沿轴的不同位置，因为它的形成原因同球差相似，故也称其为球色差。由于多色光聚焦后沿轴形成多个焦点，无论把像面置于何处都无法看到清晰的光斑，看到的像点始终都是一个色斑或彩色晕圈。

垂轴色差也叫倍率色差，指轴外视场不同波长光束通过透镜聚焦后在像面上高度各不相同，也就是每个波长成像后的放大率不同，故称为倍率色差。多个波长的焦点在像面高度方向依次排列，最终看到的像面边缘将产生彩虹边缘带。

2. 色差描述

可以使用分析单色像差的方法在光线差图中得到色差的分布大小，或者使用 ZEMAX 专门提供的色差曲线来分析。

我们以任意一个单透镜为例来说明色差，只要系统是多波长即可。通常可见光波段用 F，d，C 3 个波长来代替。

最终文件：第 3 章\色差.zmx

ZEMAX 设计步骤如下。

步骤 1：输入入瞳直径 20 mm。

（1）在快捷按钮栏中单击“Gen→Aperture”。

（2）在弹出对话框“General”中，“Aperture Type ”选择“Entrance Pupil Diameter”，“Aperture Value”输入“20”，“Apodization type”选择“Uniform”。

（3）单击“确定”按钮，如图 3-78 所示。

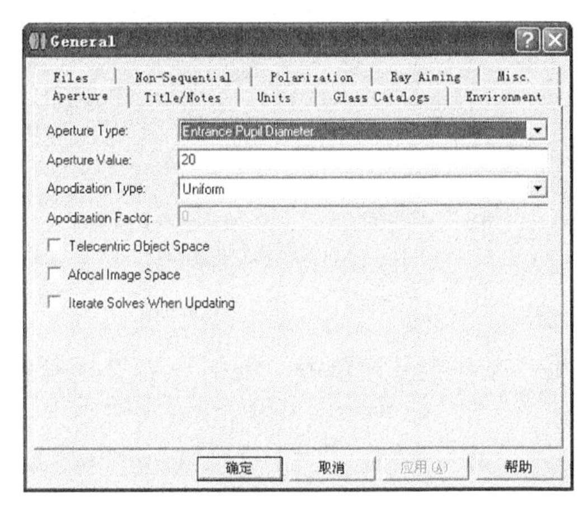

图 3-78 输入入瞳直径

步骤 2：输入视场。

（1）在快捷按钮栏中单击“Fie”。

（2）在弹出对话框“Field Data”中选择“Angle（Deg）”。

（3）在“Use”栏里，选择“1”、“2”、“3”。

（4）“Y-Field”栏输入数值“0”、“-6”、“2”。

（5）单击“OK”按钮，如图 3-79 所示。

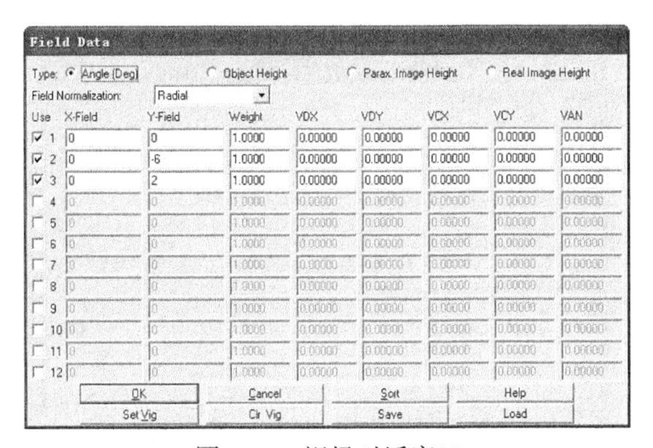

图 3-79 视场对话窗口

步骤 3：波长使用 F，d，C。

（1）在快捷按钮栏中单击“Wav”，弹出对话框“Wavelength Data”。

（2）在弹出对话框“Wavelength Data”中选择“F，d，C（Visible)”，单击“Select→”按钮。

（3）单击“OK”按钮。如图 3-80 所示。

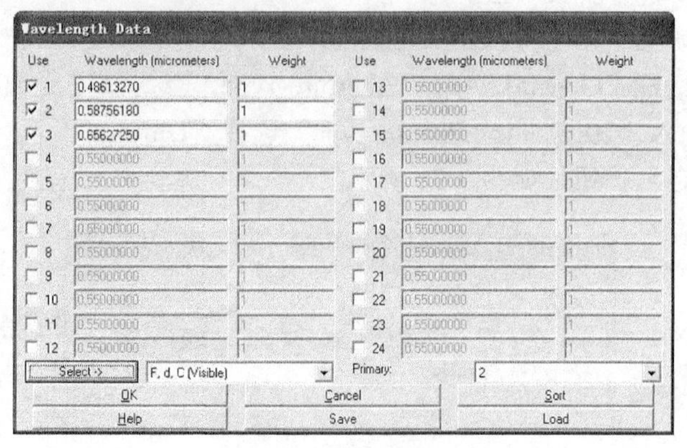

图 3-80　波长属性窗口

步骤 4： 输入镜头参数。

（1）在文件菜单“File”下拉菜单中单击“New”，打开透镜数据编辑器。

（2）把鼠标放在“IMA”栏，按“Insert”键插入一个面。

（3）在透镜数据编辑栏中输入半径、厚度、材料相应数值。如图 3-81 所示。

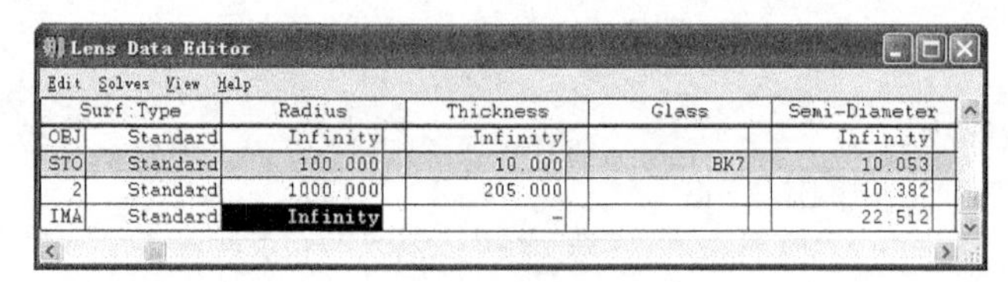

	Surf:Type	Radius	Thickness	Glass	Semi-Diameter
OBJ	Standard	Infinity	Infinity		Infinity
STO	Standard	100.000	10.000	BK7	10.053
2	Standard	1000.000	205.000		10.382
IMA	Standard	Infinity	-		22.512

图 3-81　透镜数据编辑器

步骤 5： 打开 3D 视图。

在快捷按钮栏中单击“L3d”打开 3D 外形图。如图 3-82 所示。

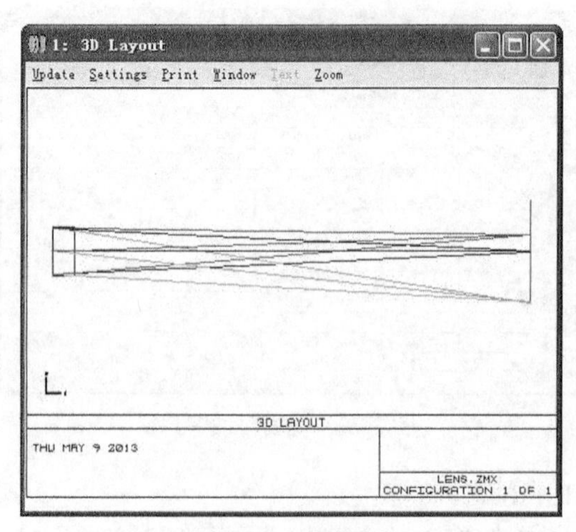

图 3-82　3D 视图

图 3-82 单透镜系统中使用 F，d，C 三个波长的光线，会产生较大色差，首先我们使用光线差曲线来分析两种色差的表现形式。打开 Ray Fan 图，选择轴上视场，轴上视场产生球色差，即在同一孔径区域不同波长在轴上的焦点不同，以最大光瞳区域光线为例（Py=1），它们在 Ray Fan 图上的纵坐轴之差即为沿轴的焦点距离，如图 3-83 所示。

我们对比机会光线 SPOT 视图，色差大小，如图 3-84 所示。

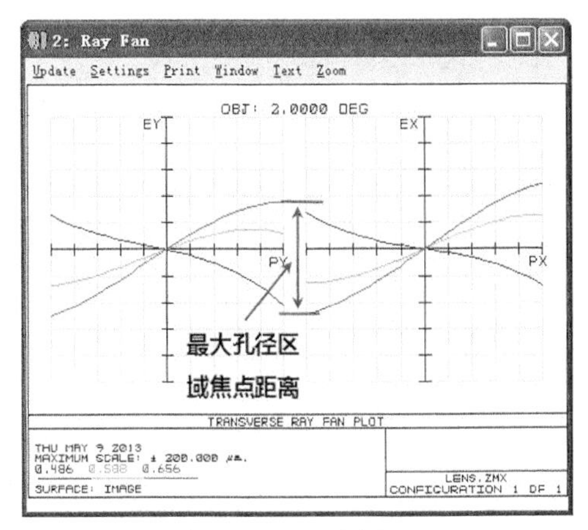

图 3-83 光扇图

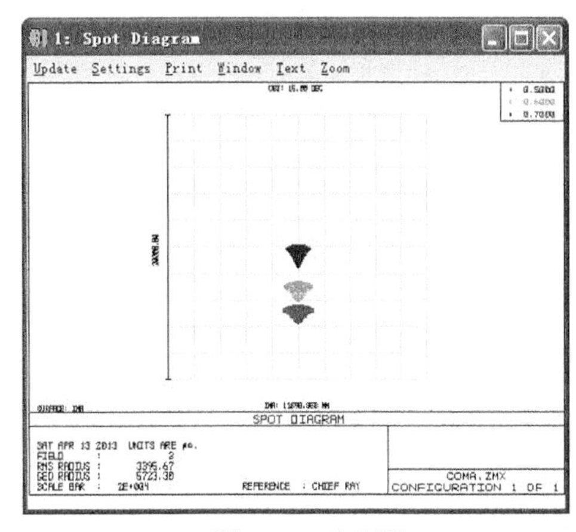

图 3-84 光斑图

为了能直观看出色差影响的真实效果，我们使用 Image Simulation 功能对比模拟前和模拟后的图像效果，如图 3-85、图 3-86 所示。

图 3-85 模拟前原图像

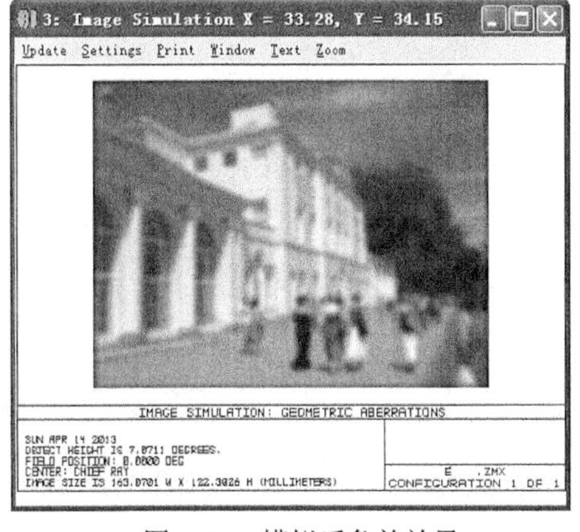

图 3-86 模拟后色差效果

使用专门的色差分析功能：打开菜单“Analysis→Miscellaneous→Longitudinal Aberration”查看轴向色差，如图 3-87 所示。

图 3-87 中横坐标表示像面两边沿轴离焦距离，纵坐标为不同光瞳区域。

打开菜单“Analysis→Miscellaneous→Lateral Color”查看垂轴色差大小，如图 3-88 所示。

3. *色差校正方法*

对于色差的校正，通常使用双胶合消色差透镜，或三胶合复消色差透镜。

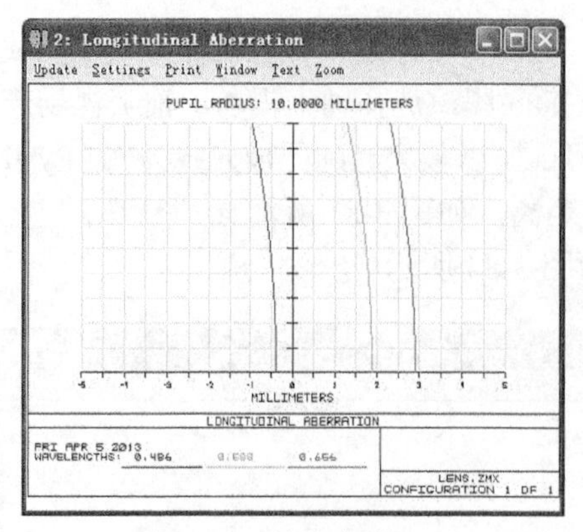

图 3-87 轴向色差

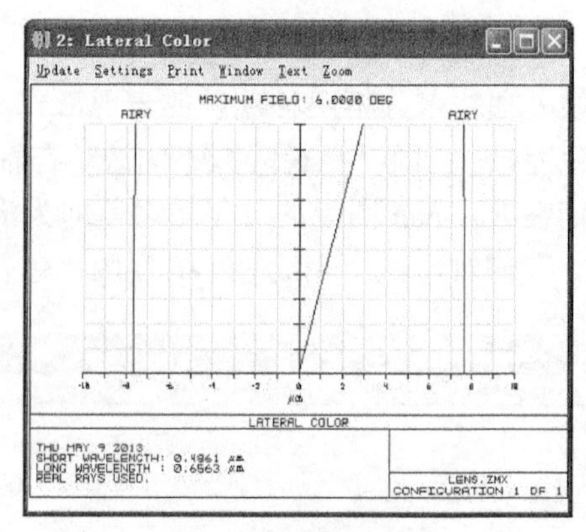

图 3-88 垂轴色差

根据材料色散特性不同，材料分为冕玻璃和火石玻璃。冕玻璃通常用 K 命名，表示色散能力比较弱的材料。火石玻璃通常用 F 命名，表示色散能力比较强的材料。在光学系统设计中我们可以使用这两种玻璃材料的组合对色差进行补偿。

由于材料的优化时离散取样，材料使用玻璃替代方法来选取，即在透镜材料一栏单击右键，选择“Substitute”求解类型，如图 3-89 所示。

优化时软件会自动选取玻璃进行尝试，找到最佳材料组合，使色散最小。

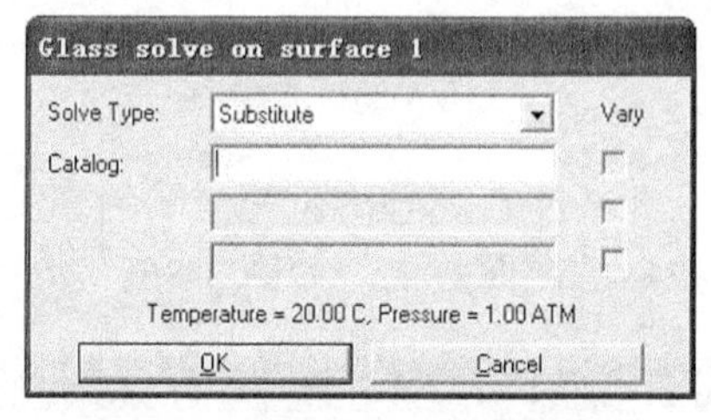

图 3-89 设置材料变量属性窗口

另外，对于高精密消色差要求的系统，或色差较大使用普通玻璃材料很难消除的情况，例如，红外镜头系统，由于红外材料可选的材料极其有限，而又要达到较高的像质要求。此时常使用二元衍射光学元件进行色差消除，即 Binary 2 面型。使用衍射的方法可以在镜片较少材料有限的情况下达到较高的消色差水平。

例如，我们将上面单透镜前表面设计为二元面 Binary 2，在附加数据中将二元面前四项的相位系统设置为变量，如图 3-90 透镜数据编辑器矩形框内和图 3-91 附加数据编辑器矩形框内所示。

Lens Data Editor

Edit Solves View Help

Surf:Type		Radius		Thickness		Glass		Semi-Diameter
OBJ	Standard	Infinity		Infinity				Infinity
STO	Binary 2	100.000	V	10.000		BK7	S	10.053
2	Standard	-103.310	F	205.000	V			10.362
IMA	Standard	Infinity		-				33.647

图 3-90 透镜数据编辑器

Extra Data Editor

Edit Solves Tools View Help

Surf:Type		Max Term #		Norm Radius		Coeff. on p^2	
OBJ	Standard						
STO	Binary 2	4		10.000		0.000	V
2	Standard						
IMA	Standard						

图 3-91 附加数据编辑器

此时观察到图像的色斑色晕现象，如图 3-92 所示。通过优化，色差会大幅度减小，如图 3-93 所示。

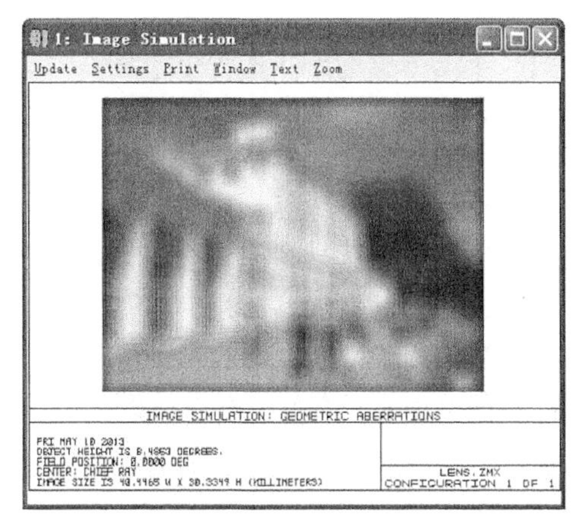

图 3-92　优化前色斑色晕现象

图 3-93　优化后色差减小

色斑色晕现象消除，单色像差占主导产生像面模糊。同时，也可查看 Ray Fan 图检查优化后色差变化情况，如图 3-94 所示。

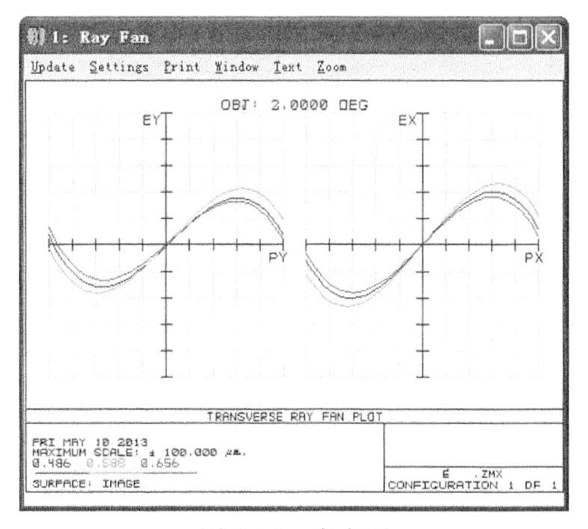

图 3-94　光扇图

使用二元光学面优化后的效果虽然很好，但由于二元面型加工难度大，使用高阶相位系数时加工精度不能完全保证，另外加工成本较高，对一般的光学系统来说并不适用。但在一些高端仪器及军用行业，二元衍射面型越来越受到广泛的应用。

3.2　厚透镜初级像差

严格地说，任何光学透镜都具有一定的厚度，这是由于结构上和机械强度上的需要。对于正透镜，其边缘厚度一般不应小于 3 mm，对于负透镜，中心厚度一般不应小于透镜口径的 1/10～1/15，以防止安装和固定时变形。

除此之外，透镜的厚度还具有很多功能，其中主要有：

（1）透镜厚度作为光学结构参数的变量，比如说，厚度的改变可以使透镜的焦距发生变化等。

（2）透镜厚度作为校正像差的变量，也就是说，通过厚度的变化来校正光学系统的像差，在双高斯型照相物镜中，就利用二块近乎对称的厚透镜来校正像差。

如果透镜的厚度仅仅用于满足结构上和机械强度上的需要，而忽略它对光学系统参数和像差的影响，那么这样的透镜叫做薄透镜。从光学设计的角度考虑，薄透镜实际上就是厚度为 0 的透镜。大多数透镜属于这一类型，因为把透镜看作为薄透镜，会使计算和分析大大简化。

但也有些透镜，由于它的厚度不仅仅是为了满足机械结构和强度上的要求，而且还是外形尺寸和像差校正的参数，这样的透镜，称之为厚透镜。本节将对厚透镜作较详尽的讨论。

首先来确定厚透镜的关键点和面。

（1）主点和主面。

平行于光轴的入射光线（u_1=0）和从透镜出来的出射光线的反向延长线的交点所构成的面，叫做透镜的主面，位于光轴的交点叫做主点。从左边来的平行光线形成的主面叫做第二主面。p'点就是第二主点。我们用同样的方法，当平行光线从右向左进入光学系统时，自右至左追迹近轴光线可以得到第一主点。

（2）焦点和焦面。

自左至右传播的平行于光轴的一束平行光线（u_1=0），经过透镜后的出射光线会聚交光轴于 F'点，该点就是透镜的第二焦点。相反，自右至左传播的平行光线形成第一焦点 F。过焦点作垂直于光轴的平面叫做焦平面。

（3）焦距。

有效焦距（Effective Focal Length，EFL）：由光学系统的第二主面到第二焦点的距离叫做第二有效焦距（EFL），由第一主面到第一焦点的距离叫做第一有效焦距。当包围透镜的介质相同时（如空气），第一和第二有效焦距相等，统称为有效焦距。

后焦距（BackFocal Length，BFL）：由透镜后表面顶点到第二焦点的距离叫做后焦距。

前焦距（FrontFocal Length，FFL）：由透镜前表面顶点到第一焦点的距离叫做前焦距。

只有透镜是对称的时候，透镜的前焦距和后焦距才相等，一般情况下，透镜的前、后焦距是不相等的。

透镜（或光学系统）的有效焦距为：

$$f' = \frac{y_1}{u_k'}$$

透镜的后焦距为：

$$f_b' = \frac{y_k}{u_k'}$$

上式是单透镜在近轴区域的光线追迹公式，我们重写为：

$$u_2' = {y_1}^{(n-1)} c_1 - {y_1}^{(n-1)} c_2 + y_1 \frac{(n-2)^2 c_1 c_2 d_1}{n} + \frac{(n-1) c_2 d_1 + n}{n} u_1$$

当 $u_1=0$ 时，方程变为：

$$u'_2 = y_1\left[(n-1)_{c1} - (n-1)_{c2} + \frac{(n-1)^2 c_1 c_2{}^d}{n}\right]$$

根据定义，我们有：

$$\varphi = \frac{u'_2}{y_1} = \frac{1}{f'}$$

其中 φ 为透镜的光焦度。为了和下面的后焦距（f'_b）和前焦距（f'_f）区分开，我们用 f'_e 和 φ_e 表示有效焦距和有效光焦度。

由此我们得到：

$$\varphi_e = \frac{1}{f'_e} = (n-1)\left[(c_1 - c_2) + \frac{(n-1)c_1 c_2{}^d}{n}\right]$$

又 $c_1=1/r_1$，$c_2=1/r_2$，上式变为：

$$\varphi_e = (n-1)\left[(\frac{1}{r_1} - \frac{1}{r_2}) + \frac{(n-1)d}{nr_1 r_2}\right]$$

后焦距为：

$$f'_b = \frac{y'_2}{u'_2} = f'_e - \frac{f'_e d(n-1)}{nr_1}$$

根据第二（后）主点的定义，它与透镜（或光学系统）最后表面之距恰好等于透镜（或光学系统）的有效焦距与后焦距之差，其值为

$$p'o' = f'_e - \left[f'_e - \frac{f'_e d(n-1)}{nr_1}\right] = \frac{f'_e d(n-1)}{nr_1}$$

3.3　薄透镜初级像差

所谓薄透镜，就是它的厚度为 0。对透镜做这样的近似处理基本上不影响计算的精度。薄透镜的概念是特别有用的。在初始计算和分析中，绝大多数透镜都可看作为薄透镜，这给分析和计算带来极大的方便。

在像差理论中，把各项像差和物高 y（或视场角 w）、光束孔径 h（或孔径角 u）的关系用幂级数的形式表示出来。把最低次幂对应的像差量称为初级像差，而把较高次幂对应的像差量称为高级像差。初级像差理论忽略了 y 及 h 的高次项，在 y 及 h 均不大的情况下，初级像差理论能够很好的近似代表光学系统的像差性质，为研究和设计工作带来极大的方便。

如果一个透镜组的厚度和它的焦距比较可以忽略，这样的透镜组称为薄透镜组。由若干个薄透镜组组成的系统，称为薄透镜系统（透镜组间的间隔是可以任意的）。对这样的系统在初级像差的范围内，可以建立像差和系统结构参数之间的直接函数关系。如图 3-95 所示。

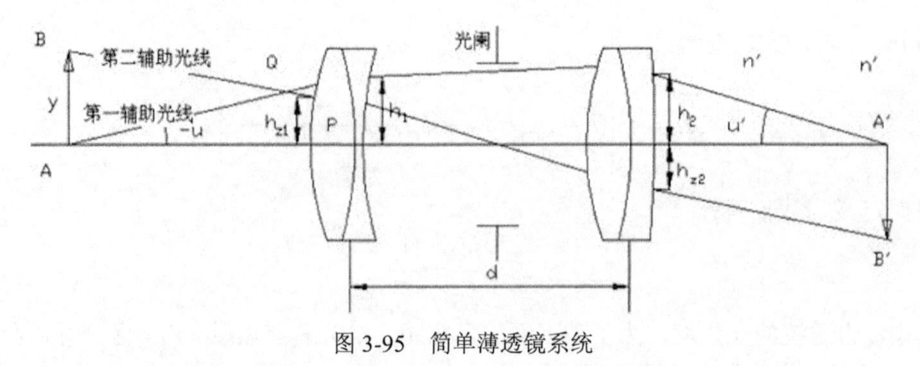

图 3-95　简单薄透镜系统

如图所示为一个简单的薄透镜系统示意图。我们取两条辅助光线：第一辅助光线是由轴上点发出的经过孔径边缘的光线，它存第 i 个透镜上的投射高为 h_i；第二辅助光线是轴外点发出的经过孔径中心的光线，它在第 i 个透镜上的投射高为 h_{zi}。而且第 i 个透镜的光焦度也是已知的为φ_i。每个透镜组的 h_i、h_{zi} 和φ_i 叫做透镜组的外部参数，都是已知的，和薄透镜组的具体结构无关；对应的，每个透镜组的 r_i、d_i、n_i 称为透镜组的内部结构参数。

像差既和外部结构参数有关也和内部结构参数有关。薄透镜系统初级像差方程组的作用是把系统中各个薄透镜组已知的完部参数和未知的内部结构参数与像差的关系分离开来，便于研究。

3.4　像差校正和平衡方法

选择初始结构后，利用计算机进行光路计算，求出全部像差，并画出各种像差曲线。从像差曲线上就可以找出主要是哪些像差影响光学系统的成像质量，从而找到改进方法，进行像差校正。像差前须确定满足使用要求，又能使像差达到最佳校正的平衡方案。

一般高级像差是无法校正的，只能降低到允许的范围内，然后改变初级像差符号和数量，把初级像差和高级像差降到最小，使系统达到尽可能好的成像质量。

有时某一像差无法校正，需要用其他像差来补偿，即像差平衡。像差平衡时，不需要将所有像差都校正得很小（相对于高斯像面），关键是各种像差的配合：轴上点与轴外点的配合、各个视场间像差的配合、各种像差的正负号配合。这样才能使所有像差对一个统一像面达到最小，整个系统具有最佳成像质量。

计算结果处理：可将高斯像面移到这个新的像面上，称为“离焦”。有时为了改善轴外点成像质量，将孔径边缘那部分像差较大的光线拦掉，称为“拦光”。

3.5　本章小结

本章主要阐述了常见的主要像差如球差、慧差、像散、场曲、畸变的产生原因，讲解了使用 ZEMAX 的 RAY FAN 图查看各像差，并指出其特点，展示了二维图、点列图、各像差图以及其联系，介绍了薄透镜和厚透镜的初级像差理论以及像差的平衡和校正方法。

第 4 章　ZEMAX 基本功能详解

本章重点讨论 ZEMAX 的基本功能，包括优化功能、评价函数、多重结构、坐标断点等，其目的就是使读者能够灵活使用主要功能完成光学系统设计。

学习目标：

（1）熟练掌握 3 种优化方法。

（2）熟练评价函数进行控制优化。

（3）熟练掌握多重结构的使用方法。

（4）熟练掌握坐标断点使用方法。

4.1　ZEMAX 3 种优化方法

优化作为 ZEMAX 的核心功能，它提供了 3 种方法来帮助设计者更加高效地搜寻更好的设计形式。通常在一个含有多组镜片的复杂系统中，充足的变量给了系统足够的求解空间，有时可优化的系统数达百万甚至千万个，如何快速而又精确地找到我们想要的设计结构呢？这就需要我们透彻了解 ZEMAX 提供的优化方法。

4.1.1　优化方法选择

在菜单“Tools→Optimization”下，可以看到 3 种优化选择：Optimizatio、Global Search、Hammer Optimization，如图 4-1 所示。

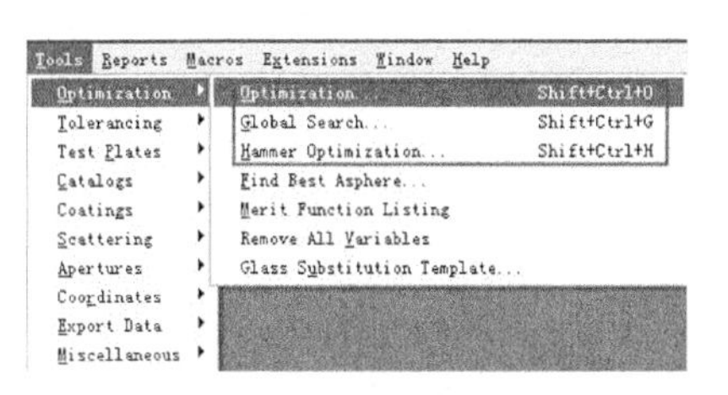

图 4-1　3 种优化选项菜单

图 4-1 中 Optimization 优化方法是局部优化。这种优化方式强烈依赖初始结构，系统初始结构通常也称为系统的起点，在这一起点处优化驱使评价函数逐渐降低，直至到最低点。

> **注意：** 这里的最低点是指再优化评价函数就会上升，不管是不是优化到了最佳结构（软件认为的最佳指评价函数最小的结构）。

4.1.2　Global Search 和 Hammer Optimization 区别

Global Search 和 Hammer Optimization 都称为全局优化方法，只要给足够的优化时间，它们总能找到最佳结构。Global Search 称为全局搜索，它使用多起点同时优化的算法，目的是找到系统所有的结构组合形式并判断哪个结构使评价函数值最小。

Hammer Optimization 称为锤形优化，虽然也属于全局优化类型，但它更倾向与局部优化，一旦使用全局搜索找到了最佳结构组合，便可使用锤形优化来锤炼这个结构。锤形优化加入了专家算法，可帮助我们按有经验的设计师的设计方法处理系统结果。

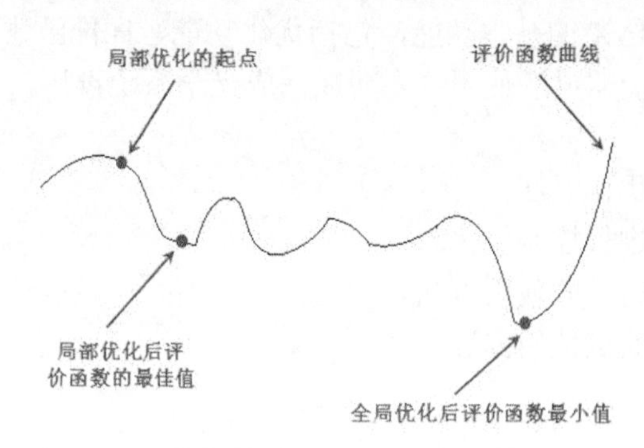

图 4-2　局部优化和全局优化关系示意图

图 4-2 所示可以很好地说明局部优化与全局优化的关系，我们可以使用实例演示的方式说明不同优化方法得到的结果。对于简单系统和单透镜或双胶合，由于它们的变量有限，评价函数求解曲线可能本身就只有一个单调区间，所以局部优化和全局优化都会找到同一解决方案。这种系统中全局优化的优势是无法体现出来的。所以我们使用稍微复杂的结构进行演示说明。

我们来设计一个三片式物镜结构，规格参数如下。

35 mm 相机底片

50 mm 焦距

F/3.5

玻璃最小中心与边厚 4 mm，最大中心厚 18 mm

空间间隔最小 2 mm

可见光波段 F，d，C

光阑位于中间

初始材料 Sk4-F2-Sk4

最终文件：第 4 章\三片式物镜.zmx

ZEMAX 设计步骤如下。

步骤 1：50 mm 焦距和 F/3.5 可知入瞳直径 $D=f/F\#=50/3.5=14.3$。

（1）在快捷按钮栏中单击“Gen→Aperture”。

（2）在弹出对话框“General”中，“Aperture Type ”选择“Entrance Pupil Diameter”，“Aperture Value”输入“14.3”，“Apodization type”选择“Uniform”。

（3）单击“确定”按钮，如图 4-3 所示。

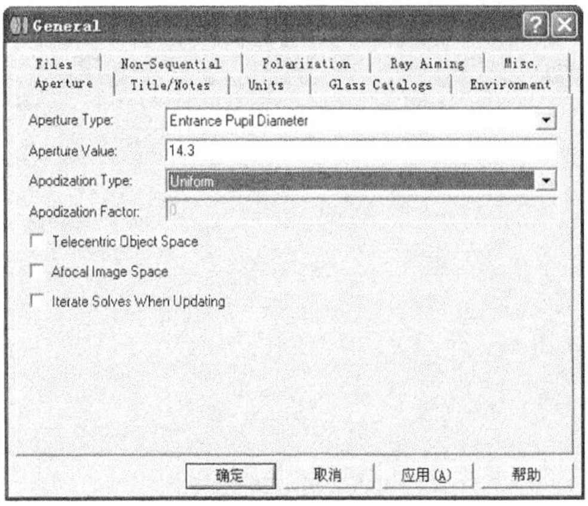

图 4-3 入瞳直径对话窗口

35 mm 底片说明了这个镜头的像面尺寸大小，35 mm 矩形底片尺寸为 24 mm×36 mm，可计算矩形外接圆半径大小为 21 mm。这里我们得到最大视场像高为 21 mm，选用 3 个视场。

步骤 2：输入视场。

（1）在快捷按钮栏中单击“Fie”。

（2）在弹出对话框“Field Data”中选择“Paraxial Image Height”。

（3）在“Use”栏里，选择“1”、“2”、“3”。

（4）“Y-Field”栏输入数值“0”、“14.7”、“21”。

（5）单击“OK”按钮，如图 4-4 所示。

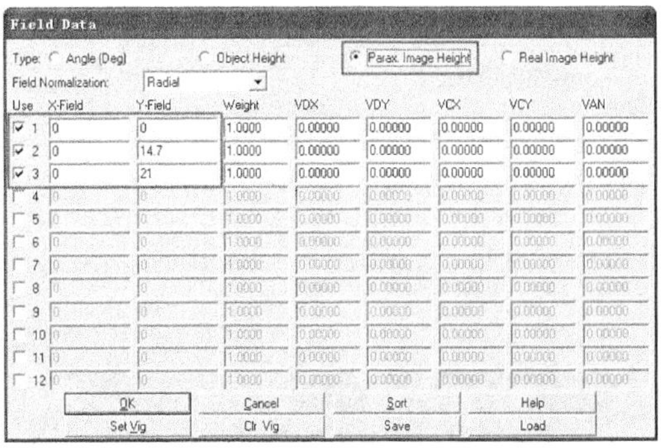

图 4-4 视场对话窗口

> **注意**：在没有输入透镜结构时，使用像高视场会提示错误，为了能正常输入参数创建初始结构，可先把视场选为 Angle 类型，等透镜初始结构输入完毕后再将视场改回为近轴像高即可。

步骤 3：波长使用 F，d，C。

（1）在快捷按钮栏中单击“Wav”，弹出对话框“Wavelength Data”。

（2）在弹出对话框“Wavelength Data”中选择“F，d，C（Visible）”。

（3）按“Select→”按钮自动输入“0.48613270”、“0.58756180”、“0.65627250”数值。

（4）单击“OK”按钮完成，如图 4-5 所示。

Wavelength Data

Use	Wavelength (micrometers)	Weight	Use	Wavelength (micrometers)	Weight
☑ 1	0.48613270	1	☐ 13	0.55000000	1
☑ 2	0.58756180	1	☐ 14	0.55000000	1
☑ 3	0.65627250	1	☐ 15	0.55000000	1
☐ 4	0.55000000	1	☐ 16	0.55000000	1
☐ 5	0.55000000	1	☐ 17	0.55000000	1
☐ 6	0.55000000	1	☐ 18	0.55000000	1
☐ 7	0.55000000	1	☐ 19	0.55000000	1
☐ 8	0.55000000	1	☐ 20	0.55000000	1
☐ 9	0.55000000	1	☐ 21	0.55000000	1
☐ 10	0.55000000	1	☐ 22	0.55000000	1
☐ 11	0.55000000	1	☐ 23	0.55000000	1
☐ 12	0.55000000	1	☐ 24	0.55000000	1

Select -> | F, d, C (Visible) | Primary: 2

OK | Cancel | Sort

Help | Save | Load

图 4-5　波长对话窗口

在透镜数据编辑器中输入镜头初始结构，镜头由 3 片透镜组成，我们需要再插入 5 个面，输入指定材料，将光阑置于中间透镜面上。

步骤 4：在透镜数据编辑栏内输入初始参数。

（1）在文件菜单“File”下拉菜单中单击“New”，弹出对话框“Lens Date Editor”。

（2）在弹出对话框“Lens Date Editor”中，把鼠标放在“IMA”处单击左键，按“Insert”键插入 5 个面。如图 4-6 所示。

Lens Data Editor

Edit Solves View Help

Surf:Type		Comment	Radius	Thickness	Glass
OBJ	Standard		Infinity	Infinity	
STO	Standard		Infinity	0.000	
2	Standard		Infinity	0.000	
3	Standard		Infinity	0.000	
4	Standard		Infinity	0.000	
5	Standard		Infinity	0.000	
6	Standard		Infinity	0.000	
IMA	Standard		Infinity	-	

图 4-6　数据编辑栏

（3）双击表面 4 打开属性对话框“Surface 4 Properties”，在对话框中选中“Make Surface Stop”。如图 4-7 所示。

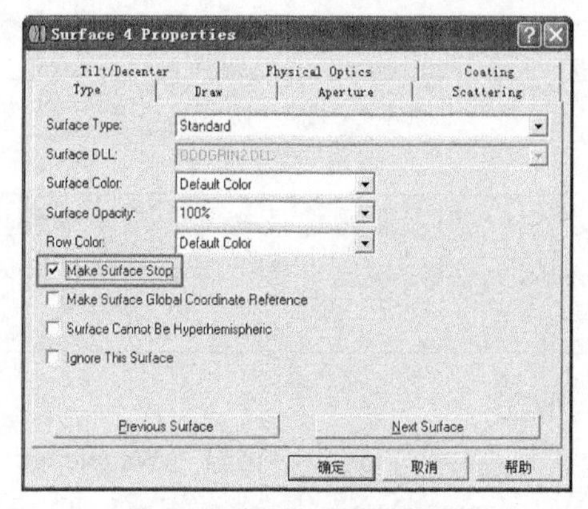

图 4-7　表面 4 属性对话框

（4）在材料栏输入相应材料，如图 4-8 所示。

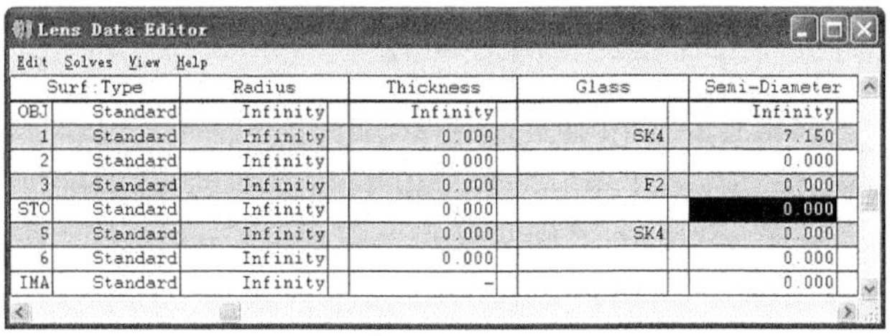

Lens Data Editor
Edit Solves View Help
Surf:Type Radius Thickness Glass Semi-Diameter
OBJ Standard Infinity Infinity Infinity
1 Standard Infinity 0.000 SK4 7.150
2 Standard Infinity 0.000 0.000
3 Standard Infinity 0.000 F2 0.000
STO Standard Infinity 0.000 0.000
5 Standard Infinity 0.000 SK4 0.000
6 Standard Infinity 0.000 0.000
IMA Standard Infinity - 0.000

图 4-8　透镜数据编辑栏

步骤 5： 在最后透镜表面的曲率半径上设置 F 数求解类型控制系统焦距，剩余的所有曲率半径与厚度设置为变量。

Curvature solve on surface 6
Solve Type: F Number
F/#: 3.5
OK
Cancel

图 4-9　表面 6 曲率半径设置求解类型

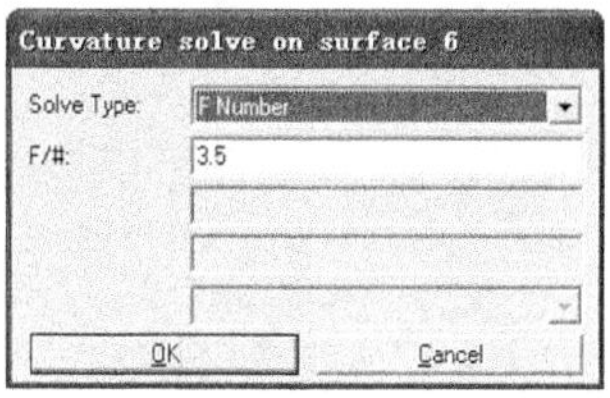

（1）双击表面 6 的曲率半径，弹出对话框“Curvature solve on surface 6”。

（2）在对话框中“Solve Type”栏选择“F Number”。

（3）在“F/#”栏输入“3.5”，如图 4-9 所示。

（4）剩余的所有曲率半径与厚度设置为变量，如图 4-10 所示。

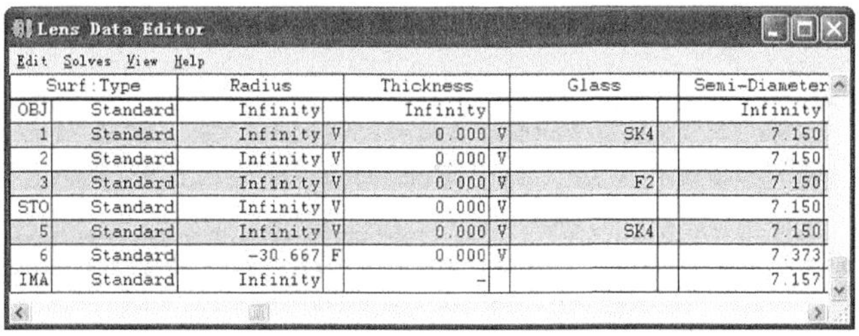

Lens Data Editor
Edit Solves View Help
Surf:Type Radius Thickness Glass Semi-Diameter
OBJ Standard Infinity Infinity Infinity
1 Standard Infinity V 0.000 V SK4 7.150
2 Standard Infinity V 0.000 V 7.150
3 Standard Infinity V 0.000 V F2 7.150
STO Standard Infinity V 0.000 V 7.150
5 Standard Infinity V 0.000 V SK4 7.150
6 Standard -30.667 F 0.000 V 7.373
IMA Standard Infinity - 7.157

图 4-10　设置曲率半径和厚度为变量

步骤 6： 设置评价函数。

（1）按“F6”快捷键打开评价函数编辑器，在评价函数编辑器“Merit Function Editor”里选择“Tools→Default Merit Function”。

（2）在弹出对话框“Default Merit Function”中设置如图 4-11、图 4-12 所示。

Merit Function Editor: 0.000000E+000
Edit Tools View Help
Update
Default Merit Function...
Save...
Load...
LNK

图 4-11　评价函数编辑器

Default Merit Function
Optimization Function and Reference
RMS
Spot Radius
Centroid
Pupil Integration Method
Gaussian Quadrature
Rectangular Array
Rings: 3
Arms: 6
Grid: 4 x 4
Delete Vignetted
Thickness Boundary Values
Glass Min: 4 Max: 18 Edge: 4
Air: Min: 2 Max: 1000 Edge: 2
Assume Axial Symmetry
Start At: 2
Ignore Lateral Color
Relative X Wgt: 1.0000
Config: All
Overall Weight: 1.0000
OK Cancel Save Load Reset Help

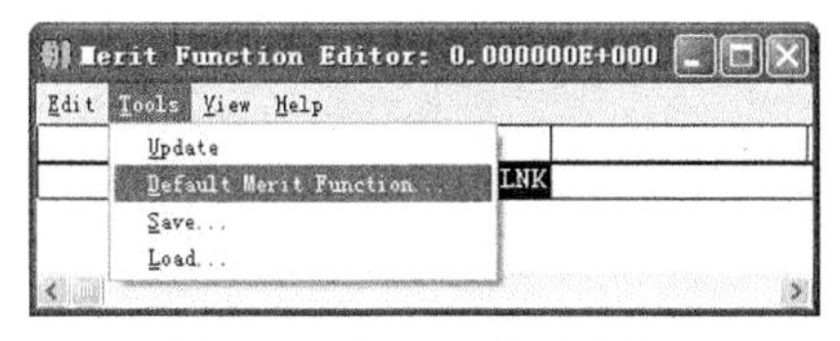

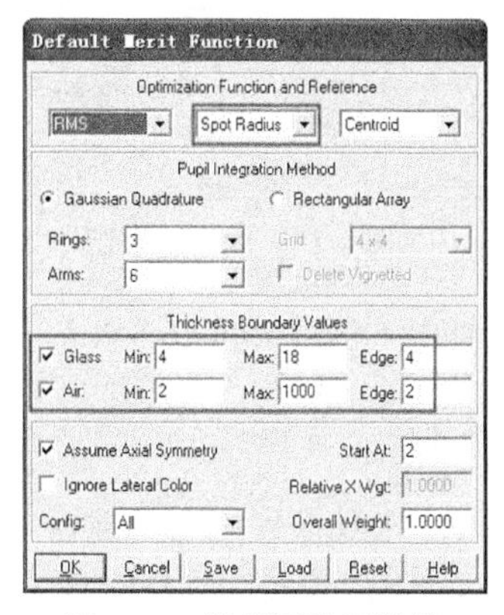

图 4-12　设置评价函数值

此时系统的初始结构就全部完成了，我们来尝试使用不同优化方法来找到最佳结构。

4.1.3　局部优化（Optimization）缺点

步骤 7：首先使用局部优化 Opt 优化。

（1）单击菜单“Tools→Optimization→Optimization...”或单击快捷按扭 Opt 打开优化对话框“Optimization”。如图 4-13 所示。

（2）在弹出对话框“Optimization”中单击“Automatic”按钮开始优化。如图 4-14 所示。

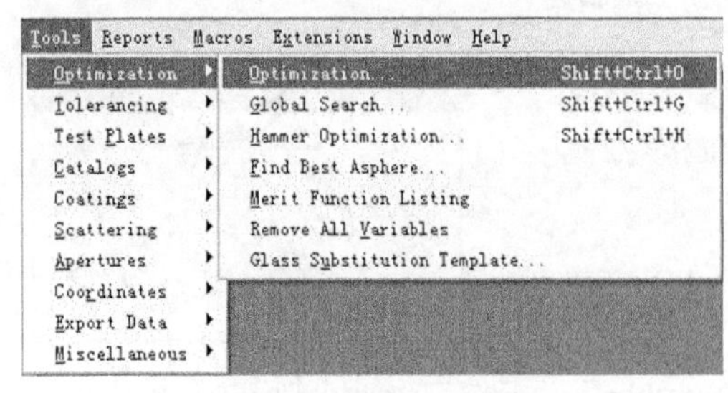

图 4-13　局部优化菜单

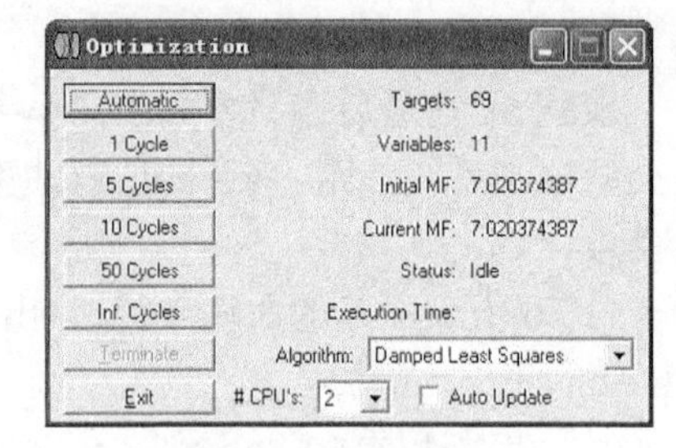

图 4-14　优化窗口

经过很短时间后优化停止，此时我们再次单击“Automatic”按钮会发现优化不能继续进行下去，说明此时已经找到了评价函数的一个最佳值。

步骤 8：查看优化结果。

（1）查看优化数据，如图 4-15 所示。

（2）在快捷按钮栏中单击“L3d”打开光路结构图。如图 4-16 所示。

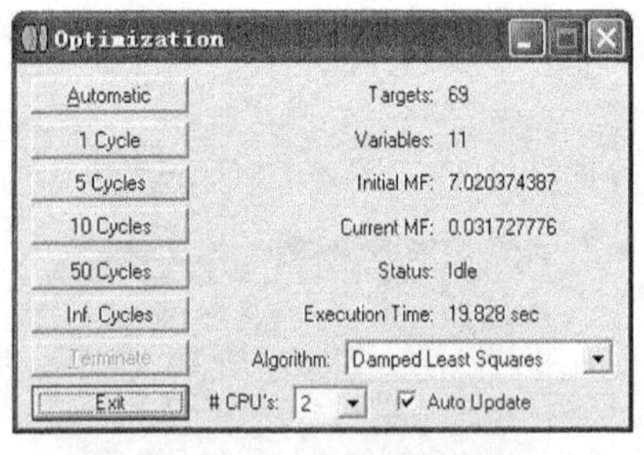

图 4-15　优化结果窗口

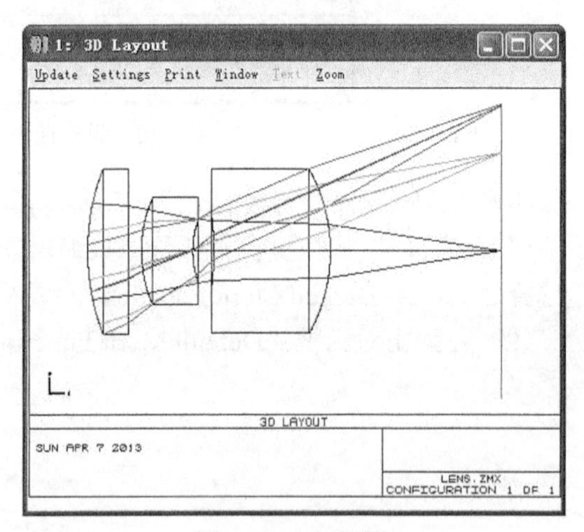

图 4-16　3D 视图

但这个结构只是差强人意，并不能代表真正找到了最好的组合结构。

4.1.4　全局搜索优势

接下来我们使用全局搜索。

步骤 9：使用全局搜索优化。

（1）按“F3”键返回之前的初始结构。

（2）单击菜单“Tools→Optimization→Global Search...”打开全局搜索对话框“Global Search”。

（3）在弹出对话框“Global Search”中单击“Start”按钮开始优化。如图4-17所示。

在上图所示的全局搜索对话框中，它一次寻找多个起点并始终显示最好的10个结构保存在我们的计算机中，单击“Start”按钮开始优化，最好勾选上“Auto Update”选项并打开3D视图，适时查看搜寻的结构。经过一分钟左右优化后，观察显示的10个结构评价函数值趋于一致并且长时间没有明显变化，此时说明系统可能寻找到最佳组合结构。

步骤10：查看全局搜索结果。

（1）打开全局搜索窗口，如图4-18所示。

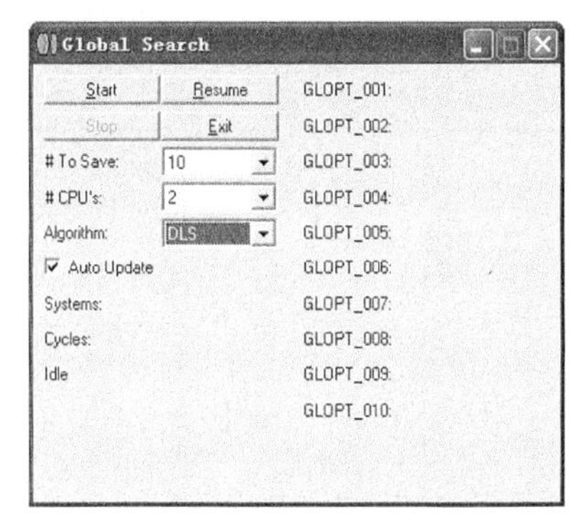

图4-17 全局搜索窗口

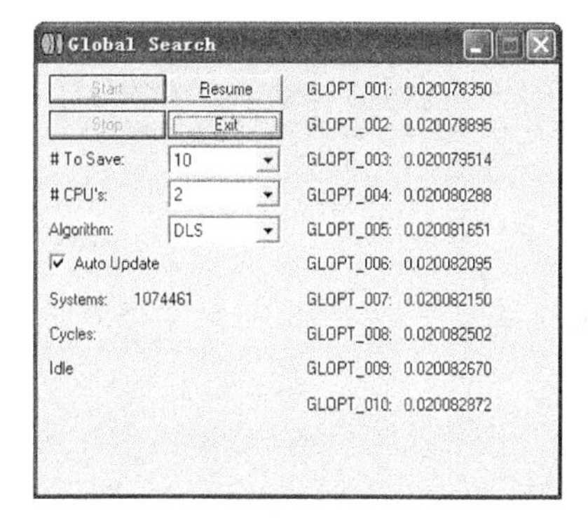

图4-18 全局搜索结果

（2）在快捷按钮栏中单击“L3d”打开光路结构图。如图4-19所示。

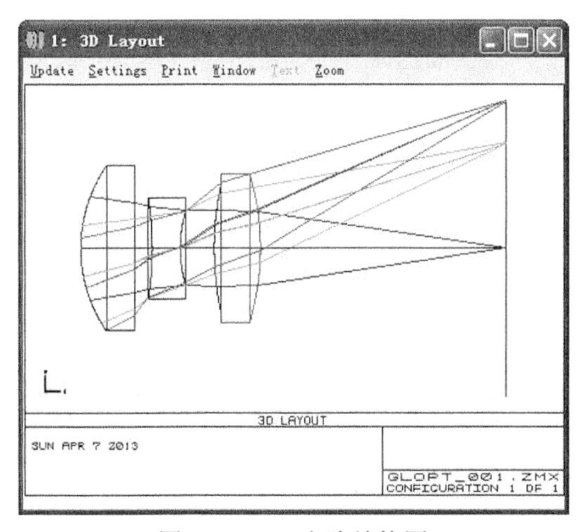

图4-19 3D光路结构图

从上面视图中可以看到，全局搜索找到的这个结构符合完美的对称结构，从像差校正的角度来看，对称结构可以很好的矫正轴外视场产生的像差，使光斑聚焦最小化。所以这个结构正是我们需要的对称式结构。而之前局部优化在搜索这些结构形式时就显得无能为力了。

使用全局搜索找到结构形式后便可使用锤形优化来进一步提高光斑效果。

最后需要说明的一点，在这3种优化方法中都有两种算法：DLS和OD，如图4-20、图4-21、图4-22所示。

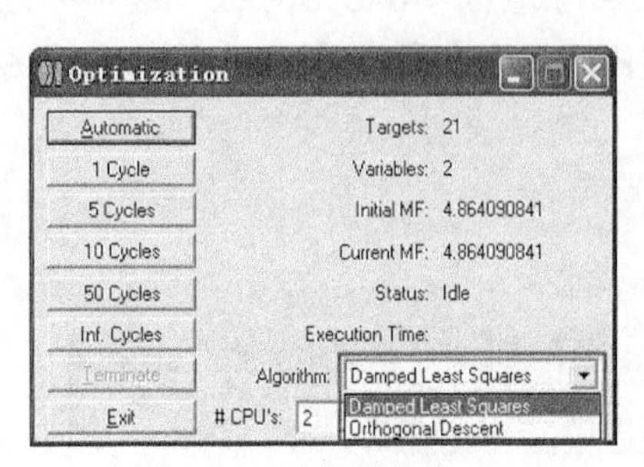

图4-20　局部优化窗口

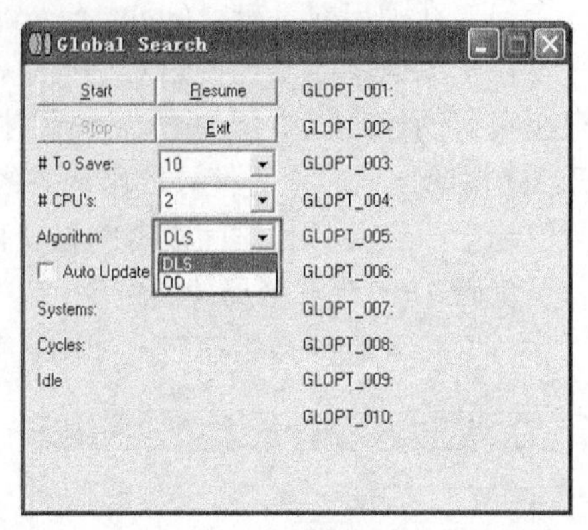

图4-21　全局搜索窗口

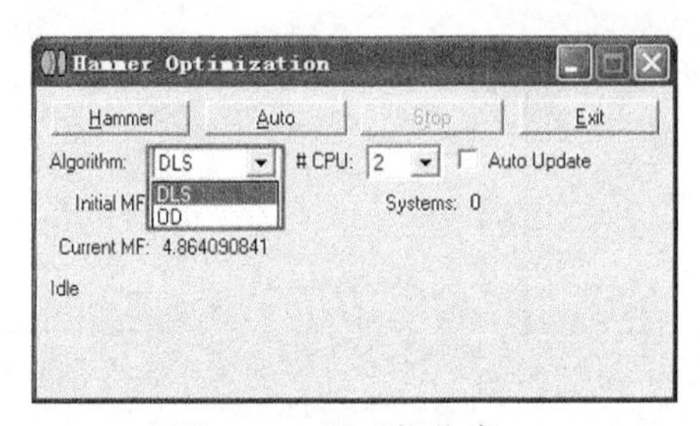

图4-22　锤形优化窗口

（1）DLS算法。

DLS算法即我们所熟知的阻尼最小二乘法，就是对参数连续取值，使评价函数的值如阻尼震荡般越来越小，直至找到最小的评价函数。这种算法适用于连续可变的变量参数，求解速度快，评价函数值为非连续或过于平缓时，则优化将停滞。

（2）OD算法。

OD算法也称正交下降法，它可对评价函数非连续变化或评价函数平缓变化情况能很好的运行优化，所以OD算法尤其适用于非序列系统的优化。

4.2　ZEMAX评价函数使用方法

光学设计软件的一个最重要的功能就是用来系统地调节一个光学系统的参数，使光学系统最好的满足要求的性能目标，这个过程称为优化。优化也是客户使用光学设计软件模拟系统的最主要原因。

4.2.1　优化中的术语定义

在优化系统中需要知道的几个术语定义如下：

- 参数：任何系统元件的描述如表面曲率、玻璃类型、Conic 常数等。
- 变量：在优化时可调整的参数，也称为“自由度”。
- 目标值：为系统特性指定想要的值如有效焦距 EFFL、F/#、球差、慧差大小等。
- 边界限制：限制变量允许变化的范围的方法如最大中心厚度、最小边缘厚度、系统总长等。
- 操作数：评价函数目标控制命令（指令），如 GBPS、REAY 等，操作数是 ZEMAX 可计算的数值。

对于一个光学系统想达到给定的目标，光学设计者必须完成两步初始操作：

（1）设计的基础系统必须有足够变量以便更好地找到求解空间。

（2）设计的性能目标必须合理而且适合程序交流。

以上两步操作中的关键在于第二步，即设置系统的优化目标。如果说优化是软件的支柱，那么目标函数则是优化的灵魂。在 ZEMAX 中通过设置目标操作数来实现优化目标。

4.2.2 评价函数方程表达

目标函数在 ZEMAX 中也叫评价函数，用来评价优化的最终目标。评价函数用不同的操作数来实现，ZEMAX 对各种参数设置了优化的操作代码，所有操作数均由 4 个字母表示，目前 ZEMAX 提供了大约 300 多个操作数。几何光学或物理光学等光线追迹都需要靠操作数限制才能精确达到目标。

所有评价函数操作数都有 4 个共同参数，如图 4-23 所示。

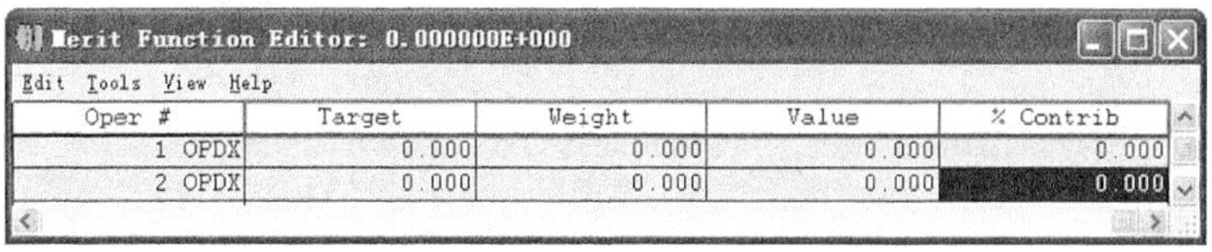

Merit Function Editor: 0.000000E+000

Edit Tools View Help

Oper #	Target	Weight	Value	% Contrib
1 OPDX	0.000	0.000	0.000	0.000
2 OPDX	0.000	0.000	0.000	0.000

图 4-23 评价函数编辑窗口

上面这 4 个参数分别为：目标、权重、当前值、贡献。其中目标值和当前值的关系如下：

$$\phi_i = v_i - t_i$$

$$\varphi^2 = \frac{w_1\phi_1^{\ 2} + w_2\phi_2^{\ 2} + \ldots + w_m\phi_m^{\ 2}}{w_1 + w_2 + \ldots + w_m} = \frac{\sum_{i=1}^{m} w_i\phi_i^{\ 2}}{\sum_{i=1}^{m} w_i}$$

$\phi_i = v_i - t_i$ 表示目标值与当前实际值之间的偏差，v 为当前值，t 为目标值。以上公式表示出了这个操作数在整个评价函数中所能贡献的偏差量，通过下面公式评价函数方程得出在整个函数操作数中的贡献百分比，用%Contrib 值表示出来。

上面公式中 W 即 Weight 值，它表示这个操作数在整个评价函数中的比重大小，这是一个相对量，没有特定大小，但权重直接影响着这个操作的贡献量（%Contrib 的大小）。很明显，操作数的贡献百分比越大，优化时它的重要性也越容易体现出来，当你设置的操作数的贡献很小而你又想着重新优化它时，就需提高这个操作数的权重。

在使用几何光线进行优化时，每条光线都必须靠评价函数的操作数来进行约束，直到追迹到指定的目标面。那么既然每条光线都需约束，是否会使操作数输入变得很复杂呢？

无需担心，ZEMAX 提供了一些常用的优化目标操作数设置，只需选择系统想要达到的标准即可，这对初学者来说无非是最好的选择。当系统优化目标逐渐复杂时，软件自带的操作数当然不会完全满足用户需要，此时需要考虑自定义输入操作数。

首先打开软件，我们使用一个简单光学系统例子来看默认评价函数的各种使用方法。设置一点光源发光，物空间 NA=0.3，物距为 10 mm，经过材料为 BK7 的单透镜厚度 5 mm，透镜后表面距离像面 40 mm。

最终文件：第 4 章\评价函数使用.zmx

ZEMAX 设计步骤。

步骤 1： 设置入瞳直径。

（1）在快捷按钮栏中单击“Gen→Aperture”。

（2）在弹出对话框“General”中，“Aperture Type ”选择“Object Space NA”，“Aperture Value”输入“0.3”，“Apodization type”选择“Uniform”。

（3）单击“确定”按钮，如图 4-24 所示。

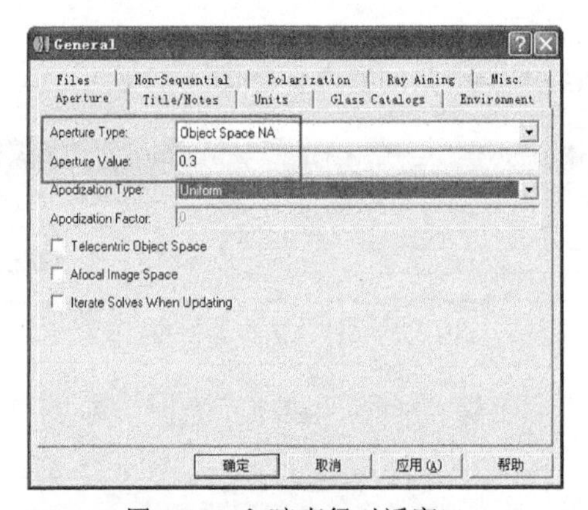

图 4-24 入瞳直径对话窗口

步骤 2： 在透镜数据编辑器内输入初始参数。

（1）在文件菜单“File”下拉菜单中单击“New”，弹出对话框“Lens Date Editor”。

（2）在弹出对话框“Lens Date Editor”中，把鼠标放在“IMA”处单击左键，按“Insert”键插入 1 个面。

（3）在厚度、材料栏输入相应数值。如图 4-25 所示。

Lens Data Editor

Edit Solves View Help

Surf:Type		Radius	Thickness	Glass	Semi-Diameter
OBJ	Standard	Infinity	10.000		0.000
STO	Standard	Infinity	5.000	BK7	3.145
2	Standard	Infinity	50.000		4.153
IMA	Standard	Infinity	-		19.877

图 4-25 透镜数据编辑器

步骤 3：将单透镜后表面曲率半径和 Conic 设置为变量（注意右侧将显示为字母 V）。

（1）单击选择单透镜后表面曲率半径，按“Ctrl+Z”组合键，设置为变量。

（2）选择单透镜后表面“Conic”，按“Ctrl+Z”组合键，设置为变量。如图 4-26 所示。

Lens Data Editor

Edit Solves View Help

Surf:Type		Radius		Thickness	Glass	Conic	
OBJ	Standard	Infinity		10.000		0.000	
STO	Standard	Infinity		5.000	BK7	0.000	
2	Standard	Infinity	V	50.000		0.000	V
IMA	Standard	Infinity		-		0.000	

图 4-26 曲率半径和 Conic 设置为变量

步骤 4：打开 3D 视图查看光线输出情况。

在快捷按钮栏中单击“L3d”打开光路结构图。如图 4-27 所示。

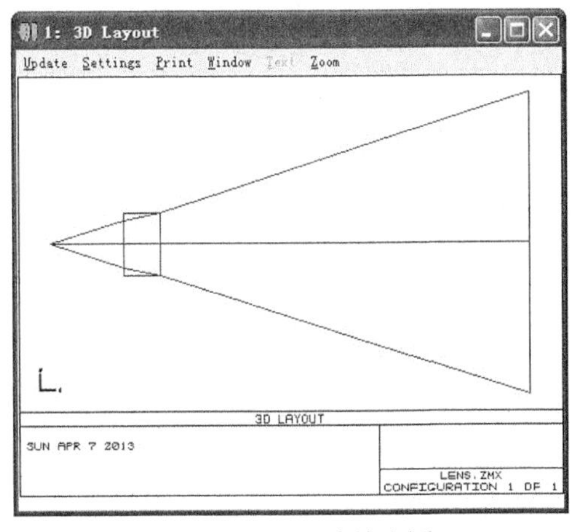

图 4-27 3D 光线输出图

步骤 5：设置评价函数。

（1）按“F6”快捷键打开评价函数编辑器，在评价函数编辑器“Merit Function Editor”里选择“Tools→Default Merit Function”。

（2）在弹出对话框“Default Merit Function”中进行设置，如图 4-28、图 4-29 所示。

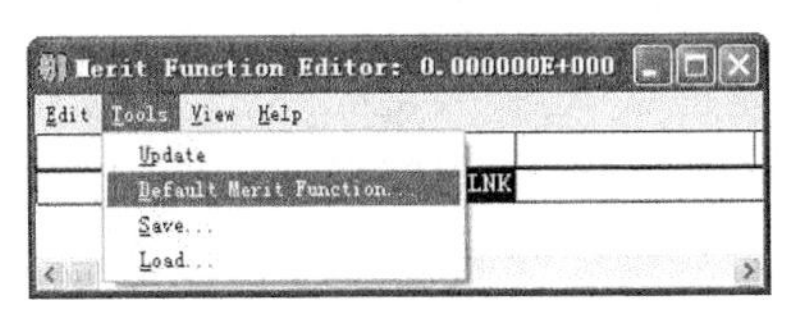

图 4-28 评价函数编辑器

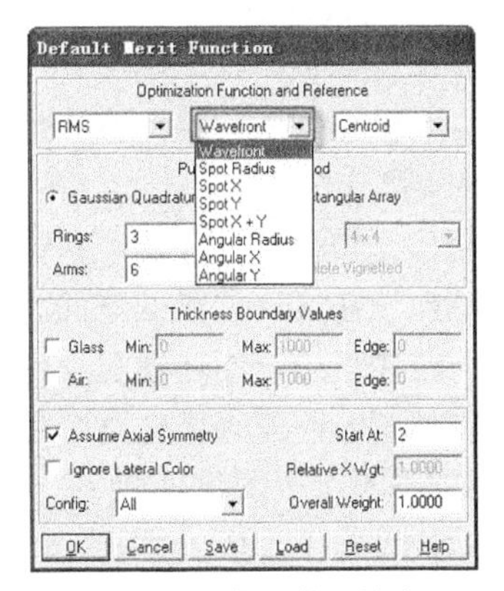

图 4-29 评价函数属性窗口

所有操作数都在这个编辑器内输入。我们通常都使用默认的评价函数来创建目标。

在图 4-29 默认评价函数中，我们看到软件提供的常用 3 种优化目标：波前优化（Wavefront）、光斑半径优化（Spot Radius）和角半径优化（Angular Radius）。这 3 种目标一般都使用 RMS 均方根算法。

另外在目标选项的右侧需要选择该目标使用的参考方式：质心参考（Centroid）和主光线参考（Chief Ray）。质心即光束在像面上形成的光斑的重心而不管主光线是否为光束的中心，它比主光线参考更精确，特别是当系统的主光线被遮拦时，如折反式望远镜系统，由于反射镜位于光路中心导致主光线被遮拦，此时优化目标光线只能使用质心参考。

4.2.3 波前优化方法

波前优化（Wavefront）方法是以优化光线的光程差为目标，也称为波相差优化。这是一种要求相对严格的优化方法，在系统像差较小的情况下优化效果才比较显著，对于大像差复杂系统（通常 OPD 大于 50～100 个波长时）波前优化会变得停滞不前。

如何选择波前差作为系统的最终优化目标，根据系统对称性要求 ZEMAX 将在评价函数编辑器中自动生成一系列 OPDX 操作数，如图 4-30 所示。

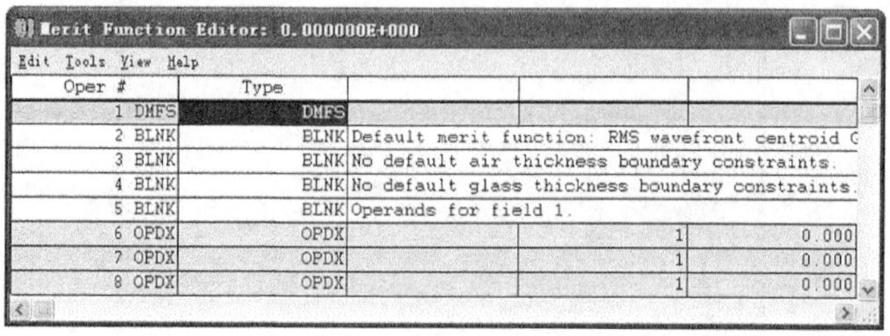

Merit Function Editor: 0.000000E+000

Edit Tools View Help

Oper #	Type			
1 DMFS	DMFS			
2 BLNK	BLNK	Default merit function: RMS wavefront centroid G		
3 BLNK	BLNK	No default air thickness boundary constraints.		
4 BLNK	BLNK	No default glass thickness boundary constraints.		
5 BLNK	BLNK	Operands for field 1.		
6 OPDX	OPDX		1	0.000
7 OPDX	OPDX		1	0.000
8 OPDX	OPDX		1	0.000

图 4-30 选择波前操作数

设置评价函数，步骤如下。

（1）单击菜单“Tools→Optimization→Optimization...”或单击快捷按扭 Opt 打开优化对话框“Optimization”。

（2）在弹出对话框“Optimization”中单击“Automatic”按钮开始优化。

评价函数值很快降为近似于 0，对这个单透镜简单系统，默认创建的评价函数操作数设置 OPDX 的目标值为 0，也就意味着经过透镜聚焦后光程差为 0。如图 4-31 所示。

（3）在快捷按钮栏中单击“L3d”打开光路结构图。如图 4-32 所示。

作为光学设计者，从图聚焦情况看，我们需要想一想优化波前差得到的这个结果是不是唯一的呢？

从几何光学理论上考虑，我们知道所有光线的光程为 0 有两种情况：一是点光源发出的完美球面波在任一位置处球面上各点光程必然相同，光程差为 0。二是完美准直光束发射的平面波在任一位置处垂直光轴的平面光程相同，光程差也为 0。

所以使用波前差来优化这个单透镜系统，应该是能得到两种结果：经过透镜后变为平行光，或者聚焦。上图只是其中一种结果。另外一种结果为何得不到呢？这是因为 ZEMAX 软件在默认设置下为聚焦模式，即物方视场光束经过系统后都应该为聚焦趋势。这种模式是可以修改为准直模式的，打开“General”对话框，如图 4-33 所示。

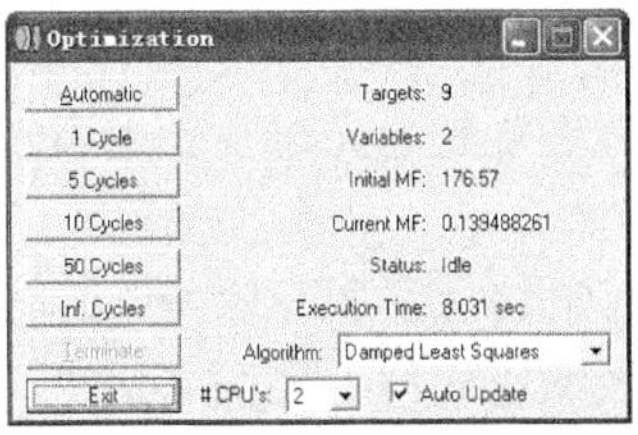

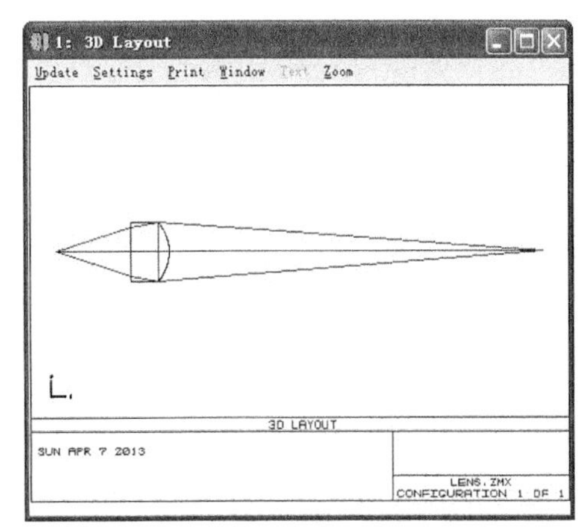

图 4-31 优化结束窗口

图 4-32 3D 光路结构图

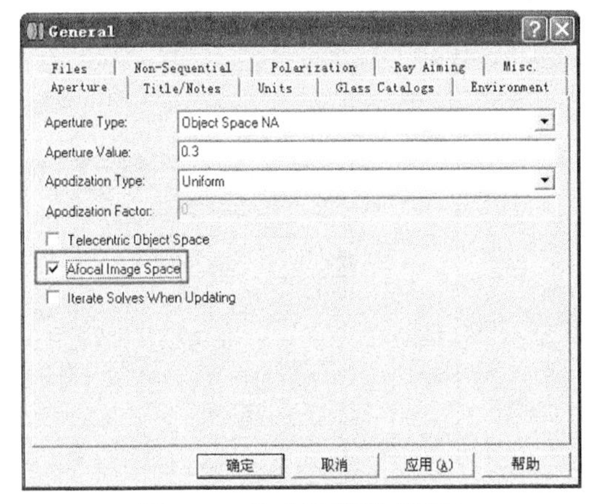

图 4-33 修改准直模式窗口

此时在“Afocal Image Space”（无焦像空间）选项上打勾，系统就切换到无焦模式，无焦模式的优化是使物方光束到达像方时以准直为目标。再单击“Opt”按钮重新优化，评价函数值直接降为 0，如图 4-34 所示。

3D 光路结构图，如图 4-35 所示。

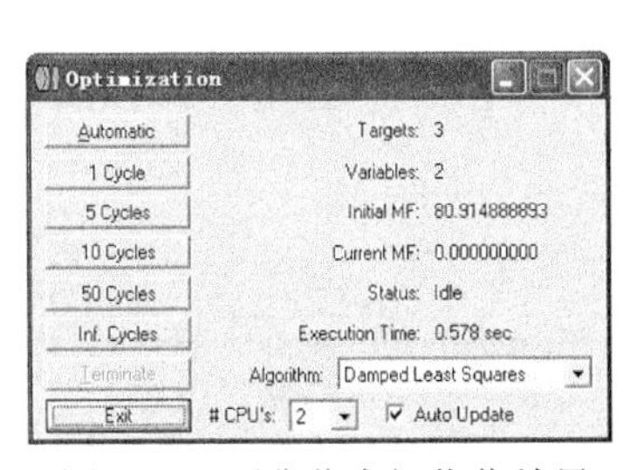

图 4-34 无焦像空间优化结果

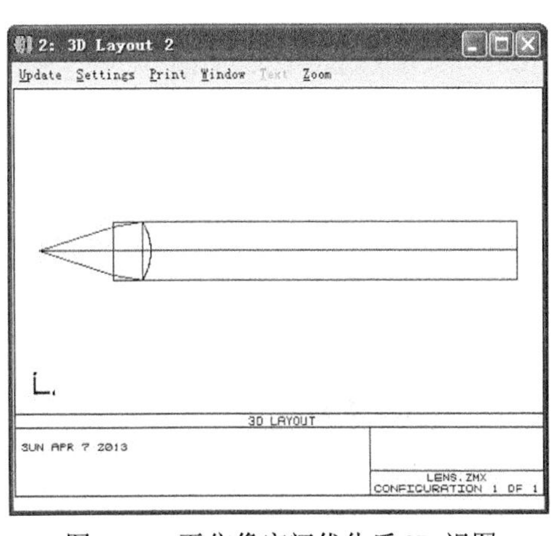

图 4-35 无焦像空间优化后 3D 视图

4.2.4 光斑尺寸优化方法

光斑尺寸优化方法（Spot Radius）以优化物方视场光束在像面上的光斑最小为目标，此种方法限定了优化的模式只能为聚焦模式而不论在 General 对话框中的选择。绝大多数成像系统中都使用这种方法优化光斑大小，也是我们在聚焦系统设计优化时的最好初始评价条件。

这里 ZEMAX 提供了 4 种光斑优化目标选择：综合光斑、X 光扇光斑、Y 光扇光斑和 XY 光扇光斑。如图 4-36 所示。

综合光斑即物点所有光束成像到像面上像点大小，这其中包含了所有像差的影响。选择这个目标值以后 ZEMAX 将自动创建一系列 TRAC 操作数追迹光线。如图 4-37 所示。

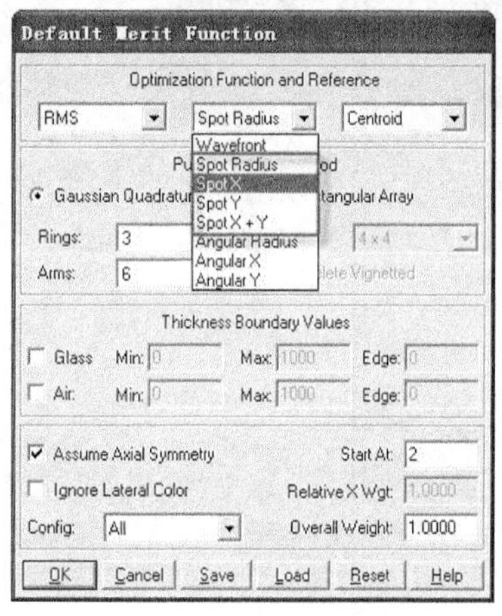

图 4-36 4 种光斑优化目标

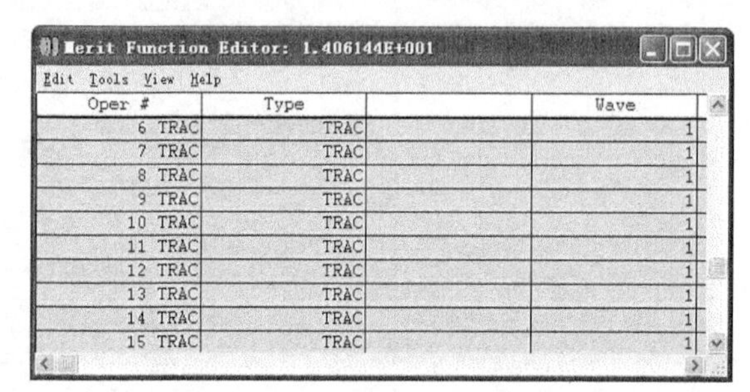
Merit Function Editor: 1.406144E+001

Oper #	Type		Wave
6 TRAC	TRAC		1
7 TRAC	TRAC		1
8 TRAC	TRAC		1
9 TRAC	TRAC		1
10 TRAC	TRAC		1
11 TRAC	TRAC		1
12 TRAC	TRAC		1
13 TRAC	TRAC		1
14 TRAC	TRAC		1
15 TRAC	TRAC		1

图 4-37 Spot Radius 产生操作数

X 和 Y 方向光斑适用于有特定光斑要求的系统，如柱面镜聚焦的线性光斑，或 X、Y 分别聚焦于不同位置。它使用 TRCX 或 TRCY 操作数作为目标函数。如图 4-38 所示。

添加 Spot Radius 操作数后优化，得到同之前波前差一样的聚焦效果，如图 4-39 所示。

Merit Function Editor: 9.942940E+000

Oper #	Type		Wave
20 TRCX	TRCX		1
21 TRCX	TRCX		1
22 TRCX	TRCX		1
23 TRCX	TRCX		1
24 TRCY	TRCY		1
25 TRCY	TRCY		1
26 TRCY	TRCY		1
27 TRCY	TRCY		1
28 TRCY	TRCY		1

图 4-38 Spot X+Y 产生操作数

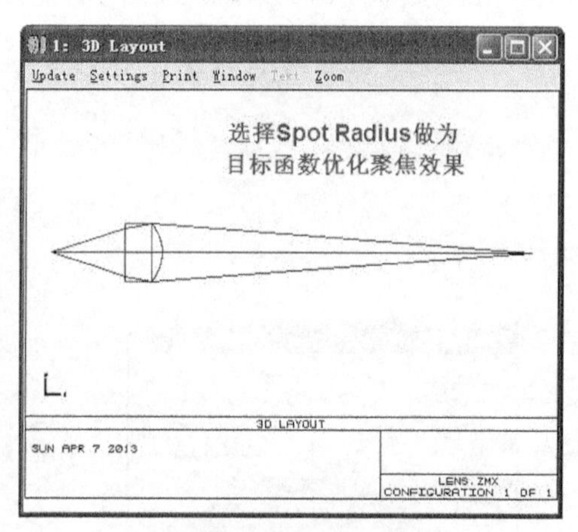

图 4-39 光线输出图

4.2.5 角谱半径优化方法

角谱半径优化方法（Angular Radius）用以优化物方视场光束至像空间时边缘光线与主光线间的角度差最小化。由于所有光线间角度之差的均方根最小，便会产生准直效果。这种属于无焦优化模式。无论 General 对话框中无焦模式有无打勾。

同聚焦优化一样，这里也提供了 3 种无焦优化方式，可综合优化所有光线角度或 XY 单方向上的光束角度。使用角谱半径优化作为评价目标时，ZEMAX 自动创建 ANAC 或 ANCX、ANCY 操作数。如图 4-40 所示。

Merit Function Editor: 5.490058E-002

Edit Tools View Help

Oper #	Type		Wave
6 ANAC	ANAC		1
7 ANAC	ANAC		1
8 ANAC	ANAC		1

图 4-40 Angular Radius 产生操作数

我们使用了 Angular Radius 评价目标优化后得到和无焦模式下波前差优化相同的效果，如图 4-41 所示。

了解了以上 3 种评价函数目标设定后，一般可以得到自己需要的初始光学系统，这些评价目标都是对几何光线追迹进行约束限制的。

有时除了了光线约束外，还有许多对元件大小、共轭长度、空气与镜片间距等其他的特殊目标要求。

我们需要结合光线追迹操作数共同在评价函数编辑器中控制。当然在默认评价函数中提供了通用的边界限制条件，如图 4-42 所示。

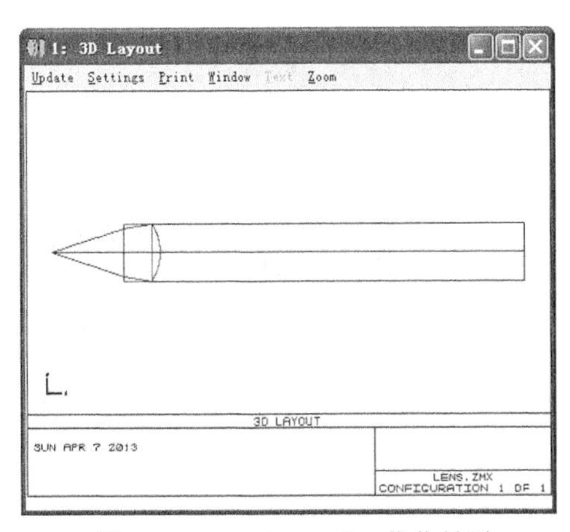

图 4-41 Angular Radius 优化效果

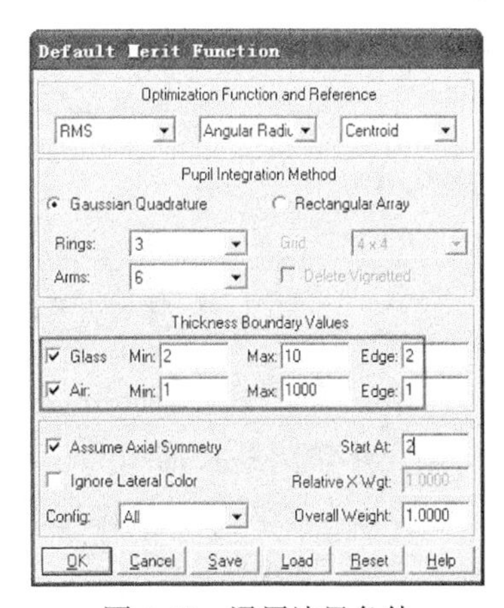

图 4-42 通用边界条件

上图中，我们可以在厚度边界条件约束中添加玻璃与空气的厚度限制，即玻璃材料的最大中心厚度、最小中心厚度与最小边缘厚度，空气的最大中心厚度和最小中心边缘厚度。选择时边界限制将同光线约束操作数一同添加到评价函数编辑器中。如图 4-43 所示。

Merit Function Editor: 0.000000E+000

Edit Tools View Help

Oper #	Type	Surf1	Surf2
4 MNCA	MNCA	0	2
5 MXCA	MXCA	0	2
6 MNEA	MNEA	0	2

图 4-43 操作数窗口

另外对厚度的约束控制也可使用手动输入的 TTHI 操作数，它通常用来控制系统中的共轭距大小。

除了使用以上这些自动的评定目标函数以外，我们可以使用自定义操作数来更灵活地控制光线。当然这需要我们牢记一些常用的操作数，如焦距控制 EFFL、入射光线角度控制 RAID、出射光线角度控制 RAED、入瞳直径 EPDI、出瞳直径 EXPD、出瞳位置 EXPP、大于/小于 OPGT/OPLT 等。特别是光线追迹操作数和数学操作数。

有关评价函数各操作数的详细含义，可直接参考 ZEMAX 提供的帮助文件，或按“F1”快捷键打开帮助，如图 4-44 所示。

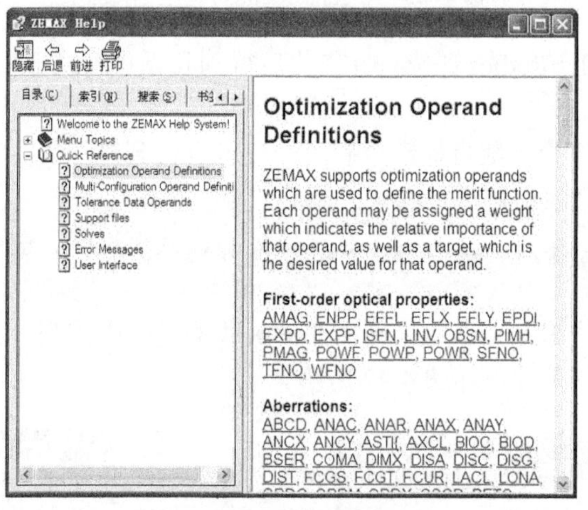

图 4-44 ZEMAX 帮助文件

4.3 ZAMAX 多重结构使用方法

在变焦镜头和扫描镜头设计案例中，我们已经初步使用过多重结构的功能，领略到 ZEMAX 多状态系统设计优化的强大功能。在这里将深入学习多重结构的使用方法，使我们在设计中更加得心应手。

ZEMAX 支持在多重结构下的定义、分析和优化光学系统，常用于设计变焦镜头、扫描镜头、优化镜头测试的多光路干涉系统和使用多波长多参数变化的结构。同 ZEMAX 的其他功能一样，多重结构处理起来并不复杂，但对于多重结构下的公差分析就需要多点耐心和细心了。

ZEMAX 使用一个子程序来定义多重结构，即单独的一个多重结构编辑器。可以使系统中的某一参数变化为不同的数值。例如，在变焦系统中设置的不同元件间的空气间隔变化，设置的每个值得变化都使用多重结构编辑器进行统一管理。按“F7”快捷键便可打开多重结构编辑器，如图 4-45 所示。

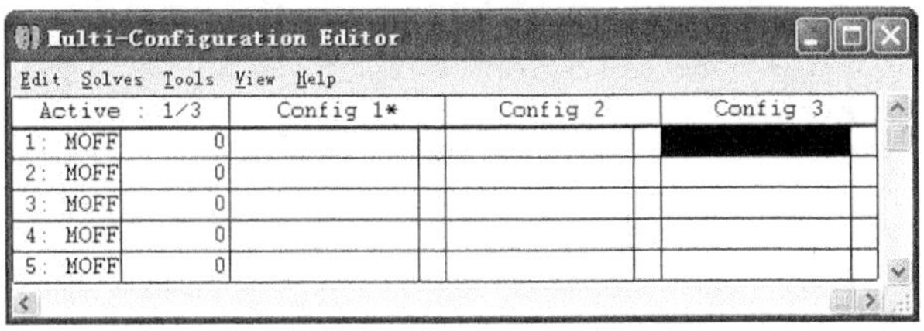

Multi-Configuration Editor
Edit Solves Tools View Help
Active : 1/3
Config 1*
Config 2
Config 3
1: MOFF 0
2: MOFF 0
3: MOFF 0
4: MOFF 0
5: MOFF 0

图 4-45　多重结构编辑器

使用多重结构进行系统设计，最重要的第一步是先定义一个结构，即在 ZEMAX 的正常模式下定义一个系统。这一般是复杂多重结构系统的一个好的初始开始，如果所有结构都有相同的元件数，则可以挑选其中任意一个作为初始结构。

一旦定义好基础结构，剩余的时间就是如何将这个结构变换为新的结构状态。初始结构不用急于优化，因为可以在最后对所有结构进行统一优化。

多重组构参数变化的前提是必须将这个要变化的参数提取到多重结构编辑器中，这个参数变化多少个数值就表示系统有多少个状态，也就是有多少个结构。参数的提取需要多重结构操作数来完成，同优化的评价函数操作数类似，多重结构操作数也都是由 4 个字母组成，一般用参数的名称或几个相关单词的首字母。多重结构操作数是不能够通过键盘输入进去的，只能选择，如图 4-46、图 4-47 所示。

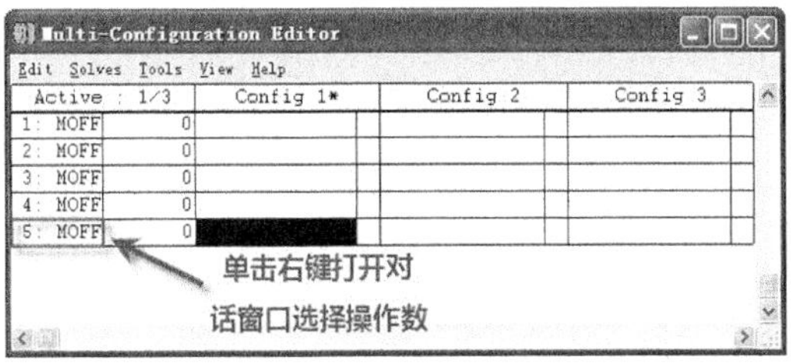

Multi-Configuration Editor
Edit Solves Tools View Help
Active : 1/3
Config 1*
Config 2
Config 3
1: MOFF 0
2: MOFF 0
3: MOFF 0
4: MOFF 0
5: MOFF 0
单击右键打开对
话窗口选择操作数

图 4-46　多重结构编辑界面

Multi-Config Operand 5
Operand:
MOFF
Not Used
Not Used
Not Used
Row Color:
Default
OK
Cancel
Help

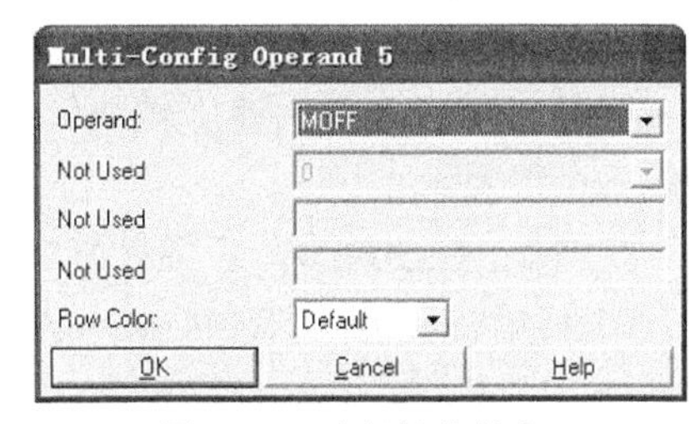

图 4-47　选择操作数窗口

为了使大家更深入了解多重结构设计的方法，我们用 3 个简单示例演示说明。

4.3.1　实例一：模拟元件的变化

当我们设计好一个系统时，为了查看某个参数的变化对整个系统的影响，常使用多重结构将这些参数提取到多重结构编辑器中，让它们按要求变化。这个过程其实可以看作是一种简单的公差分析。

这里我们使用 ZEMAX 自带的库克三片物镜，模拟中间镜片产生倾斜后的效果。

最终文件：第 4 章\模拟元件.zmx

ZEMAX 操作步骤。

步骤 1：打开 ZEMAX 自带的库克三片物镜。

（1）打开【ZEMAX 目录\Samples\ Sequential\Objectives\Cooke 40 degree field.zmx】。

（2）在快捷按钮栏中单击光路结构图“L3d”，如图 4-48 所示。

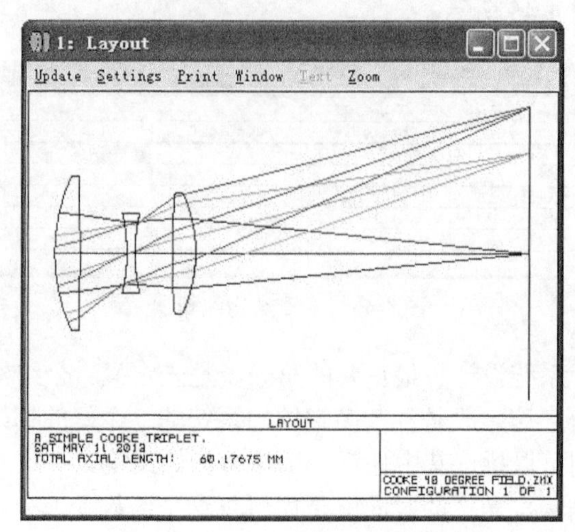

图 4-48　库克三片物镜光路结构图

如上图，假设我们来模拟中间的凹透镜绕 x 轴倾斜了 3 个状态：10 度、5 度、0 度。那么第一步如何操作呢？我们刚开始已经说过，首先要能挑选出任意一个状态把它模拟出来，这也告诉我们，在进行多重结构设置时，要先能找到影响不同结构变化的参数，并使用多重结构操作数提取出来。在这里影响凹透镜倾斜角度变化的参数，其实目前还没设置出来，所以初始结构首先需要添加旋转参数。

使用坐标断点可实现元件的倾斜，ZEMAX 提供了一个快捷功能（“Tilt/Decenter Elemonts”）帮助我们快速旋转或偏心元件，选择中间凹透镜（从第 3 面到第 4 面），旋转角度不设置表示 0 状态。

步骤 2：在凹透镜前后插入坐标断点面。

（1）单击菜单“Tools→Coordinates→Tilt/Decenter Elemonts”，打开“Tilt/Decenter Elemonts”对话框。

（2）在“Tilt/Decenter Elemonts”对话框中“First Surface”栏选择“3”，“Last Surface”栏选择“4”。

（3）单击“OK”按钮完成，如图 4-49 所示。

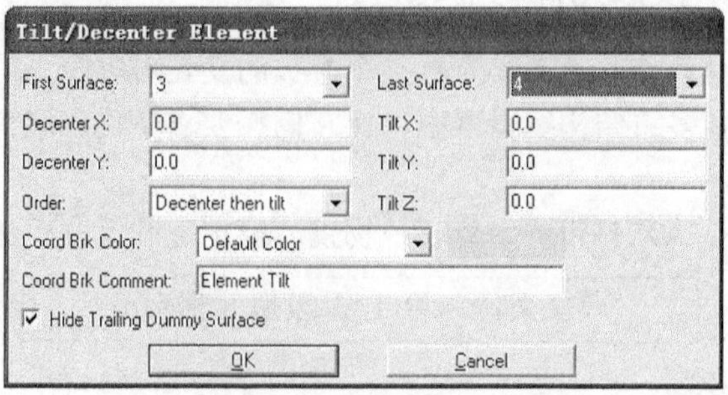

Tilt/Decenter Element
First Surface: 3　Last Surface: 4
Decenter X: 0.0　Tilt X: 0.0
Decenter Y: 0.0　Tilt Y: 0.0
Order: Decenter then tilt　Tilt Z: 0.0
Coord Brk Color: Default Color
Coord Brk Comment: Element Tilt
Hide Trailing Dummy Surface
OK　Cancel

图 4-49　快速旋转或偏心对话框

设置完成，ZEMAX 自动在凹透镜前后插入坐标断点面，实现元件的倾斜和偏心。如图 4-50 所示。

在这种模式下，凹透镜元件的旋转是由图 4-50 中第 3 个面（坐标断点面）上的 Tilt about X 参数决定的，如我们将它设置为 10 度后，更新 3D 视图。

Lens Data Editor

Edit Solves View Help

Surf:Type		Comment	Radius	Thickness	Glass	Semi-Diameter
OBJ	Standard		Infinity	Infinity		Infinity
1*	Standard		22.014 V	3.259 V	SK16	9.500 U
2*	Standard		-435.760 V	6.008 V		9.500 U
3	Coordinat...	Element Tilt		0.000	-	0.000
4*	Standard		-22.213 V	1.000 V	F2	5.000 U
*	Standard		20.292 V	-1.000 T		5.000 U
6	Coordinat...	Element Tilt		1.000 P	-	0.000
7	Standard	Dummy	Infinity	4.750 V	P	3.835
8*	Standard		79.684 V	2.952 V	SK16	7.500 U
9*	Standard		-18.395 M	42.208 V		7.500 U
IMA	Standard		Infinity	-		18.173

图 4-50　凹透镜前后插入坐标断点面

步骤 3： 设置 Tilt about X 参数。

（1）按“F3”键返回未插入坐标断点面时的状态。

（2）单击菜单“Tools→Coordinates→Tilt/Decenter Elemonts”，打开“Tilt/Decenter Elemonts”对话框。

（3）在“Tilt/Decenter Elemonts”对话框中“First Surface”栏选择“3”，“Last Surface”栏选择“4”，“Tilt X”栏输入“10”。

（4）单击“OK”按钮完成，如图 4-51 所示。

（5）打开 3D 视图，如图 4-52 所示。

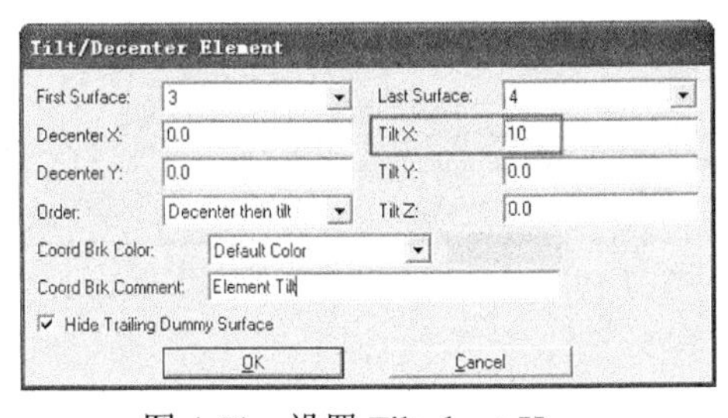

图 4-51　设置 Tilt about X

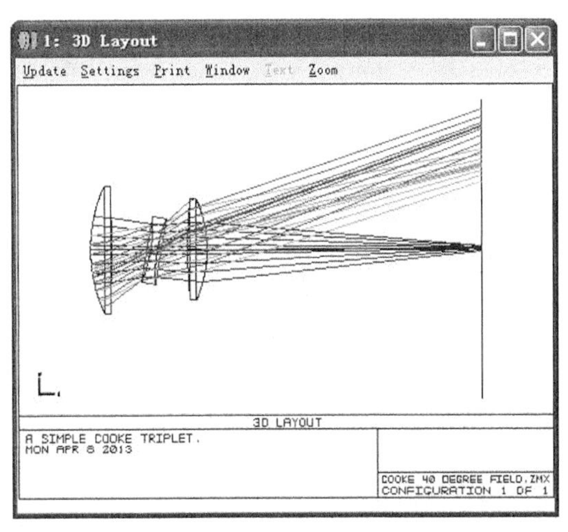

图 4-52　3D 视图

这时我们就会知道，需要把第 3 个面上的 Tilt about X 参数提取到多重结构编辑器中设置即可。那么这个参数属于第 3 个表面的第几个参数呢？最简单的方法就是在这个参数上单击右键打开一个对话框，查看对话框上的参数描述便知。

步骤 4： 编辑多重结构。

（1）在第 3 个面的“Tilt about X”栏单击鼠标右键，弹出“Parameter 3 on surface 3”

对话框。说明“Tilt about X”是第 3 个面上的第 3 个参数。如图 4-53、图 4-54 所示。

Lens Data Editor

Edit Solves View Help

Surf:Type		Decenter X	Decenter Y	Tilt About X	Tilt About Y
OBJ	Standard				
1*	Standard				
2*	Standard				
3	Coordinat...	0.000	0.000	10.000	0.000
4*	Standard				
*	Standard				
6	Coordinat...	0.000 P	0.000 P	-10.000 P	0.000 P
7	Standard				
8*	Standard				
9*	Standard				
IMA	Standard				

单击鼠标右键

图 4-53　第 3 面 Tilt about X 参数

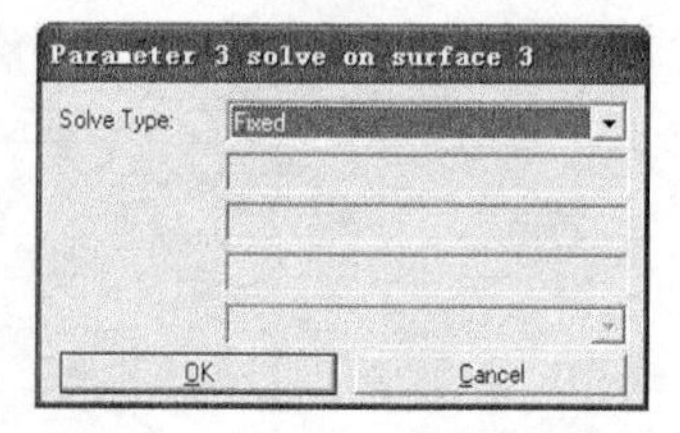

图 4-54　Tilt about X 参数对话框

（2）按“F7”键打开多重结构编辑器，按组合键“Ctrl+Shift+Insert”插入 2 个新组态。如图 4-55 所示。

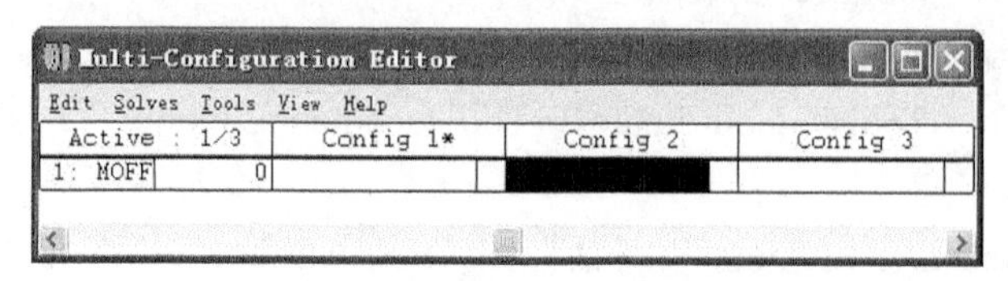

图 4-55　插入 2 个新组态

有 3 个角度变化值，所以应该有 3 个组态结构。只有一个参数在变化，所以应该只有一个多重结构操作数。

（3）双击“MOFF”弹出“Multi-Config Operand 1”对话框。

（4）在“Multi-Config Operand 1”对话框中，“Operand”栏选择“PAR3”，“Surface”栏选择“3-Element Tilt”。如图 4-56 所示。

（5）输入 3 个角度值：“0”、“5”、“10”如图 4-57 所示。

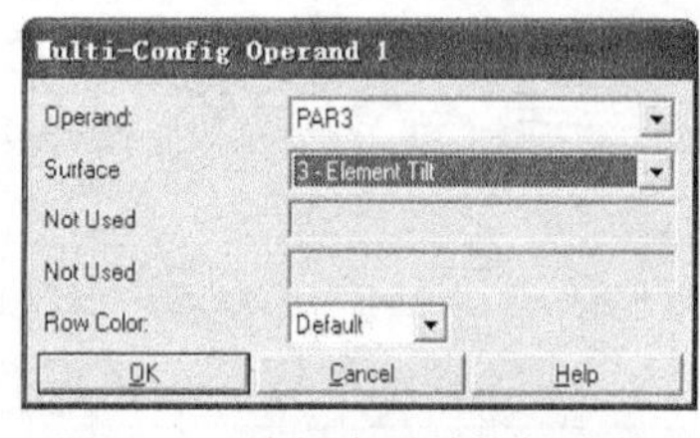

图 4-56　选择多重结构操作数

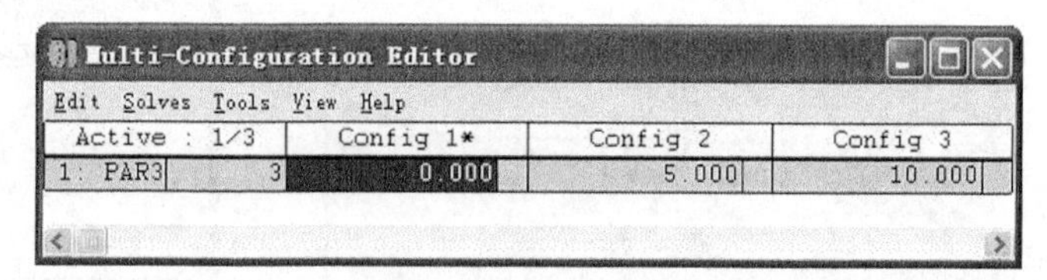

图 4-57　输入 3 个角度值

（6）打开 3D 视图，如图 4-58 所示。

这样多重结构状态便设置完成了，注意上图中 Config 1 右上角的星号，它表示当前系统处于第一个状态下，所以分析数据都为这个状态下的结果。同样查看 3D 视图默认看到的为当前状态，使用“Ctrl+A”组合键可进行不同状态的切换。在 3D 视图上单击右键打开设置对话框，可以设置显示所有状态，如图 4-59 所示。

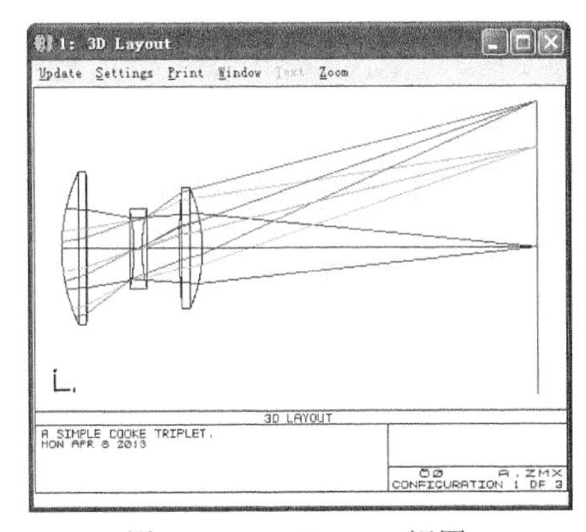

图 4-58 Config 1 3D 视图

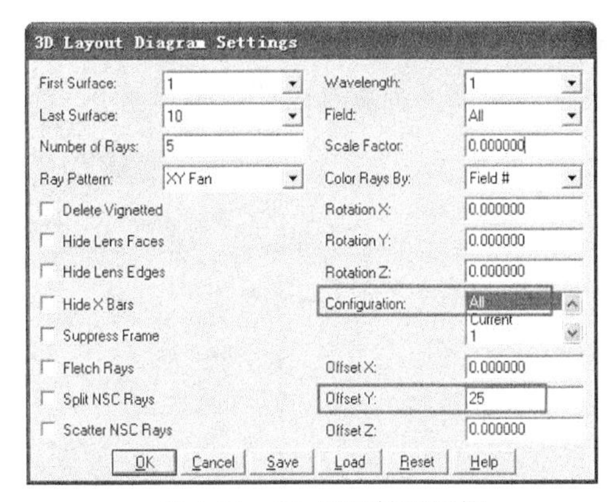

图 4-59 3D 图属性对话框

注意图 4-59 中 Offset Y 选项，表示显示的所有组态在 Y 方向上有 25 mm 的错位，可以在一个视图上同时看到 3 个状态结果，如图 4-60 所示。

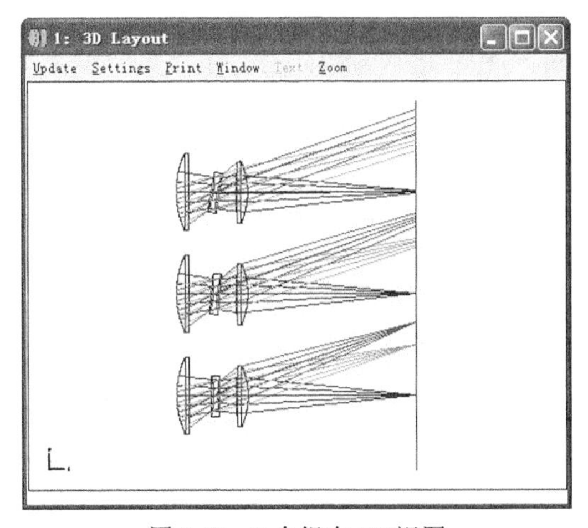

图 4-60 3 个组态 3D 视图

4.3.2 实例二：衍射级次显示

我们知道一束光照射到衍射元件后，经衍射后的光会有很多束，也就是说不同衍射级次上都会有不同能量的光射出。但在 ZEMAX 几何光路模拟中，一次只能模拟其中的一个级次，若想同时看到所有级次的光，就需要使用多重结构的功能了，不同级次代表不同状态。

我们来设计一个衍射光栅，EPD=20 mm，衍射面型选择 Diffraction Graring，光栅频率 0.5（表示每毫米刻 500 线）。

最终文件：第 4 章\衍射级次.zmx

ZEMAX 设计步骤如下。

步骤 1： 输入入瞳直径 20 mm。

（1）在快捷按钮栏中单击“Gen→Aperture”。

（2）在弹出对话框“General”中，“Aperture Type ”选择“Entrance Pupil Diameter”，

“Aperture Value”输入“20”，“Apodization type”选择“Uniform”。

（3）单击“确定”按钮，如图 4-61 所示。

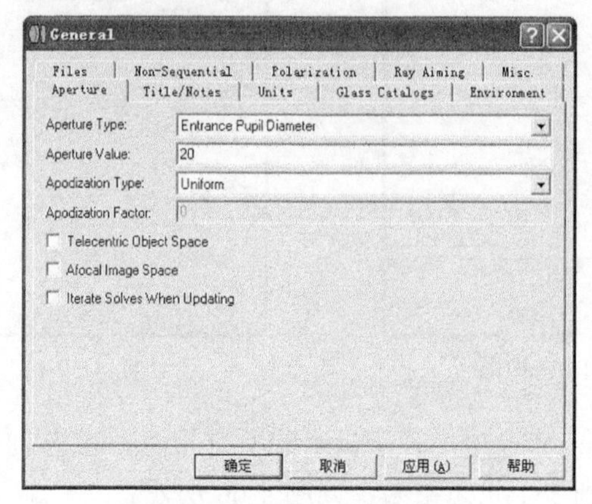

图 4-61　入瞳直径对话窗口

步骤 2：在透镜数据编辑栏内输入参数。

（1）在文件菜单“File”下拉菜单中单击“New”，弹出对话框“Lens Date Editor”。

（2）在弹出对话框“Lens Date Editor”中，把鼠标放在“IMA”处单击左键，按“Insert”键插入 1 个面。如图 4-62 所示。

Lens Data Editor

Edit　Solves　View　Help

Surf:Type		Radius	Thickness	Glass	Semi-Diameter
OBJ	Standard	Infinity	Infinity		0.000
STO	Standard	Infinity	0.000		10.000
2	Standard	Infinity	0.000		10.000
IMA	Standard	Infinity	-		10.000

图 4-62　插入 1 个标准面

（3）双击新插入的面，弹出“Surface 2 Properties”对话框。

（4）在“Surface 2 Properties”对话框中选择“Type”，“Surface Type”栏选择“Diffraction Grating”衍射光栅面。如图 4-63 所示。

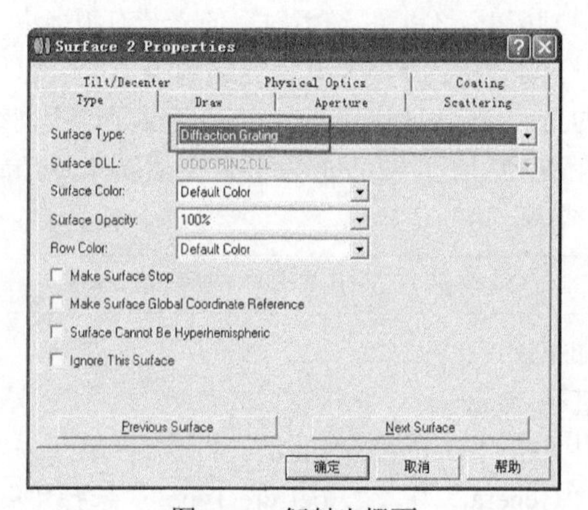

图 4-63　衍射光栅面

（5）输入厚度、光栅频率参数，如图 4-64 所示。

Lens Data Editor

Edit Solves View Help

	Surf:Type	Thickness	Par 1(unused)	Par 2(unused)
OBJ	Standard	Infinity		
STO	Standard	50.000		
2	Diffracti..	100.000	0.500	1.000
IMA	Standard	-		

图 4-64 输入镜头参数

步骤 3：打开第一级次 3D 视图。

在快捷按钮栏中单击“L3d”打开 3D 视图。如图 4-65 所示。

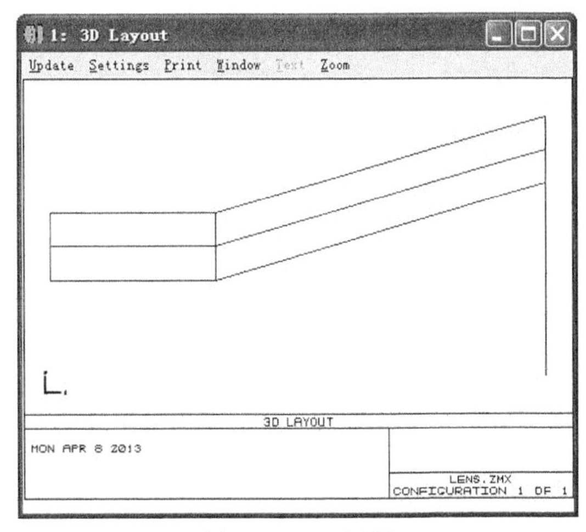

图 4-65 3D 视图

修改级次后可显示其他级次下的效果，但在这种正常模式下每次只能显示一个级次。这种情况下我们就可以使用多重结构功能将级次参数提取出来，使它在多重结构编辑器中单独变化。在多重结构编辑器中，再插入 4 个组态，我们来模拟 2、1、0、−1，−2 这 5 个级次下的光线输出。

在上面透镜数据编辑器的图中可以明显看出级次参数为第 2 个表面的第 2 个参数，我们在多重结构编辑器下选择操作数 Par2/2。

步骤 4：设置多重结构。

（1）按“F7”键打开多重结构编辑器，按组合键“Ctrl+Shift+Insert”插入 4 个新组态。如图 4-66 所示。

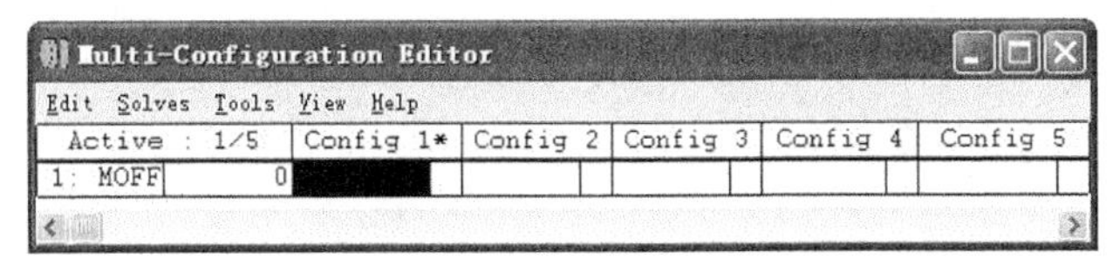
Multi-Configuration Editor

Edit Solves Tools View Help

Active : 1/5	Config 1*	Config 2	Config 3	Config 4	Config 5
1: MOFF 0					

图 4-66 插入 4 个新组态

（2）双击“MOFF”弹出“Multi-Config Operand 1”对话框。

（3）在“Multi-Config Operand 1”对话框中，“Operand”栏选择“PAR2”，“Surface”栏选择“2”。如图 4-67 所示。

（4）输入“2”、“1”、“0”、“–1”、“–2”这 5 个级次，如图 4-68 所示。

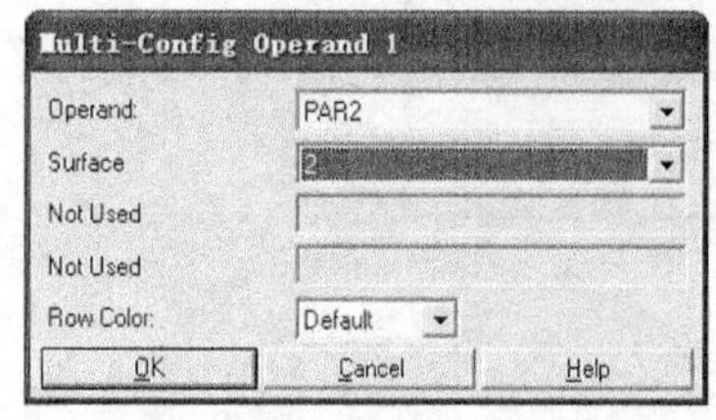

图 4-67　选择多重结构操作数

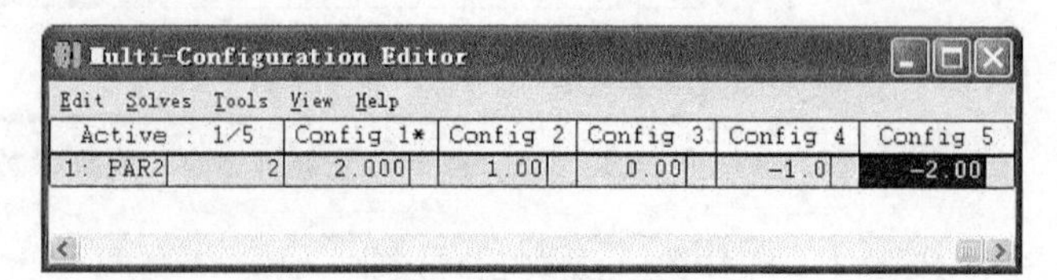

图 4-68　输入 5 个级次

（5）打开 3D 视图，如图 4-69 所示。

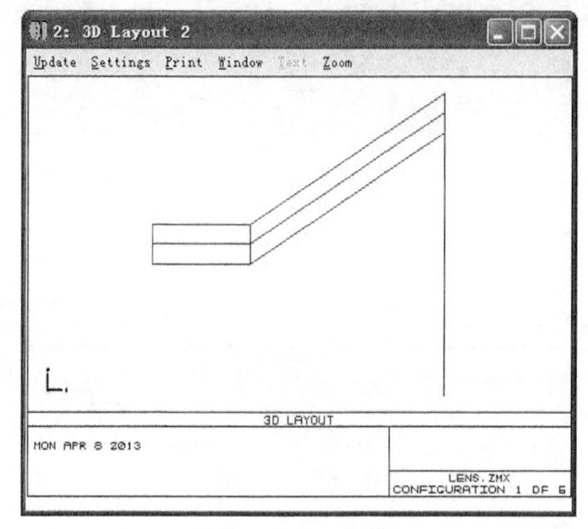

图 4-69　3D 视图

可以用“Ctrl+A”组合键动态切换组态查看 3D 视图，也可一次将所有级次全部显示出来，打开视图设置对话框，做如图 4-70 设置。

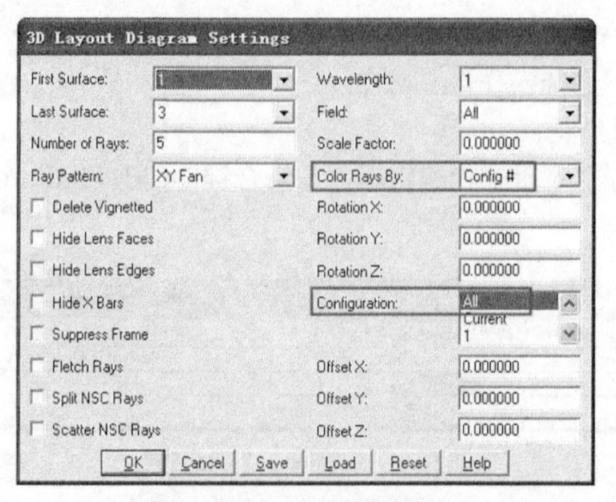

图 4-70　3D 视图属性窗口

上图矩形框内“Color Rays By”选项可设置视图上光线显示颜色，在这里以组态结构来区分，表示不同组态有不同颜色。如图 4-71 所示。

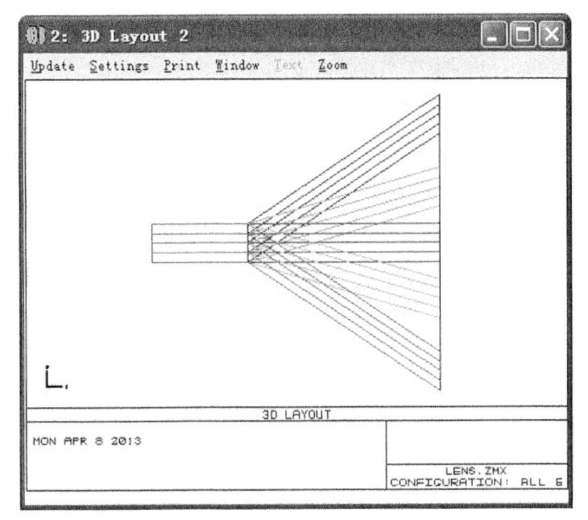

图 4-71 5 组态 3D 视图

4.3.3 实例三：分光板模拟

在前面两个实例中可以简单地看出多重结构的使用场合，但我们仅仅使用了一个参数的变化。在复杂系统中通常会有根多不同的参教在变化，比如多光路干涉系统、分光系统等，这就要求我们必须有足够的耐心和细心来找到是哪些参数的变化引起结构的变化。

例如，图 4-72 所示的马赫—曾德干涉系统光路【ZEMAX 目录\Samples\Sequential\Optical testing\Mach Zender Interferometer.zmx】，由同一光源发出的一束光经过不同的传播路径最后汇聚于同一像面，要实现两束光两个路径，我们必须使用多重结构才能完成。

为了简化这个系统，我们只设计一个倾斜分光板，使用多重结构来实现分光，设计的最后目标如图 4-73 所示。

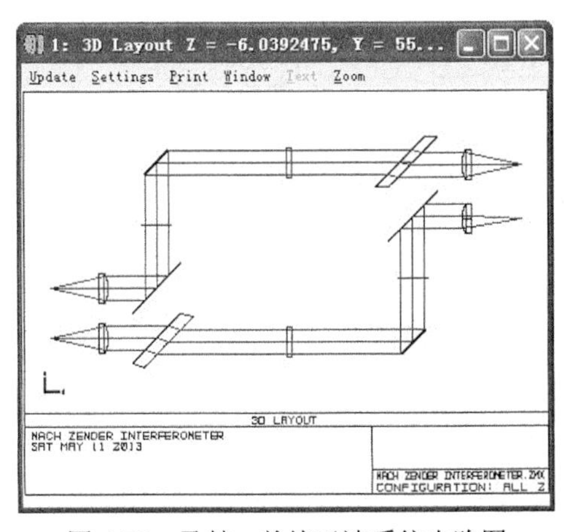

图 4-72 马赫—曾德干涉系统光路图

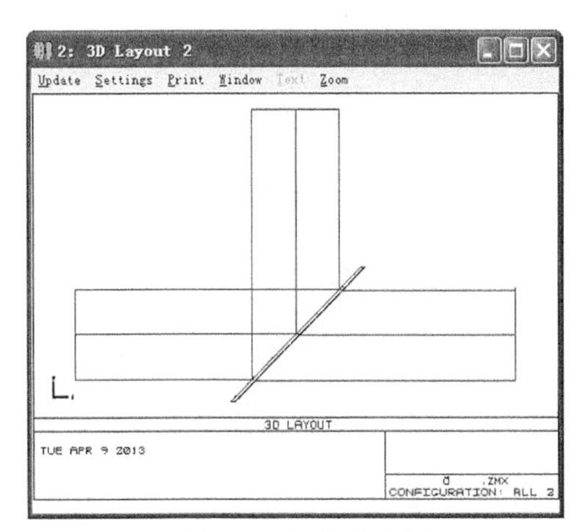

图 4-73 倾斜分光板

要实现上图中的分光效果，我们先来设计正常传播的一束光经过倾斜板，假设 EPD=20，传播距离 50 mm，分光板材料为 BK7，其前表面镀有半透半反膜层实现分光。我们先来设计透射光路。

最终文件：第 4 章\分光板.zmx

ZEMAX 设计步骤。

步骤 1： 输入入瞳直径 20 mm。

（1）在快捷按钮栏中单击“Gen→Aperture”。

（2）在弹出对话框“General”中，“Aperture Type ”选择“Entrance Pupil Diameter”，“Aperture Value”输入“20”，“Apodization type”选择“Uniform”。

（3）单击“确定”按钮，如图 4-74 所示。

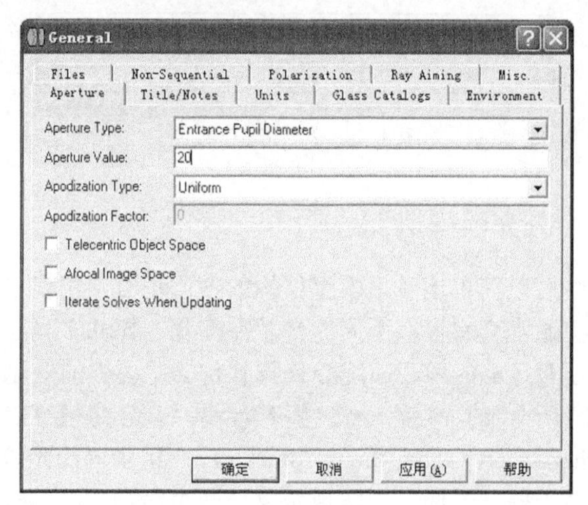

图 4-74　入瞳直径输入窗口

步骤 2： 在透镜数据编辑栏内输入参数。

（1）在文件菜单“File”下拉菜单中单击“New”，弹出对话框“Lens Date Editor”。

（2）在弹出对话框“Lens Date Editor”中，把鼠标放在“IMA”处单击左键，按“Insert”键插入两个面。

（3）输入厚度、材料、口径相应参数。如图 4-75 所示。

Lens Data Editor: Config 1/2

Edit Solves View Help

	Surf:Type	Comment	Radius	Thickness	Glass
OBJ	Standard		Infinity	Infinity	
STO	Standard		Infinity	50.000	
2*	Standard		Infinity	1.000	BK7
3	Standard		Infinity	50.000	
IMA	Standard		Infinity	-	

图 4-75　透镜参数输入窗口

步骤 3： 打开 3D 视图。

在快捷按钮栏中单击“L3d”打开 3D 视图。如图 4-76 所示。

上图中，需要先将平板倾斜 45 度，倾斜的方法有多种，可使用坐标断点面倾斜，或使用表面自带的倾斜选项，在这里我们对这种系统有更好的倾斜选择，使用 Tilted 面型。

此种面型上有 2 个旋转参数：X Tangent 和 Y Tangent，即表面与 X 或 Y 方向的正切值表示面的倾斜状态。将表面 2 和 3 修改为 Tilted 类型并设置 Y tangent 为 1（tan45°=l）。

步骤 4： 设置平板倾斜 45 度。

（1）双击表面 2，弹出“Surface 2 Properties”对话框。

（2）在“Surface 2 Properties”对话框中选择“Type”，“Surface Type”栏选择“Tilted”。如图 4-77 所示。

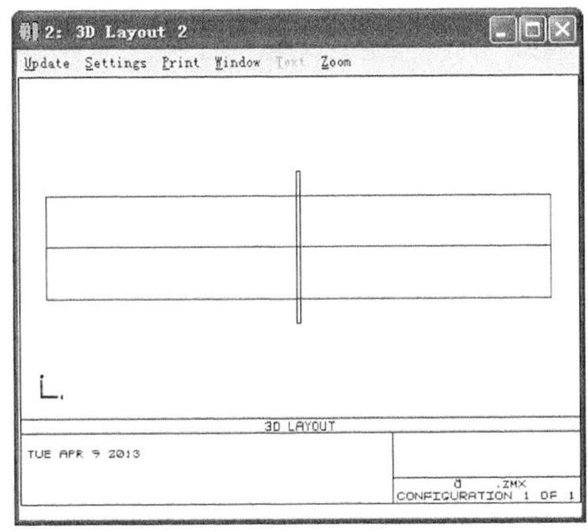

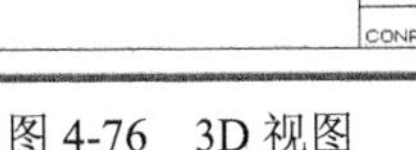

图 4-76　3D 视图

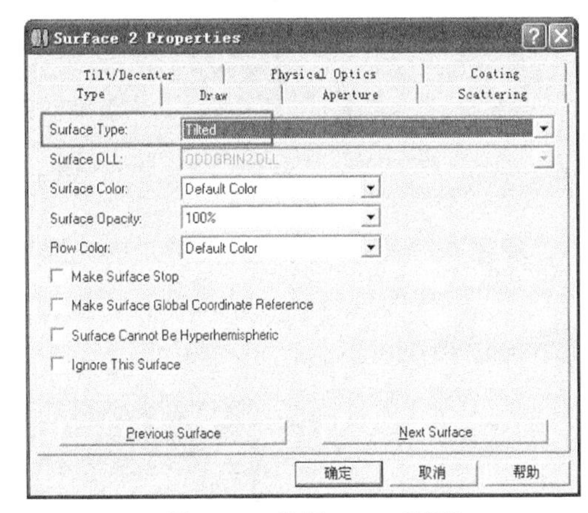

图 4-77　选择 Tilted 面型

（3）同理操作，表面 3 也设置为“Tilted”面型。

（4）在表面 2 和 3 的“Y Tangent”栏输入“1”，如图 4-78 所示。

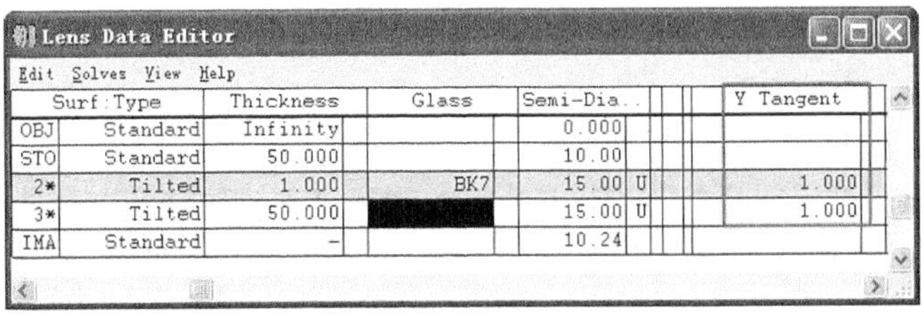

Lens Data Editor

Edit Solves View Help

Surf:Type		Thickness	Glass	Semi-Dia..		Y Tangent
OBJ	Standard	Infinity		0.000		
STO	Standard	50.000		10.00		
2*	Tilted	1.000	BK7	15.00	U	1.000
3*	Tilted	50.000		15.00	U	1.000
IMA	Standard	-		10.24		

图 4-78　Y tangent 输入栏

步骤 5： 更新 3D 视图，观察变化。

（1）打开 3D 视图。

（2）单击“Update”更新视图，如图 4-79 所示。

这样我们的第一个透射结构就完成了，在这个结构的基础上通过使用多重结构来设置反射的光路。

打开多重结构编辑器，因为需要两个光路，所以应该有两个结构状态，反射光路在平板的前表面发生反射，对于模拟来说我们要告诉软件这个表面的材料为 Mirror，找到材料的多重结构操作数 GLSS。

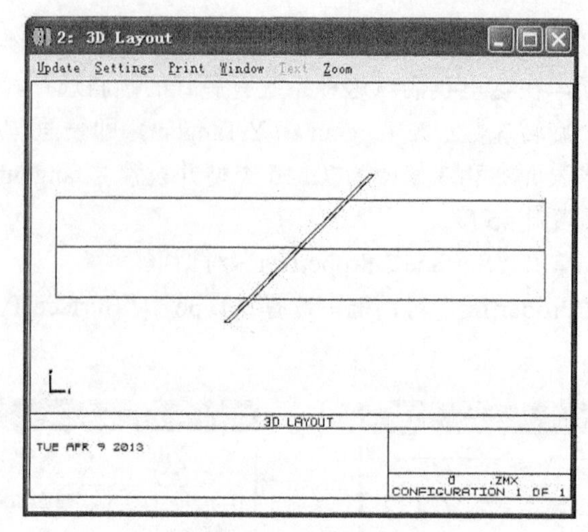

图 4-79　3D 视图

步骤 6：使用多重结构设置反射光路。

（1）按“F7”键打开多重结构编辑器，按组合键“Ctrl+Shift+Insert”插入一个新组态。如图 4-80 所示。

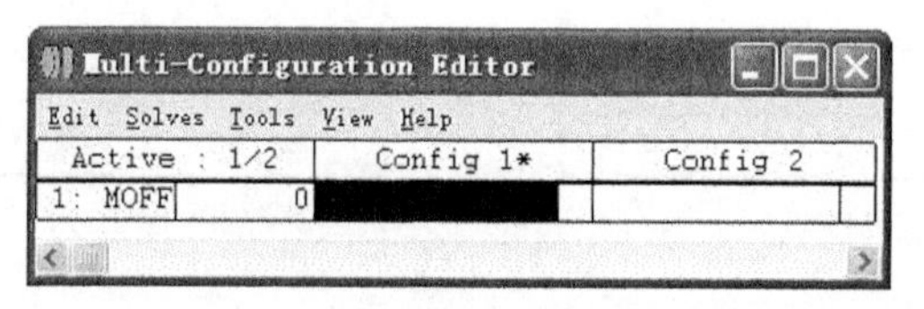

图 4-80　插入一个新组态

（2）双击“MOFF”弹出“Multi-Config Operand 1”对话框。

（3）在“Multi-Config Operand 1”对话框中，“Operand”栏选择“GLSS”，“Surface”栏选择“2”。如图 4-81 所示。

（4）在“Config 2”栏输入“Mirror”，如图 4-82 所示。

接下来我们分析被反射后的光路，反射后光路被转折了 90 度，而且透镜板也不存在了（由于反射后光线不再经过平板玻璃材料），在加入反射镜后光路传播的厚度也要乘以–1，这时首先应考虑如何让反射后光路转折–90 度。我们可以在玻璃板前表面后面插入一个坐标断点面，使用坐标断点实现旋转。

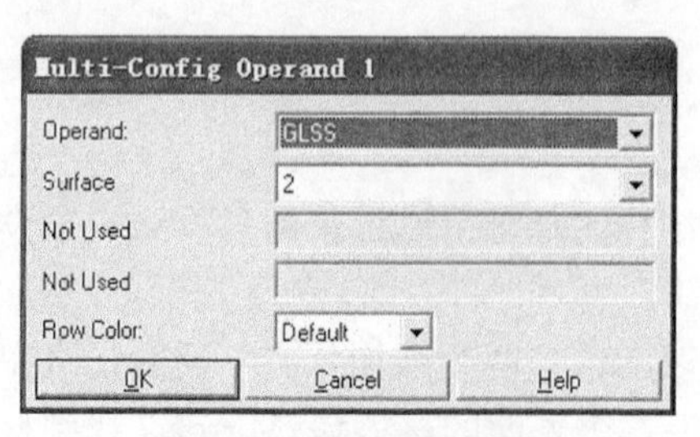

图 4-81　选择组态操作数

图 4-82　多重结构编辑栏

步骤 7：插入坐标断点面。

（1）把鼠标放在表面 3，按“Insert”键插入 1 个面。

（2）设置新插入的面为坐标断点面，如图 4-83、图 4-84 所示。

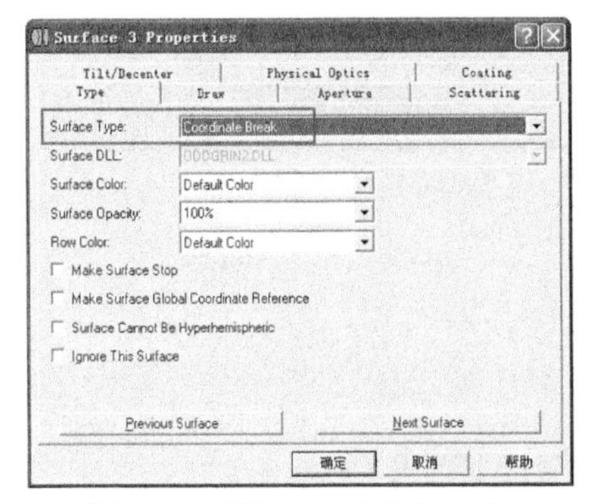

图 4-83　设置面为坐标断点面

Lens Data Editor: Config 1/2

Edit Solves View Help

	Surf:Type	Thickness	Glass	Semi-Diameter
OBJ	Standard	Infinity		0.000
STO	Standard	50.000		10.000
2*	Tilted	1.000	BK7	15.000 U
3	Coordinate B..	0.000	-	0.000
4*	Tilted	50.000		15.000 U
IMA	Standard	-		10.237

图 4-84　插入坐标断点面

插入 4 个多重结构操作数，选择厚度操作数控制第 2 个表面与第 4 个表面的厚度，参数操作数控制旋转角度（坐标断点控制系统转折 90 度，第 4 个表面 Y tangent 也应转到同第 2 个表面方向一致）。

步骤 8： 编辑多重结构操作数。

（1）按“Ctrl+Insert”组合键插入 4 个多重结构操作数，如图 4-85 所示。

（2）双击第 2 个操作数“MOFF”弹出“Multi-Config Operand 2”对话框。

（3）在“Multi-Config Operand 2”对话框中，“Operand”栏选择“THIC”，“Surface”栏选择“2”。如图 4-86 所示。

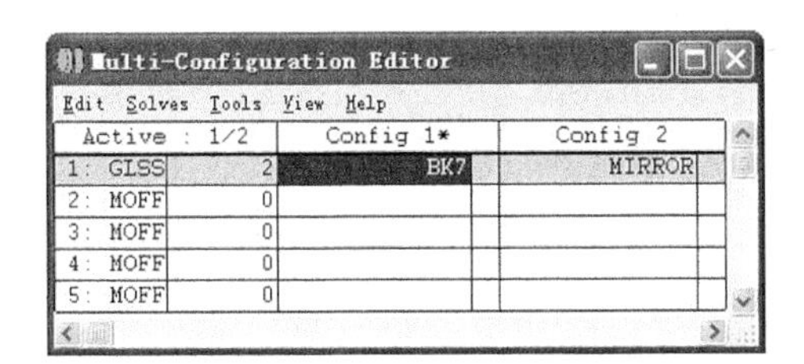

Multi-Configuration Editor

Edit Solves Tools View Help

Active : 1/2		Config 1*	Config 2
1: GLSS	2	BK7	MIRROR
2: MOFF	0		
3: MOFF	0		
4: MOFF	0		
5: MOFF	0		

图 4-85　插入 4 个操作数

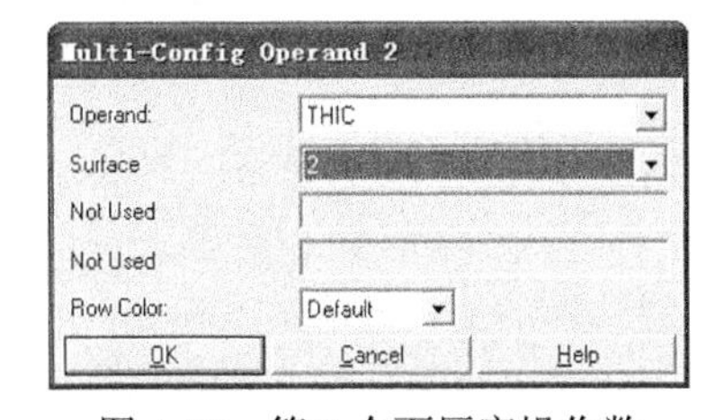

图 4-86　第 2 个面厚度操作数

（4）同理，设置后面的 3 个操作如图 4-87、图 4-88、图 4-89 所示。

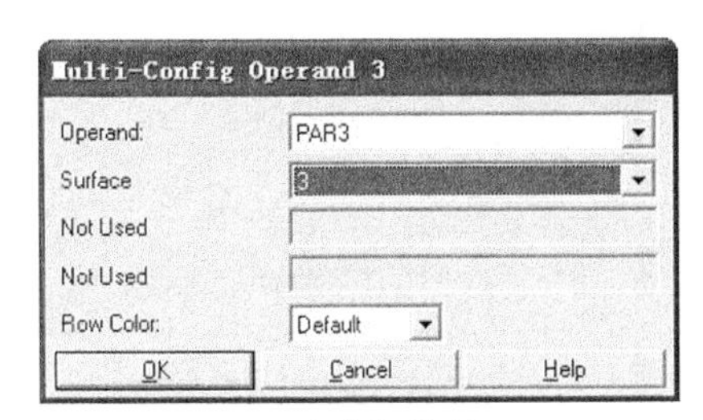

图 4-87　参数操作数

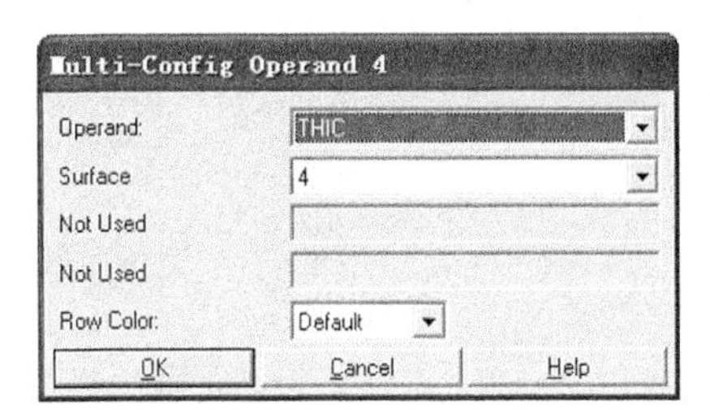

图 4-88　第 4 个面厚度操作数

操作数设置完成后输入相应数值，如图 4-90 所示。

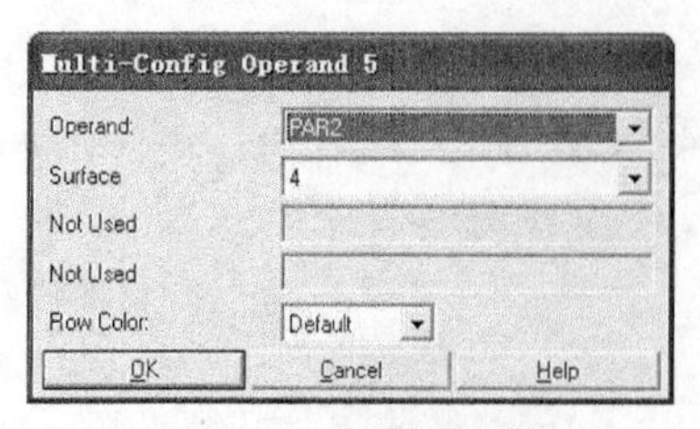

图 4-89　参数操作数

Multi-Configuration Editor

Edit Solves Tools View Help

Active : 1/2		Config 1*	Config 2
1: GLSS	2	BK7	MIRROR
2: THIC	2	1.000	0.000
3: PAR3	3	0.000	90.000
4: THIC	4	50.000	-50.000
5: PAR2	4	1.000	-1.000

图 4-90　编辑操作数

步骤 9：观察第 2 个组态光线输出情况。

（1）在快捷按钮栏中单击“L3d”打开光线输出图。

（2）按“Ctrl+A”组合键切换到第 2 个组态，如图 4-91 所示。

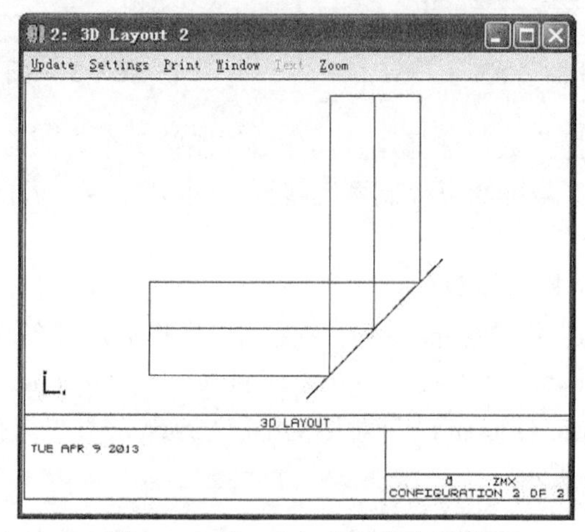

图 4-91　第 2 个组态光线输出图

步骤 10：将两个光路同时显示在视图中。

（1）单击菜单“L3d→Settings”，弹出“3D Layout Diagram Settings”对话框。

（2）在“3D Layout Diagram Settings”对话框中进行设置，如图 4-92 所示。

（3）更新 3D 视图，如图 4-93 所示。

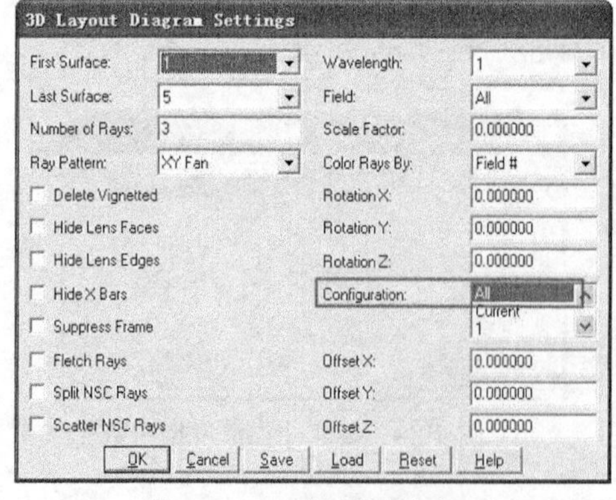

图 4-92　3D 视图属性窗口

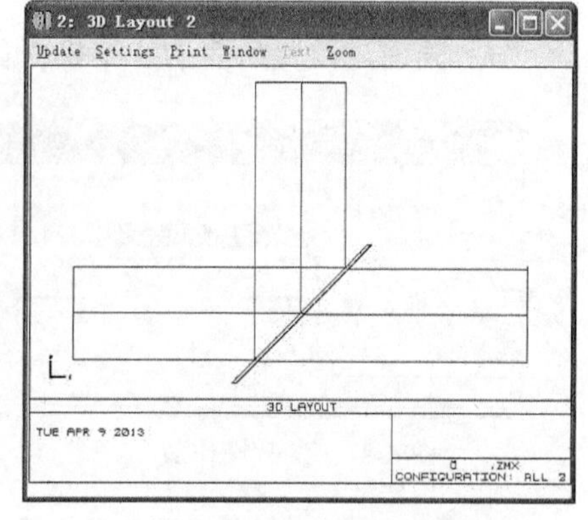

图 4-93　两个光路 3D 图

这样一个简单的分光系统就完成了，在这样的系统中我们要充分发挥多重结构的使用方法。只有彻底理解多重结构的含意，才能让我们在设计这种复杂系统时得心应手。

4.4 ZAMAX 坐标断点使用方法

坐标断点是 ZEMAX 成像光路设计中对坐标的一种操作方法。在 ZEMAX 的序列光学设计模式下，使用的坐标系都为局部坐标系，即每个表面都是参考它前面的表面顶点坐标系，每个表面的厚度决定着下个表面的位置，详细理解 ZEMAX 序列模式下的坐标定义，可帮助我们处理很多复杂的光路模型。

4.4.1 ZEMAX 坐标系

在理解坐标断点定义前，我们需要首先理解 ZEMAX 的坐标系，ZEMAX 使用的是同大多光学软件相同的右手坐标系。所谓的右手坐标系指我们伸出右手，大拇指所指方向为坐标系的 z 轴，四指指向为坐标的 y 轴，四指弯曲后指向手心向内为 x 轴正向。打开 3D 视图窗口可看到 YZ 坐标系，如图 4-94 所示。

上面 3D 图中我们看到的是系统的视图窗口，这个窗口显示的是全局坐标，但坐标原点是由客户自己指定的，默认情况下是以第 1 个表面中心为全局坐标参考（即视图的原点），可通过以下 2 种方法来修改全局坐标参考：

（1）单击“System → General → Misc”，如图 4-95 所示。

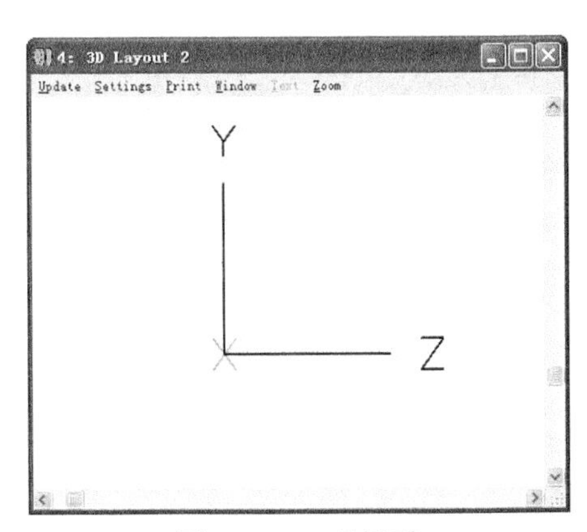

图 4-94 yz 坐标系

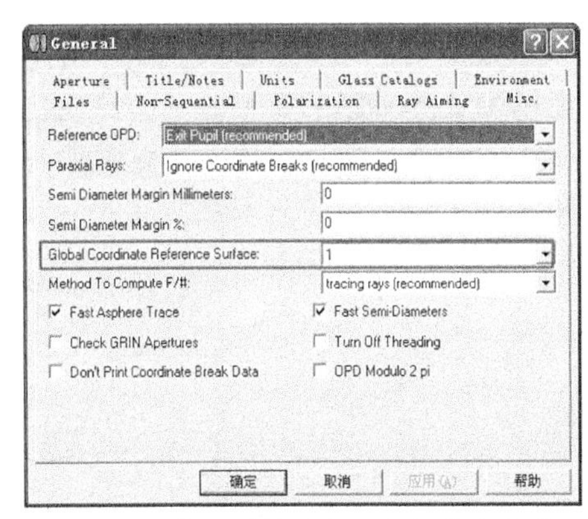

图 4-95 第一种修改全局坐标参考方法

（2）直接在需要作为全局坐标参考的表面上单击右键，打开表面特性对话框，在图 4-96 的矩形框内打勾即可。

通过以上任何一种设置，都可将系统的全局视图修改到指定的表面上，如图 4-97 所示一个反射系统。

3D 视图，如图 4-98 所示。

我们将全局坐标参考面修改到第 2 面反射镜，如图 4-99 所示。

打开 3D 视图，如图 4-100 所示。

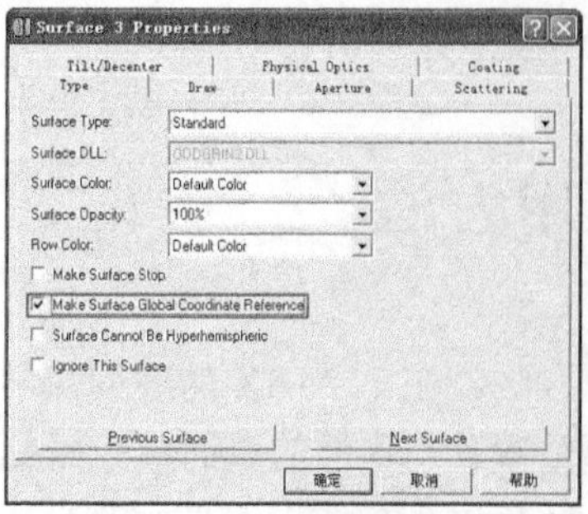

图 4-96　第二种修改全局坐标参考方法　　　图 4-97　透镜参数

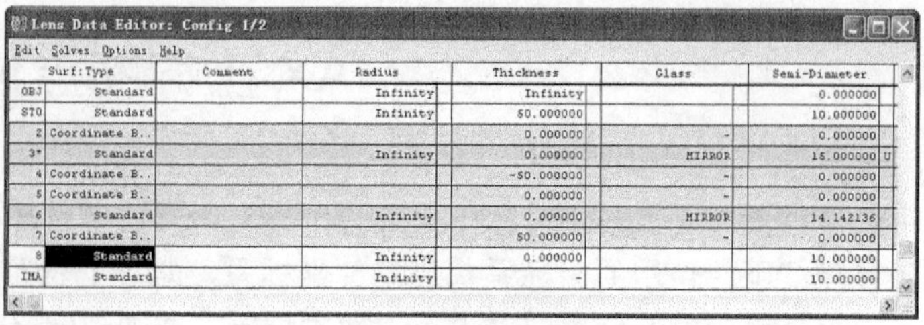

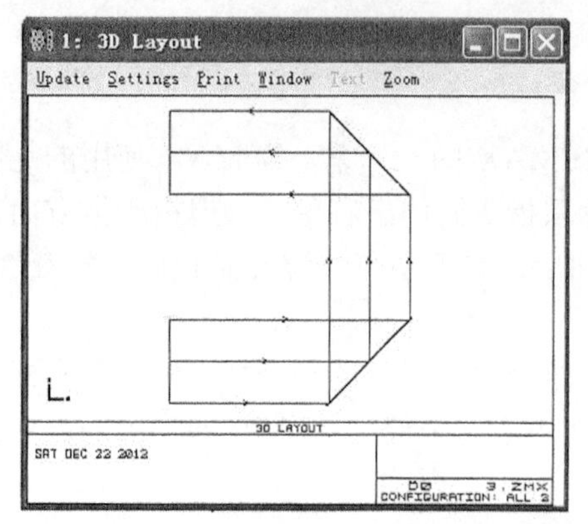

图 4-98　默认情况下以第 1 面作为视图参考面

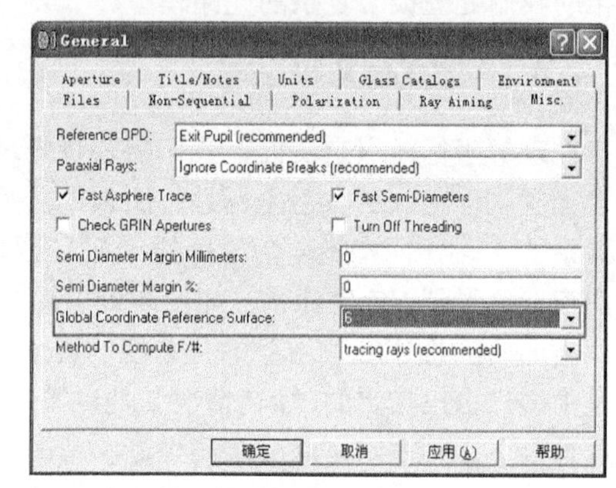

图 4-99　修改全局坐标参考面

修改全局坐标参考后，视图上的所有元件的坐标便以指定点为原点重新排布，这种视图上的变化并不影响整个系统的性能，只影响坐标统计数据和视图显示。

由于 ZEMAX 序列模式下这种面与面的位置依赖关系，使许多初学者对 ZEMAX 的局部坐标转折甚是迷茫，不知从何入手，在设计非旋转对称的离轴系统时常常陷入困境。

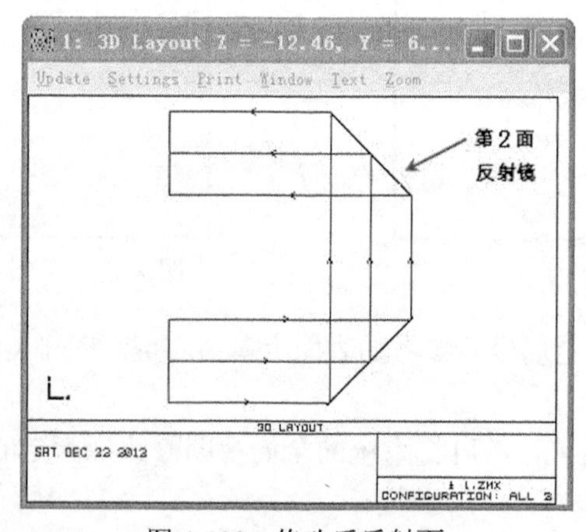

图 4-100　修改后反射面

虽然坐标转折确实有其抽象性，但并没有想象的那么复杂，读者在学习时只要记住一个规则：只要坐标在某个位置发生转折，那么下面的元件位置一定要按转折后的局部坐标系统右手定则放置。

为了说明这个规则，我们来详细分析 ZEMAX 中的常用坐标转折方法实现的离轴操作。这种离轴设置统称为坐标断点，意思就是将当前面的坐标打断，实现新的坐标设置。

我们知道坐标系有 3 个方法（XYZ），那么就有 5 种操作方式，分别为 X、Y 方向的偏移和 X、Y、Z 方向的旋转（Z 方向的偏移是由厚度决定的，所以不需设置）。

这里有两种打断坐标的方法：一是使用表面上自带的坐标断点设置，二是插入坐标断点面（Coordinate Break 面型）。

4.4.2　自带坐标断点使用方法

在任何一个表面上单击右键都可以打开此表面的特性对话框，找到 Tilt/Decenter 标签，此功能相当于在一个面前后添加两个坐标断点面，如图 4-101 矩形框内参数可实现单个面旋转 30 度而保持其他元件不变。

打开 3D 视图，如图 4-102 所示。

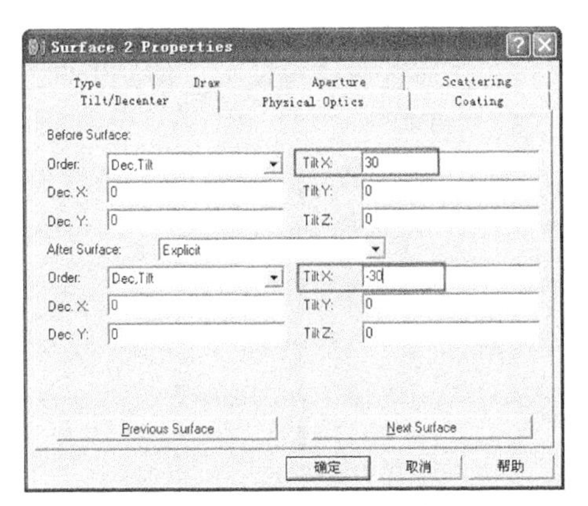

图 4-101　表面属性对话框

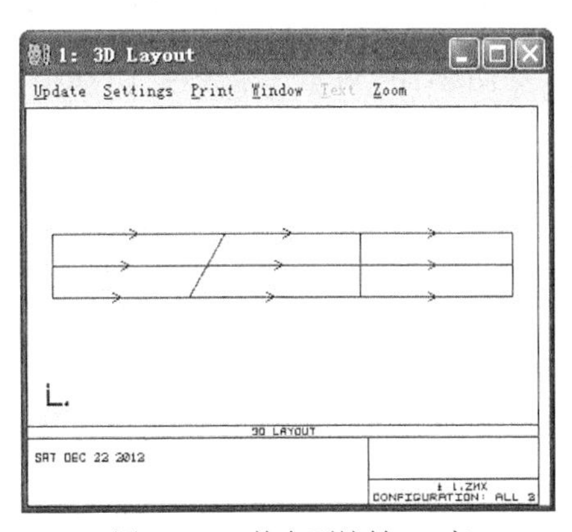

图 4-102　单个面旋转 30 度

> **注意：**只要在表面特性中设置坐标断点操作后，在表面序号旁边会显示一个“+”号，如图 4-103 所示。

Lens Data Editor: Config 1/2

Edit　Solves　Options　Help

Surf:Type		Comment	Radius	Thickness	Glass	Semi-Diameter
OBJ	Standard		Infinity	Infinity		0.000000
STO	Standard		Infinity	50.000000		10.000000
2+	Standard		Infinity	50.000000		11.547005
3	Standard		Infinity	50.000000		10.000000
4	Standard		Infinity	0.000000		10.000000
IMA	Standard		Infinity	-		10.000000

图 4-103　透镜编辑栏

4.4.3　坐标断点面使用方法

使用坐标断点面型来实现坐标打断，在需要坐标转折的元件前或后插入一个坐标断点面，利用该面上的 Tilt-Decenter 参数实现坐标打断，这是一种更加灵活且功能强大的局部坐标设置方法。例如，对多组元件的旋转，对指定旋转轴的旋转，对特定坐标系的返回，对系统主光线的追踪等。如图 4-104 所示。

Lens Data Editor: Config 1/2

Edit Solves Options Help

	Surf:Type	Par 2(unused)	Par 3(unused)	Par
OBJ	Standard			
STO	Standard			
2	Coordinate B..	0.000000	30.000000	
3	Standard			
4	Coordinate B..	0.000000	-30.000000	
IMA	Standard			

图 4-104　插入坐标断点面

比较以上两种断点的方法，第一种设置起来相对简洁一些，不会增加多余的坐标断点面，但设置好参数后便固定了，不能进行自运优化调整参数。第二种方法会在透镜数据编辑器中增加较多的断点面，看起来较为复杂，但它的所有参数都可以进行优化，这也是使用 Coordinate Break 面型的最大优势。

4.4.4　样例一：旋转角度的优化方法

如图 4-105 所示平行光经过一个玻璃板，假如我们想通过旋转玻璃板，使光束向 Y 方向上偏移 2 mm，这时如何使用坐标断点参数优化旋转角度呢？

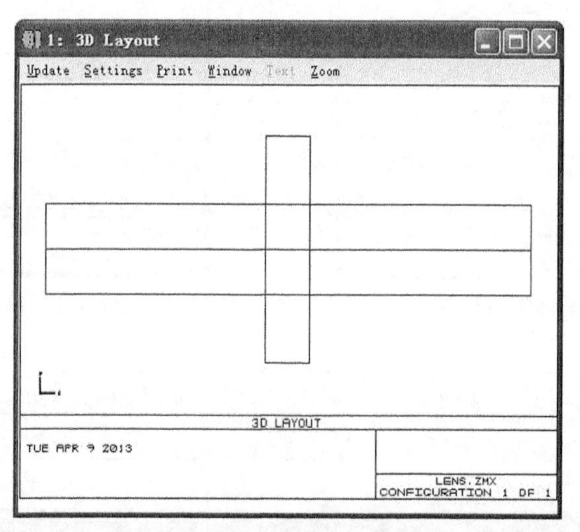

图 4-105　平行光经过一个玻璃板

我们就以这个平行光经过一个玻璃板为例子，介绍旋转角度的优化方法。

最终文件：第 4 章\旋转角度.zmx

ZEMAX 设计步骤。

步骤 1： 输入入瞳直径 20 mm。

（1）在快捷按钮栏中单击“Gen→Aperture”。

（2）在弹出对话框“General”中，“Aperture Type　”选择“Entrance Pupil Diameter”，“Aperture Value”输入“20”，“Apodization type”选择“Uniform”。

（3）单击“确定”按钮。

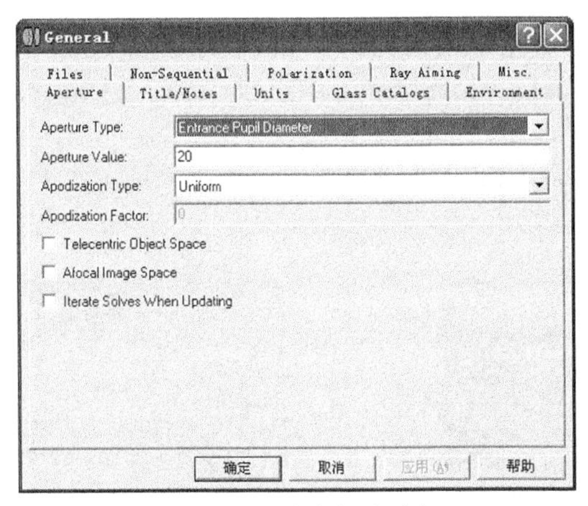

图 4-106　入瞳直径对话窗口

步骤 2：在透镜数据编辑栏内输入参数。

（1）在文件菜单“File”下拉菜单中单击“New”，弹出对话框“Lens Date Editor”。

（2）在弹出对话框“Lens Date Editor”中，按“Insert”键插入 2 个面。

（3）输入厚度、材料、口径相应数值。如图 4-107 所示。

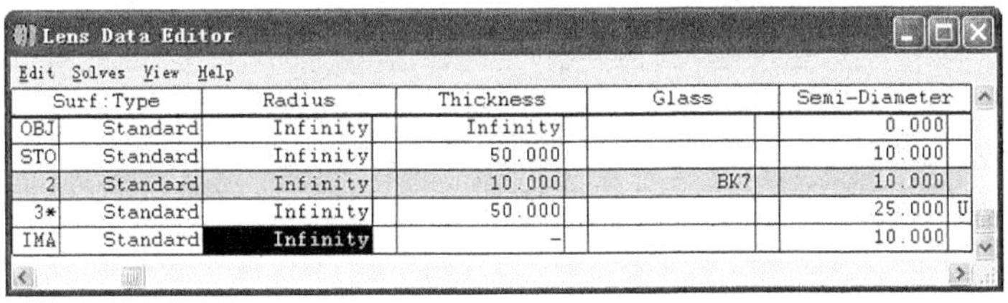

Lens Data Editor

Edit Solves View Help

Surf:Type		Radius	Thickness	Glass	Semi-Diameter
OBJ	Standard	Infinity	Infinity		0.000
STO	Standard	Infinity	50.000		10.000
2	Standard	Infinity	10.000	BK7	10.000
3*	Standard	Infinity	50.000		25.000 U
IMA	Standard	Infinity	-		10.000

图 4-107　输入参数

步骤 3：打开初始结构 3D 视图。

在快捷按钮栏中单击“L3d”打开 3D 视图，如图 4-108 所示。

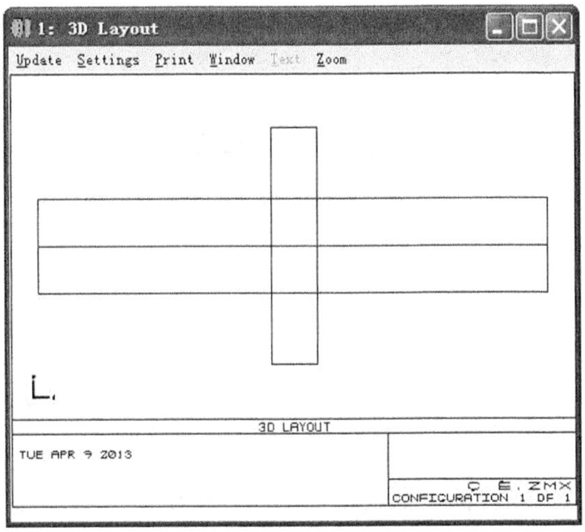

图 4-108　初始 3D 视图

步骤 4：编辑坐标断点旋转。

（1）菜单选择“Tools→Coordinates→Tilt/Decenter Elements”，打开“Tilt/Decenter Elements”对话框。如图 4-109 所示。

（2）在“Tilt/Decenter Elements”对话框中，“First Surface”栏选择“2”，“Last Surface”栏选择“3”。如图 4-110 所示。

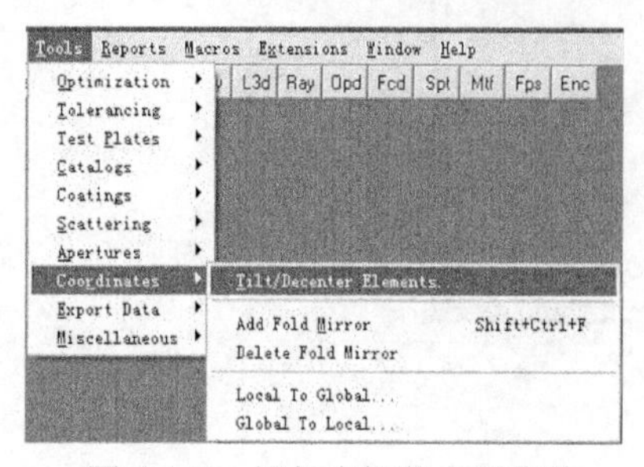

图 4-109 添加坐标断点面菜单

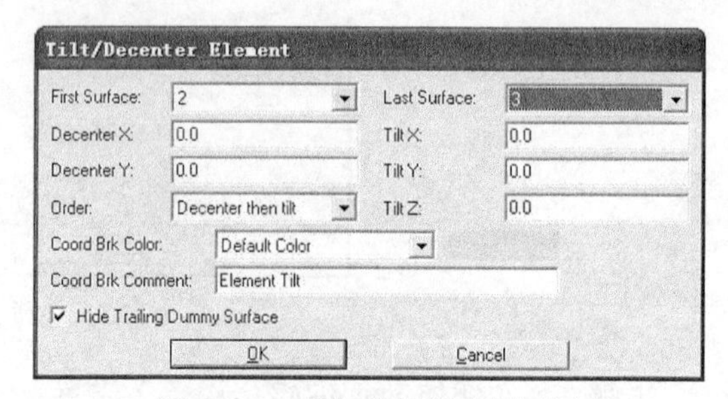

图 4-110 添加坐标断点面对话窗口

（3）添加完成，打开透镜数据编辑器，ZEMAX 自动在凹透镜前后插入坐标断点面，实现元件的倾斜和偏心。如图 4-111 所示。

Lens Data Editor

Edit Solves View Help

Surf:Type		Comment	Radius	Thickness		Glass	
OBJ	Standard		Infinity	Infinity			
STO	Standard		Infinity	50.000			
2	Coordinat..	Element Tilt		0.000			-
3*	Standard		Infinity	10.000		BK7	
4	Standard		Infinity	-10.000	T		
5	Coordinat..	Element Tilt		10.000	P		-
6	Standard	Dummy	Infinity	50.000			P
IMA	Standard		Infinity	-			

图 4-111 凹透镜前后插入坐标断点面

我们知道，只要让玻璃板绕 x 轴旋转一定的角度，就有可能使光束在 Y 方向向上或向下偏移，所以在第 1 个坐标断点的 Tilt About X 参数上设置变量即可。

（4）在第 1 个坐标断点面 Tilt About X 参数上按“Ctrl+Z”组合键，添加变量。如图 4-112 所示。

Lens Data Editor

Edit Solves View Help

Surf:Type		Decenter Y		Tilt About X		Tilt About Y	
OBJ	Standard						
STO	Standard						
2	Coordinat..	0.000		0.000	V	0.000	
3*	Standard						
4	Standard						
5	Coordinat..	0.000	P	0.000	P	0.000	P
6	Standard						
IMA	Standard						

图 4-112 Tilt About X 参数添加变量

那么如何实现光束偏移 2 mm 呢？我们可以直接使用光线高度操作数 REAY，指定主光线在像面处高度为 2。

步骤 5：编辑光线高度操作数。

（1）按“F6”键打开评价函数编辑器。

（2）在评价函数编辑栏中双击“BLNK”，在弹出“Optimization Operand 1”对话框中，“Operand”栏选择“REAY”，“Surf”栏输入“7”，“Target”栏输入“2”，“Wave”栏输入“1”。“Weight”栏输入“1”。如图 4-113 所示。

（3）打开评价函数编辑界面，如图 4-114 所示。

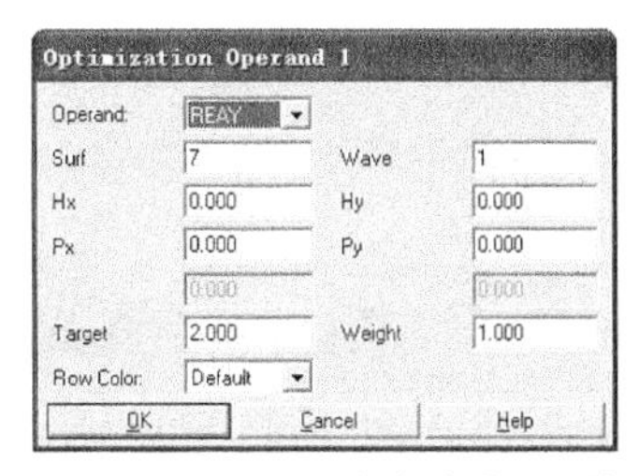

图 4-113　设置光线高度数对话框

Merit Function Editor: 2.000000E+000

Edit　Tools　View　Help

Oper #	Surf	Wave	Target	Weight	% Contrib
1 REAY	7	1	2.000	1.000	100.000

图 4-114　价函数编辑界面

步骤 6：优化。

（1）在快捷按钮栏单击“Opt”打开优化对话框“Optimization”。

（2）在弹出对话框“Optimization”中单击“Automatic”按钮开始优化。不到几分钟，优化就完成了。如图 4-115 所示。

步骤 7：看到光束整体偏移效果。

在快捷按钮栏中单击“L3d”打开光路结构图，如图 4-116 所示。

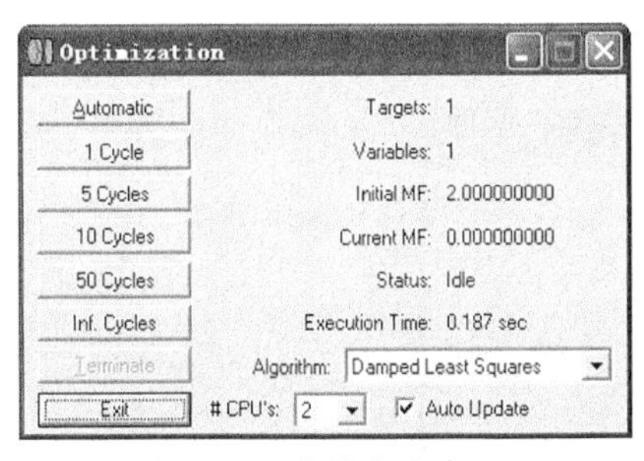

图 4-115　优化完成窗口

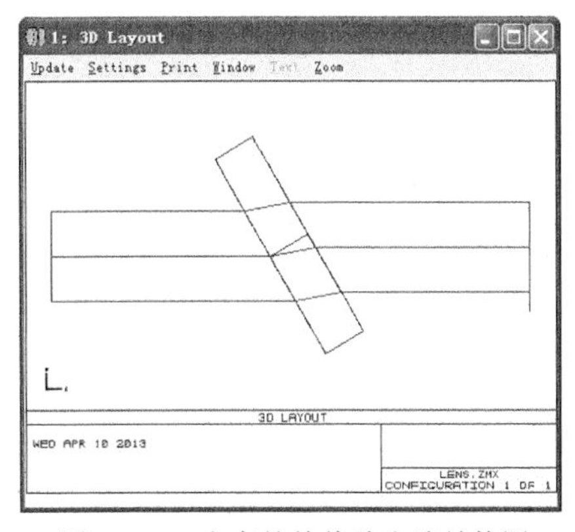

图 4-116　光束整体偏移光路结构图

4.4.5　样例二：使用坐标断点精确寻找主光线位置及方向

坐标断点面上的 5 个参数中都带有一个相同的求解类型，即寻找主光线位置和方向解 Chief Ray。如图 4-117 所示棱镜。

3D 视图，如图 4-118 所示。

如何确定上图中主光线的详细位置放置像面，使像面尺寸最小？换句话说，就是我们如何移动像平面，使像平面与光束垂直找到最小像面尺寸。

我们可以想像，将像面向下移动某个值，然后再绕 x 轴顺时针旋转某个值，就可达到目的。那么我们就使用坐标断点对应这两个参数的主光线求解类型 Chief Ray。

Lens Data Editor: Config 1/2

Edit　Solves　Options　Help

	Surf:Type	Par 0(unused)	Par 1(unused)	Par 2(unused)
OBJ	Standard			
STO	Standard			
2	Standard			
3*	Tilted		0.000000	1.000000
4	Coordinate B..		0.000000	-9.313762 C
5*	Standard			
IMA	Standard			

图 4-117　棱镜参数

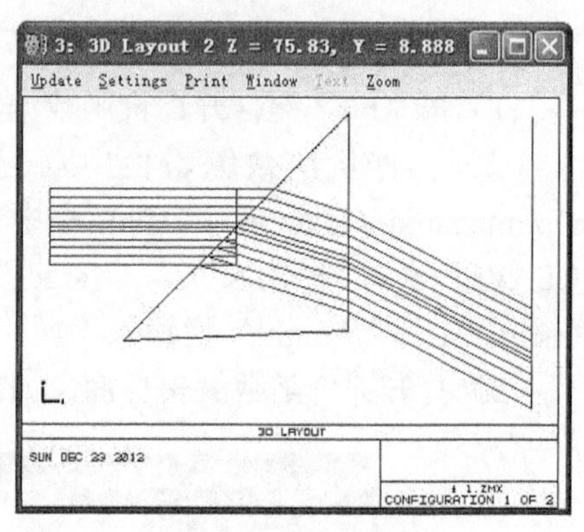

图 4-118　3D 视图

在像面前插入一个坐标断点面，在 Decenter Y 和 Tilt About X 两个参数上设置主光线解，如图 4-119、图 4-120 所示。

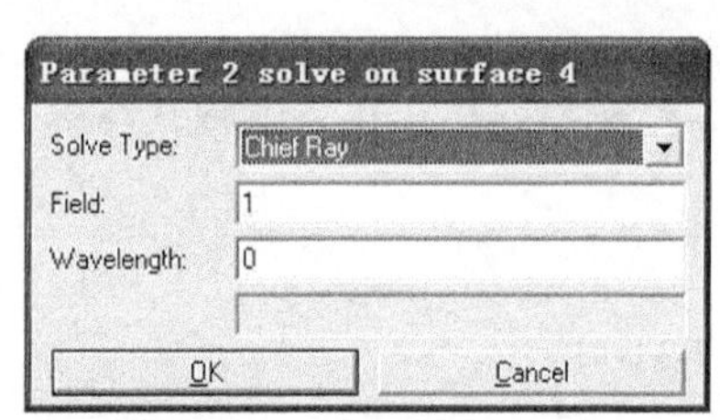

图 4-119　设置主光线解

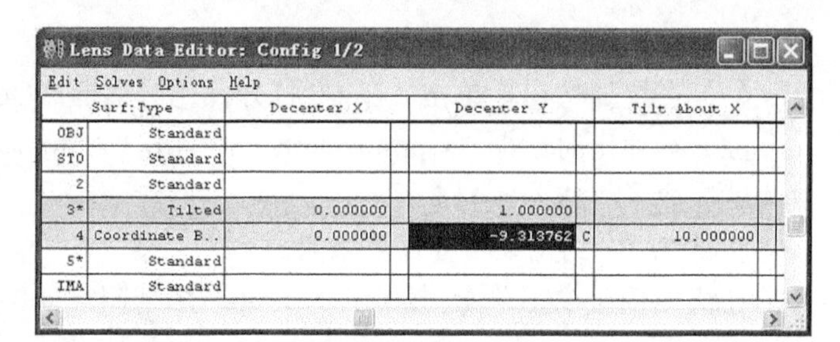

图 4-120　插入一个坐标断点面

软件自动帮我们找到精确的数据值，并以一个符号 C 表示，此时看 3D 图中的像面大小，如图 4-121 所示。

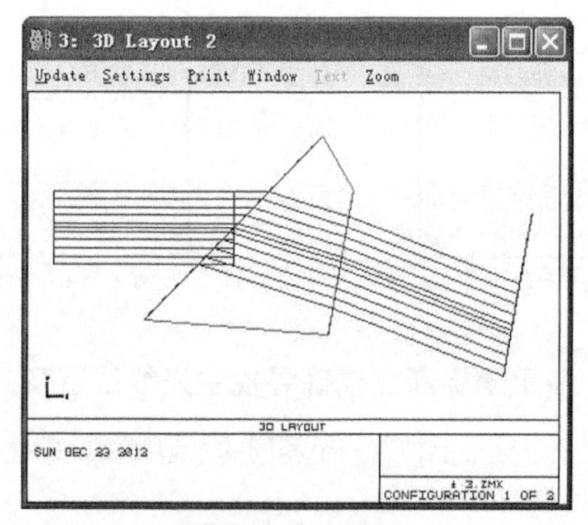

图 4-121　3D 视图

4.4.6　样例三：坐标返回的使用方法

在离轴三反系统中经常会使用元件间的位置参考，比如想让元件 3 参考元件 1（如图

4-122、图 4-123 所示)，这个时候如果再去实际计算两元件间的位置关系就会显得十分复杂，如何让元件 3 直接回到元件 1 的坐标上呢？

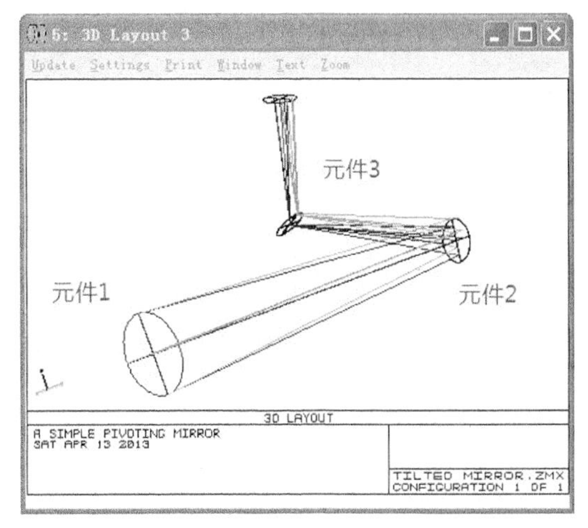

图 4-122 离轴三反系统

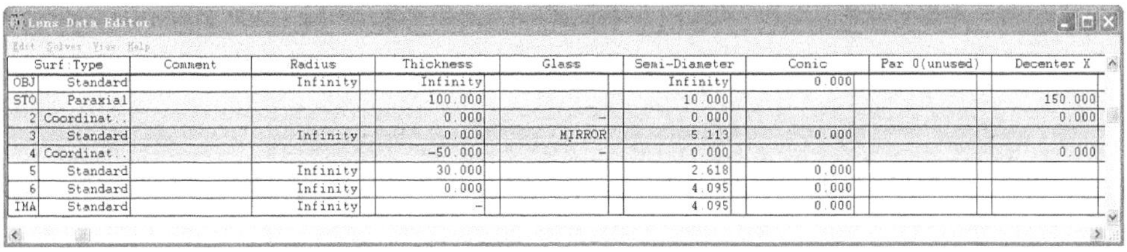

Lens Data Editor

Surf:Type		Comment	Radius	Thickness	Glass	Semi-Diameter	Conic	Par 0(unused)	Decenter X
OBJ	Standard		Infinity	Infinity		Infinity	0.000		
STO	Paraxial			100.000		10.000			150.000
2	Coordinat..			0.000	-	0.000			0.000
3	Standard		Infinity	0.000	MIRROR	5.113	0.000		
4	Coordinat..			-50.000	-	0.000			0.000
5	Standard		Infinity	30.000		2.618	0.000		
6	Standard		Infinity	0.000		4.095	0.000		
IMA	Standard		Infinity	-		4.095	0.000		

图 4-123 离轴三反系统参数

坐标断点提供了一个位置和方向返回功能，在图 4-122 元件 3 前面插入一个坐标断点面 5，并单击右键打开属性对话框，如图 4-124 所示。

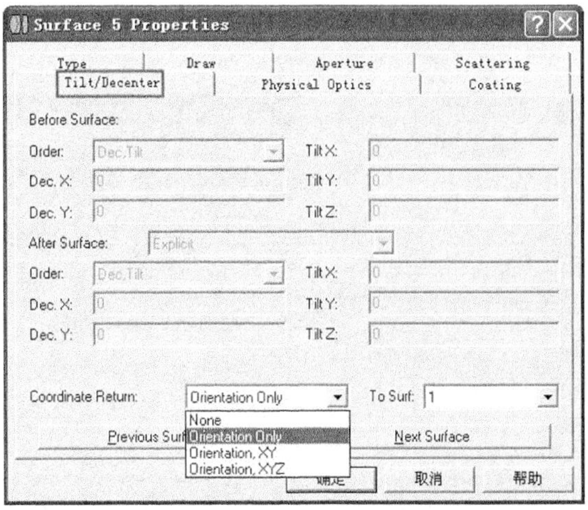

Surface 5 Properties

Type | Draw | Aperture | Scattering | Tilt/Decenter | Physical Optics | Coating

Before Surface:
Order: Dec,Tilt　Tilt X: 0
Dec. X: 0　Tilt Y: 0
Dec. Y: 0　Tilt Z: 0
After Surface: Explicit
Order: Dec,Tilt　Tilt X: 0
Dec. X: 0　Tilt Y: 0
Dec. Y: 0　Tilt Z: 0

Coordinate Return: Orientation Only　To Surf: 1
None
Orientation Only
Orientation, XY
Orientation, XYZ
Previous Surf　Next Surface
确定　取消　帮助

图 4-124 坐标断点面属性对话框

设置完成，如图 4-125 所示。

Lens Data Editor

Edit Solves View Help

	Surf:Type	Comment	Radius	Thickness	Glass	Semi-Diameter	Conic	Par 0(unused)	Decenter X
OBJ	Standard		Infinity	Infinity		Infinity	0.000		
STO	Paraxial			100.000		10.000			150.000
2	Coordinat..			0.000	-	0.000			0.000
3	Standard		Infinity	0.000	MIRROR	5.113	0.000		
4	Coordinat..			-50.000	-	0.000			0.000
5	Coordinat..			0.000	-	0.000			0.000
6	Standard		Infinity	30.000		2.618	0.000		
7	Standard		Infinity	0.000		4.095	0.000		
IMA	Standard		Infinity	-		4.095	0.000		

图 4-125　插入坐标断点面

在这个对话框底部有两个选项，指定坐标需要返回的面序号和返回的坐标位置方向。如图 4-126 所示。

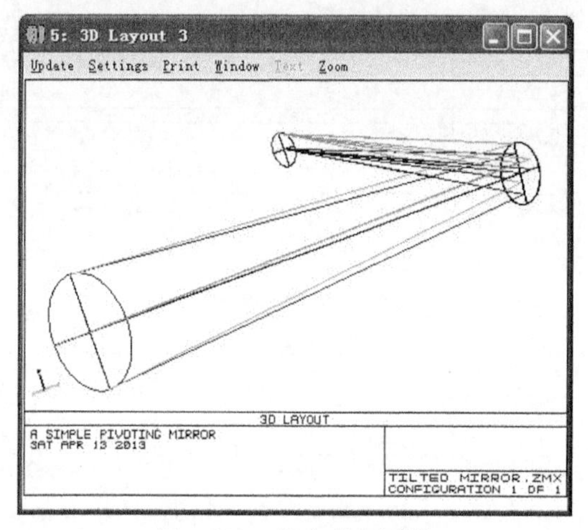

图 4-126　指定坐标返回

坐标断点常用于反射系统中，用来折反光路确定元件位置，使用反射元件转折光路时需要注意元件旋转角度与反射角度的关系：反射角始终为元件旋转角度的 2 倍。

对于有平面反射镜的系统，可直接使用软件自带的快速插入折反镜功能，方便快捷，如图 4-127 所示。

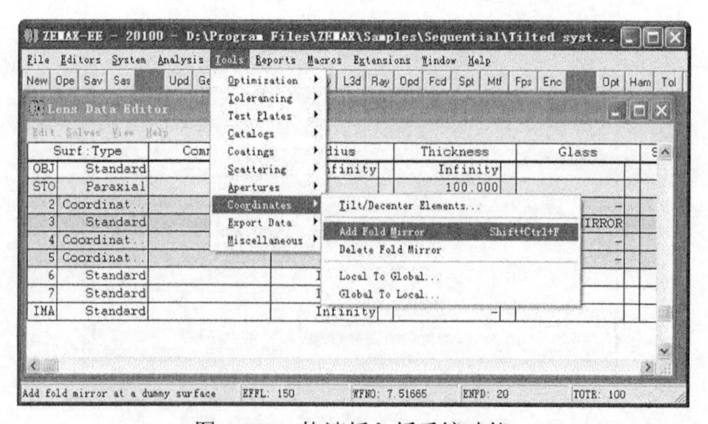

图 4-127　快速插入折反镜功能

4.5 本章小结

本章主要阐述了全局优化的使用环境和特点，以及如何使用全局优化去找理想的初始结构，描述了局部优化，探讨了有关 ZEMAX 优化函数的定义、操作数的通用参数描述，通过实例展示了波前优化、光斑优化的应用环境，使读者对 ZEMAX 的软件核心优化技术有了更深的认识。

第5章　公差分析

公差分析将系统地分析些微扰动或色差对光学设计性能的影响。公差分析的目的在于定义误差的类型及大小，并将之引入光学系统中，分析系统性能是否符合需求。ZEMAX内有功能强大的公差分析工具，可以帮助设计者在光学设计中建立公差值。公差分析可以透过简易的设置分析公差范围内，参数影响系统性能的严重性。进而在合理的费用下进行最容易的组装，并获得最佳的性能。

学习目标：

（1）了解公差包含哪些。

（2）熟练掌握各公差的操作数。

（3）熟练掌握公差分析方法。

（4）熟练掌握在优化过程中同时考虑公差。

5.1　公差

公差值是一个将系统性能量化的估算。公差分析可让使用者预测其设计在组装后的性能极限。设置公差分析的设置值时，设计者必须熟悉下述要点：

（1）选取合适的性能规格。

（2）定义最低的性能容忍极限。

（3）计算所有可能的误差来源（如单独的组件、组件群、机械组装等）

（4）指定每一个制造和组装可允许的公差极限。

5.1.1　误差来源

误差有好几个类型须要被估算。

1．制造公差

（1）不正确的曲率半径。

（2）组件过厚或过薄。

（3）镜片外型不正确。

（4）曲率中心偏离机构中心。

（5）不正确的Conic值或其他非球面参数。

2．材料误差

（1）折射率准确性。

（2）折射率同质性。

（3）折射率分布。

（4）阿贝数（色散）。

3. 组装公差

（1）组件偏离机构中心（X,Y）。

（2）组件在 z 轴上的位置错误。

（3）组件与光轴有倾斜。

（4）组件定位错误。

上述系指整群的组件。

4. 周围所引起的公差

（1）材料的冷缩热胀（光学或机构）。

（2）温度对折射率的影响。压力和湿度同样也会影响。

（3）系统遭冲击或振动锁引起的对位问题。

（4）机械应力。

5. 剩下的设计误差

5.1.2 设置公差

公差分析有几个步骤须设置。

（1）定义使用在公差标准的“绩效函数”，如 RMS 光斑大小、RMS 波前误差、MTF 需求、使用者自定的绩效函数、瞄准等。

（2）定义允许的系统性能偏离值。

（3）规定公差起始值让制造可轻易达到要求。ZEMAX 默认的公差通常是不错的起始点。

（4）补偿群常被使用在减低公差上。通常最少会有一组补偿群，而这一般都是在背焦。

（5）公差设置可用来预测性能的影响。

（6）公差有 3 种分析方法：

① 灵敏度法。

② 反灵敏度法。

③ 蒙地卡罗法。

（7）公差分析需要对误差值的来源范围作设置。

5.1.3 公差操作数

公差也可以使用简单的操作数来定义，一个公差操作数有一个 4 个字母的记忆码，如 TRAD 代表半径公差。两个整数值，被简称为 Int1 和 Int2，是联合这个记忆码来确定这个公差应用于其上的镜头表面。一些操作数用 Int1 和 Int2 来作为其他目的，而不是定义表面编号。

每个公差操作数也都有一个最小值和最大值。这两个值指出了与名义值的最大可接受变化值。每个操作数也都有一个空栏来作为随意填写的注释栏，这可以使公差设置更容易阅读。

下面列出了分析用到的公差操作数：

名称	Int1	Int2	说明
		表面公差	
TRAD	表面编号	—	曲率半径的公差，以镜头长度单位表示
TCUR	表面编号	—	曲率的公差，以镜头长度单位的倒数表示
TFRN	表面编号	—	曲率半径的公差，以光圈表示
TTHI	表面编号	补偿表面编号	厚度或位置的公差，以镜头长度单位表示
TCON	表面编号	—	圆锥常数的公差（无单位量）
TSDX	表面编号	—	标准表面的X偏心的公差，以镜头长度单位表示
TSDY	表面编号	—	标准表面的Y偏心的公差，以镜头长度单位表示
TSTX	表面编号	—	标准表面的X倾斜的公差，以度表示
TSTY	表面编号	—	标准表面的Y倾斜的公差，以度表示
TIRX	表面编号	—	标准表面的X倾斜的公差，以镜头长度单位表示
TIRY	表面编号	—	标准表面的Y倾斜的公差，以镜头长度单位表示
TIRR	表面编号	—	标准表面不规则性的公差
TEXI	表面编号	数据项编号	使用泽尼克的标准表面不规则性的公差
TPAR	表面编号	参数编号	表面的参数数值的公差
TEDV	表面编号	特殊数据编号	表面的特殊数据值的公差
TIND	表面编号	—	在d光处的折射率的公差
TABB	表面编号	—	阿贝常数值的公差
		元件公差	
TEDX	第1表面	最后表面	元件的X偏心的公差，以镜头长度单位表示
TEDY	第1表面	最后表面	元件的Y偏心的公差，以镜头长度单位表示
TETX	第1表面	最后表面	元件的X倾斜的公差，以度表示
TETY	第1表面	最后表面	元件的Y倾斜的公差，以度表示
TETZ	第1表面	最后表面	元件的Z倾斜的公差，以度表示
		用户自定义的公差	
TUDX	表面编号	—	用户自定义的X偏心的公差
TUDY	表面编号	—	用户自定义的Y偏心的公差
TUTX	表面编号	—	用户自定义的X倾斜的公差
TUTY	表面编号	—	用户自定义的Y倾斜的公差
TUTZ	表面编号	—	用户自定义的Z倾斜的公差

5.2 默认公差的定义

从公差数据编辑界面的菜单栏中选择工具、默认公差来定义默认公差。可以从主菜单中选择编辑、公差数据来激活公差数据编辑界面。如图5-1所示。

默认公差对话框包含了以公差类型分类的几个选项，如图5-2所示。

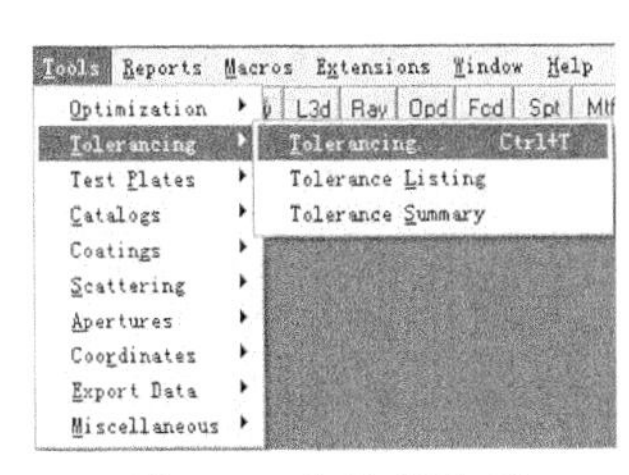

图 5-1 公差菜单项

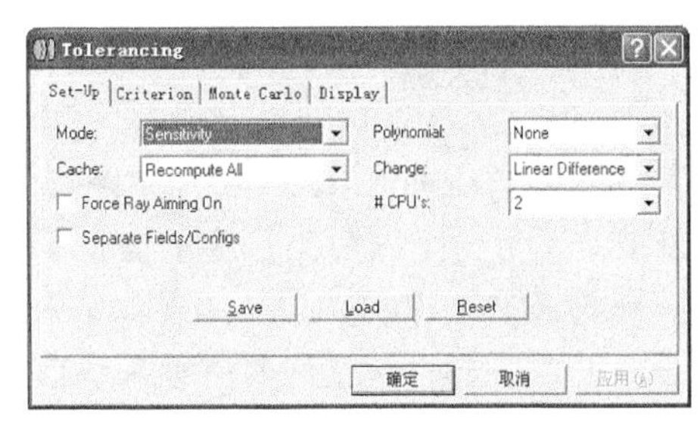

图 5-2 默认公差对话框

5.2.1 表面公差

（1）半径（Radius）：如果选择了这个选择项，那么将包括默认的半径公差。默认的公差可以由一个以镜头长度单位表示的固定距离或者由在测试波长处的厚度光圈（由操作数 TWAV 定义）来指定。这个公差仅仅被放在那些有光学功能的表面上，这样就排除了那些两边有相同折射率虚拟表面。如果表面是一个平面，则默认的公差值被指定作为一个以光圈表示的变化量，即使选择了其他选项也是这样。

（2）厚度（Thickness）：如果被选中，则在每个顶点间隔上将指定一个厚度公差。ZEMAX 假设所有的厚度变化只影响那个表面和与那个元件相接触的其他表面，因此，在这个厚度后面的第一个空气间隔被用作一个补偿。

（3）偏心 X/Y（Decenter X/Y）：如果被选中，偏心公差被加到每个独立的镜头表面中。公差被定义作为一个以镜头长度单位表示的固定偏心数量。ZEMAX 使用 TSDX 和 TSDY 来表示标准表面的偏心，使用 TEDX 和 TEDY 来表示非标准表面的偏心。

（4）倾斜（TIR）X/Y：如果被选中，则一个以镜头长度单位或者度表示的倾斜或者“全反射”公差被加到每个镜头表面中。ZEMAX 使用 TSTX 和 TSTY 来表示以度为单位的标准表面倾斜，使用 TETX 和 TETY 来表示以度为单位的非标准表面倾斜。

（5）S+A 不规则（S+A Irreg）：如果被选中，则在每个标准表面上指定一个球形的像散不规则。详细内容可参见前面给出的 TIRR 的描述。

（6）泽尼克不规则（Zenick Irreg）：如果被选中，将在每个标准表面上指定一个泽尼克不规则。详细内容可参见前面给出的 TEXI 的描述。

（7）折射率（Index）：TIND 被用来模拟折射率的变化。

（8）阿贝常数（Abbe）：TABB 被用来模拟阿贝常数的变化，如图 5-3 所示。

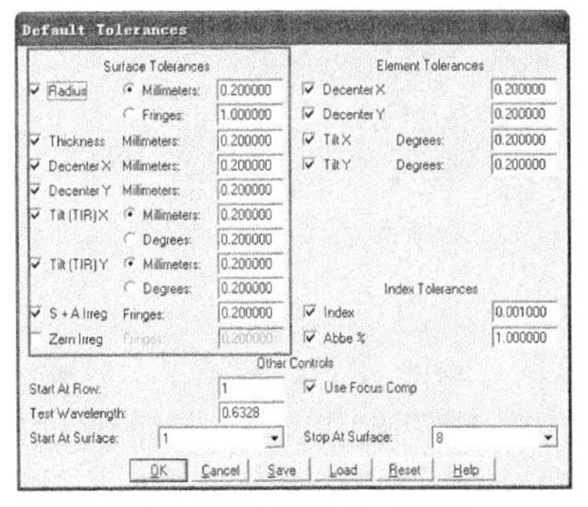

图 5-3 公差数据对话框

5.2.2　元件公差

（1）偏心 X/Y（Decenter X/Y）：如果被选中，则偏心公差将被加到在每个镜头组上去。公差可以被定义为一个以镜头长度单位表示的固定偏心数量。

（2）倾斜 X/Y（Tilt X/Y）：如果被选中，一个以度表示的倾斜公差将被加到每个镜头组和表面上去。重要的一点是要注意系统默认镜头组绕着这个镜头组的第一个表面的顶点倾斜。

除了公差定义以外，在这个对话框中还有另外两个选项，如图 5-4 所示。

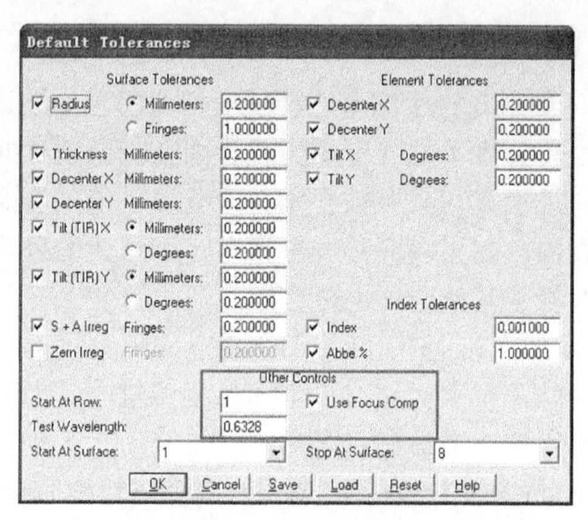

图 5-4　另外两个选项

（3）起始行（Stat at Row）：这个控制指出了默认公差应该被放在公差数据编辑界面中的哪个地方。如果行号大于 1，那么从指定的行号开始附加新的默认公差。

（4）使用焦距补偿：如果被选中，则将定义一个默认的后焦距（象面之前的厚度）补偿。至少要使用一个补偿才能大大缓解一定的公差，然而，补偿是否被使用则要依赖于设计的具体情况。也可以定义其他补偿。

这里有 6 个按钮，如图 5-5 所示。

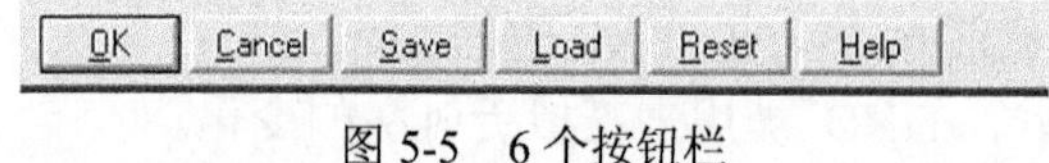

图 5-5　6 个按钮栏

OK：接受这些设置，并产生默认公差。

Cancel：关闭对话框，但不改变默认公差。

Save：保存这个设置，以供特性使用。

Load：恢复前面保存的设置。

Reset：将设置恢复到默认值。

Help：调用在线帮助系统。

系统默认，ZEMAX 允许的 Monte Carlo 分析从一个高斯“正态”分布中摘取一个任意值。一旦定义了默认公差，它们将和镜头文件一起被自动保存。如果在镜头数据编辑界面中插入另外的表面，则公差表面将自动被重新编号。

5.3　公差分析 3 种法则

公差有 3 种分析方法：

（1）灵敏度分析：对于给定的一批公差，计算出各评价标准的变化。也可以单独对各个视场和结构进行计算。

（2）反转灵敏度分析：分别对每个公差在性能方面的一个给定的最小允许减小量来计算公差。

灵敏度分析和反转灵敏度分析分别考虑每个公差对系统性能的影响。这个总体性能可由一个平方根的计算来估计。

（3）蒙特卡罗分析（Monte Carlo）模拟：是评估公差的总体影响。模拟过程中，它会产生一系列的随机 lens，它们满足指定的公差，然后再按标准评估。可以用均匀分布（Normal）、正态分布（Uniform Parabolic）和抛物线分布（The Parabolic Distribution）的统计方法产生任何数量的设计。

5.3.1　灵敏度分析

对于灵敏度分析（Sensitivity Analysis），将使用下面的法则对每个公差进行独立求值，恢复临时镜头。

将其公差要被评估的参数调整到极小值。例如，如果被评估的公差是 TRAD，其名义值为 100 mm，有一个为–0.1 的最小公差值，则这个半径被设为 99.9。如果这个公差是一个倾斜或者偏心公差，则要按要求插入虚拟坐标断点来模拟这个波动。

对于表面倾斜和偏心，如 TSDX、TSDY、TSTX、TSTY、TIRX 或者 TIRY，如果这个表面开始是一种标准类型，则将使用不规则表面类型调整补偿。使用的方法依赖于快速模式是否被打开。最后的评价函数将被打印到报告上。

对于最大公差值重复这个过程。对于每个公差操作数来说，这个基本法则是重复的。

灵敏度分析的评价是在增加评价函数值方面，太宽松的公差通常比其他公差要有更大的贡献。这个技巧允许设计者来识别对于某些误差，如倾斜或者偏心，有高灵敏度的表面。通常，对于不同的误差，不同的表面也将有不同的灵敏度。

灵敏度分析帮助来识别哪个公差需要被加紧，哪个公差需要被放松。这对于寻找最佳（和最小）的补偿的数量和调整的要求范围也是有利的。实际上，对于这个特性有更多的应用程序，如设计装配镜头来最佳化补偿杠杆。

通常，在所有可能的公差范围内，公差灵敏度的变化是非常大的。“显示最差”控制对于总结最差的事故是非常有用的，因为它可以根据对评价函数的贡献将公差分类，然后以递减的次序打印出来。如果只关心最差的事故，则“隐藏除最差外的其他所有”可以控制打印的大小。

在计算完所有单独的公差以后，ZEMAX 将计算统计的变化，其中最重要的是在评价函数标准中可估计的变化和相应的可估计的结果。对于结果中可估计的变化的计算，ZEMAX 采用了一个平方根的和的平方（RSS）的假设。

对于每个公差，结果相对于名义值的变化被平方，然后在最小和最大公差值之间取它们的平均值。然后将所有的公差的这个最后被平均的平方值加起来，再取这个结果的平方根。采用最小和最大公差值的平均值是因为最小和最大公差值不能同时出现，因此平方值的总和将导致一个非常讨厌的预报。而这个最后的 RSS 是结果的可估计的变化。

5.3.2　反转灵敏度分析

如果执行一个反转灵敏度分析（inverse Sensitivity），则将以和灵敏度分析所采用的一样的方法来计算公差。然而，当在最小和最大公差值之间作调整时，将在一个循环体内重复地执行这个计算。这个调整将一直做，直到最后的评价函数值近似等于在公差对话框中定义的最大标准值。

例如，如果评价为 RMS 斑点尺寸，名义评价值为 0.035，最大标准为 0.050，则 ZEMAX 将一直调整最小和最大公差值，直到在这两个极值处这个评价值为 0.050。

最大标准必须象征比名义结果更差的结果。如果名义结果比最大标准差，则将出现一个错误信息，公差分析不再被执行。

如果最小和最大公差值调整导致了比名义系统更好的结果，则这个公差设置不能被修改，将报告这个最后的更好的结果。在规定半径公差的时候，当系统由于 F/#的增加而改善时，这种情况可能会发生。

如果公差的起始值产生了比最大标准值更好的结果，这个公差不再被调整。这意味着在反转灵敏度分析过程中，公差不会被放松，只能被收紧。例如，如果名义值为 0.035，最大标准为 0.050，最初的公差产生一个 0.040 的结果，则这个公差不会被增加。

为了计算准确的限制，首先必须在公差数据编辑界面中放松公差，然后重复反转灵敏度分析。这样做是为了防止公差比必要的公差还要松。通常，比一些合理的数值更松的公差不会降低制造成本。

使用新调整的公差值来计算可估计的结果变化，其方法与对灵敏度分析所用的是相同的。反转灵敏度分析有利于收紧单独的公差，所以没有一个缺点对于结果降低有太大的贡献。

5.3.3　蒙特卡罗分析

与灵敏度分析和反转灵敏度分析不同，蒙特卡罗分析（Monte Carlo）将同时模拟所有波动的效果。

对于每个蒙特卡罗分析（Monte Carlo）循环，所有已指定公差的参数都可以由其定义的参数范围和那个参数对于整个指定范围的一个分布的统计模式来随机设定。系统默认，假设所有公差都遵循相同的正态分布，它在最大和最小允许极值之间有一个 4 倍标准偏离大小的总宽度。

例如，公差为+4.0/−0.0 mm、值为 100 mm 的半径将被赋予在 100.00 mm 与 104.00 mm 之间一个随机值，一个居中的在 102.00 mm 处的名义贡献，和一个 1.0 mm 的标准偏离。

可以使用 STAT 命令来改变这个默认的模式。每个公差操作数对于这个统计分布可以有一个独立的定义，或者有相同统计分布形式的操作数可以被分成一组。所有跟有一个 STAT 命令的公差操作数将使用由那个 STAT 命令定义的统计分布。可以在公差数据编辑界面中放置和你想要的一样多的 STAT 命令。

STAT 命令采用两个自变量，Int1 和 Int2。Int1 将被设为：0 代表正态；1 代表均匀；2 代表抛物线；3 代表用户自定义统计。仅仅对于正态统计，Int2 值将被设为那个参数的平均值和极值之间的标准偏离值。

有效的统计分布介绍如下。

（1）正态统计分布。

默认的分布是一个可修改的高斯“正态”分布，其形式为：

$$p(x)=\frac{1}{\sqrt{2\pi\sigma}}\exp\left(\frac{-x^2}{2\sigma^2}\right),\quad -n\sigma\leqslant x\leqslant n\sigma$$

这个修正是随机选择的值 x（由到两个极值公差值之间的中点的一个偏移来测定）被限制在“n”个为零标准偏离之内。默认的“n”只为 2，然而，“n”可以使用前面定义的 STAT 命令的 Int2 自变量来改变。

这样做是为了确保选择的值不会超出指定的公差。这个标准被设为“n”的倒数乘以这个公差的最大范围的一半。例如，如果“n”为 2，厚度的名义值为 100 mm，公差为+3 和 −1 mm，则应该从一个平均值为 101 mm、范围为正负 2 mm，标准偏离为 1.0 mm 的正态分布中摘取这个选择值。

如果“n”为 5，则这个标准偏离为 0.4。“n”越大，选择的值靠近公差极值的平均值的可能性就越大。“n”越小，正态分布看起来就越像均匀分布。

（2）均匀统计分布。

均匀分布的形式为：

$$p(x)=\frac{1}{2\Delta},\quad -\Delta\leqslant x\leqslant\Delta$$

Δ 值为最小和最大公差值之间的差值的一半。

注意： 这个随机选择的值将以相同的概率分布在指定的公差极值之间的任意地方。

（3）抛物线统计分布。

抛物线分布的形式为：

$$p(x)=\left(\frac{3x^2}{2\Delta^3}\right),\quad (-\Delta\leqslant x\leqslant\Delta)$$

这里 Δ 的定义与均匀分布的完全相同。抛物线分布产生的选择值看起来更象在公差范围的极值处得到的，而不是像正态分布那样在中值附近。

用户自定义统计分布：

用户自定义统计分布是由一个带有列成表格的分布数据的 ASCII 码文件来定义的。一个普通的概率函数可以被定义为：

$$p(x_i)=T_i,\quad 0.0\leqslant x\leqslant 1.0$$

这里 T 值相对于离散的 x 值被列成表格。这个普通的分布可以在数学上被结合起来，以及从这些表格值的整体来说，一个可估计的 x 值可以与表格分布象匹配的统计形式随机产生。这个文件的格式是两栏数据，如下：

X1 T1

X2 T2

X3 T3

……

这里 X 值是 0.0 和 1.0 之间的单调递增的浮点数，包括这两个数，T 是对应于 X 值而得到的概率。

注意：ZEMAX 使用了一个覆盖从 0.0 到 1.0 的范围的一个概率分布，因此第一个定义的 X1 值必须等于 0.0（它可以有任意的概率 T1，包括 0），最后一个定义的值必须是值为 1.0 的 Xn。

最多可以使用 200 个点来定义 X=0.0 和 X=1.0 之间的分布。如果列出了太多的点，则将出现一个警告。

对于后面定义的每个公差操作数（直到到达另一个 STAT 命令），这个定义的最小和最大公差值将决定这个随机变量 X 的实际范围。例如，如果一个为 100.0 的值有一个–0.0 和+2.0 的公差，则这个概率分布将扩展到 100.0 到 102.0 的范围。

一旦在一个文件中定义数据，则这个文件必须被放在与 ZEMAX 程序相同的目录中，这个文件名（以及扩展名）必须被放在公差数据编辑界面中的与 STAT 命令同行的注释栏中。这个 STAT 类型必须被设为“3”。

这个文件名（以及扩展名）必须被放在公差数据编辑界面中的与 STAT 命令同行的注释栏中一个可能的分布为：

0.0

0.1 0.5

0.2 1.0

0.3 0.5

0.4 0.0

0.5 0.5

0.8 4.0

1.0 5.0

注意：X 数据值不需要被均匀隔开；在概率快速变化的区域内可以用更精密的间隔。这个分布有两个波峰，较高的波峰更高度倾斜向分布的最大值一边。

用户自定义统计分布是非常灵活的，可以被用来模拟任意一种概率分布，包括歪斜的、多个波峰、或者被测量的统计概率数据。在一个相同的公差分析中可以定义和使用多个分布。

注意：从正态分布到均匀分布再到抛物线分布，将连续产生一个更讨厌的分析，因此将产生更保守的公差。对于每个循环，将调整补偿，然后将这个评价函数和补偿的数值打印出来。在所有的蒙特卡罗分析（Monte Carlo）试验之后，将提供一个统计概要。

蒙特卡罗分析（Monte Carlo）分析的值将同时考虑所有的公差来估计镜头的性能。与在系统中指定了“最差事故”的灵敏度分析不同，蒙特卡罗分析（Monte Carlo）估计一个系统的符合指定公差的真实结果。提供的统计概要对于那些被大量生产的镜头系统是非常有用的。

对于那些是一种性质的镜头，由于不合理的采样，当然不会遵循这些统计。然而，蒙特卡罗分析（Monte Carlo）仍然是有用的，因为它指出了一个单一镜头符合要求的规格的概率。

5.4 公差过程的使用

对光学系统进行公差分析的基本步骤如下：

（1）定义适当的公差。一般最好从 Default Tolerance 开始，可以在 Tolerance Data Editor 中定义和修改。

（2）修改 Default Tolerances or Add New Ones，以适合系统要求。

（3）增加 Compensators，设置 Compensators 允许的范围。默认的为后节距，其他的还有 Image Plane Tilt。对 Compensators 的数量没有限制。

（4）选择合适的标准，有 RMS Spot Radius、Wavetront Error、MTF、Boresight Error 等。用自定义 Merit Function 还可以定义更复杂的标准或全面的标准。

（5）选择希望的模式 Sensitivity Or Inverse Sensitivity。

（6）进行公差分析。

（7）查看公差分析数据，考虑公差预算，如果需要，还可以再次进行分析。

5.4.1 公差分析的执行

在 ZEMAX 的“Tools”菜单下选取“Tolerancing”，执行公差计算。如图 5-6 所示。

ZEMAX 弹出“Tolerancing”对话框，如图 5-7 所示。

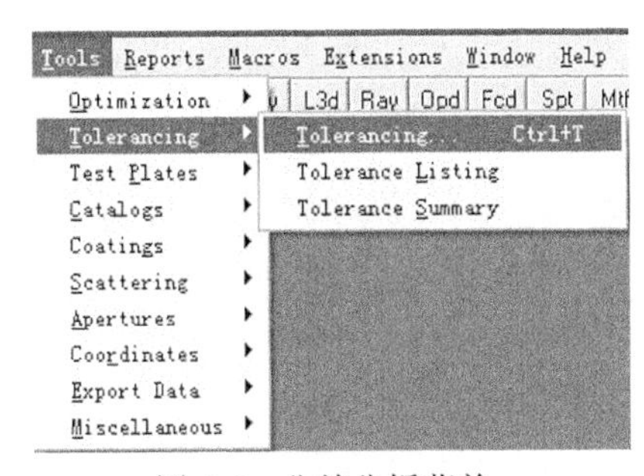

图 5-6 公差分析菜单

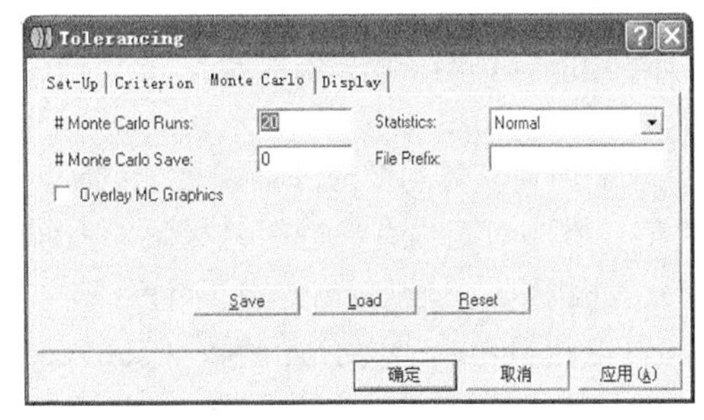

图 5-7 公差对话框

对话框各项说明如下：

（1）Mode：公差计算模式，主要包括 Sensitivity（像质响应度也可理解为灵敏度，以公差范围为计算基础）及 Inverse Limit（像质评价此为上一模式为反操作，即以像质评质作为计算基础）两种模式。

其主要区别在于前者由用户在 Tolerance Data Editor 中指定的公差范围作为运算基础，求出各项在最小值及最大值的状况下其像质特性（Performance）。

后者则依据用户在 Max Criteria 中设定的最大（像质）标准的前提下，求出各项（Operand）的允许公差范围。

简而言之，前者由公差推导出像质的变化，后者由从期望的像质变化范围得出公差范围。

（2）Monte Carlo Runs：（统计试验的利用随机抽样和其他统计方法得出数学或物理问题答案的解题方法）设定将执行Monte Carlo 模拟的次数。

具体的解释详见 Zemax Manual 中 Monte Carlo Analysis 部分。

（3）Save MC Runs：指定在计算过程对于中间过程的存储文件数。最大为 20 个文件。ZEMAX 在进行公差计算时，会动态改变 ZEMAX 文件中的参数，以作判定，计算前会存储原始文件，待计算结束时恢复回来。

而在计算过程中 ZEMAX 文件也会不断改变，此时用户便可选择对中间过程进行存储，并以 MC_T00XX.zmx 的形式存储。

（4）Criteria：准数，标准。其中的选项类似于 Merit Function 中的 Operands，各项意义为：

RMS Spot Radius：均方根半径

RMS Spot X：X 方向均方根光斑

RMS Spot Y：Y 方向均方根光斑

RMS Wavefront：均方根波像差

Merit Function：优化函数

Gemo. MTF Avg：MTF 包围能量均值

Gemo.MTF Tan：MTF 包围能量子午值

Gemo. MTF Sag：MTF 包围能量弧矢值

Diff. MTF Avg：MTF 包围衍射均值

Diff. MTF Tan：MTF 包围衍射子午值

Diff. MTF Sag：MTF 包围衍射弧矢值

Boresight Error：瞄准线误差

User Script：用户脚本

前 12 项为具体的像质评质函数，包括点大小、Merit Function 值、几何 MTF、Diffraction MTF 值。其中对于没有趋近衍射极限的系统应首选前 3 项，即 RMS Spot Size。而对于趋近于衍射极限的系统则最好选择 MTF。

（5）Sampling：计算公差函数（Tolerance Merit Function 即 Tolerance Data Editor 中 Operands 构成）时使用的描光光线数。计算精度与其成正比。其实际描光光线数视在 Criteria 中选项而有所不同。

（6）Fields：ZEMAX 提供 3 个选项，其意义分别为：

Y-Symmetric（y 轴对称）：ZEAMX 将以 Y 轴 1.0、0.7、0、–0.7、–1 五个视场计算。

XY-Symmetric（xy 轴对称）：除上 Y-Symmetric 中 5 个选项参与运算外，另有 x 轴上 1.0、0.7、–0.7、–1.0 这 4 个视场参与运算，即共有 9 个视场。

User Defined：用户定义，ZEMAX 将直接使用当前 Lens 的 Fields 定义进行计算。

（7）MTF Frequency：如果在 Criteria 中选择了 MTF 的设定，就需要在此处指定 MTF 所针对的频率。

（8）Configuration #：此项目针对 Multi_Configuration 系统计算公差选择相应的配置 Configuration。

（9）Cycles：指出在计算过程对补偿器（Compensator）优化次数。默认为 Auto，ZEMAX 对 Compensator 优化次数取决于 Compensator 的收敛（Converge）程度。用户也可以自定义优化次数。

（10）Statistics（统计方法）：主要有高斯正态分布（Normal distribution）、非正态分布（Uniform）或抛物线分布（Parabolic）。此方法主要用于公差汇总（Summary Report）时 Monte Carlo 分析。

（11）Show worst：选择在 Report 中显示的 Worst Offenders 的数目。Worst Offenders 为一顺序列表。在 Report 中一般如图 5-8 所示。

如果 Changes 为 0 表示此公差对整体的像质没有影响，相应数字表示其对整体像质的影响状况。Worst Offenders 以 Changes 值以递减顺序排列。如图 5-9 所示。

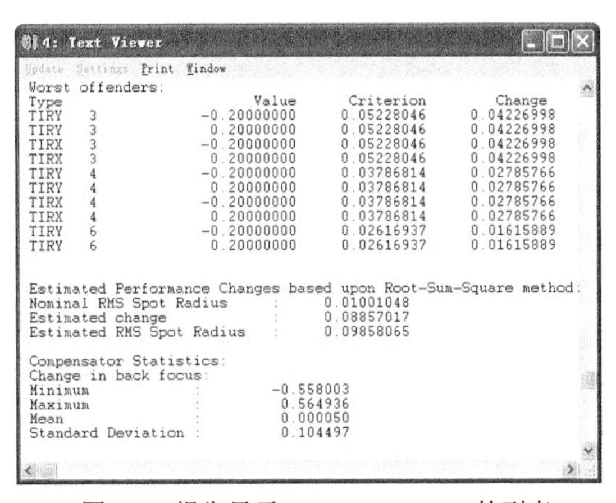

图 5-8 报告显示 Worst Offenders 的列表

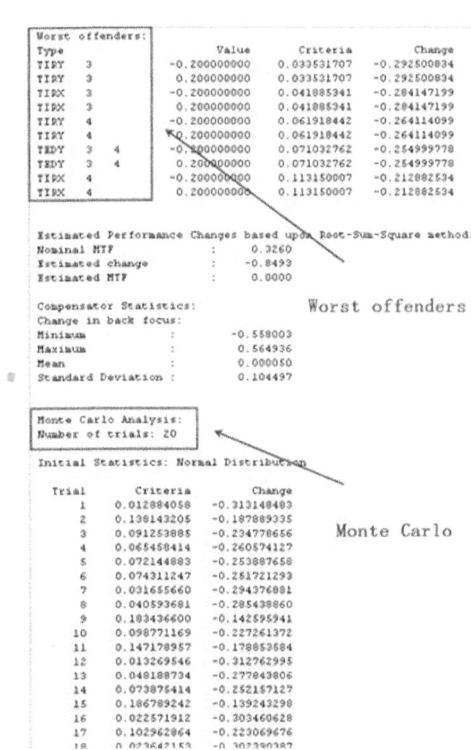

图 5-9 公差报告

这个特性只有 ZEMAX-EE 版本才能使用。公差过程是一个简单的宏，像一个命令文件，它定义了一个过程，按照它在公差规定过程中来评估一个镜头的性能。过程允许模拟一个镜头的一个复杂校准和评估过程。

5.4.2 双透镜的公差分析

打开系统文件【ZEMAX →Samples →Tutorial→Tutorial tolerance.zmx】。这是一个近轴的双透镜设计。我们将建立本系统的公差分析。如图 5-10、图 5-11 所示。

Lens Data Editor

Edit　Solves　View　Help

	Surf:Type	Comment	Radius	Thickness	Glass	Se
OBJ	Standard		Infinity	Infinity		
STO	Standard		58.750	8.000	BAK1	
2	Standard		-45.700	0.000		
3	Standard		-45.720	3.500	SF5	
4	Standard		-270.578	93.453		
IMA	Standard		Infinity	-		

图 5-10　双透镜参数

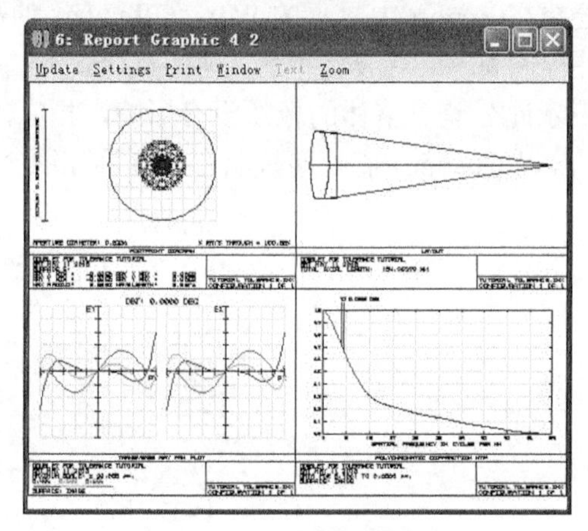

图 5-11　透镜性能组合图

1. 制造与组装公差

在开始本设计的公差分析之前，我们需要定义所有可能的误差来源。

（1）在 ZEMAX 主菜单上单击“Editors→Tolerance Data”，打开“Tolerance Data Editor”（TDE）。

（2）在 TDE 窗口中的菜单栏，单击“Tools→Default Tolerance”打开“Default Tolerance”对话框。如图 5-12 所示。

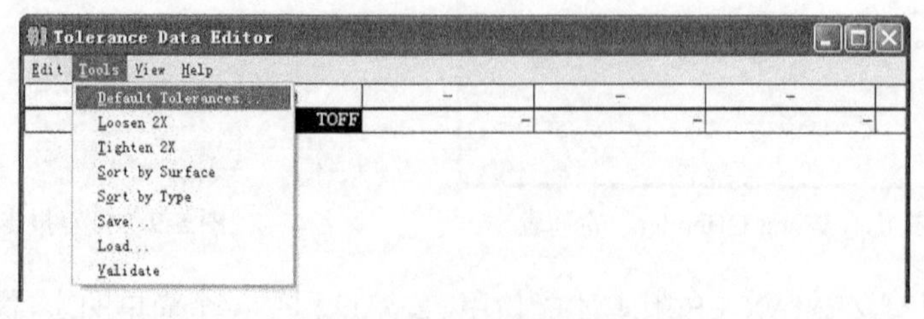

图 5-12　公差编辑器

（3）单击“OK”按钮产生默认的公差操作数，如此即是同意默认的公差容忍度。此外背焦的距离是默认的补偿部份。如图 5-13 所示。

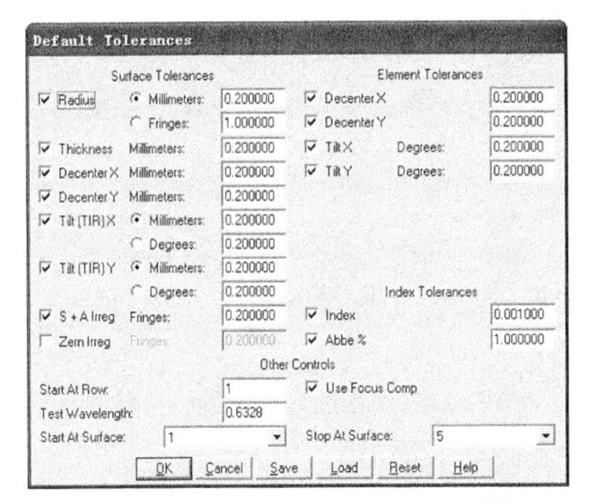

图 5-13 Default Tolerance 对话框

2. 误差描述

"Tolerance Data Editor"现在包括有 41 个项目。第 1 个操作数"COMP"定义表面 4 的厚度做补偿部份。而"TWAV"这个操作数，系指针对任何条纹误差的测试波长。其他的操作数分别用于定义下列误差：

- 4 个面的曲率半径。
- 4 个面的面不平整度。
- 2 个组件和一个间隙的厚度误差。
- 2 个玻璃的折射率或阿贝数的误差。
- 4 个面皆有两个方向的离轴和倾斜。针对球面，公差分析仅有楔形或离轴。
- 2 个组件皆有两个方向的离轴和倾斜。

如此便包括所有设计上可能的制造和组装的公差，如图 5-14 所示。

Tolerance Data Editor

Edit Tools View Help

Oper #	Code	-	Nominal	Min
1 (COMP)	0	-	93.453	-5.000
2 (TWAV)	-	-	-	0.633
3 (TRAD)	-	-	58.750	-0.200
4 (TRAD)	-	-	-45.700	-0.200
5 (TRAD)	-	-	-45.720	-0.200
6 (TRAD)	-	-	-270.578	-0.200
7 (TTHI)	2	-	8.000	-0.200
8 (TTHI)	4	-	0.000	-0.200
9 (TTHI)	4	-	3.500	-0.200
10 (TEDX)	2	-	0.000	-0.200
11 (TEDY)	2	-	0.000	-0.200
12 (TETX)	2	-	0.000	-0.200
13 (TETY)	2	-	0.000	-0.200
14 (TEDX)	4	-	0.000	-0.200
15 (TEDY)	4	-	0.000	-0.200
16 (TETX)	4	-	0.000	-0.200
17 (TETY)	4	-	0.000	-0.200
18 (TSDX)	-	-	0.000	-0.200
19 (TSDY)	-	-	0.000	-0.200
20 (TIRX)	-	-	0.000	-0.200
21 (TIRY)	-	-	0.000	-0.200
22 (TSDX)	-	-	0.000	-0.200
23 (TSDY)	-	-	0.000	-0.200
24 (TIRX)	-	-	0.000	-0.200
25 (TIRY)	-	-	0.000	-0.200
26 (TSDX)	-	-	0.000	-0.200
27 (TSDY)	-	-	0.000	-0.200

图 5-14 默认公差操作数

3. 灵敏度分析

灵敏度分析定义各个缺陷对系统性能的影响。这些影响经由统计上的总和以估算出系统性能。藉由给定公差的范围，以了解那些会造成系统性能的改变?

一系列独立的公差估计：

- 半径的改变。
- 厚度的改变。
- 倾斜或离轴的改变。

每一个操作数，补偿部份会修正标准值至最小。我们皆认同所有的默认操作数除了一个参数，两个组件间的距离。

虽然设置两者的间距为“0”，其是以顶点为量测的基准，公差的范围最小为“0”，最大为“0.2”。如此第 2 面将不会进入第 1 面。

4. *初步公差分析*

在默认公差范围完成灵敏度分析后开始公差分析。在开启的文件中减低 RMS 光斑的大小将会使缺陷突显。开始公差分析需单击主选单中的“Tools→Tolerancing”（或按“Ctrl+T”组合键），此举将会开启公差分析的对话框。请务必确认“Comp：Paraxial Focus”已选取，此举利用近轴焦点的修正来重新定义成像面的位置。

使用 RMS 光斑半径做为公差分析的标准。公差分析的方式选灵敏度法。

如果有需要的话，请确认“Show Compensators”已勾选。将“Monte Carlo”的选项设为 0。如此即可单击“OK”按钮。如图 5-15 所示。

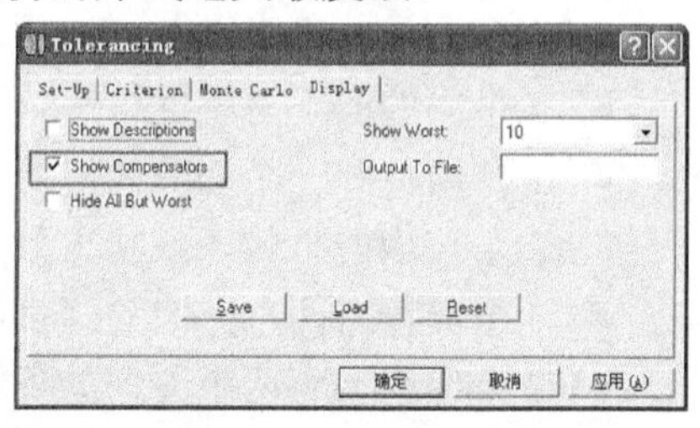

图 5-15 公差对话框

5. *公差分析结果*

运算完成后，文本阅读器将会列出公差分析的结果。第一部份描述所有的公差操作数。接下来列出使用在分析的公差标准值。

这是依据每个操作数独立公差分析的结果，包括参数的改变量、标准值的结果、标准值改变量与微小值的关系、焦点补偿的改变量。如图 5-16 所示。

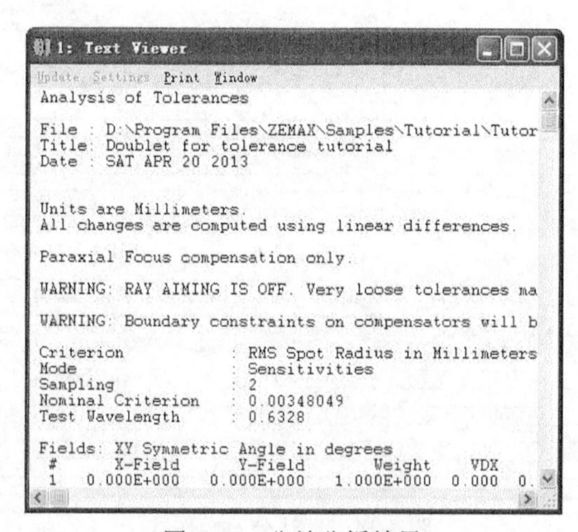

图 5-16 公差分析结果

6. *统计分析*

下列灵敏度分析是统计上的资讯。

（1）微小的 RMS 光斑半径：

基本的标准值。

（2）估计改变量：

每个操作数的基准。

每个操作数利用平方或平均将最大和最小的误差值。

取其均方根（应用在最严苛的条件）。

（3）估算 RMS 光斑半径：

加总微小值和估算改变量（定义有效的范围在系统性能上）。

可见默认公差的范围太宽松，如图 5-17 所示。

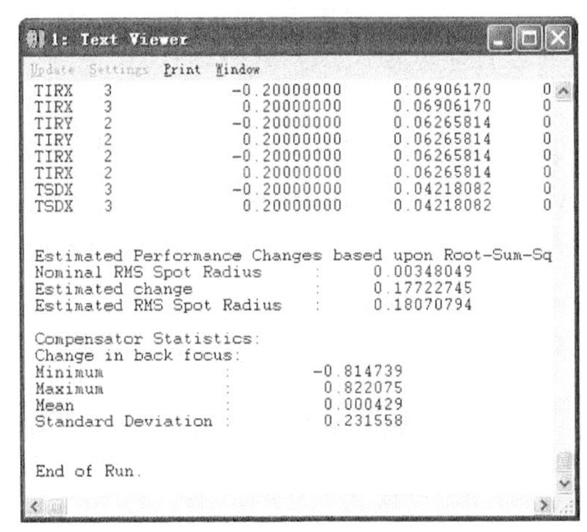

图 5-17 统计分析

7. *反灵敏度分析*

反灵敏度分析常用在限制公差参数的范围以控制系统性能最大的降幅。允许的误差皆由误差来源分裂出来的。

反灵敏度的方法：

反最大值的模式：旨在单独地修正参数的范围使得最后的标准值所对应的参数近乎极限。

反增加量的模式：旨在单独地修正参数的范围使得最后的标准值改变量符合参数的范围几乎等于增加量。

在反最大值的模式，有提供使用者自定极限的方法。

极限定义了每个公差分析参数的最大标准值。

极限值必须较一般条件严苛。

分析性能可藉由最小参数值来定义。

比较绩效函数到极限。

假使低于最大值，移动范围的极限内对组件不会有影响。

假使超过最大标准，将会缩小公差范围直到符合极限值。

运行某些在最大参数的数值。

参数的范围一般不会是对称的。

运行的过程将会不断的重复直到评价系统的绩效函数降至预期的程度。反增加量的模式也是近似的，除了标准最大增加量是自订的而非求极限。

8. 个别分析视场角/组态

假使分离视场角/组态的功能未选取，反灵敏度分析将会平均所有的视场角及组态。

某些视场角或组态也许对某些扰动有明显的冲击。

关于这些资讯在默认的灵敏度分析条件下可能会隐藏在平均值内。

假使选取分离视场角/组态的功能，在每个视场角每个组态都是独立计算。每个视场角皆须符合反最大值模式的极限值。

公差分析的参数范围皆须修正到每个视场角每个组态都在极限值内。

在反增加值模式，每个公差参数范围皆须修正至每个视场角每个组态的值降低至不超过增加量。最差的视场角的位置即可定义参数的范围。

9. 限制公差范围

举例来说，假设其需求为 RMS 光斑大小不能较正常的差 150%。求得正常的绩效函数值，请开启 Tolerance 对话框（Ctrl+T）并单击其中的“?”标签。而 Mode 则选取 Inverse 的类型。正常的绩效函数值为 3.5 microns（0.0035 mm）。这表示我们设置的绩效函数必须小于 5.25 microns。我们需要展开这些误差在所有可能的因素。假使任何一个参数所造成的误差多于对系统的贡献，则其整体效应就会明显得不好。如图 5-18 所示。

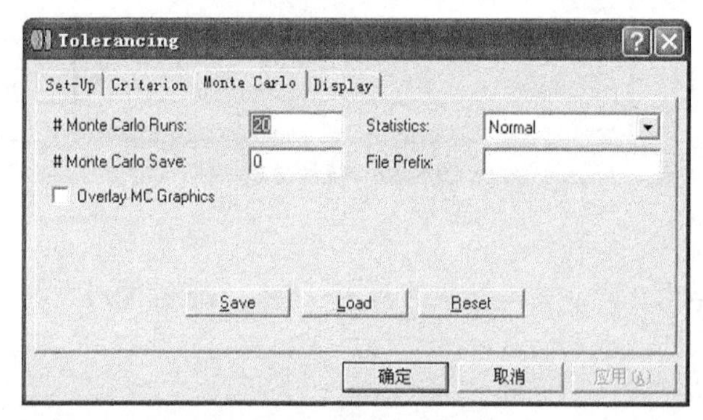

图 5-18 限制公差范围

10. 设置限制条件

假设没有参数可以让标准值降低超过 0.5 microns，或产生一绩效函数超过 4.0 microns。

响应范围：

假设所有的参数有相同的贡献且平均分配误差由全部的参数。

假设某些统计相依且平均分配误差由均方根的参数，真实的结果在中间的部份。

在对话框中的# Monte Carlo Runs 输入 20。这是产生 20 条由随机数打到镜片上。在 Save Monte Carlo Runs 输入 20 将会在计算后保存。单击“OK”按钮开始运行反向公差分析。

11. 修正公差范围

在反灵敏度里，参数的范围将会被修正，假如需要的话，所以就是最大标准值。检查统计摘要。计算的标准值超过期望的最大值。整个焦点的位置需要 0.66mm。如图 5-19 所示。

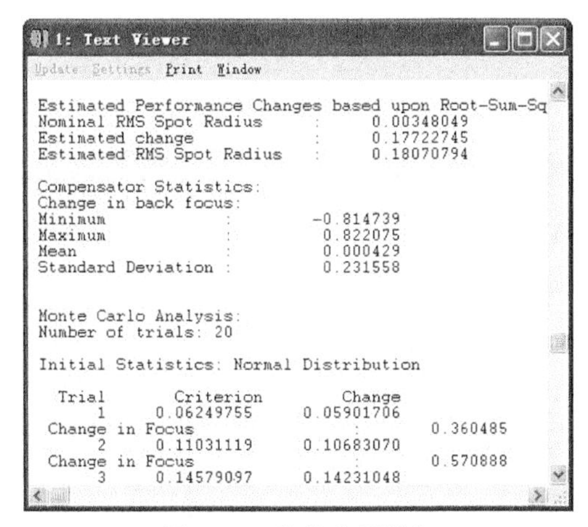

图 5-19 公差分析报告

12. 蒙地卡罗分析

统计分析提供有灵敏度或反灵敏度是假设每个参数对允许的最大值有干扰，而且误差皆是独立的。在真实系统中，误差与公差范围有着统计分布的关系。蒙地卡罗是将随机数引入的方法。

每个参数所受的影响都是随机的：

事先定义参数的范围。

合适的统计分布：

Normal （Gaussian）

Uniform

Parabolic

User-defined

优化对系统的干扰会整个加总。

某些误差对其他误差有补偿的作用。

例子：单透镜，R1 = 25 mm, R2 = –25 mm

干扰后透镜：R1 = 25.2 mm, R2 = –24.8 mm

所以整个误差的影响即被取消。

13. 蒙地卡罗统计

默认的分布是正常的误差分布。

正常的统计（也被称为高斯统计）：即“钟形曲线”。假设有一点在由小到大的 1/4 的分布上。

其宽度可由使用者修改。

应用在多数的误差分布都十分良好，尤其对大量的分析和许多的参数。

观看 Monte Carlo 20 次后的结果。这资料可以在公差分析后获得。这表示约有 50%的镜片超出预期的范围。背焦会修正至 0.78 mm，如图 5-20 所示。

14. 进一步分析

进一步限制参数范围以达到较高比率的成功案例是必须的。这可藉由降低最大标准和重新运行反灵敏度分析或选取降低某些参数的范围。此目的是要定义公差参数以提供合理的平衡在性能和花费间。修正公差范围可在 TDE 或选取 Tools，然后公差摘要可由主选单选取。如图 5-21 所示。

```
1: Text Viewer
Update Settings Print Window
 Change in Focus                    :        -0.180367

Number of traceable Monte Carlo files generated: 20

Nominal      0.00348049
Best         0.04286160    Trial     7
Worst        0.14579097    Trial     3
Mean         0.07855037
Std Dev      0.03089311

Compensator Statistics:
Change in back focus:
Minimum                :       -1.102962
Maximum                :        1.161362
Mean                   :       -0.078763
Standard Deviation     :        0.643279

90% <        0.13407273
80% <        0.10601465
50% <        0.06382473
20% <        0.05410927
10% <        0.04867321

End of Run.
```

图 5-20 蒙地卡罗统计

```
1: Tolerance Summary
Update Settings Print Window
Radius and Thickness data are in Millimeters.
Power and Irregularity are in double pass fringes at
Only spherical and astigmatism irregularity toleranc
Zernike irregularity tolerances are listed under "OT
Surface Total Indicator Runout (TIR) are in Millimet
Index and Abbe tolerances are dimensionless
Surface and Element Decenters are in Millimeters.
Surface and Element Tilts are in degrees.

SURFACE CENTERED TOLERANCES:

Surf       Radius      Tol Min      Tol Max        Power
   1        58.75         -0.2          0.2            -
   2        -45.7         -0.2          0.2            -
   3       -45.72         -0.2          0.2            -
   4      -270.58         -0.2          0.2            -
   5     Infinity            -            -            -

SURFACE DECENTER/TILT TOLERANCES:

Surf    Decenter X   Decenter Y       Tilt X        Ti
   1           0.2          0.2            -
   2           0.2          0.2            -
   3           0.2          0.2            -
   4           0.2          0.2            -
```

图 5-21 公差汇总表

5.5 本章小结

好的设计是要求能够实际制造出来的，并尽量满足设计要求的。在完成光学系统的设计之后，执行公差分析是非常重要的。因为没有光学组件是光滑的，或者当设计好时，可以精确地组装系统。设计好的光学系统需要进行公差分析才算真正完成。

本章目的在于需要在制造误差的范围之内能够满足要求，公差分析是将各种扰动或像差引入到光学系统中去，看系统在实际制造各种误差范围内的效果。也就是在能满足设计要求的情况下，系统中各个量允许的最大偏差是多少。ZEMAX 包括一个广泛的、完整的公差分析算法，允许设计者自由完成任何光学设计的公差。

回顾本章内容，详细阐述了：

（1）公差的操作数，如曲率、厚度、位置、折射率、阿贝常数。

（2）如何设置公差。

（3）公差分析的 3 种方法：灵敏度、反灵敏度、蒙特卡罗。

（4）通过实例说明公差操作步骤。

第 6 章　非序列模式设计

在尝试设计一个非序列光学系统之前，我们需要清楚了解序列和非序列模式在 ZEMAX 中的主要不同之处。本章将详细叙述如何在 ZEMAX 中产生及分析一个简单的非序列系统，如何在非序列模式下 Layout 光线追迹分配结果，如何在非序列模式下建立光学系统等。

学习目标：

（1）了解非序列系统模型。

（2）如何创建非序列系统模型。

（3）如何优化非序列光学系统。

6.1　ZEMAX 中非序列模型介绍

在 ZEMAX 的序列模型中，所有光线传播发生在特定局部坐标系中的光学面。在非序列模型中，光学元件都用三维物体来模拟，要么是光学表面，要么是固体物体。所有物体放置在一个全局的坐标系中，x，y，z 三个独立的坐标轴，各自方向也是独立定义。

ZEMAX 中非序列光线追迹的能力不受序列光线追迹时所受的那些限制。既然光线可以以任意顺序传播通过光学元件，就可以将内全反射光线轨迹考虑进来。

与序列模型只能用于成像系统的分析不同的是，非序列模型可以被用来分析成像和非成像系统的杂散光线、散射和照明问题。只要一个光学系统可以用光线来追迹，它就可以在 ZEMAX 中用非序列分析来追迹。

6.1.1　模型类别

有许多光学元件并不能在简单的序列表面中被模拟出来。这些光学元件需要用真实的 3D 物体来模拟。

需要非序列光线追迹的物体的例子包括：复杂的棱镜、角锥棱镜、光管、面元物体以及在 CAD 中制作的物体和嵌入式物体（嵌在别的物体内部的物体）。

在 ZEMAX 中非序列光线追迹可以用两种模型之一来进行：

（1）纯非序列光线追迹。

（2）混合序列/非序列光线追迹。

当用纯非序列光线追迹时，所有被追迹的光学元件在单一的非序列组中。并且光源和探测器也设置在组内分别用来发出光线和接收光线。ZEMAX 中完全非序列模型中的光源模型的功能要比序列模型强大得多。

在序列模型中，只能模拟物面的点光源。使用序列模型的图像分析能力，可以模拟处于物面上的扩展平面光源。

使用完全非序列光线追迹，光源可以被放置在非序列组的任何位置，朝向任何方向。甚至可以放在别的物体内部。

光源本身可以从简单的点光源（像那些在序列模型中用到的）到复杂的三维光分布。ZEMAX 甚至可以导入 ProSource 和 Luca Raymaker （Opsira）程序中的实光源引进经过测量的光源数据。

当非序列光线探测器上辐射度数据和光线数据文件储存完成后，分析功能的选项才可以用。探测器可以模拟为平面表面、曲面甚至是三维物体。非序列探测器支持一系列类型数据的显示，包括：非相干辐射、相干辐射、相干相位、辐射强度和辐射角度。

光线数据库文件存储每条光线的追迹历史。光线轨迹可以经过过滤剩下入射到特定光学元件上的光线。经过过滤的光线数据然后显示在 Layout 图和探测器上。以上这些使得完全非序列光线追迹对一系列照明应用以及微量分析，偏离光线分析非常有用。

当使用混合序列 / 非序列光线追迹（也称为合并或混合模型光线追迹）时，所有非序列光学物体被置于一个非序列组里。这个非序列组是一个更大的序列系统的一部分。序列光线追迹通过一个入口进入非序列组，并且通过一个出口离开非序列组继续在序列系统中传播。

在序列系统中可以定义多个序列组，并且每个非序列组里可以放任意数目的物体。这使得非序列光学元件，如多面镜、屋脊棱镜、CAD 物体可以出现在序列设计中了。

6.1.2　面元反射镜

打开文件【Samples /Non-sequential/ Reflectors /Toroidal faceted reflector．Zmx】，可以单击菜单选项“File→Open”或者“Ope”快捷键打开文件。

这个文件详细说明了用序列 / 非序列混合光线追迹的方法。在这个方法中非序列元件和序列元件混合使用。文件打开后，如果“File”菜单下的“Use Session Files”标签被选中，则 Lens Data Editor（透镜数据编辑），Non-Sequential Editor（非序列编辑）和一些分析窗口将一起出现在屏幕上。

打开 3D Layout plot（3D 展开图）显示在整张图中部偏右手边的地方物表面的点光源发出的光线的追迹，如图 6-1 所示。

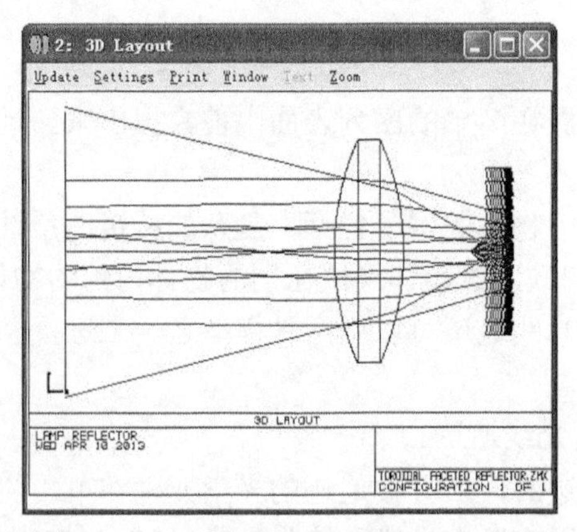

图 6-1　Toroidal faceted reflector 3D 视图

提示：在 3D Layout 窗口中可以双击窗口的标题栏来扩大窗口。

在 3D Layout 窗口的菜单栏中单击“Settings（设置）”，勾选“Fletch Rays”（带箭头的光线）。ZEMAX 画出带箭头的光线来代表光线的传播方向，如图 6-2、图 6-3 所示。在许多光线路径可以非常复杂的非序列系统中，这一选项将发挥很大的作用。

光线起始从左向右传播进入一个非序列元件组并入射到一个多面镜上（物体 1 在 Non-Sequential Component Editor（非序列元件编辑器）中），然后向左反射，再从那个非序列组出射并入射到在序列组内定义的透镜上（面 3 和面 4 在 Lens Data Editor（透镜数据编辑器））。

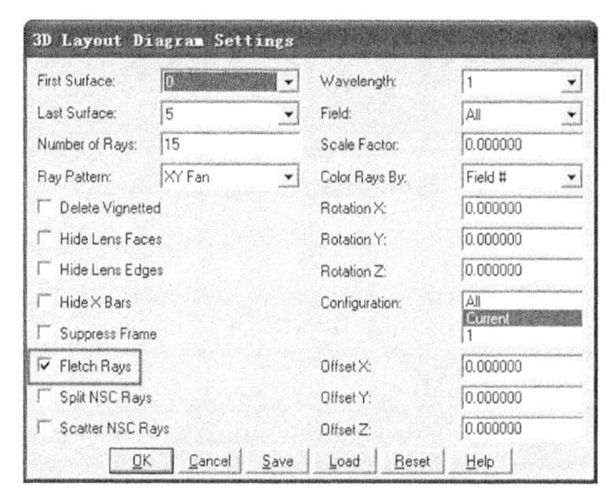

图 6-2 3D 特性对话框

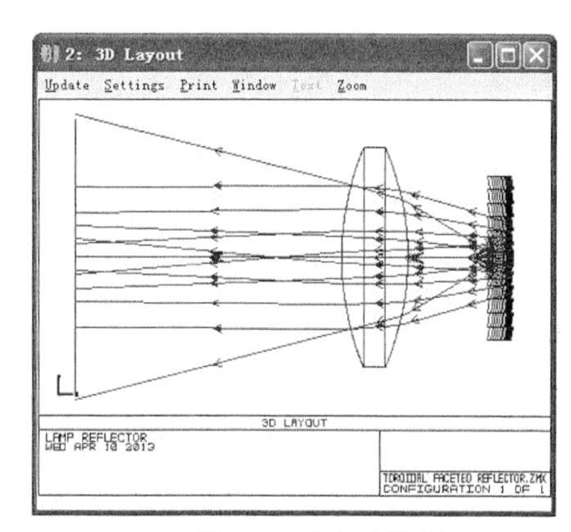

图 6-3 光线追迹图

3D Layout 窗口可以用方向键旋转，还可以用“PageUp”和“PageDown”键显示不同视图。在 3D Layout 标题栏上双击，窗口又还原为原来大小。

提示：在分析窗口中，可以单击拖动产生一个方框框住想对焦的部分。在 3D Layout 窗口中画一个方框框住反射镜。单击分析窗口菜单中的“Zoom”选项，可以达到对焦最佳效果。

6.1.3 光源分布

现在我们来看一下 ZEMAX 中非序列光线追迹的例子。

打开文件【Samples/Non-sequential/Reflectors/3 helical lamps with reflectors.zmx】。文件显示了从 3 个光源发出的光线到达 3 个探测器的光线追迹，如图 6-4 所示。

在 NSC 3D Layout 中对焦于其中一个光源发出的光线，将会看见被模拟光源的螺旋结构。在这个例子中，每一个被仿真的光源都是用 Source Filament NSC 的物体类型，这些都是盘旋螺旋体。光线从沿着螺旋线的任一点发出然后经围绕螺旋线的多面反射镜反射，如图 6-5 所示。

从主菜单栏中选择选项“Analysis→Detectors→Ray Trace/Detector Coitrol”。弹出一个对话框，如图 6-6 所示，这个对话框是用来追迹分析光线的。单击“Clear Detectors”按钮，探测器将被清零。接着单击“Trace”按钮。这将追迹一束到达探测器的新的任意分析光线。光线追迹一旦完成，单击“Exit”按钮。

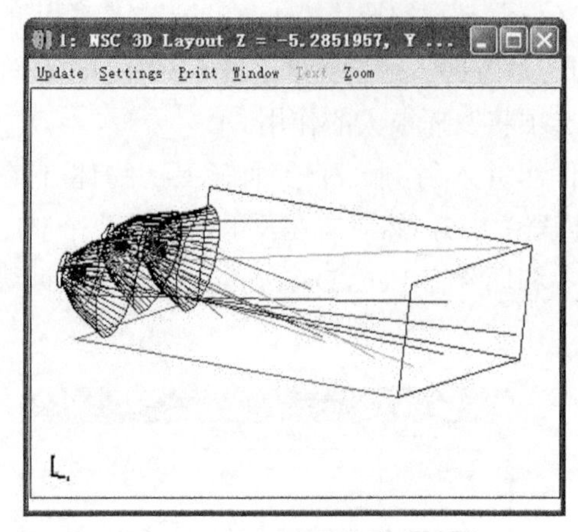

图 6-4 3 个探测器光线追迹图

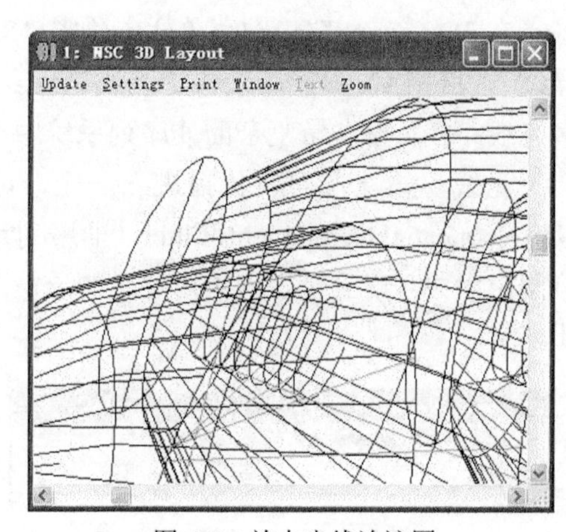

图 6-5 放大光线追迹图

要想看光线追迹的结果，打开 Detector Viewer（探测器视图）。通过主菜单选项就可以实现“Analysis→Detectors→Detector Viewer”，如图 6-7 所示。Detector Viewer 将默认 Non-Sequential Editor 中的第 1 个探测器，也就是第 10 个物体。

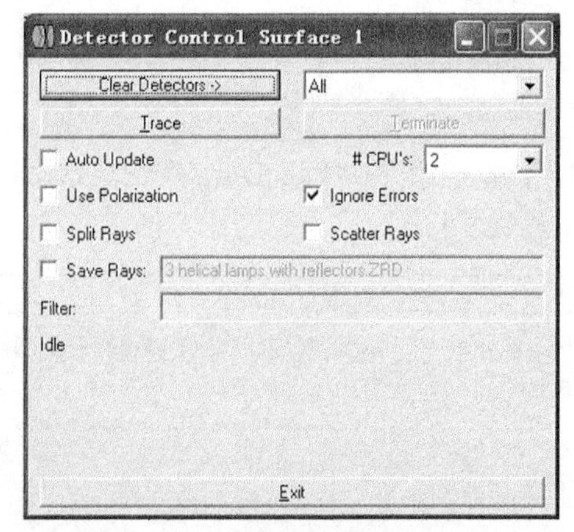

图 6-6 光线追迹/检测对话框

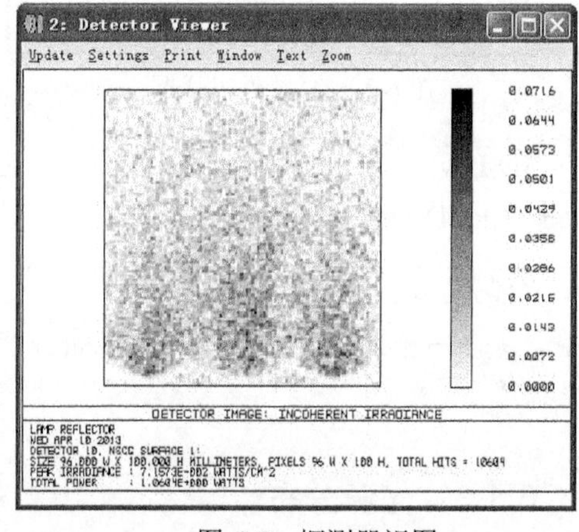

图 6-7 探测器视图

单击“Detector Viewer”窗口菜单栏的“Settings”。要改变看到的探测器视图，改变 Detector”的设置从“Detector Object 10”到另一个探测器物体，然后单击“OK”按钮，如图 6-8 所示。

提示：要想查看探测器的位置和朝向，单击 NSCE 探测器那一行任意位置。响应探测器的矩形在 NSC 3D Layout 窗口中用矩形框标出（如图 6-9 所示）。图 6-10 所示是当选择物体 11 后，NSC 3D Layout 窗口的显示图。

Detector Viewer

Surface: 1
Detector: Detector Object 11
Show As: Detector Object 10 / Detector Object 11 / Detector Object 12
Row/Column:
Z-Plane:
Scale: Linear
Smoothing: 1
Show Data: Incoherent Irradiance
Ray Database: none
Filter:
Max Plot Scale: 0.0000
Min Plot Scale: 0.0000
OK Cancel Save Load Reset Help

图 6-8 修改探测器物体

	Object Type	Comment	Ref Object	Inside Of
1	Tab. Fa..	ZONE3.TOB	0	0
2	Standar..		1	0
3	Source ..		1	0
4	Tab. Fa..	ZONE3.TOB	0	0
5	Standar..		4	0
6	Source ..		4	0
7	Tab. Fa..	ZONE3.TOB	0	0
8	Standar..		7	0
9	Source ..		7	0
10	Detecto..		0	0
11	Detecto..		0	0
12	Detecto..		0	0

图 6-9 选择物体 11

在这个例子中，每次追迹将有从光源发出的一万条分析光线被追迹。探测器分析所需的追迹光线数目在 NSC Editor 中对每个光源分别设置。在完全正式版的 ZEMAX 中，这个光线数目是可以改变的。要知道光线数目在哪儿定义的只需在 NSCE 中单击任意线状光源物体（物体 3、物体 9）的一行。接着，用右方向键移动曲线直到看到标题为“#Analysis Rays”的一栏。NSC Editor 有“动态的”标题栏像 Lens Data Editor（透镜数据编辑器）。根据选择的物体的类型，标题栏会改变来让设计者获知每个单元中的数值。

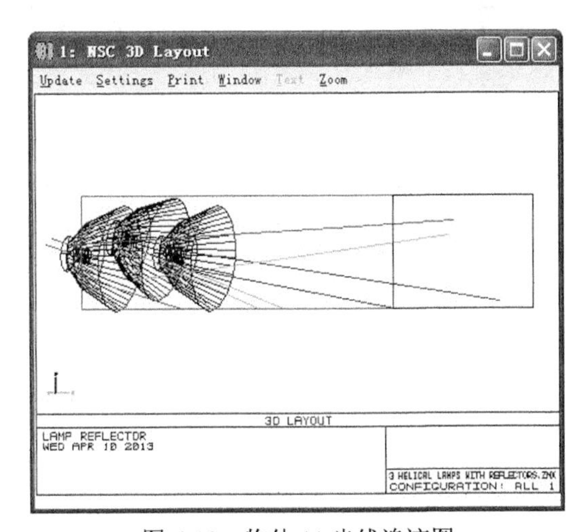

图 6-10 物体 11 光线追迹图

3 helical lamps with reflectors 中的“#Layout Rays”每个光源均设置为 5。Layout 光线的数目是与分析光线的数目分开设置的，因此当数以千计的光线被追迹时 Layout 窗口不会变的太凌乱。NSC 三维模型 Layout 窗口可以显示分析追迹的结果。这一选项可以通过 NSC 三维模型窗口的设置“Detectors”选项来控制。如果设置为“Color pixels by last analysis”，则 Layout 中的探测器物体将根据最后一次分析追迹结果来画出，如图 6-11、图 6-12 所示。

现在可以看反射镜的单独的面元。在 ZEMAX 中非序列模式中可以模拟很多类型的面元物体，包括环形面、径向多项式非球面和菲涅尔透镜等。

Geometric Image Analysis（几何像分析窗口）显示了在透镜左边像面上独特且复杂的光线分布。如图 6-13、图 6-14 所示。

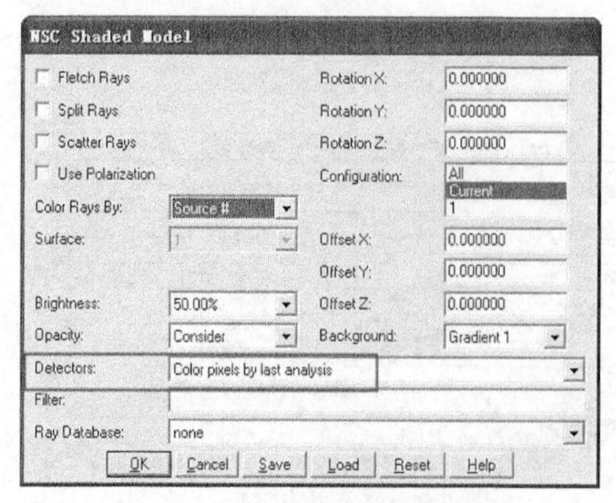

图 6-11　NSC 三维模型特性窗口

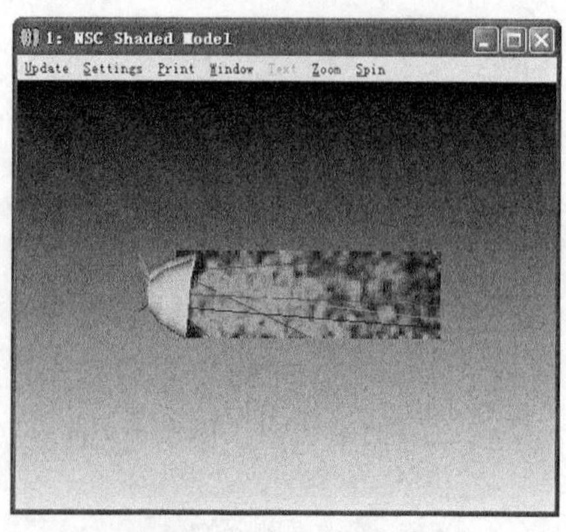

图 6-12　NSC 三维模型

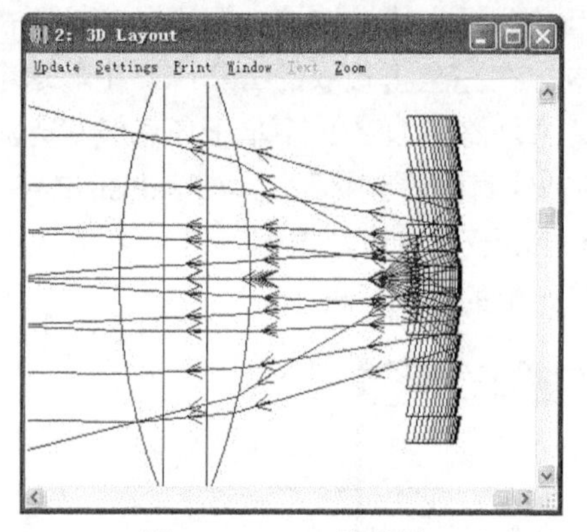

图 6-13　3Dw 外形图

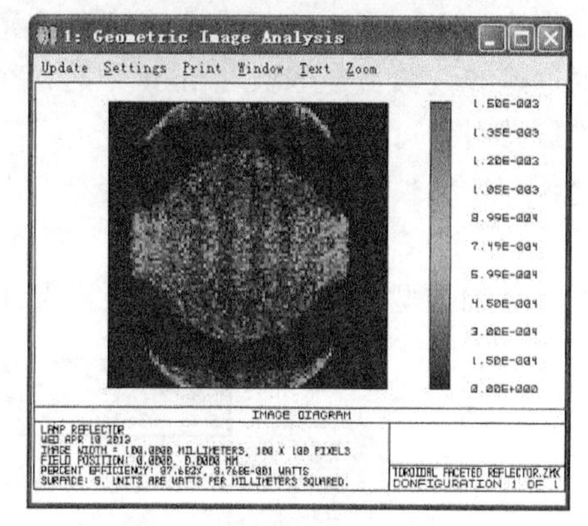

图 6-14　几何像分析图

6.1.4　棱镜

打开 ZEMAX 根目录下文件【Samples/Non- sequential/Prisms / Half penta prisms and amici roof. zmx】。这是另一个混合序列 / 非序列光线追迹的示例。光线从无限远序列物体表面经追迹，通过位于第 1 个表面的孔径光阑，又通过非序列棱镜系统，最后到达序列像面，如图 6-15 所示。

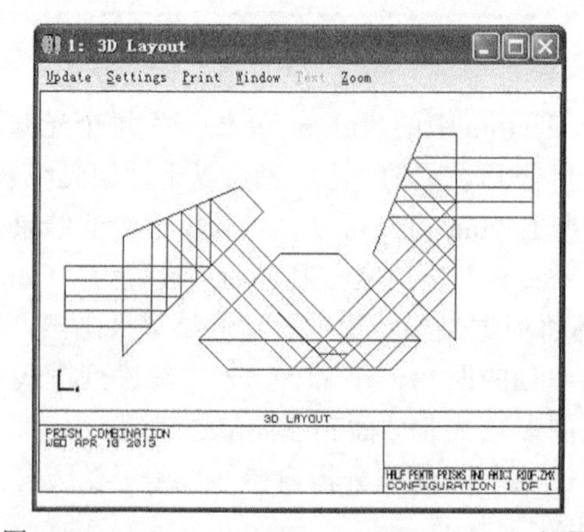

图 6-15　Half penta prisms and amici roof 3D 视图

阴影模型图显示在中心棱镜上有一个屋脊，朝向屏幕的外面。这个脊是由两个互成 90°的面组成的，盖在棱镜上像个屋脊。脊的作用和平面反射镜类似，它能增加光线走过的路径长度，并能将到达其中一个屋脊面的光线反射到对应另一个面使像面关于整个屋脊轴翻转。对焦于阴影模型图，可以更清楚的看到这 3 个棱镜，再用“Page Down”键旋转视图的角度，如图 6-16 所示。

提示：上图中棱镜半透明的外观是通过阴影模型中的“opacity（不透明化）”功能来实现的。ZEMAX 用户可以根据需要更改这些设置。

Polarization Pupil Map（偏振光瞳图）显示了屋脊对序列追迹光线偏振态的影响。如图 6-17 所示。

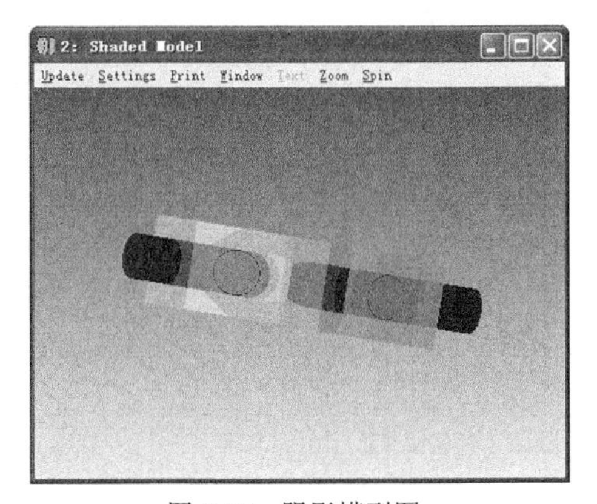

图 6-16 阴影模型图

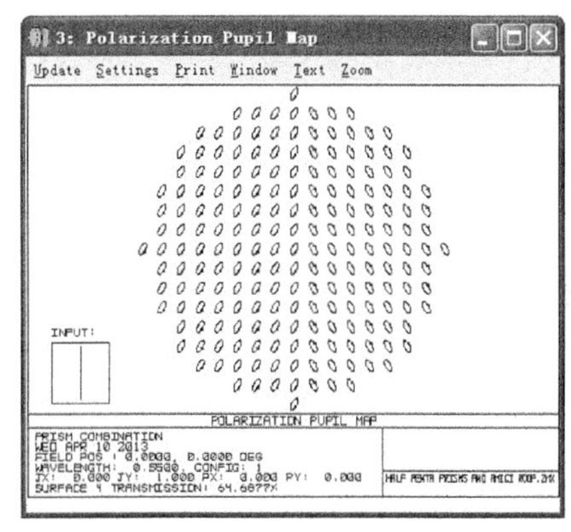

图 6-17 偏振光瞳图

ZEMAX 中包含许多不同的棱镜。棱镜可以在给出顶点 x，y，z 坐标的文件中定义。这些文件被称为多面体物体。棱镜和面元物体同样可以被被作为 STL（被很多 CAD 程序支持的文件类型）文件导入。

注意：在 ZEMAX 中的 POB 和 STL 物体是真实的面元物体。

6.1.5 光线分束

现在我们来看一下 ZEMAX 中纯非序列模型的光线分束能力。打开 ZEMAX 根目录文件【Samples →Non-sequential→Ray splitting→Beam splitter.zmx】，如图 6-18 所示。

这个例子演示了使用两个相同直角棱镜（用多面体类型来模拟）来模拟一个立方体光束分束。默认情况下，多面体会透过入射光束。通过应用一个半透半反膜，就可以产生反射和透射光路。

膜层用是在 Object Properties（物体特性）对话框中的 Coat/Scatter（镀膜 / 散射）标签中。双击非序列元件编辑器（NSCE）中物体 3 的“Object Type”（物体类型）栏，再单击“Coat/Scatter”标签。这就是为每个物体设置膜层特性的路径。如图 6-19 所示。

提示：正式版的 ZEMAX 用户可以在标签中改变膜层特性设置。

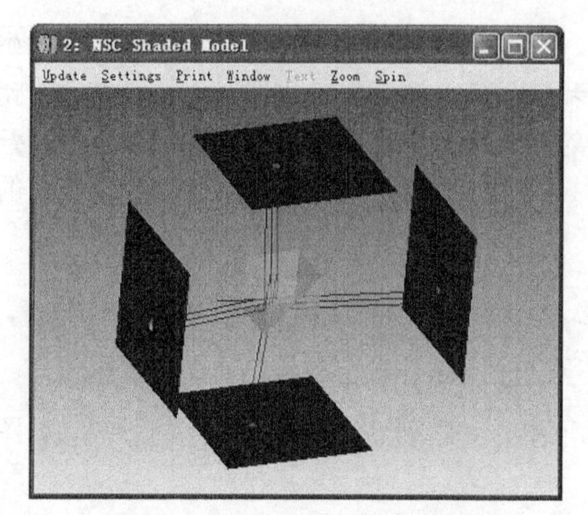

图 6-18　Beam splitter 阴影模型图

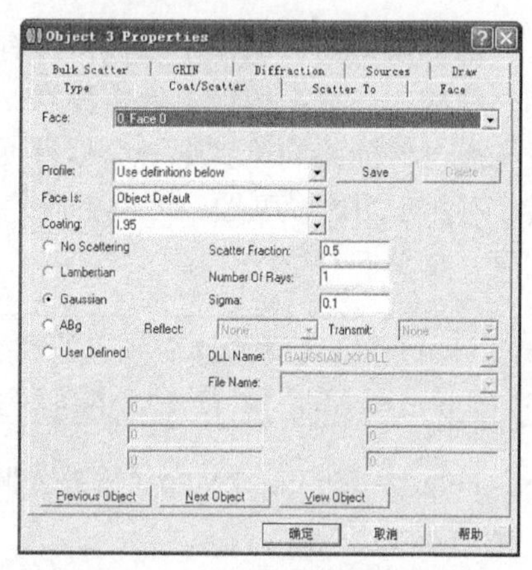

图 6-19　物体 3 特性对话框

在这个例子中用于光束分束的立方体的每个面都镀了膜层。每个外表面均镀了增透膜，50/50 的反射 / 透射膜则镀在了内部的分束表面。在 NSC 3D 图窗口中可以看到光线分束。如图 6-20 所示。

打开 NSC 3D 图的设置窗口，确定“Split Rays”和“Use Polarization”都是选中的，如图 6-21 所示。

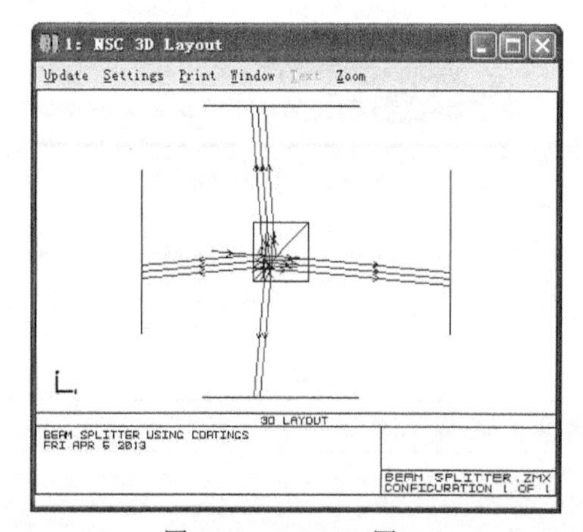

图 6-20　NSC 3D 图

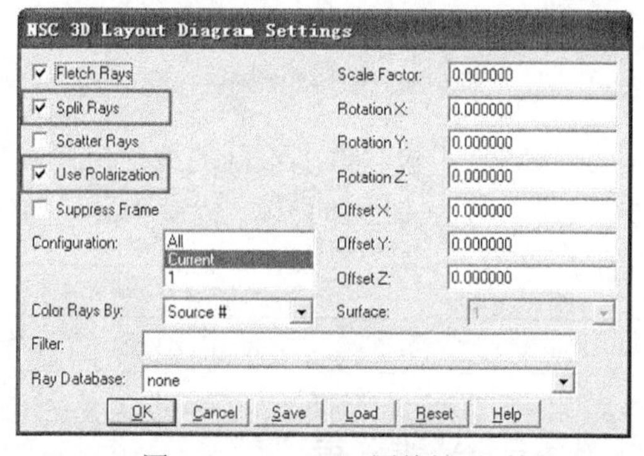

图 6-21　NSC 3D 图特性对话框

要将 ZEMAX 的光线进行分束，偏振计算是必须要的。既然如此，要看见光线分束，两个选项都当然需要打勾选中。若是同时不选中这两个选项，可以看到没有光线分束，并且单根光线透过立方体的两半部分透射出去，如图 6-22 所示。

在分析追迹时光线同样能分束。需在 Ray Trace/Detector Control（光线追迹 / 探测控制）对话框中同时选中光线分束和偏振计算，如图 6-23 所示。

提示：ZEMAX 还支持一个称为“简单光线分束”的功能，这是指在每一个分束面上只追迹反射光线和透射光线其中之一，而不是两个一起追迹。到底追迹（反射 / 透射）哪一路光线时随机的且可能性是和分束光线中的反射 / 透射光线的相对成分成正比的。在许多光学系统中，使用这个功能可以提高光线追迹的速度。

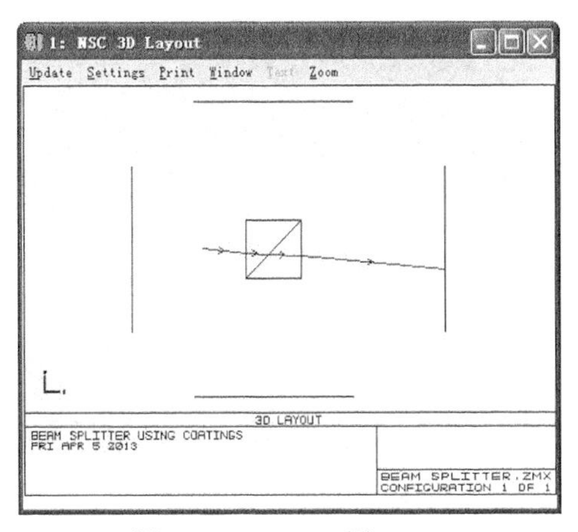

图 6-22 NSC 3D 图

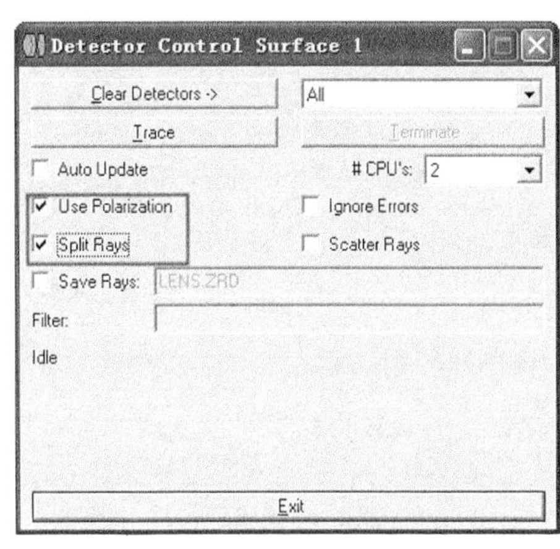

图 6-23 光线追迹 / 探测特性对话框

6.1.6 散射

打开 ZEMAX 根目录文件【Samples→Non-sequential→Scattering→Abg Scarterina Surface.Zmx】。这个例子既可以展示非序列模型的散射也可以展示光线分束功能。

由于在设置 NSC 3D 图时“Scatter Rays”选项被选上了，所以 NSC 3D 图显示出在物面 2（矩形平面反射镜）的散射光线。分束光线在这张图中反倒是被屏蔽掉了，因此对于每条特定的入射光线，在反射过程中我们得到一条对应散射光线，如图 6-24、图 6-25 所示。

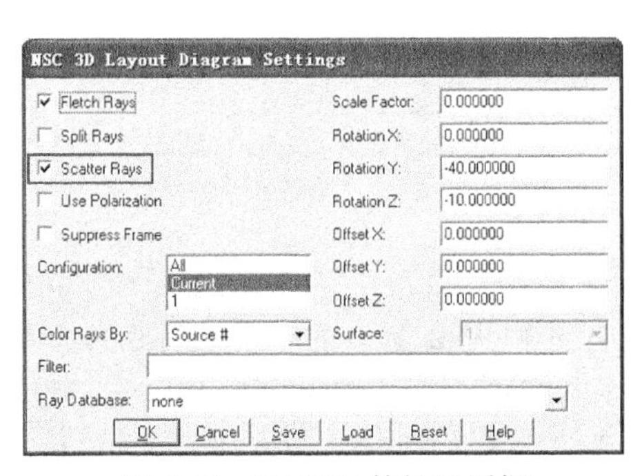

图 6-24 NSC 3D 特性对话框

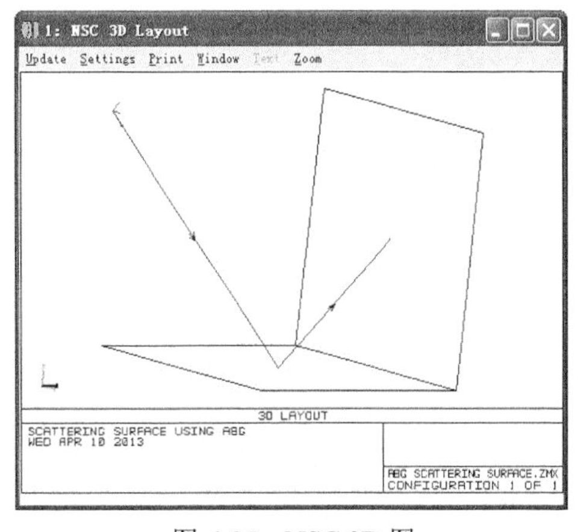

图 6-25 NSC 3D 图

NSC 阴影模型图中显示的既有散射也有分束光线是由于 Scatter Rays 和 Split Rays 都选中了，如图 6-26、图 6-27 所示。

当在散射系统中考虑光线分束时，ZEMAX 将根据散射物体 / 表面的 Object Properties 中的 Coat/Scatter 标签中的 Number of Rays（光线数）的设置来产生多条分束散射光线。

看物体 2 的 Coat/Scatter 标签。可以看到我们要求 ZEMAX 对每条指定的入射光线产生 5 条散射光线，如图 6-28 所示。

ZEMAX 支持 Lambertian、Gaussian、ABg 和用户定义的散射模式。从物体 2 的 Coat/Scatter 标签可以看出显示的是 ABg 散射的“TP_TEST”。

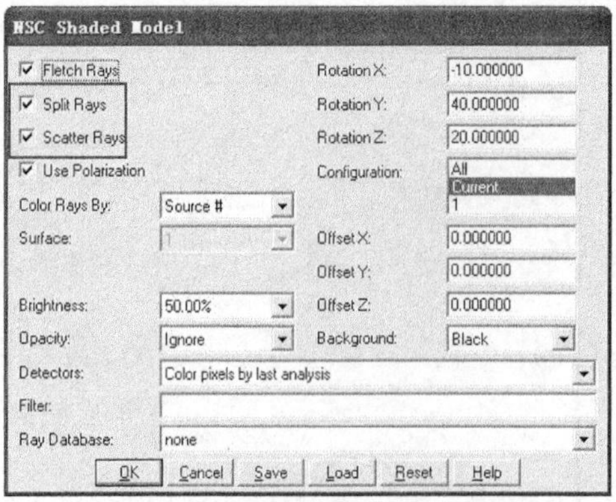

图 6-26　NSC 阴影模型特性对话框

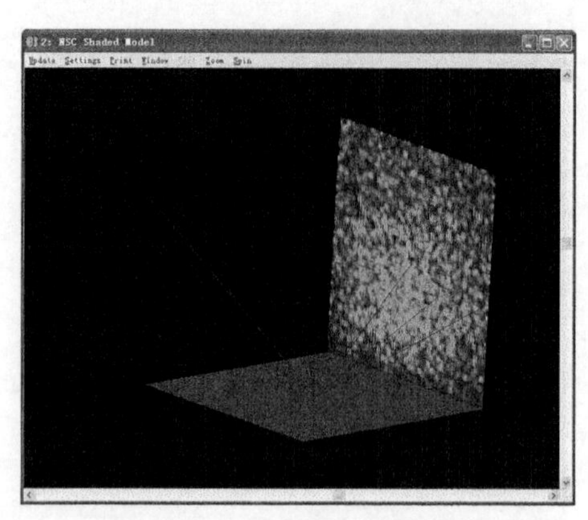

图 6-27　NSC 阴影模型图

散射掉的那部分能量是 ABg 模型的函数选择的一个参数。要知道这里使用的特定的 ABg 散射模型，可以从主菜单栏中选择“Tools→Scattering→ABg Scatter Data Catalogs”，在弹出对话框“Scatter Catalog”中“Name”栏查看，如图 6-29 所示。

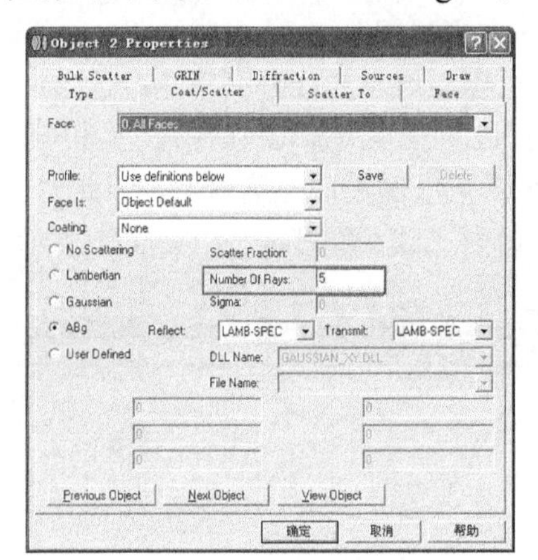

图 6-28　物体光线设置

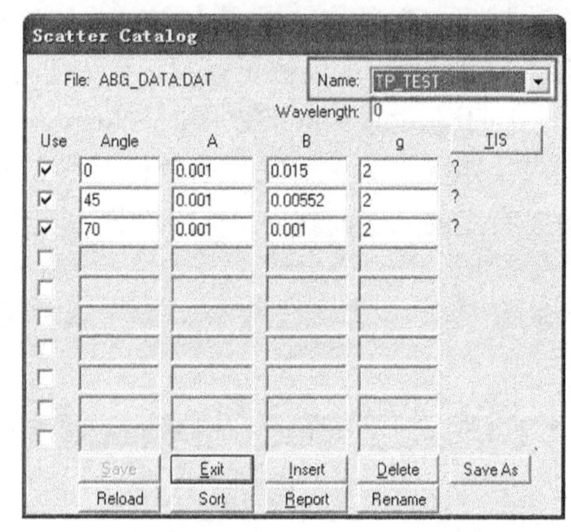

图 6-29　ABg 散射模型

一个很小的探测器（物体 3）特意放在了较大的探测器（物体 4）中间来收集特殊光线的能量。在 Layout 中要想看到这个小的探测器，只有对 Layout 窗口进行近距离放大。

大的探测器收集散射光线的能量。要看散射光线的能量，打开 Detector Viewer，设置探测器物体 4 的“Detector”，如图 6-30、图 6-31 所示。

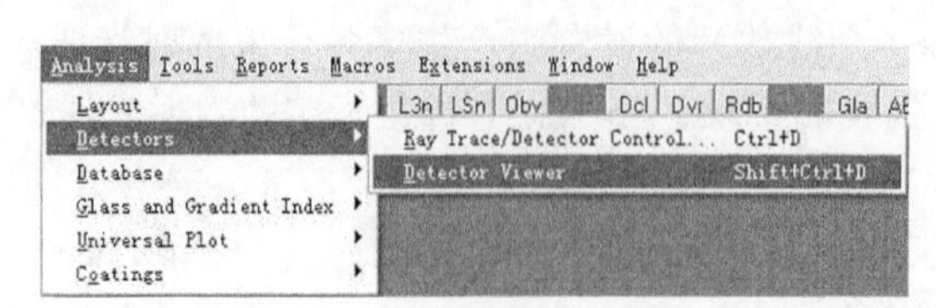

图 6-30　Detector Viewer 菜单

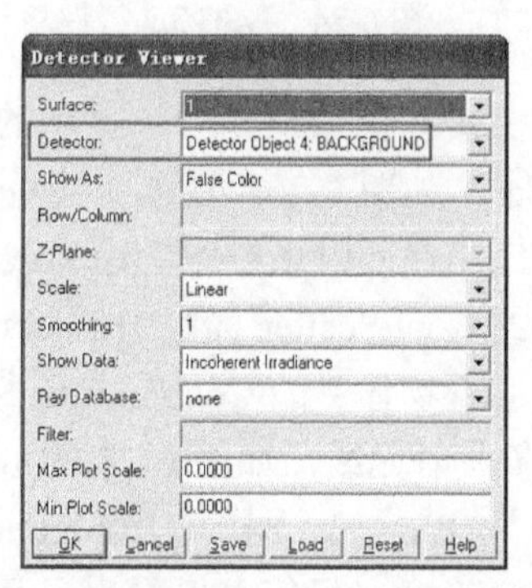

图 6-31　Detector Viewer 特性对话框

设置完成，刷新 Detector Viewer，如图 6-32 所示。

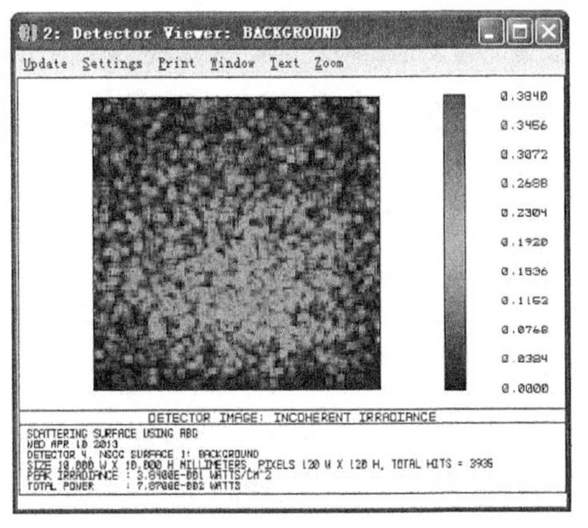

图 6-32 Detector Viewer 效果图

> **提示**：散射和非散射能量也能在单个探测器上用 ZEMAX 的过滤字符功能分离开来。

6.1.7 衍射光学元件

虽然衍射光学元件在 ZEMAX 软件的序列和非序列模式下都可以模拟，但是对于衍射模型来说，非序列模式下的光线分裂能力更具有优势。

打开【ZEMAX 根目录文件 Samples→Non-sequential→Diffractives→Diffraction grating multiple orders.zmx】，如图 6-33、图 6-34 所示。

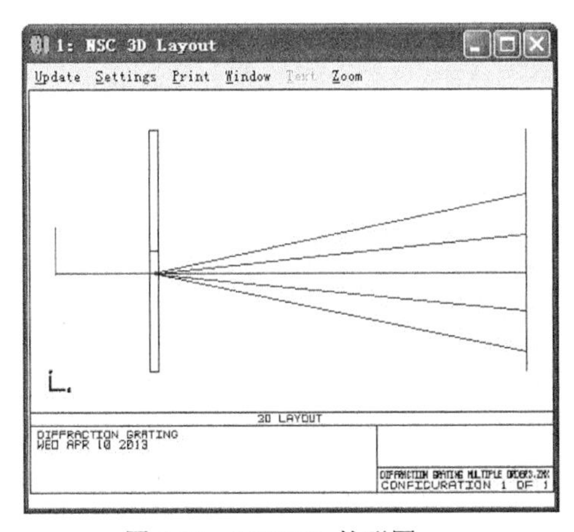

图 6-33 NSC 3D 外形图

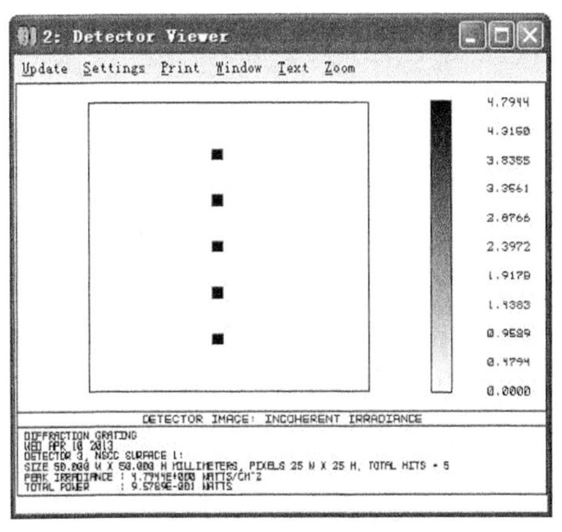

图 6-34 Detector Viewer 效果图

> **注意**：在物面 2 上单根光线被分裂成 5 根光线。

在本例子中，光线分束不是镀膜或散射设置的结果。相反，我们也发现能量通过透射式衍射光阑（物体 2）被分到了不同的衍射级次上。该光阑的基本属性（即光阑频率，用每微米刻线数表示）在物体的参数栏中定义。

注意：衍射光阑物体的参数和一个标准镜头的物体的参数加上一个衍射光阑频率参数（即每微米刻线）相同。如图6-35所示。

Non-Sequential Component Editor

Edit Solves Errors Detectors Database Tools View Help

	Object Type	Edge 2	Lines/μm	Diff Order	Pa
1	Source Ellipse	0.000	0.000	0.000	
2	Diffraction Gra...	25.000	0.100	0.000	
3	Detector Rect	0.000	0	0	

图6-35　非序列元件编辑器

这个物体的光线分束设置在Object Properties对话框中的Diffraction标签中。

在这个标签中，被分散到不同（衍射）级的相关数量的能量需要我们特殊指定。

提示：完全版的ZEMAX用户可以使用用户自定义DLL衍射级次，在DLL中任意级次的分束光线均可以被任意指定。这些DLL还可以用来清楚地规定衍射光线的所有性质，包括相对能量、方向余弦、电场方向和磁场。

6.1.8　相干模拟

打开ZEMAX根目录文件[Samples→Non-sequential→Coherence→Interferometer.zmx]。

这是另外一个纯非序列文件，文件中显示了非序列模式的相干模拟能力。

这个文件模拟一个干涉仪。从位于Layout图左上角的矩形光源发出的光线被物体2的一个位于多面体前表面的50/50的膜层分束。光线然后沿着干涉仪的两臂到达右下方的探测器（物体6、物体7）。

两束光线再通过第2个镀了50/50膜层的多面体（物体5）在到达探测器前混合。处于干涉仪左臂的反射镜（物体3）关于x轴有一个附加的0.005度的倾斜。这个倾斜使得到达探测器的两光路光程不等，如图6-36所示。

因为有相干探测能力ZEMAX根据探测到的光线的振幅和相位来补偿到达探测器的相干光线的能量。这使得ZEMAX可以定量的仿真一些效果，像干涉条纹。

要达到这一效果，在Detector Viewer设置中的“Show Data（显示数据）”必须设为“Coherent Irradiance（相干辐射）”或“Coherent Phase（相干相位）”。

单击快捷按钮键“Dvr”，打开“Detecter Viewer”。在“Detecter Viewer”的设置中，将“Detector”设置为“Detector Object 6”，设置“Show Data”为“Coherent Irradiance”，然后单击“OK”按钮完成，如图6-37所示。

在反射镜（物体3）上观察由多加的0.005°产生的倾斜条纹，如图6-38所示。

现在重新打开“Detector Viewer”，设置“Show Data”为“Incoherent Irradiance”。可以发现看不到任何条纹，这是因为探测器视图不再是在相干条件下，如图6-39、图6-40所示。

提示：在非序列模式下，还可以看到不同衍射级别的干涉。打开ZEMAX根目录文件下样例文件[Samples→Non-sequential→Diffractives→Diffracting grating fringes.zmx]，如图6-41所示。

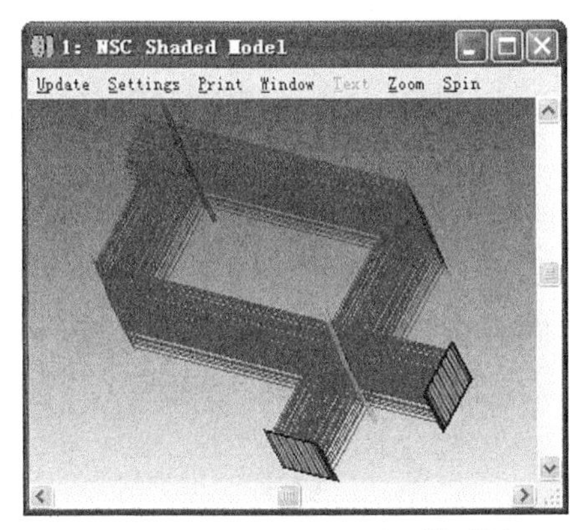

图 6-36 Interferometer 阴影模型图

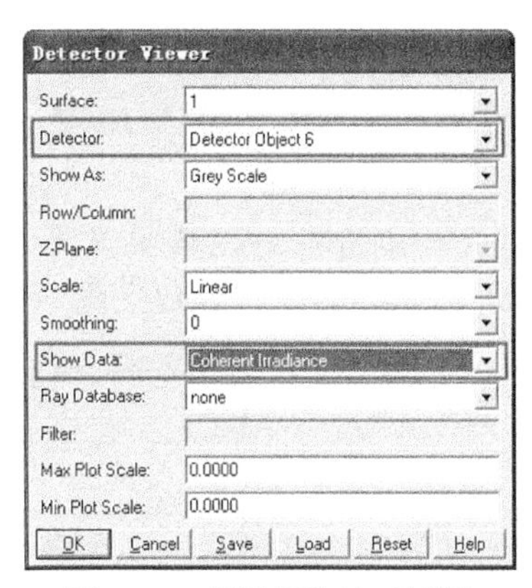

图 6-37 探测器特性对话框

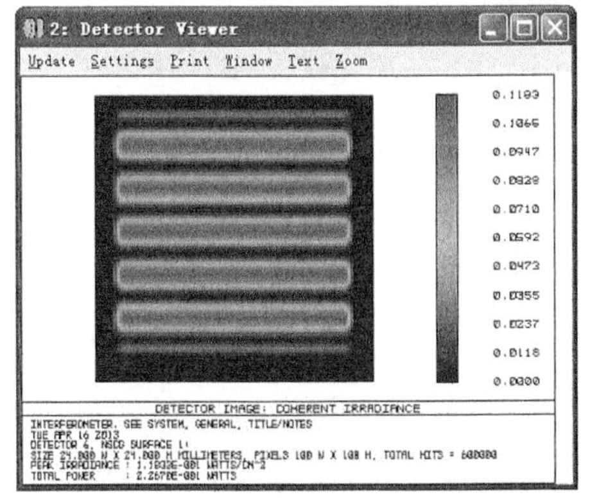

图 6-38 产生的倾斜条纹

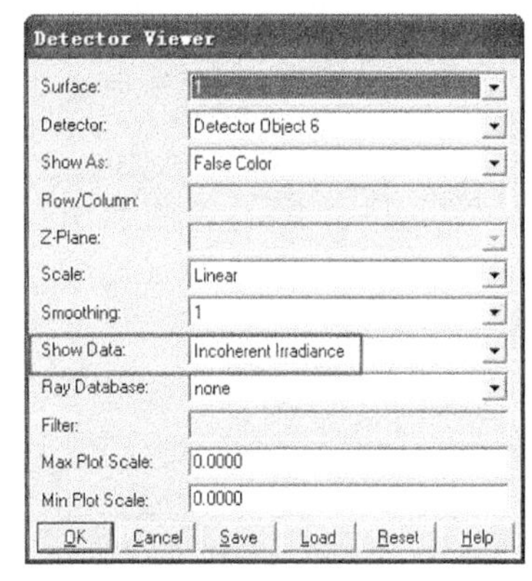

图 6-39 探测器特性对话框

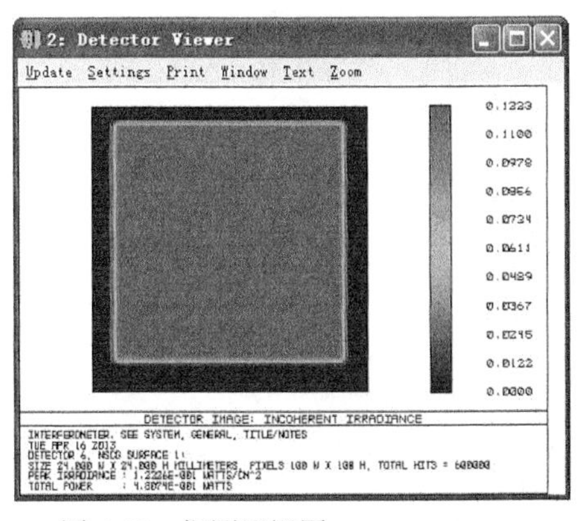

图 6-40 探测器视图

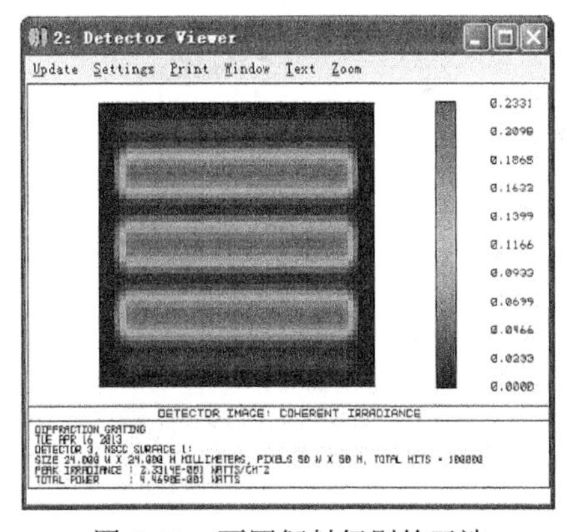

图 6-41 不同衍射级别的干涉

6.1.9 复杂几何物体创建

现在我们来看 ZEMAX 非序列模式的复杂几何物体创造能力。

在 ZEMAX 中有很多不同类型的物体可以被用来模拟许多不同种类的几何结构。但有时候想要构造的几何物体在 ZEMAX 中没有可以现成使用的物体。

按照传统的方法，会在 CAD 程序中先建好想要的结构，然后再将 CAD 物体导入到 ZEMAX 中。但是现在有另外一种方法，可以使用 Boolean object（布尔物体）。

这个布尔物体可以通过各种布尔操作将至多10个非序列物体组合。这个组合物体和用来产生它的父物体有相同的参数。因此，不像导入的CAD物体，布尔物体的结构参数能够被完全的仿真和接受。

打开 ZEMAX 根目录文件下的样例文件【Samples→Non-sequential→Boolean→lens mount. zmx】，展示了如何使用Boolean object轻松实现复杂物体的模拟，如图6-42所示。

Non-Sequential Component Editor

Edit Solves Errors Detectors Database Tools View Help

	Object Type	Object A	Object B	Object C	Object D
1	Rectangul..				
2	Cylinder ..				
3	Cylinder ..				
4	Cylinder ..				
5	Boolean	1	2	3	4
6	Null Object				

图6-42　布尔物体参数

在NSCE中可以看到定义了4个物体（3个圆柱体和1个长方体）。另外还定义了1个布尔物体。选中NSCE 中的布尔物体，向右拖动直到能看到“Object A”、“Object B”等。这是可以使用的操作中将应用到的物体。

可以看见，长方体（物体1）分配给物体A，3个圆柱体（物体2～4）各自分配给物体B、C和D。

在NSCE中再向左拖动，看布尔物体的“Comment”栏，“Comment”是设置布尔操作的地方。如图6-43所示。

Non-Sequential Component Editor

Edit Solves Errors Detectors Database Tools View Help

	Object Type	Comment	Ref Object	Inside Of	X Position
1	Rectangul..	mount	0	0	0.000
2	Cylinder ..	lens recess	0	0	0.000
3	Cylinder ..	hole	0	0	0.000
4	Cylinder ..		0	0	0.000
5	Boolean	a-b-c-d	0	0	25.000
6	Null Object		0	0	0.000

图6-43　布尔物体“Comment”栏参数

由于“Comment”中设置了“a-b-c-d”，这代表从物体A中除去物体B、C和D 。则从长方体中挖去3个圆柱体产生1个简单的透镜支架结构。4个父物体和1个布尔物体并排显示在本例子的NSC阴影图中。如图6-44所示。

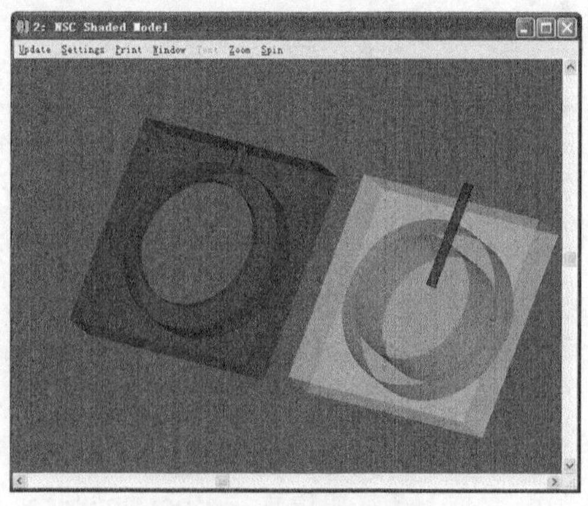

图6-44　NSC阴影图

这个例子展示了用布尔物体进行物体相减，物体同样可以通过相与（AND）、或（OR）、异或（XOR）操作组合。

6.1.10 吸收分析

打开 ZEMAX 根目录文件【Samples → Non-sequential → Miscellaneous →Voxel detector for flash lamp pumping.zmx】。如图 6-45 所示。

之前我们一直在研究的非序列例子中所使用的探测器是 Detector Rectangle objects（矩形探测器物体）。也就是说，这些都是平面探测器。ZEMAX 还可以模拟更复杂的探测器，如曲面探测器和体探测器。

这个例子展示体探测器物体在简单的激光泵浦模型中的应用。腔体在每一边用一个旋转反射面（物体 3 和物体 4）来模拟。在腔体中间有 1 个圆柱体（物体 6）用来仿真激光晶体。

为了清晰地看到还有一个体探测器（物体 5）和圆柱体重叠。我们打开 NSC 阴影图，如图 6-46 所示。

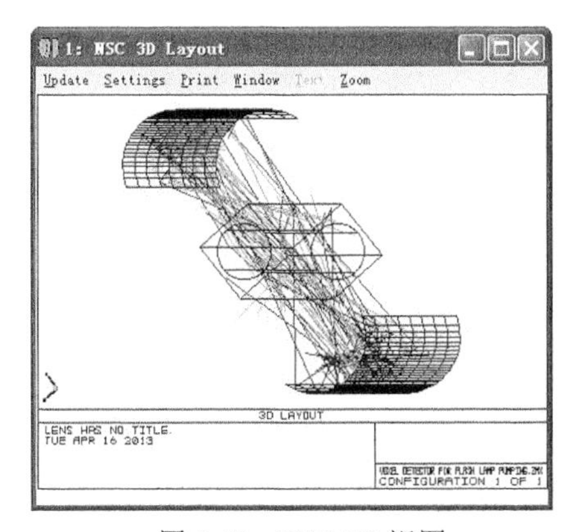

图 6-45 NSC 3D 视图

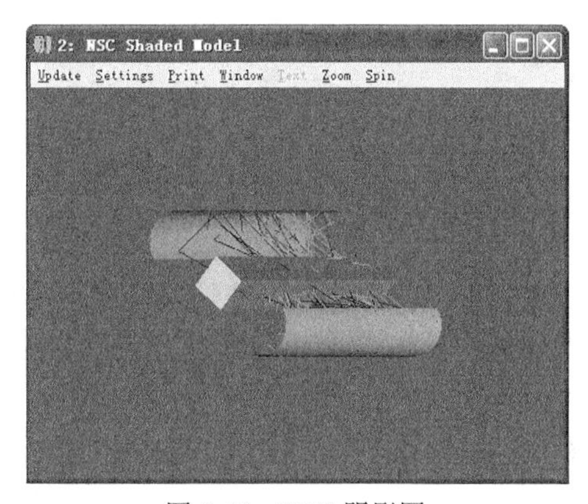

图 6-46 NSC 阴影图

这个体探测器是一个包含称为体像素的三维像素点的长方体。ZEMAX 可以记录入射到每一个 voxel 的光通量。

另外，如果体探测器和另外一个定义了透过率数据的体物体重叠，ZEMAX 中的体探测器可以记录下每个体像素吸收的通量。在这个例子中，重叠的圆柱体是由 BK7 材料制成，透过率数据在 Glass Catalog（玻璃库）对话框中已经定义。

在 NSCE 中物体 5 的那一行的任一位置单击一下向右拖动观察体探测器参数。看到 X 和 Y 方向有 101 个像素点，Z 方向有 25 个像素点。如图 6-47 所示。

Non-Sequential Component Editor

Edit Solves Errors Detectors Database Tools View Help

	Object Type	Z Half Length	# X Pixels	# Y Pixels	# Z Pixels	Data Type
1	Source Tube	1.000	0	0	10.000	0.100
2	Source Tube	1.000	0	0	10.000	0.100
3	Toroidal Surface			-2.000	0.000	0.000
4	Toroidal Surface			2.000	0.000	0.000
5	Detector Volume	10.000	101	101	25	0
6	Cylinder Volume	1.000				

图 6-47 探测器参数

看打开的 Detector Viewer，发现它显示的是体探测器上的吸收光通量。还可以发现在体探测器的底部有一个“Z PLANE”。探测器视图只能显示二维数据。因此，设计者一次只能看到一个平面或者是体探测器内的体像素的一个切面。

Z PLANE 的设置可以告诉 ZEMAX，设计者想要看的 X、Y 像素是对应哪一个 Z 像素（在这个例子中，Z 像素的范围是 1～25）。如图 6-48 所示。

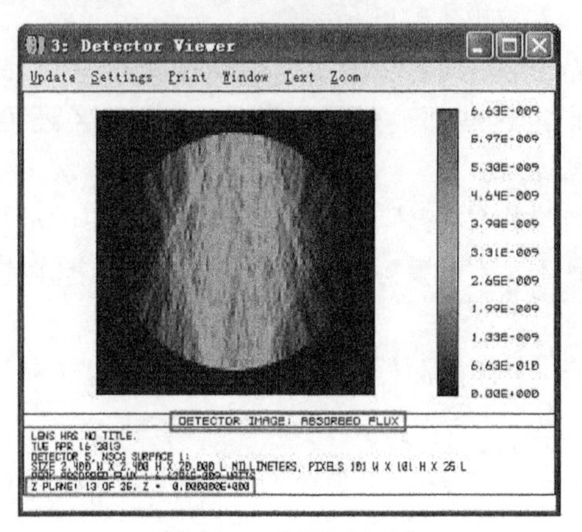

图 6-48　探测器视图

在 Detector Viewer 中可以通过设置改变 Z Plane，或者只是简单的用左、右方向键来拖动 Z PLANE。

> **提示**：在 ZEMAX 中，许多物体类型可以用到探测器中。这将使得许多复杂面型/壳型探测器的模拟更简单。

6.2　创建非序列光学系统

ZEMAX 中有两种截然不同的光线追迹模式：序列和非序列。序列和非序列模式的主要区别如下：

1. 序列模式

主要用来设计成像和离焦系统。

面型在 Lens Data Editor（透镜数据编辑器）中定义。

光线只能和每个面相交一次，而且要遵循一定的序列次序（也就是顺序的面#0，然后#1，#2…），这也就是名字序列光线追迹的由来。

光线只在表面材料是反射镜的面上发生反射。在折射表面发生部分反射（菲涅尔反射），这部分也只会在要计算折射能量（考虑介质和金属镜面效应）的时候涉及到。

每个面有自己的局部坐标系。沿着光轴的每个面得位置参考前一个面得位置。换句话说，在 Lens Data Editor 中的“Thickness”栏指的是从当前面出发的距离，而不是从一个全局参考点出发的距离。

2. 非序列模式

主要作为非成像应用，如照明系统、杂散光分析。

面物体或体物体在 NSCE （Non-sequential Component Editor）中定义。

结构元件可以从 CAD 程序中轻松导入，因此可以进行完全的光结构分析。

一条光线可以与同一物体相交不止一次，也可以任意顺序与多个物体相交，因此得名非序列。

每个物体都是以全局坐标系作为参考，除非特殊说明。

除了追迹折射光线外，一个折射面可以产生并追迹部分反射光线。这又被称作光线分束。则反射与折射光线都能被追迹。

成像系统的光学特性参数如孔径光阑的位置、入瞳和出瞳、视场、系统光阑等，这些在序列系统中存在的参数在非序列系统中是无意义的。

非序列系统模型的主要分析手段是探测器光线追迹，它给出了相干或非相干光线的位置空间数据和角空间数据。

另外，杂交模型（“带端口的非序列模型”或是“混合模型”）存在于同一个系统中，既使用了序列光线追迹也使用了非序列光线追迹的情况。

6.2.1　建立基本系统特性

我们将设计一个带点光源的非序列系统，抛物面型反射镜和一个平凸透镜镜头耦合成一个长方形光管灯，如图 6-49 所示。

我们还将跟踪分析射线探测器获得光学系统中的各点照度分布。设计的最终结果，如图 6-50 所示。

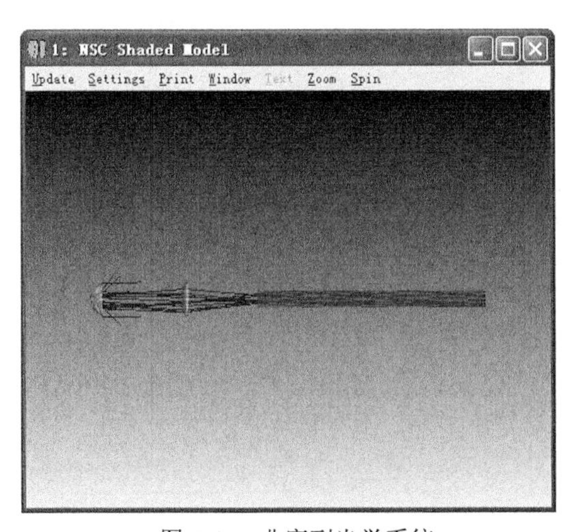

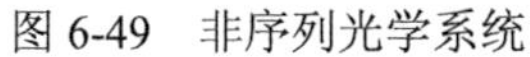
图 6-49　非序列光学系统

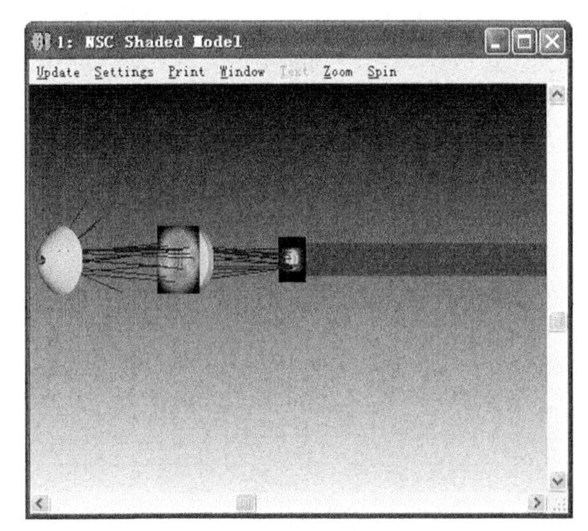

图 6-50　阴影模型图

我们同样会追迹到达探测器的分析光线来得到光学系统中不同点的非相干辐射分布。

运行 ZEMAX 软件，在默认情况下，ZEMAX 启动时是序列 / 混合模式。要切换成纯非序列模式，在文件菜单栏中选择，如图 6-51 所示。

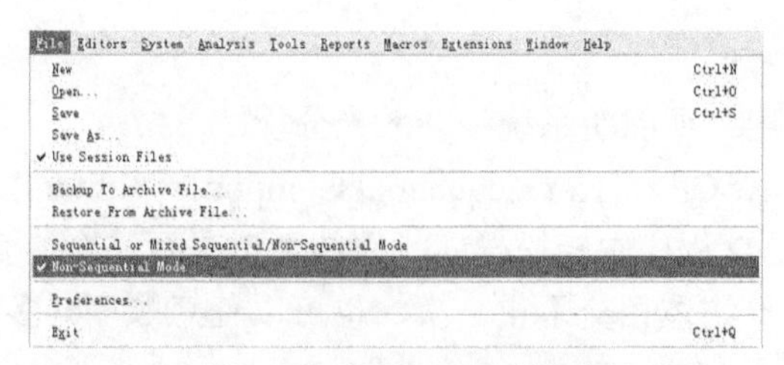

图 6-51　菜单选择纯非序列模式

一旦选择纯非序列模式，在编辑器的窗口标题栏将显示非序列元件编辑器（Non-Sequential Component Editor），而不是在序列模式时只用于序列或混合模式的透镜数据编辑器，如图 6-52 所示，非序列元件编辑器。

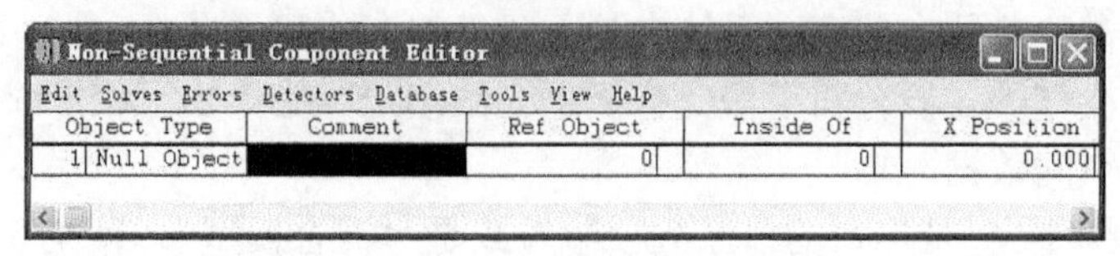

图 6-52　非序列元件编辑器

下面我们来创建一个简单的非序列光学系统。

最终文件：第 6 章\非序列光学系统.zmx

ZEMAX 操作步骤。

步骤 1：设置系统波长为 0.587 μm。

（1）在快捷按钮栏中单击“Wav”。

（2）在弹出对话框“Wavelength Data”中“Use”栏选择“1”。

（3）在“Wavelength”栏输入数值“0.587”。

（4）单击“OK”按钮，如图 6-53 所示。

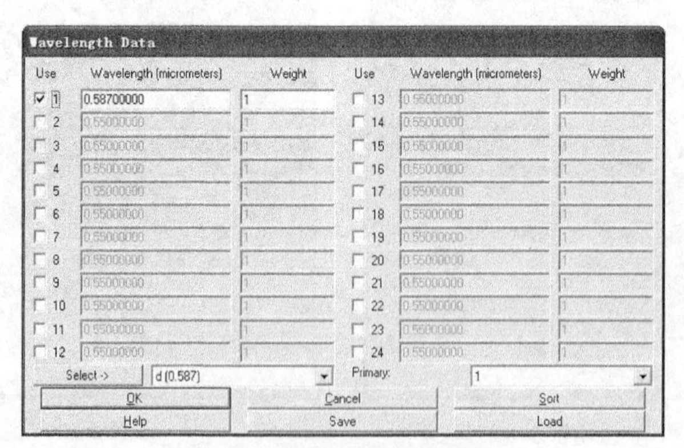

图 6-53　设置系统波长对话框

步骤 2：设置单位。

（1）在快捷按钮栏中单击“Gen→Units”。

（2）在弹出对话框“General”中，“Lens Units　”栏选择“Millimeters”。

（3）单击“确定”按钮，如图 6-54 所示。

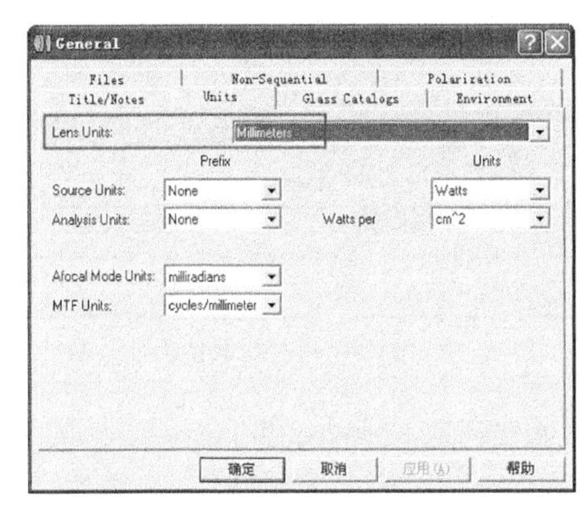

图 6-54 设置入瞳直径对话窗口

除了辐射度量中的非相干辐射度量单位如 Watt.cm^{-2}（瓦特 / 平方厘米），也可以自行定义光学度量和能量度量单位如 Lumen.cm^{-2}（流明 / 平方厘米）或者是 Joule.cm^{-2}（焦耳 / 平方厘米）。在这里我们将选择默认的辐射度量单位。

6.2.2 创建反射镜

步骤 3： 建立第一个对象通过抛物面反射镜。

（1）按“Insert”键在非序列元件编辑器中插入两行，如图 6-55 所示。

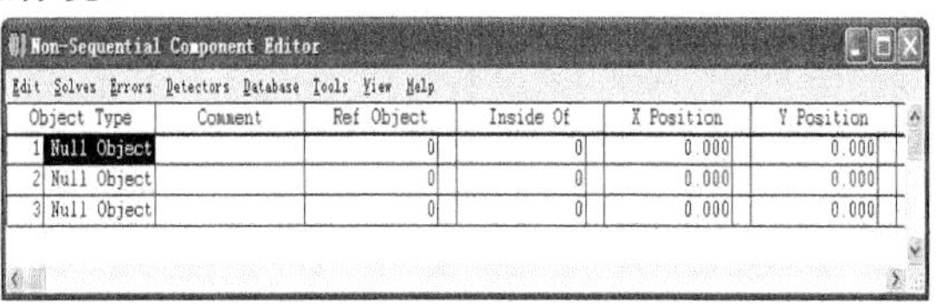

图 6-55 非序列元件编辑栏

在设计的第一部分，我们先产生一个用抛物面型反射镜准直的灯丝光源。然后在+Z 轴一定距离处放置探测器，观察探测器的非相干辐射分布。

（2）在物体#1 的对象类型“Object type”栏双击鼠标左键，在弹出“Object 1 Property”对话框中，“Type”栏选择“Standard Surface”。如图 6-56 所示。

（3）单击“确定”按钮完成。

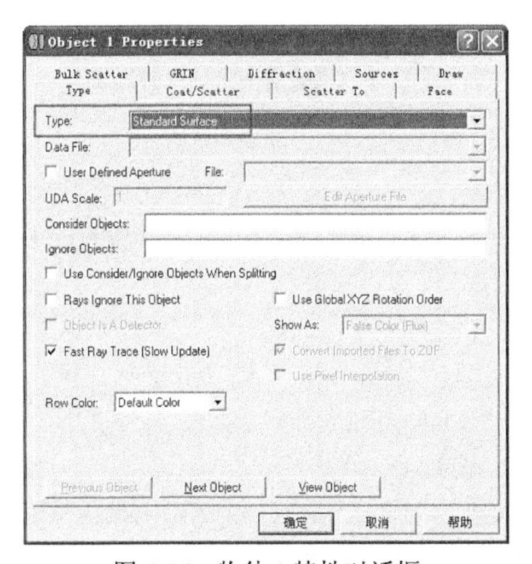

图 6-56 物体 1 特性对话框

（4）在编辑器 Standard Surface（标准面）物体中相应栏输入以下参数。如图 6-57 所示。

Non-Sequential Component Editor

Edit Solves Errors Detectors Database Tools View Help

	Object Type	Material	Radius	Conic	Max Aper
1	Standard Surface	MIRROR	100.000	-1.000	150.000
2	Null Object	-			
3	Null Object	-			

图 6-57　非序列元件编辑栏输入参数

有些参数需要将编辑器的窗口向右拖动，才能显示想要的参数名称那一栏。

Material：MIRROR

Radius：100

Conic：–1（parabola 抛物线）

Max Aper：150

Min Aper：20（center hole in the reflector 在反射中心孔）

所有其他参数设置为默认值。

（5）打开 NSC 3D Layout，查看反射镜的形状。如图 6-58 所示。

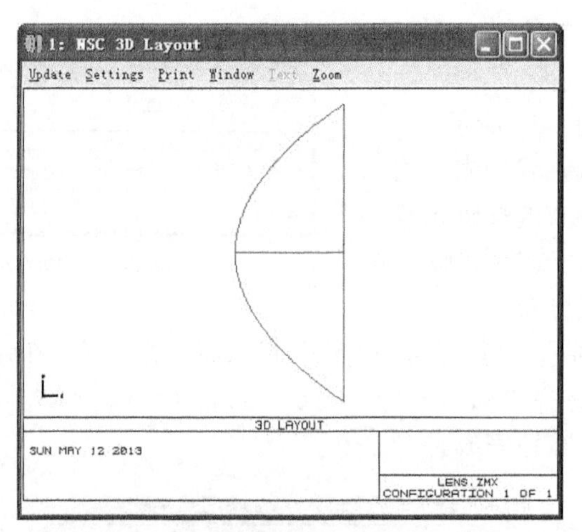

图 6-58　反射镜 NSC 3D 外形图

6.2.3　光源建模

在编辑器中重复前述步骤，并在特性窗口中选择“Source Filament”（灯丝光源）改变物体 2 的类型。

步骤 4：建立光源模型。

（1）在物体#2 的对象类型“Object type”栏双击鼠标左键，在弹出“Object 2 Property”对话框中，“Type”栏选择“Source Filament”。如图 6-59 所示。

（2）单击“确定”按钮完成。

我们要把线光源放在抛物反射面的焦点处以使光束准直平行。灯丝线圈有 10 匝，全长为 20 毫米，转弯半径为 5 毫米。如图 6-60 所示。

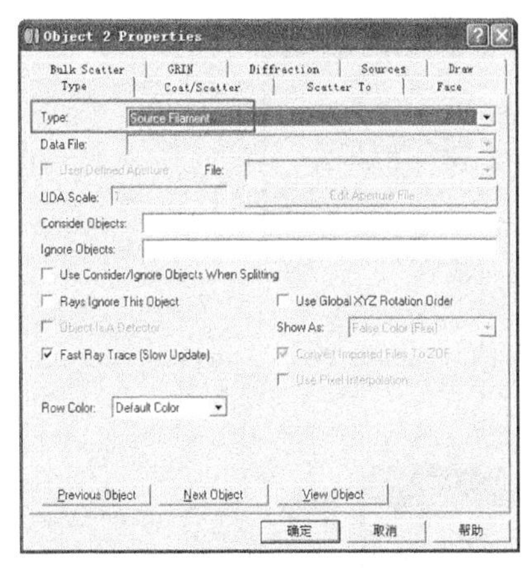

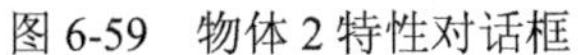
图 6-59 物体 2 特性对话框

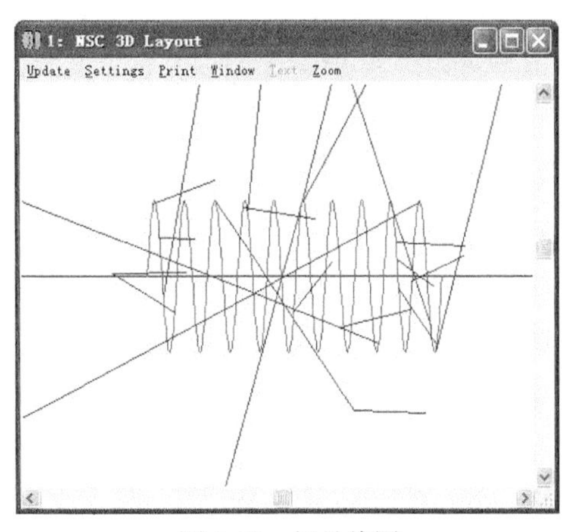

图 6-60 灯丝线圈

（3）在编辑器中输入光源如下参数，如图 6-61 所示。

Z Position：50（focus of the parabolic reflector）

#Layout Rays：20

Analysis Rays：5000000

Length：20

Radius：5

Turns：10

（4）在 NSC 3D Layout 菜单中单击“Update”，更新 3D Layout。如图 6-62 所示。

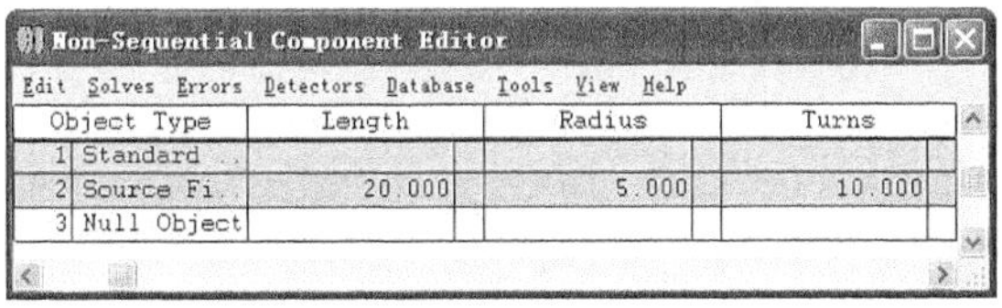

Non-Sequential Component Editor

Edit Solves Errors Detectors Database Tools View Help

	Object Type	Length	Radius	Turns
1	Standard ..			
2	Source Fi..	20.000	5.000	10.000
3	Null Object			

图 6-61 光源参数

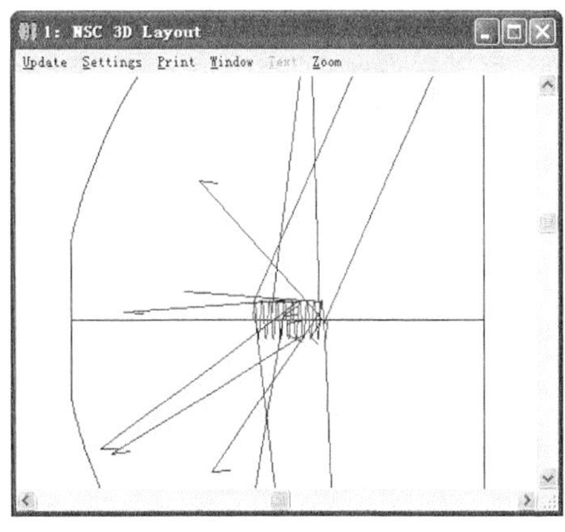

图 6-62 NSC 3D Layout

Layout 图显示从灯丝光源产生的 20 条射线，就是在#Layout Rays 中设置的参数值。

6.2.4 旋转光源

光源是沿着 z 轴定向的，但假设想要将它的方向变成沿着 x 轴，需要将光源物体绕着 y 轴旋转 90 度。

步骤 5：旋转光源。

（1）在“Tilt AboutY”参数栏中输入“90”，如图 6-63 所示。

Non-Sequential Component Editor

Edit Solves Errors Detectors Database Tools View Help

	Object Type	Z Position	Tilt About X	Tilt About Y
1	Standard Sur...	0.000	0.000	0.000
2	Source Filam...	50.000	0.000	90.000
3	Null Object	0.000	0.000	0.000

图 6-63　输入 Tilt AboutY 参数

默认的 YZ 平面视图显示灯丝光源时沿着 x 轴方向的。但是 XZ 平面视图显示灯丝光源向+x 轴方向延伸。如图 6-64 所示。

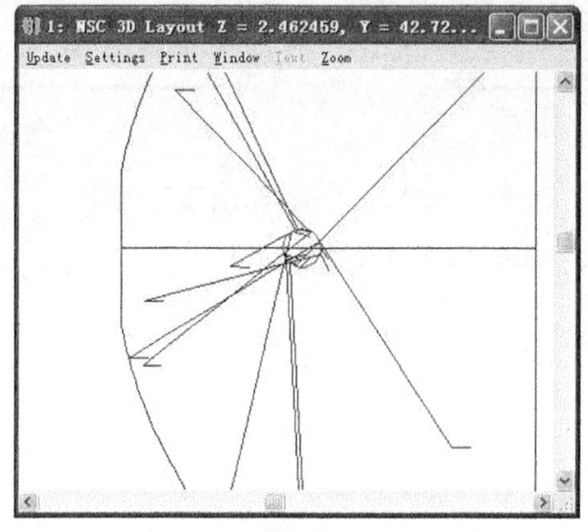

图 6-64　灯丝光源+x 轴延伸

为了旋转视图，在 NSC 三维外形图特性窗口中改变视图显示角度。也可以按上、下、左、右方向键或“Page Up”和“Page Down”键来旋转视图。

（2）在“NSC 3D Layout”菜单栏单击“Settings”菜单，在弹出对话框“3D Layout Diagram Settings”中进行设置，如图 6-65 所示。

（3）更新 NSC 3D Layout 图，如图 6-66 所示。

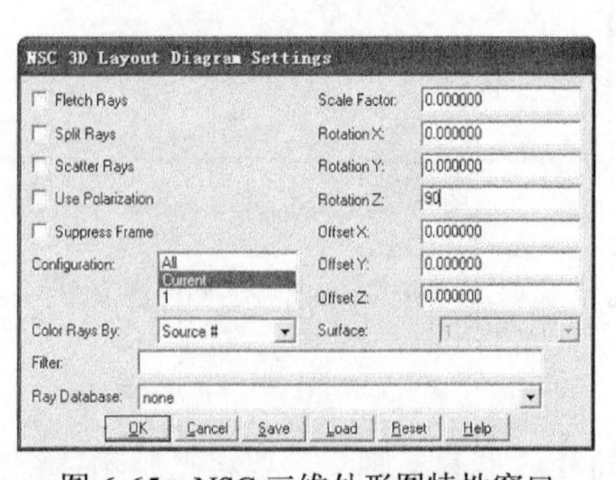

图 6-65　NSC 三维外形图特性窗口

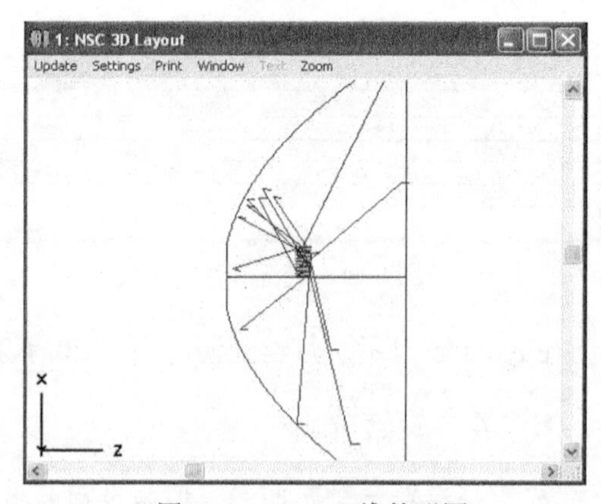

图 6-66　NSC 三维外形图

（4）离心的原因是因为灯源丝的旋转轴不是在物体的中心而是在物体的底部。为了使灯丝中心在 x 轴上，在 X Position 栏中输入“−10”，如图 6-67 所示。

（5）更新 Layout，现在它显示需要的光源位置和方向。如图 6-68 所示。

Non-Sequential Component Editor

Edit Solves Errors Detectors Database Tools View Help

	Object Type	X Position	Y Position	Z Position
1	Standard Sur..	0.000	0.000	0.000
2	Source Filam..	-10.000	0.000	50.000
3	Null Object	0.000	0.000	0.000

图 6-67 在 XPosition 栏输入参数

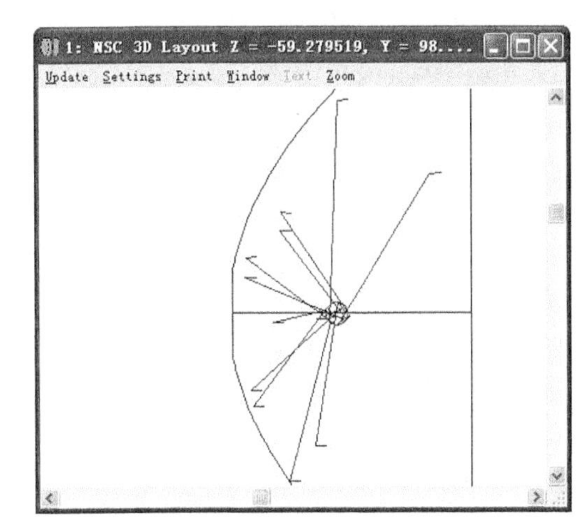

图 6-68 NSC 三维外形图

6.2.5 放置探测器

下一步是在离光源一定距离处放置探测器，以研究光照在该位置的辐射分布。

步骤 6：放置探测器。

（1）在物体#3 的对象类型“Object type”栏双击鼠标左键，在弹出“Object 3 Property”对话框中，“Type”栏选择“Detector Rect”，如图 6-69 所示。

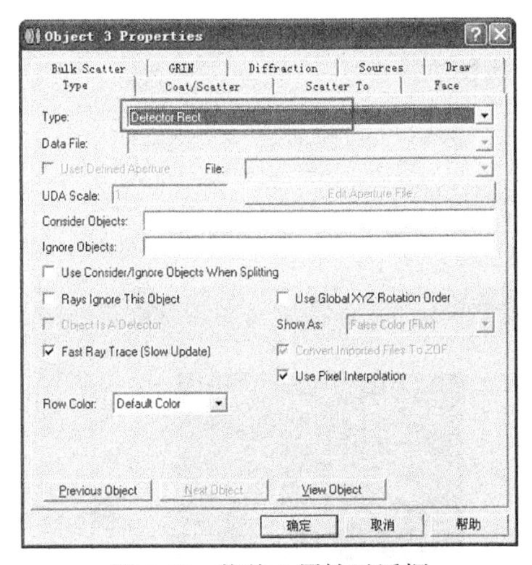

图 6-69 物体 3 属性对话框

（2）在物体#3 的编辑栏中输入以下参数：

Z Position： 800

Material：Blank （do not type the word “Blank” but leave the cell empty 不要输入单词“空白”，让它空置）

X Half Width：150

Y Half Width：150

X Pixels：150

Y Pixels：150

Color：1（detector displays inverse greyscale 探测器显示反转灰度）

所有其他参数为默认值，如图 6-70 所示。

（3）打开 Layout 的 YZ 平面视图显示，如图 6-71 所示。

Non-Sequential Component Editor

	Object Type	X Half Width	Y Half Width	# X Pixels
1	Standard Sur..	100.000	-1.000	150.000
2	Source Filam..	20	5000000	1.000
3	Detector Rect	150.000	150.000	150

图 6-70　输入物体 3 参数

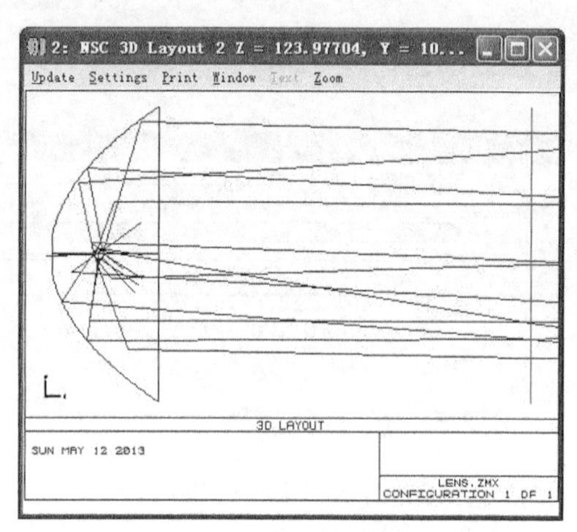

图 6-71　YZ 平面视图

观察 Layout 图发现光线通过探测器。由于材料是空气（编辑器中的探测器材料空白），探测器是完全透明的。

6.2.6　跟踪分析光线探测器

要观察到探测器的光强，需要打开检测器查看器。

步骤 7：分析光线探测器。

（1）菜单栏选择“Analysis→Detectors→Detector Viewer”。如图 6-72 所示。

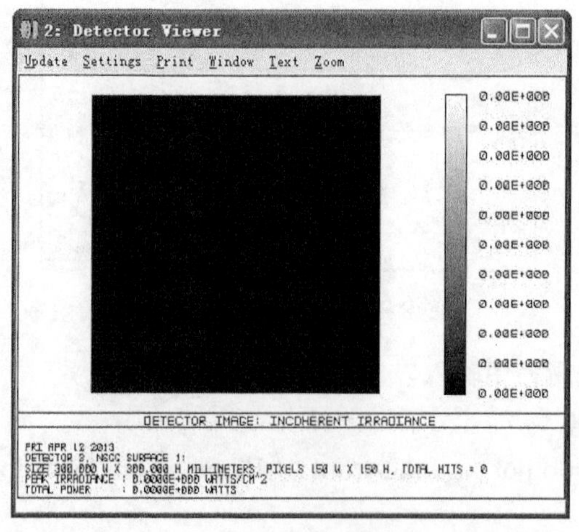

图 6-72　检测器查看器

我们会发现探测器视图的总功率为 0 的空白，尽管在 Layout 中看到光线到达探测器。这是因为 Layout 和探测器的光线追踪是分开的。我们需要跟踪分析光线（# Analysis Rays）到探测器上以得到结果。该追溯到探测器中的光线数在线光源编辑器中参数列“#分析的射线”（# Analysis Rays）被指定，这通常是一个很大的数字：在这种情况下是 500.00 万。

注意： Layout 光线不影响探测器浏览器的结果，只有分析光线才影响。

（2）要追迹到达探测器的光线，单击菜单栏“Analysis→Detectors→Ray Trace / Detector Control”，打开“Detector Control Surface 1”对话框。如图 6-73 所示。

（3）在“Detector Control Surface 1”对话框中，单击“Clear Detector”按钮将探测器清零。

（4）清除完成，单击“Trace→Exit”完成操作。

（5）更新探测器查看器。探测器视图将显示辐射分布，展示由灯丝光源引起的热点。如图 6-74 所示。

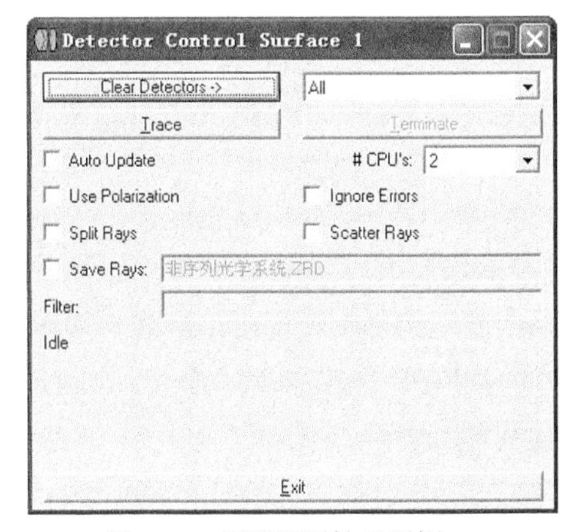

图 6-73 探测器属性对话框

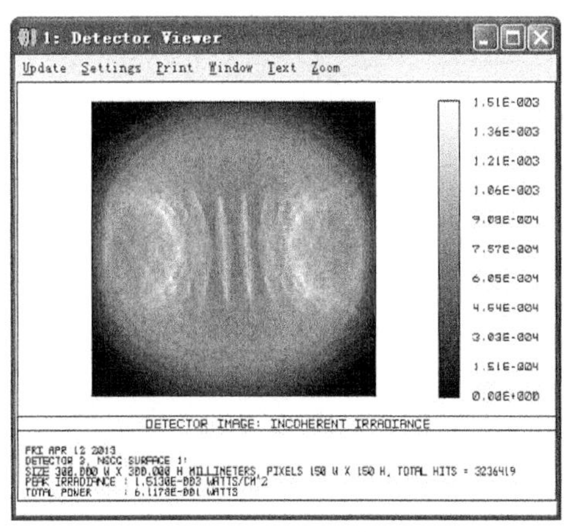

图 6-74 灯丝光源引起的热点

如果你的“Detector Viewer”看上去不同，打开探测器视图设置窗口，设置如图 6-75 所示。

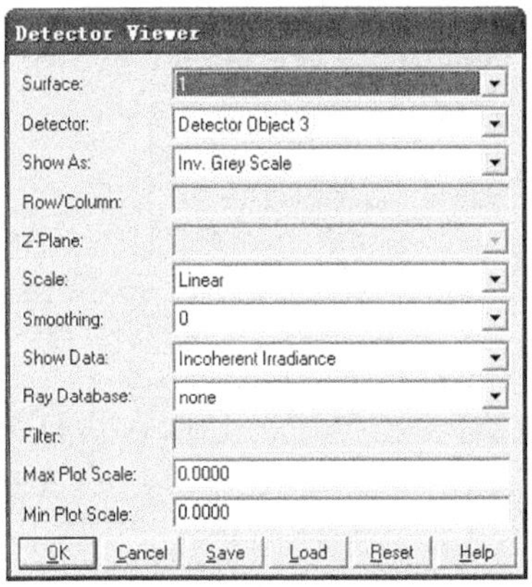

图 6-75 探测器视图设置窗口

也可以在“NSC Shaded Model”特性对话框中通过选择最后的分析颜色的像素“Color pixels by last analysis”设置选项看到检测微量选择结果。如图 6-76、图 6-77 所示。

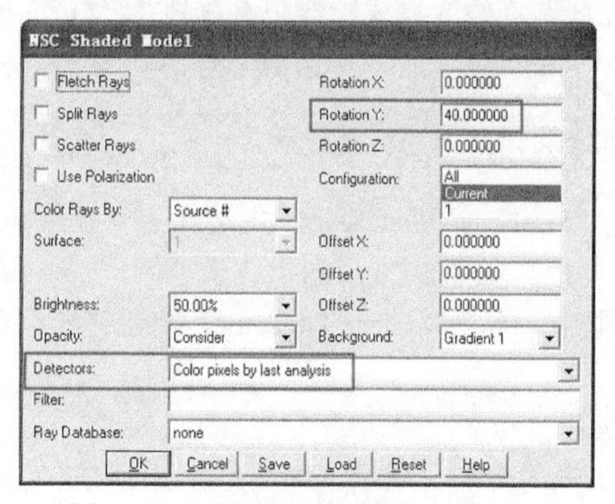

图 6-76　NSC 阴影模型特性对话框

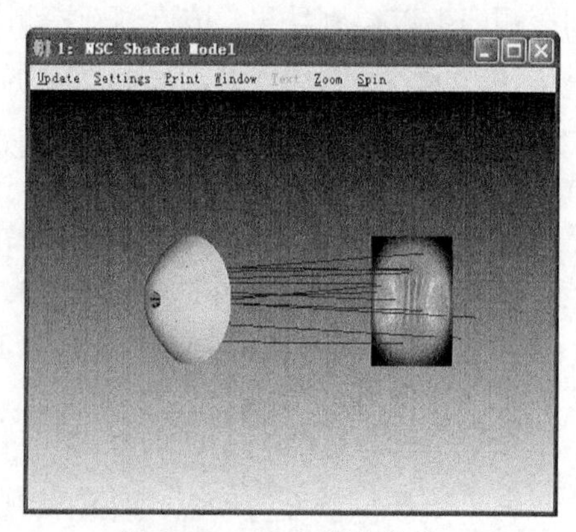

图 6-77　NSC 阴影模型

6.2.7　增加凸透镜

现在已经有了 1 个光源和 1 个反射镜，我们将在探测器右侧（+Z 轴上）10 mm 处再增加 1 个折射普莱诺——凸透镜镜头。

步骤 8：增加折射凸透镜。

（1）按“Ctrl+Ins”组合键，在编辑器中探测器后面插入 1 行。

（2）在新插入的物体#4 的对象类型“Object type”栏双击鼠标左键，在弹出“Object 4 Property”对话框中，“Type”栏选择标准镜头“Standard Lens”。如图 6-78 所示。

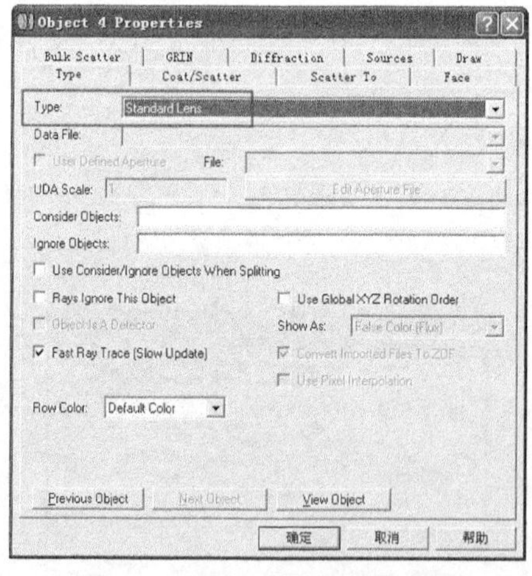

图 6-78　物体 4 的属性对话框

（3）在物体#4 的编辑栏中输入以下参数（如图 6-79 所示）：

RefObject：3'

Z Position：10

Material：N-BK7

Radius 1：300

Clear1：150

Edge 1：150

Thickness：70

Clear2：150

Edge 2：150

Non-Sequential Component Editor

Edit Solves Errors Detectors Database Tools View Help

Object Type	Conic 1	Clear 1	Edge 1	Thickness
1 Standard ..	-1.000	150.000	20.000	
2 Source Fi..	5000000	1.000	0	0
3 Detector ..	150.000	150	150	0
4 Standard ..	0.000	150.000	150.000	70.000

图 6-79　输入物体 4 参数

（4）更新“NSC 3D Layout”图，如图 6-80 所示。

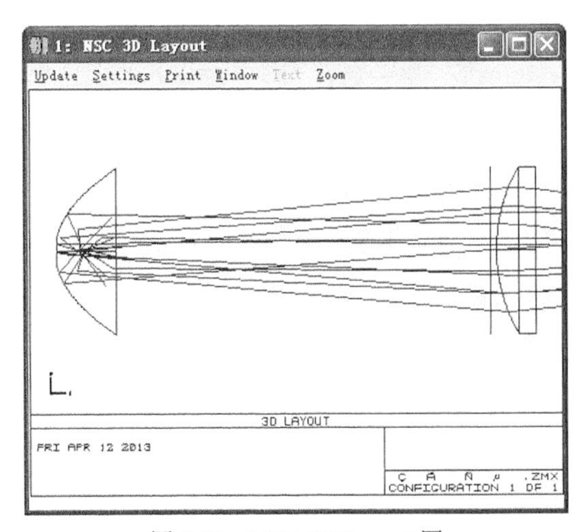

图 6-80　NSC 3D Layout 图

注意：我们引用探测器镜头的位置是通过输入的参考对象列 Ref Object 的值 3，并规定 Z 位置的值为 10 实现，而不是参照全局顶点（参考对象 Ref Object=0），并指定 Z 位置参数 810 毫米实现。

以探测器为参照定位镜头，镜头将永远是在探测器的右方 10 毫米（+Z）而不论探测器的位置。这就是相对的对象位置在非连续模式中指定。

步骤 9：另设探测器在标准镜头右方 650 毫米处（+Z）

（1）按“Ctrl+Ins”组合键，在编辑器中插入对象“#5”。

（2）在对象“#5”的类型“Object type”栏双击鼠标左键，在弹出“Object 5 Property”对话框中，“Type”栏选择“Detector Rect”。如图 6-81 所示。

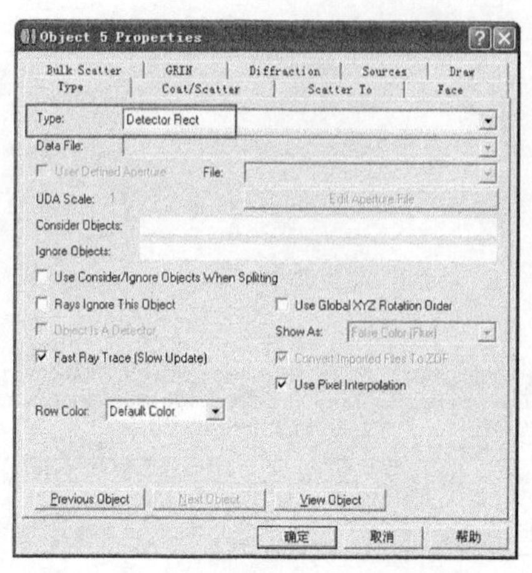

图 6-81 增加第 2 个探测器

（3）在第 2 个探测器编辑栏中输入以下参数：

Ref Object：4

Z Position：650

Material：Blank

X Half Width：100

Y Half Width：100

X Pixels：150

#Y Pixels：150

Color：1

所有其他参数默认，如图 6-82 所示。

（4）更新 NSC 3D 视图，如图 6-83 所示。

Non-Sequential Component Editor

Edit Solves Errors Detectors Database Tools View Help

	Object Type	X Half Width	Y Half Width	# X Pixels	# Y Pixels
1	Standard ..	100.000	-1.000	150.000	20.000
2	Source Fi..	20	5000000	1.000	0
3	Detector ..	150.000	150.000	150	150
4	Standard ..	300.000	0.000	150.000	150.000
5	Detector ..	100.000	100.000	150	150

图 6-82 输入第 2 个探测器参数

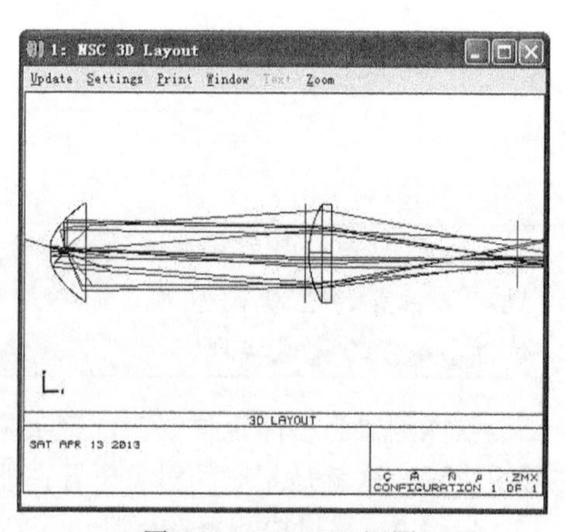

图 6-83 NSC 3D 视图

6.2.8 光线跟踪分析和偏振损耗

步骤 10：光线追迹分析。

（1）菜单栏单击“Analysis→Detectors→Detector Viewer”打开第 2 个探测器查看窗口，

并设置，如图 6-84 所示。

现在，我们已经准备好跟踪分析光线探测器。由于 N-BK7 镜头是没有镀膜的，因此需要考虑它的反射损失（菲涅尔反射），所以需要在 Detector Control 窗口中选择“使用两极分化”（Use Polarization）选项。

注意：我们无法在此时间将光线进行分束，所以考虑了反射损失，但反射的能量没有得到传播。单击“Split Rays“将创建子射线带走反射的能量。

（2）菜单栏单击“Analysis→Detectors→Ray Trace/DetectorControl”，在打开的“DetectorControl Surface 1”对话框中设置，如图 6-85 所示。

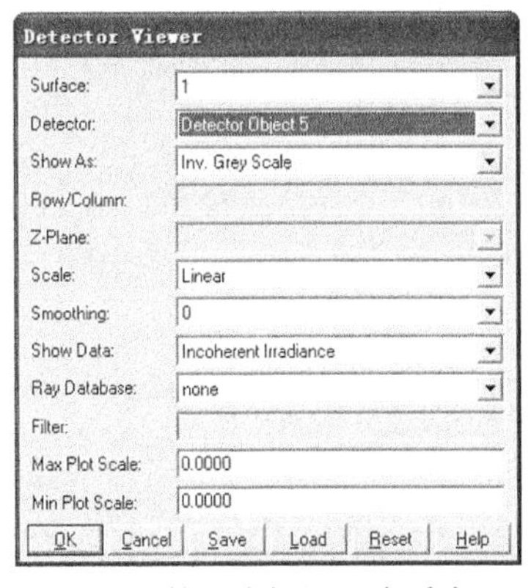

图 6-84 第二个探测器查看窗口

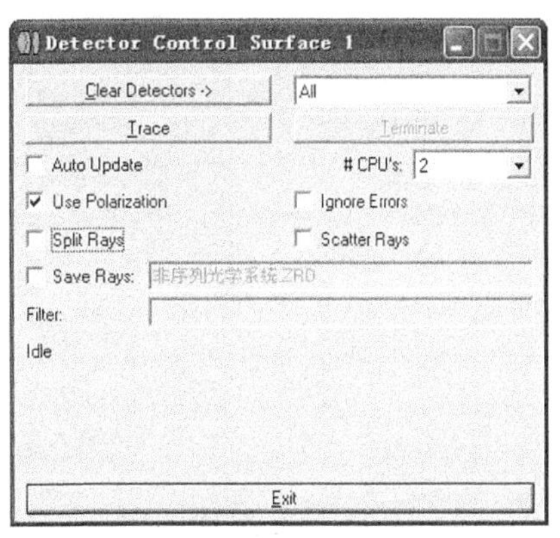

图 6-85 DetectorControl Surface 1 对话框

（3）打开检测器查看器。在检测器查看器报告中的总功率说明镜头的反射损失和大量的体吸收。如图 6-86 所示。

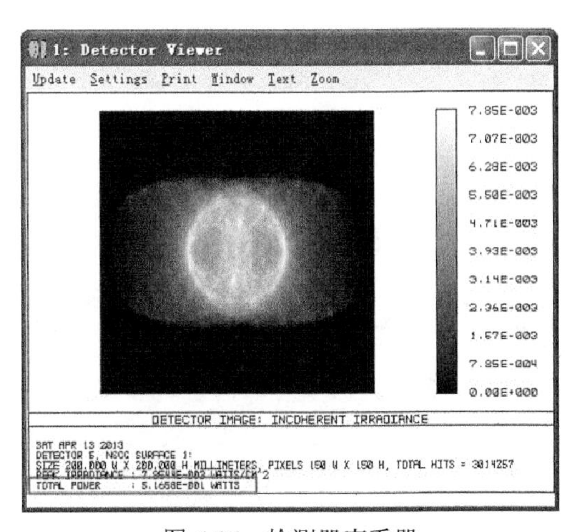

图 6-86 检测器查看器

6.2.9 增加矩形 ADAT 光纤

最后，我们将在第 5 个面（探测器）的右方（+Z）20 毫米处增加 1 个矩形 ADAT 光纤。

步骤 11：增加矩形 ADAT 光纤。

（1）按“Ctrl+Ins”组合键，在编辑器中插入对象 6。

（2）在新插入的物体#6 的对象类型“Object type”栏双击鼠标左键，在弹出“Object 6 Property”对话框中，“Type”栏选择标准镜头“Rectangular Volume”。如图 6-87 所示。

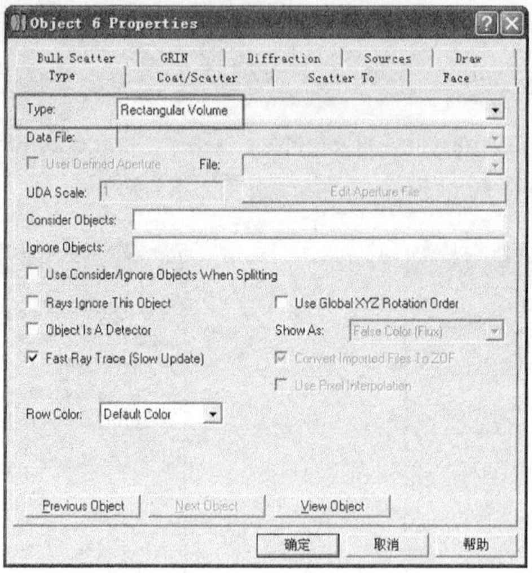

图 6-87　物体 6 属性对话框

（3）在对象#6 的编辑栏中输入以下参数：

Ref Object：-1

Z Position：20

Material：Acrylic

X 1 Half Width：70

Y1 Half Width：70

Z Length：2000

X2 Half Width：70

Y2 Half Width：70

所有其他参数设为默认，如图 6-88 所示。

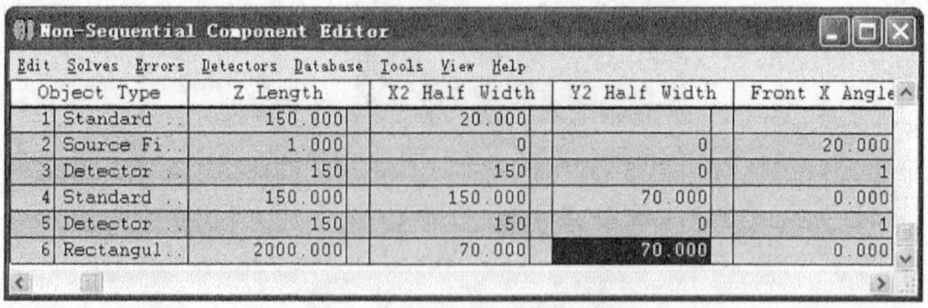

Object Type	Z Length	X2 Half Width	Y2 Half Width	Front X Angle
1 Standard ..	150.000	20.000		
2 Source Fi..	1.000	0	0	20.000
3 Detector ..	150	150	0	1
4 Standard ..	150.000	150.000	70.000	0.000
5 Detector ..	150	150	0	1
6 Rectangul..	2000.000	70.000	70.000	0.000

图 6-88　输入对象 6 参数

当输入压克力材料类型，可能会弹出如下信息。单击“是”按钮，ZEMAX 将添加有丙烯酸材料的文件到玻璃目录。如图 6-89 所示。

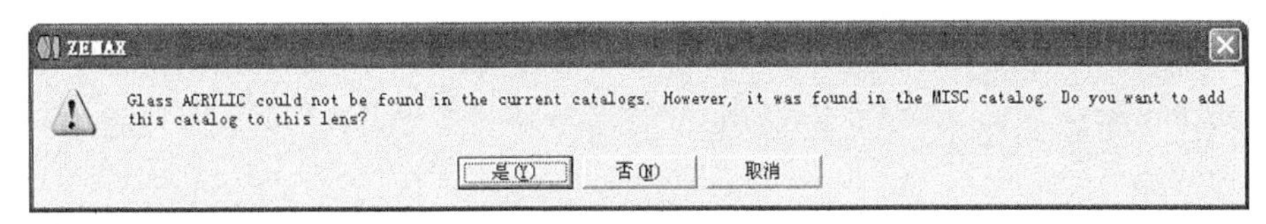

图 6-89 弹出信息

这一次，我们确定了参考对象（Ref Object）的参数为“–1”，这代表了编辑器前一个对象（比如对象#5）。这和在上述列输入参数 5 等效。在编辑器中对同一个或不同一个非序列的复制或粘贴时，用负数指定相对参考对象时是非常有用的。

步骤 12：增加探测器对象（Detector Rect）#7。

（1）按“Ctrl+Ins”组合键，在编辑器中插入对象#7。

（2）在对象#7 的“Object type”栏双击鼠标左键，在弹出“Object 7 Property”对话框中，“Type”栏选择标准镜头“Detector Rect”。如图 6-90 所示。

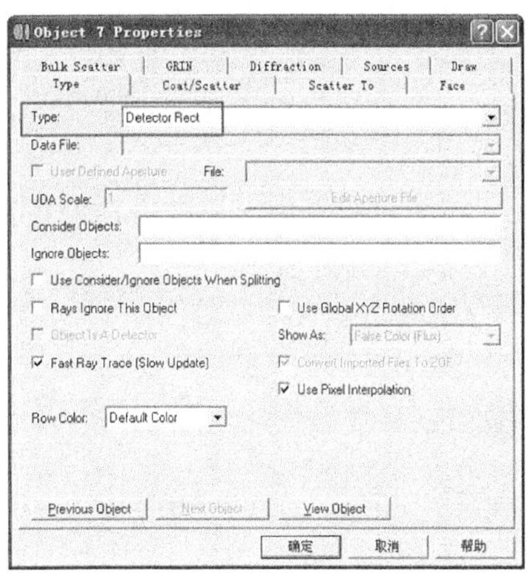

图 6-90 物体#7 属性对话框

（3）在物体#7 的编辑栏中输入以下参数：

Ref Object：–1（使用相对对象 Rectangular Volume 作为参考）

Z Position：0（这个量以后再赋值）

Material：Absorb

X Half Width：100

Y Half Width：100

X Pixels：150

Y Pixels：150

Color：1

所有其他参数设为默认，如图 6-91 所示。

（4）更新 NSC 3D Layout 图，如图 6-92 所示。

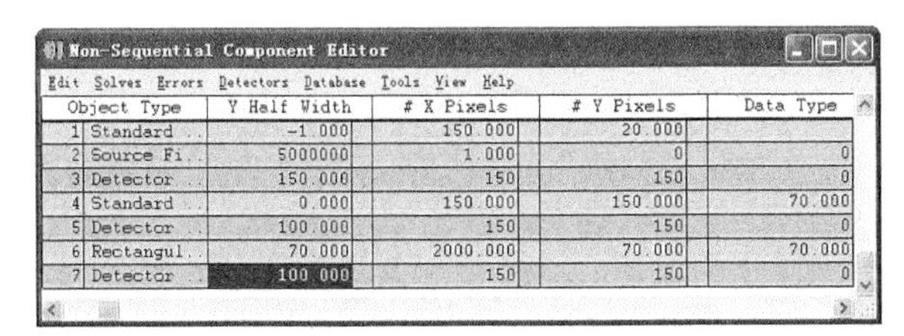

Non-Sequential Component Editor

	Object Type	Y Half Width	# X Pixels	# Y Pixels	Data Type
1	Standard ..	-1.000	150.000	20.000	
2	Source Fi..	5000000	1.000	0	0
3	Detector ..	150.000	150	150	0
4	Standard ..	0.000	150.000	150.000	70.000
5	Detector ..	100.000	150	150	0
6	Rectangul..	70.000	2000.000	70.000	70.000
7	Detector ..	100.000	150	150	0

图 6-91 对象#7 参数值

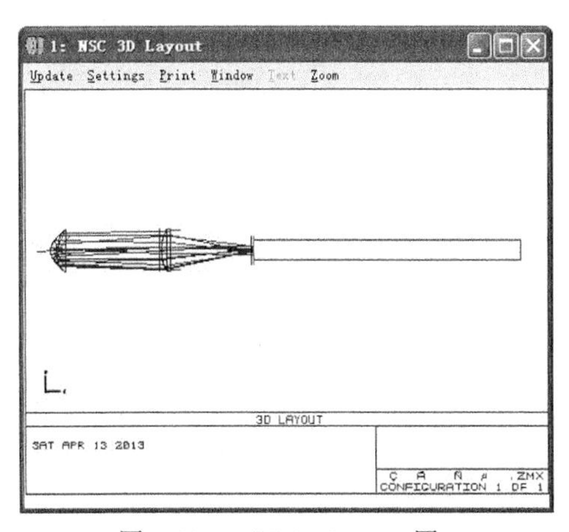

图 6-92 NSC 3D Layout 图

视图明显显示，该材料的类型设置为吸收后使探测器的不透明，而不是透明的。

6.2.10　使用跟随解定位探测器

由于我们所引用的检测器#7 以 Rectangular Volume 作为参考，并设置 Z 位置为 0，所以该探测器是位于的矩形光管前表面。我们希望把这个探测器放置在矩形光管右方 10 毫米处（+ ž），因此 Z 位置值应取 2010 毫米（矩形右方 10 mm）。如果我们改变矩形光管 Rectangular Volume 厚度为不同的值，探测器#7 的 Z 位置也应有所改变。

为方便，不在编辑器中输入值 2010，我们将为探测器的 Z 位置设置。然后，不管对象 6 的厚度为何值，对象 7 的 Z 位置值会自动相对于#6 加 10。

（1）把鼠标放置在编辑器物体#7 的 ZPosition 位置，双击左键打开解对话窗口。如图 6-93 所示。

（2）在打开解对话框中设置参数，如图 6-94 所示。

Non-Sequential Component Editor

Edit Solves Errors Detectors Database Tools View Help

	Object Type	Y Position	Z Position	Tilt About X	Tilt About Y
1	Standard ..	0.000	0.000	0.000	0.000
2	Source Fi..	0.000	50.000	0.000	90.000
3	Detector ..	0.000	800.000	0.000	0.000
4	Standard ..	0.000	10.000	0.000	0.000
5	Detector ..	0.000	650.000	0.000	0.000
6	Rectangul..	0.000	20.000	0.000	0.000
7	Detector ..	0.000	0.000	0.000	0.000

双击鼠标左键

图 6-93　物体#7 的 ZPosition 位置

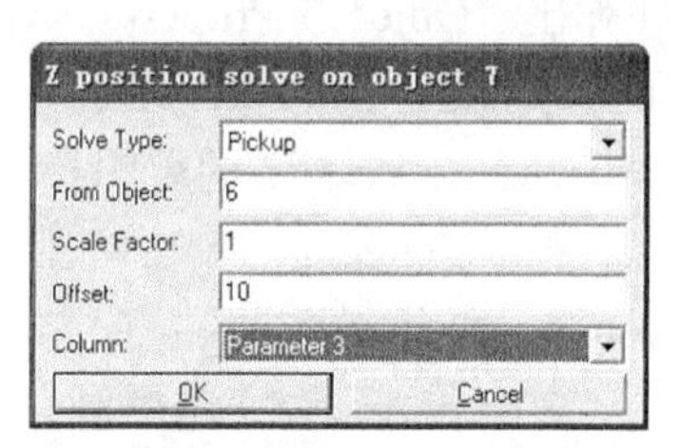

图 6-94　物体#7 解对话框

参数#0 在非序列元件编辑器对应的“Material”一栏，所以对于 Rectangular Volume 对象，参数#3 对应为“Z Length”。

操作完成后，编辑框右侧出现“P”，表示设置了跟随解。如图 6-95 所示。

Non-Sequential Component Editor

Edit Solves Errors Detectors Database Tools View Help

	Object Type	X Position	Y Position	Z Position		Tilt About X
1	Standard ..	0.000	0.000	0.000		0.000
2	Source Fi..	-10.000	0.000	50.000		0.000
3	Detector ..	0.000	0.000	800.000		0.000
4	Standard ..	0.000	0.000	10.000		0.000
5	Detector ..	0.000	0.000	650.000		0.000
6	Rectangul..	0.000	0.000	20.000		0.000
7	Detector ..	0.000	0.000	2010.000	P	0.000

图 6-95　物体#7 设置了跟随解

6.2.11　整个系统光线追迹

步骤 13：光线追踪整个系统。

（1）单击菜单栏“Analysis→Detectors→Ray Trace / Detector Control”，打开“Detector Control Surface 1”对话框。如图 6-96 所示。

（2）在“Detector Control Surface 1”对话框中，单击“Clear Detector”按钮将探测器清零。清除完成，选中“Use Polarization”选项并单击“Trace→Exit”按钮完成操作。

（3）菜单栏选择“Analysis→Detectors→Detector Viewer”。打开探测器查看器。如图6-97所示。

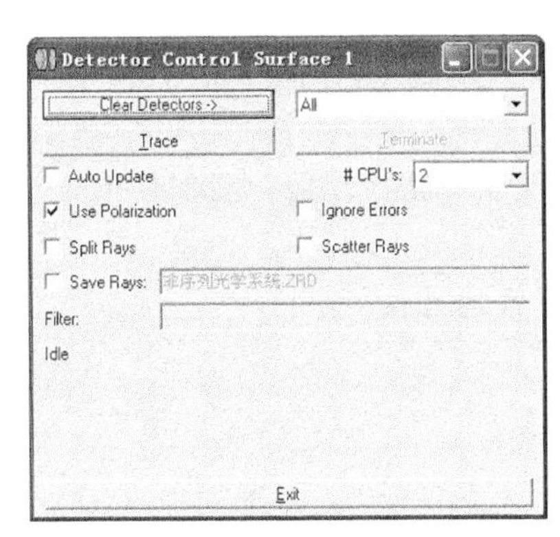

图 6-96　探测器属性对话框

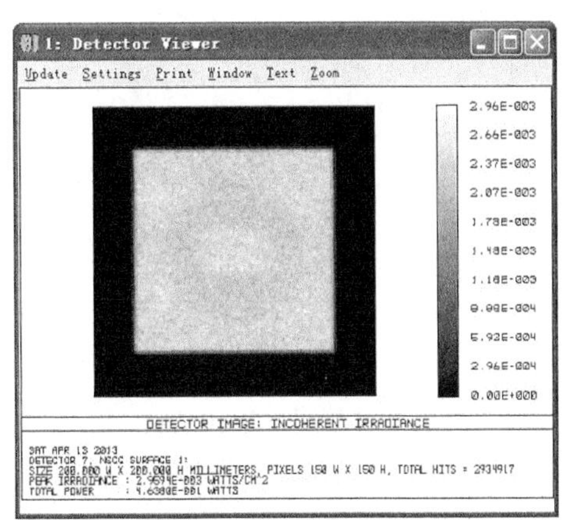

图 6-97　物体#7 探测器检测器

探测器视图显示光管有效去除了热点，使得非相干辐射分布几乎均匀。如图 6-98 所示。

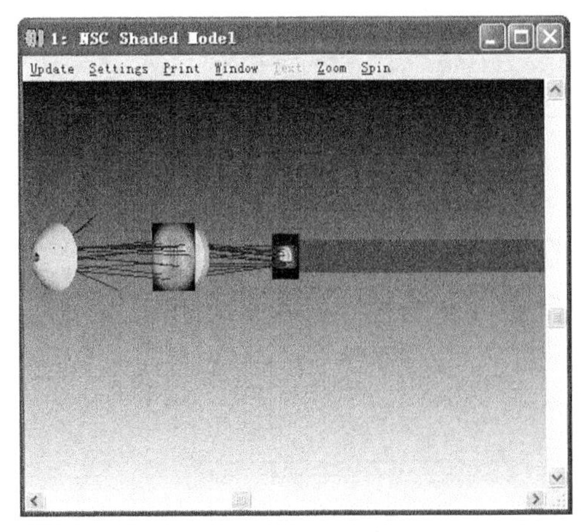

图 6-98　NSC 阴影模型图

NSC 阴影模型可以给出检测跟踪结果。对于上面 NSC 阴影模型图，ZEMAX 软件多重配置能力是用来显示相同的视图中带或不带探测器的结果（在此不具体讨论如何实现）。

6.3　将序列面改成非序列物体

在优化、分析和公差分析一个序列光学系统后，通常需要将它转换成一个非序列系列系统，尤其在需要详细观察光学结构杂散光的问题中，这种需求更为明显。

6.3.1　转变 NSC 的工具

在序列 ZEMAX 中有一个方便的工具，这个工具自动的将一系列表面转换成非序列系统中对应的物体。可以将最常用的表面类型，如标准面、表面孔径、坐标轴断点转换成非序列元件组。

但是，也存在一些特殊情况，序列表面不存在对应的非序列等价物因此无法转换；还有一些结构无法转换或者说 ZEMAX 还不支持。因此，在使用这个工具时一定要仔细检查转换透镜。

一旦透镜成功转换，就容易增加 CAD 模拟的物体来代表底座、挡板、孔径光阑等，也可以仔细观察系统的光学原件和结构元件的相互作用。

接下来我们详细地做一遍这个过程来说明如何实现这个转换功能。我们使用 Cooke Triplet 样例文件。

最终文件：第 6 章\序列改成非序列.zmx

ZEMAX 设计步骤。

步骤 1： 打开根目录文件。

（1）打开计算机系统盘。

（2）在系统盘里单击打开【ZEMAX→Samples→Sequentia→Objectives→Cooke 40 degree field.zmx】。

（3）在快捷按钮栏单击“L3d”，打开 3D 视图。如图 6-99 所示。

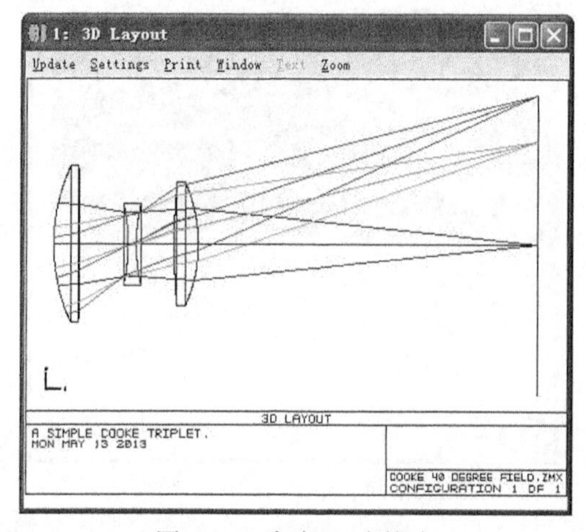

图 6-99　库克 40 度镜头

6.3.2　初始结构

这个练习的目标是将面#1 到面#6 转换成对应的非序列元件并在当前像面（面#7）的位置处放置一个非序列探测器。我们也同样会放置一个非序列光源来代替物空间的轴上的光束。这一切将使我们确信系统能够正常工作。

完成转换之后，ZEMAX 将在“Lens Data Editor”中建立一个“非序列表面”，这个表面将包含所有非序列元件，如此使系统成为“混合模式”（带端口的非序列系统）。在一个混合模式系统中，非序列组之外（即非序列表面类型之外）光线按系列追迹，而在内部是非序列追迹。

现在，“孔径光阑表面”的概念只适合序列光线追迹。这是因为在序列光线追迹中，光线一开始是入射到入瞳（孔径光阑的像面）上或者是孔径光阑自身上的，则只有序列表面可以设置为系统的孔径光阑。孔径光阑表面必须处于光学设计的非序列部分的前面。

在 Cooke triplet 这个例子中，孔径光阑表面也包含在系统中，因此，我们必须将当前孔径光阑的位置移至位于第一个我们想要转换的透镜之前的模拟靶的位置。

同样，在转换成非序列设计之前，所有的半径要被固定（在半径后设量“U”）。在这个例子中半径的值是按默认固定的。

步骤 2： 编辑参数。

（1）按“Insert”键在当前表面#1 之前插入 1 个模拟靶。如图 6-100 所示。

Lens Data Editor

Edit Solves View Help

Surf:Type		Radius		Thickness		Glass		Semi-Diameter	
OBJ	Standard	Infinity		Infinity				Infinity	
1	Standard	Infinity		0.000				9.190	
2*	Standard	22.014	V	3.259	V	SK16		9.500	U
3*	Standard	-435.760	V	6.008	V			9.500	U
4*	Standard	-22.213	V	1.000	V	F2		5.000	U
*	Standard	20.292	V	4.750	V			5.000	U
6*	Standard	79.684	V	2.952	V	SK16		7.500	U
7*	Standard	-18.395	M	42.208	V			7.500	U
IMA	Standard	Infinity		-				18.173	

图 6-100 插入一个模拟靶

（2）双击模拟靶表面的“Type”栏打开表面特性（Surface Property）窗口。在表面特性窗口中将模拟靶设置为孔径光阑。如图 6-101 所示。

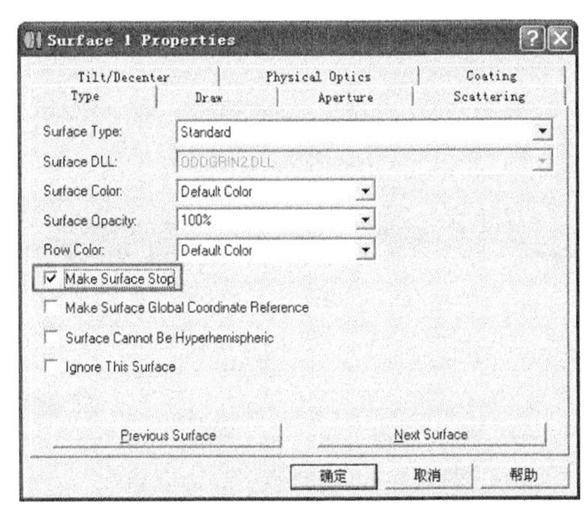

图 6-101 将模拟靶设置为孔径光阑

（3）单击“OK”按钮完成后，Lens Data Editor 将在模拟靶表面旁边显示“STO”，表示这个面是一个孔径光阑。如图 6-102 所示。

Lens Data Editor

Edit Solves View Help

Surf:Type		Radius		Thickness		Glass		Semi-Diameter	
OBJ	Standard	Infinity		Infinity				Infinity	
STO	Standard	Infinity		0.000				5.000	
2*	Standard	22.014	V	3.259	V	SK16		9.500	U
3*	Standard	-435.760	V	6.008	V			9.500	U
4*	Standard	-22.213	V	1.000	V	F2		5.000	U
5*	Standard	20.292	V	4.750	V			5.000	U
6*	Standard	79.684	V	2.952	V	SK16		7.500	U
7*	Standard	-18.395	M	42.208	V			7.500	U
IMA	Standard	Infinity		-				18.922	

图 6-102 模拟靶旁边显示“STO”

6.3.3　使用转换工具

步骤 3：转换系统。

（1）在菜单栏单击“Tools→Miscellaneous→Convert to NSC Group”，打开转换工具。如图 6-103 所示。

（2）在转换成 NSC 组的工具中，进行设置，如图 6-104 所示。

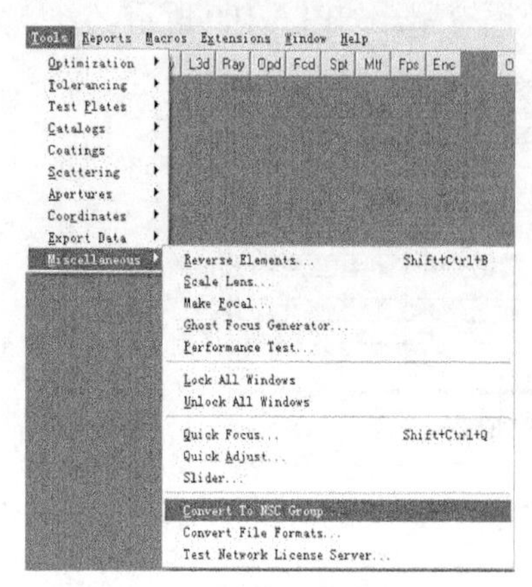

图 6-103　转换工具菜单项

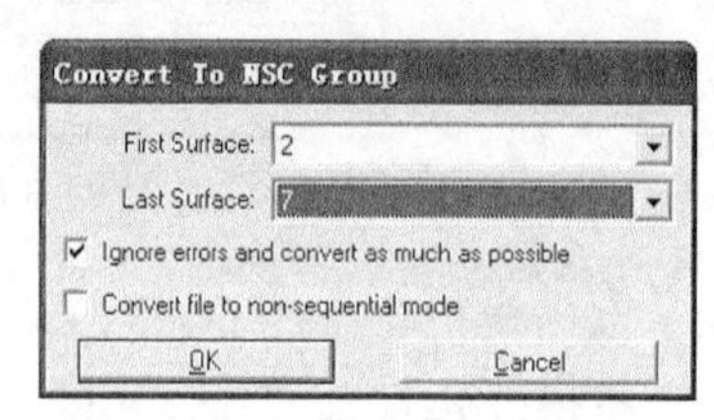

图 6-104　设定表面 2 到表面 7

（3）单击“OK”按钮，完成转换。

现在转换成了一个混合模式系统，或者说是带端口的非序列系统，这是由“Lens Data Editor”中的非序列面决定的。如图 6-105 所示。

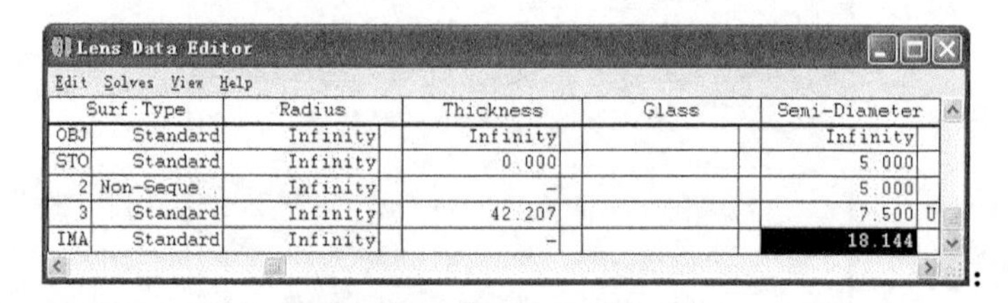
Lens Data Editor

Edit Solves View Help

	Surf:Type	Radius	Thickness	Glass	Semi-Diameter
OBJ	Standard	Infinity	Infinity		Infinity
STO	Standard	Infinity	0.000		5.000
2	Non-Seque..	Infinity	-		5.000
3	Standard	Infinity	42.207		7.500 U
IMA	Standard	Infinity	-		18.144

图 6-105　转换成了混合模式

接下来，我们将这个系统转换成一个纯净的非序列系统而不是一个混合模式系统。

（4）在文件菜单中单击“Non-Sequential Mode”，如图 6-106 所示。

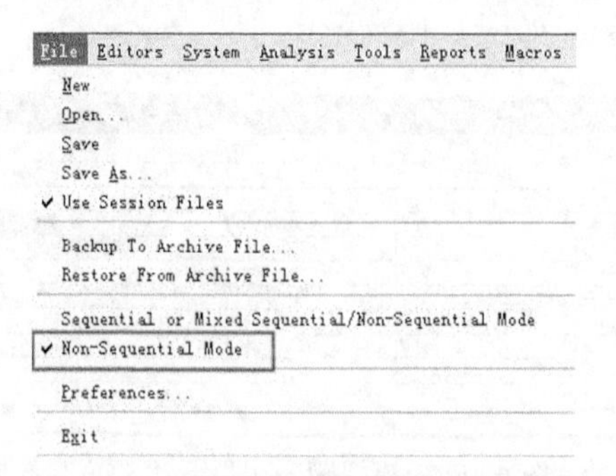

图 6-106　菜单栏选择纯净非序列系统

（5）在弹出转换对话框中单击“是”按钮，完成转换，如图 6-107 所示。

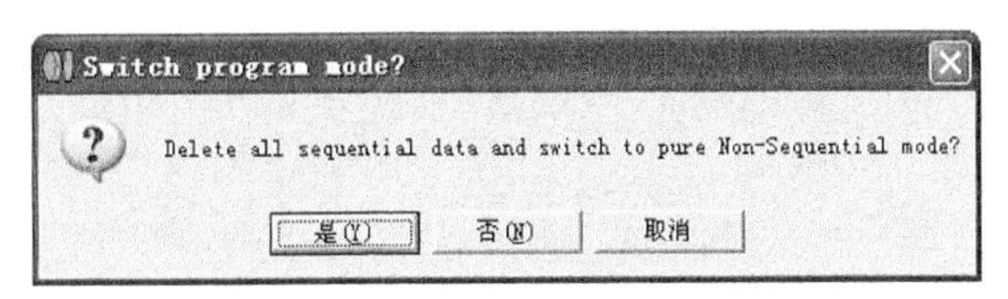

图 6-107 转换设计模式对话框

转换成纯非序列模式后，没有了透镜数据编辑器（Lens Data Editor），只有序列 Cooke Triplet 文件中与之对应的所有非序列元件。如图 6-108 所示。

Non-Sequential Component Editor

Edit Solves Errors Detectors Database Tools View Help

	Object Type	Comment	Ref Object	Inside Of
1	Standard ..	surfaces 2-3	0	0
2	Standard ..	surfaces 4-5	0	0
3	Standard ..	surfaces 6-7	0	0

图 6-108 非序列元件编辑栏

（6）打开 3D 外形图，如图 6-109 所示。

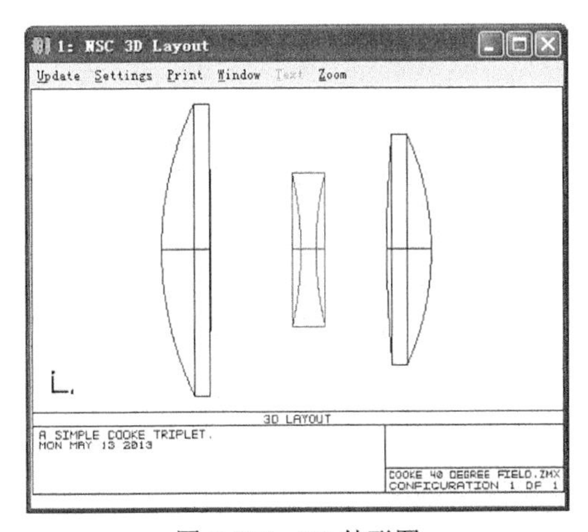

图 6-109 3D 外形图

图中看到透镜转换正确。

6.3.4 插入非序列光源

序列系统有一个直径为 10 个透镜单位的入瞳。要产生同样的轴上入射光束，我们需要在第一透镜左边放置一个同样大小的经过准直的、圆形的非序列光源。

步骤 4：插入非序列光源。

（1）在非序列元件编辑器中插入新对象#4，如图 6-110 所示。

（2）双击#4 的“Object type”栏打开对象特性（Object Property）窗口。在对象特性窗口中设置#4 类型为“Source Ellipse（椭圆光源）”。如图 6-111 所示。

Non-Sequential Component Editor

Edit Solves Errors Detectors Database Tools View Help

	Object Type	Comment	Ref Object	Inside Of
1	Standard ..	surfaces 2-3	0	0
2	Standard ..	surfaces 4-5	0	0
3	Standard ..	surfaces 6-7	0	0
4	Null Object		0	0

图 6-110　插入对象#4

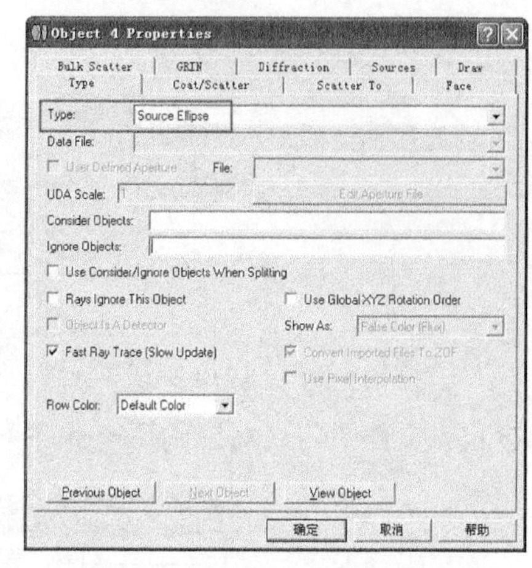

图 6-111　设置#4 为椭圆光源

（3）在编辑器中，输入#4 参数如下，并将所有其他物体设为默认（如图 6-112 所示）。

Z Position：–10（由于是经过准直，因此只要它在第一块透镜的左边任何位置都可以）

Layout Rays：10

Analysis Rays：100000

X Half Width：5

Y Half Width：5

Non-Sequential Component Editor

Edit Solves Errors Detectors Database Tools View Help

	Object Type	# Layout Rays	# Analysis Rays	X Half Width	Y Half Width
1	Standard ..	22.014	0.000	-435.760	0.000
2	Standard ..	-22.213	0.000	20.292	0.000
3	Standard ..	79.684	0.000	-18.395	0.000
4	Source El..	10	100000	5.000	5.000

图 6-112　输入#4 参数

（4）更新 3D 视图，如图 6-113 所示。

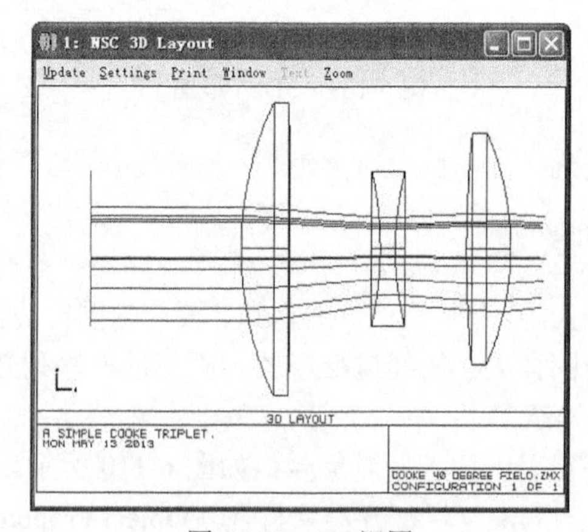

图 6-113　3D 视图

图中显示光源发出 10 条分析光线，说明光线追迹正确。

6.3.5 插入探测器物体

现在我们需要在系列像面的同样位置放置一个探测器。在透镜数据编辑器中可以看出，序列像面是在第 1 个表面的右侧 60.177 距离处。

由于在非序列系统中，第 1 块透镜（物镜#1）在全局坐标原点处（也就是 Z 坐标参数为 0），因此我们需要在 Z 位置坐标+60.177 处放置探测器。

步骤 5： 放置探测器物体。

（1）在非序列元件编辑器中插入物体#5。

（2）双击#5 的“Object type”栏打开对象特性（Object Property）窗口。在对象特性窗口中设置#5 类型为“Detector Rect（矩形探测器）”。如图 6-114 所示。

（3）设置矩形探测器物体参数（如图 6-115 所示）。

Z Position：60.177

X Half Width：0.01

Y Half Width：0.01

X Pixels：100

Y Pixels：100

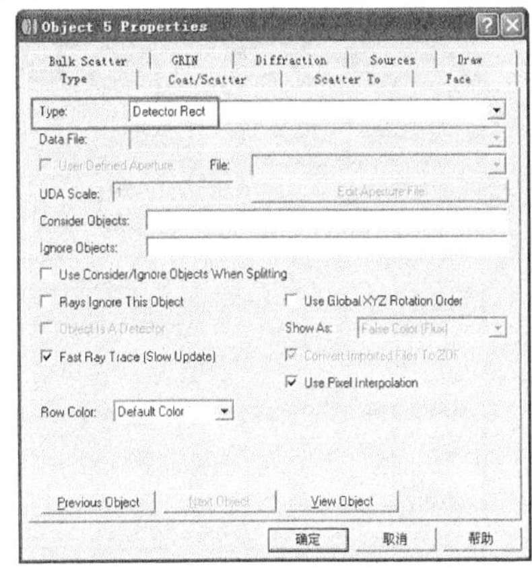

图 6-114 设置#5 为矩形探测器

Non-Sequential Component Editor

Edit Solves Errors Detectors Database Tools View Help

	Object Type	Y Position	Z Position	Tilt About X
1	Standard ..	0.000	0.000	0.000
2	Standard ..	0.000	9.267	0.000
3	Standard ..	0.000	15.017	0.000
4	Source El..	0.000	-10.000	0.000
5	Detector ..	0.000	60.177	0.000

图 6-115 探测器物体参数

（4）更新的 3D 视图，如图 6-116 所示。

步骤 6：“Detector Viewer”几何分析。

（1）菜单栏单击“Analysis→Detectors→Detector Viewer”。打开“Detector Viewer”显示的是空白窗口，如图 6-117 所示。

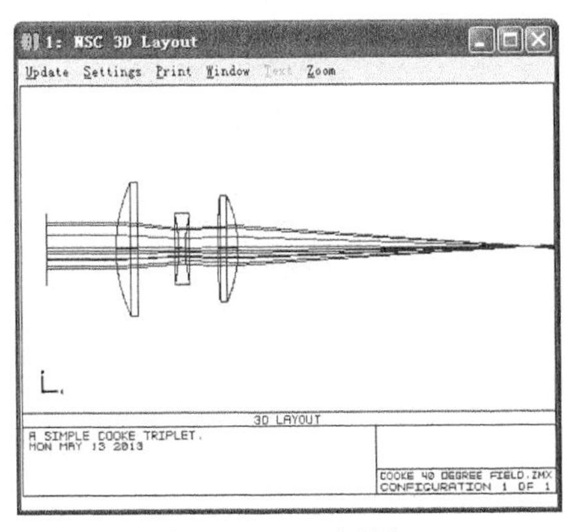

图 6-116 3D 视图

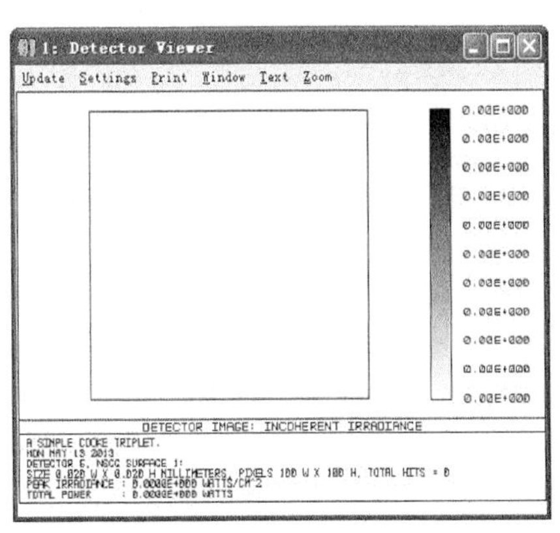

图 6-117 空白探测器视图

我们需要追迹到达探测器的分析光线来了解到达探测器的光能量。ZEMAX 将追迹 100 000 条光线，这在 Source Ellipse 的编辑器中的“# Analysis Rays”参数中设置了。

（2）菜单栏单击“Analysis→Detectors→Ray Trace / Detector Control”，在打开“Detector Control Surface 1”对话框中，单击“Clear Detector”按钮将探测器清零。如图 6-118 所示。

（3）清除完成，单击“Trace→Exit”按钮完成操作。

（4）更新 Detector Viewer 视图，如图 6-119 所示。

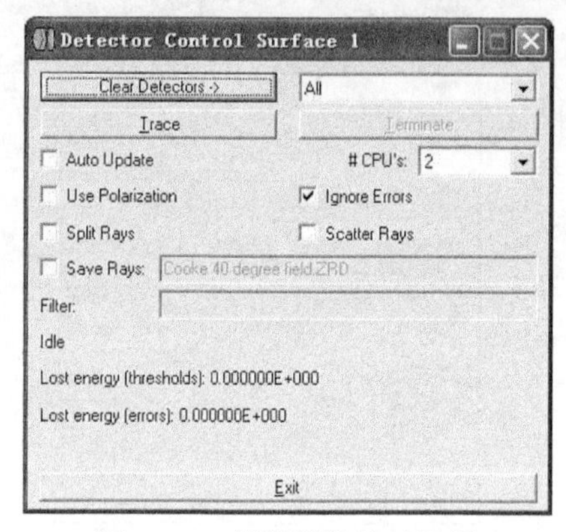

图 6-118　探测器特性对话框

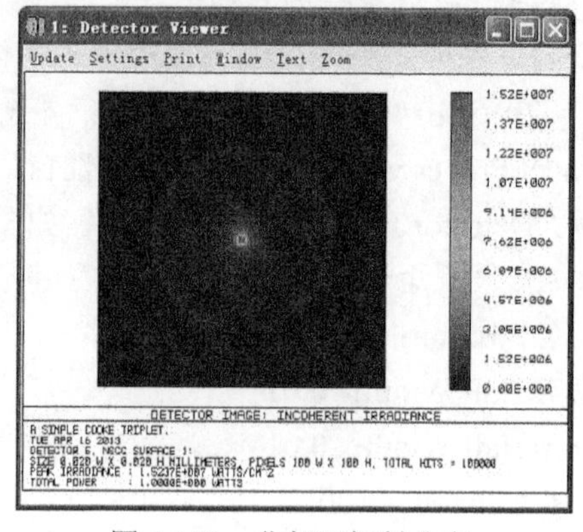

图 6-119　非相干辐射分布

Detector Viewer 现在显示的是非相干辐射分布。

如果你没有看到同样的输出结果，查看一下 Detector Viewer 的设置与图 6-120 是否相同。

在 Detector Viewer 中显示的分布是响应的序列轴上几何点列图。也可以打开序列 ZEMAXZ 中的点列图比较结果。如图 6-121 所示。

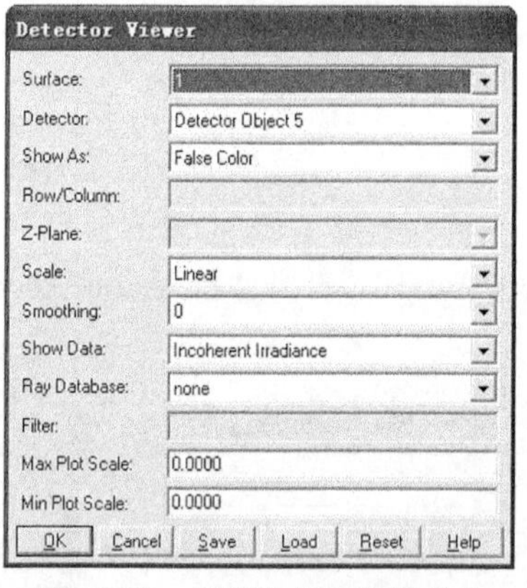

图 6-120　设置非相干辐射分布

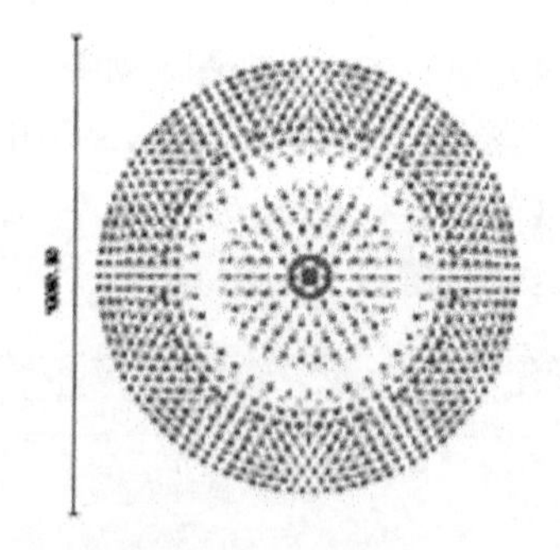

图 6-121　点列图

到目前为止，我们已经在系列和非序列系统中比较了几何光线追迹的结果。我们同样可以做衍射计算的比较，特别是用 Huygen's 点扩散函数计算。

步骤 7：Detector Viewer 衍射分析。

（1）修改光源参数“# Analysis Rays”为“3000”，光线数目减少以增加探测器追迹，如图 6-122 所示。

（2）修改探测器参数“Data Type”为“1”，“PSF Wave #”为“2”，如图 6-123 所示。

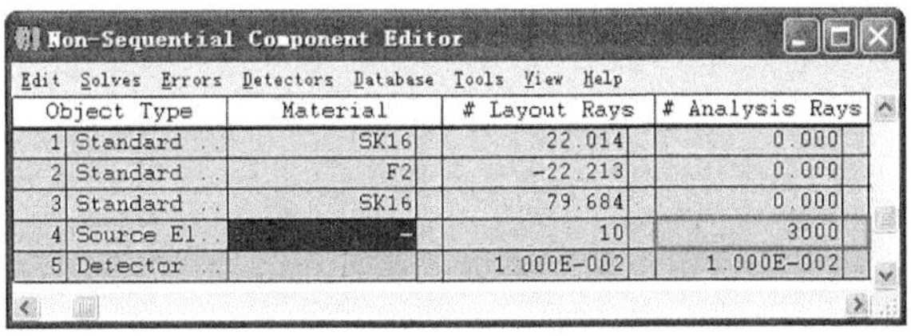

Non-Sequential Component Editor
Edit Solves Errors Detectors Database Tools View Help
Object Type | Material | # Layout Rays | # Analysis Rays
1 Standard | SK16 | 22.014 | 0.000
2 Standard | F2 | -22.213 | 0.000
3 Standard | SK16 | 79.684 | 0.000
4 Source El | - | 10 | 3000
5 Detector | | 1.000E-002 | 1.000E-002

图 6-122 修改光源参数

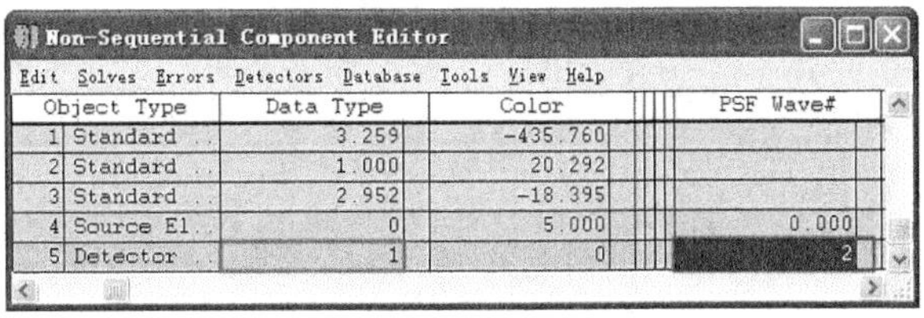

Non-Sequential Component Editor
Edit Solves Errors Detectors Database Tools View Help
Object Type | Data Type | Color | PSF Wave#
1 Standard | 3.259 | -435.760
2 Standard | 1.000 | 20.292
3 Standard | 2.952 | -18.395
4 Source El | 0 | 5.000 | 0.000
5 Detector | 1 | 0 | 2

图 6-123 修改探测器参数

（3）设置“Detector Viewer”为相干辐射，如图 6-124 所示。

（4）更新探测器视图，显示 Huygen's 衍射的点扩散函数。如图 6-125 所示。

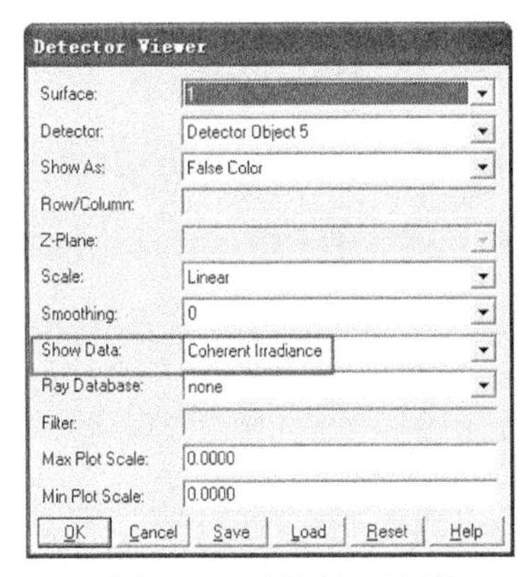

Detector Viewer
Surface: 1
Detector: Detector Object 5
Show As: False Color
Row/Column:
Z-Plane:
Scale: Linear
Smoothing: 0
Show Data: Coherent Irradiance
Ray Database: none
Filter:
Max Plot Scale: 0.0000
Min Plot Scale: 0.0000
OK Cancel Save Load Reset Help

图 6-124 设置相干辐射

2: Detector Viewer 2
Update Settings Print Window Text Zoom
DETECTOR IMAGE: COHERENT IRRADIANCE
A SIMPLE COOKE TRIPLET.

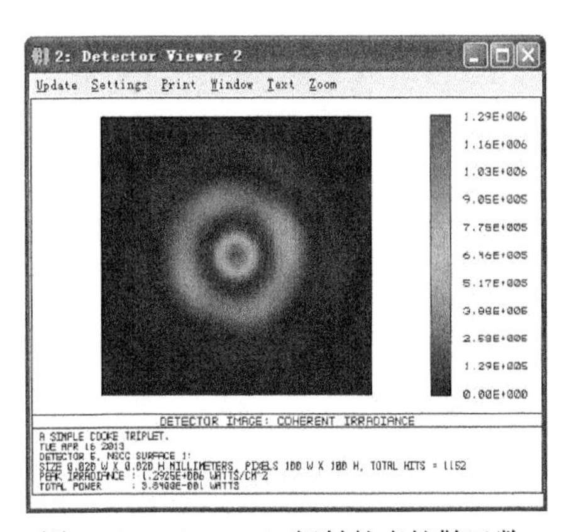

图 6-125 Huygen's 衍射的点扩散函数

（5）菜单栏单击“Analysis→PSF→Huygens PSF”，打开（双胶合透镜）惠更斯点扩散函数。如图 6-126 所示。

1: Huygens PSF
Update Settings Print Window Text Zoom
0.1406
0.1266
0.1125
0.0984
0.0844
0.0703
0.0562
0.0422
0.0281
0.0141
0.0000
POLYCHROMATIC HUYGENS PSF

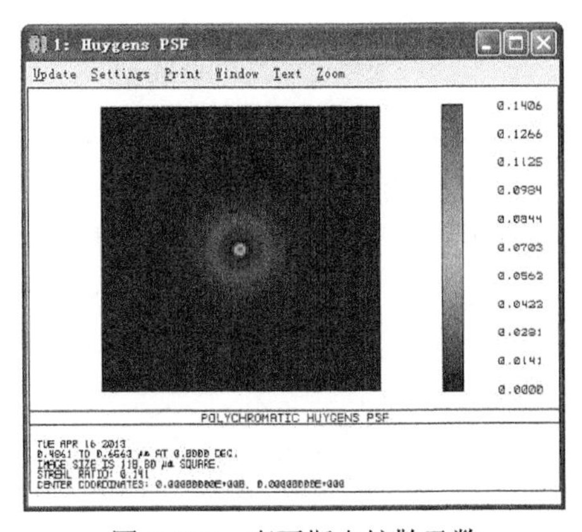

图 6-126 惠更斯点扩散函数

序列和非序列分析显示了几乎一样的结果。在第二环的能量上的微小差异是源于追迹光线数目的不同。

现在我们对转换过程已经有信心，接下来可以在非序列模式下做进一步的模拟。

6.4　模拟混合式非序列（NSC with Ports）

ZEMAX支持两种不同的光线追迹模式（序列和非序列），但大多数情况下需要结合两种模式。一个设计如果同时用了两种光线追迹模式，通常称之为“混合模式”系统或“杂交“系统，带有端口的非序列光线追迹，或者是序列 / 非序列模式。其中“混合模式”这个名词最常使用。

6.4.1　序列/非序列模式

在文件菜单下选择混合模式设计系统，如图6-127所示。

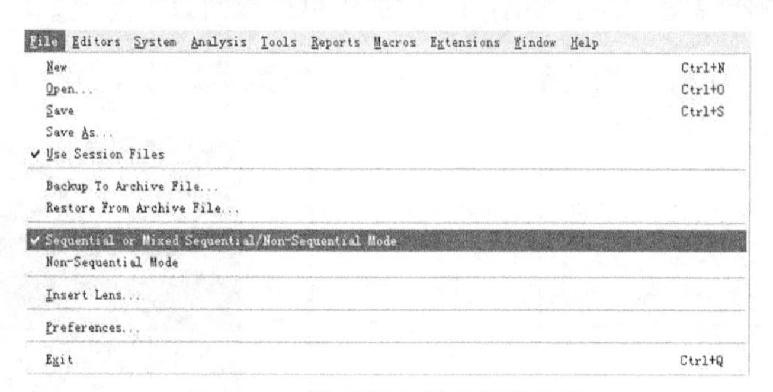

图6-127　选择混合模式设计系统

混合模式系统是指在一个序列系统中含有一个或一个以上非序列物体（称为NSC组）。在NSC with Port（混合模式）的设计中，系统使用序列性模式中所定义的系统孔径（System Aperture）与场（Field）。光线从每个被定义的场点（Field Point）射向系统孔径，并且穿越非序列性表面（NSC Surface）前的所有序列性表面。

随后光线进入非序列性模式的入口端口（Entry Port），并开始在非序列对象群（NSC Group）中进行传播当光线离开出口埠（Exit Port）将继续追迹剩余的序列性表面，直至成像面。

图6-128这幅图突出说明了光线在混合模式设计中的传播。平行光通过入口进入，在光纤多次全内反射出射后进入棱镜后出射。

非序列对象群可透过多个非序列表面进行定义。NSC with Ports常常被用来仿真不易建立于序列模式的光学组件。下面我们解说的建立混合模式系统，将着重在多焦透镜（Multi-Focal Lens）上：曲率半径为孔径位置的函数之光学组件。这个透镜将有4个不同的局部。

最终文件：第6章\混合模式.zmx

ZEMAX设计步骤。

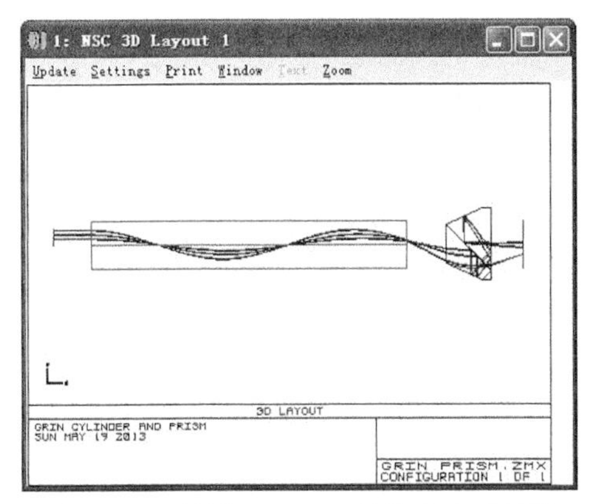

图 6-128 经过 30-60-90 棱镜全内反射镜

步骤 1： 设置通用数据。

（1）在快捷按钮栏中单击“Gen→Aperture”。

（2）在弹出对话框“General”中“Aperture Value”栏，输入“38”。如图 6-129 所示。

（3）单击“Non-Sequential”标签，在打开的非序列页面里“Maximum Nested/Touching Objects”栏输入“9”。如图 6-130 所示。

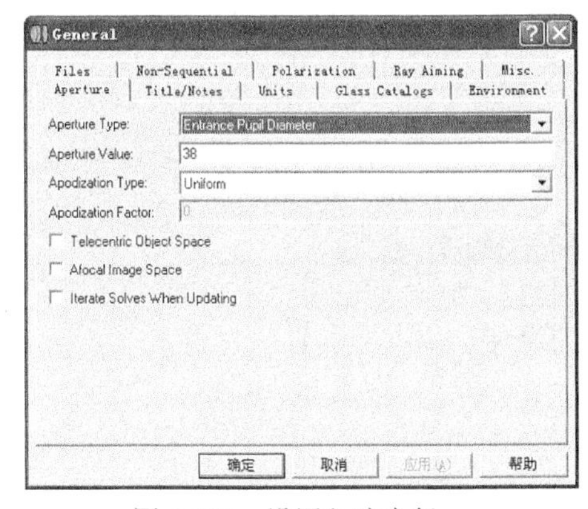

图 6-129 设置入瞳直径

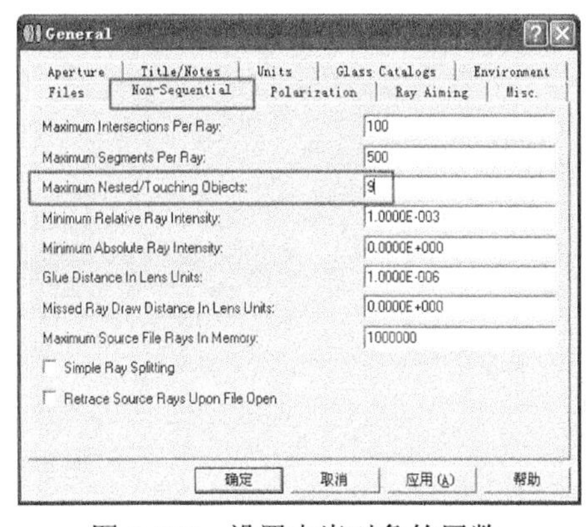

图 6-130 设置内嵌对象的层数

（4）单击“确定”按钮，完成设置。

视场和波长使用默认值。

步骤 2： 在透镜数据编辑栏内输入参数。

（1）在文件菜单“File”栏里单击“New”，打开新的 LDE（Lens Data Editor）。

（2）在 LDE 中的光阑面后插入 1 个表面，这个表面将定义非序列模式的出口端口（Exit Port）尺寸。如图 6-131 所示。

Lens Data Editor

Edit Solves View Help

Surf:Type		Comment	Radius	Thickness
OBJ	Standard		Infinity	Infinity
STO	Standard		Infinity	0.000
2	Standard		Infinity	0.000
IMA	Standard		Infinity	-

图 6-131 插入 1 个表面

（3）双击光阑面的表面型态（Surf:Type）栏打开表面特性（Source1 Properties）窗口。在表面特性窗口中设置光阑面类型为“Non-Sequential Component（非序列性组件）”。如图 6-132 所示。

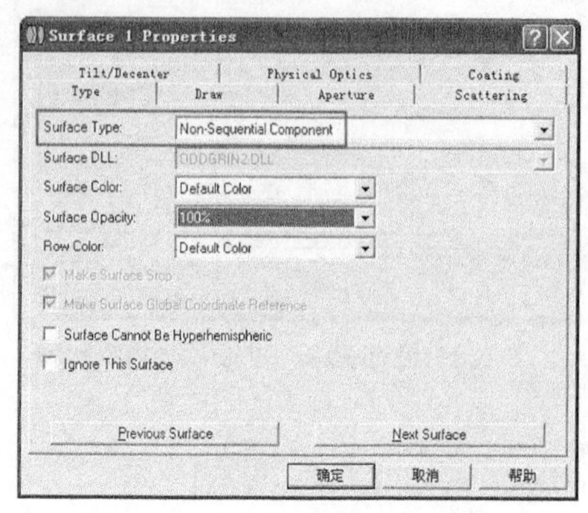

图 6-132 设置光阑面的表面型态

（4）在非序列元件的编辑栏输入如下参数。

出口端口位置（Exit Loc Z）：25；

显示埠（Draw Ports?）：3（在 Layout 中画出入口埠与出口埠，默认 0 将不画出此两埠）。

（5）表面#2 编辑栏输入如下参数（如图 6-133 所示）。

口径：25 mm

厚度：80 mm

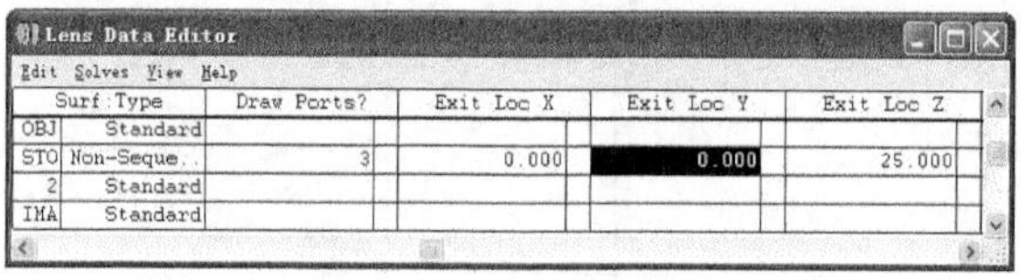

Lens Data Editor

Edit Solves View Help

	Surf:Type	Draw Ports?	Exit Loc X	Exit Loc Y	Exit Loc Z
OBJ	Standard				
STO	Non-Seque..	3	0.000	0.000	25.000
2	Standard				
IMA	Standard				

图 6-133 输入初始参数

步骤 3：查看光线输出效果。

在快捷菜单栏单击“L3d”，打开 3D 视图，如图 6-134 所示。

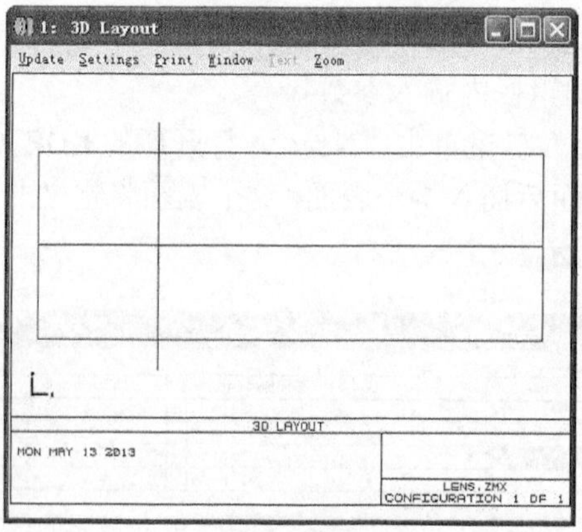

图 6-134 3D 视图

6.4.2 建立非序列组件

可透过置入不同曲率半径与边缘直径的实体透镜对象来设置多焦透镜。这对象将透过非序列组件编辑器（Non-Sequential Component Editor，NSCE）进行定义，在 NSCE 中设置对象有个很重要的限制：

（1）多重对象中，重迭体积的属性由 NSCE 中最后一个对象所定义，这意味我们需要从最外层开始定义透镜对象至最内层。

（2）每个对象型态为“标准透镜（Standard Lens）”。

步骤 4： 建立非序列组件。

（1）在菜单栏单击“Editors→Non-Sequential Components”，打开非序列编辑器，按“Insert”键在 NSCE 中插入 2 列。如图 6-135 所示。

Non-Sequential Component Editor: Component Group on ...

Edit Solves Errors Detectors Database Tools View Help

	Object Type	Comment	Ref Object	Inside Of
1	Null Object		0	0
2	Null Object		0	0
3	Null Object		0	0

图 6-135 非序列编辑栏插入 2 列

（2）在 NSCE 的对象#1 上，双击鼠标左键打开对象属性对话框。设置对象#1 的型态为“Standard Lens”（标准透镜）。如图 6-136 所示。

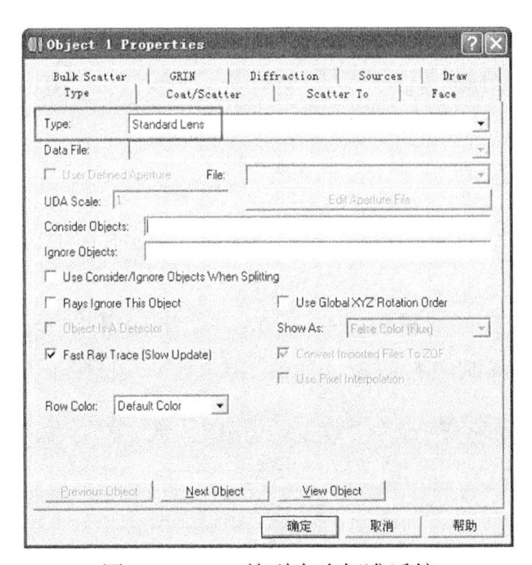

图 6-136 #1 的型态为标准透镜

（3）在 NSCE 内的透镜栏输入如下参数。

Z Position：5 mm

Material：BK7

Radius 1：50 mm

Clear 1/Edge 1：20 mm（忽略错误信息）

Thickness：10 mm

Clear 2/Edge 2：20 mm

其他所有参数为默认值，如图 6-137 所示。

Non-Sequential Component Editor: Component Group on Surface 1

Edit Solves Errors Detectors Database Tools View Help

	Object Type	Material	Radius 1	Conic 1	Clear 1	Edge 1
1	Standard ..	BK7	50.000	0.000	20.000	20.000
2	Null Object	-				
3	Null Object	-				

图 6-137　透镜参数

（4）透镜对象外部的参数现在已定义，打开三维设计图（设置如图 6-138 所示只显示表面 1、表面 2，光线数目为 7）。如图 6-139 所示。

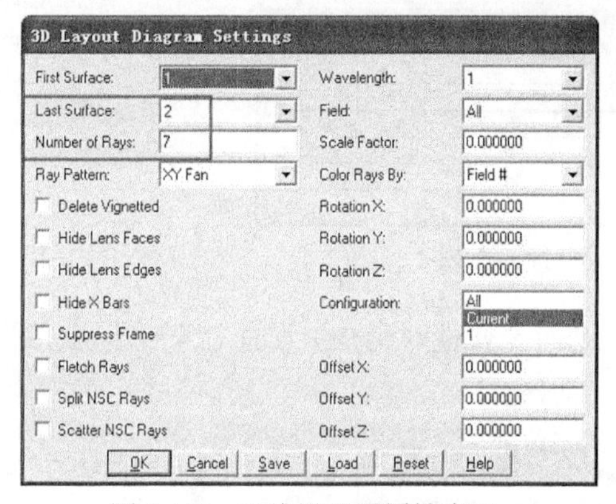

图 6-138　三维设计图属性窗口

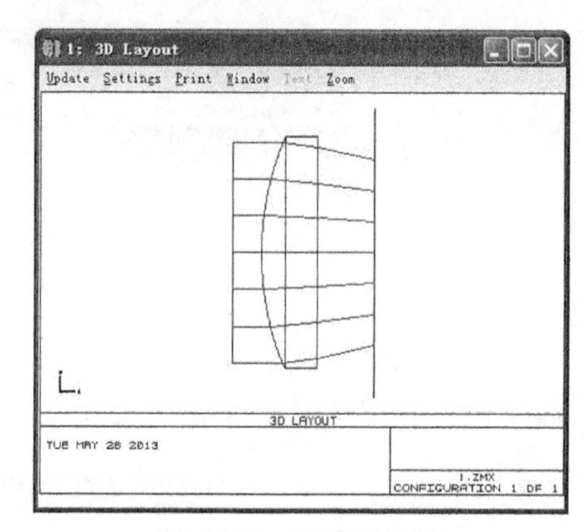

图 6-139　三维设计图

6.4.3　定义多焦透镜

系统中的其他对象与对象#1 相似，因此我们可以复制 6 个透镜。

步骤 5：复制对象。

（1）把光标放在 NSCE 中对象#1，按“Shift+右方向键”，选中#1 所有参数。

（2）使用“Ctrl+C”复制所有参数，再按“Ctrl+V”粘贴 6 个透镜。如图 6-140 所示。

Non-Sequential Component Editor: Component Group on Surface 1

Edit Solves Errors Detectors Database Tools View Help

	Object Type	Material	Radius 1	Conic 1	Clear 1
1	Standard ..	BK7	50.000	0.000	20.000
2	Standard ..	BK7	50.000	0.000	20.000
3	Standard ..	BK7	50.000	0.000	20.000
4	Standard ..	BK7	50.000	0.000	20.000
5	Standard ..	BK7	50.000	0.000	20.000
6	Standard ..	BK7	50.000	0.000	20.000
7	Standard ..	BK7	50.000	0.000	20.000
8	Null Object	-			
9	Null Object	-			

图 6-140　复制 6 个透镜

步骤 6：定义多焦透镜。

（1）将对象#3、#5、#7 透镜嵌入对象#1，透镜的半径分别为“15”mm、“10”mm、“5”

mm。

（2）改变#3、#5、#7 透镜的“Clear 1/Edge 1”参数为“15”mm、“10”mm 以及“5”mm。

（3）修改#3、#5、#7 透镜的“Clear 2/Edge 2”参数为“15”mm、“10”mm 以及“5”mm。如图 6-141 所示。

Non-Sequential Component Editor: Component Group on Surface 1

Edit Solves Errors Detectors Database Tools View Help

	Object Type	Clear 1	Edge 1	Thickness	Radius 2
1	Standard ..	20.000	20.000	10.000	0.000
2	Standard ..	20.000	20.000	10.000	0.000
3	Standard ..	15.000	15.000	10.000	0.000
4	Standard ..	20.000	20.000	10.000	0.000
5	Standard ..	10.000	10.000	10.000	0.000
6	Standard ..	20.000	20.000	10.000	0.000
7	Standard ..	5.000	5.000	10.000	0.000
8	Null Object				
9	Null Object				

图 6-141　改变对象#3、#5、#7 参数

如果透镜各有不同的曲率半径，光线何时会被透镜折射？在 ZEMAX 中透镜可以被嵌入或相互重迭，但是当各个透镜有不同曲率时，光线在到达内部实际组件前将被外部材料所影响并被折射。因此物理上我们所想要的对象将无法被仿真。

为了预防这个状况发生，我们需要内部部分局部为空气。对象 2、对象 4 以及对象 6 将运行这份工作。透镜内部没有设置空气局部，光线将在到达内部透镜前在外面被折射（内部局部透镜半径为 40 mm）。如图 6-142 所示。

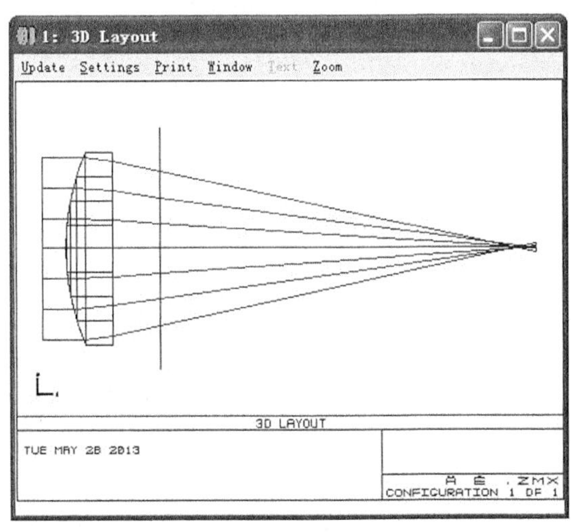

图 6-142　外部折射光线

在透镜内部设置空气局部，则光线在到达内部局部前不会被其他表面折射。

步骤 7：空气透镜。

（1）移除对象#2、#4、#6 的材料。

（2）修改对象#2、#4、#6 的“Clear”与“Edge”尺寸分别为“15”mm、“10”mm 以及“5”mm。如图 6-143 所示。

Non-Sequential Component Editor: Component Group on Surface 1

Edit Solves Errors Detectors Database Tools View Help

	Object Type	Material	Radius 1	Conic 1	Clear 1	Edge 1
1	Standard ..	BK7	50.000	0.000	20.000	20.000
2	Standard ..		50.000	0.000	15.000	15.000
3	Standard ..	BK7	50.000	0.000	15.000	15.000
4	Standard ..		50.000	0.000	10.000	10.000
5	Standard ..	BK7	50.000	0.000	10.000	10.000
6	Standard ..		50.000	0.000	5.000	5.000
7	Standard ..	BK7	50.000	0.000	5.000	5.000
8	Null Object	-				
9	Null Object	-				

图 6-143　修改对象#2、#4、#6 参数

步骤 8： 调整焦距参数，透过改变内部组件的半径来定义多焦透镜。

（1）修改对象 3 “Radius 1” 为 “45” mm。

（2）修改对象 5 “Radius 1” 为 “35” mm。

（3）修改对象 7 “Radius 1” 为 “25” mm。如图 6-144 所示。

Non-Sequential Component Editor: Component Group on Surface 1

Edit Solves Errors Detectors Database Tools View Help

	Object Type	Material	Radius 1	Conic 1	Clear 1
1	Standard ..	BK7	50.000	0.000	20.000
2	Standard ..		50.000	0.000	15.000
3	Standard ..	BK7	45.000	0.000	15.000
4	Standard ..		50.000	0.000	10.000
5	Standard ..	BK7	35.000	0.000	10.000
6	Standard ..		50.000	0.000	5.000
7	Standard ..	BK7	25.000	0.000	5.000
8	Null Object	-			
9	Null Object	-			

图 6-144　修改参数

步骤 9： 打开三维设计图。

打开三维设计图（Layout）设置光线数目“Number of Rays”为 35。如图 6-145、图 6-146 所示。

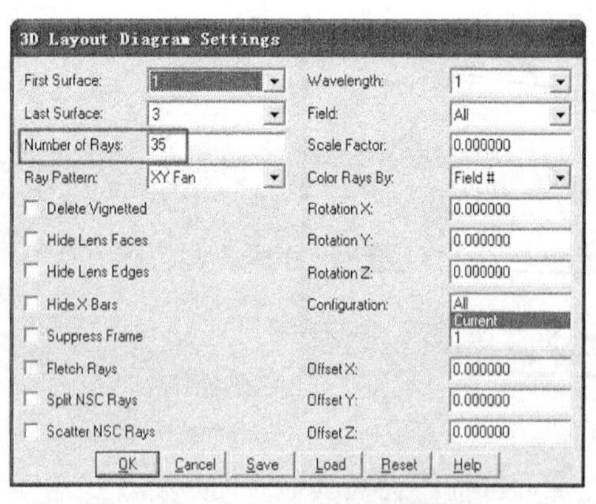

图 6-145　三维设计图设置窗口

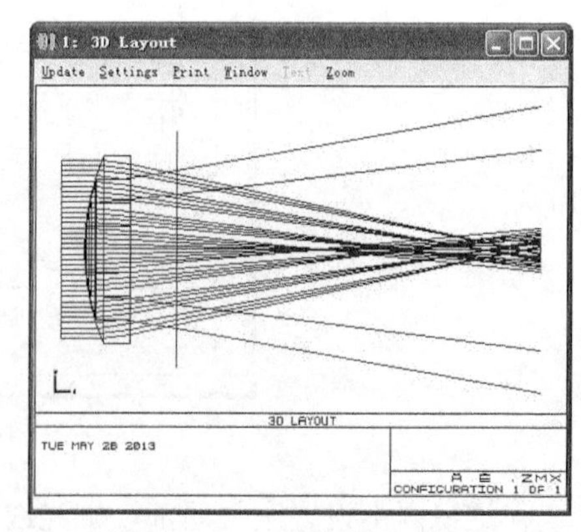

图 6-146　三维设计图

透镜的每个局部有不同的焦度（Power）、不同的聚焦位置。

许多混合模式的系统，标准绩效函数（Merit Function）无法被使用于优化，且瞳孔图（Pupil Mapping）将会失败。查看光线扇形图（Ray Fan Plot）。如图 6-147 所示。

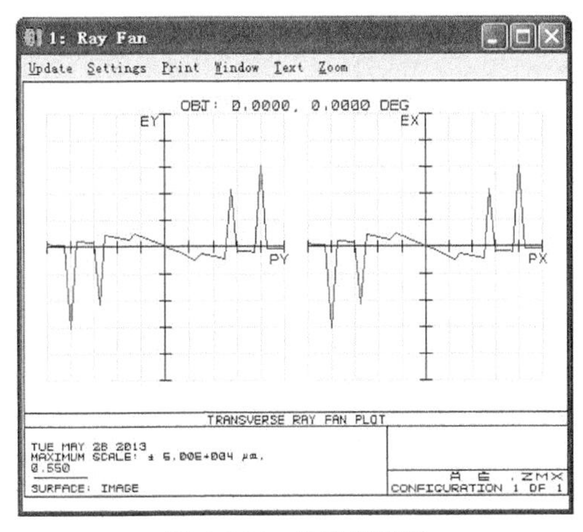

图 6-147　光线扇形图

优化将根据使用者自订的绩效函数，通常使用暴力“Brute Force”光线追迹。

6.4.4　带状优化

我们希望透镜的每个局部将能量聚集置成像面上的特定局部。如何达到呢？首先，定义局部的表面孔径。

步骤 10：定义局部的表面孔径。

（1）在 LDE 插入新的表面 3、表面 4、表面 5（因此成像面成为表面 6）。如图 6-148 所示。

Lens Data Editor

Edit Solves View Help

	Surf:Type	Radius	Thickness	Glass	Semi-Diameter
OBJ	Standard	Infinity	Infinity		0.000
STO	Non-Seque...	Infinity	-		19.000
2	Standard	Infinity	80.000		25.000 U
3	Standard	Infinity	0.000		0.921
4	Standard	Infinity	0.000		0.921
5	Standard	Infinity	0.000		0.921
IMA	Standard	Infinity	-		0.921

图 6-148　插入新的表面

（2）在表面#3 双击左键，打开表面属性对话框，选择孔径页（Aperture Page）。设置孔径型态为圆形挡板（CircularObscuration）（并非原形孔径），最小半径为 0.15 mm，最大半径为 0.35 mm。这将允许离轴高度从 0.15 mm 至 0.35 mm 的光线通过。如图 6-149 所示。

（3）把表面#4 孔径型态为圆形挡板，最小半径为 0.50 mm，最大半径为 0.70 mm。如图 6-150 所示。

（4）把表面#5 孔径型态为圆形挡板，最小半径为 0.85 mm，最大半径为 1.05 mm。如图 6-151 所示。

（5）表面#6 孔径型态为圆形孔径（非挡板），最小半径为 0.00 mm，最大半径为 1.20 mm。如图 6-152 所示。

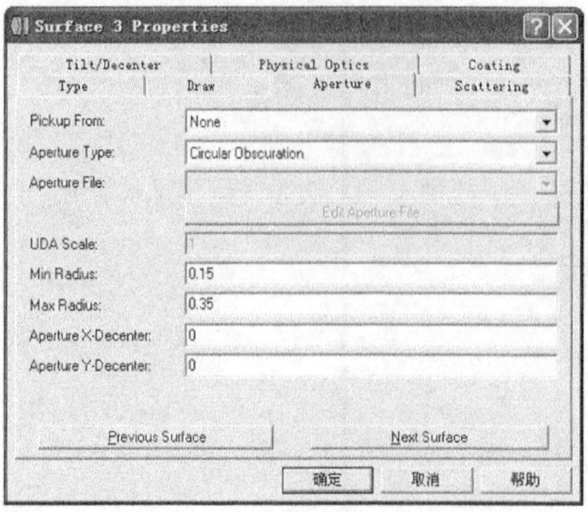

图 6-149　设置表面#3 参数

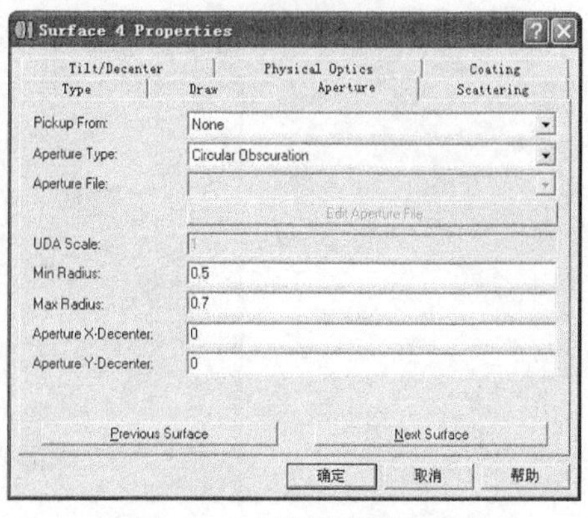

图 6-150　设置表面#4 参数

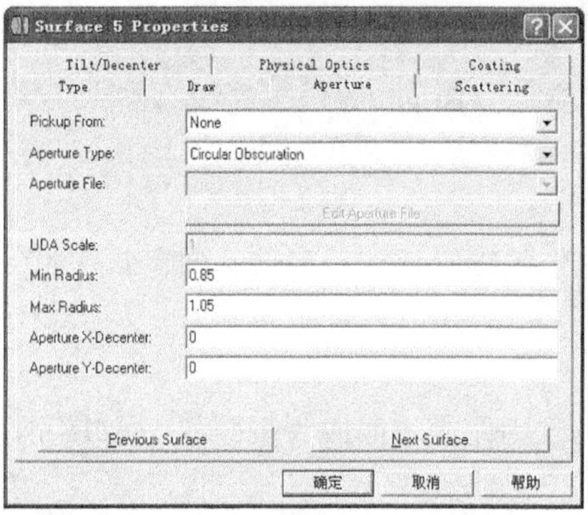

图 6-151　设置表面#5 参数

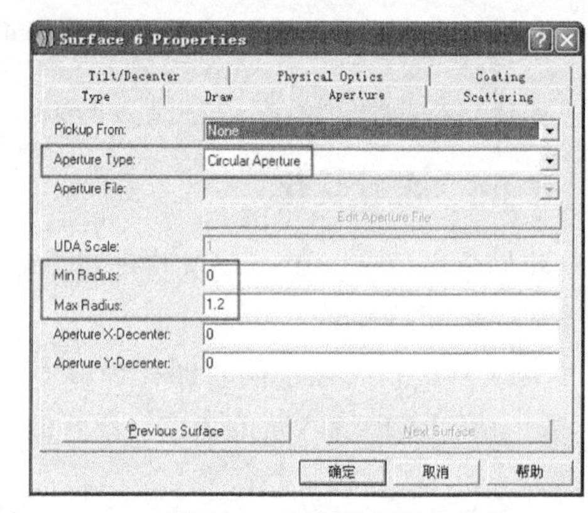

图 6-152　设置表面#6 参数

6.4.5　目标局部

这个目的是透过开启的局部，尽可能地让成像面上得到更多的能量。下面的阴影设计图（Shaded Model Layout）将开启的局部以红色显示。如图 6-153、图 6-54 所示。

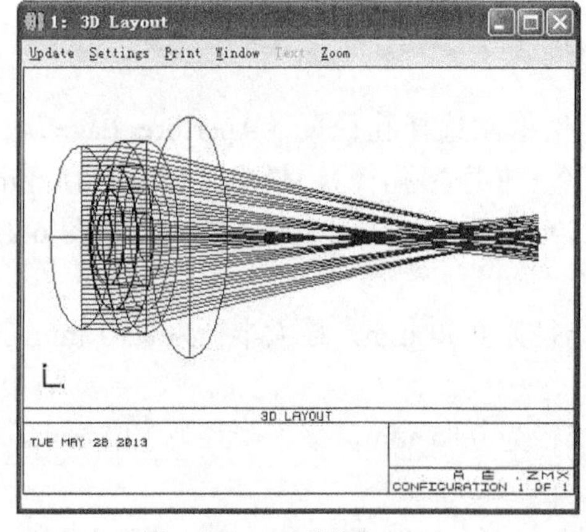

图 6-153　3D 视图

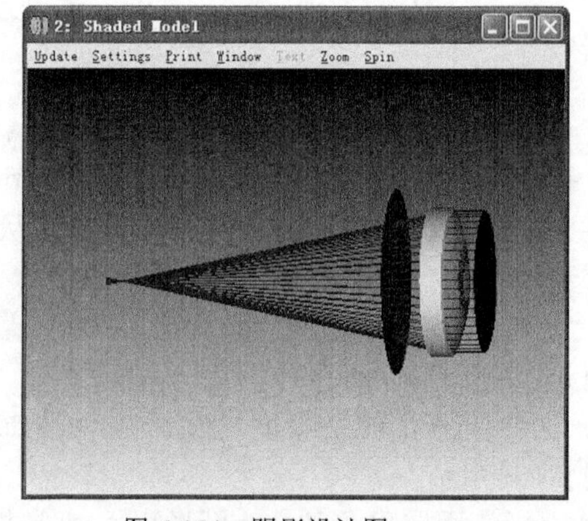

图 6-154　阴影设计图

有许多方案可以允许大量的能量通过开放的局部，我们使用其中一个能使穿越任一开放局部的能量可到达相对应的成像面局部。我们可透过在绩效函数中新增目标（Target）设置限制条件，从每个透镜局部的入瞳（Entrance Pupil）中心追迹光线至成像面上相对映局部的中心。

使用操作数 REAR（Real Ray Radial Height）：

（1）在“Py”输入光线在瞳孔的归一化高度，第 1 个局部 2.5/19 = 0.13，如图 6-155 所示。

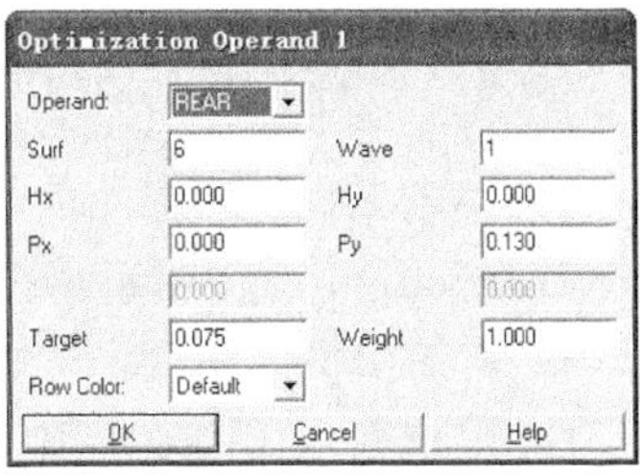

（2）在“Target”输入成像面上想要的光线高度，如图 6-156 所示。

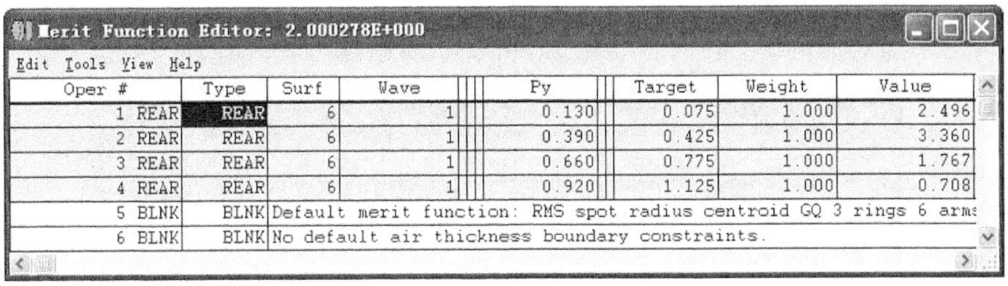

Optimization Operand 1

Operand:	REAR		
Surf	6	Wave	1
Hx	0.000	Hy	0.000
Px	0.000	Py	0.130
	0.000		0.000
Target	0.075	Weight	1.000
Row Color:	Default		

OK Cancel Help

图 6-155 设置光线在瞳孔的归一化高度

Merit Function Editor: 2.000278E+000

Edit Tools View Help

Oper #	Type	Surf	Wave	Py	Target	Weight	Value
1 REAR	REAR	6	1	0.130	0.075	1.000	2.496
2 REAR	REAR	6	1	0.390	0.425	1.000	3.360
3 REAR	REAR	6	1	0.660	0.775	1.000	1.767
4 REAR	REAR	6	1	0.920	1.125	1.000	0.708
5 BLNK	BLNK	Default merit function: RMS spot radius centroid GQ 3 rings 6 arms					
6 BLNK	BLNK	No default air thickness boundary constraints.					

图 6-156 选择操作数

6.4.6 系统性能

接着加入操作数来控制到达侦察器的最大能量，加入 IMAE（Image Analysis Efficiency）这个操作数。

光学系统的光线到达特定表面（这个例子是指成像面）的百分比。

在主菜单栏选择“Analysis→Image Analysis→Geometric Image Analysis”，打开几何图像分析属性对话框，进行设置，如图 6-157 所示。可观察到非常少的光线到达成像面。如图 6-158 所示。

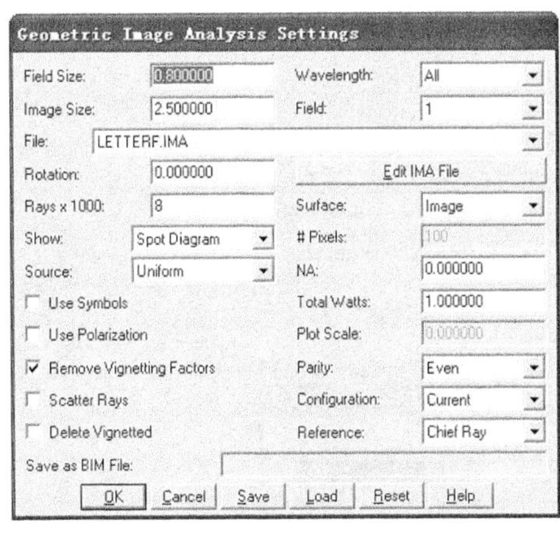

图 6-157 几何图像分析属性对话框

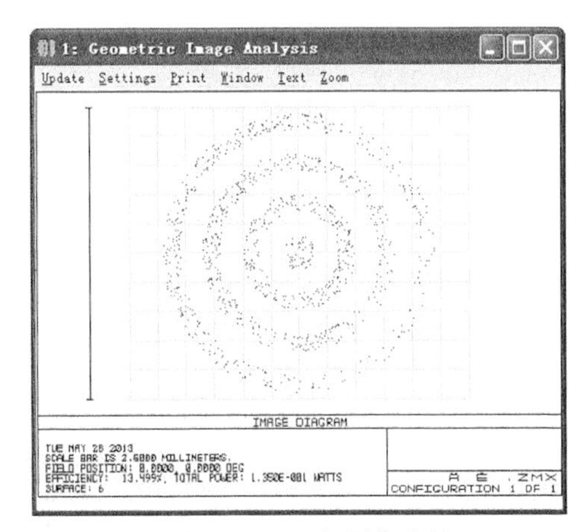

图 6-158 几何图像分析

这个分析是基于蒙地卡罗分布的仿真，结果非常不明显。

6.4.7　运行影像分析性能之优化

开始定义优化所需的参数。首先，打开几何影像分析（Geometric Image Analysis）的对话框并且单击“Save”按钮。对这个例子而言，默认的参数是合适的，所以先保存参数设置。在绩效函数中新增操作数 IMAE。如图 6-159 所示。

目标值：1.0

权值值：10

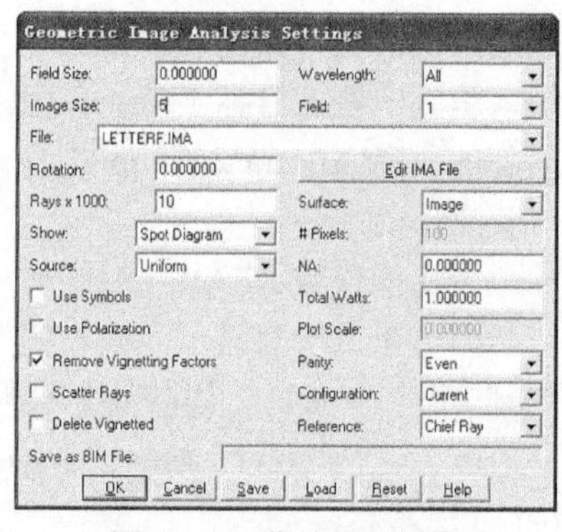

图 6-159　像分析对话框

透过此操作数可以控制所想要得到的能量。大于光线目标（被选取需解的局部）的权值，操作数可以被插入 MFE 的任何地方。如图 6-160 所示。

Merit Function Editor: 1.456402E+000

Edit Tools View Help

Oper #	Surf	Field			Target	Weight	Value	% Contrib
1 IMAE	0	0			1.000	10.000	0.118	21.411
2 REAR	6	1		0.130	0.075	1.000	2.496	16.123
3 REAR	6	1		0.390	0.425	1.000	3.360	23.688
4 REAR	6	1		0.660	0.775	1.000	1.767	2.708
5 REAR	6	1		0.920	1.125	1.000	0.708	0.478
6 BLNK	Default merit function: RMS spot radius centroid GQ 3 rings 6 arms							

图 6-160　操作数列表

优化所使用的变数为透镜的曲率半径。成像面的位置也可被使用为变数，我们将得到位置为远离出瞳 100 mm。此外需要新增“空气”透镜的曲率半径为 Pick-Up 的解，以限制数值为目前外部局部的曲率一致。

在 NSCE 中，设置对象 1、对象 3、对象 5、对象 7 的半径为变量。如图 6-161 所示。开始时所有局部使用 70 mm 的半径。对象 2、对象 4、对象 6 的半径 Pick-Up 到对象 1。

Non-Sequential Component Editor: Component Group on Surface 1

Edit Solves Errors Detectors Database Tools View Help

	Object Type	Tilt About Z	Material	Par 1(unused)	Par 2(unused)
1	Standard ..	0.000	BK7	70.000 V	0.000
2	Standard ..	0.000		70.000 P	0.000
3	Standard ..	0.000	BK7	70.000 V	0.000
4	Standard ..	0.000		70.000 P	0.000
5	Standard ..	0.000	BK7	70.000 V	0.000
6	Standard ..	0.000		70.000 P	0.000
7	Standard ..	0.000	BK7	70.000 V	0.000
8	Null Object	0.000	-		
9	Null Object	0.000	-		
10	Null Object	0.000	-		

图 6-161　设置对象 1、对象 3、对象 5、对象 7 的半径为变量

设置表面 2 的厚度为 80 mm，如图 6-162 所示。

Lens Data Editor

Edit Solves View Help

Surf:Type		Radius	Thickness	Glass	Semi-Diameter
OBJ	Standard	Infinity	Infinity		0.000
STO	Non-Seque..	Infinity	-		19.000
2	Standard	Infinity	80.000 V		25.000 U
3*	Standard	Infinity	0.000		5.173
4*	Standard	Infinity	0.000		5.173
5*	Standard	Infinity	0.000		5.173
*	Standard	Infinity	-		5.173

图 6-162　设置表面 2 的厚度

6.4.8　最终设计

现在可以开始通过我们自定的绩效函数来寻找最佳设计。绩效函数将追寻几何影像分析（GeometricImage Analysis，(Ctrl+J)）中设置对话框的最大光线数目。使用这个自订的绩效函数将比使用标准默认绩效函数花较多的时间。优化运算法则将持续计算至多次循环皆没有明显的改变为止（小数点后第八位）。设计者可能需要单击结束按钮（Terminate Button）来停止优化。我们得到最终设计结果如图 6-163、图 6-164、图 6-165 所示。

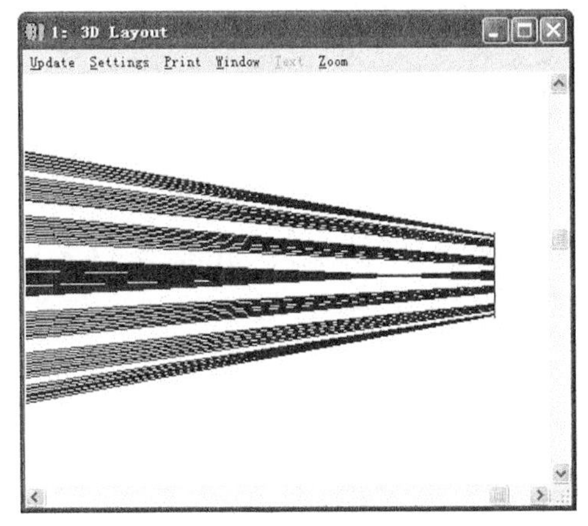

图 6-163　3D 外形图

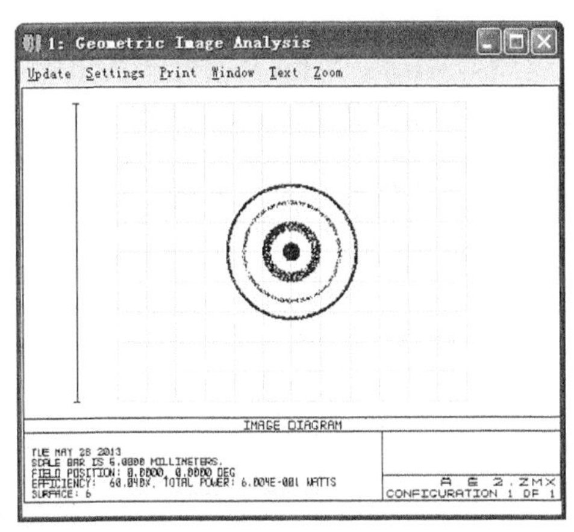

图 6-164　几何像分析

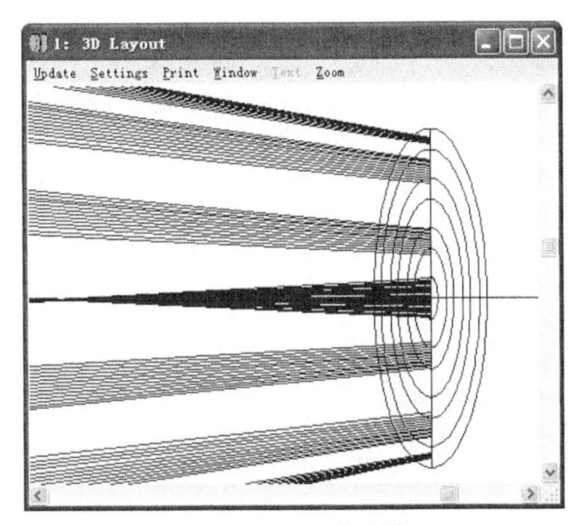

图 6-165　3D 外形图

6.5　优化非序列光学系统

优化就是通过改变一系列参数（变量）的值来降低评价函数的值，或者是理想地使评价函数的值降到 0，从而改善光学设计的过程。这个过程需要通过评价函数和有效变量来定义评价标准，实现优化的目的。本节中推荐一种对非序列光学系统特别有效的优化方法。

对于所有在评价函数中用到的探测器使用像素插值法，以免在相关像素探测时引入量子化效应。使用这些探测器的总体数据，如 RMS 点的大小、RMS 角宽度、角质心、质心位置等，而不要使用具体的像素点的数据。“照明瞬间”（Moment of liiumination）数据比任何特定像素点的数据更易于仿真。

在优化一开始用 Orthogonal Descent 优化器，然后用 Damped Least Squares 或者是锤形（Hammer）优化器来优化结果，Orthogonal Descent 通常比 Damped Least Squares 优化器要快，但优化结果也许不是最优的。所以先用 Orthogonal Descent 进行优化。

例如，在几分钟优化时间内优化一个自由曲面反射镜使得 LED 的亮度达到最大化，从 23Cd 到大于 250Cd。

6.5.1　Damped Least Squares 和 Orthogonal Descent

在 ZEMAX 中有 2 种局部优化算法：Damped Least Squares（DLS）和 Orthogonal Descent（OD）。Damped Least Squares（DLS）使用数值计算的导数来决定解空间的方向，得到评价函数值降低了的一个光学设计。这种逐步逼近的方法是为光学设计专门研究的，并在所有成像以及传统光学优化问题中广泛应用。

但是，在纯粹的非序列系统的优化中，DLS 的运用并不如以前那么成功，因为探测结果是在被像素化的探测器上得到的，评价函数因此不是连续的，这将导致这种逼近方法失败。

图 6-166 所示是一个 NS 系统的评价函数，这个评价函数仅有一个变量。

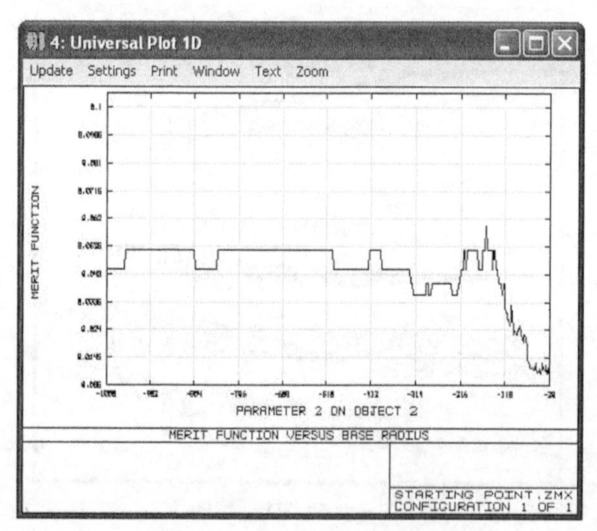

图 6-166　NS 系统的评价函数

可以看到，在评价函数的很长区域内评价函数根本没有变化，并且当真的有变化时，变化又是突然的、不连续的。这使得使用逐步逼近方法优化有困难。

Orthogonal Descent（OD）对变量进行标准化，并对解空间进行离散化抽样来降低评价函数。OD 算法并不计算评价函数的数值导数。对于含有噪声评价函数的系统，比如非序列系统，OD 优化通常比 DLS 优化更具优势。对于优化问题，如照度最大化、亮度增强，以及均匀化非常有用。

对于非序列光学系统的优化，在 ZEMAK 中除了专门的优化算法，还包含了一些显著提高优化效果的功能。

前面提到，由于探测器经过像素化的原因，NSC 解空间是不连续的。如果给定光线的能量完全落在某个像素点内，则当系统改变引起光线在像素点内移动时，将没有量化的区别。当光线从一个像素点到达另一个像素点越过边界时，会出现不连续的导数，结果就是加大优化难度。

这可以通过在探测器上扫描一条光线来说明。如图 6-167 所示点的全局图给出了探测器的发光中心随光线位置的改变。

解决这个问题的一个办法就是使用像素插值。根据光线在 pixel 内部相交的位置，一部分能量被分配到像素，而不是将 100%的能量分配到单个像素。结果是，当系统改变导致光线移动经过一个像素时，MERIT FUNCTION 有显著的改变。

在“Object properties→Type”标签下选中“Pixel interpolation”，如图 6-168 所示。

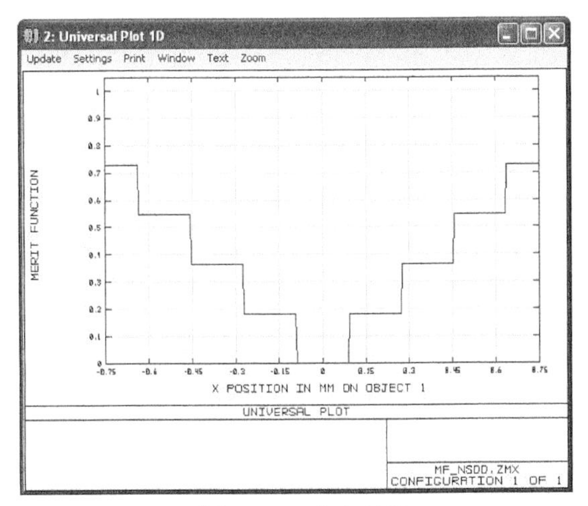

图 6-167 点全局图

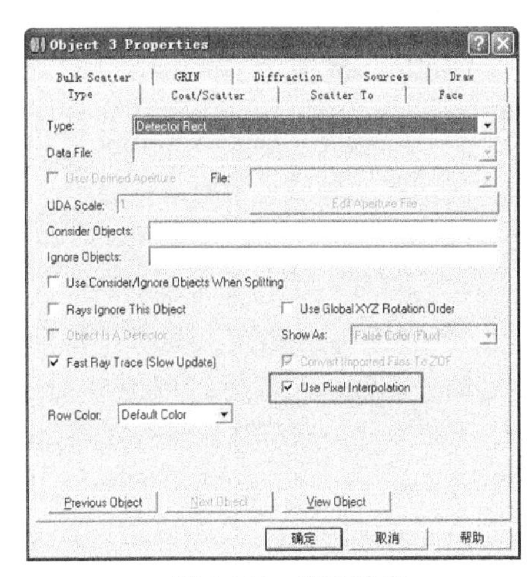

图 6-168 像素插值

如果我们在 pixel interpolation enabled 的情况下让一条光线扫描探测器，发光中心，以及大多数其他评价标准的改变是连续的，DLS 能方便的使用。如图 6-169 所示。

评价函数中的非辐射质心使用 NSDD 优化操作数计算出来的。NSDD 代表非序列探测器数据，是得到非相关探测器数据的最有用的操作数。NSDC 是与之等价的相关计算操作数。NSDD 操作数的语法如下：

NSDD　Surf　Det#　Pix#　Data

Surf 定义非序列组的面（在纯 NSC 中为 1），Det# 定义用于报告数据的探测器（它也可以用于清除一个或者全部探测器），Pix# 定义需要返回的像素或计算值，Data 定义返回 flux、irradiance 还是 intensity 数据。这些变量允许一系列评价标准的优化：最小的光斑尺寸（最小的 RMS 空间宽度）、最大能量（总的 flux）、空间均匀性（所有像素的标准差 standard deviation）、准直（最小 RMS 角度宽度），及更多其他的。

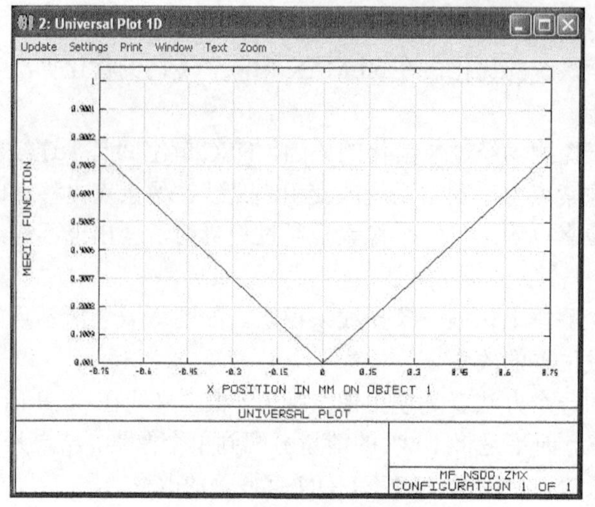

图 6-169　通用图

6.5.2　建立系统

发光二极管（Light-Emitting Diode，LED）是在很多应用中是重要的光源。在汽车照明和显示照明领域，常常需要通过增加辅助光学机构修改这些光源的照明强度来提高 LED 的亮度。

我们将从一个真实的通过测量数据得到的 LED 光源开始。现在，我们所要知道的就是一个“光源辐射体模型”（source radial）被作为角度的函数用来输入测定的能量。这个光源测定的总的输出能量是 27 流明，而且是峰值波长为 627 nm 的单色波。光源对最少光线使用 Sobol 抽样，来得到最佳的信噪比。

在 General 对话框中，设置系统单位如图 6-170 所示。

LED 的照明通量是以流明为单位计算得，因此我们选择流明为单位来进行模拟。照度因此以 lm/m^2 为计量单位，或者是勒克斯 Lux。照明强度（光亮度）是以流明 / 立体弧度或者是坎德拉（cd）。光照度就是用 $lm/m^2/sr$ 来度量，有时也称之为尼特（nit）。

初始系统建立，如图 6-171 所示。

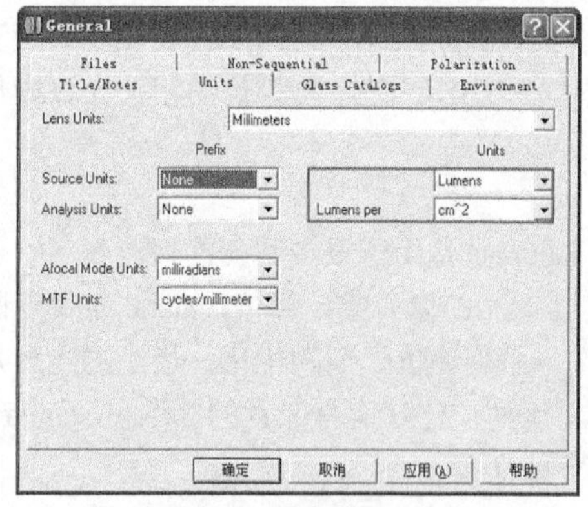

图 6-170　设置单位

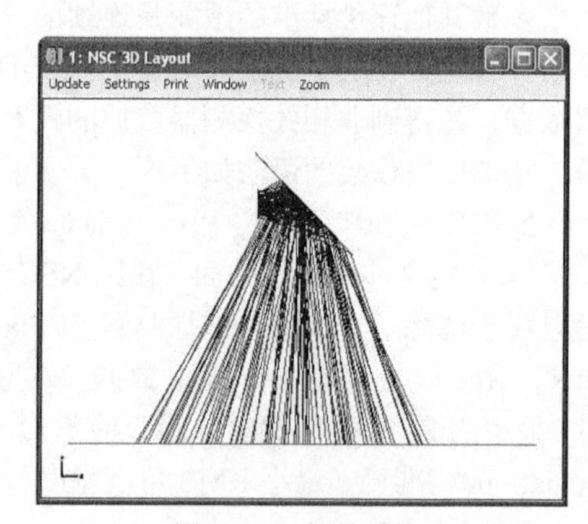

图 6-171　初始系统

LED 光源将光线打在平面镜上，然后照明 Detector 表面。该文件可从本文最后的链接下载。Detector 上空间和角度分布如图 6-172、图 6-173 所示。

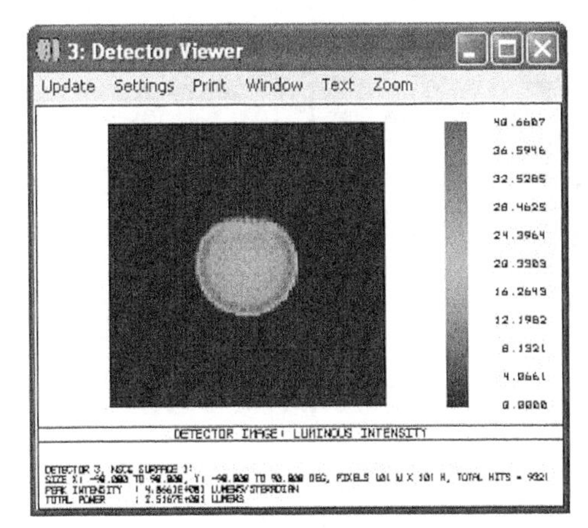

图 6-172　空间分布

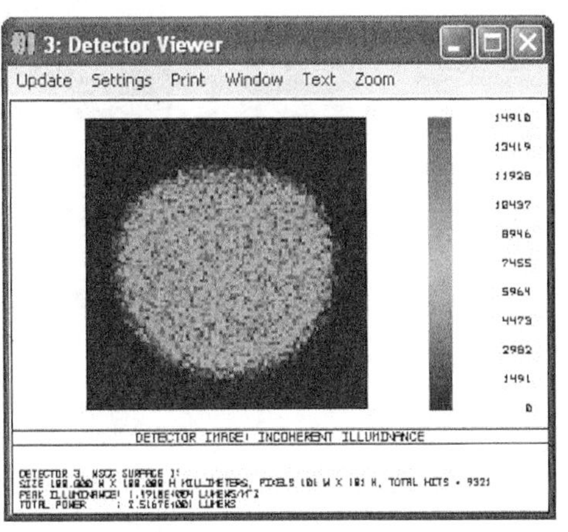

图 6-173　角度分布

可以看出，LED 发出的光线充满了平面镜，因此空间和角度的分布有些不对称。当然这是故意为之，只是将设计稍微复杂化一些。

看这张光强分布图，最亮点的光强是 41Cd，出现在极坐标中角度为 27 度的地方。和探测器表面垂直的光线光强只有 22Cd。这样的光强分布并不适合前灯照明系统，或者是探照灯照明系统。通常都要求小角度光线的亮度也要尽量的亮，这样光源发出的光线才能传播一定距离。

现在我们将要优化反射镜的形状来使得光轴上的亮度达到最高。要完成这个工作，我们需要按以下步骤进行：

（1）定义一个描述想要达到的期望的评价函数。

（2）定义反射镜表面变化的变量。

（3）进行优化。

6.5.3　评价函数

评价函数定义光学设计的系统的“质量”的方法是看设计结果与特定的操作特性的符合程度。在本例中，我们想要在 0 度方向上得到最大的亮度。用 NSDD 和 NSTR 这两个操作数很容易实现。

在这个设计中，探测器是第 3 物面，并且我们想得到 0 度方向的照明强度。“Detector Viewer”显示如图 6-174 所示。

这张图显示了在 x 轴和 y 轴方向上光线的角度分布从–90 度到+90 度的所有入射到探测器表面的光线。

可以看出，没有在 35 度角度以外的光线入射到探测器上，因为 LED 并不发出超出这一角度的光线。峰值强调出现在 27 度方向上。我们感兴趣的是落在接近 0 度方向上的那部分光线的能量。

有两个评判标准：RMS 角宽度和流明强度质心。RMS 宽度主要用来使光束准直，质心是用来使入射光束角度为 0。图 6-175 所示评价函数就是增强这个角度的流明强度的。

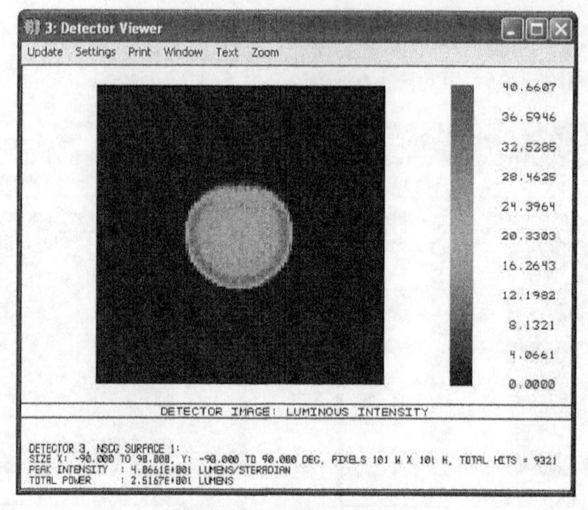

图6-174　0度角的亮度

Merit Function Editor: 1.492785E+001

Edit Tools View Help

Oper #	Type	Surf	Det#	Pix#	Data	Target	Weight	Value	
1 BLNK	BLNK	first clear detectors							
2 NSDD	NSDD	1	0	0	0	0.000	0.000	0.000	0.000
3 BLNK	BLNK	then trace rays							
4 NSTR	NSTR	1	1	0	0	0.000	0.000	0.000	0.000
5 BLNK	BLNK	centroid location							
6 NSDD	NSDD	1	3	-6	2	0.000	1.000	0.014	1.8E-005
7 NSDD	NSDD	1	3	-7	2	0.000	1.000	-1.979	0.352
8 BLNK	BLNK	RMS radius							
9 NSDD	NSDD	1	3	-9	2	0.000	2.000	23.561	99.648
10 BLNK	BLNK	central pixel intensity							
11 NSDD	NSDD	1	3	5101	2	0.000	0.000	22.713	0.000
12 BLNK	BLNK	maintain minimum detector flux							
13 NSDD	NSDD	1	3	0	0	0.000	0.000	25.167	0.000
14 OPGT	OPGT	13				25.000	1.000	25.000	0.000

图6-175　增强流明强度函数

第1个操作数NSDD读出探测器0物面（0物面不存在）的数据，但实际上并没有0物面。这是操作数的特殊用法：ZEMAX在这个操作下对所有探测器清零。

同样的，在一次独立操作中，定义一个负数（例如，Det#=–3清零探测器3），将清零对应的探测器。这对于有很多探测器的系统是非常有用的。

接着，NSTR操作数告诉ZEMAX追迹光线。第2和第3个NSDD操作数读出探测器3的数据，质心x & y（Pix#=–6，–7），数据类型2，代表能量/单位立体角度。

注意：此处是要控制强度（角度）质心，而不是强度（位置）质心。第4个NSDD操作数读出所有像素点的RMS角宽度数据。

另外，最后一个NSDD操作数给出中心像素点的强度作为比较，但注意到并没有为它设置权重因子，因此它对评价函数并没有贡献。这个值接近22Cd。

6.5.4　自由曲面反射镜

自由曲面通常用来描述多个低阶多项式形式的表面，如样条曲线或是Bezier曲线。它们通常用来描述涡轮叶片、汽车车身和船体形状。

在光学系统设计中，保留基本的二次曲面部分和增加自由偏差项是非常有用的。我们很快就能看出这么做的必要性。因此，我们要使用扩展多项式表面（Extended Polynomial

Surface）物体。这个表面的描述方程式形式如下：

$$z = \frac{Cr^2}{1+\sqrt{1-(1+k)c^2r^2}} + \sum_{i=1}^{n} A_i E_i(x,y)$$

第一项是光学设计中常用的二次曲面项，用来设计球面、椭圆面、抛物面、双曲面等，还有镜面。第二项代表一些逐次增加的阶多项式，用来修正与二次曲面的偏差。这些多项式是在 X 和 Y 方向的幂级数列。

一阶有两项，两阶有三项，三阶有四项等。最大阶数是二十，这使得非球面系数最多，共有 230 项。位置值 x 和 y 由归一化半径分割，则多项式系数是没有量纲的。

在这个设计中，多项式的最大阶数将多项式限制在 20 项，因此最高自由形式偏差量是 x0y5 和 x5y0。这既非必须也非建议：这只是在设计过程中的一种选择。

现在我们使用 Universal Plot 来显示扫描时中心像素强度，如图 6-176 所示。

可以看到 mirror 的曲率半径，如图 6-177 所示。

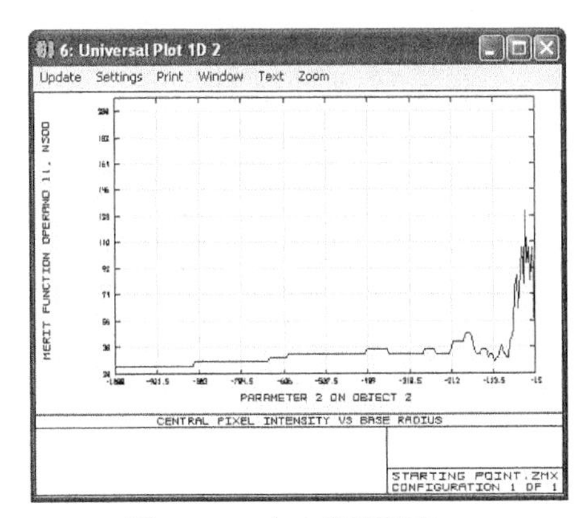

图 6-176　中心像素强度

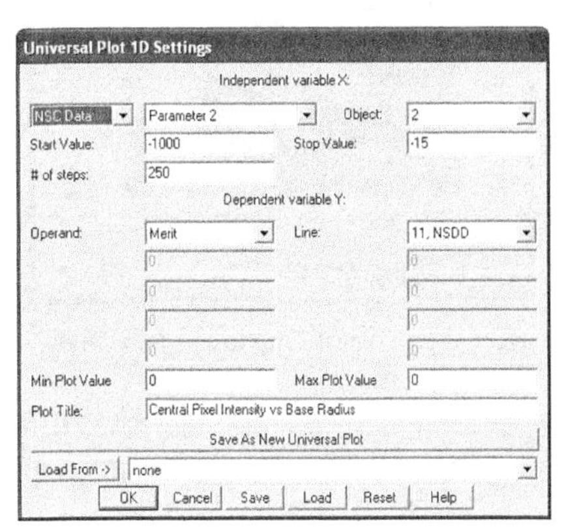

图 6-177　反射镜曲率半径

此图同时演示了优化 NS 系统的难度和恰当定义 merit function 的需要。如果我们综观评价函数值和基本半径之间的关系，可以看到质心（centroid）和点半径（spot radius）是更好的优化目标。如图 6-178、图 6-179 所示。

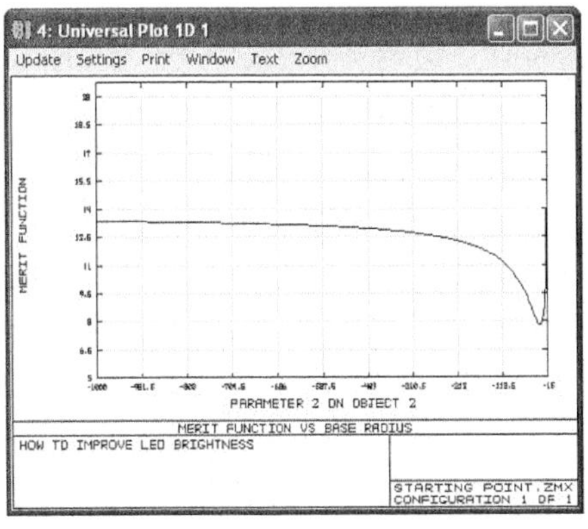

图 6-178　通用图

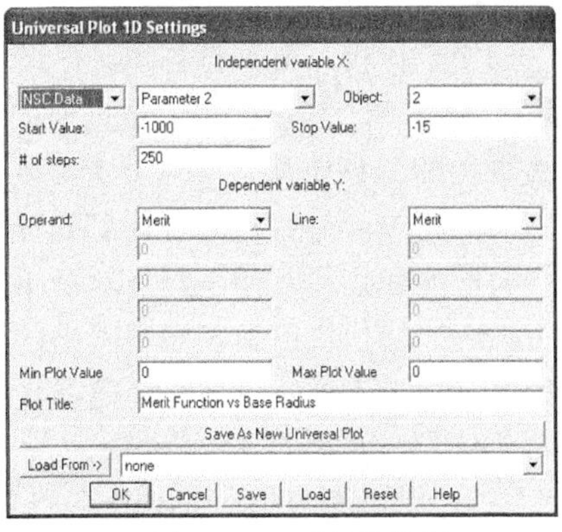

图 6-179　反射镜数据

既然 merit function 恰当地定义了我们的设计标准，我们将比较 DLS 和 OD 的局部和全局算法的优化结果。

6.5.5　优化

ZEMAX 软件包含两个“global”优化例程，可用于搜寻解空间很大的区域。全局搜寻算法采用遗传算法，随机出发点和局域优化算法相结合，适合在多维参数空间高效搜索低的 merit function。锤形优化（Hammer optimizer）也使用遗传算法和局部优化器来彻底提炼一个 Global Search 可以找到的并且有希望的参数空间的区域结构。

merit function 的初始值是 14.9，0 度的亮度是 23 Cd。如图 6-180、图 6-181 所示。

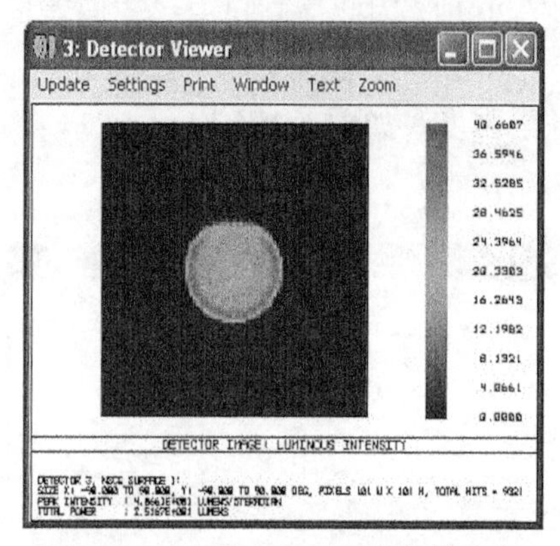

图 6-180　merit function 的初始光照

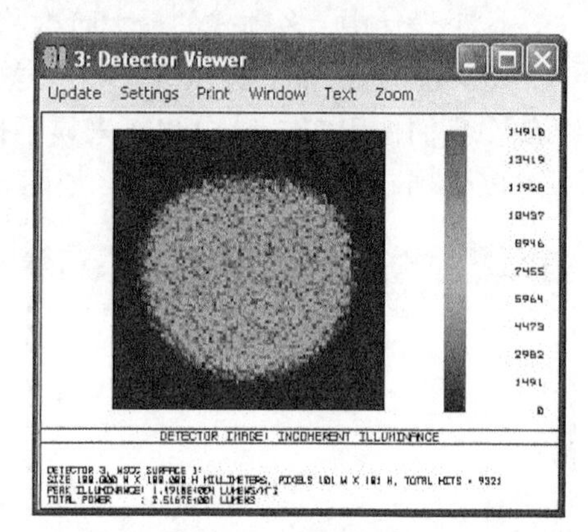

图 6-181　辐射强度

我们将首先在局部搜索下用 DLS 优化，并且将这种优化与 OD 优化进行比较。两种优化方法使用完后，最终都需要再用锤形优化进行优化。

我们的评价函数和起始系统都定义了，剩下的唯一步骤就是确定参数。我们可以使用的变量有 22 个：半径、圆锥度和 20 个多项式系数。给这些变量分配不同的权重并使用带有自动循环数字的 DLS 算法开始局部优化。

11.6 分钟后 ZEMAX 得出结果。评价函数降到了接近 6.78，中心像素点的亮度为 253Cd。这个优化过程说明了如何使用像素插值和一个定义适合的评价函数来完成在 DLS 优化算法下有效得出非序列解空间的过程。

为便于比较，用新的名字保存结果文档，并且重新打开起始点文档。这次，分配 22 个变量，并用 OD 算法优化。根据前面对两种局部优化算法的讨论，我们可以推测这种优化算法进行的应该比前一种快且结果更理想。事实上，这次优化过程使用时间不到 DLS 的 2/3，只用了 7.5 分钟，并且得到的评价函数值也更低，为 6.75。

为证明我们得到的是最优解而不只是局部最小值，我们会为以上两系统分别进行锤形（Hammer）优化。以下表格中给出的便是经过整理的结果，它显示局部优化的结果几乎没有改善，进一步说明了这两个局部优化路径的强大功能。

Algorithm	MF Value	On-axis brightness (Cd)	Time for optimization*
DLS	6.78	253	11.6 min
Hammer (DLS)	6.76	253	60 min
OD	6.75	253	7.5 min
Hammer (OD)	6.75	253	60 min

计算机参数：Intel Quad core CPU（2.40 GHz），4GB RAM。

初始光照和辐射强度分布如图 6-182、图 6-183 所示。

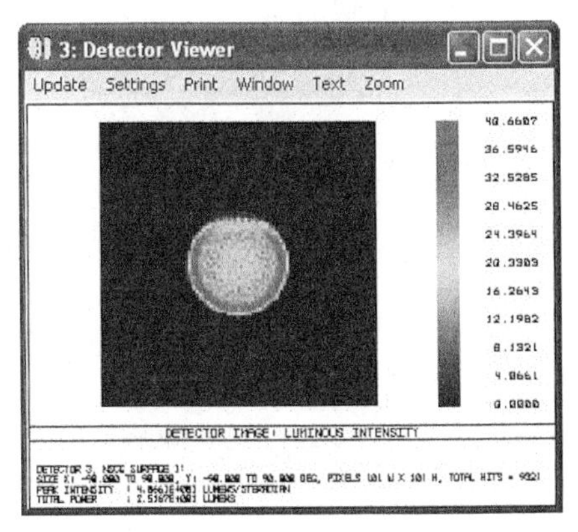

图 6-182　初始光照

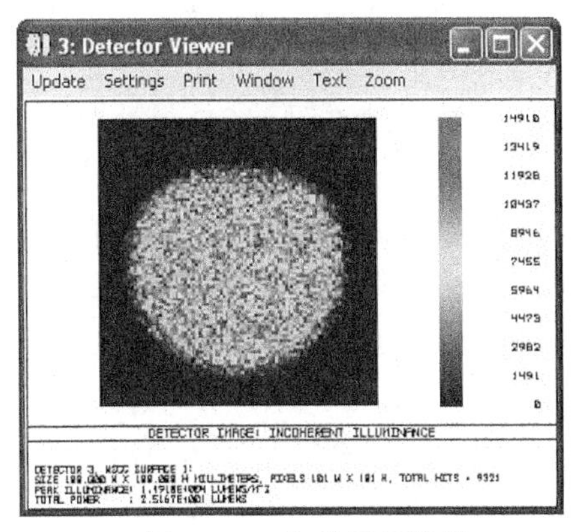

图 6-183　初始辐射强度

使用 DLS 算法优化的结果，如图 6-184、图 6-185 所示。

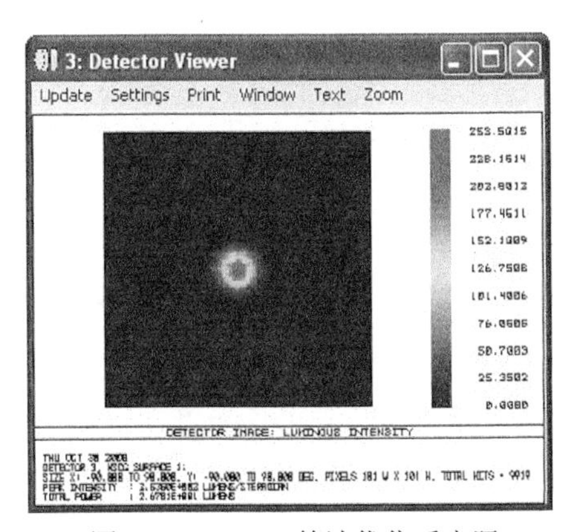

图 6-184　DLS 算法优化后光照

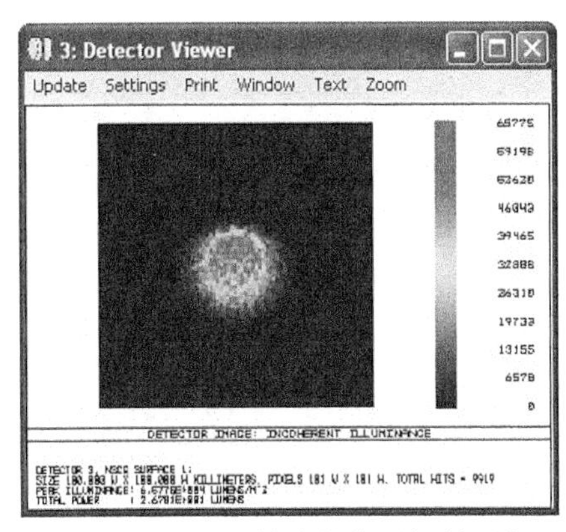

图 6-185　DLS 算法优化后辐射强度

使用 OD 算法优化的结果，如图 6-186、图 6-187 所示。

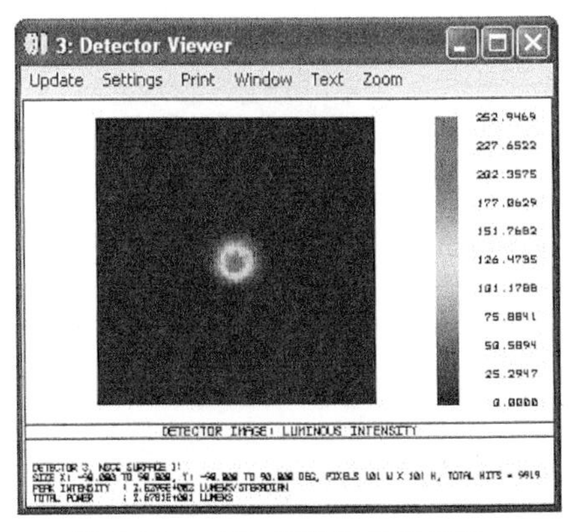

图 6-186　OD 算法优化后光照

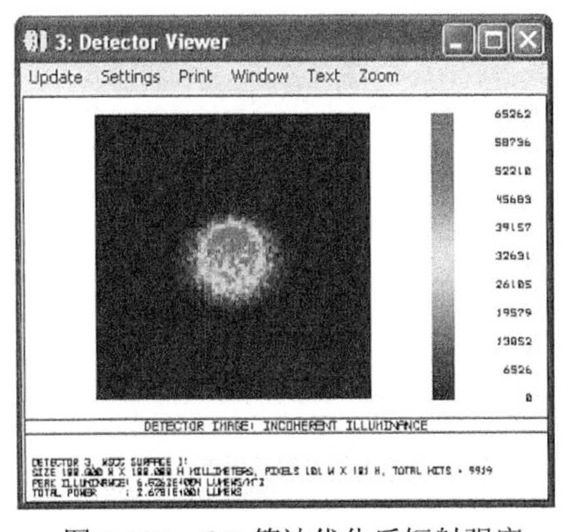

图 6-187　OD 算法优化后辐射强度

比较结果，两种优化方法似乎得到近似的结果。但是，用 OD 优化比用 DLS 优化得到的结果稍微好一点，且优化所用时间也更短一些。实际上，优化一个有22个变量和许多不同照明目标的系统只需几分钟！这时间短的几乎不需要忍受等待，甚至来不及画一幅系统图，但就在这段时间内，我们完成了从一个平面镜到完全优化的解的转变。

一个带有同样多数目的变量的序列系统，要完成点半径的优化也需要差不多的时间。这个例子清楚地说明了OD算法对非序列系统的高效性。

记住我们不会直接对准中心像素的亮度，但它是RMS半径和质心位置优化的副产品。我们总可以在此评价标准上加上有限的权重，然而结果是RMS半径可能增加。你将发现如果你对准中心像素强度而不是照明二阶矩，系统性能会差很多。

在本文中我们介绍了非序列优化和简化优化过称的一些方法。除了使用到的算法和优化方法的领域，ZEMAX有一些可以使非序列优化更高效的特性。归纳如下：

（1）由于机遇像素化探测器评价标准的计算，非序列解空间是内在不连续的。

（2）在非序列系统优化中OD 优于DLS。

（3）像素插值被用于平滑detector数据并为优化提供更连续的解空间。

（4）NSDD 操作数为各种通量flux、辐射irradiance和强度intensity 评价标准提供高效的优化。

（5）当目标是光束准直时，优化对准照明二阶矩（RMS angular radius）大大优于对准中心像素亮度。

（6）优化一个自由形式的反射镜可以得到13X增强的轴上亮度。

6.6 本章小结

本章主要介绍了简单模型面反射镜、棱镜等，了解了非序列光学系统的设计方法，非序列物体在ZEMAX中的表现形式，介绍如何创建复杂的非序列光学物体，如何优化非序列光学系统。

第 7 章　基础设计实例

本章的目的是通过手把手的操作，展示成像光学系统设计的流程，使初学者快速地领悟到 ZEMAX 光学设计的风采。通过单透镜的设计，可以使大家学习到建模方法，光束大小、视场、波长、变量、评价函数的设置方法，优化方法，像分析方法以及提高像质量的像差平衡方法等。

学习目标：

（1）熟悉常见光学系统参数在 ZEMAX 的输入。

（2）熟练运用 ZEMAX 的优化功能。

（3）熟练运用 ZEMAX 的坐标断点、多重结构功能等。

7.1　单透镜设计

在成像光学系统设计中，主要指的是透镜系统设计，当然也有一些反射系统或棱镜系统。在透镜系统设计中，最基础、最简单的便是单透镜设计。本节就来介绍单透镜的设计方法。

7.1.1　ZEMAX 序列模式简介

打开 ZEMAX 软件，默认情况下我们看到一个简洁的界面，其中只看到一个透镜数据编辑窗口（Lens Editor）。这便是我们所说的序列成像模式，相对于非序列照明模式。ZEMAX 软件将这两种设计模式集成一体，这是它的一大优势，如图 7-1 所示。

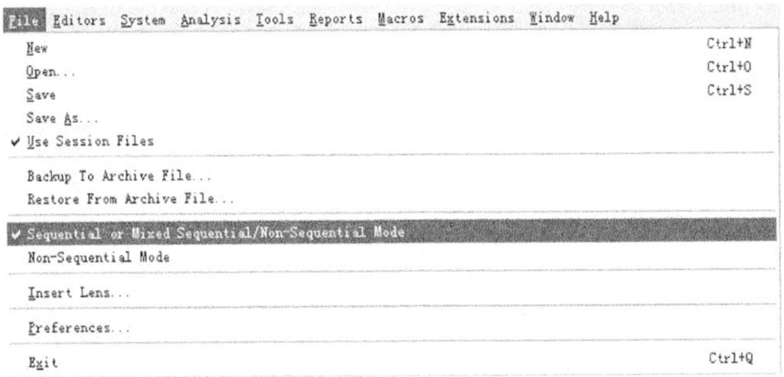

图 7-1　菜单栏选择设计模式

序列和非序列的区别在哪？它们区别是很大的，在此我们只简要介绍两大区别：光线追迹与建模的区别。

首先，序列模式下是使用几何光线追迹，也就是比较规则而又有预见性的光线进行追迹。

> **注意**：我们强调的是光线的预见性，也就是说光线传播所遇到的表面是我们事先排列好的，光线一定是按我们的表面排列序号依次向后传播。

例如：光线只能沿表面 1、2、3、4…传播，而不能跳过其中任何一个面或反向。这就是序列模式下光线传播的可预见性，如图 7-2 所示。

非序列模式下使用实际光源物理发光形式，光线随机生成并按其实际传播路径追迹，所以非序列光线是不确定的，因此它适用于照明系统设计。如图 7-3 所示。

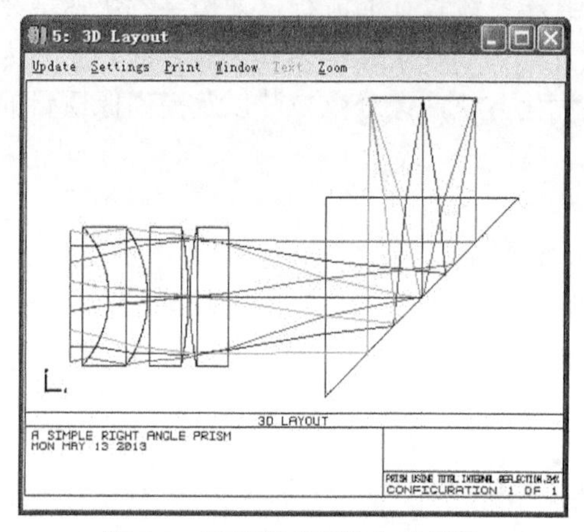

图 7-2　序列模式下的光线传播

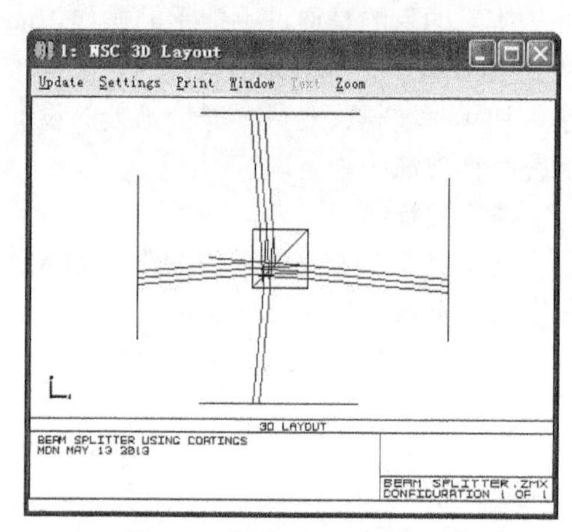

图 7-3　非序列光线随机生成

其次，序列模式下使用表面（Surface）来建模，因为光线传播的确定性可以确切知道光线遇到的每个表面。例如，一个透镜需要两个表面及中间的材质构成，由于成像光路中不会用到透镜的边缘圆柱面，在序列模式下，必须存在的 3 个表面：物面、光阑面和像面，也就是当我们新建一个系统时默认 3 个面。如图 7-4 所示是序列模式下建模类型为面的形式。

Lens Data Editor

Edit Solves View Help

Surf:Type		Radius	Thickness	Glass
OBJ	Standard	Infinity	Infinity	
STO	Standard	Infinity	0.000	
IMA	Standard	Infinity	-	

图 7-4　序列模式编辑器

非序列模式使用实际物体建模，直接生成实体类型且不存在物面或像面，但需定义光源才能发光。如图 7-5 所示是非序列模式物体建模。

Non-Sequential Component Editor

Edit Solves Errors Detectors Database Tools View Help

Object Type		Ref Object	Inside Of	X Position
1	Null Object	0	0	0.000
2	Null Object	0	0	0.000
3	Null Object	0	0	0.000
4	Null Object	0	0	0.000

图 7-5　非序列元件编辑器

7.1.2 单透镜系统参数

设计任何一个镜头，我们都必须有特定的要求，比如焦距、相对口径、视场、波长、材料、分辨率、渐晕、MTF 等等，根据系统的简易程度客户给的要求也各不相同。由于单透镜是最简单的系统，要求也就很少，本例中我们设计单透镜规格参数如下：

EPD：20 mm

F/#：10

FFOV：10 degree

Wavelength 0.587 μm

Matcrial BK7

Best RMS Spot Radius

首先，我们需要把知道的镜头的系统参数输入软件中，系统参数包括 3 部分：光束孔径大小、视场类型及大小、波长。

在这个单透镜的规格参数中，入瞳直径（EPD）为 20 mm，全视场（FFOV）为 10 度，波长 0.587 微米。

最终文件：第 7 章\单透镜.zmx

ZEMAX 设计步骤。

步骤 1：输入入瞳直径 20 mm

（1）在快捷按钮栏中单击“Gen→Aperture”。

（2）在弹出对话框“General”中，“Aperture Type ”选择“Entrance Pupil Diameter”，“Aperture Value”输入“20”，“Apodization type”选择“Uniform”。

（3）单击“确定”按钮，如图 7-6 所示。

入瞳直径即用来直接确定进入系统光束直径的大小，它适用于大多数无限共轭系统。上图中我们也可以看到还有其他几种光束孔径定义类型。

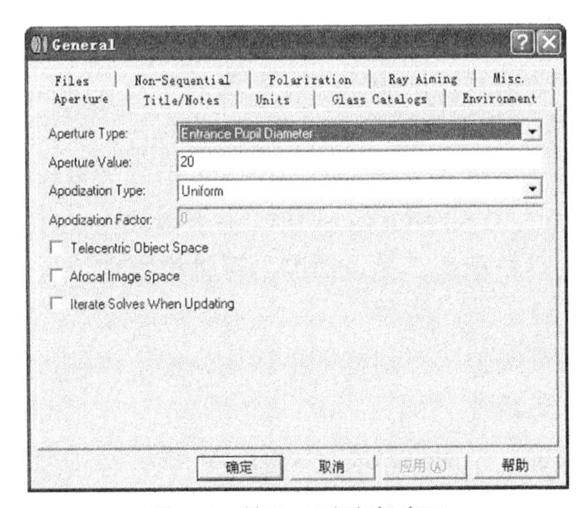

图 7-6 输入入瞳直径窗口

像空间 F 数（Image Space F/#），用于直接确定像空间的 F 数值，当系统焦距已知的情况下，可同入瞳直径相互转换。

物空间数值孔径（Object Space NA），常用于有限共轭系统、如显微系统、投影系统、测量镜头等，它通过直接定义物点发光角度来约束进入系统的光束大小。

随光阑尺寸漂移（Float By Stop Size），用于系统中孔径光阑固定的情况，如有的系统光阑大小为定值，可使用这种类型来计算入瞳的大小。

本例中，我们只需选择“Aperture Type”为EPD，大小为20 mm，输入即可。

步骤2：输入视场。

（1）在快捷按钮栏中单击“Fie”。

（2）在弹出对话框“Field Data”中选择“Angle（Deg）”。

（3）在“Use”栏里，选择“1”、“2”、“3”。

（4）“Y-Field”栏输入数值“0”、“3.5”、“5”。

（5）单击“OK”按钮，如图7-7所示。

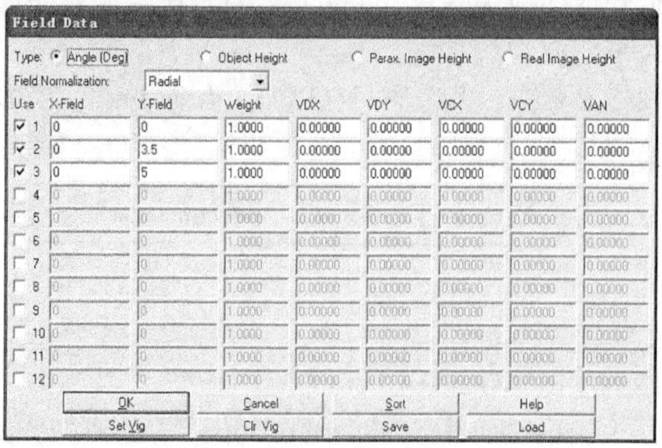

图7-7　输入视场窗口

上图中视场分为4种类型：角度、物高、近轴像高和实际像高。根据不同系统提供的规格要求，可灵活选择适当的视场类型。

角度，直接设定物方视场光束主光线与光轴的角度，多用于无限共轭平行光条件下（物处于无限远处）。

物高，设定被成像物体的尺寸大小，此时系统必须为有限共轭时才可用（物距非无限远）。大多有限远物体成像系统常用这种视场类型。

近轴像高，使用近轴光束定义系统成像的像面大小，当设计的系统有固定的像面尺寸时使用此类型，如常见的CCD或COMS成像，由于接收面尺寸固定，可直接使用近轴像高来确定像面大小，软件会自动计算视场角度。近轴像高使用近轴方法计算，忽略系统畸变影响。适用于视场角度较小的系统。

实际像高，同近轴像高类似，区别在于实际像高使用实际光线计算像面尺寸，考虑畸变大小。适用于大视场广角系统。

了解了这几种视场类型，可能有人还不太明白，视场究竟是什么？视场就是我们所说的成像系统所能观察到的区域范围，也就是从像面上能看到的物面范围，如果物在无限远处就是所观察的锥形角度区域大小。每个视场代表一个物点，每个物点发出的是一束锥形光束且充满整个光瞳，如图7-8所示的示意图。

物面上有无数个物点发出锥形光束，为了几何光线追迹，通常将物面看作圆形面并将它分为 X 和 Y 两个剖面，由于视场区域的旋转对称性，我们只需要对一个截面上的视场进行采样。采样视场区域面积相等的原则，球面系统一般选 3 个视场就可以，非球面或复杂系统视场将适当增加，如图 7-9 所示。

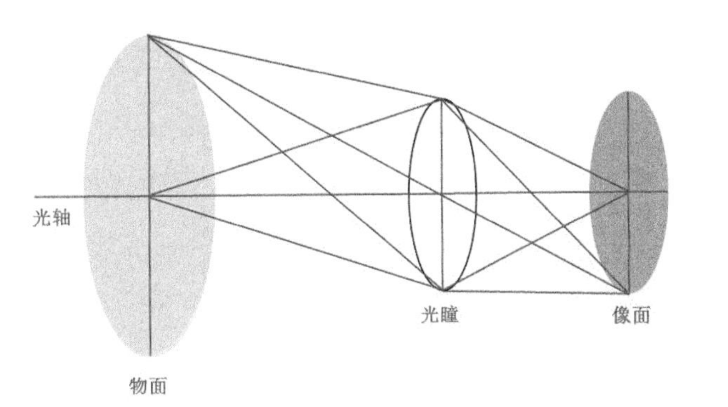

图 7-8 物和成像效果图

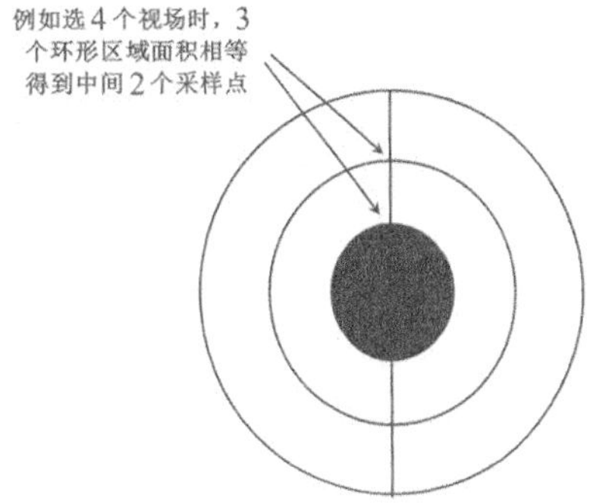

例如选 4 个视场时，3 个环形区域面积相等得到中间 2 个采样点

图 7-9 视场效果图

本例中单透镜要求 10 度全视场，我们只需使用 5 度半视场，采样 3 个视场点：0、3.5、5。

步骤 3： 输入波长 0.587 μm。

（1）菜单栏选择“System→Wavelengths”或快捷按扭“Wav”。

（2）在弹出对话框“Wavelength Data”中“Use”栏，选择“1”。

（3）在“Wavelength”栏输入数值“0.587”。

（4）单击“OK”按钮，如图 7-10 所示。

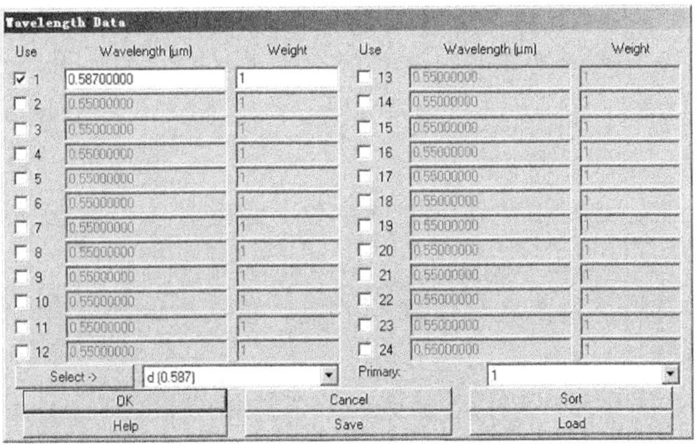

Wavelength Data

Use	Wavelength (µm)	Weight	Use	Wavelength (µm)	Weight
☑ 1	0.58700000	1	☐ 13	0.55000000	1
☐ 2	0.55000000	1	☐ 14	0.55000000	1
☐ 3	0.55000000	1	☐ 15	0.55000000	1
☐ 4	0.55000000	1	☐ 16	0.55000000	1
☐ 5	0.55000000	1	☐ 17	0.55000000	1
☐ 6	0.55000000	1	☐ 18	0.55000000	1
☐ 7	0.55000000	1	☐ 19	0.55000000	1
☐ 8	0.55000000	1	☐ 20	0.55000000	1
☐ 9	0.55000000	1	☐ 21	0.55000000	1
☐ 10	0.55000000	1	☐ 22	0.55000000	1
☐ 11	0.55000000	1	☐ 23	0.55000000	1
☐ 12	0.55000000	1	☐ 24	0.55000000	1

Select -> d (0.587) Primary: 1

OK Cancel Sort

Help Save Load

图 7-10 输入波长

至此，单透镜的系统参数设置就完成了。

7.1.3 单透镜初始结构

接下来创建透镜的初始结构，单透镜由 2 个面组成，我们需要在透镜数据编辑器（LDE）中再插入 1 个表面。将光标放在像面上，单击“Insert”键在像面前插入 1 个表面。在第一个面的“Glass”栏输入透镜材料“BK7”，它表示这个面和下个面之间的材料为 BK7。ZEMAX 中有材料的表面会默认变为淡蓝色。

步骤4：在透镜数据编辑栏内输入参数。

（1）在文件菜单“File”下拉菜单中单击“New”，弹出对话框“Lens Date Editor”。

（2）在弹出对话框“Lens Date Editor”中，把鼠标放在“IMA”处单击左键，按“Insert”键插入1个面。

（3）在“STO”对应“Glass”栏处输入透镜材料“BK7”，如图7-11所示。

Lens Data Editor

Edit Solves View Help

Surf:Type		Radius		Thickness		Glass		Semi-Diameter
OBJ	Standard	Infinity		Infinity				Infinity
STO	Standard	Infinity		0.000		BK7		10.000
2	Standard	Infinity		0.000				10.000
IMA	Standard	Infinity		-				10.000

图7-11　透镜数据编辑栏

我们要求的透镜F/#=10，它表示焦距与入瞳直径的比值为10，这也是间接控制焦距的方法。我们通常直接在最后一个光学面的曲率半径上设置F/#的求解类型，在透镜后表面曲率半径上单击右键，选择F/#=10。

步骤5：在最后一个光学面的曲率半径上设置F/#的求解。

（1）在透镜数据编辑栏内 #2 曲率半径单击右键，弹出对话框“Curvature solve on surface 2”。

（2）在弹出对话框“Curvature solve on surface 2”中“Solve Type”选择“F Number”。

（3）在“F/#”处选择“10”。

（4）单击“OK”按钮，如图7-12所示。

此时我们看到软件自动计算曲率半径为−103.36，使系统焦距为200 mm。注意软件最底下的状态栏4个参数：EFFL（有效焦距）、WFNO（工作F数）、ENPD（入瞳直径）、TOTR（系统总长）。

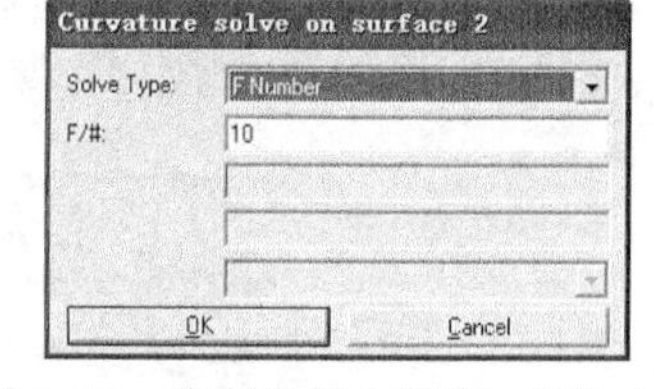

图7-12　曲率半径上设置F/#的求解

在初始结构中，我们不知道透镜的曲率半径、透镜厚度，这些参数需要让软件自动优化帮我们找到。但我们可以使用最后面上边缘厚度解得到近轴焦平面的位置。在最后表面的厚度上单击右键，选择边缘光线高度求解类型，它表示近轴边缘光线会自动在下个面上聚焦并找到这段距离值。

步骤6：在最后表面厚度上选择边缘光线高度求解类型。

（1）在透镜数据编辑栏内 #2 厚度栏单击右键，弹出对话框“Thickness solve on surface 2”。

（2）在弹出对话框“Thickness solve on surface 2”中“Solve Type”选择“Marginal Ray Height”。

（3）单击“OK”按钮，如图7-13所示。

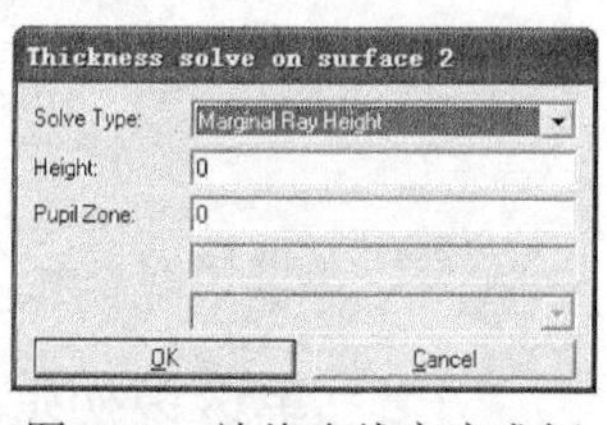

图7-13　边缘光线高度求解

步骤7：查看单透镜结构光路图与像差畸变图。

（1）在快捷按钮栏中单击光路结构图“L3d”，如图7-14所示。

（2）在快捷按钮栏中单击光扇图“Ray”，如图7-15所示。

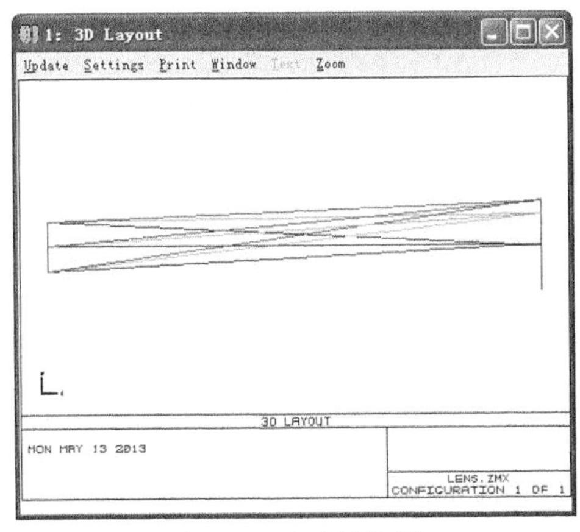

图 7-14 光路结构图

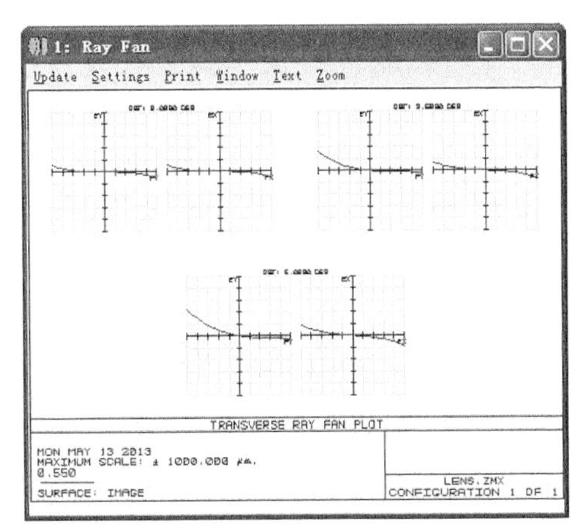

图 7-15 光扇图

得到以上初始系统，虽然看不到透镜形状，却能看到系统目前的聚焦状态。

7.1.4 单透镜的变量与优化目标

初始结构设置完成，想让软件帮我们找到最佳曲率半径值。这时就需告诉软件，透镜的哪些参数是需要优化的，就这是设置透镜的优化变量过程。我们在需要优化的参数栏上单击“Ctrl+Z”组合键，便可将这个参数设置为变量，参数右边会出现一个“V”字符。

步骤 8： 将单透镜的前表面曲率半径与透镜厚度设置为变量。

（1）在透镜数据编辑栏内“STO”对应“Radius”处按“Ctrl+Z”组合键。

（2）在透镜数据编辑栏内“STO”对应“Thickness”处按“Ctrl+Z”组合键，如图 7-16 所示。

Lens Data Editor

Edit Solves View Help

Surf:Type		Radius		Thickness		Glass		Semi-Diameter
OBJ	Standard	Infinity		Infinity				Infinity
STO	Standard	Infinity	V	0.000	V	BK7		10.000
2	Standard	-103.704	F	200.000	M			10.028
IMA	Standard	Infinity		-				17.952

图 7-16 设置变量

知道了变量的设置方法，那么我们想让这些变量变化以后得到什么样的结果呢？此时又要告诉软件我们想得到什么样的目标，这就是评价函数。用来评价系统优化目标的好坏，在这个单透镜中我们只需要优化到最小的光斑就可以。

步骤 9： 优化单透镜。

（1）按“F6”快捷键打开评价函数编辑器，在评价函数编辑器“Merit Function Editor”里选择“Tools→Default Merit Function”。如图 7-17 所示。

（2）在弹出对话框“Default Merit Function”中单击“OK”按钮，如图 7-18 所示。

图 7-18 中所示评价函数分 3 个部分：优化目标、光瞳采样、边界条件控制。

优化目标部分是设计的核心，它使我们直接告诉软件需要得到的结果。可以以光程差、光斑或发散角为目标。通常优化镜头的分辨率是以光斑最小为标准，即最小的 RMS Spot Radius。在以后的无焦模式优化中会提到发散角为目标的情况。

图 7-17 评价函数编辑器

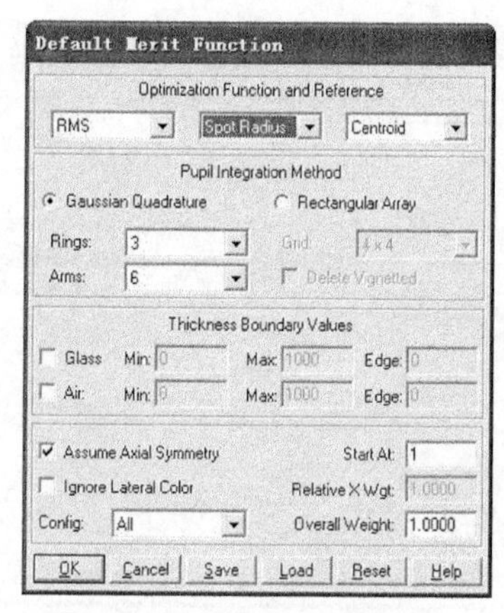

图 7-18 评价函数设置窗口

光瞳采样即优化时的光线采样，分 2 种方法：高斯环形积分采样和矩形阵列采样。当系统为旋转对称结构且没有渐晕存在的情况下，使用高斯环形积分，追迹最少的光线数得到较高的优化效率。当系统存在渐晕时，只能使用矩形阵列采样，需要追迹大量光线才能得到精确结果。

边界条件控制是用来控制优化过程中镜片与空间间隔大小的，保证得到的镜片不会太厚或太薄，空气厚度不至于优化为负值等。

如图 7-18 设置，直接单击“OK”按钮便自动插入系统的评价目标操作数，如图 7-19 所示。

Merit Function Editor: 1.033665E-001

Edit Tools View Help

Oper #	Type		
1 DMFS	DMFS		
2 BLNK	BLNK	Default merit function: RMS spot r	
3 BLNK	BLNK	No default air thickness boundary	
4 BLNK	BLNK	No default glass thickness boundar	
5 BLNK	BLNK	Operands for field 1.	
6 TRAC	TRAC		1
7 TRAC	TRAC		1
8 TRAC	TRAC		1

图 7-19 评价目标操作数

到此时，单透镜就可以优化了。

（3）菜单栏单击“Tools→Optimization→Optimization...”或单击快捷按扭“Opt”打开优化对话框“Optimization”。如图 7-20 所示。

（4）在弹出对话框“Optimization”中单击“Automatic”按钮开始优化。如图 7-21 所示。

注意：矩形框内所列出的：优化目标操作数为 21 个，优化变量为 2 个，初始评价函数值为 1.103366472，这个优化称为局部优化，使用 DLS（阻尼最小二乘法）优化到评价函数数值最小，它依赖于系统的初始结构。单击“Automatic”按钮开始自动优化，几乎不到一秒的时间优化就完成了。

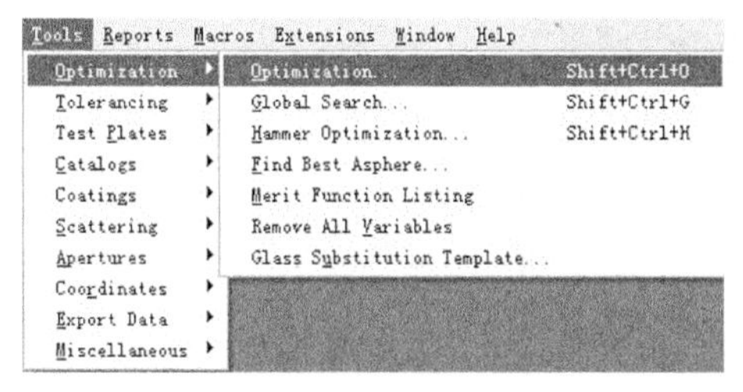

图 7-20 优化菜单项

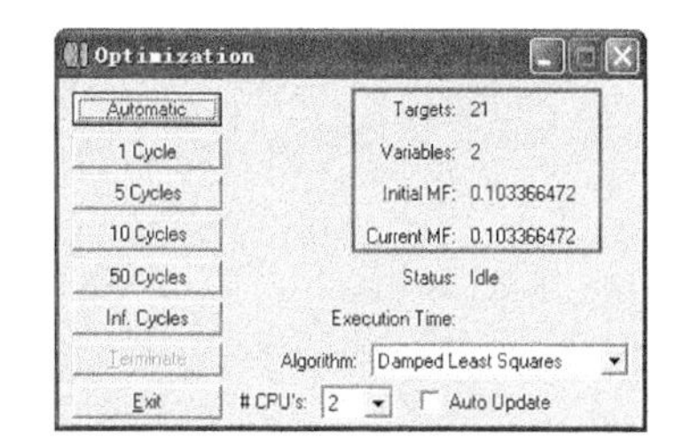

图 7-21 优化窗口

7.1.5 单透镜优化结果分析与改进设计

我们看下优化好的透镜结构是否合理。

步骤 10：查看单透镜结构光路图与像差畸变图。

（1）在快捷按钮栏中单击光路结构图“L3d”，如图 7-22 所示。

（2）在快捷按钮栏中单击光扇图“Ray”，如图 7-23 所示。

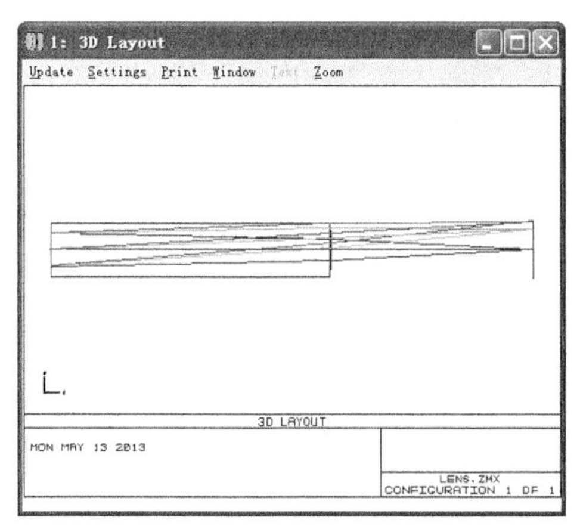

图 7-22 光路结构图

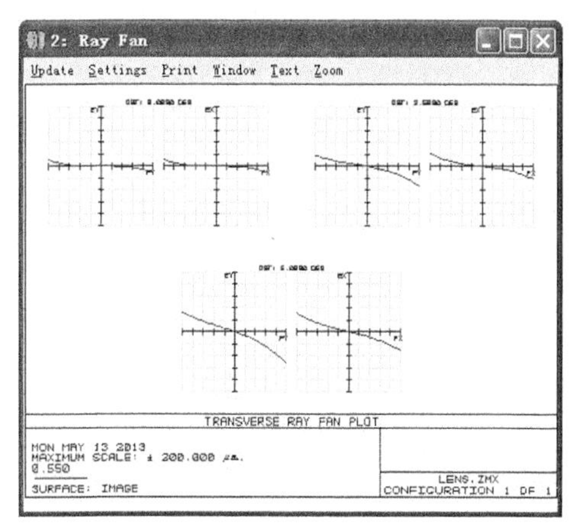

图 7-23 光扇图

从上图中可以明显看出，优化出来的透镜变的非常厚，已经成为了一个圆柱形，这对实际加工来说是不合理的。这也说明我们在设置优化目标时没有对透镜的厚度进行限制，导致很厚或很薄的镜片产生。那么先来修正评价目标，将透镜厚度边界条件加入到评价函数中。设置透镜最小中心和边缘厚度为 2 mm，最大中心厚度为 10 mm。

步骤 11：重新优化单透镜。

（1）按“F6”快捷键打开评价函数编辑器，在评价函数编辑器“Merit Function Editor”里选择“Tools→Default Merit Function”。

（2）在弹出对话框“Default Merit Function”里选择“Glass”。

（3）在“Min”栏输入“2”，“Max”输入“10”，“Edge”栏输入“2”。

（4）单击“OK”按钮，如图 7-24 所示。

（5）单击快捷按扭“Opt”打开优化对话框“Optimization”。

（6）在弹出对话框“Optimization”中单击“Automatic”按钮开始优化。

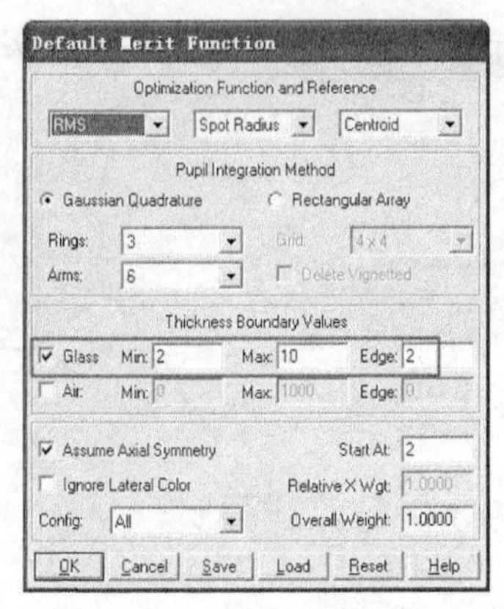

图 7-24　设置优化目标

步骤 12： 重新优化后，查看单透镜结构光路图与像差畸变图。

（1）在快捷按钮栏中单击光路结构图“L3d”，如图 7-25 所示。

（2）在快捷按钮栏中单击光斑图“Spt”，如图 7-26 所示。

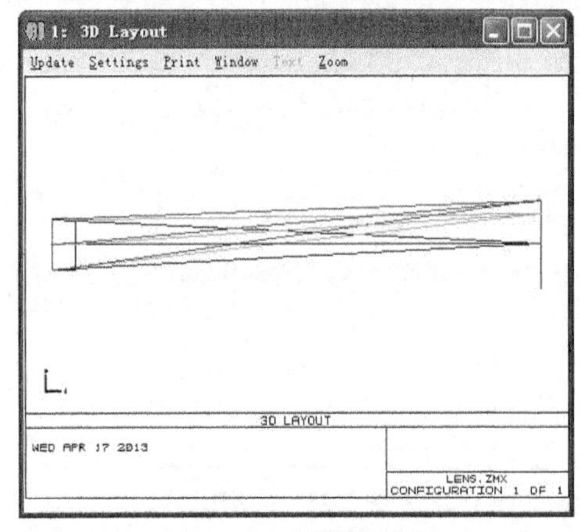

图 7-25　光路结构图

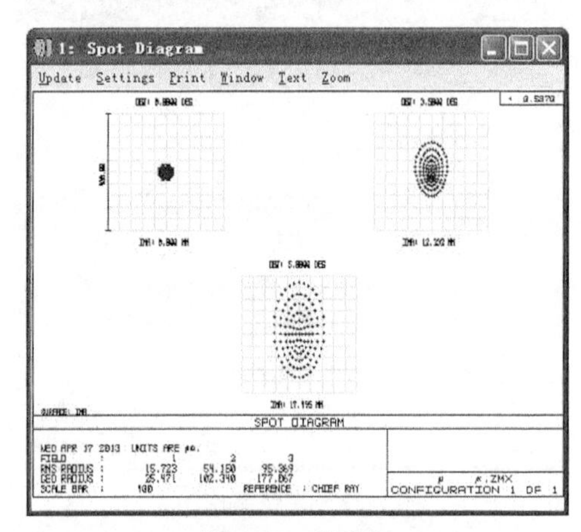

图 7-26　光扇图

在透镜结构合理后，光斑图看成像效果，可以看到 3 个视场的 RMS 光斑分别为：15μm、54μm、95μm，从光斑逐渐变大的趋势来看，可以想象到我们的像面位置应该处于第一个视场聚焦点，由于场曲存在，使第二、第三视场的光斑越来越大。为了改善这种情况，分析我们的系统，在一开始初始结构设置时，我们使用了一个边缘光线高度求解类型，这就限制了像面位置只能在近轴焦平面处，所以极大地限制了光斑的优化。

我们将光标置于第 2 表面的厚度栏上，按“Ctrl+Z”组合键，将求解类型改为变量，再一次优化。如图 7-27 所示。

Lens Data Editor

Edit Solves View Help

Surf:Type		Comment	Radius		Thickness		Glass
OBJ	Standard		Infinity		Infinity		
STO	Standard		123.594	V	10.000	V	BK7
2	Standard		-614.107	F	194.486	V	
IMA	Standard		Infinity		-		

图 7-27　第 2 表面厚度设置变量

优化完成，光斑变为 35μm、15μm、49μm、有了稍微的提高，如图 7-28 所示。

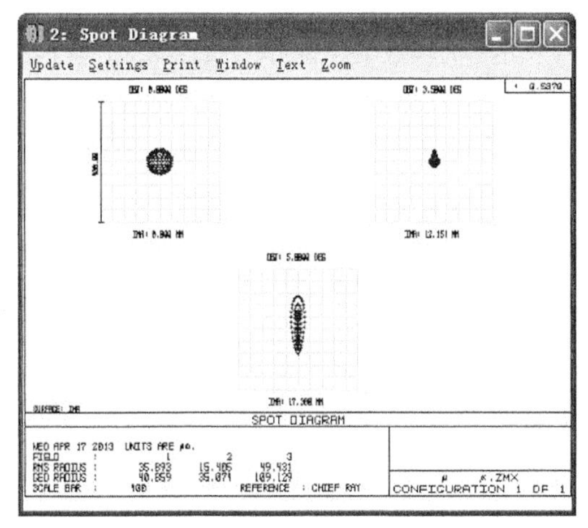

图 7-28 光斑改善

在前面的章节中我们讲过光学设计基础像差的表示形式及解决办法。从上面光斑图中可以明显看出这个单透镜系统具有的两种主导性像差：像散和场曲。（提示：第 3 视场光斑椭圆形状，3 个视场光斑大小差距）。

这种情况下系统像质能不能提高？这时应针对占主导的像差来分析。想继续提高单透镜的成像光斑效果，需减小系统的像散和场曲。像散和场曲是与什么因素相关呢？视场！在这个单透镜的初始结构中默认的光阑位于透镜的前表面。

我们可以通过改变视场来改变外视场的像差，当然系统设定的视场角度是不能改变的，但可以改变光阑的位置来改变不同视场的光线与透镜的高度。

在第一个表面前面插入一个新的表面，在新的表面最左边一栏中单击右键打开表面属性对话框，将这个表面设置为新的光阑面，并将这个表面的厚度设置为变量，如图 7-29、图 7-30 所示。

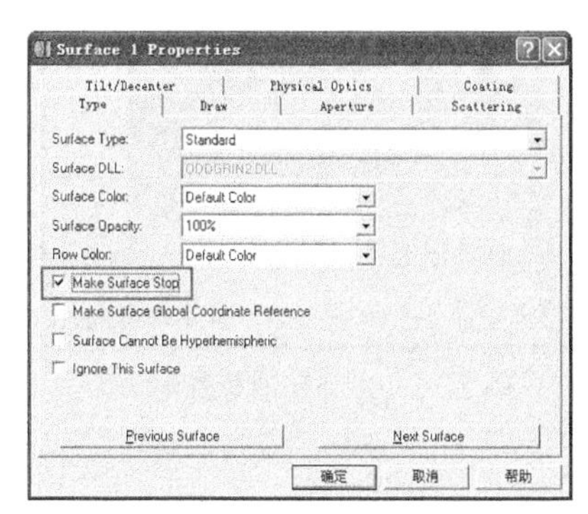

图 7-29 设置光阑面

Lens Data Editor

Edit Solves View Help

Surf:Type		Comment	Radius		Thickness		Glass
OBJ	Standard		Infinity		Infinity		
STO	Standard		Infinity		0.000	V	
2	Standard		123.076	V	10.000	V	BK7
3	Standard		-627.525	F	193.142	V	
IMA	Standard		Infinity		-		

图 7-30 设置光阑面厚度为变量

这样就把视场光阑移到了镜片的外部，通过再次优化，不同视场在透镜上的高度被重新分配，从而可以较好地校正轴外视场的像差。如图 7-31 所示。

优化后 3 个视场的光斑大小变为：16μm、14μm、24μm、相比之前的 35μm、15μm、49μm 有了较大的提高。但此时透镜比之前的口径变大了。另外，光阑远离透镜还会引入较大的畸变，目前的系统变化前后畸变相差10倍左右。如图7-32所示。

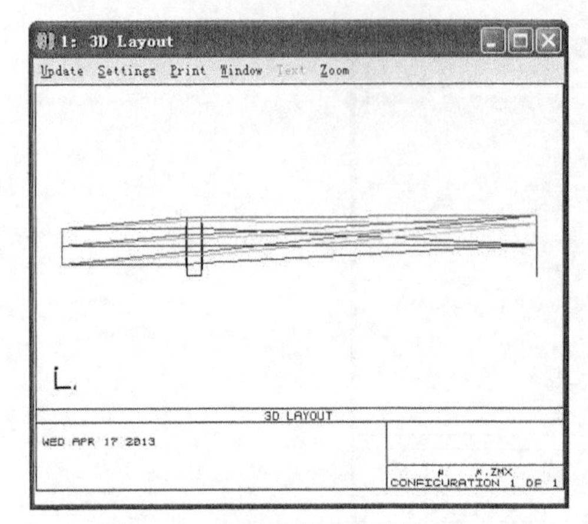

图7-31 光阑移到了镜片外部

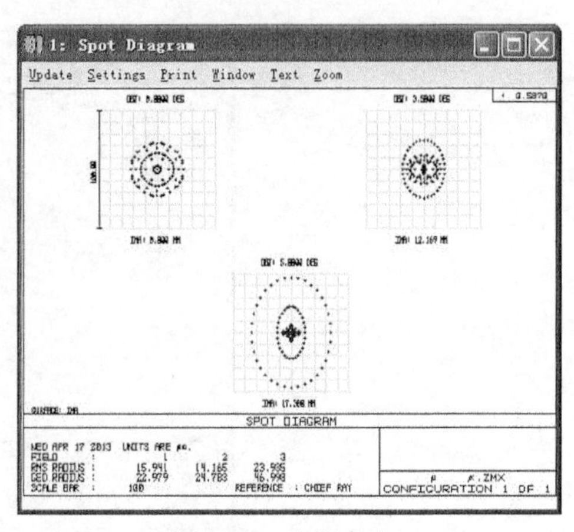

图7-32 光斑变小

我们使用像模拟功能给大家展示光阑在透镜面上（如图7-33所示）与光阑在透镜外（如图7-34所示）的两种成像效果，请大家仔细分辨两幅图的区别。

从图7-33和图7-34观察到，光阑位于单透镜前表面成像稍微模糊，但畸变几乎没有。光阑位于透镜外部，成像很清晰，但边缘畸变明显。

由于单透镜可优化的变量有限，仅有一个有效的曲率半径和一个光阑位置变量是难以达到更高的成像效果。透镜厚度变量是一个弱变量，它在优化时不能有效改变评价函数结果。所示单透镜的设计到目前为止就结束了。想进一步提高像质，可增加镜片或使用非球面，这些将在以后的章节中逐步讲解。

图7-33 光阑在透镜上

图7-34 光阑在透镜外部

7.2 双胶合消色差透镜设计

在上一节中我们详细讲解了最简单的光学系统——单透镜的完整设计流程，同样它也代表了其他复杂光学系统的设计过程：系统参数输入→初始结构创建→优化变量设置→评价目标函数设置→优化→像质分析→系统改进提高→再优化。

这一系列的设计步骤贯穿于整个系统设计，把握好其中的任何一个环节，对我们以后的设计及提高都有很大帮助。

为了进一步提高初学者的设计水平，增加 ZEMAX 设计的实用性，我们将逐步深入讲解复杂系统的优化和分析。

本节我们将带领大家一起来设计双胶合消色差透镜，使大家学会如何用 ZEMAX 替换材料优化色差，找到最佳材料组合。

7.2.1 双胶合透镜设计规格参数及系统参数输入

首先我们需要有详细的设计要求才能开始设计，这里给出设计要求。

双胶合透镜设计规格：

EPD：50 mm

F/8

10 FFOV

波长：F，d，C

边界限制：最小中心和边厚 4 mm，最大 18 mm

材料自选

优化最小 RMS Spot Radius，最小色差

从规格参数中我们需要获取系统参数信息：即光束口径大小、视场类型及大小、波长。很明显这些在规格参数中都已经给出了，只需按照单透镜设计时的步骤，一一输入软件中：

最终文件：第 7 章\双胶合透镜.zmx

ZEMAX 设计步骤如下。

步骤 1： 输入入瞳直径 50 mm。

（1）在快捷按钮栏中单击“Gen→Aperture”。

（2）在弹出对话框“General”中，“Aperture Type ”选择“Entrance Pupil Diameter”，“Aperture Value”输入“50”，“Apodization type”选择“Uniform”。

（3）单击“确定”按钮，如图 7-35 所示。

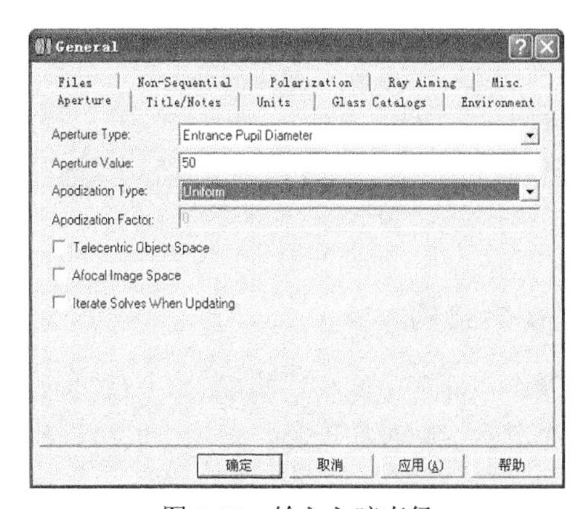

图 7-35 输入入瞳直径

步骤 2：输入视场。

（1）在快捷按钮栏中单击“Fie”。

（2）在弹出对话框“Field Data”中选择“Angle（Deg）”。

（3）在“Use”栏里，选择“1”、“2”、“3”。

（4）“Y-Field”栏输入数值“0”、“3.5”、“5”。

（5）单击“OK”按钮，如图 7-36 所示。

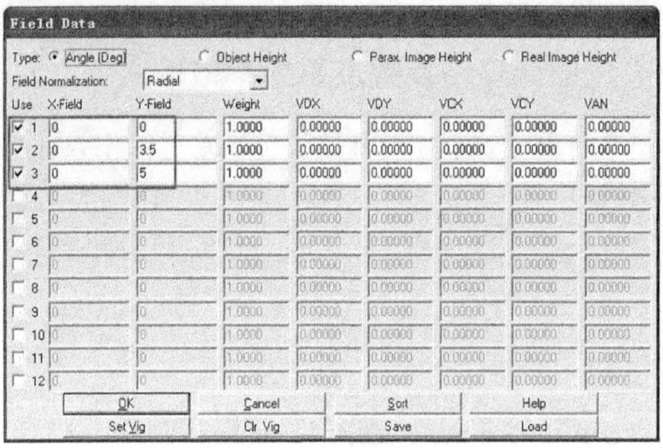

图 7-36　输入视场

步骤 3：输入波长。

（1）在快捷按钮栏中单击“Wav”。

（2）在弹出对话框“Wavelength Data”中选择“F，d，C（Visible）”，单击“Select->”按钮完成自动输入。

（3）单击“OK”按钮，如图 7-37 所示。

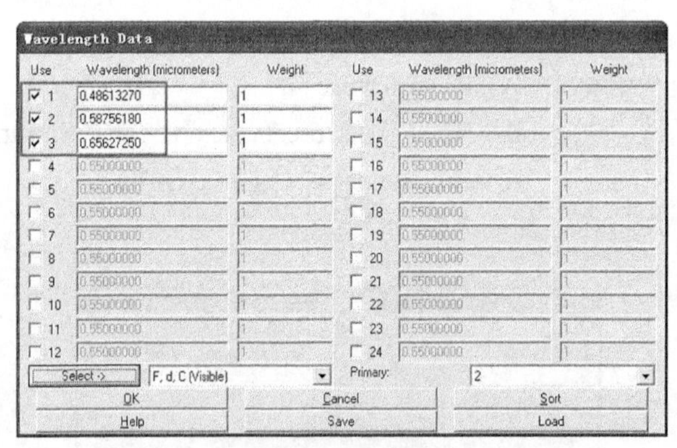

图 7-37　输入波长

7.2.2　双胶合透镜初始结构

我们知道单透镜是由两个表面加中间材料构成的，双胶合透镜在设计时增加了一种材料，相当于两种材料的两个单透镜贴合在一起，但由于胶合连接部分是一个表面，所以双胶合透镜由 3 个面组成。

假设现在光阑面就是位于透镜的前表面处，我们不需要更改。对于材料的选取，我们需要了解阿贝数的概念：即表示玻璃色散强弱的一个系数。阿贝数英文叫 Abber，用字母 V 来表示。通常色散系数计算时多用中间波长 d 光作参数，用 Vd 表示玻璃色散强弱，公式如下：

$$Vd = (Nd - 1) / (Nf - Nc)$$

上面公式中表示不同波长的光通过材料后最短波长与最长波长的分离情况。从公式中可以看到，色散能力越强的材料 Nf–Nc 值越大，而这个值作为 Vd 的分母使 Vd 越小。所以我们有这样一个结论：Vd 越小色散越强，Vd 越大色散越弱。

通常 Vd 值以 50 为界线，Vd 大于 50 表示低色散材料，常指冕玻璃类型，名称中有 K 表示。Vd 小于表示强色散材料，常指火石玻璃，名称中有 F 表示。

单击快捷按钮“Gla”打开玻璃库查看玻璃特性，如图 7-38 所示。

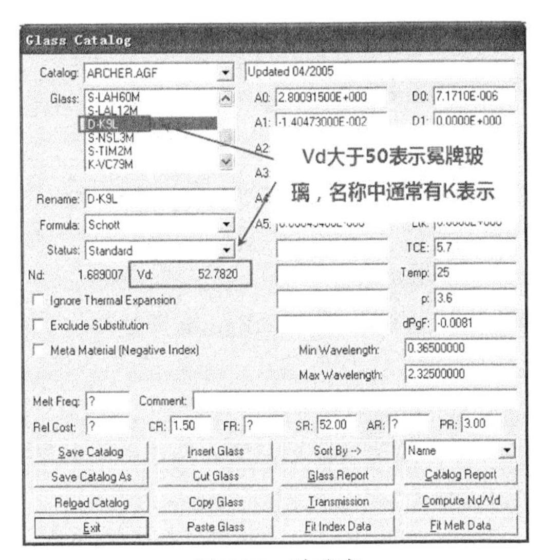

图 7-38 玻璃库

在双胶合透镜消色差的原理中，就是通过强色散玻璃与弱色散玻璃组合，使色散相互补偿，达到消色差目的。

在这里我们初始结构中可任选两种组合，使用国内玻璃库成都光明材料（CDGM）或肖特玻璃（Schott），通常先选择价格低的常用材料。本例中使用 BK7 和 F2。

步骤 4：在镜头数据编辑器栏内输入参数。

（1）在文件菜单“File”栏里单击“New”弹出对话框“Lens Date Editor”。

（2）在弹出对话框“Lens Date Editor”中，把鼠标放在“IMA”处单击左键，按“Insert”键插入 2 个面。

（3）在“STO”对应“Glass”栏处输入透镜材料“BK7”。

（4）在“2”对应“Glass”栏处输入透镜材料“F2”，如图 7-39 所示。

在最后光学面的曲率半径上设置 F 数求解类型，输入“F/#”为“8”，这样就确定了双胶合透镜的焦距为 400 mm。

Lens Data Editor

Edit Solves View Help

Surf:Type		Radius	Thickness	Glass	Semi-Diameter
OBJ	Standard	Infinity	Infinity		Infinity
STO	Standard	Infinity	0.000	BK7	25.000
2	Standard	Infinity	0.000	F2	25.000
3	Standard	Infinity	0.000		25.000
IMA	Standard	Infinity	-		25.000

图 7-39　初始参数

步骤 5：在最后光学面的曲率半径上设置 F/#的求解。

（1）在透镜数据编辑栏内“3”对应“Radius”处单击右键，弹出对话框“Curvature solve on surface 3”。

（2）在弹出对话框“Curvature solve on surface 3”中“Solve Type”栏选择“F Number”。

（3）在 F/#栏选择“8”。

（4）单击“OK”按钮，如图 7-40 所示。

Curvature solve on surface 3

Solve Type: F Number

F/#: 8

OK　Cancel

图 7-40　曲率半径上设置 F 数求解类型

7.2.3　设置变量及评价函数

初始结构完成后，我们来分析双胶合透镜目前的可优化变量：2 个曲率半径和 3 个厚度值。将这些不知道的参数都设置为变量，通过优化后软件会告诉我们最佳值。

步骤 6：设置曲率半径和厚度值变量。

（1）在透镜数据编辑栏内“STO”对应“Radius”处单击鼠标左键，按“Ctrl+Z”组合键。

（2）在“STO”对应“Thickness”处单击鼠标左键，按“Ctrl+Z”组合键。

（3）在“2”对应“Radius”处单击鼠标左键，按“Ctrl+Z”组合键。

（4）在“2”对应“Thickness”处单击鼠标左键，按“Ctrl+Z”组合键。

（5）在“3”对应“Thickness”处单击鼠标左键，按“Ctrl+Z”组合键。如图 7-41 所示。

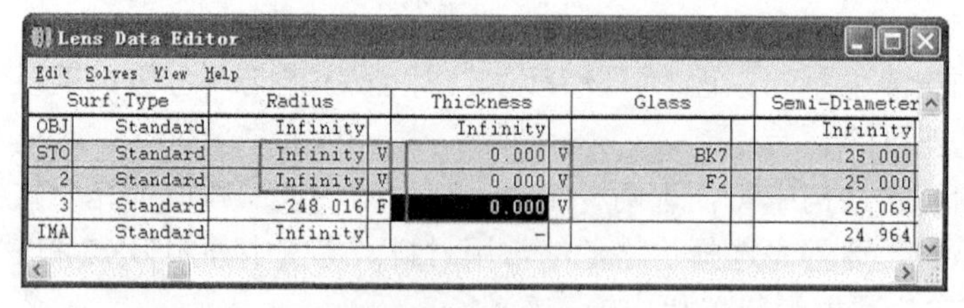

Lens Data Editor

Edit Solves View Help

Surf:Type		Radius		Thickness		Glass	Semi-Diameter
OBJ	Standard	Infinity		Infinity			Infinity
STO	Standard	Infinity	V	0.000	V	BK7	25.000
2	Standard	Infinity	V	0.000	V	F2	25.000
3	Standard	-248.016	F	0.000	V		25.069
IMA	Standard	Infinity		-			24.964

图 7-41　设置变量

接下来设置优化的目标：评价函数。选择默认评价函数，我们要求最小 RMS Spot Radius，且玻璃和空气的厚度边界条件已知。

步骤 7：设置评价函数。

（1）按“F6”键打开评价函数编辑器，在弹出“Merit Function Editor”窗口里选择“Tools→Default Merit Function”。

（2）在弹出窗口“Default Merit Function”中设置各项指标，如图 7-42 所示。

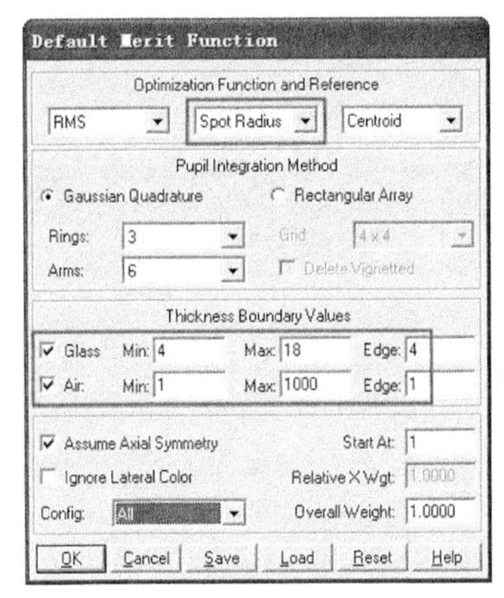

图 7-42 设置评价函数

由于我们并没有其他特殊要求，所以目前不需要手动输入自定义的操作数。

7.2.4 优化及像质评价

步骤 8： 优化双胶合单透镜。

（1）单击快捷按扭“Opt”打开优化对话框“Optimization”。

（2）在弹出对话框“Optimization”中单击“Automatic”按钮开始优化。经过几秒钟时间优化后，评价函数值减小到 0.04，如图 7-43 所示。

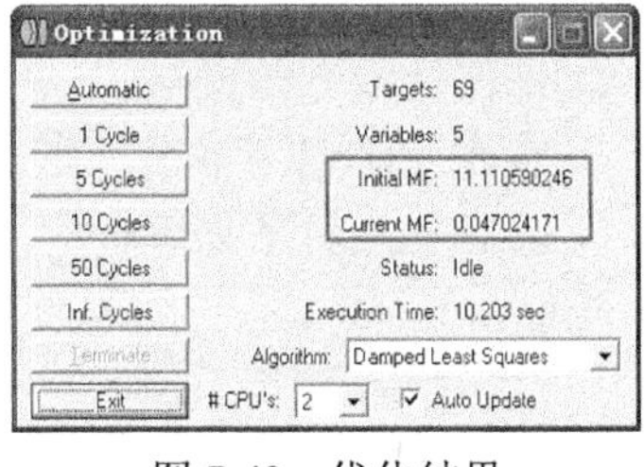

图 7-43 优化结果

步骤 9： 查看双胶合透镜结构光路图与像差畸变图。

（1）在快捷按钮栏单击光路结构图“L3d”，如图 7-44 所示。

（2）在快捷按钮栏单击光斑图“Spt”，如图 7-45 所示。

（3）在快捷按钮栏单击光线差图“Ray”，如图 7-46 所示。

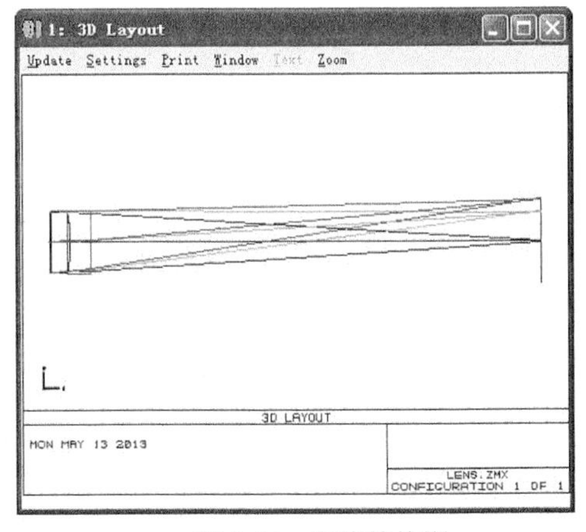

图 7-44 光路结构图

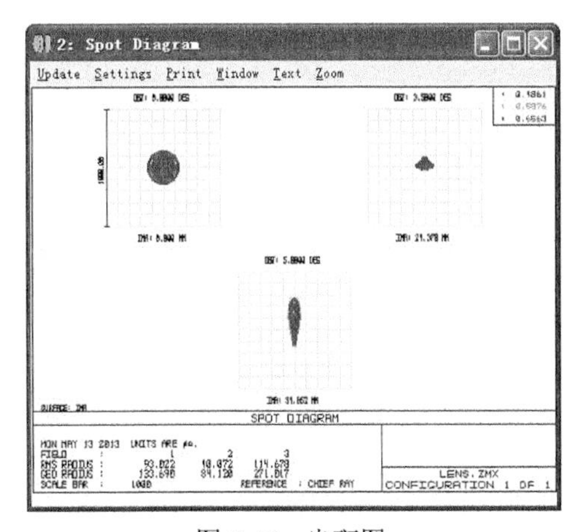

图 7-45 光斑图

Layout 图从结构上看较为合理。从光斑图上可明显看出外视场像散及场曲作为目前系统的主导像差，从 Ray Fan 图上也正好验证了光斑图的显示，像散非常明显。若想进一步提高系统的成像质量，需减小系统的像散。同单透镜分析一样，像散作为轴外视场的像差，由视场决定。

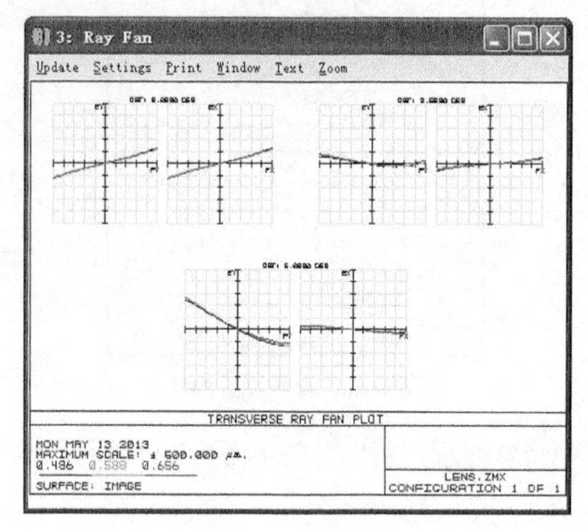

图7-46　光线差图

目前视场光阑位于胶合透镜的前表面，为了调节像散需将光阑从透镜上移出，操作方法同单透镜一样：在第1面前插入1个新的虚拟面，将这个虚拟面设置为光阑即可。将虚拟面的厚度设置为变量。

步骤10： 重新优化双胶合透镜。

（1）在透镜数据编辑器“Lens Date Editor”中“STO”单击左键，按“Insert”键插入1个面。

（2）在面“1”上单击右键，在弹出对话框“Surface 1 Properties”里选中“Make Surface Stop”。如图7-47所示。

（3）把光阑面厚度设置为变量，如图7-48所示。

（4）按“F6”键打开评价函数编辑器，在评价函数编辑器“Merit Function Editor”里选择“Tools→Default Merit Function”。

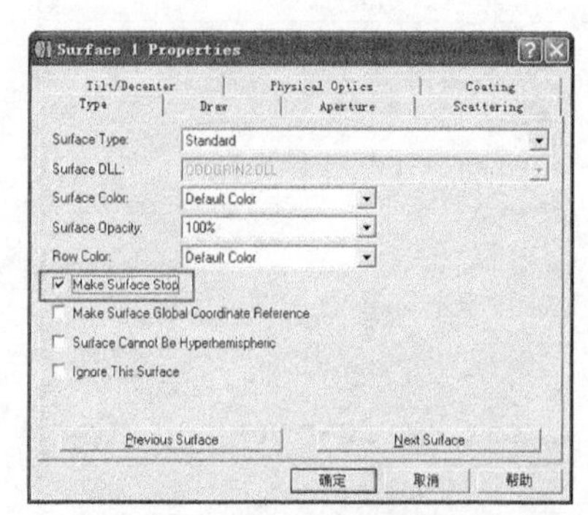

图7-47　将虚拟面设置为光阑

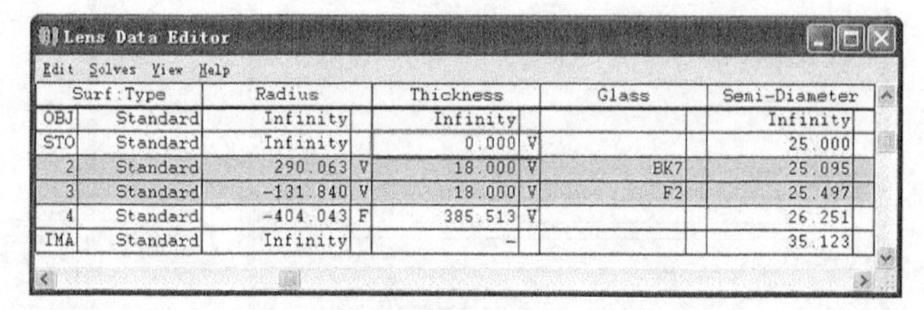
Lens Data Editor

Edit Solves View Help

Surf:Type		Radius		Thickness		Glass	Semi-Diameter
OBJ	Standard	Infinity		Infinity			Infinity
STO	Standard	Infinity		0.000	V		25.000
2	Standard	290.063	V	18.000	V	BK7	25.095
3	Standard	-131.840	V	18.000	V	F2	25.497
4	Standard	-404.043	F	385.513	V		26.251
IMA	Standard	Infinity		-			35.123

图7-48　虚拟面厚度设置为变量

（5）在弹出对话框“Default Merit Function”里单击“OK”按钮。

（6）单击快捷按扭“Opt”打开优化对话框“Optimization”。

（7）在弹出对话框“Optimization”中单击“Automatic”按钮开始优化，如图 7-49 所示。

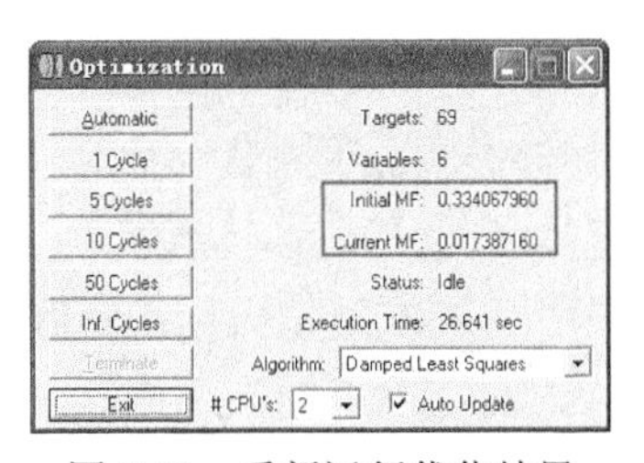

图 7-49　重新运行优化结果

重新运行优化后，评价函数降为 0.017，可以知道光斑将会减小 2 倍左右。

步骤 11：查看重新优化后效果。

（1）在快捷按钮栏单击光斑图“Spt”，如图 7-50 所示。

（2）在快捷按钮栏单击光扇图“Ray”，如图 7-51 所示。

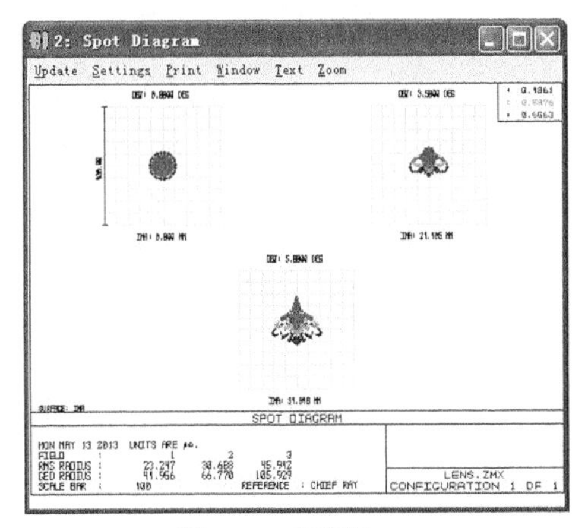

图 7-50　光斑图

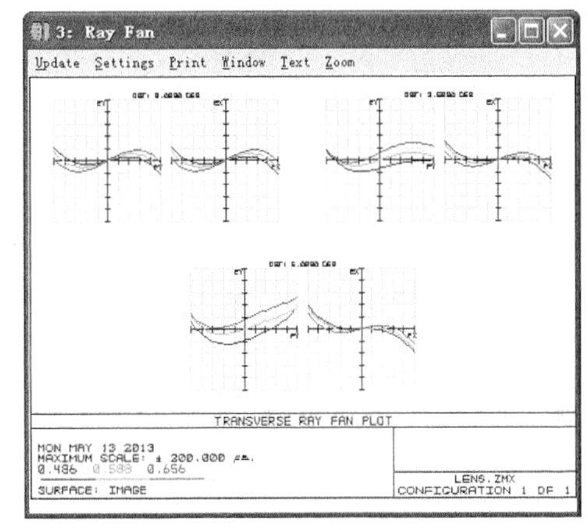

图 7-51　光扇图

从目前光斑图和光扇图上分析系统的主导像差：可以从光斑图的第 3 个视场上明显看出 3 种波长光斑分离，在光扇图上第 3 个视场也可以明显看出 3 个波长的像差曲率分离程度，这都说明了当前系统的主导像差从之前的像散转化为现在的像差。为进一步提供像质，我们需要重点校正系统的色差。

7.2.5　玻璃优化——校正色差

我们应当明白，系统主导像差是如何转变的，也就是说为什么由之前的像散占主导变为了色差占主导？我们把光阑从透镜上移出后，轴外视场像差（像散、场曲、慧差）都会得到较大的改善，而色差和畸变会相应变差，但总体光斑却是变小的，这就是像差平衡方法。

现在我们想进一步提高系统光斑，就要减小主导像差：色差。色差大小受视场光阑和材料影响，此时我们只能通过改变材料来尝试提高。

开始时我们选取了 BK7 和 F2 两种材料组合，但并不一定是最佳材料组合，我们可以让软件替换这两种材料，找到其他的最佳组合形式，这就是玻璃的优化。

在玻璃材料栏上单击右键可打开玻璃求解类型，其中有个 Substitute，称为玻璃替代，在优化时软件会自动从当前玻璃库中提取材料对当前材料进行替换，然后优化得到一个结果，然后再替代其他玻璃再优化。

我们将两种材料都设置为 Substitute 求解类型，此时注意：玻璃的替代是一种离散取值方法，不能用 Optimization 方法来优化，因为它是局部连续优化。需要用锤形优化（Hammer Optimization）来优化。

步骤 12： 优化玻璃。

（1）在透镜数据编辑器栏“BK7”处单击鼠标右键，弹出对话框“Glass solve on surface 2”。

（2）在弹出对话框“Glass solve on surface 2”中“Solve Type”栏选择“Substitute”。如图 7-52 所示。

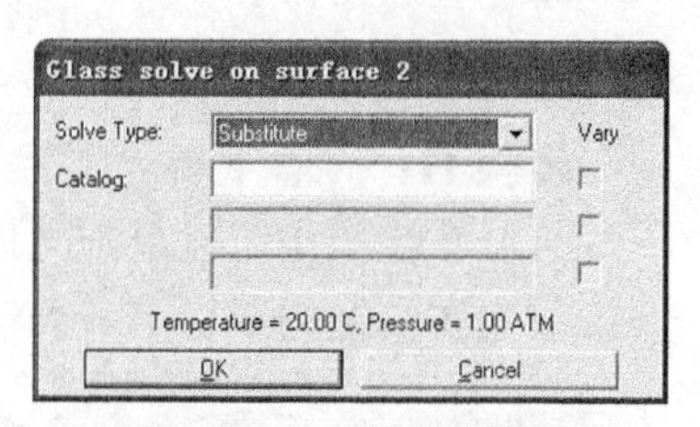

图 7-52　玻璃求解类型

（3）在“F2”处单击鼠标右键，弹出对话框“Glass solve on surface 3”。

（4）在弹出对话框“Glass solve on surface 3”中“Solve Type”栏选择“Substitute”。如图 7-53 所示。

Lens Data Editor

Edit　Solves　View　Help

Surf:Type		Radius		Thickness		Glass		Semi-Diameter
OBJ	Standard	Infinity		Infinity				Infinity
STO	Standard	Infinity		275.251	V			25.000
2	Standard	594.297	V	18.000	V	BK7	S	49.260
3	Standard	-114.479	V	18.000	V	F2	S	49.399
4	Standard	-243.289	F	394.871	V			50.785
IMA	Standard	Infinity		-				34.954

图 7-53　编辑界面

（5）单击“Tools→Optimization→Hammer Optimization...”或单击快捷按扭“Ham”打开锤形优化对话框“Hammer Optimization”。如图 7-54 所示。

（6）在弹出对话框“Hammer Optimization”中单击“Hammer”按钮开始优化，如图 7-55 所示。

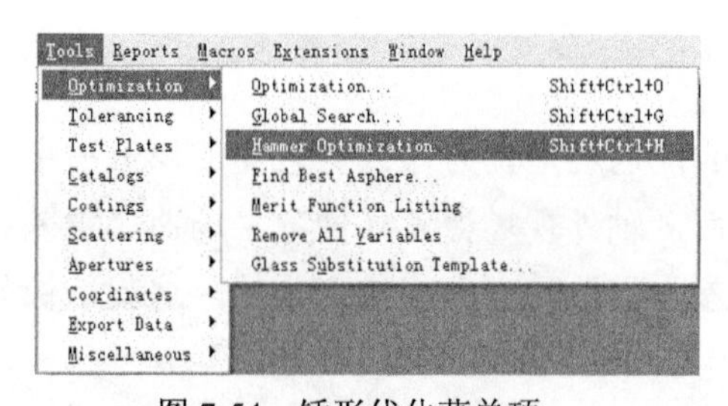

图 7-54　锤形优化菜单项

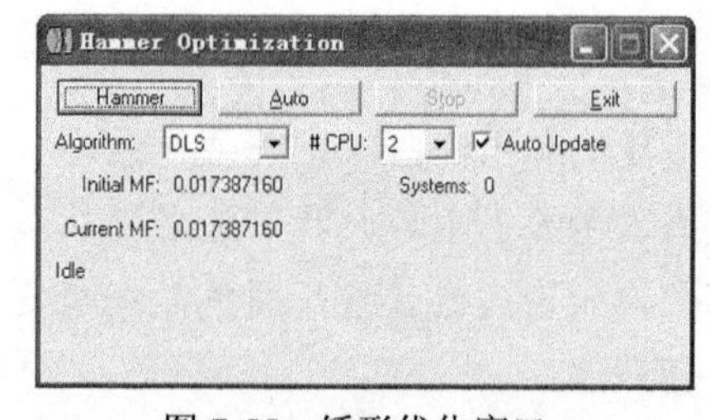

图 7-55　锤形优化窗口

这种优化方法比局部优化占用较多的时间，对于复杂系统的优化可能需要几个小时甚至几天的时间。经过一些时间的优化，可手动停止来查看优化后的结果。

步骤 13： 打开优化效果。

（1）在快捷按钮栏中单击光路结构图“L3d”，如图 7-56 所示。

（2）在快捷按钮栏中单击光斑图“Spt”，如图 7-57 所示。

（3）在快捷按钮栏中单击光线差图“Ray”，如图 7-58 所示。

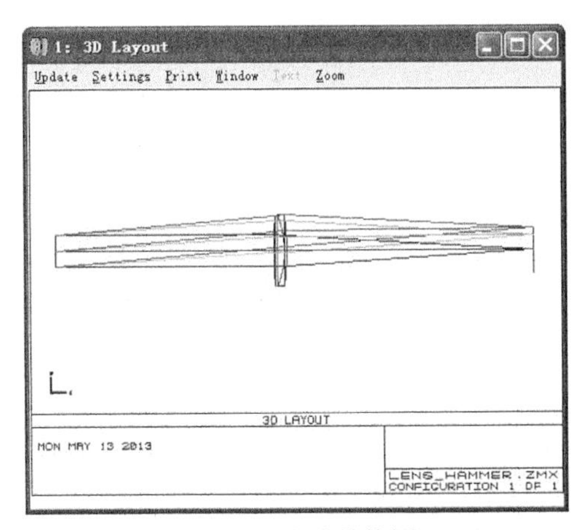

图 7-56　光路结构图

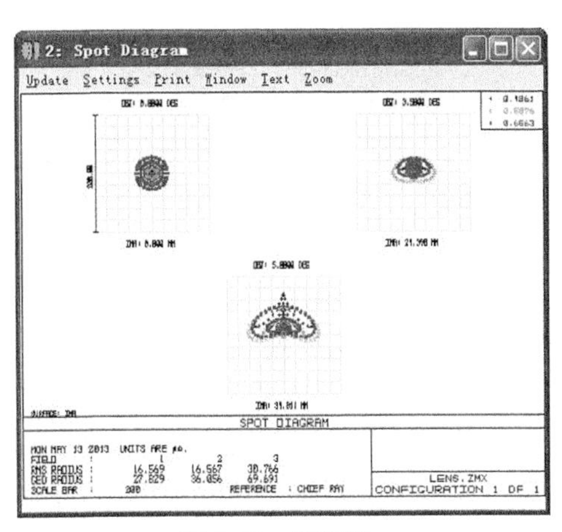

图 7-57　光斑图

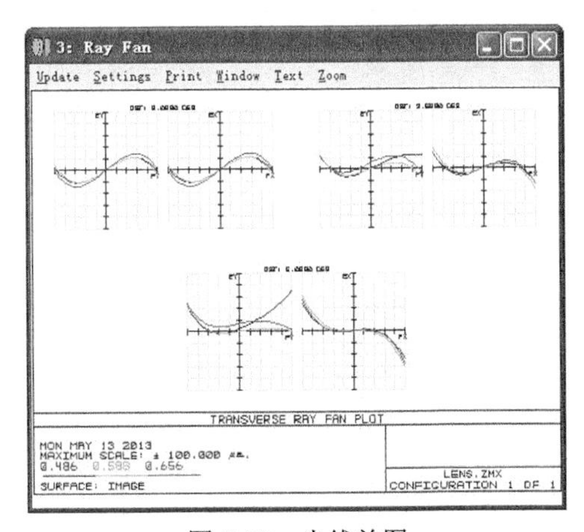

图 7-58　光线差图

7.3　牛顿望远镜设计

在成像光学系统设计中，我们通常提及的是透镜折射成像。还有相当一部分系统则是靠反射成像即使用反射光焦元件进行光路传播。

大多天文望远镜系统都是反射系统，使用有光焦的折叠反射镜来达到成像目的，如哈勃太空望镜。其中最简单的反射式望远系统就是牛顿望远镜系统，它仅由一个抛物面反射镜和平面反射镜组成。我们通过牛顿望远镜的实例操作，可以学会 ZEMAX 中反射系统的设计，元件孔径形状的确定方法。

7.3.1　牛顿望远镜来源简介及设计规格

1670 年，英国数学家、物理学家牛顿制成了反射望远镜。它的原理是使用一个弯曲的镜面将光线反射到一个焦点上。这种设计方法比使用透镜将物体放大的倍数高出数倍。

牛顿反射望远镜采用抛物面镜作为主镜，光进入镜筒的底端，然后折回开口处的第二反射镜（平面的对角反射镜），再次改变方向进入目镜焦平面。目镜为便于观察，被安置在靠近望远镜镜筒顶部的侧方。牛顿反射望远镜用平面镜替换昂贵笨重的透镜收集和聚焦光线，有效地节约了成本，并获得了较好的放大效果。

根据反射系统成像原理，我们使用 ZEMAX 来设计一个如下规格的牛顿望远镜：

入瞳直径：100 mm

焦距：800 mm

观察全视场：4 度

波长：可见光范围

根据上面提供的规格参数我们来进行详细的 ZEMAX 设计，虽然是反射系统，但它的设计流程同透镜设计一样，遵循同样的原则。

首先进行 3 个系统参数的输入：光束孔径大小、视场大小、波段范围。

最终文件：第 7 章\牛顿望远镜.zmx

ZEMAX 设计步骤。

步骤 1：输入入瞳直径 100 mm。

（1）在快捷按钮栏中单击“Gen→Aperture”。

（2）在弹出对话框“General”中，“Aperture Type ”选择“Entrance Pupil Diameter”，“Aperture Value”输入“100”，“Apodization type”选择“Uniform”。

（3）单击“确定”按钮，如图 7-59 所示。

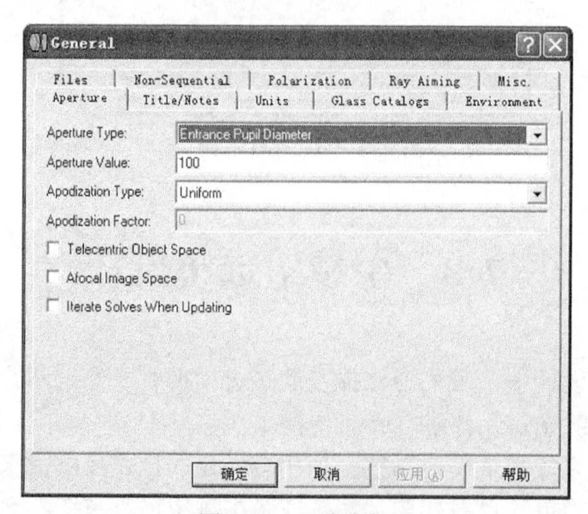

图 7-59　入瞳直径

步骤 2：输入 3 个视场。

（1）在快捷按钮栏中单击“Fie”。

（2）在弹出对话框“Field Data”中选择“Angle（Deg）”。

（3）在“Use”栏里，选择“1”、“2”、“3”。

（4）“Y-Field”栏输入数值“0”、“1.4”、“2”。

（5）单击“OK”按钮，如图 7-60 所示。

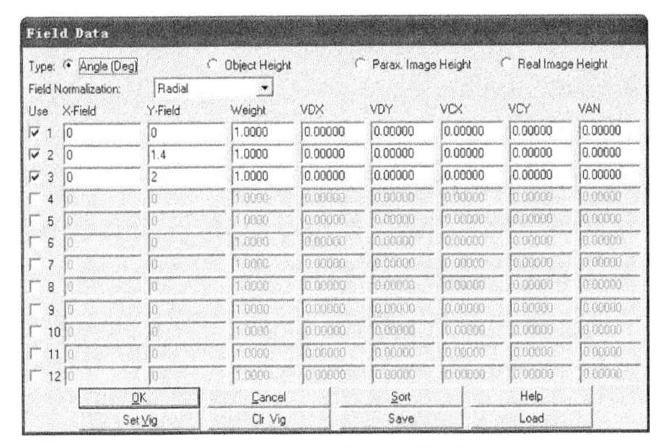

图 7-60 三个视场采样

步骤 3： 输入波长。

（1）在快捷按钮栏中单击“Wav”。

（2）在弹出对话框“Wavelength Data”中选择“F,d,C（Visible）”，单击“Select ->”按钮完成自动输入。

（3）单击“OK”按钮，如图 7-61 所示。

这样，我们就完成了系统参数输入。

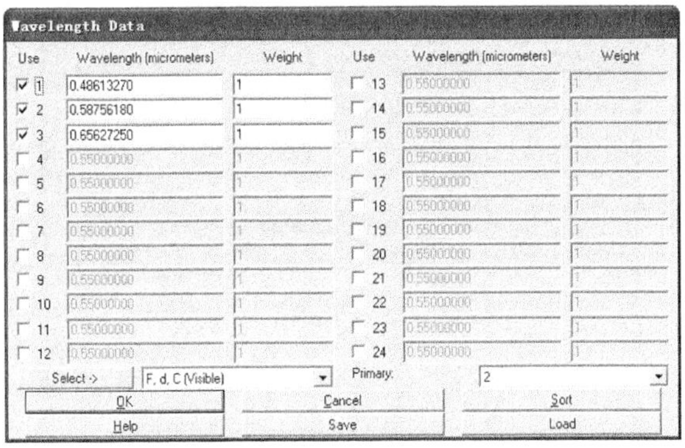

图 7-61 波长 F，d，C（Visible）

7.3.2 牛顿望远镜初始结构

从原理图上我们知道，牛顿望远镜中真正对光线起聚焦作用的其实仅是一个抛物面反射镜，平面镜只起转折光路方向作用。另外，反射镜同透镜的区别在于，透镜是由两个折射面组成，而反射镜仅由一个虚拟面组成。

因此在不考虑平面反射时的初始结构中，只需要一个反射面就可完成这个系统。

在 LDE 透镜数据编辑器第 1 个面材料栏（Glass）内输入：MIRROR，此时这个面就成为反射镜类型。ZEMAX 默认的反射面颜色为灰色。

我们知道这个面是抛物面，抛物面特性即平行于抛物面光轴入射的光线经反射后汇聚于抛物面焦点处，且没有任何像差。

抛物面的圆锥系数 Conic=–1 为定值。

另外，对于反射曲面的曲率半径和焦距的关系始终满足：$R=2f$，本例中要求焦距 800 mm，可知抛物面曲率半径 $R=-1600$。

ZEMAX 光路传播遇到反射面时厚度符号规则：N 个反射镜，厚度符号（-1）^n，本例中焦距 800 即平行光被反射后传播–800 将聚于一点。

综上分析，我们将曲率半径：–1600，厚度：–800，Conic：–1 输入 ZEMAX 中。

步骤 4： 在透镜数据编辑器栏内输入参数。

（1）在文件菜单“File”下拉菜单中单击“New”，弹出对话框“Lens Date Editor”。

（2）在弹出对话框“Lens Date Editor”中输入半径、厚度、材料等相应数值。如图 7-62 所示。

Lens Data Editor

Edit Solves View Help

Surf:Type		Radius	Thickness	Glass	Semi-Diameter	Conic
OBJ	Standard	Infinity	Infinity		Infinity	0.000
STO	Standard	-1600.000	-800.000	MIRROR	50.027	-1.000
IMA	Standard	Infinity	-		28.080	0.000

图 7-62　初始参数

步骤 5： 打开牛顿望远镜结构光路图与像差畸变图。

（1）在快捷按钮栏中单击光路结构图“L3d”，如图 7-63 所示。

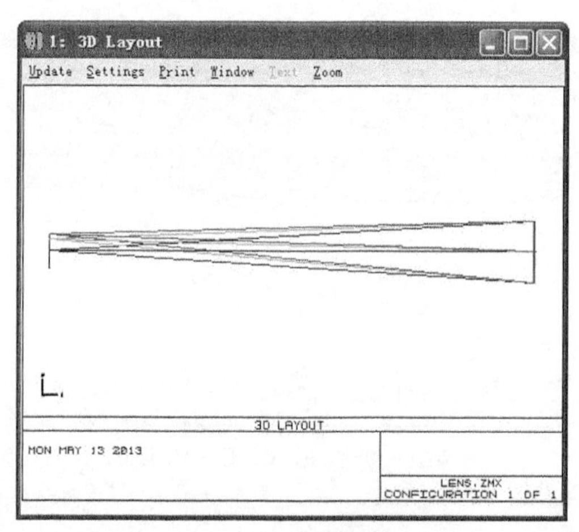

图 7-63　3D 视图

（2）在快捷按钮栏中单击光斑图“Spt”，如图 7-64 所示。

（3）在快捷按钮栏中单击光线差图“Ray”，如图 7-65 所示。

3D 视图中 3 个视场的光线聚焦在像平面处，光阑位于抛物面反射镜上，反射镜的大小直接决定着入瞳直径的大小。

从光斑图和光线差图可以很好地验证抛物面反射系统特征：沿轴光束聚焦没有像差，离轴的轴外光束产生较大的像散和慧差。就目前这个成像系统来看，我们不需要做任何的优化，但它的成像视场也不可能太大。（此时 2 度的半视场存轴外得到的光斑很大）。

到这里初始结构第一步已经完成，但我们需要完善使它更接近实际的望远镜。因为我们需要用平面反射镜将像面折到上侧或下侧来观察。

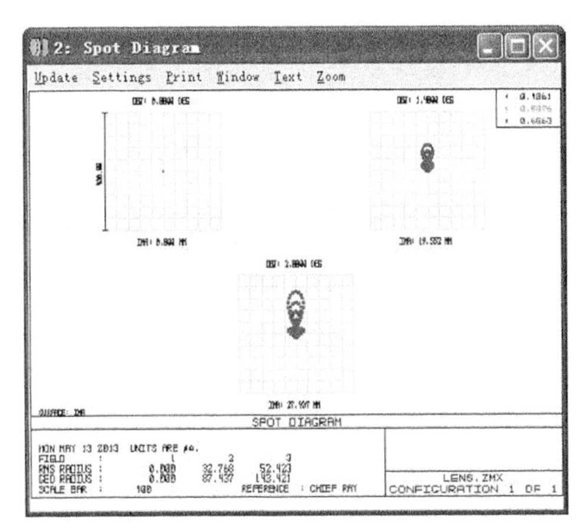

图 7-64　光斑图

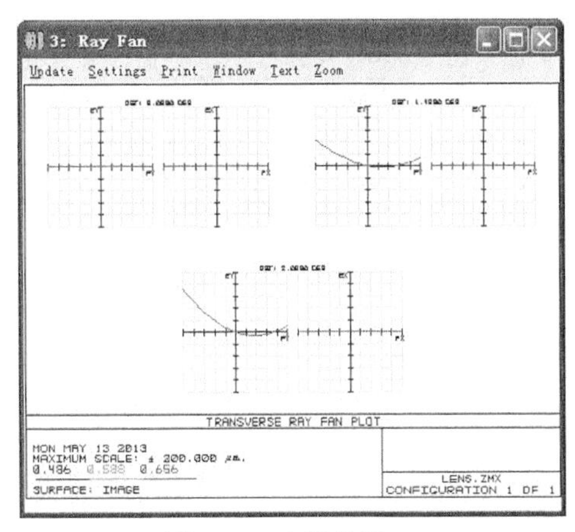

图 7-65　光线差图

7.3.3　添加反射镜及遮拦孔径

我们需要得用平面反射镜将像面折到侧面以便观察。这时需要在聚焦的光路上放置一面反射镜，反射镜的位置和大小与像面偏离光轴的高度相关，反射镜越远离抛物面，像面被折出的高度越小，但反射镜较小遮拦光线影响也较小；反射镜越靠近抛物面，像面偏离出的高度越大，但反射镜较大遮光越严重。

我们选择一个较为适中的距离，假设像面与反射镜中心距离 100 mm，先在 LDE 栏中插入一个新的虚拟面，将厚度分为两部分：–700 和–100。

步骤 6：添加反射镜及遮拦孔径。

（1）在透镜数据编辑器“Lens Date Editor”中，在“IMA”处单击左键，按“Insert”键插入 1 个面。

（2）将厚度分为两部分：–700 和–100，如图 7-66 所示。

Lens Data Editor

Edit Solves View Help

	Surf:Type	Radius	Thickness	Glass	Semi-Diameter
OBJ	Standard	Infinity	Infinity		Infinity
STO	Standard	-1600.000	-700.000	MIRROR	50.027
2	Standard	Infinity	-100.000		30.712
IMA	Standard	Infinity	-		28.080

图 7-66　输入参数

将第 2 个面（虚拟面）设置为反射镜，可手动插入坐标断点完成操作。在这里我们使用软件自带的快捷操作，快速插入折叠反射镜。

（3）在菜单栏单击“Tools→Coordinates→ Add Fold Mirror”，弹出对话框“Add Fold Mirror”。如图 7-67 所示。

（4）在弹出对话框“Add Fold Mirror”中选择表面 2，绕 x 轴旋转，反射角度 90 度（顺时针旋转为正，逆时针为负，90 度表示将像面旋转到正下方来观察）。如图 7-68 所示。

单击“OK”按钮以后软件将自动将这个虚拟面设置设置为 Mirror 面，并在它前后自动插入一个坐标断点面。打开 3D 视图，显示添加反射镜后像面旋转到正下方，如图 7-69 所示。

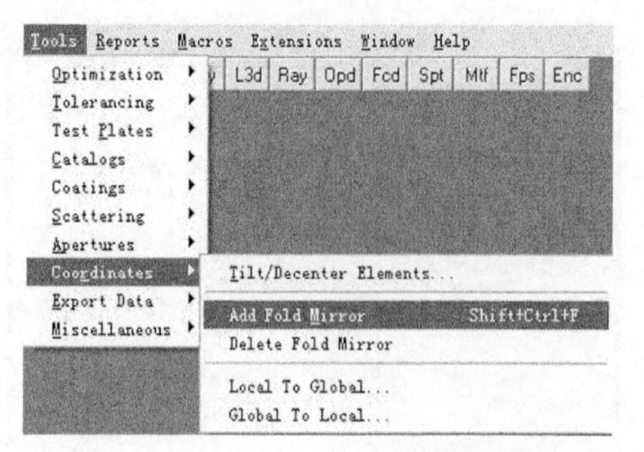

图 7-67　快速插入折叠反射镜菜单项

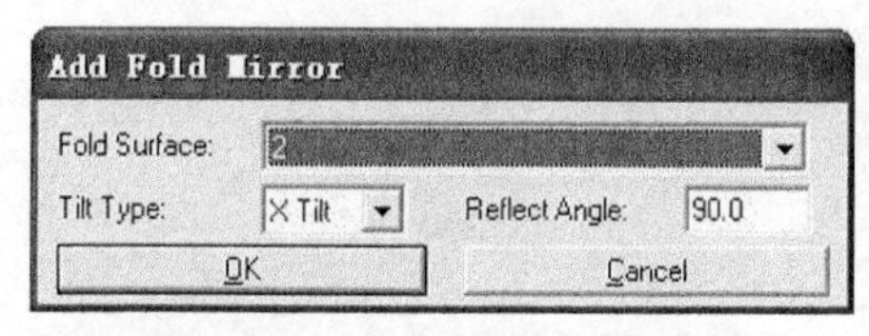

图 7-68　插入折叠反射镜对话框

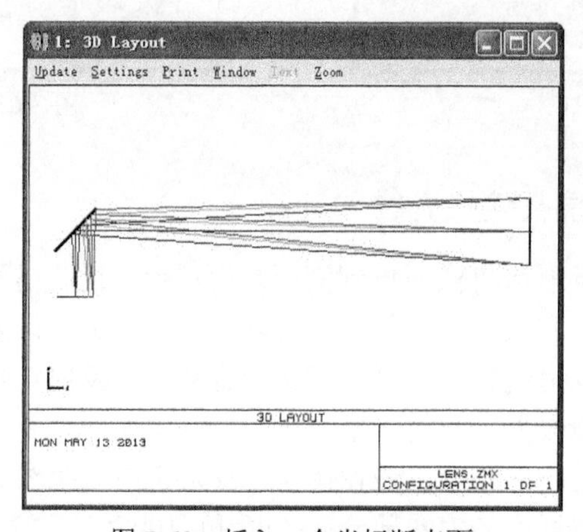

图 7-69　插入一个坐标断点面

此时光路图看起来并无问题，光斑和 MTF 是最终的结果吗？我们忽略了很重要的一点，就是反射镜加入以后，实际上在入射光束方向上被反射镜遮拦了一部分光，造成像面接收到的光线比我们目前看到的光要少，接收面照度降低。我们将入射光束画出来就可看到拦光效果，在第 1 面前插入一个新的虚拟面，设置厚度为 800。

（5）把光标放在“STO”处单击左键，按“Insert”键插入 1 个面，设置厚度为“800”，如图 7-70 所示。

Lens Data Editor

Edit Solves View Help

Surf:Type		Radius	Thickness	Glass	Semi-Diameter
OBJ	Standard	Infinity	Infinity		Infinity
1	Standard	Infinity	800.000		77.937
STO	Standard	-1600.000	-700.000	MIRROR	50.027
3	Coordinat..		0.000	-	0.000
4	Standard	Infinity	0.000	MIRROR	44.664
5	Coordinat..		100.000	-	0.000
IMA	Standard	Infinity	-		28.080

图 7-70　插入一个新虚拟面

为了看出新插入面及入射光线，我们要在 3D 视图上单击右键打开设置对话框进行设置。

步骤 7：查看结构光路图。

（1）在快捷按钮栏中单击光路结构图“L3d”，如图 7-71 所示。

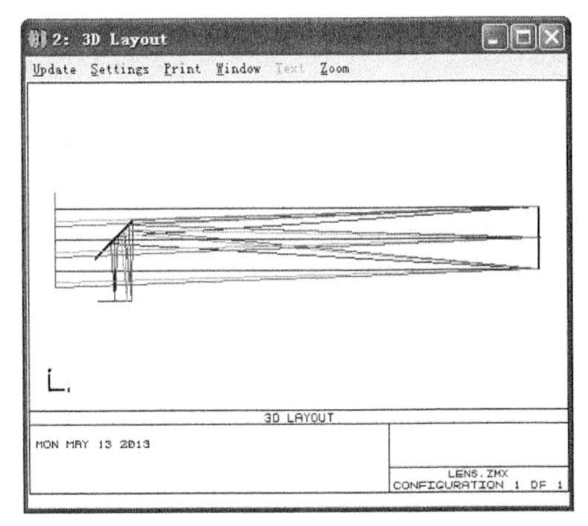

图 7-71　光路结构图

（2）在“3D Layout”窗口单击“Settings”菜单，弹出对话框“3D Layout Diagram Settings”。

（3）在弹出对话框“3D Layout Diagram Settings”中进行设置，如图 7-72 所示，更新 3D 视图，如图 7-73 所示。

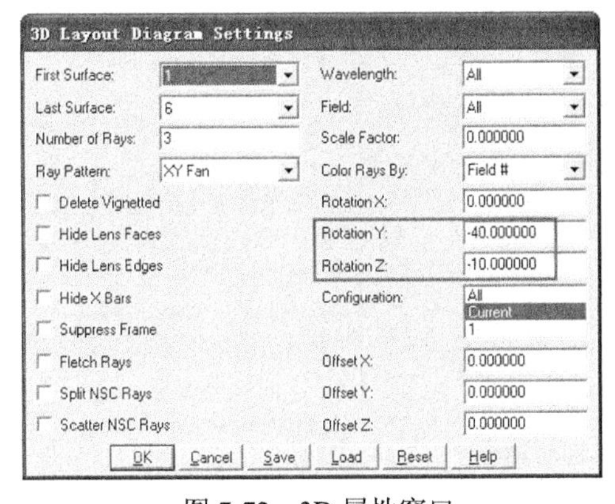

图 7-72　3D 属性窗口

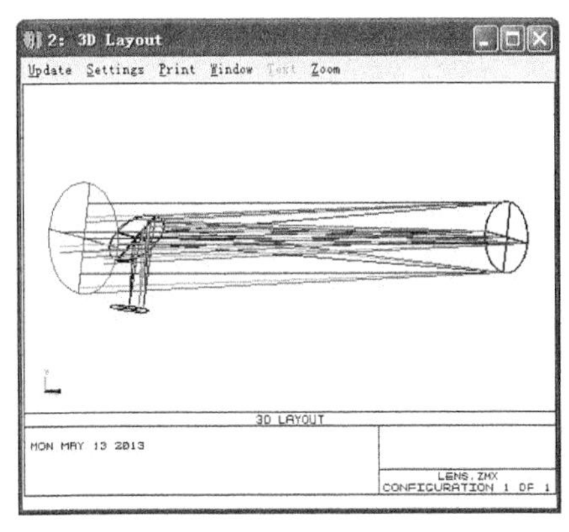

图 7-73　3D 视图

我们在单透镜设计例子中讲到过 ZEMAX 的序列光学设计特点，就是光线按我们指定的表面顺序列传播，不管元件空间摆放位置。例如，本例中反射镜虽然位于入射光线面和抛物面之间，本来入射光线应该先遇到反射镜再向后才遇到抛物面。但抛物面表面序号在编辑器中位于反射镜表面前，所以入射光线直接遇到抛物面忽略了反射镜的影响。

软件在处理这方面问题时并不是考虑周全的，需要我们人为调整。我们将 3D 视图旋转到 XY 平面来查看反射镜在入射平面（Surfacel）上的投影，即遮光范围。

（4）在 3D 视图上单击右键打开设置对话框，将“Rotation Y”设置为“90”度，如图 7-74 所示，更新 3D 视图，如图 7-75 所示。

从上图中估算出椭圆挡光区域大小（X 半长大约为 44.5，Y 半长大约为 32.5），因为 ZEMAX 中的所有元件在默认情况下口径都为圆形。我们需要在入射面上就要考虑到椭圆部分的遮光区域，即在第一个表面上设置椭圆的遮光孔径。

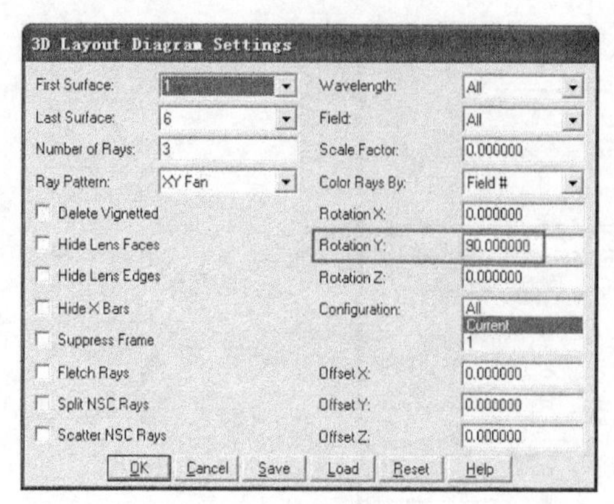

图7-74　3D属性窗口

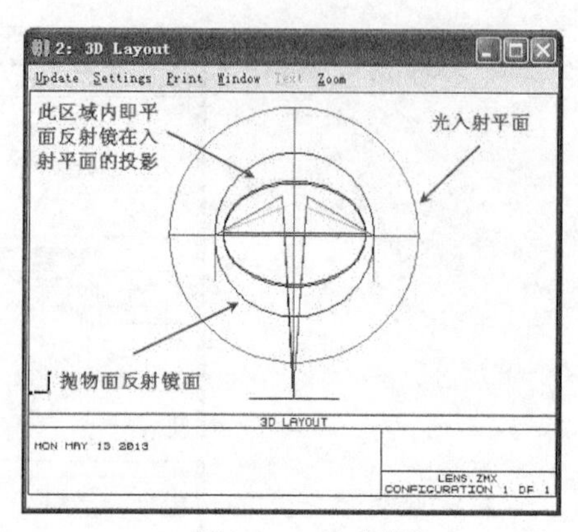

图7-75　3D视图

（5）在第一个表面最左端单击右键，打开表面属性对话框找到“Aperture”标签，孔径类型中选择椭圆遮光孔径。

（6）在“X-Half Width”输入“44.5”，“Y-Half Width”输入“32.5”。如图7-76所示。

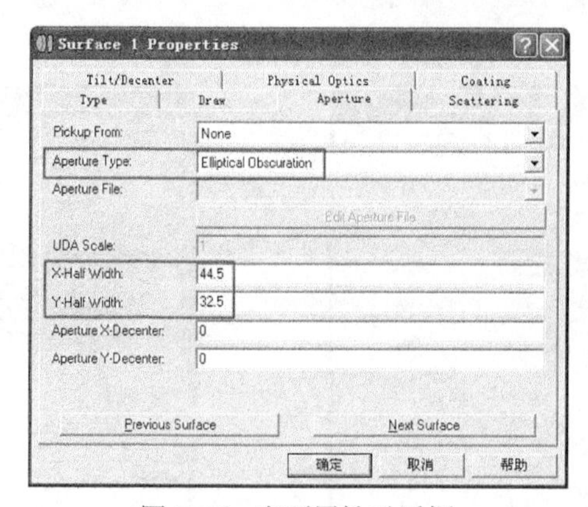

图7-76　表面属性对话框

（7）打开3D视图，在弹出对话框“3D Layout Diagram Settings”中进行设置，如图7-77所示，更新3D视图，可以观察到添加椭圆遮栏后反射镜实际挡光效果，如图7-78所示。

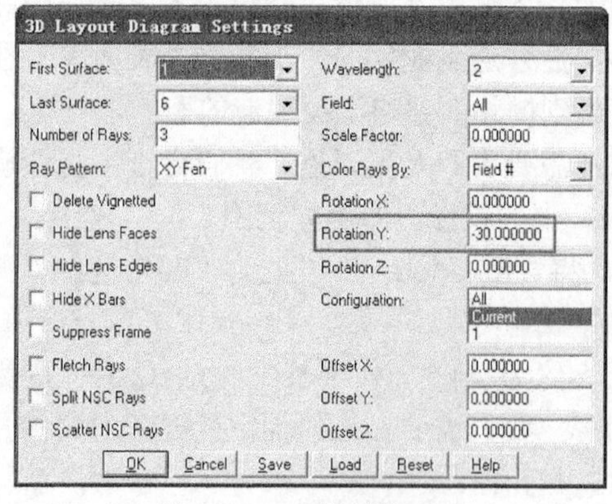

图7-77　3D属性窗口

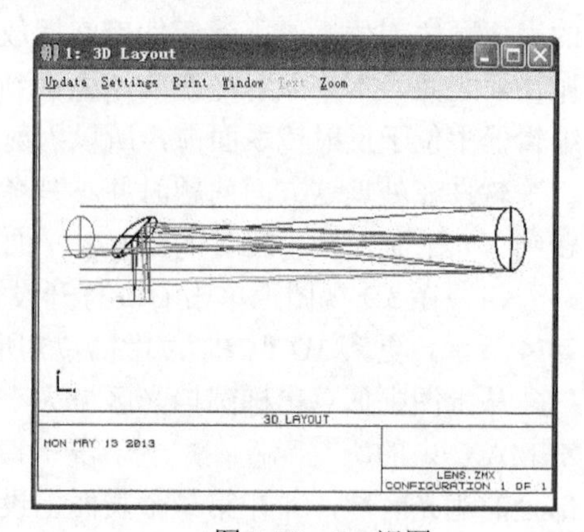

图7-78　3D视图

在上面 3D 视图中可明显看出拦光后的实际效果，也可使用 ZEMAX 的光线足迹图来查看光线落在表面 1 或表面 2 上的足迹。

步骤 8：查看光线足迹图。

（1）在菜单栏选择“Analysis→Miscellaneous6→Footprint Diagram”，打开光线足迹图。如图 7-79 所示。

（2）在光线足迹图窗口菜单栏单击“Settings”打开“Footprint Settings”对话框。

（3）对话框“Footprint Settings”中各项指标设置如图 7-80 所示，单击“OK”完成。更新光线足迹图，如图 7-81 所示。

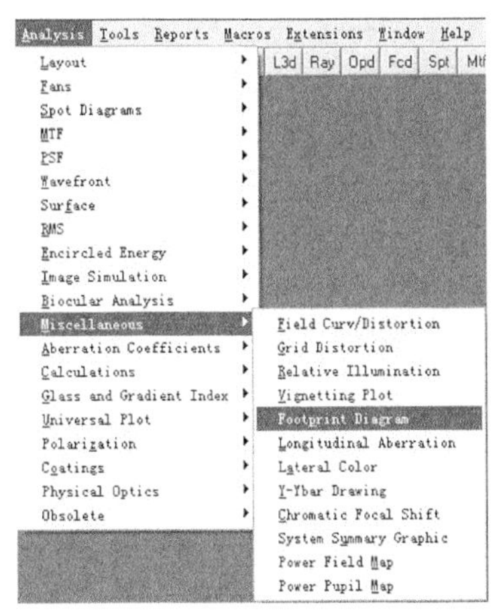

图 7-79 光线足迹菜单

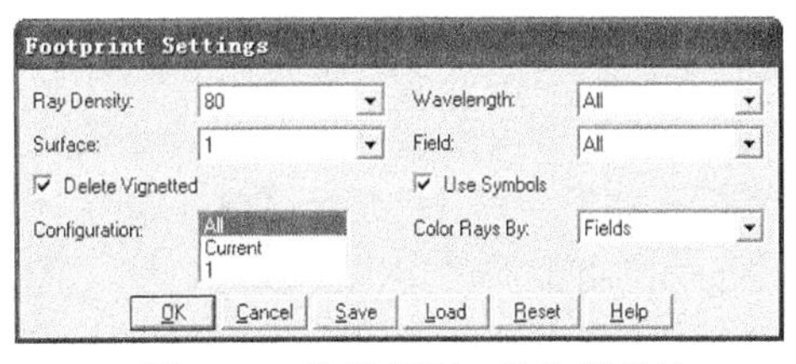

图 7-80 选择表面 1 的光线足迹

（4）在菜单栏选择“Analysis→ MTF →FFT MTF”，如图 7-82 所示。

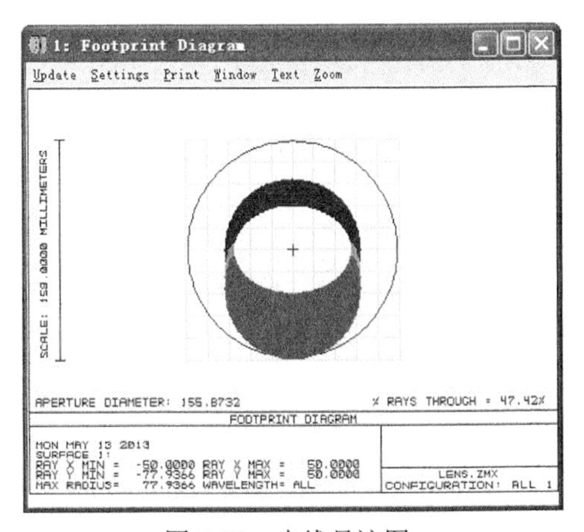

图 7-81 光线足迹图

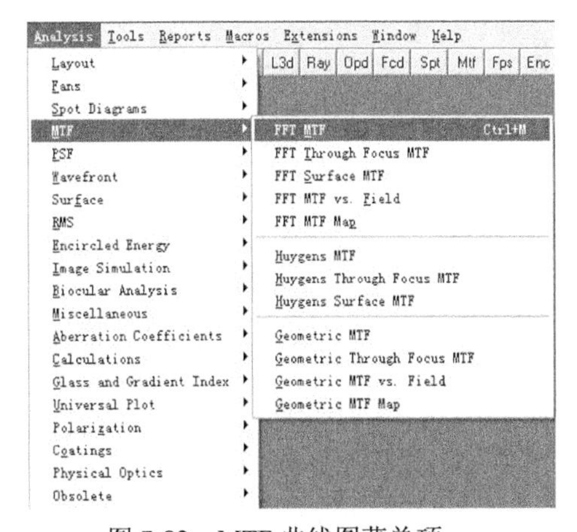

图 7-82 MTF 曲线图菜单项

（5）通过以上修改之后系统的 MTF 相比之前肯定有所降低，对比如下：图 7-83 所示是孔径修改前的 MTF 图，图 7-84 所示是孔径修改后的 MTF 图。

实际系统的光斑和 MTF 由于遮拦的影响都受到变化。

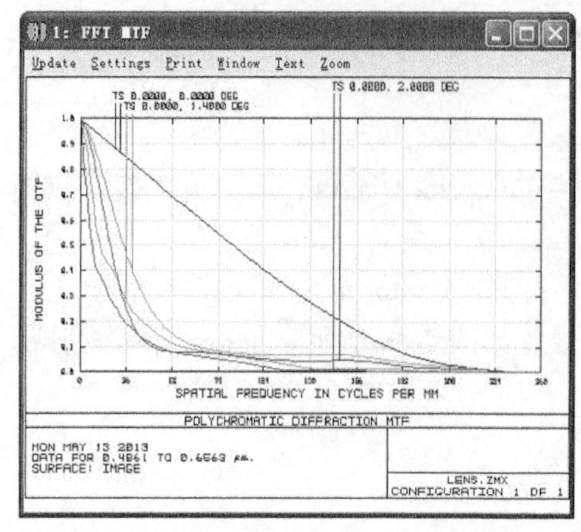

图 7-83　修改前 MTF 曲线图

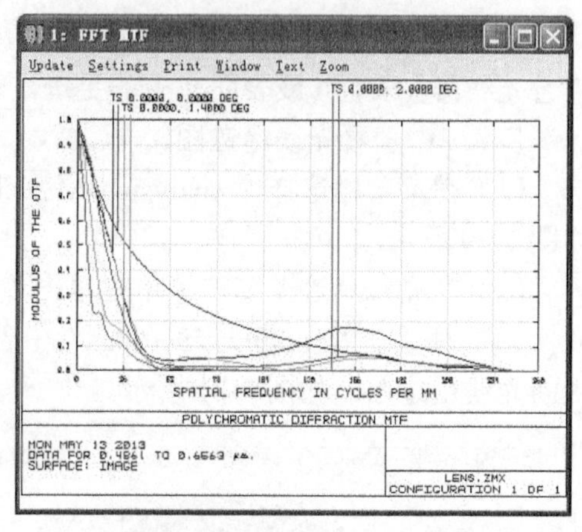

图 7-84　修改后 MTF 曲线图

7.3.4　修改反射镜以提高 MTF

提高 MTF 对比度，就是要在当前设计中提高像面的接收光强，也就是需要减小反射镜的遮光比。所谓遮光比，即反射镜遮光面积与入射光瞳面积的比值。

圆形的平面反射镜并不是最合适的，我们反射镜的选取标准是保证所有视场光线通过的前提下，找到最小的通光区域，也就降低了遮光比。

可以使用上面所用的光线足迹图功能来查看光线在平面反射镜上留下的足印。为了保证所有视场光线都能通过，需再增加 X 和 Y 方向的边缘视场。

步骤 9：修改反射镜提高 MTF。

（1）在快捷按钮栏中单击“Fie”，弹出对话框“Field Data”中“Use”栏里，选择“4”、“5”、“6”。

（2）“Y-Field”栏输入数值“-2”、“0”、“0”，单击“OK”按钮完成。如图 7-85 所示。

Field Data

Type: ⊙ Angle (Deg)　○ Object Height　○ Parax. Image Height　○ Real Image Height

Field Normalization: Radial

Use	X-Field	Y-Field	Weight	VDX	VDY	VCX	VCY	VAN
☑ 1	0	0	1.0000	0.00000	0.00000	0.00000	0.00000	0.00000
☑ 2	0	1.4	1.0000	0.00000	0.00000	0.00000	0.00000	0.00000
☑ 3	0	2	1.0000	0.00000	0.00000	0.00000	0.00000	0.00000
☑ 4	0	-2	1.0000	0.00000	0.00000	0.00000	0.00000	0.00000
☑ 5	0	0	1.0000	0.00000	0.00000	0.00000	0.00000	0.00000
☑ 6	0	0	1.0000	0.00000	0.00000	0.00000	0.00000	0.00000
☐ 7	0	0	1.0000	0.00000	0.00000	0.00000	0.00000	0.00000
☐ 8	0	0	1.0000	0.00000	0.00000	0.00000	0.00000	0.00000
☐ 9	0	0	1.0000	0.00000	0.00000	0.00000	0.00000	0.00000
☐ 10	0	0	1.0000	0.00000	0.00000	0.00000	0.00000	0.00000
☐ 11	0	0	1.0000	0.00000	0.00000	0.00000	0.00000	0.00000
☐ 12	0	0	1.0000	0.00000	0.00000	0.00000	0.00000	0.00000

OK　Cancel　Sort　Help
Set Vig　Clr Vig　Save　Load

图 7-85　增加 X 和 Y 方向边缘视场

（3）打开光线足迹图，选择平面反射镜面 4，可以看到所有边缘视场光线入射到平面镜的区域，其他设置如图 7-86 所示，更新光线足迹图，如图 7-87 所示。

可以明显看出，整个视场的光束并未完全利用到所有平面镜区域，而是一个椭圆区域，此时我们可以估算出椭圆区域的大小（X 半长 26.5，Y 半长 35.5），然后将这个平面反射镜的通光孔径设置为椭圆。

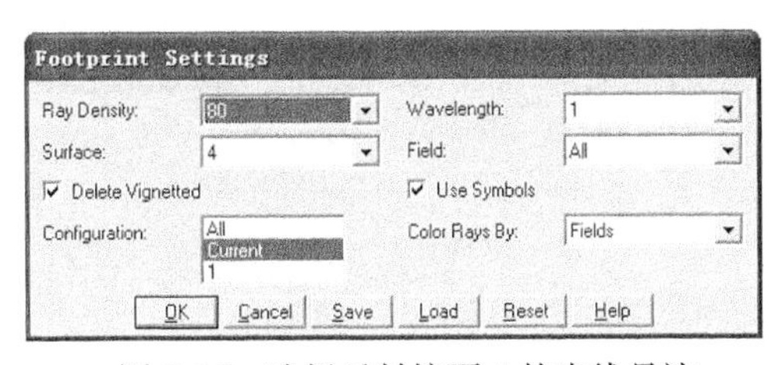

图 7-86　选择反射镜面 4 的光线足迹

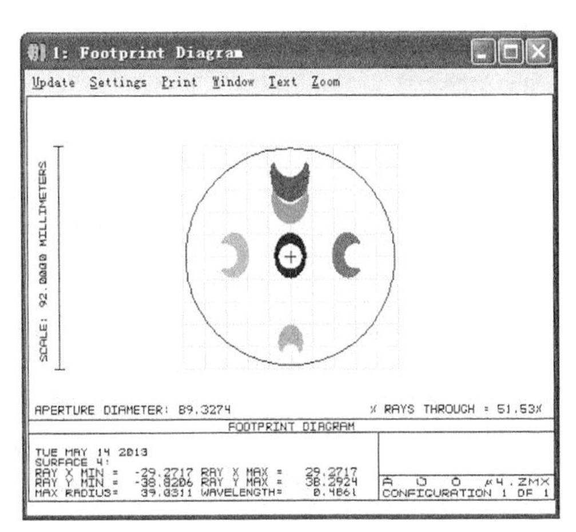

图 7-87　光线足迹图

> **注意：**这里是通光孔径，指光束能通过的口径大小，而遮光孔径指光被遮挡的孔径大小。

（4）在透镜数据编辑器中“表面 4”处单击右键，在弹出对话框“Surface 4 Properties”中选择“Aperture”。“Aperture Type”栏选择“Elliptical Aperture”，“X-Half Width”输入“26.5”，“Y-Half Width”输入“35.5”。如图 7-88 所示。

（5）更新光线足迹图，如图 7-89 所示。

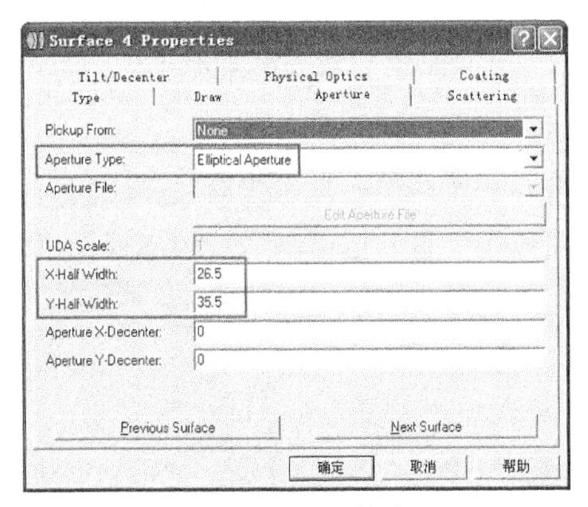

图 7-88　表面 4 属性窗口

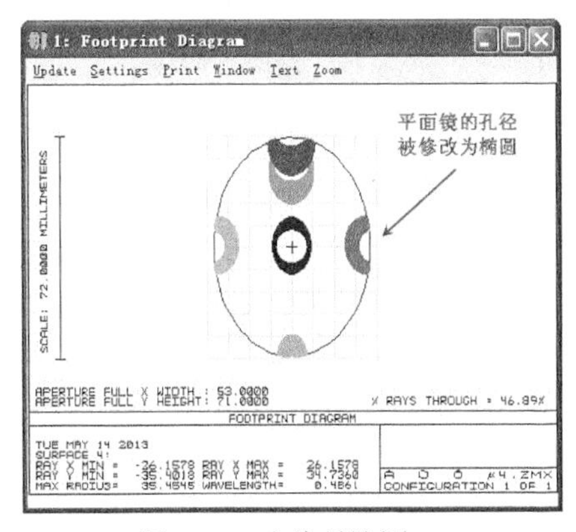

图 7-89　光线足迹图

修改完反射镜的孔径大小，我们需重复之前的操作，即查看反射镜在 XY 平面的投影，重新设置第 1 面的遮光区域。

（6）打开 3D 视图，在“3D Layout”窗口菜单栏中单击“Settings”，在弹出对话框“3D Layout Diagram Settings”中进行设置，如图 7-90 所示，更新 3D 视图，如图 7-91 所示。

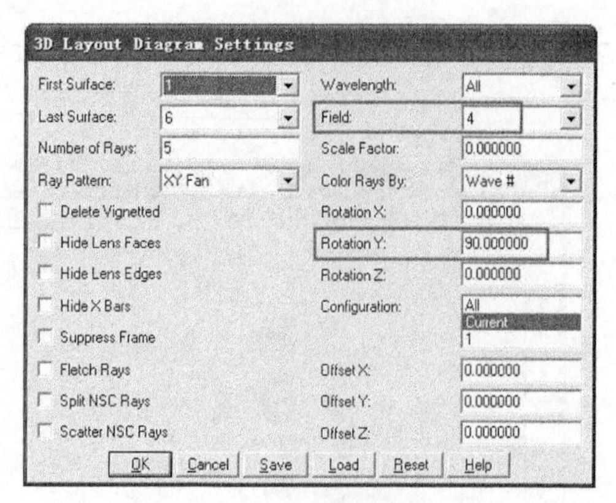

图 7-90　3D 属性窗口

图 7-91　3D 视图

（7）把第 1 面遮光修改为图 7-92 所示。

（8）打开 MTF 曲线图，如图 7-93 所示。

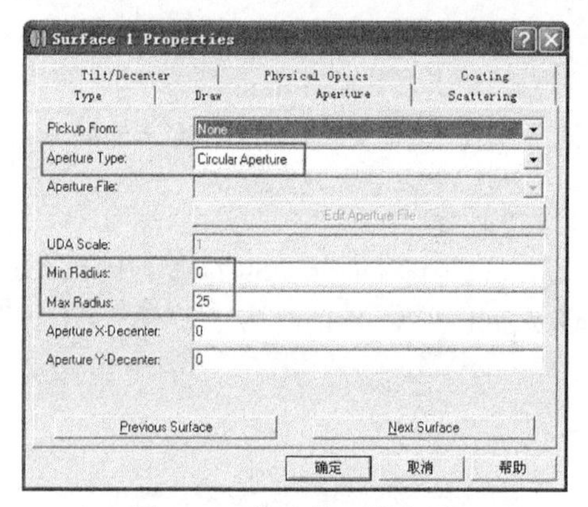

图 7-92　修改第 1 遮光面

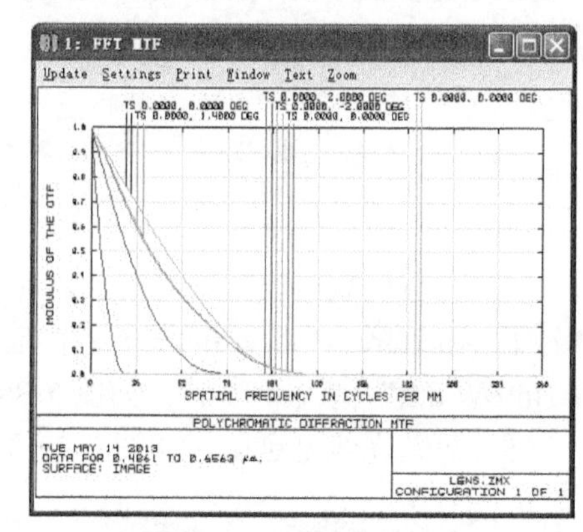

图 7-93　最终 MTF 曲线图

最终修改后系统的 MTF 曲线比初始时差，但比第一次修改后好。

由于牛顿望远镜结构简单，轴外的像散和慧差没办法通过调节反射镜来减小，因为平面反射镜不贡献任何像差，所以我们的系统目前已经完成。我们也可以通过添加校正透镜及双曲面反射镜等复杂结构对系统进行改进，达到很好的校正轴外像差的效果，这就是卡塞格林望远镜类型。

7.4　变焦镜头设计

在成像镜头设计要求中，通常分为两种：定焦镜头与变焦镜头。成像镜头在很多实际应用中通常也要求具备变焦的能力，如 CCTV 监控镜头、红外探测镜头、摄影镜头、双筒望远镜等等，镜头具备变焦的能力便可以应用于多种环境条件，放大缩小或局部特写，这是一个定焦镜头所无法完成的。

所谓变焦，即镜头的焦距在一定范围可调节，通过改变焦距从而改变系统视场大小，达到不同距离不同范围景物的成像。我们通常所说的变焦镜头一般指摄像镜头，即在不改变拍摄距离的情况下通过改变焦距来改变拍摄范围，因此非常利于画面构图。

由于一个系统的焦距在某一范围可变，相当于由无数多个定焦系统组成的。我们在设计变焦镜头时也是使用类似定焦镜头的分析优化方法，本节将带领大家使用 ZEMAX 来设计一个完整的变焦镜头，通过举一反三读者可掌握变焦镜头在 ZEMAX 中的设计优化方法。

7.4.1 变焦镜头设计原理介绍

我们知道，设计好的一组镜头如果变化镜片与镜片之间的空气厚度，镜头的焦距会随之变化。通常来说一个系统的接收面尺寸大小是固定不变的（像面：CCD 或 COMS 或其他探测面），在基础光学理论中像面大小、视场和焦距三者有如下关系：

$$I = f \times \tan(\text{theta})$$

I 为像高 Image，f 为焦距，theta 为视场角度。

变焦镜头的变焦倍数为长焦距和短焦距比值，也称为“倍率”。理论定义下，在变焦过程中镜头的相对孔径保持不变，但对于实际的高变倍比系统，由于外形尺寸不希望过大或二级光谱校正等问题，通常在变焦时采取相对孔径（即 F/#）也跟随变化的方案。

通过改变镜片与镜片之间的间隔达到设计的焦距要求，当系统的入瞳直径 D 固定时，即系统接受的光束大小一定时，根据 F/#=f/D 可知，f 变化将引起 F/#的变化，我们调焦距也就是调光圈大小（F/#也称为光圈），此时光阑大小随焦距变化而变化（非固定值）。这里也有人把调光阑大小称为调光圈，只要大家清楚了变焦原理，调光圈也就很容易理解了。

7.4.2 变焦镜头设计规格及参数输入

下面我们来设计一个简单的变焦镜头：

入瞳直径：25 mm

焦距：75 mm～125 mm

像面直径：34 mm

波段：可见光

玻璃最小中心与边厚：4 mm，最大中心厚：18 mm

优化最小 RMS Spot Diagram

我们主要讲解如何在 ZEMAX 中一个系统实现多个焦距，使用 ZEMAX 软件自带的初始结构，由 3 个透镜组组成，每组透镜均为般胶合透镜，优化时要求 3 组均可自由移动达到变焦补偿。

注意：不考虑前固定组及后固定组，所有透镜组均为光学补偿组。

最终文件：第 7 章\变焦镜头.zmx

ZEMAX 设计步骤如下。

步骤 1：打开根目录文件。

（1）打开计算机系统盘。

（2）在系统盘里单击打开【ZEMAX →Samples→Short course→sc_zooml.zmx】。

（3）在快捷按钮栏单击“L3d”，打开 3D 视图，如图 7-94 所示。

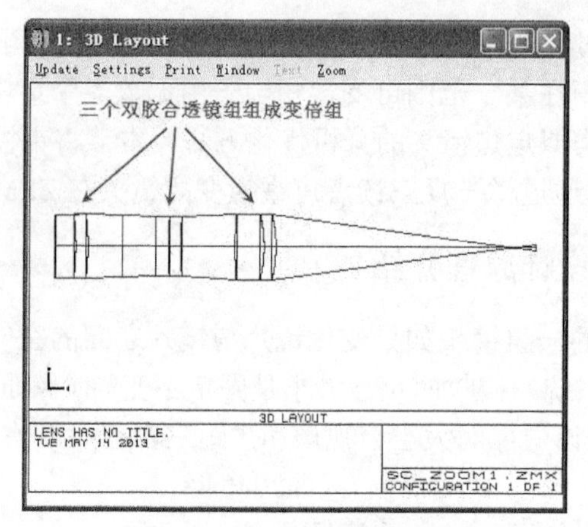

图 7-94　3D 视图

根据上面提供的规格参数来完善初始结构，即系统参数输入：入瞳直径、视场和波长。从上图中可看到已经有光线发射，所以系统的入瞳直径已经帮我们设计好了。

添加视场，由于规格参数中给出像面直径为固定值 34 mm，我们可以直接使用近轴像高作为视场。

步骤 2：添加视场。

（1）在快捷按钮栏中单击“Fie”。

（2）在弹出对话框“Field Data”中“Use”栏里，选择“2”、“3”。

（3）“Y-Field”栏输入数值“12”、“17”。

（4）单击“OK”按钮完成，如图 7-95 所示。

Field Data

Type: Angle (Deg)　Object Height　Parax. Image Height　Real Image Height

Field Normalization: Radial

Use	X-Field	Y-Field	Weight	VDX	VDY	VCX	VCY	VAN
☑ 1	0	0	1.0000	0.00000	0.00000	0.00000	0.00000	0.00000
☑ 2	0	12	1.0000	0.00000	0.00000	0.00000	0.00000	0.00000
☑ 3	0	17	1.0000	0.00000	0.00000	0.00000	0.00000	0.00000
☐ 4	0	0	1.0000	0.00000	0.00000	0.00000	0.00000	0.00000
☐ 5	0	0	1.0000	0.00000	0.00000	0.00000	0.00000	0.00000
☐ 6	0	0	1.0000	0.00000	0.00000	0.00000	0.00000	0.00000
☐ 7	0	0	1.0000	0.00000	0.00000	0.00000	0.00000	0.00000
☐ 8	0	0	1.0000	0.00000	0.00000	0.00000	0.00000	0.00000
☐ 9	0	0	1.0000	0.00000	0.00000	0.00000	0.00000	0.00000
☐ 10	0	0	1.0000	0.00000	0.00000	0.00000	0.00000	0.00000
☐ 11	0	0	1.0000	0.00000	0.00000	0.00000	0.00000	0.00000
☐ 12	0	0	1.0000	0.00000	0.00000	0.00000	0.00000	0.00000

OK　Cancel　Sort　Help
Set Vig　Clr Vig　Save　Load

图 7-95　设置视场

步骤 3：输入波长。

（1）在快捷按钮栏中单击“Wav”。

（2）在弹出对话框“Wavelength Data”中选择“F，d，C（Visible）”，单击“Select ->”按钮完成自动输入。

（3）单击“OK”按钮，如图 7-96 所示。

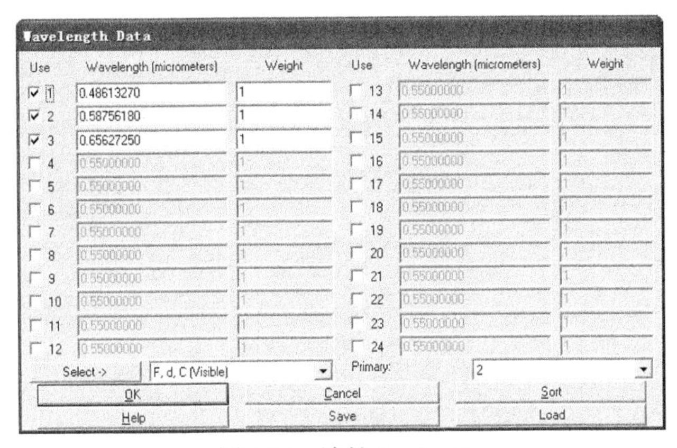

图 7-96 波长 F，d，C

步骤 4：打开系统结构视图。

在快捷按钮栏单击“L3d”，打开 3D 视图，如图 7-97 所示。

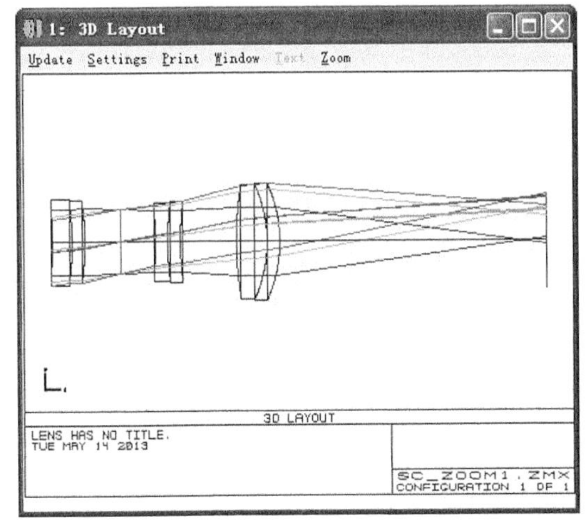

图 7-97 3D 视图

此时系统焦距 98.5 mm 为定焦系统。

7.4.3 多重结构实现变焦

ZEMAX 提供了一种实现多状态变化的功能，称为多重组态或多重结构。它可以同时模拟系统参数，环境参数或镜头参数的不同变化，实现多状态操作。如我们这个初始结构目前为定焦系统，可以通过改变透镜组之间的厚度值使这个系统达到不同的焦距状态。那么多重结构便可以让一个面上厚度实现多个值。

在本例中，我们要求实现焦距 75 mm～125 mm，假如采样 3 个焦距点：75、100、125，我们便得到了这个变焦系统的 3 个状态。通过改变系统中所有空气厚度实现变焦。也就是在这 3 个不同焦距状态下，第 3 面、第 4 面、第 7 面、第 10 面的厚度值也分别不同。如图 7-98 矩形框所示。

Lens Data Editor

Edit　Solves　View　Help

Surf:Type		Radius	Thickness	Glass	Semi-Diameter
OBJ	Standard	Infinity	Infinity		Infinity
1	Standard	-187.801	8.000	BK7	16.411
2	Standard	-98.235	5.000	F2	15.806
3	Standard	-98.235	14.000		15.480
STO	Standard	Infinity	14.000		12.350
5	Standard	-178.896	5.000	BK7	14.237
6	Standard	120.820	5.000	F2	15.017
7	Standard	120.820	22.000		15.545
8	Standard	130.502	12.000	BK7	21.427
9	Standard	-53.285	5.000	F2	22.011
10	Standard	-53.285	105.000		22.613
IMA	Standard	Infinity	-		17.922

图 7-98　数据编辑栏

步骤 5：设置多重结构实现变焦。

（1）按“F7”快捷键打开多重结构编辑器“Multi-Configuration Editor”。

（2）单击组合键“Ctrl+Shif+lnsert”增加 2 个组态。

（3）按“Insert”键插入 3 个面，如图 7-99 所示。

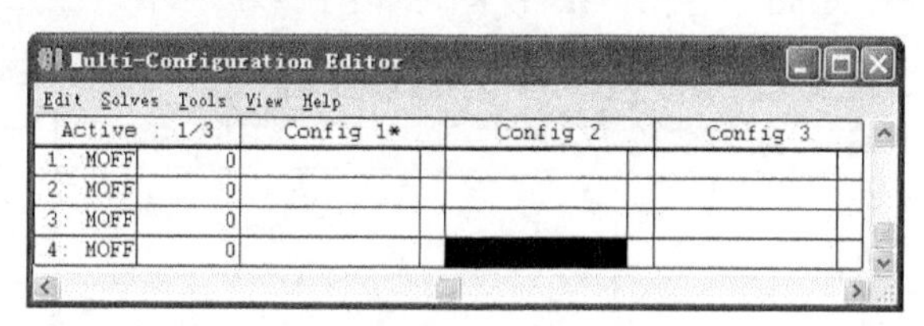

图 7-99　多重结构编辑栏

在这 3 个组态下，我们是通过分别改变第 3 面、第 4 面、第 7 面、第 10 面这 4 个面的厚度达到 3 个焦距的目的，所以需要插入 4 个厚度组态操作数。如图 7-100 所示。

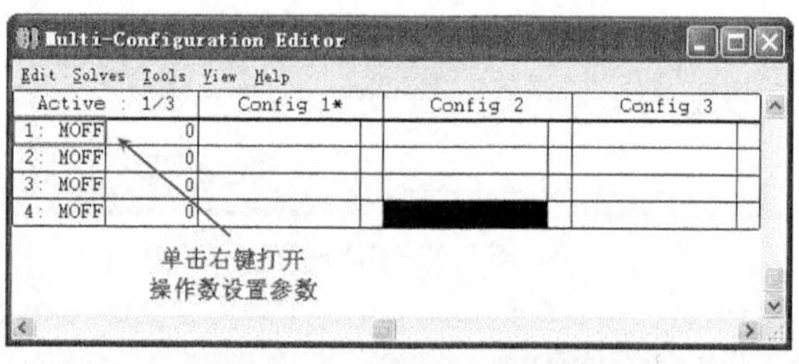

图 7-100　组态操作数界面

（4）按图 7-100 说明打开多重组态操作数对话框，选择厚度操作数“THIC”并分别选择“3”、“4”、“7”、“10”这 4 个面，如图 7-101 所示，设置完成打开多重结构编辑栏，如图 7-102 所示。

Multi-Config Operand 1

Operand:	THIC
Surface:	3
Not Used	
Not Used	
Row Color:	Default

OK　Cancel　Help

图 7-101　选择组态操作数窗口

Multi-Configuration Editor

Edit　Solves　Tools　View　Help

Active : 1/3		Config 1*	Config 2	Config 3
1: THIC	3	14.000	14.000	14.000
2: THIC	4	14.000	14.000	14.000
3: THIC	7	22.000	22.000	22.000
4: THIC	10	105.000	105.000	105.000

图 7-102　多重组态编辑栏

设置完成后系统便有了 3 种状态，只是目前 3 种状态完全相同，在多重组态编辑器上可以看到 Config 1 右上角带有一个“*”，表示系统当前为第一个组态，也就是说我们打开所有分析功能看到的都是第一组态下的。

（5）打开 3D 视图，如图 7-103 所示。

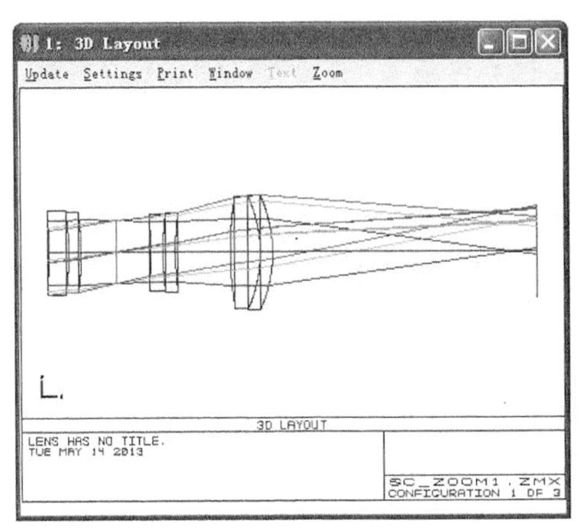

图 7-103　3D 视图

在图上打开设置对话框，我们可以选择将 3 个组态全部显示在视图中，但一定要让这 3 个组态在空间有一定的错位，这里给 Y 方向上偏移 60。

（6）在 3D 视图窗口菜单栏中单击“Settings”，弹出“3D Layout Diagram Settings”对话框中进行设置，如图 7-104 所示。

（7）更新 3D 视图，如图 7-105 所示。

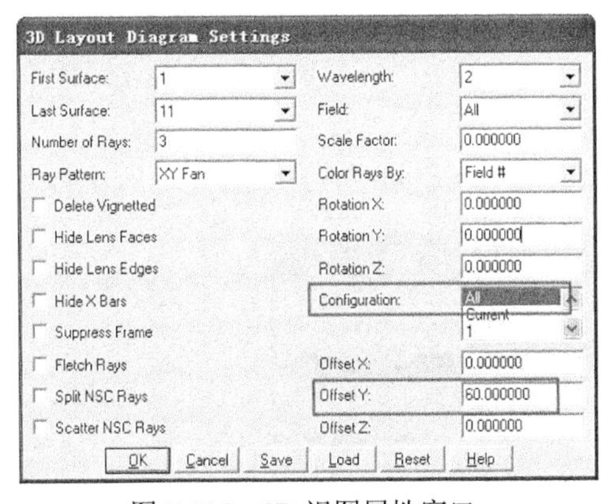

图 7-104　3D 视图属性窗口

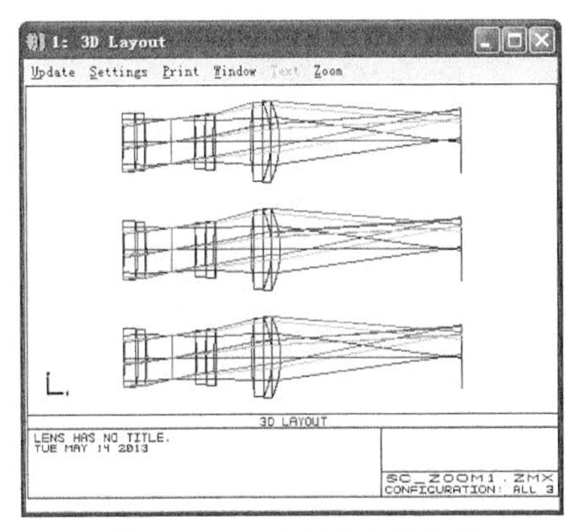

图 7-105　3 个组态全部显示

这时我们可以看到这 3 种状态同时显示。

7.4.4　变焦镜头的优化设置

接下来我们来进行优化相关的设置：变量和评价函数。

对于变量，在这个系统中我们分为两部分，一部分叫公共变量，就是 3 个组态共用这 3 组双胶合透镜，透镜的口径、曲率半径、厚度在这 3 种焦距状态下是相同的。一部分叫独立变量，就是 3 个组态不相同的参数部分，这里就是 4 个空气厚度在 3 个组态下独自变化。

步骤 6： 优化变焦镜头。

（1）打开镜头数据编辑器“Lens Date Editor ：Config 1/3”。

（2）按“Ctri+Z”组合键，将透镜所有曲率半径设为变量。如图 7-106 所示。

Lens Data Editor: Config 1/3

Surf:Type		Radius		Thickness		Glass		Semi-Diameter
OBJ	Standard	Infinity		Infinity				Infinity
1	Standard	-187.801	V	8.000		BK7		16.411
2	Standard	-98.235	V	5.000		F2		15.806
3	Standard	-98.235	V	14.000				15.480
STO	Standard	Infinity		14.000				12.350
5	Standard	-178.896	V	5.000		BK7		14.237
6	Standard	120.820	V	5.000		F2		15.017
7	Standard	120.820	V	22.000				15.545
8	Standard	130.502	V	12.000		BK7		21.427
9	Standard	-53.285	V	5.000		F2		22.011
10	Standard	-53.285	V	105.000				22.613
IMA	Standard	Infinity		-				17.922

图 7-106　所有曲率半径设为变量

（3）将多重组态中的所有厚度设为变量，如图 7-107 所示。

Multi-Configuration Editor

Active : 1/3		Config 1*		Config 2		Config 3	
1: THIC	3	14.000	V	14.000	V	14.000	V
2: THIC	4	14.000	V	14.000	V	14.000	V
3: THIC	7	22.000	V	22.000	V	22.000	V
4: THIC	10	105.000	V	105.000	V	105.000	V

图 7-107　所有厚度设为变量

以上共有 27 个变量。

打开评价函数编辑器，在变焦系统中我们要求在所有焦距下成像质量都能达到和定焦情况下相接近的成像水平。由于共用的 3 组透镜组，所以我们需要同时优化这 3 个组态，让它们在各自焦距要求下光斑都最小化。

（4）按“F6”键打开评价函数编辑器“Merit Function Editor”，如图 7-108 所示。

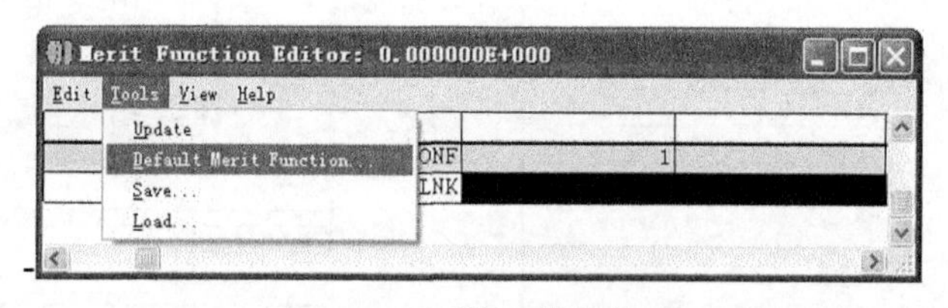

图 7-108　评价函数编辑器

（5）单击编辑器上的“Tools→Default Merit Function...”，设置平均函数，如下图 7-109 所示，矩形框所示说明我们在创建优化目标时已经考虑了 3 个组态。

单击“OK”按钮后，ZEMAX 将自动为我们创建 3 个组态下的目标操作数，组态操作数 CONF 表示此操作数下所有操作数作用在此组态序号下，直到遇到新的 CONF 操作数。在这里我们需要为每个组态指定焦距值，在每个 CONF 下插入 1 个空白操作数，输入“EFFL”，指定焦距分别为“75”、“100”、“125”，权重都为“1”。

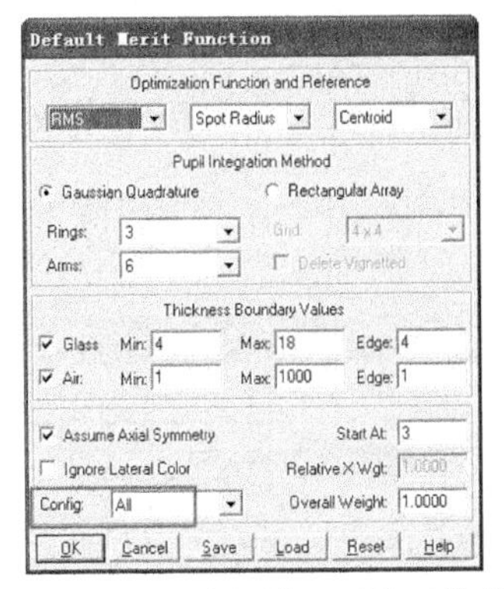

图 7-109　选择默认评价函数值

Merit Function Editor: 6.445877E+000

Edit Tools View Help

Oper #		Target	Weight	Value
1 CONF				
2 DMFS				
3 BLNK	Default merit function: RMS spot radius centroid GQ 3 rings 6 ar			
4 CONF				
5 EFFL		75.000	1.000	98.558
6 BLNK	Default air thickness boundary constraints.			
7 MNCA		1.000	1.000	1.000
8 MXCA		1000.000	1.000	1000.000

图 7-110　目标操作数

注意：在第一行的 CONF 下不用输入，如图 7-110 所示。

评价函数设置完成后，就可以优化了。

（6）单击快捷按扭“Opt”打开优化对话框“Optimization”。

（7）在弹出对话框“Optimization”中单击“Automatic”按钮开始优化，如图 7-111 所示。

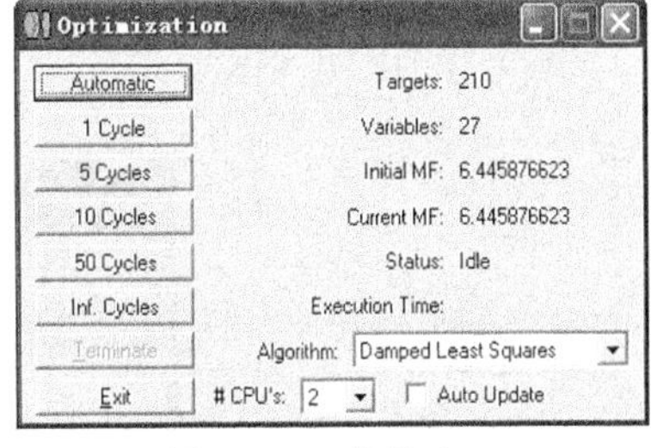

图 7-111　优化窗口

优化一段时间后，我们看 3D 视图如何。

步骤 7：查看优化后结构。

（1）单击快捷按钮“L3d”打开 3D 视图，在“3D Layout”窗口菜单栏单击“Settings”，在弹出对话框中进行设置，如图 7-112 所示，更新 3D 视图，如图 7-113 所示。

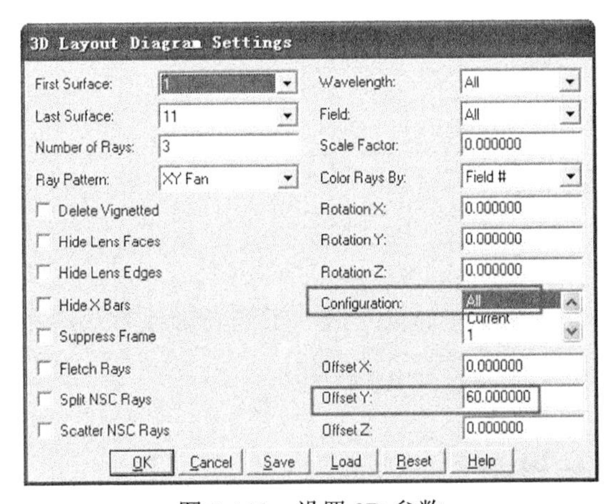

图 7-112　设置 3D 参数

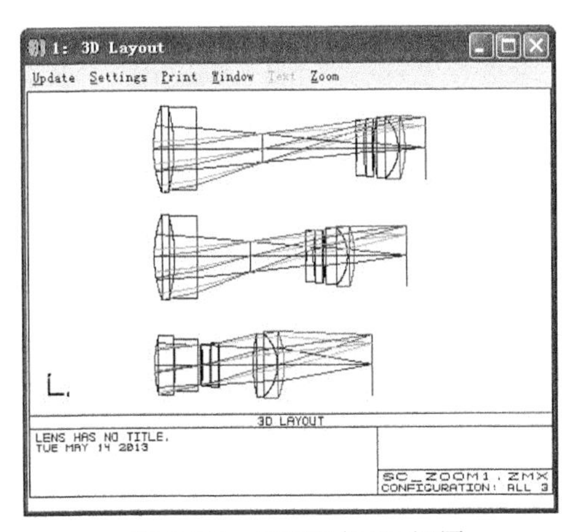

图 7-113　不同口径 3D 视图

图 7-113 中看到 3 个组态中同一镜片口径大小却不相同，对于所有透镜口径，在不同组态下相当于不同系统中，ZEMAX 中的元件口径是自动跟随光线变化的，也就是始终保持着最小有效口径。为了直观描述变焦系统是使用同一组镜头，我们将所有透镜口径设置 Maximum 解。

（2）在透镜数据编辑器“2”对应“Semi-Diameter”处，单击右键，在弹出“Semi-Diameter solve on surface 2”对话框中，“Solve Type”栏选择“Maximum”，单击“OK”按钮完成。如图 7-114 所示。

（3）打开透镜数据编辑器，如图 7-115 所示。

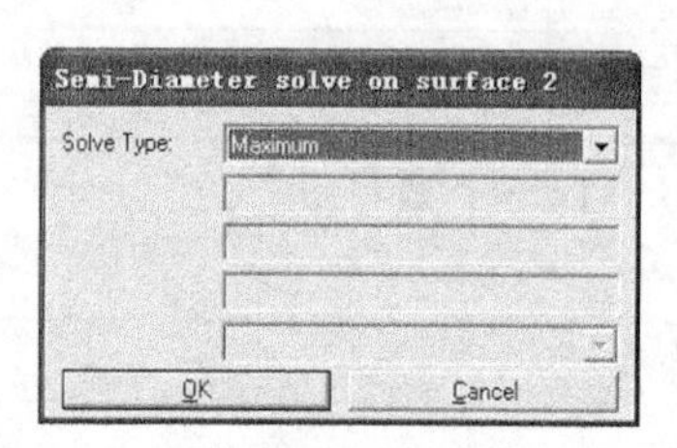

图 7-114　设置透镜口径 Maximum 解

Lens Data Editor: Config 1/3

Edit Solves View Help

	Surf:Type	Thickness		Glass	Semi-Diameter		Conic
OBJ	Standard	Infinity			Infinity		0.000
1	Standard	11.789	V	BK7	23.898	M	0.000
2	Standard	12.984	V	F2	23.016	M	0.000
3	Standard	1.000	V		20.060	M	0.000
STO	Standard	1.366	V		11.062		0.000
5	Standard	4.000	V	BK7	14.771	M	0.000
6	Standard	5.001	V	F2	15.516	M	0.000
7	Standard	20.529	V		15.899	M	0.000
8	Standard	13.918	V	BK7	17.200	M	0.000
9	Standard	4.000	V	F2	17.445	M	0.000
10	Standard	50.876	V		18.495	M	0.000
IMA	Standard	-			17.132	M	0.000

图 7-115　透镜数据编辑器

（4）打开 3D 视图，如图 7-116 所示。

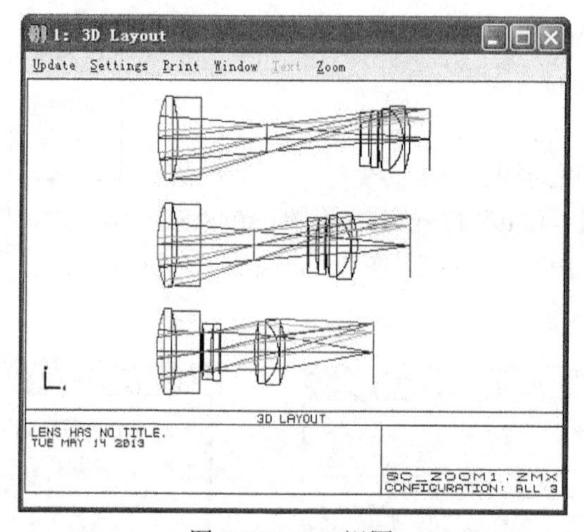

图 7-116　3D 视图

3D 图显示各组态对应透镜口径都相同了。

到这里，我们变焦系统的优化最终完成，有关像质的评价及进一步提高修改方法就不再一一演示。相信大家对多重组态的使用方法有了进一步的认识理解。

7.5　扫描系统设计

在成像系统设计中，激光扫描系统占了相当一部分，从简单的一维线性扫描，到二维平面扫描或三维立体扫描，这些激光扫描系统已经广泛地应用于多种场合。如激光打标、激光刻蚀、三维轮廓扫描仪、激光条码扫描仪等。这些系统光路在设计原理上并不是十分复杂，通过配合激光扩束器、分束器、扫描振镜、扫描电机等组合成完整的扫描系统。

7.5.1 扫描系统参数

扫描系统根据反射旋转类型分为平面振镜扫描和转鼓扫描，根据光路路途分为一维、二维和三维扫描，根据振镜与扫描镜头的位置又可分为镜前扫描和镜后扫描。如图 7-117、图 7-118、图 7-119 所示。

Lens Data Editor: Config 1/2

Edit Solves View Help

	Surf:Type	Thickness	Glass	Semi-Diameter	Conic
OBJ	Standard	Infinity		Infinity	0.000
STO	Standard	3.259	SK16	9.516	0.000
2	Standard	30.000		9.480	0.000
3	Coordinat..	0.000	-	0.000	
4	Standard	0.000	MIRROR	10.667	0.000
5	Coordinat..	-49.199	-	0.000	
IMA	Standard	-		3.009	0.000

图 7-117　扫描系统参数

Multi-Configuration Editor

Edit Solves Tools View Help

Active : 1/2		Config 1*	Config 2
1: PAR3	3	45.000	48.000

图 7-118　多重结构参数

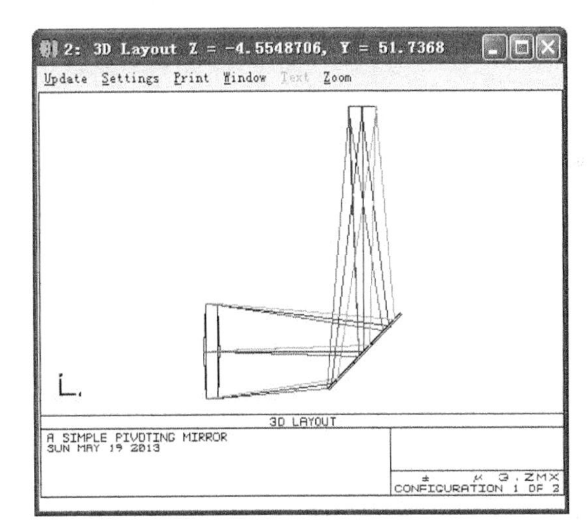

图 7-119　3D 视图

以上各种扫描系统都可以在 ZEMAX 中实现，并可以动态演示扫描效果。我们以图 7-119 所示的最简单的一维线性扫描为例来看扫描系统的完整设计过程。

我们需要设计一个透镜，一个绕自身中心旋转的平面反射镜，反射镜通过旋转不同角度将激光聚焦于像面不同位置处，形成扫描。我们知道一束光在一个旋转角度下只能聚焦于某一位置，若想同时模拟在不同旋转角度下光路位置，需使用多重组态功能（在变焦系统设计中已经详细介绍过）。

我们使用一片单透镜来代替整个扫描镜头组，单透镜规格参数：

EPD：10

EFFL：100

Glass：BK7

Glass Thickness：15

Wavelength：0.6328μm

在这里请参考第 7 章 7.1 节单透镜设计实例设置初始结构。

最终文件：第 7 章\扫描系统.zmx

ZEMAX 设计步骤。

步骤 1：输入入瞳直径 10 mm。

（1）在快捷按钮栏中单击“Gen→Aperture”。

（2）在弹出对话框“General”中，“Aperture Type ”选择“Entrance Pupil Diameter”，“Aperture Value”输入“10”，“Apodization type”选择“Uniform”。

（3）单击“确定”按钮，如图 7-120 所示。

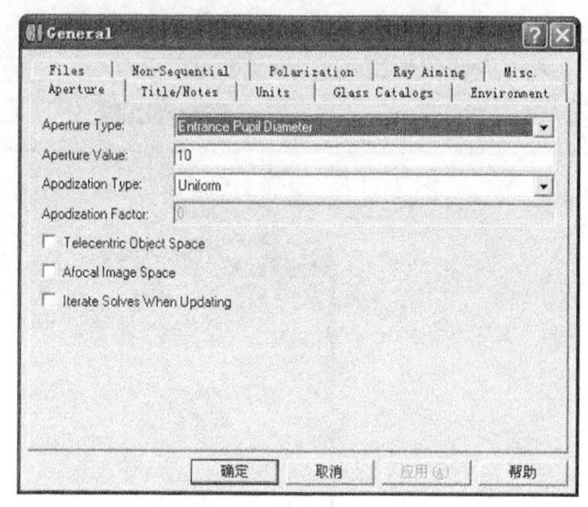

图 7-120　设置入瞳直径

步骤 2：输入波长 0.6328 μm。

（1）在快捷按钮栏中单击“Wav”。

（2）在弹出对话框“Wavelength Data”中“Use”栏选择“1”。

（3）在“Wavelength”栏输入数值“0.6328”。

（4）单击“OK”按钮，如图 7-121 所示。

Wavelength Data

Use	Wavelength (micrometers)	Weight	Use	Wavelength (micrometers)	Weight
☑ 1	0.63280000	1	☐ 13	0.55000000	1
☐ 2	0.55000000	1	☐ 14	0.55000000	1
☐ 3	0.55000000	1	☐ 15	0.55000000	1
☐ 4	0.55000000	1	☐ 16	0.55000000	1
☐ 5	0.55000000	1	☐ 17	0.55000000	1
☐ 6	0.55000000	1	☐ 18	0.55000000	1
☐ 7	0.55000000	1	☐ 19	0.55000000	1
☐ 8	0.55000000	1	☐ 20	0.55000000	1
☐ 9	0.55000000	1	☐ 21	0.55000000	1
☐ 10	0.55000000	1	☐ 22	0.55000000	1
☐ 11	0.55000000	1	☐ 23	0.55000000	1
☐ 12	0.55000000	1	☐ 24	0.55000000	1

Select -> 　F, d, C (Visible)　Primary: 1

OK　Cancel　Sort

Help　Save　Load

图 7-121　输入波长

在像面前插入 2 个新的标准面，输入材料及玻璃厚度，在透镜最后面上设置 F 数求解类型，透镜前表面曲率半径和像空间厚度设置变量。

步骤 3：在透镜数据编辑栏内输入参数。

（1）在文件菜单“File”下拉菜单中单击“New”，弹出对话框“Lens Date Editor”。

（2）在弹出对话框“Lens Date Editor”中，在“IMA”处单击左键，按“Insert”键插入 2 个面。

（3）输入厚度、材料等相应数值。

（4）把透镜最后面上设置 F/#=10 求解类型，透镜前表面曲率半径和像空间厚度设置为变量，如图 7-122 所示。

Lens Data Editor

Edit Solves View Help

Surf:Type		Radius		Thickness		Glass		Semi-Diameter
OBJ	Standard	Infinity		Infinity				0.000
STO	Standard	Infinity		0.000				5.000
2	Standard	Infinity	V	15.000		BK7		5.000
3	Standard	-51.509	F	0.000	V			5.000
IMA	Standard	Infinity		-				4.988

图 7-122 初始参数

步骤 4：优化。

（1）按“F6”键打开评价函数编辑器“Merit Function Editor”，在评价函数编辑器里选择“Tools→Default Merit Function”。

（2）在弹出对话框“Default Merit Function”中，单击“OK”按钮设置默认评价函数。如图 7-123 所示。

（3）设置完成后，单击快捷按扭“Opt”打开优化对话框“Optimization”。

（4）在弹出对话框“Optimization”中单击“Automatic”按钮开始优化，如图 7-124 所示。

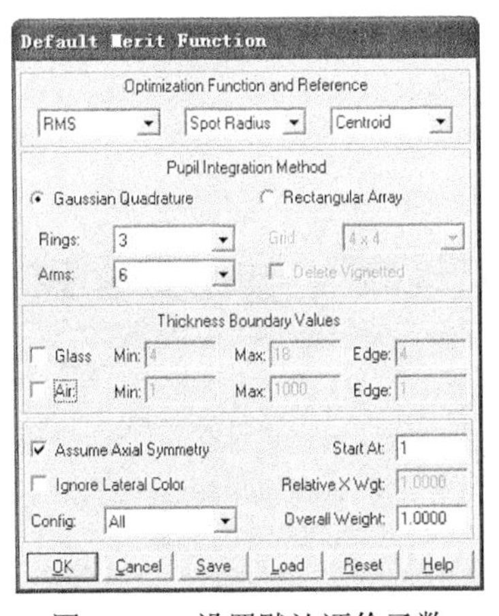

图 7-123 设置默认评价函数

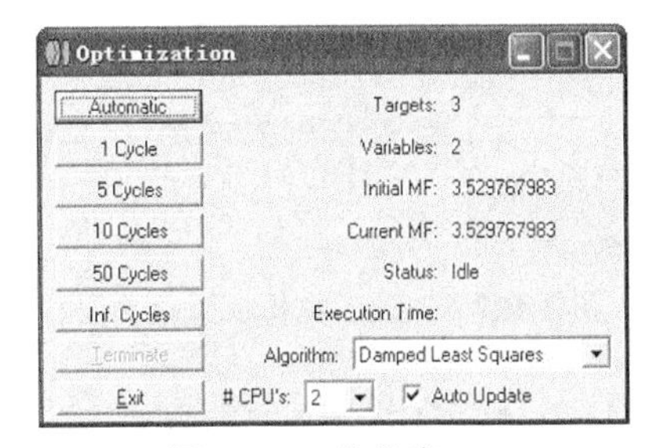

图 7-124 优化窗口

步骤 5：打开结构光路图。

在快捷按钮栏中单击“L3d”打开光路结构图，如图 7-125 所示。

我们需要在透镜前方添加振镜，假如距离透镜 50 mm，我们将光阑 STO 面（目前第 1 个表面）厚度设置为 50 mm，为了能看到入射光束，在光阑面前面再插入 1 个虚拟面，厚度同样设置为 50 mm。

步骤 6：添加振镜。

（1）将光阑面厚度设置为 50 mm。

（2）在透镜数据编辑器“Lens Date Editor”中，在“STO”处单击左键，按“Insert”键插入一个虚拟面。

（3）将虚拟面厚度设置为 50 mm。

（4）打开 3D 视图，如图 7-126 所示。

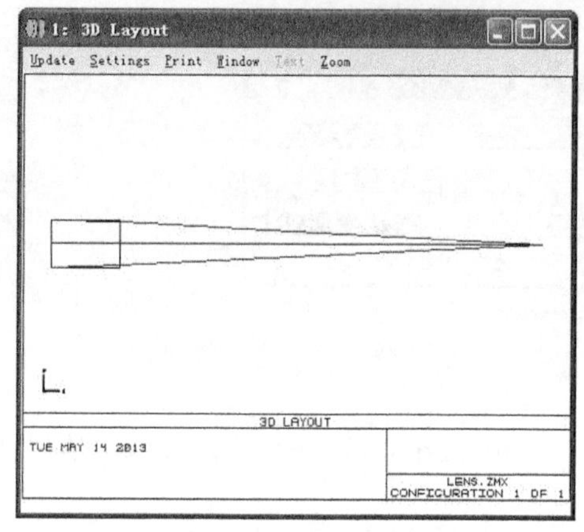

图 7-125　光路结构图

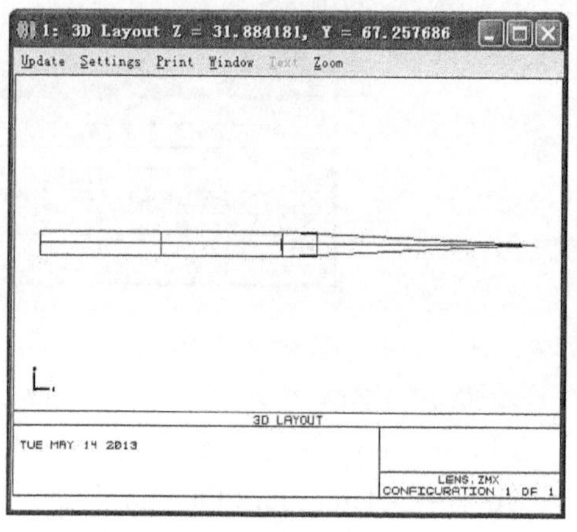

图 7-126　3D 视图

我们使用快速添加折反镜工具（在牛顿望远镜设计中详细讲解过）。

（5）在菜单栏单击“Tools→ Fold Mirrors → Add Fold Mirror”，弹出对话框“Add Fold Mirror”。如图 7-127 所示。

（6）在弹出对话框“Add Fold Mirror”中“Fold surface”栏选择“2”，如图 7-128 所示。

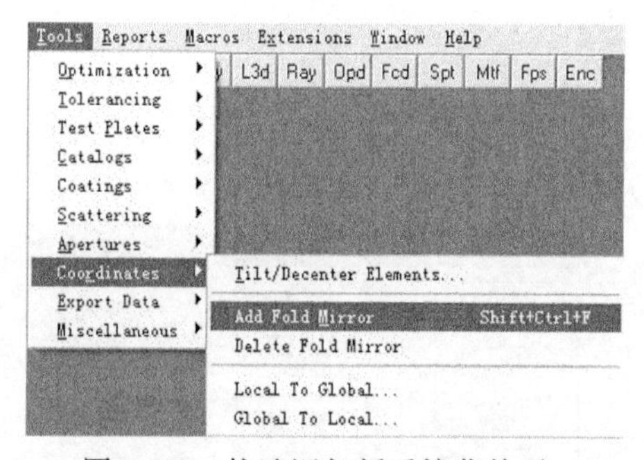

图 7-127　快速添加折反镜菜单项

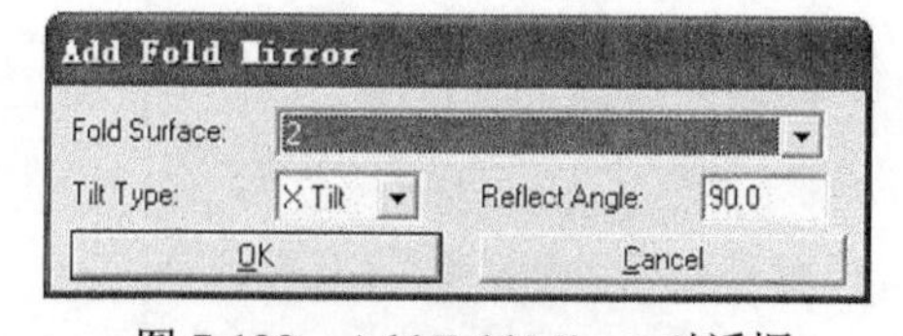

图 7-128　Add Fold Mirror 对话框

（7）更新 3D 视图，我们看到在 3D 视图中变成以反射镜面为全局参考面。如图 7-129 所示。

为了将入射光束（假设激光器出口）设置为全局参考。

（8）在第 1 个表面上单击右键，打开表面属性对话框，设置为全局坐标参考面，如图 7-130 所示。

（9）在 3D 图上双击得到视图，如图 7-131 所示。

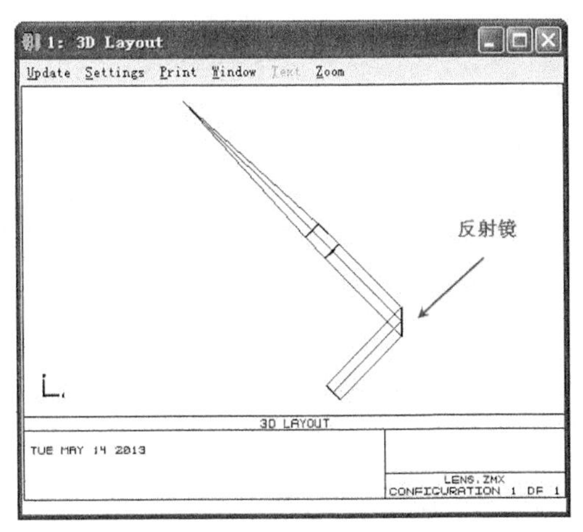

图 7-129　反射镜面为全局参考面

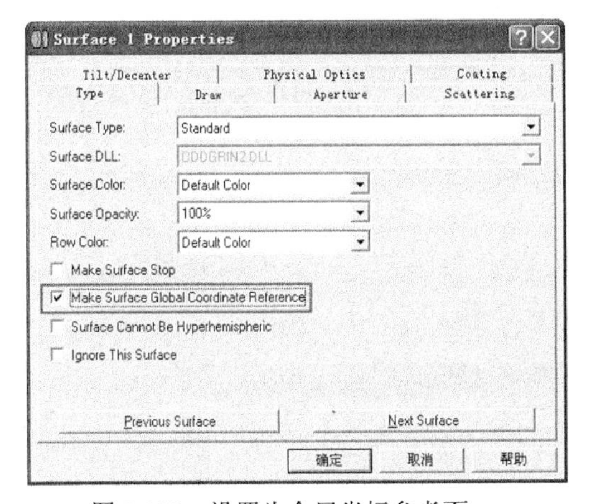

图 7-130　设置为全局坐标参考面

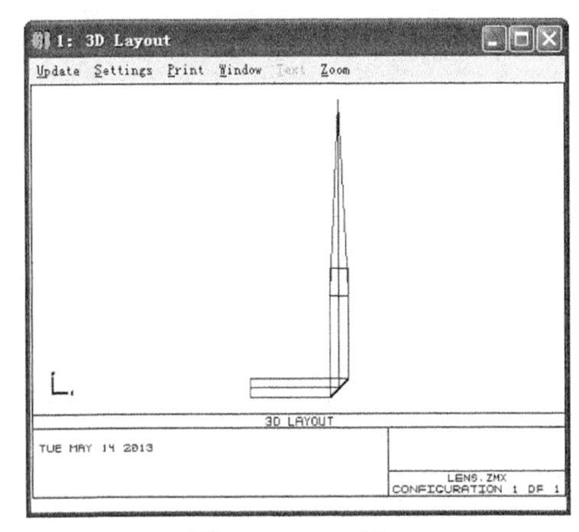

图 7-131　3D 图

7.5.2　多重结构下的扫描角度设置

我们需要模拟反射镜的旋转，使用坐标断点面可实现元件的各种旋转，在这里直接使用快捷方式来旋转元件。假如此扫描系统扫描全角度为 40 度，则反射镜旋转半角为 10 度。

步骤 7：设置多重结构下的扫描角度。

（1）打开工具菜单“Tools→Coordinates→Tilt/Decent Elements”，进行设置，如图 7-132 所示。

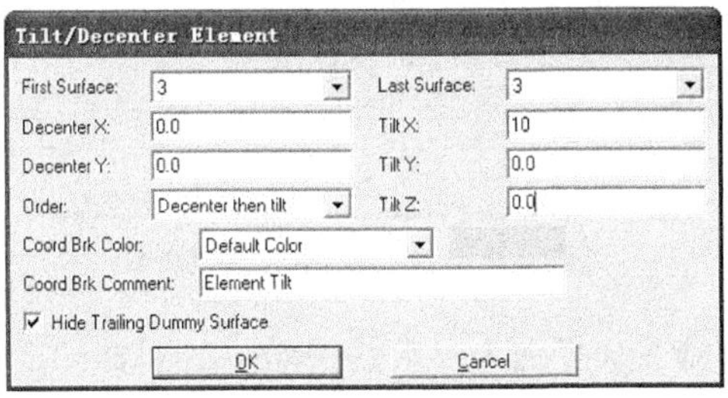

图 7-132　倾斜/偏心组件属性对话框

在透镜数据编辑器中将自动插入两个坐标断点面，实现了单个反射镜的旋转，其他元件保持不变，如图7-133所示。

（2）打开3D视图，如图7-134所示。

Lens Data Editor

Edit Solves View Help

Surf:Type		Comment	Radius		Thickness		Glass
OBJ	Standard		Infinity		Infinity		
1	Standard		Infinity		50.000		
2	Coordinat..				0.000		-
3	Coordinat..	Element Tilt			0.000		-
STO	Standard		Infinity		0.000		MIRROR
5	Coordinat..	Element Tilt			0.000		-
6	Coordinat..				-50.000		-
7	Standard		-60.200	V	-15.000		BK7
8	Standard		326.563	F	-91.364	V	
IMA	Standard		Infinity		-		

图7-133 自动插入两个坐标断点面

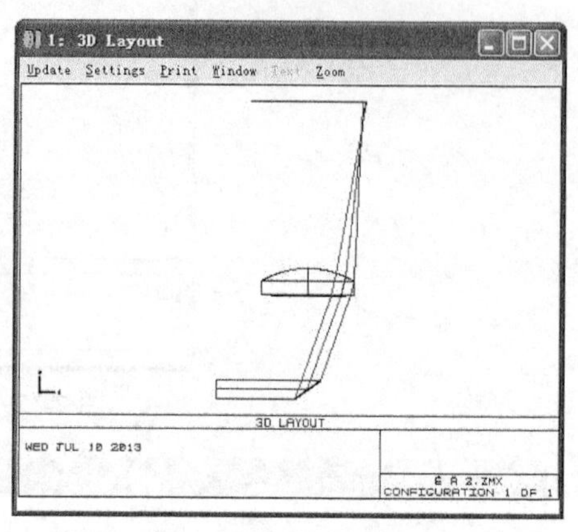

图7-134 3D视图

我们要模拟反射镜旋转不同角度状态，这时需使用多重组态功能。在变焦系统设计时我们对多重组态工具已经进行了详细讲解。

（3）按“F7”键打开多重组态编辑器，我们要模拟5个不同角度状态，按“Ctrl+Shift+Insert”组合键4次插入4个组态。如图7-135所示。

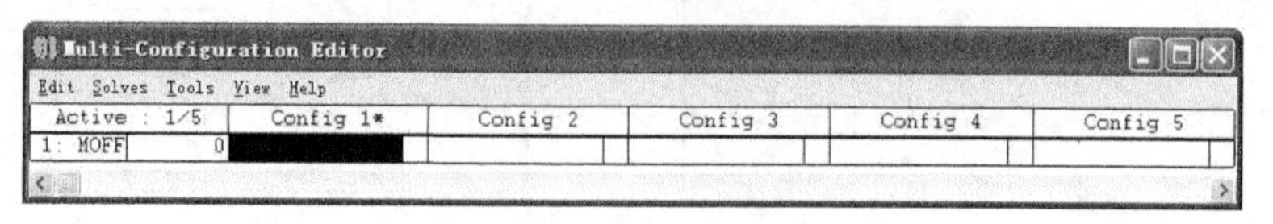

图7-135 插入4个新组态

反射镜旋转不同角度形成了扫描状态，我们需要把控制反射镜旋转角度的参数提取到多重组态下，让它们单独变化。那么控制旋转角度的就是当前第3个表面的Tilt About X参数，即第3个面的第3个参数。如图7-136矩形框所示。

Lens Data Editor: Config 1/5

Edit Solves View Help

Surf:Type		Decenter Y		Tilt About X		Tilt About Y		Tilt About Z	
OBJ	Standard								
1	Standard								
2	Coordinat..	0.000		45.000		0.000		0.000	
3	Coordinat..	0.000		10.000		0.000		0.000	
STO	Standard								
5	Coordinat..	0.000	P	-10.000	P	0.000	P	0.000	P
6	Coordinat..	0.000		45.000	P	-0.000		0.000	
7	Standard								
8	Standard								
IMA	Standard								

图7-136 控制反射镜旋转参数

（4）在多重组态编辑器下选择这个参数的操作数，即Par3/3，单击“OK”按钮完成。如图7-137所示。

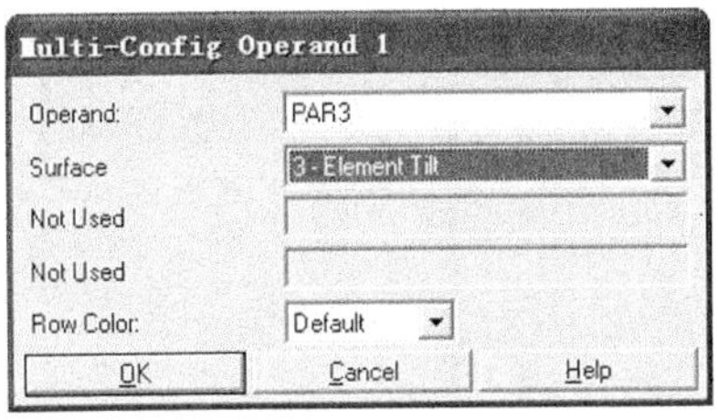

图 7-137 输入 PAR3 操作数

（5）选择这个操作数以后，在 5 个组态下分别输入角度数值：–10、–5、0、5、10，如图 7-138 所示。

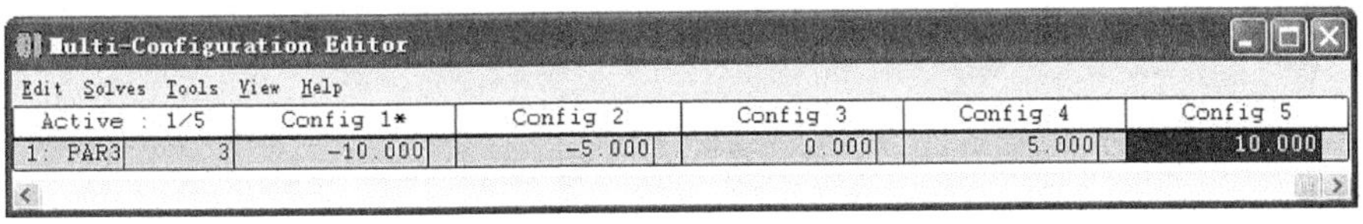

图 7-138 输入 5 个角度数值

（6）打开 3D 图，在图上单击右键打开设置对话框，选择显示所有组态，光线颜色按组态区分，如图 7-139 所示。

当然，我们也可以一个组态一个组态单独显示，使用快捷键“Ctrl+A”对组态进行切换。如图 7-140 所示。

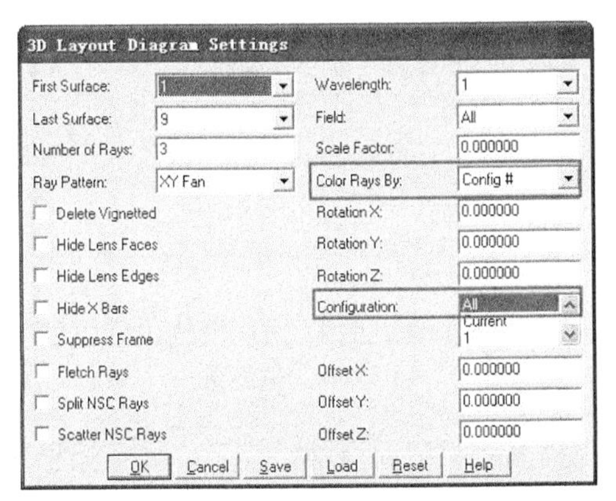

图 7-139 3D 图设置对话框

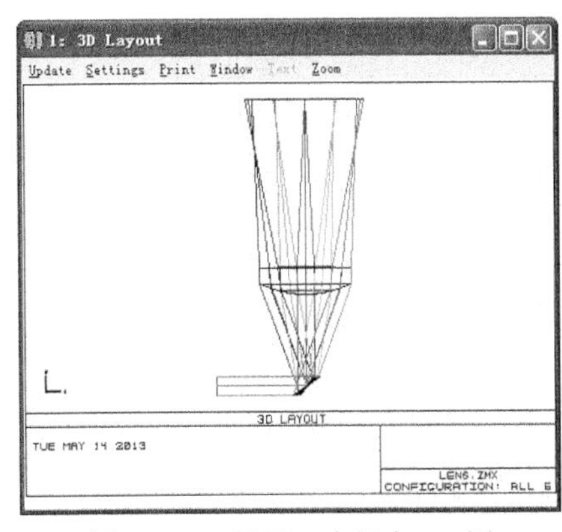

图 7-140 显示 5 个组态 3D 图

设计到这里，我们这个简单的一维线扫描系统结构设置完成了，从视图上可明显看到由于场曲导致的外视场像差很大，可打开菜单“Analysis→Spot Diagrams→Configuration Matrix”查看各组态光斑分布大小，如图 7-141 所示。

轴外视场光斑与轴上分离严重，主要原因可想而知，因为刚开始只优化了单透镜轴上视场的像质。这里可以进行统一优化。

步骤 8：统一优化系统。

（1）按“F6”快捷键打开评价函数编辑器，在评价函数编辑器“Merit Function Editor”里选择“Tools→Default Merit Function”。

（2）选择默认评价函数，在对话框中直接单击“OK”按钮重新优化。如图 7-142 所示。

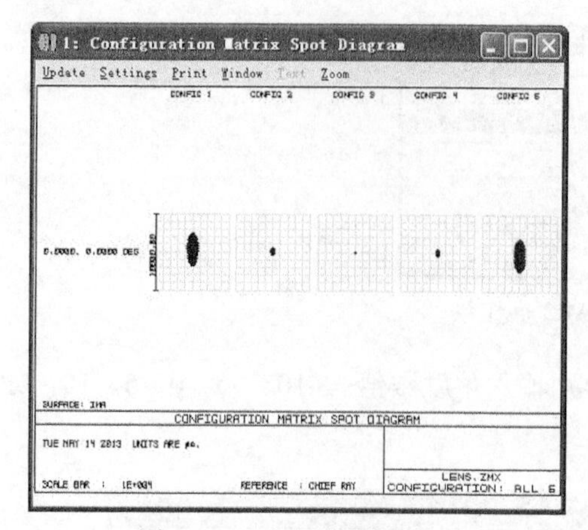

图 7-141　光斑分布图

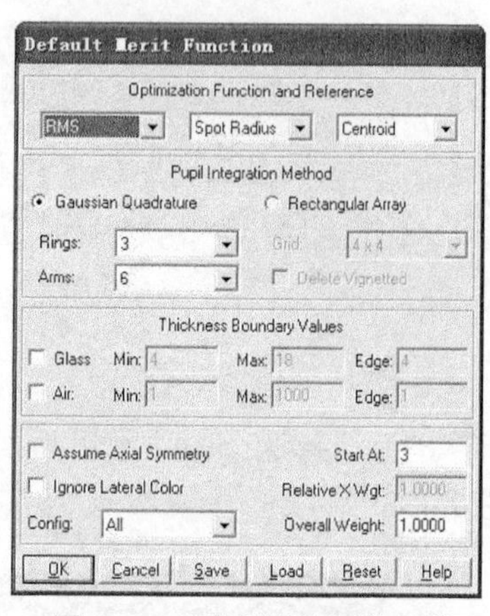

图 7-142　选择默认评价函数

（3）单击“Opt”开始优化。

（4）重新优化后，在快捷按钮栏中单击“L3d”，打开 3D 视图。如图 7-143 所示。

（5）在快捷按钮栏中单击“Spt”，打开光斑图，如图 7-144 所示。

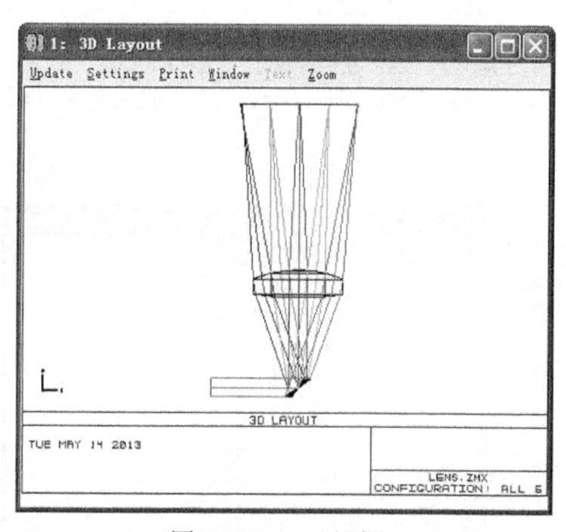

图 7-143　3D 视图

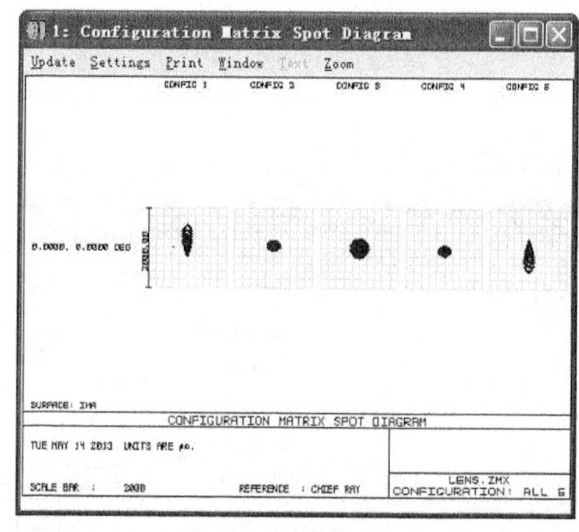

图 7-144　光斑图

所有组态光斑大小趋于一致。此时我们这个扫描系统设计就全部结束了，大家如果对此类系统感兴趣，可在这个基础上加入另一片振镜形成二维平面扫描，或再加入电动扩束系统形成三维立体扫描。在 ZEMAX 高级应用中，可利用编程语言实现自动扫描。

7.6　本章小结

本章主要通过实例详细讲解光学系统设计的完整流程：系统参数的设置，初始结构的选择，优化变量的设置，评价函数的设置，局部优化。通过实例详细的设计步骤及图文解说，让初学者很快上手，并讲解了优化设计完成之后，如何分析结构，如何改善和提高光学系统的性能。同时实例详细讲解了玻璃优化方法，使光学系统性能进一步提高。

第 8 章 目视光学系统设计方法

人眼是经过长期的演化发展而形成的一种自然的光学仪器。人的目视系统确实是十分令人惊奇的，人眼是这个目视系统中的关键光学装置。人眼常被称为允许人们照相供人脑处理的照相机。

学习目标：

（1）了解目视系统的概念。

（2）熟练运用 ZEMAX 的建模目视光学系统。

8.1 人眼光学系统的创建

8.1.1 眼睛概述

成年人的眼睛从物理角度可以描述为一种白色而富有弹性的、充满水份的球体，直径约 25 mm（1 英寸）。眼球体的正面有一个约为 10 mm 的圆形透明斑点。在这个斑点区内，眼球的表面稍稍外突，形成人们所称的角膜。

由于眼睛充满水状的液体，所以正是角膜的第一面产生了人眼的大部分光学透镜的焦度。用屈光度为单位，典型的未经调节的眼睛（观察无穷远的物体）总的光焦度约为 57 屈光度。其中，角膜提供约 43 屈光度。

角膜厚度一般为 0.6 mm。其后是约 3 mm 厚的一层水状液体，称液状体。光线通过角膜和液状体后与眼睛晶状体相遇。晶状体悬置在眼肌机构内，而眼肌机构又能改变晶状体的形状，为观察近处物体实现聚焦，这一过程叫视度调节。

眼睛的虹膜正位于眼睛晶状体前，它给眼睛提供色彩。虹膜上的圆孔在 1 mm～7 mm 直径的有效范围内是可调节的。在虹膜中心我们看到的黑斑实际上是眼睛晶状体的正面。

8.1.2 眼睛模型

为了便于以后系统的分析，我们对眼睛各种易变的特性规定了固定值。对大部分实例，我们假设眼睛是不用调节的，即眼睛的焦点设定在观察无穷远的物体上。对于少数要说明的特殊例子，我们假设人眼完全可以调节观察 254 mm（10 英寸）距离的物体，这是典型人眼所接受的视力近点。

当眼睛聚焦在近处物体上时，晶状体几乎为对称形。尽管人眼的瞳孔直径随周围的光亮度变化而变化，但是为了分析，我们采用了 4 mm 固定瞳孔直径。晶状体第 2 面的二次曲面常数定为–4.5。这个二次曲面常数可模拟分析由于几个非球面以及晶状体内的折射率变化而导致的眼睛性能。这样就得到了剩余球差为 1 个波长的最终模型。

我们还必须指出，眼睛模型内的所有光学材料 Vd（色散常数）为 55，类似于水的色散。当标准 d、F 和 c，谱线（波长）常用于目视系统分析时，必须以适当方式对这些波长进行加权。

在消除了曲线（<0.10）尾部之后，这曲线下面的区域已被分为 3 个相等的小区。然后再对每个区分配一个表示的波长，再把波长区划分为两个相等部分。

最终结果是中央波长 0.5 μm（黄-绿）、短波长 0.51 μm（蓝）和长波长 0.61 μm（红）。这是一种方便的形式来达到技术上所要求的准确性。实验结果表明计算机分析结果不会因所采用的波长加权的微小变化而产生明显的变化。尽管人眼的剩余色差可能比该模型的色差更复杂，但这两种情况的最终像质基本相同。

8.1.3　使用 ZEMAX 创建人眼模型结构

根据以上分析的人眼结构形式，我们可以把所有相关的参数输入到 ZEMAX 软件中，创建出最接近的人眼模型。我们将人眼结构中的参数输入到 ZEMAX 中。

最终文件：第 8 章\人眼模型.zmx

ZEMAX 设计步骤如下。

步骤 1：人眼入瞳直径固定为 4 mm。

（1）在快捷按钮栏中单击“Gen→Aperture”。

（2）在弹出对话框“General”中，“Aperture Type ”选择“Entrance Pupil Diameter”，“Aperture Value”输入“4”，“Apodization type”选择“Uniform”。

（3）单击“确定”按钮完成，如图 8-1 所示。

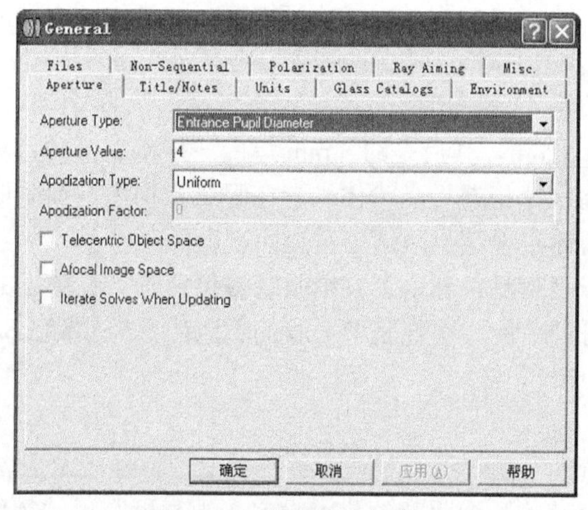

图 8-1　入瞳直径输入窗口

步骤 2：输入视场。

（1）在快捷按钮栏中单击“Fie”。

（2）在弹出对话框“Field Data”中选择“Paraxial Image Height”。

（3）在“Use”栏里，选择“1”、“2”、“3”。

（4）“Y-Field”栏输入数值“0”、“3”、“5”。

（5）单击“OK”按钮，如图 8-2 所示。

Field Data

Type: ○ Angle (Deg) ○ Object Height ● Parax. Image Height ○ Real Image Height

Field Normalization: Radial

Use	X-Field	Y-Field	Weight	VDX	VDY	VCX	VCY	VAN
☑ 1	0	0	1.0000	0.00000	0.00000	0.00000	0.00000	0.00000
☑ 2	0	3	1.0000	0.00000	0.00000	0.00000	0.00000	0.00000
☑ 3	0	5	1.0000	0.00000	0.00000	0.00000	0.00000	0.00000
☐ 4	0	0	1.0000	0.00000	0.00000	0.00000	0.00000	0.00000
☐ 5	0	0	1.0000	0.00000	0.00000	0.00000	0.00000	0.00000
☐ 6	0	0	1.0000	0.00000	0.00000	0.00000	0.00000	0.00000
☐ 7	0	0	1.0000	0.00000	0.00000	0.00000	0.00000	0.00000
☐ 8	0	0	1.0000	0.00000	0.00000	0.00000	0.00000	0.00000
☐ 9	0	0	1.0000	0.00000	0.00000	0.00000	0.00000	0.00000
☐ 10	0	0	1.0000	0.00000	0.00000	0.00000	0.00000	0.00000
☐ 11	0	0	1.0000	0.00000	0.00000	0.00000	0.00000	0.00000
☐ 12	0	0	1.0000	0.00000	0.00000	0.00000	0.00000	0.00000

OK　Cancel　Sort　Help
Set Vig　Clr Vig　Save　Load

图 8-2　视场输入窗口

步骤 3： 输入人眼结构参数。

（1）在文件菜单“File”下拉菜单中单击“New”，弹出对话框“Lens Date Editor”。

（2）在材料栏选择“Model”类型，并输入折射率与阿贝数。如图 8-3 所示。

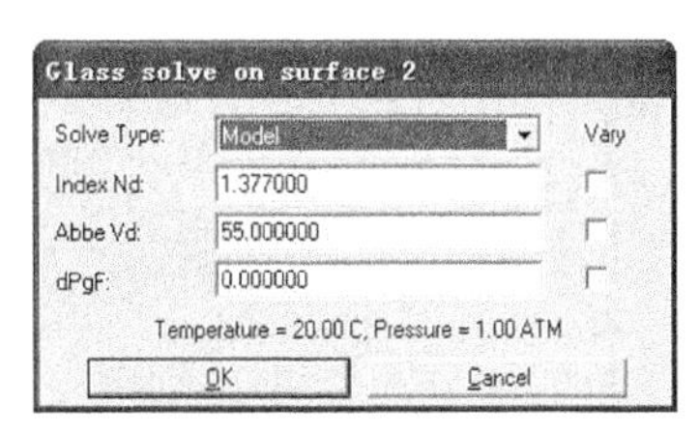

图 8-3　材料属性对话框

（3）在对话框“Lens Date Editor”中输入半径、厚度、变量相应数值。如图 8-4 所示。

Lens Data Editor

Edit Solves View Help

Surf	Type	Comment	Radius		Thickness		Glass		Semi-Diameter	
OBJ	Standard		Infinity		Infinity				Infinity	
1	Standard		Infinity		30.000				12.000	U
2*	Standard	角膜	6.896	V	0.600		1.38,55.0		6.000	U
3*	Standard	液状体	3.635	V	3.000		1.34,55.0		5.000	U
*	Standard	瞳孔	10.100		0.000				2.000	U
5*	Standard	晶状体	10.485	V	4.000		1.41,55.0		4.000	U
6*	Even Asph.	玻璃体	-5.673	V	17.250		1.34,55.0		4.000	U
7*	Standard	视网膜	-12.500		0.000				6.000	U
IMA	Standard		-12.500		-				0.025	U

图 8-4　透镜数据输入窗口

注意： 晶状体后表面的二次曲面系数为-4.5，属于非球面，像面的曲率半径为-12.5 为视网膜弯曲曲率半径。

步骤 4： 输入人眼感知的光谱范围。

（1）在快捷按钮栏中单击“Wav”。

（2）在弹出对话框“Wavelength Data”中“Use”栏里，选择“1”、“2”、“3”。

（3）在“Wavelength”栏输入数值“0.51”、“0.56”、“0.61”。

（4）单击“OK”按钮，如图 8-5 所示。

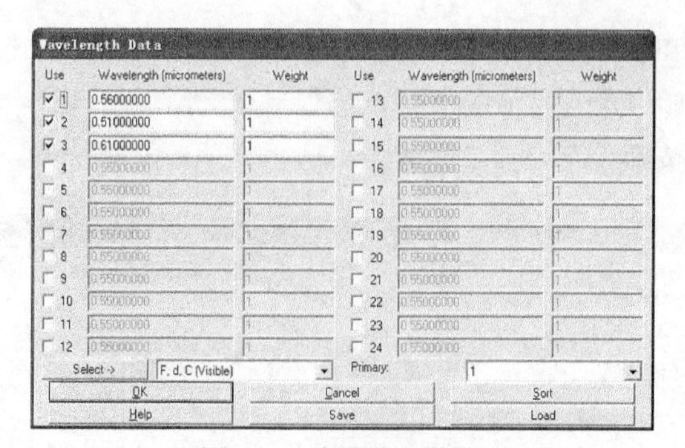

图 8-5　波长输入数值

步骤 5：查看人眼模型。

（1）在快捷按钮栏中单击“L3d”打开 3D 视图，如图 8-6 所示。

（2）在快捷按钮栏中单击“Spt”打开光斑图，如图 8-7 所示。

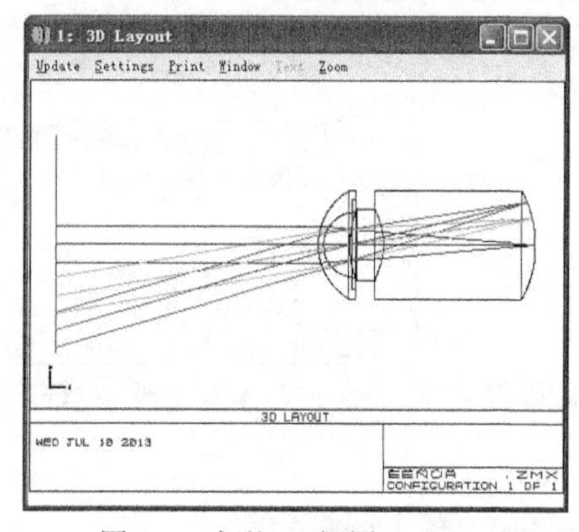

图 8-6　人眼 3D 视图

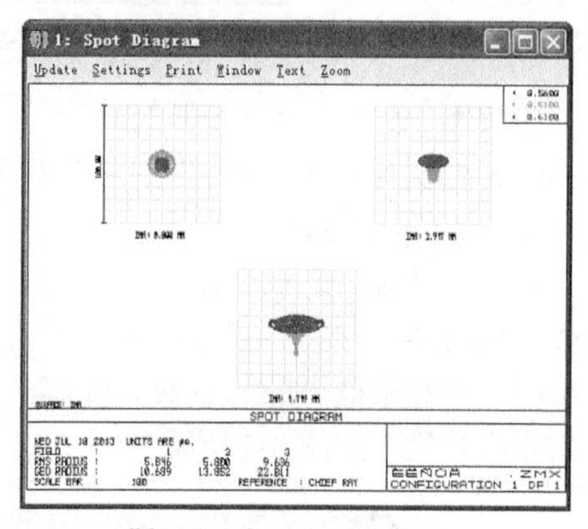

图 8-7　人眼光斑聚焦图

光斑图是人眼看无限远处时光斑聚焦在视网膜上的大小。

（3）在快捷按钮栏中单击“Mtf”，打开 MTF 曲线图。

（4）在 MTF 曲线图窗口菜单栏单击“Settings”打开属性对话框，进行设置，如图 8-8 所示。

（5）更新 MTF 曲线图，如图 8-9 所示。

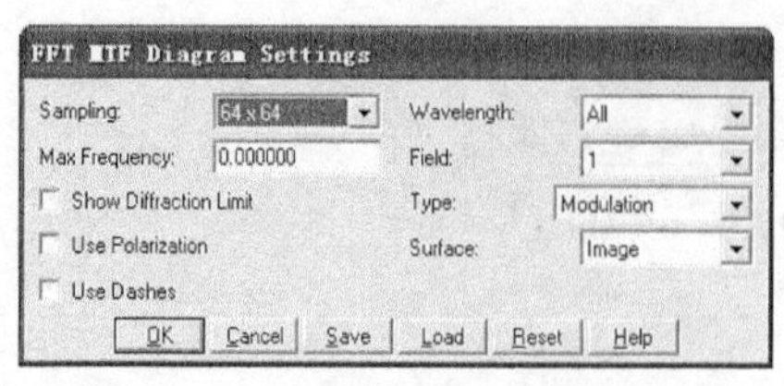

图 8-8　设置人眼 MTF 曲线对话框

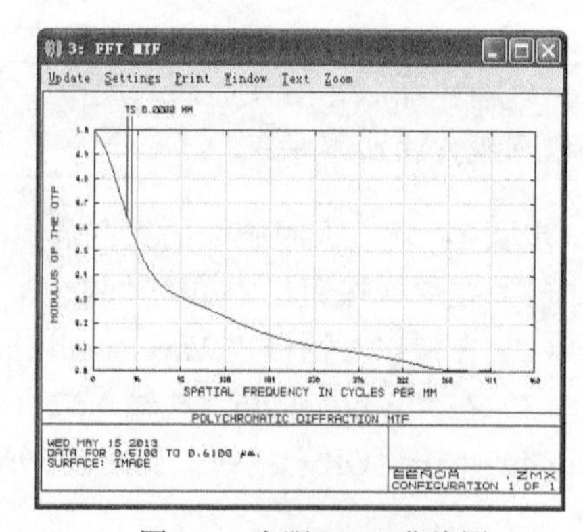

图 8-9　人眼 MTF 曲线图

人眼的对比度 MTF 大小，在 30 线对时大于 0.2。

8.2 放大率与视觉

在众多的例子中，光学系统与人眼结合使用的主要原因是要增大在视网膜上最后的成像尺寸，从而使许观察者比用肉眼观察分辨更多的图像细节。这个最终图像增大的术语叫“放大率”。尽管放大率这个术语在描述光学装置或系统的功能时经常被使用，但是它往往被错误地理解或不恰当地应用。

本节给出了使读者能更好地理解放大率一词的真正意义和正确的应用的有关信息和实例。

8.2.1 近距离物体成像标准

近距离物体就是指为了便于目视检查可放置在眼睛舒适距离上的物体。为了讨论光学系统使用的放大系数，我们首先要确定参照例子，这一点是不可缺少的。关于参照例子，假设用典型的肉眼，调节观察视力近点上的物体，物距为 254 mm（10 英寸）。

当典型眼睛聚焦在 254 mm 时，晶状体调节到最大光焦度。此时，眼睛的有效焦距为 16.56 mm。物体对像的放大率为 0.067 倍。通过建立眼睛聚焦于近点的计算机模型，推导得出了上述数据。

8.2.2 小型放大镜放大率

如果想要分辨被观察目标上的更多细节，那么我们的第一个本能行为是把物体靠眼睛更近些，这样可以增大物体的张角和在视网膜上的图像尺寸。令人遗憾的是，现已确定典型人眼不能聚焦在距离小于 254 mm 的物体上。这种情况的解决方法是在靠眼睛的地方引入一块正透镜。小型放大镜即放大镜是用于增强观察位于视力近点距离内物体的最基本的光学装置。

放大镜的近似（薄透镜）放大倍率由下面的公式求出：

放大倍率=（254/焦距）+1

下面给出 51 mm 焦距的薄透镜，其相应的放大倍率应为：

（254/51）+1=6 倍

用这种薄透镜观察 20 mm 直径的目标，可以看出：用所示位置上的物体，在与眼睛距离 254 mm 处的透镜成像得到的虚像为 20 mm×6=120 mm 直径。前面已确定视力近点（254 mm）到视网膜的放大率为 0.067 倍之后，由此可以得出结论：

当使用这个放大镜时，视网膜上的最终成像为 120 mm×0.067=8.0 mm，即比不用放大镜所成的像大 6 倍。

注意：形成 120 mm 直径虚像时，该放大镜增大了目标内的全部细节的视在尺寸。结果，眼睛在虚像上可分辨 7.4 周/mm。

为了说明上述放大镜的放大率，我们可以使用之前的人眼模型来验证放大镜的视觉放大率。使用近轴薄透镜作为放大镜，薄透镜距离眼睛 4 mm，物体距离薄透镜 40 mm，薄透镜焦距 51 mm，数据文件如下所示。

最终文件：第 8 章\人眼模型 2.zmx

ZEMAX 设计步骤。

步骤 1：输入 3 个视场。

（1）在快捷按钮栏中单击“Fie”。

（2）在弹出对话框“Field Data”中选择“Object Height”。

（3）在“Use”栏里，选择“1”、“2”、“3”。

（4）“Y-Field”栏输入数值“0”、“7”、“10”。

（5）单击“OK”按钮，如图 8-10 所示。

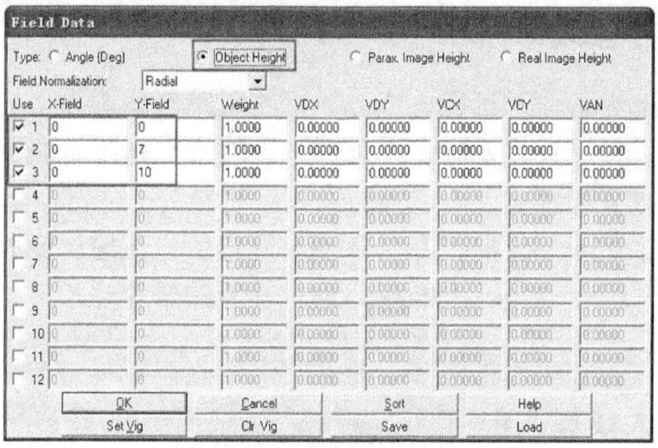

图 8-10　视场输入窗口

步骤 2：物距设为变量。

（1）把表面#1 修改为“Paraxial”表面内型。

（2）输入“OBJ”和“#1”的厚度分别为“40”和“4”，并按“Ctrl+Z”组合键设置“OBJ”的厚度为变量。如图 8-11 所示。

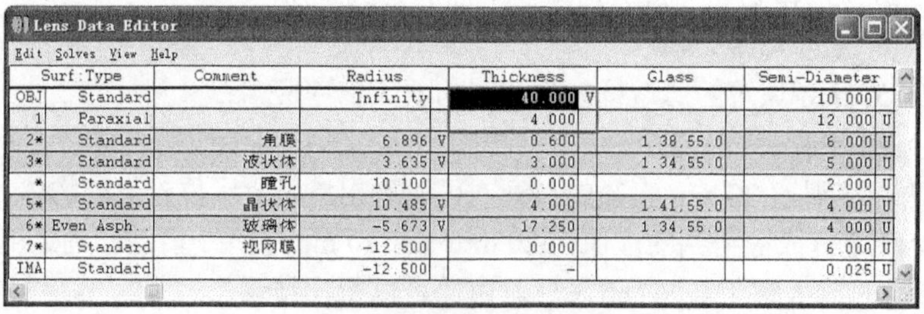

图 8-11　设置物距为变量

步骤 3：优化视网膜上的最小光斑尺寸。

（1）按“F6”快捷键打开评价函数编辑器，在评价函数编辑器“Merit Function Editor”里选择“Tools→Default Merit Function”。

（2）在弹出对话框“Default Merit Function”中设置各项指标，如图 8-12 所示。

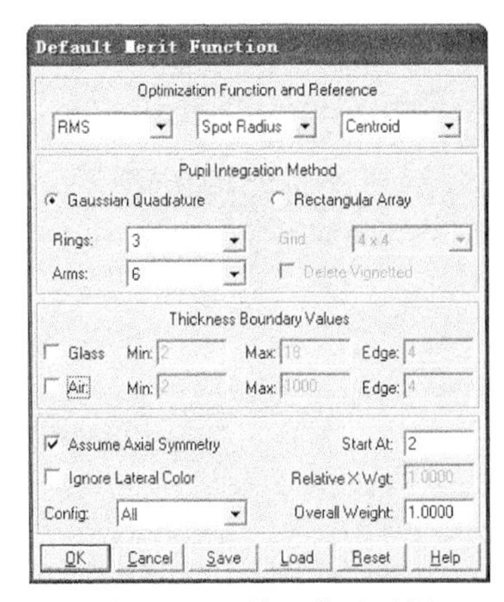

图 8-12 评价函数对话框

（3）单击快捷按扭“Opt”打开优化对话框“Optimization”。

（4）在弹出对话框“Optimization”中单击“Automatic”按钮开始优化。

步骤 4：优化后，视网膜上光斑图和 3D 视图。

（1）在快捷按钮栏中单击“Spt”打开光斑图，如图 8-13 所示。

（2）在快捷按钮栏中单击“L3d”打开 3D 视图，如图 8-14 所示。

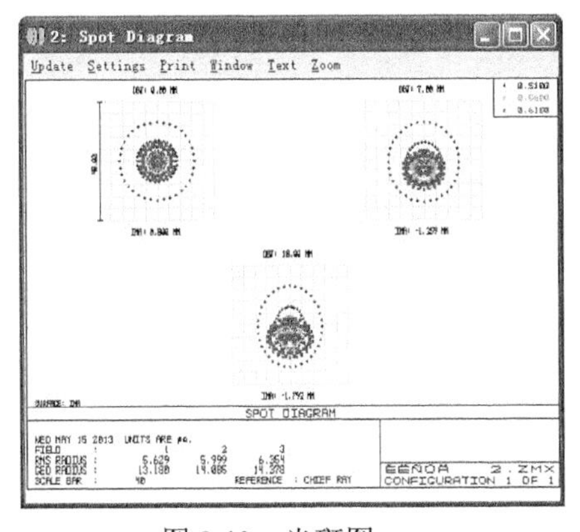

图 8-13 光斑图

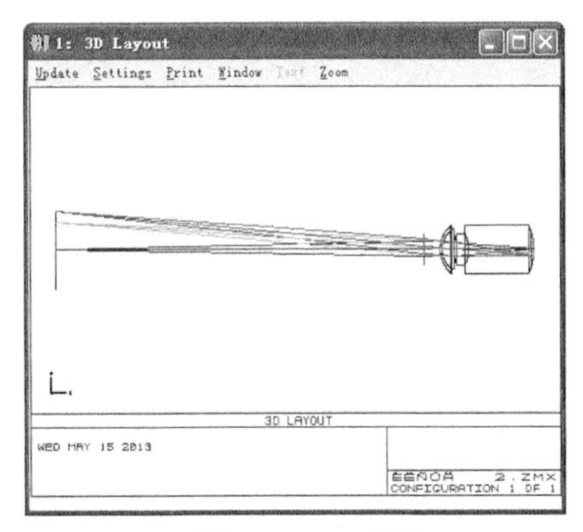

图 8-14 3D 视图

步骤 5：为了模拟实际人眼正常调节情况看到的物体大小，让光路反向传播至明视距离处（10 英寸，254 mm）。

（1）将像面前的厚度改为–254。

（2）像面曲率半径设置为无穷大，如图 8-15 所示。

Lens Data Editor

Edit Solves View Help

Surf	Type	Comment	Radius	Thickness		Glass	Semi-Diameter	
OBJ	Standard		Infinity	95.268	V		10.000	
1	Paraxial			4.000			3.917	U
2*	Standard	角膜	7.800	0.600		1.38,55.0	6.000	U
3*	Standard	液状体	6.400	3.000		1.34,55.0	5.000	U
*	Standard	瞳孔	10.100	0.000			2.000	U
5*	Standard	晶状体	10.100	4.000		1.41,55.0	4.000	U
6*	Standard	玻璃体	-6.100	17.250		1.34,55.0	4.000	U
7*	Standard	视网膜	-12.500	-254.000			6.000	U
*	Standard		Infinity	-			4.160	U

图 8-15 输入厚度、曲率半径

步骤 6：查看光线输出。

双击“3D Layout”，更新光线输出图，如图 8-16 所示。

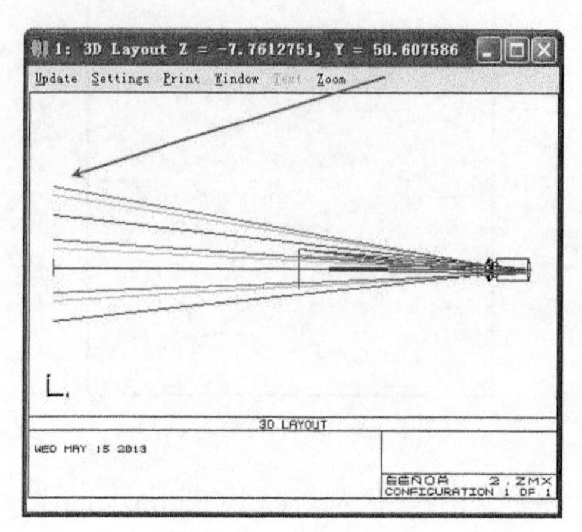

图 8-16　光线输出图

从图中箭头所示看到，反向光路最大高度约 60 mm，而初始物体大小为 10 mm，放大率恰好为 5 倍，这也很好地验证了小型放大镜系统的放大率。

8.3　本章小结

本章主要介绍了眼睛的工作原理，如何在 ZEMAX 中创建眼睛模型，在设计与人眼配合使用的光学系统时所要涉及到的一些基本原理，如放大镜等。

第 9 章　目镜设计

在本章中，我们将讨论典型光学系统的设计，如目镜。目的在于进一步熟悉光学系统设计步骤，主要经历 5 个步骤，同时了解各种目镜结构。

学习目标：

（1）了解典型光学系统目镜基本工作原理。

（2）熟练使用 ZEMAX 对光学系统进行设计。

（4）熟练使用 ZEMAX 分析功能对系统设计结果进行分析。

9.1　目镜介绍

目镜在功能上十分类似于第 8 章中所讨论的放大镜。主要的差别是目镜用来观察位于目镜和被观察物体之间的光学元件（前置光学系统 foreoptics）所形成的一个实像。因此，那些前置光学系统决定了通过目镜的光束尺寸、形状和光路。

尽管目镜的最终设计可以精确调整，以便和特定的一组前置光学元件共同发挥作用，但是一般来说，基于最终系统的技术要求，目镜被设计成一个独立的光学装置。

就本节所要介绍的实例，假设全部目镜的焦距均为 28 mm（近似 9 倍放大率），出瞳直径定为 4 mm（*f*/7.0），视场设定为一个恰当值，与目镜类型一致。如同本书中介绍的大多数其他目视系统设计一样，采用同一加权的光谱波长 0.51μm、0.56μm 和 0.61μm。

每个目镜都有确定它应用于某种特殊任务的一组独特的性能。这里将涉及 9 种目镜类型，而且还要给出每种目镜的设计和性能数据。焦距、入瞳尺寸和出瞳位置（最大视场主光线角度）对所有的设计都保持不变，而视场、接目距和像距则随目镜类型而变化。

一般说来，靠近眼睛位置的透镜或透镜组叫做接目镜（eye lens），而靠近像面位置的透镜或透镜组叫做场镜（ field lens）。

注意：关于本节介绍的所有的目镜设计工作，光学配置是这样的：假定物体在无穷远处，追迹光线通过目镜的出瞳、目镜，然后直到目镜像面上。

最合理和最常用的目镜光学设计程序是：首先选择基本的目镜类型，它主要根据必须达到的视场而定。然后，对选定设计的焦距进行缩放以达到所要求的放大率。最后，经缩放的目镜设计放到光学系统中，在这个光学系统中，目镜的型式可以精确调整以补偿特定的光路和剩余系统像差。

设计案例一：惠更斯目镜

设计分析：最简单的日镜型式应当是惠更斯目镜。这种目镜由 2 个平凸透镜组成，用普通冕玻璃做成。这两片透镜的配置方式是平面都面对眼睛，透镜间距约等于最后目镜的焦距。虽然惠更斯目镜在 15 度半视场内的像差校正非常好，但是也存在导致这种目镜型式不理想的若干缺点。除接目距很小外，像形成在目镜内，从而在大多数情况下不能使用分划板。

惠更斯目镜设计规格：入瞳直径 4 mm，视场 15 度，波长范围 0.51μm、0.56μm、0.61μm，焦距 28 mm。

最终文件：第 9 章\惠更斯目镜.zmx

ZEMAX 设计步骤。

步骤 1：输入入瞳直径 4 mm。

（1）在快捷按钮栏中单击“Gen→Aperture”。

（2）在弹出对话框“General”中，“Aperture Type　“选择“Entrance Pupil Diameter”，“Aperture Value”输入 4，“Apodization type”选择“Uniform”。

（3）单击“确定”按钮，如图 9-1 所示。

步骤 2：输入视场 15 度。

（1）在快捷按钮栏中单击“Fie”。

（2）在弹出对话框“Field Data”中选择“Angle（Deg）”。

（3）在“Use”栏里，选择“1”、“2”、“3”。

（4）“Y-Field”栏输入数值“0”、“15”、“–15”。

（5）单击“OK”按钮，如图 9-2 所示。

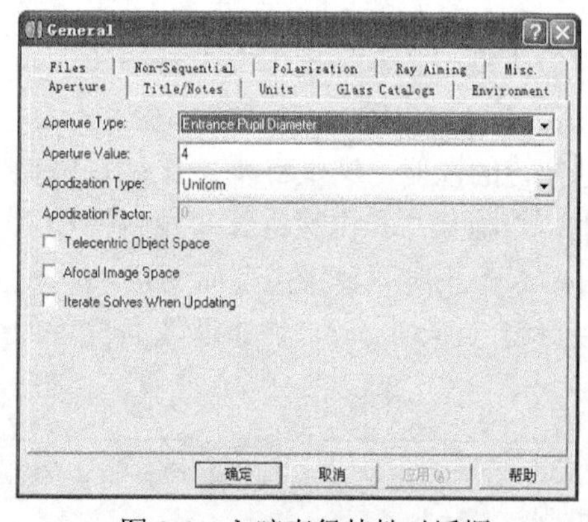

图 9-1　入瞳直径特性对话框

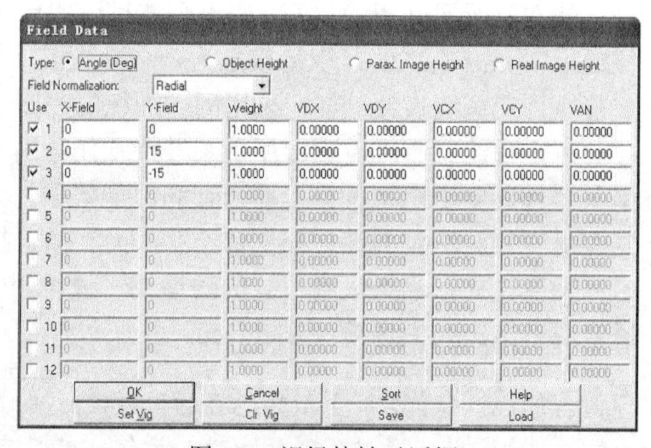

图 9-2　视场特性对话框

步骤 3：波长为人眼感知的 0.51μm、0.56μm、0.61μm。

（1）在快捷按钮栏中单击“Wav”。

（2）在弹出对话框“Wavelength Data”中“Use”栏里，选择“1”、“2”、“3”。

（3）在“Wavelength”栏输入数值“0.51”、“0.56”、“0.61”。

（4）单击“OK”按钮，如图 9-3 所示。

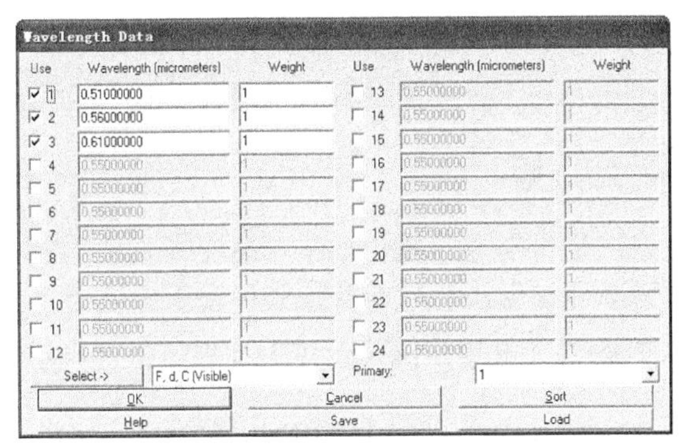

图 9-3 波长特性对话框

步骤 4： 在透镜数据编辑器内输入镜头参数。

（1）在文件菜单“File”下拉菜单中单击“New”，弹出对话框“Lens Date Editor”。

（2）在弹出对话框“Lens Date Editor”中输入半径、厚度、材料相应数值。如图 9-4 所示。

Lens Data Editor

Edit Solves View Help

Surf:Type		Comment	Radius	Thickness	Glass
OBJ	Standard		Infinity	Infinity	
STO	Standard	入瞳	Infinity	2.800	
2	Standard		Infinity	2.800	BK7
3*	Standard		-11.500	25.500	
4*	Standard		Infinity	5.000	BK7
5*	Standard		-16.500	-8.800	
IMA	Standard		Infinity	-	

图 9-4 透镜数据编辑栏

步骤 5： 查看惠更斯目镜结构光路图与像差畸变图。

（1）在快捷按钮栏中单击光路结构图“L3d”，如图 9-5 所示。

（2）在快捷按钮栏中单击光程像差图“Ray”，如图 9-6 所示。

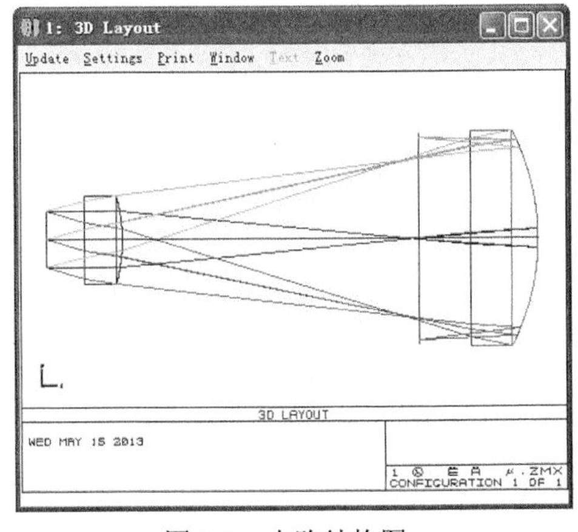

图 9-5 光路结构图

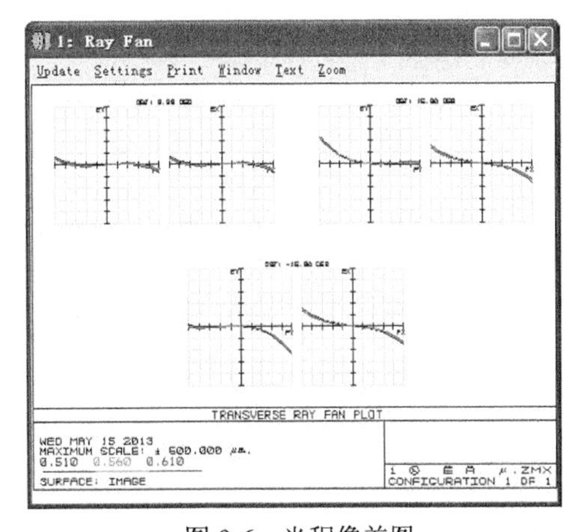

图 9-6 光程像差图

这样惠更斯目镜就设置完成了，可以对上图中的两个曲率半径进行优化，达到最小光斑半径，但最后通常要把目镜放在光学系统中结合物镜或其他镜头来补偿像差，所以这里无需精确优化光斑分辨率。

从 Ray Fan 图可以看出这个目镜有较大的轴外视场像差，但色差校正比较好。

设计案例二：冉斯登目镜

分析：第二种目镜型式是冉斯登目镜，几乎与惠更斯目镜一样简单。冉斯登目镜由 2 个平凸透镜组成，用普通冕玻璃做成。这两片透镜的配置方式是凸面相对，透镜间距约为最后目镜焦距的 85%，尽管接目距和像位置相对于惠更斯目镜有所改善，但是冉斯登目镜有相当大色差。

冉斯登目镜设计规格：入瞳直径 4 mm，半视场 15 度，波长范围 0.51μm、0.55μm、0.61μm，焦距 28.2 mm。

最终文件：第 9 章\冉斯登目镜.zmx

EMAX 设计步骤。

步骤 1：入瞳直径 4 mm。

（1）在快捷按钮栏中单击“Gen→Aperture”。

（2）在弹出对话框“General”中，“Aperture Type “选择“Entrance Pupil Diameter”，“Aperture Value”输入“4”，“Apodization type”选择“Uniform”。

（3）单击“确定”按钮，如图 9-7 所示。

步骤 2：半视场 15 度。

（1）在快捷按钮栏中单击“Fie”。

（2）在弹出对话框“Field Data”中选择“Angle（Deg)”。

（3）在“Use”栏里，选择“1”、“2”、“3”。

（4）“Y-Field”栏输入数值“0”、“10”、“15”。

（5）单击“OK”按钮，如图 9-8 所示。

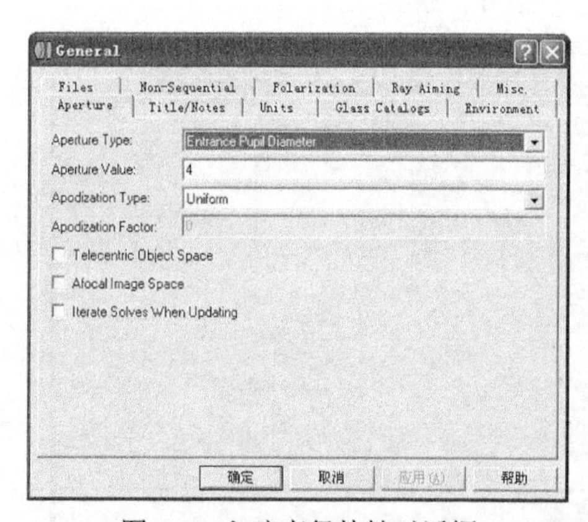

图 9-7 入瞳直径特性对话框

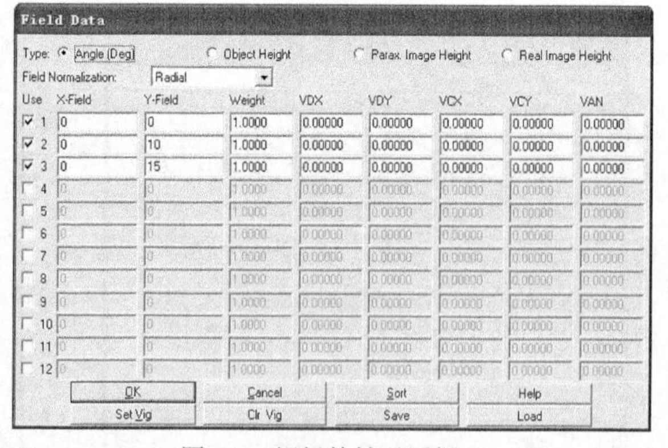

图 9-8 视场特性对话框

步骤 3：波长为人眼感知的 0.51、0.56、0.61。

（1）在快捷按钮栏中单击“Wav”。

（2）在弹出对话框“Wavelength Data”中“Use”栏里，选择“1”、“2”、“3”。

（3）在“Wavelength”栏输入数值“0.51”、“0.56”、“0.61”。

（4）单击“OK”按钮，如图 9-9 所示。

Wavelength Data

Use	Wavelength (micrometers)	Weight	Use	Wavelength (micrometers)	Weight
☑ 1	0.51000000	1	☐ 13	0.55000000	1
☑ 2	0.56000000	1	☐ 14	0.55000000	1
☑ 3	0.61000000	1	☐ 15	0.55000000	1
☐ 4	0.55000000	1	☐ 16	0.55000000	1
☐ 5	0.55000000	1	☐ 17	0.55000000	1
☐ 6	0.55000000	1	☐ 18	0.55000000	1
☐ 7	0.55000000	1	☐ 19	0.55000000	1
☐ 8	0.55000000	1	☐ 20	0.55000000	1
☐ 9	0.55000000	1	☐ 21	0.55000000	1
☐ 10	0.55000000	1	☐ 22	0.55000000	1
☐ 11	0.55000000	1	☐ 23	0.55000000	1
☐ 12	0.55000000	1	☐ 24	0.55000000	1

Select -> F, d, C (Visible)　Primary: 1

OK　Cancel　Sort

Help　Save　Load

图 9-9　波长特性对话框

步骤 4：在透镜数据编辑栏内输入镜头参数。

（1）在文件菜单“File”下拉菜单中单击“New”，弹出对话框“Lens Date Editor”。

（2）在弹出对话框“Lens Date Editor”中输入半径、厚度、材料相应数值。如图 9-10 所示。

Lens Data Editor

Edit　Solves　View　Help

Surf	Type	Comment	Radius	Thickness	Glass
OBJ	Standard		Infinity	Infinity	
STO	Standard	入瞳	Infinity	10.700	
2	Standard		Infinity	3.400	BK7
3*	Standard		-19.800	23.400	
4*	Standard		22.000	4.500	BK7
5*	Standard		Infinity	7.280	
IMA	Standard		Infinity	-	

图 9-10　透镜数据编辑栏

步骤 5：查看冉斯登目镜结构光路图与像差畸变图。

（1）在快捷按钮栏中单击光路结构图“L3d”，如图 9-11 所示。

（2）在快捷按钮栏中单击光程像差图“Ray”，如图 9-12 所示。

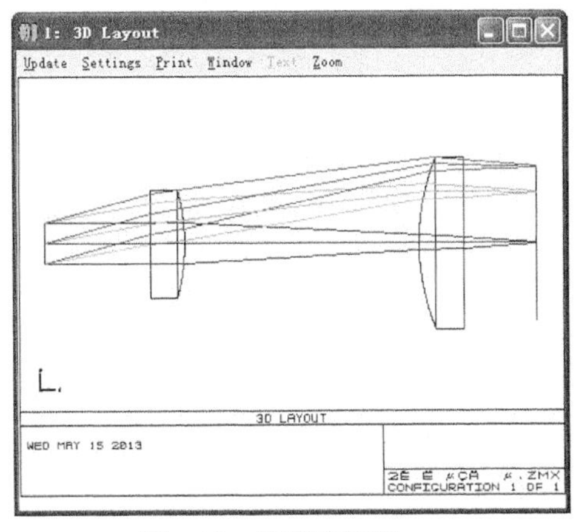

图 9-11　光路结构图

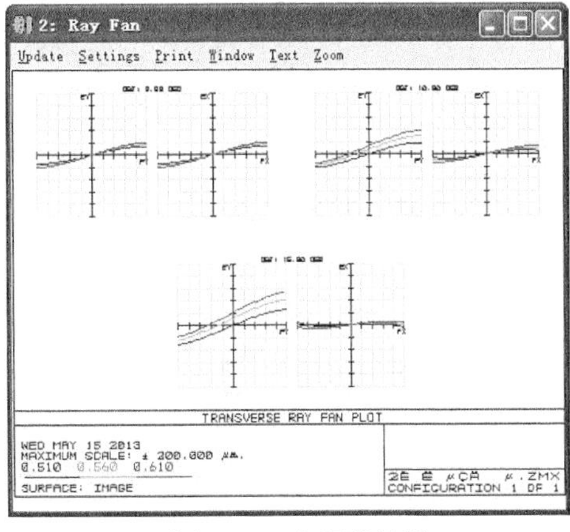

图 9-12　光程像差图

在 Ray Fan 图中从曲线分离程度可知，冉斯登目镜有着较大的色差和轴外像差。

设计案例三：凯尔纳目镜

分析：凯尔纳目镜（有时也称凯涅尔目镜 Kellner）。其明显的变化是接目镜做成了消色差双合镜。这种变化可以校正轴向色差并减少轴外（横向）色差。其半视场可能略微增大（从 15 到 22.5）。凯尔纳目镜的接目距不适用于舒适的目视仪器设计。

凯尔纳目镜设计规格：入瞳直径 4 mm，半视场 22.5 度，波长范围 0.51μm、0.55μm、0.61μm，焦距 27.9 mm。

最终文件：第 9 章\凯尔纳目镜.zmx

步骤 1：入瞳直径 4 mm 的输入。

（1）在快捷按钮栏中单击“Gen→Aperture”。

（2）在弹出对话框“General”中，“Aperture Type “选择“Entrance Pupil Diameter”，“Aperture Value”输入“4”，“Apodization type”选择“Uniform”。

（3）单击“确定”按钮，如图 9-13 所示。

步骤 2：半视场 22.5 的输入。

（1）在快捷按钮栏中单击“Fie”。

（2）在弹出对话框“Field Data”中选择“Angle（Deg）”。

（3）在“Use”栏里，选择“1”、“2”、“3”。

（4）“Y-Field”栏输入数值“0”、“15.75”、“22.5”。

（5）权重“Weight”栏输入数值“1”。

（6）单击“OK”按钮，如图 9-14 所示。

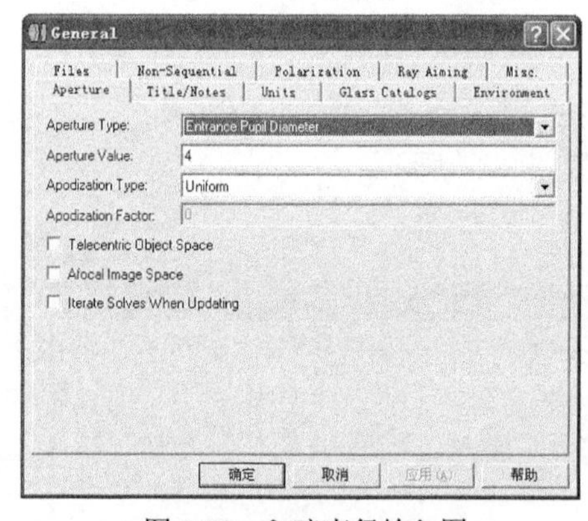

图 9-13 入瞳直径输入图

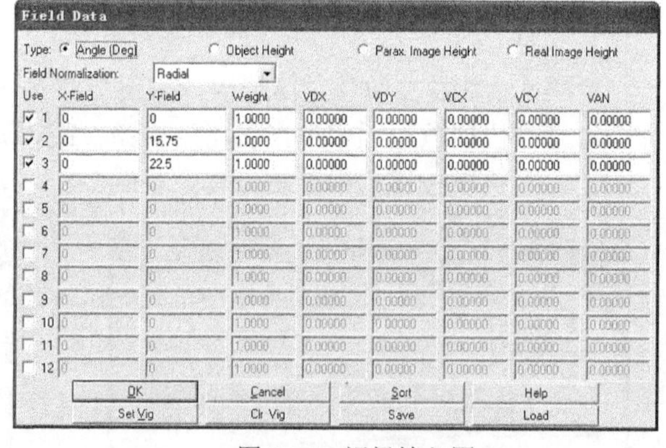

图 9-14 视场输入图

步骤 3：波长的输入。

（1）在快捷按钮栏中单击“Wav”。

（2）在弹出对话框“Wavelength Data”中“Use”栏里，选择“1”、“2”、“3”。

（3）在“Wavelength”栏输入数值“0.51”、“0.56”、“0.61”。

（4）权重 Weight 栏输入数值“1”。

（5）单击“OK”按钮，如图 9-15 所示。

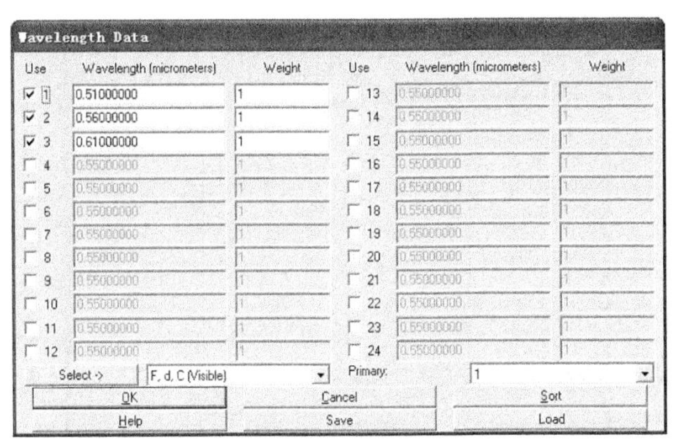

图 9-15 波长输入图

步骤 4：输入镜头数据。

（1）在文件菜单“File”下拉菜单中单击“New”，弹出对话框“Lens Date Editor”。

（2）在弹出对话框“Lens Date Editor”中输入半径、厚度、材料相应数值。如图 9-16 所示。

Lens Data Editor

Edit Solves View Help

Surf:Type		Comment	Radius	Thickness	Glass
OBJ	Standard		Infinity	Infinity	
STO	Standard	入瞳	Infinity	5.100	
2	Standard		153.000	2.000	F4
3	Standard		14.900	8.000	BAK2
4	Standard		-19.900	22.300	
5	Standard		23.500	6.000	BAK2
6	Standard		Infinity	7.710	
IMA	Standard		Infinity	-	

图 9-16 镜头数据输入界面

步骤 5：结构光路图与像差畸变图。

（1）在快捷按钮栏中单击光路结构图“L3d”，如图 9-17 所示。

（2）在快捷按钮栏中单击光程像差图“Ray”，如图 9-18 所示。

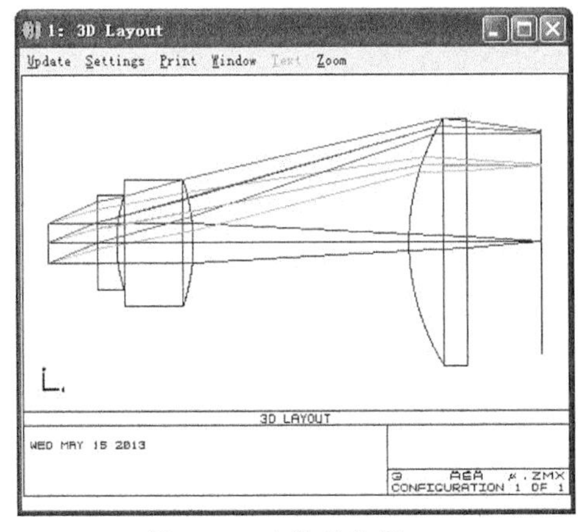

图 9-17 光路结构图

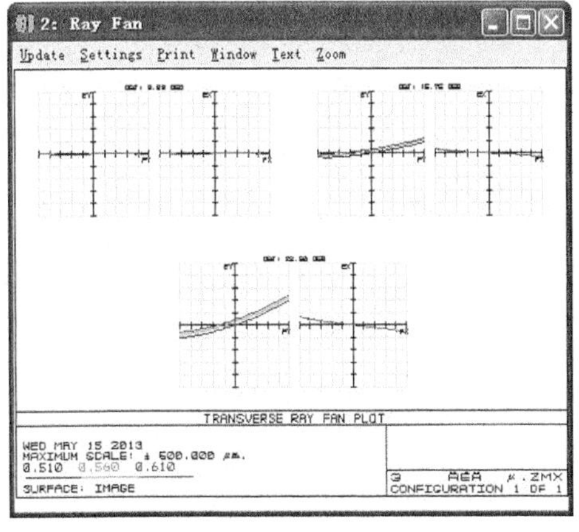

图 9-18 光程像差图

（3）在快捷按钮栏中单击场曲、像散、畸变图“Fcd”，如图 9-19 所示。

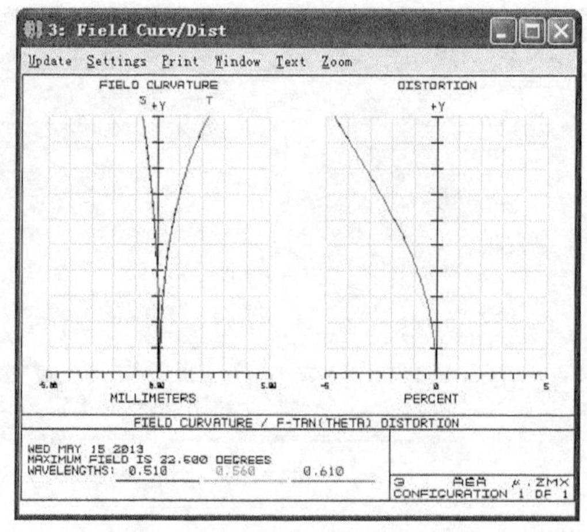

图 9-19 场曲、像散、畸变图

设计案例四：RKE 目镜

分析：到目前为止，人们已设计了一系列的目镜结构，其中发现凯尔纳目镜的透镜排列是反向的，而且两片透镜之间的空气间隔明显减少。人们发现在 RKE 目镜中这种设计方法是一种极为普遍的表现形式。该目镜由美国新泽西州巴灵顿市的爱默德科技公司设计和销售。RKE 目镜的半视场可扩展到 22.5 度且有非常舒适的接目距。它的轴外像差（横向色差和场曲）校正得非常好。

RKE 目镜设计规格：入瞳直径 4 mm，半视场 22.5 度，波长范围 0.51μm、0.55μm、0.61μm，焦距 28 mm。

最终文件：第 9 章\RKE 目镜.zmx

ZEMAX 设计步骤如下。

步骤 1：入瞳直径 4 mm。

（1）在快捷按钮栏中单击“Gen→Aperture”。

（2）在弹出对话框“General”中，“Aperture Type “选择“Entrance Pupil Diameter”，“Aperture Value”输入“4”，“Apodization type”选择“Uniform”。

（3）单击“确定”按钮，如图 9-20 所示。

步骤 2：半视场 22.5 度。

（1）在快捷按钮栏中单击“Fie”。

（2）在弹出对话框“Field Data”中选择“Angle（Deg）”。

（3）在“Use”栏里，选择“1”、“2”、“3”。

（4）“Y-Field”栏输入数值“0”、“15.75”、“22.5”。

（5）单击“OK”按钮，如图 9-21 所示。

步骤 3：波长为 0.51、0.56、0.61。

（1）在快捷按钮栏中单击“Wav”。

（2）在弹出对话框“Wavelength Data”中“Use”栏里，选择“1”、“2”、“3”。

（3）在“Wavelength”栏输入数值“0.51”、“0.56”、“0.61”。

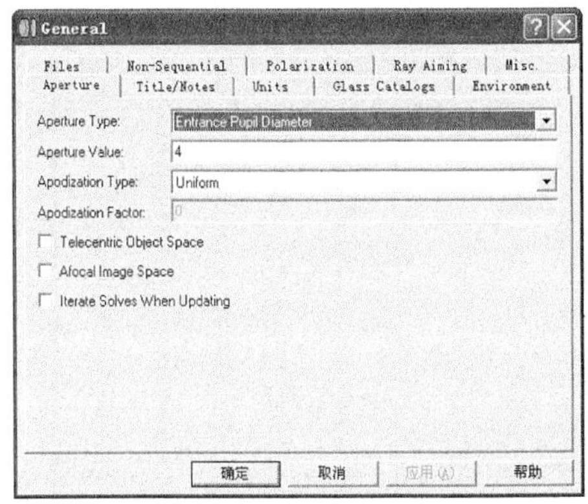

图 9-20 入瞳直径输入窗口

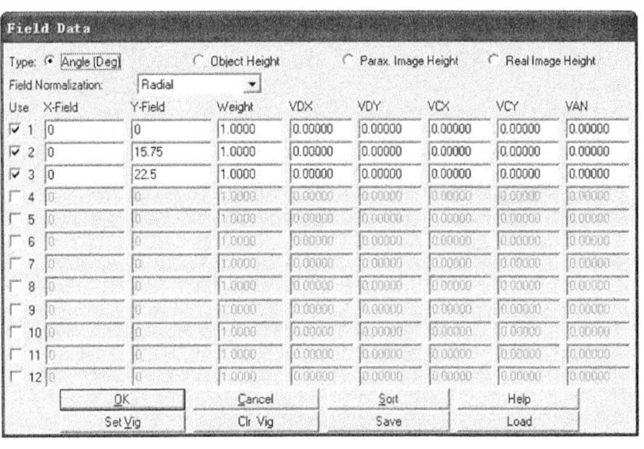

图 9-21 视场输入窗口

（4）单击“OK”按钮，如图 9-22 所示。

Wavelength Data

Use	Wavelength (micrometers)	Weight	Use	Wavelength (micrometers)	Weight
☑ 1	0.51000000	1	☐ 13	0.55000000	1
☑ 2	0.56000000	1	☐ 14	0.55000000	1
☑ 3	0.61000000	1	☐ 15	0.55000000	1
☐ 4	0.55000000	1	☐ 16	0.55000000	1
☐ 5	0.55000000	1	☐ 17	0.55000000	1
☐ 6	0.55000000	1	☐ 18	0.55000000	1
☐ 7	0.55000000	1	☐ 19	0.55000000	1
☐ 8	0.55000000	1	☐ 20	0.55000000	1
☐ 9	0.55000000	1	☐ 21	0.55000000	1
☐ 10	0.55000000	1	☐ 22	0.55000000	1
☐ 11	0.55000000	1	☐ 23	0.55000000	1
☐ 12	0.55000000	1	☐ 24	0.55000000	1

Select -> F, d, C (Visible)　Primary: 1

OK　Cancel　Sort

Help　Save　Load

图 9-22 波长输入窗口

步骤 4： 输入镜头参数。

（1）在文件菜单“File”下拉菜单中单击“New”，弹出对话框“Lens Date Editor”。

（2）在弹出对话框“Lens Date Editor”中输入半径、厚度、材料相应数值。如图 9-23 所示。

Lens Data Editor

Edit Solves View Help

Surf:Type		Comment	Radius	Thickness	Glass
OBJ	Standard		Infinity	Infinity	
STO	Standard	入瞳	Infinity	22.000	
2*	Standard		Infinity	6.500	BAK1
3*	Standard		-25.800	0.500	
4*	Standard		36.200	11.000	K5
5*	Standard		-17.800	1.500	F2
6*	Standard		17.800	11.000	K5
7*	Standard		-36.200	13.600	
IMA	Standard		Infinity	-	

图 9-23 镜头数据输入界面

步骤 5： 查看结构光路图与像差畸变图。

（1）在快捷按钮栏中单击光路结构图“L3d”，如图 9-24。

（2）在快捷按钮栏中单击光程像差图“Ray”，如图 9-25。

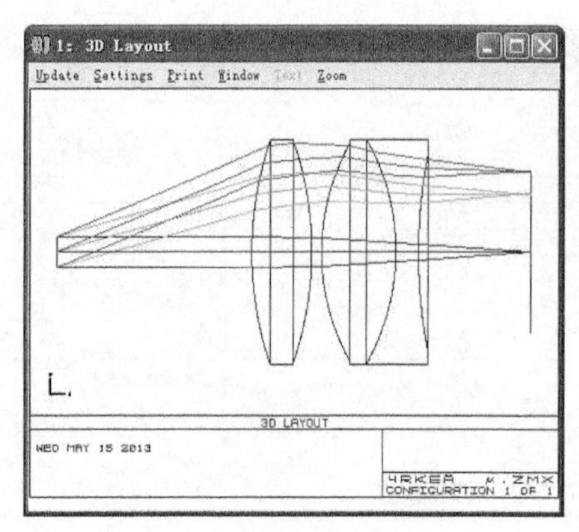

图 9-24　光路结构图

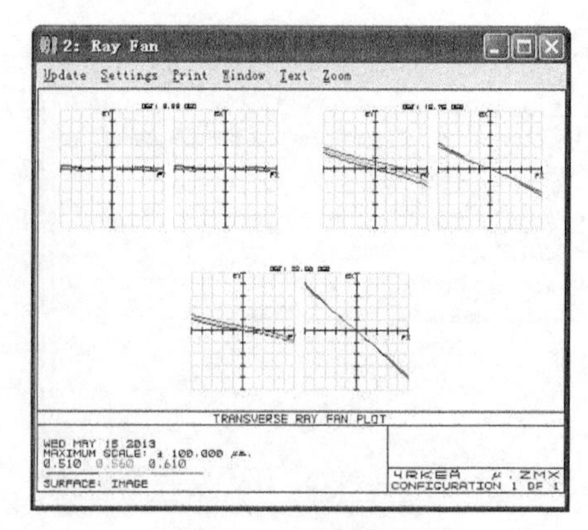

图 9-25　光程像差图

（3）在快捷按钮栏中单击场曲、像散、畸变图“Fcd”，如图 9-26 所示。

（4）在菜单栏中单击“Analysis→Miscellaneous→Grid Distortion”，如图 9-27 所示。

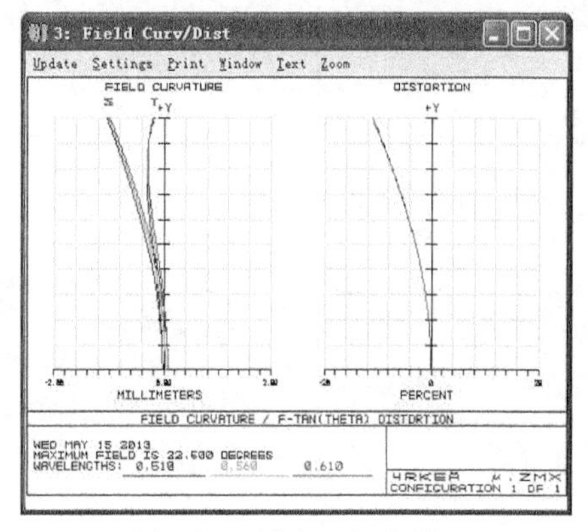

图 9-26　畸变、场曲图

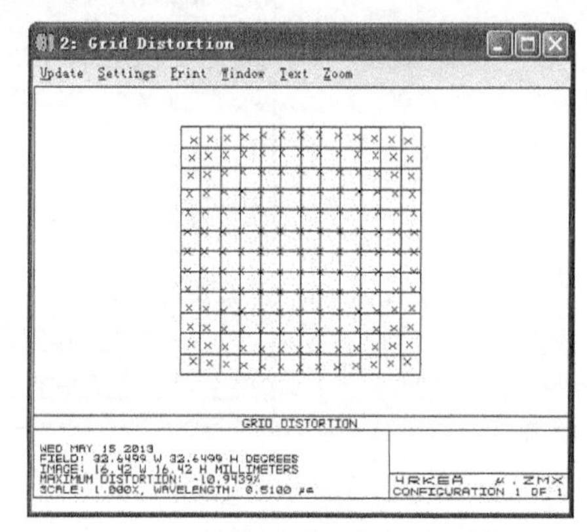

图 9-27　网格畸变

RKE 目镜是凯尔纳目镜的衍生品，场镜（不是接目镜）是消色差的，这对色差校正有更大的改善。RKE 目镜视场为 45 度，有非常好的像质和很大的接目距。从图 9-25 的 Ray Fan 图中可以看出，RKE 目镜对轴外像差校正的很小，相比之前的三种目镜改善了很多。但从畸变图上可以看出，这个目镜产生的负畸变大约为 10%以上，人眼观察起来还是很明显的。主要原因是由于接目距大大增加引起的。

设计案例五：消畸变目镜

分析：本章通过对目镜设计的有限介绍，从最初不复杂的设计开始，展示了几种透镜设计型式的演变发展过程。例如，消畸变目镜的型式类似于 RKE 型式，用三胶合透镜代替消色差双胶合镜，消畸变目镜的半视场与 RKE 目镜的半视场相同，但消畸变目镜减少了横向色差和畸变。

由于采用对称的三胶合透镜可以节省某些方面的创造成本。尽管高次像散有某种程度的增加，但是在横向色差和畸变上的改善大大弥补了它的缺陷。

消畸变目镜设计规格：入瞳直径 4 mm，半视场 22.5 度，波长范围 0.51μm、0.55μm、0.61μm，焦距 28 mm。

最终文件：第 9 章\消畸变目镜.zmx

ZEMAX 设计步骤如下。

步骤 1： 入瞳直径 4 mm。

（1）在快捷按钮栏中单击“Gen→Aperture”。

（2）在弹出对话框“General”中，“Aperture Type “选择“Entrance Pupil Diameter”，“Aperture Value”输入“4”，“Apodization type”选择“Uniform”。

（3）单击“确定”按钮，如图 9-28 所示。

步骤 2： 半视场 22.5 度。

（1）在快捷按钮栏中单击“Fie”。

（2）在弹出对话框“Field Data”中选择“Angle（Deg）”。

（3）在“Use”栏里，选择“1”、“2”、“3”。

（4）“Y-Field”栏输入数值“0”、“15.75”、“22.5”。

（5）单击“OK”按钮，如图 9-29 所示。

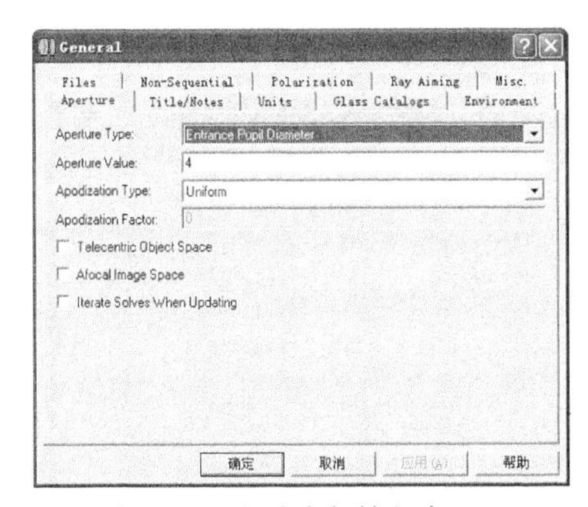

图 9-28 入瞳直径输入窗口

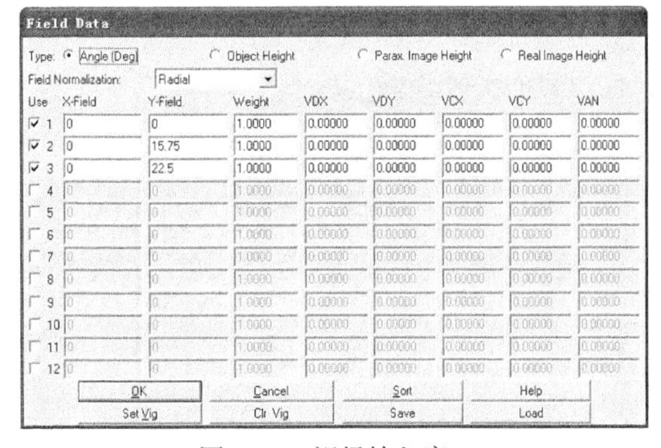

图 9-29 视场输入窗口

步骤 3： 波长为 0.51、0.56、0.61。

（1）在快捷按钮栏中单击“Wav”。

（2）在弹出对话框“Wavelength Data”中“Use”栏里，选择“1”、“2”、“3”。

（3）在“Wavelength”栏输入数值“0.51”、“0.56”、“0.61”。

（4）单击“OK”按钮，如图 9-30 所示。

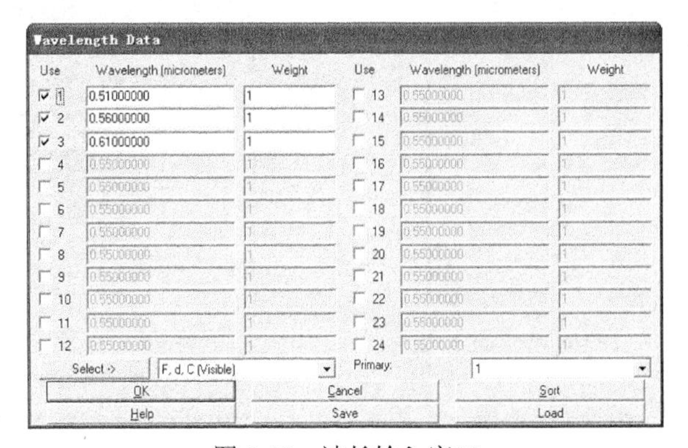

图 9-30 波长输入窗口

步骤 4：输入镜头参数。

（1）在文件菜单“File”下拉菜单中单击“New”，弹出对话框“Lens Date Editor”。

（2）在弹出对话框“Lens Date Editor”中输入半径、厚度、材料相应数值。如图 9-31 所示。

Lens Data Editor

Edit Solves View Help

Surf:Type		Comment	Radius	Thickness	Glass
OBJ	Standard		Infinity	Infinity	
STO	Standard	入瞳	Infinity	22.000	
2*	Standard		Infinity	6.500	BAK1
3*	Standard		-25.800	0.500	
4*	Standard		36.200	11.000	K5
5*	Standard		-17.800	1.500	F2
6*	Standard		17.800	11.000	K5
7*	Standard		-36.200	13.600	
IMA	Standard		Infinity	-	

图 9-31　镜头数据输入界面

步骤 5：查看消畸变目镜结构光路图与像差畸变图。

（1）在快捷按钮栏中单击光路结构图“L3d”，如图 9-32 所示。

（2）在快捷按钮栏中单击光程像差图“Ray”，如图 9-33 所示。

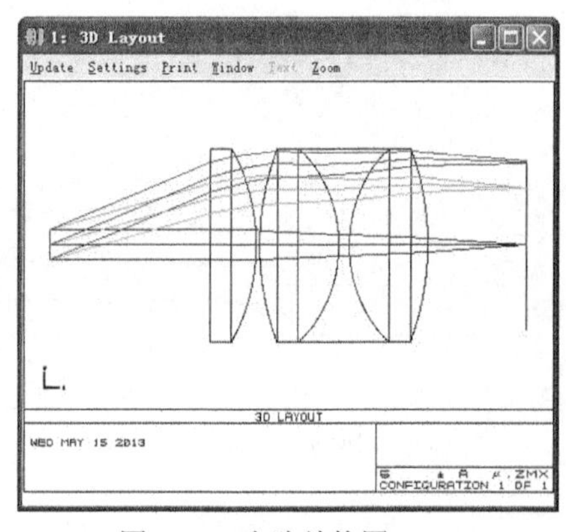

图 9-32　光路结构图

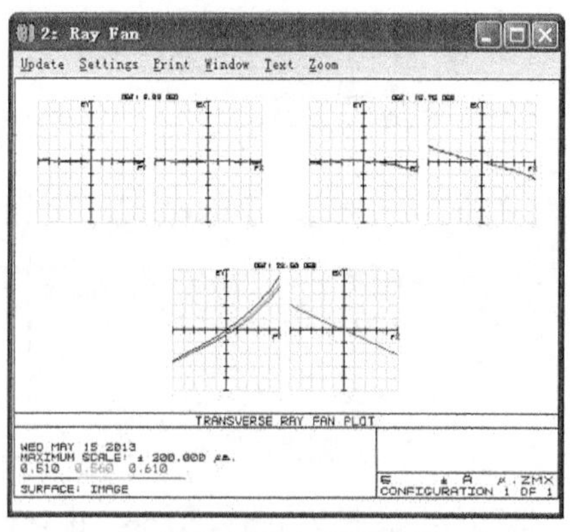

图 9-33　光程像差图

（3）在快捷按钮栏中单击场曲、像散、畸变图“Fcd”，如图 9-34 所示。

（4）在菜单栏中单击“Analysis→Miscellaneous→Grid Distortion”，如图 9-35 所示。

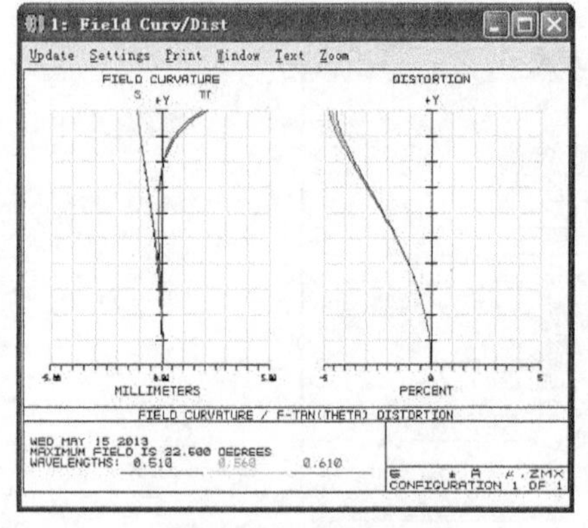

图 9-34　场曲、畸变

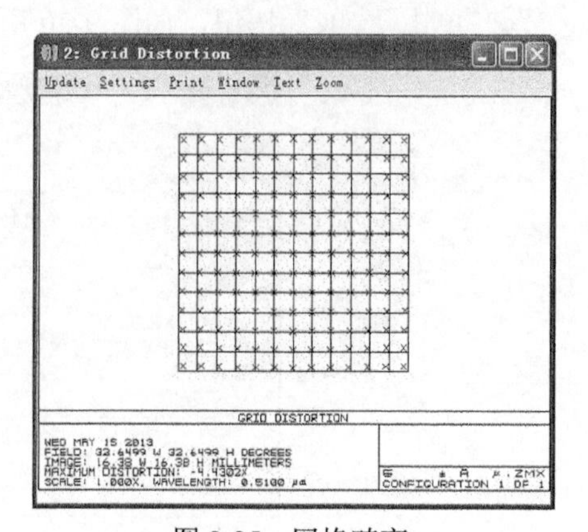

图 9-35　网格畸变

查看 Ray Fan 像差曲线与畸变曲线，对比之前的双胶合 RKE 目镜，畸变有了明显减小。

设计案例六：对称式目镜

分析：目镜光瞳应位于目镜外的要求排除了完全对称设计的可能性。然而，有一类目镜可称之为对称的，它利用两个几乎对称的双胶合镜相对放置而成。这种配置允许目镜设计可达到 25 度半视场且有很好的像质。尽管该目镜半视场角增加，而且可能在制造成本上也是一种不太贵的结构，但是像质基本上和消畸变目镜的像质是一样的。

对称式目镜设计规格：入瞳直径 4 mm，半视场 25 度，波长范围 0.51μm、0.55μm、0.61μm，焦距 28 mm。

最终文件：第 9 章\对称式目镜.zmx

ZEMAX 设计步骤如下。

步骤 1：入瞳直径 4 mm。

（1）在快捷按钮栏中单击“Gen→Aperture”。

（2）在弹出对话框“General”中，“Aperture Type “选择“Entrance Pupil Diameter”，“Aperture Value”输入“4”，“Apodization type”选择“Uniform”。

（3）单击“确定”按钮，如图 9-36 所示。

步骤 2：半视场 25 度。

（1）在快捷按钮栏中单击“Fie”。

（2）在弹出对话框“Field Data”中选择“Object Height”。

（3）在“Use”栏里，选择“1”、“2”、“3”。

（4）“Y-Field”栏输入数值“0”、“17”、“25”。

（5）单击“OK”按钮，如图 9-37 所示。

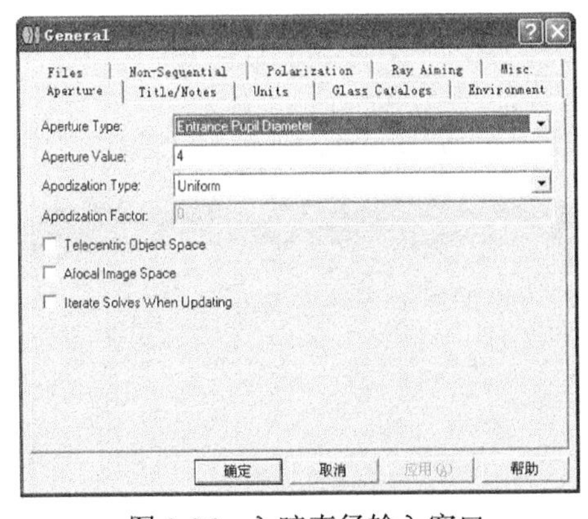

图 9-36 入瞳直径输入窗口

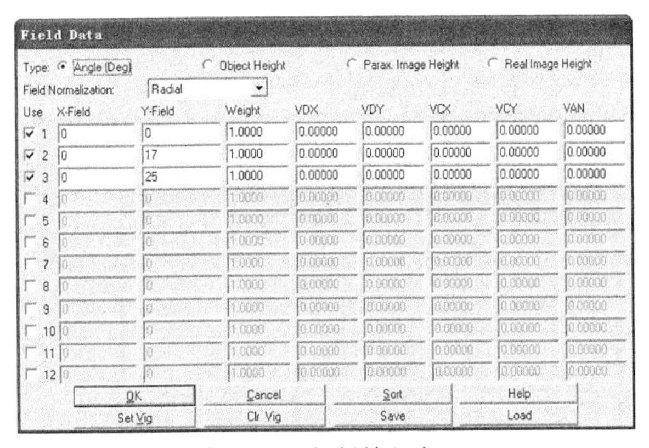

图 9-37 视场输入窗口

步骤 3：波长为 0.51、0.56、0.61。

（1）在快捷按钮栏中单击“Wav”。

（2）在弹出对话框“Wavelength Data”中“Use”栏里，选择“1”、“2”、“3”。

（3）在“Wavelength”栏输入数值“0.51”、“0.56”、“0.61”。

（4）单击“OK”按钮，如图 9-38 所示。

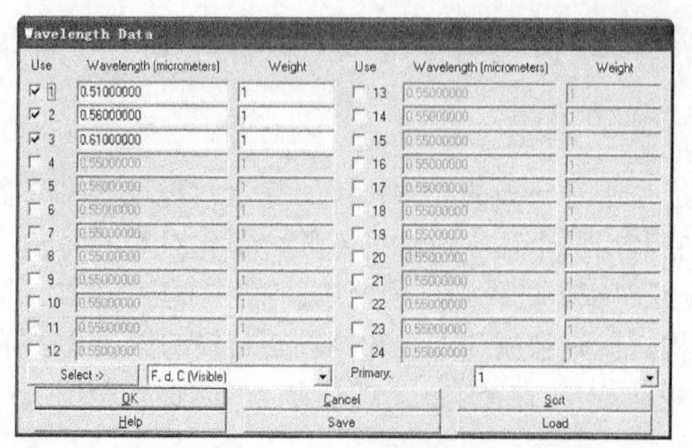

图 9-38　波长输入窗口

步骤 4：输入镜头参数。

（1）在文件菜单“File”下拉菜单中单击“New”，弹出对话框“Lens Date Editor”。

（2）在弹出对话框“Lens Date Editor”中输入半径、厚度、材料相应数值。如图 9-39 所示。

Lens Data Editor

Edit　Solves　View　Help

Surf:Type		Comment	Radius	Thickness	Glass
OBJ	Standard		Infinity	Infinity	
STO	Standard	入瞳	Infinity	18.900	
2*	Standard		Infinity	2.800	SF5
3*	Standard		26.000	10.000	BAK1
4*	Standard		-26.000	1.000	
5*	Standard		29.800	12.000	BAK1
6*	Standard		-29.800	2.800	SF5
7*	Standard		Infinity	18.360	
IMA	Standard		Infinity	-	

图 9-39　镜头数据输入界面

步骤 5：查看结构光路图与像差畸变图。

（1）在快捷按钮栏中单击光路结构图“L3d”，如图 9-40 所示。

（2）在快捷按钮栏中单击光程像差图“Ray”，如图 9-41 所示。

（3）在快捷按钮栏中单击场曲、像散、畸变图“Fcd”，如图 9-42 所示。

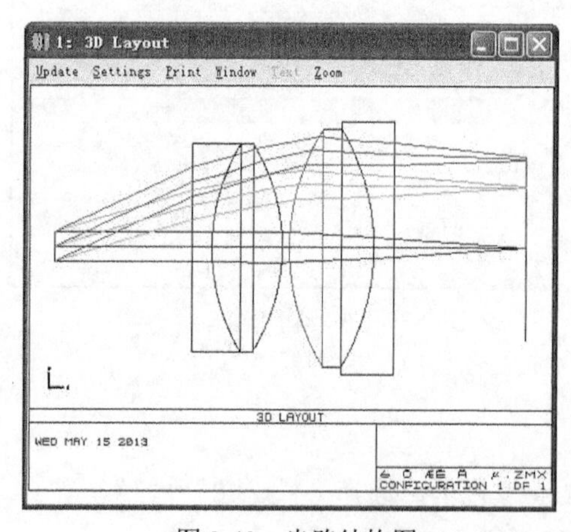

图 9-40　光路结构图

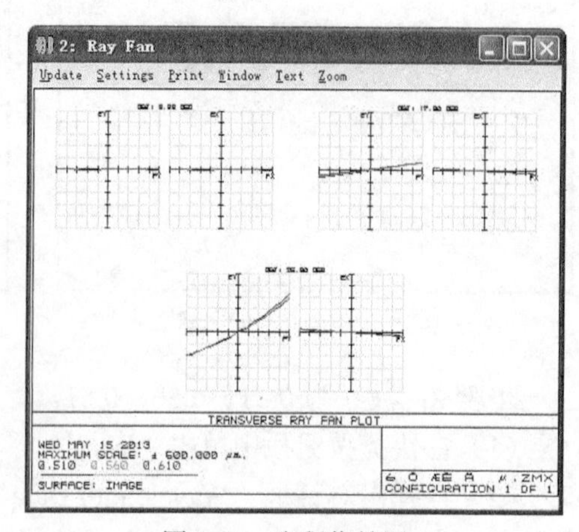

图 9-41　光程像差图

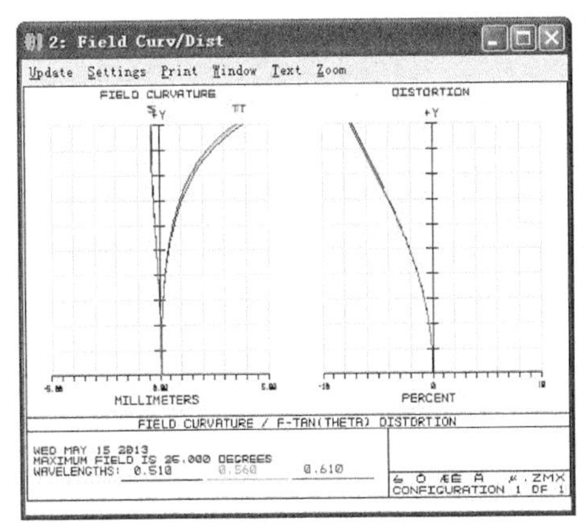

图 9-42 畸变、场曲

对称目镜是种传统的目镜结构，其接目镜和场镜均采用胶合的消色差双胶合透镜。对称目镜的视场为 50 度并且具有很好的像质和很大的接目距，且畸变小于 10%。

设计案例七：埃尔弗目镜

分析：围绕埃尔弗目镜的设计已有许多年，这种目镜型式可认为是一种对称设计，在两个双胶合透镜之间插一片双凸单透镜。埃尔弗目镜设计可使半视场增大到 30，同时所有轴外像差保持在可接受的水平。该目镜的像质基本上和对称目镜的像质相同，只是横向色差和畸变略有增加。

凯尔纳目镜设计规格：入瞳直径 4 mm，半视场 30 度，波长范围 0.51μm、0.55μm、0.61μm，焦距 27.9 mm。

最终文件：第 9 章\埃尔弗目镜.zmx

ZEMAX 设计步骤如下。

步骤 1： 入瞳直径 4 mm。

（1）在快捷按钮栏中单击“Gen→Aperture”。

（2）在弹出对话框“General”中，“Aperture Type“选择“Entrance PupilDiameter”，“Aperture Value”输入“4”，“Apodization type”选择“Uniform”。

（3）单击“确定”按钮，如图 9-43 所示。

步骤 2： 半视场 30 度。

（1）在快捷按钮栏中单击“Fie”。

（2）在弹出对话框“Field Data”中选择“Angle（Deg)”。

（3）在“Use”栏里，选择“1”、“2”、“3”。

（4）“Y-Field”栏输入数值“0”、“20.5”、“30”。

（5）单击“OK”按钮，如图 9-44 所示。

步骤 3： 波长为 0.51、0.56、0.61。

（1）在快捷按钮栏中单击“Wav”。

（2）在弹出对话框“Wavelength Data”中“Use”栏，选择“1”、“2”、“3”。

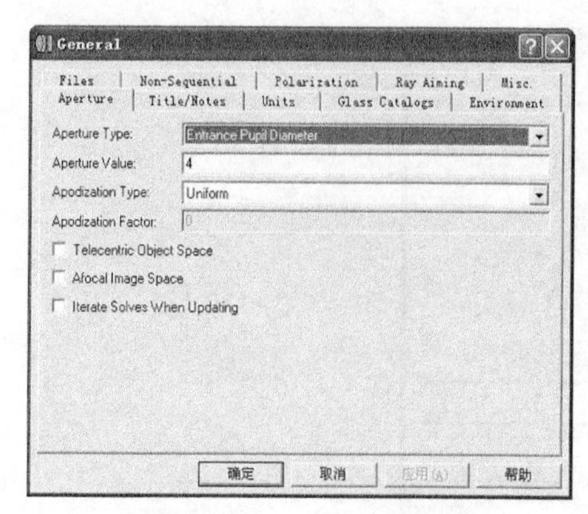

图 9-43　入瞳直径输入窗口

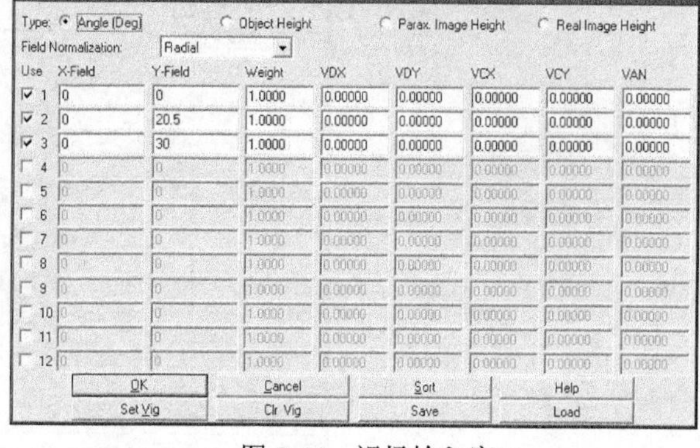

图 9-44　视场输入窗口

（3）在“Wavelength”栏输入数值“0.51”、“0.56”、“0.61”。

（4）单击“OK”按钮，如图 9-45 所示。

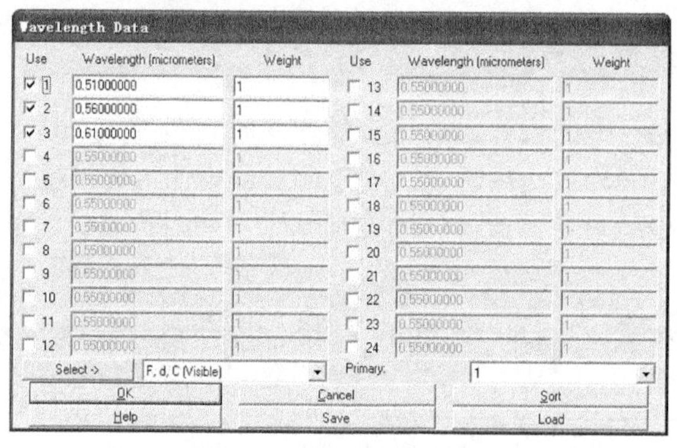

图 9-45　波长输入窗口

步骤 4：输入镜头参数。

（1）在文件菜单“File”下拉菜单中单击“New”，弹出对话框“Lens Date Editor”。

（2）在弹出对话框“Lens Date Editor”中输入半径、厚度、材料相应数值。如图 9-46 所示。

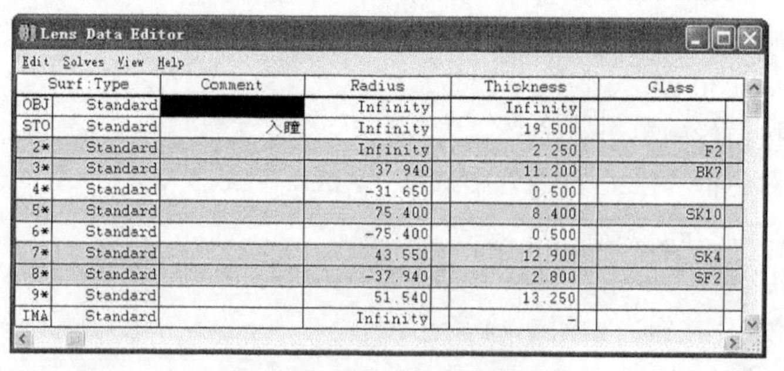

图 9-46　镜头数据编辑界面

步骤 5：查看结构光路图与像差畸变图。

（1）在快捷按钮栏中单击光路结构图“L3d”，如图 9-47 所示。

（2）在快捷按钮栏中单击光程像差图“Ray”，如图 9-48 所示。

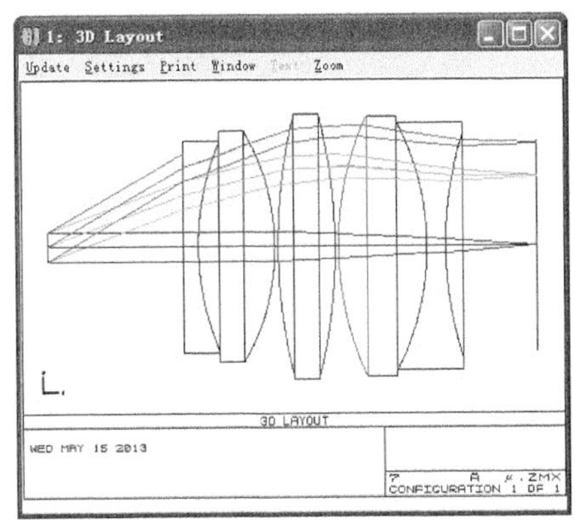

图 9-47 光路结构图

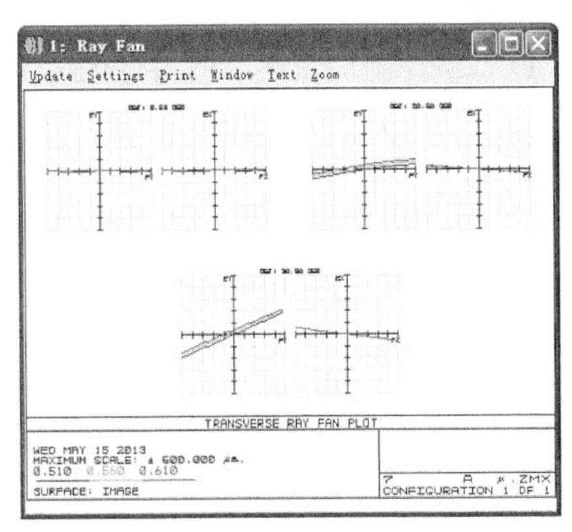

图 9-48 光程像差图

（3）在快捷按钮栏中单击场曲、像散、畸变图“Fcd”，如图 9-49 所示。

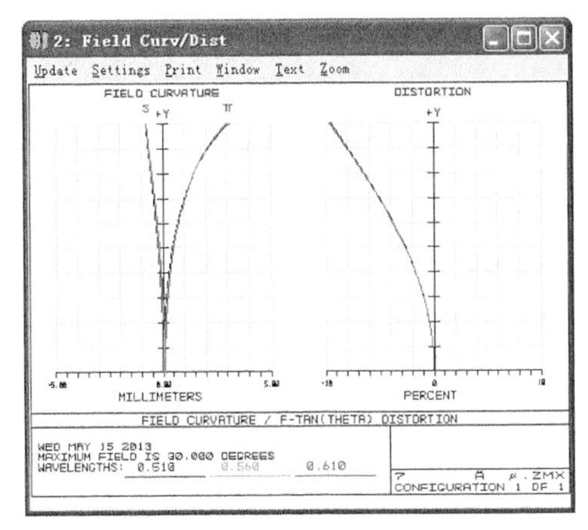

图 9-49 场曲、畸变

埃尔弗目镜类似于对称 H 镜结构，它在两个双胶合透镜之间加了一片单透镜。埃尔弗目镜的视场为 60 度并且具有很好的像质和很大的接目距。

设计案例八：西德莫尔目镜

分析：西德莫尔目镜是一种当代设计的目镜。它适用于高性能的军用光学仪器。这种目镜型式可以被认为是一种埃尔弗设计，在两个双胶合镜之间加了一片正（平凸）的单透镜。西德莫尔目镜设计中对光学玻璃品种的选用已被大为简化。

这种设计结构可以使半视场增大到 35 度，同时所有的轴外像差都保持在可接受的水平。该目镜的像质基本上和埃尔弗目镜的像质相同，只是横向色差和畸变略有增加。

西德莫尔目镜设计规格：入瞳直径 4 mm，半视场 35 度，波长范围 0.51μm、0.55μm、0.61μm，焦距 27.9 mm。

最终文件：第 9 章\西德莫尔目镜.zmx

ZEMAX 设计步骤如下。

步骤 1： 入瞳直径 4 mm。

（1）在快捷按钮栏中单击“Gen→Aperture”。

（2）在弹出对话框“General”中，“Aperture Type“选择“Entrance PupilDiameter”，“Aperture Value”输入“4”，“Apodization type”选择“Uniform”。

（3）单击“确定”按钮，如图 9-50 所示。

步骤 2： 半视场 35 度。

（1）在快捷按钮栏中单击“Fie”。

（2）在弹出对话框“Field Data”中选择“Angle（Deg）”。

（3）在“Use”栏里，选择“1”、“2”、“3”。

（4）“Y-Field”栏输入数值“0”、“23.75”、“35”。

（5）单击“OK”按钮，如图 9-51 所示。

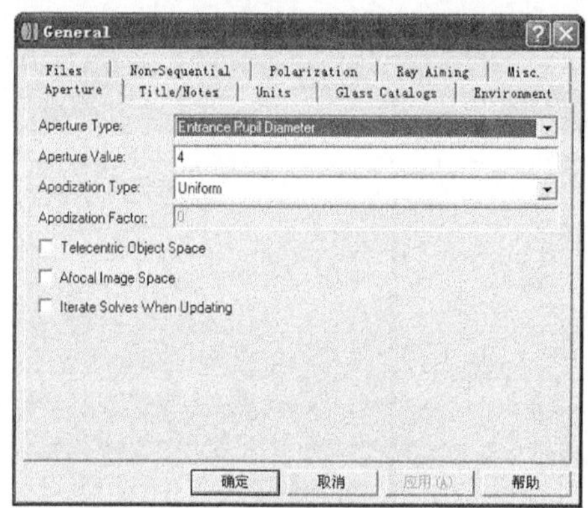

图 9-50　入瞳直径输入窗口

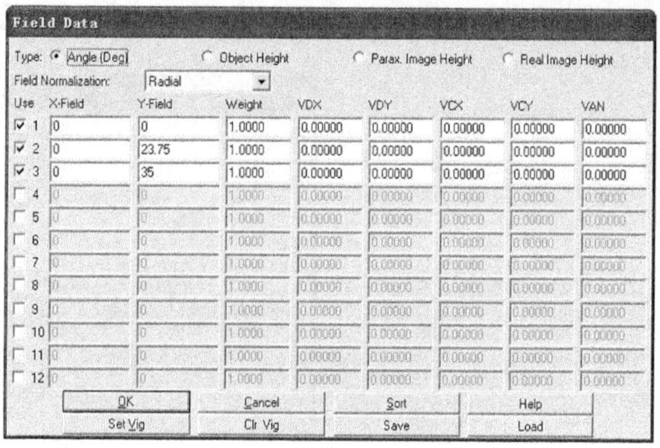

图 9-51　视场输入窗口

步骤 3： 波长 0.51、0.56、0.61。

（1）在快捷按钮栏中单击“Wav”。

（2）在弹出对话框“Wavelength Data”中“Use”栏里，选择“1”、“2”、“3”。

（3）在“Wavelength”栏输入数值“0.51”、“0.56”、“0.61”。

（4）单击“OK”按钮，如图 9-52 所示。

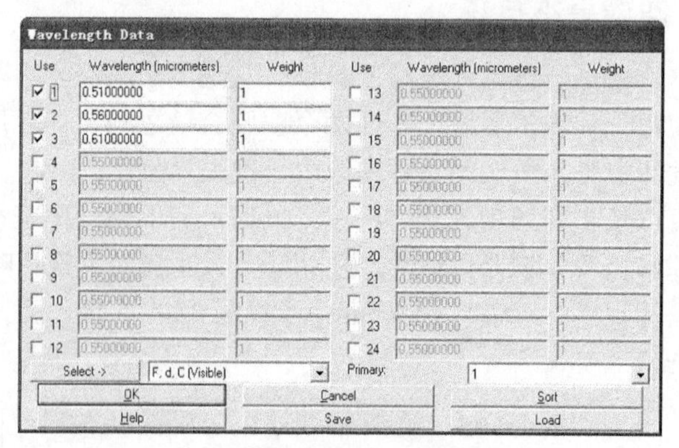

图 9-52　波长输入窗口

步骤 4：输入镜头参数。

（1）在文件菜单“File”下拉菜单中单击“New”，弹出对话框“Lens Date Editor”。

（2）在弹出对话框“Lens Data Editor”中输入半径、厚度、材料相应数值。如图 9-53 所示。

Lens Data Editor

Edit Solves View Help

Surf:Type		Comment	Radius	Thickness	Glass
OBJ	Standard		Infinity	Infinity	
STO	Standard	入瞳	Infinity	14.540	
2*	Standard		-78.800	2.800	SF2
3*	Standard		56.600	12.900	SK16
4*	Standard		-37.780	0.300	
5*	Standard		Infinity	11.200	SK16
6*	Standard		-52.600	0.300	
7*	Standard		132.500	8.800	SK16
8*	Standard		-132.500	0.300	
9*	Standard		52.600	17.900	SK16
10*	Standard		-52.600	3.300	SF2

图 9-53 镜头数据编辑界面

步骤 5：查看结构光路图与像差畸变图。

（1）在快捷按钮栏中单击光路结构图“L3d”，如图 9-54 所示。

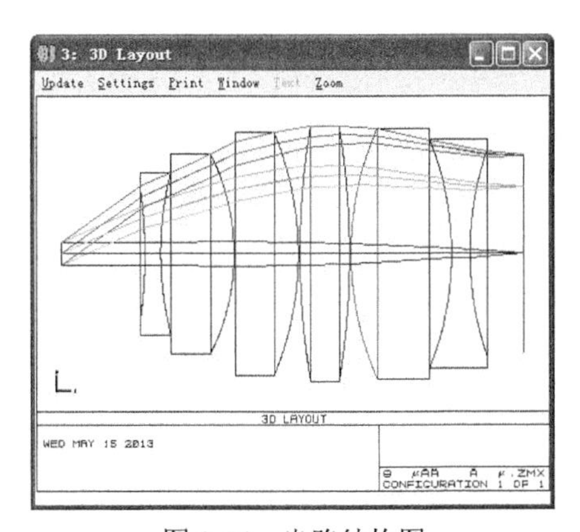

图 9-54 光路结构图

（2）在快捷按钮栏中单击光程像差图“Ray”，如图 9-55 所示。

（3）在快捷按钮栏中单击场曲、像散、畸变图“Fcd”，如图 9-56 所示。

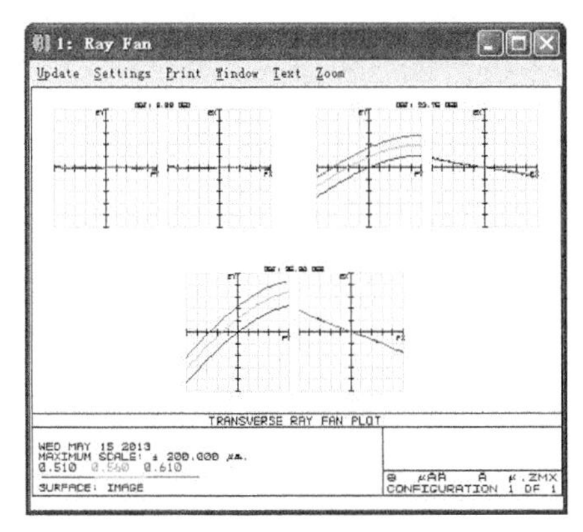

图 9-55 光程像差图

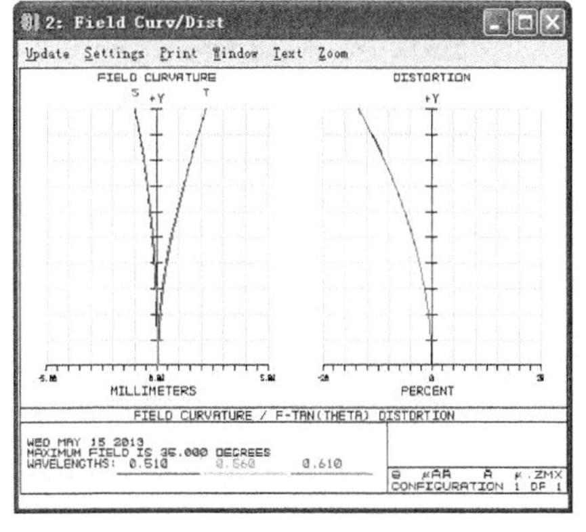

图 9-56 场曲、畸变

西德莫尔目镜类似于埃尔弗目镜的结构。它在双胶合透镜之间又加了片单透镜。西德莫尔目镜的视场为70度并且具有很好的像质和足够大的接目距。该目镜的像质基本上和对称目镜的像质相同，只是横向色差和畸变略有增加。

设计案例九：RKE 广角目镜

分析：RKE 广角（WA）目镜是另一种当代设计的目镜。这种目镜型式可认为是种埃尔弗目镜设计，只是用第三个消色差双胶合镜代替了双凸单透镜。如同西德莫尔目镜设计一样，这种设计可使半视场增加到35度。所有的剩余轴外像差保持在可接受的水平。像质基本上和西德莫尔目镜的像质相同，其明显的优点是无论轴上还是横向色差均校正得很好。

当然，另一个重要的优点源自这种目镜是可以买到的，从而它可以使我们在大批量制造时获得成本效益。

RKE 广角目镜设计规格：入瞳直径4 mm，半视场35度，波长范围0.51μm、0.55μm、0.61μm，焦距28 mm。

最终文件：第9章\RKE 广角目镜.zmx

ZEMAX 设计步骤如下。

步骤1：入瞳直径4 mm。

（1）在快捷按钮栏中单击“Gen→Aperture”。

（2）在弹出对话框“General”中，“Aperture Type“选择“Entrance PupilDiameter”，“Aperture Value”输入“4”，“Apodization type”选择“Uniform”。

（3）单击“确定”按钮，如图9-57所示。

步骤2：半视场35度。

（1）在快捷按钮栏中单击“Fie”。

（2）在弹出对话框“Field Data”中选择“Angle（Deg）”。

（3）在“Use”栏里，选择“1”、“2”、“3”。

（4）“Y-Field”栏输入数值“0”、“23.75”、“35”。

（5）单击“OK”按钮，如图9-58所示。

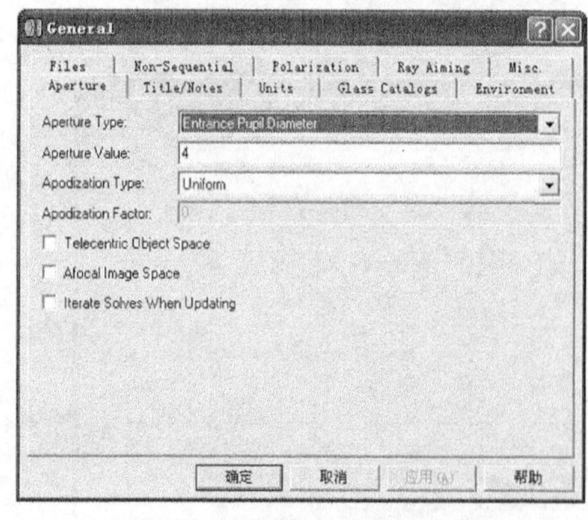

图9-57　入瞳直径输入窗口

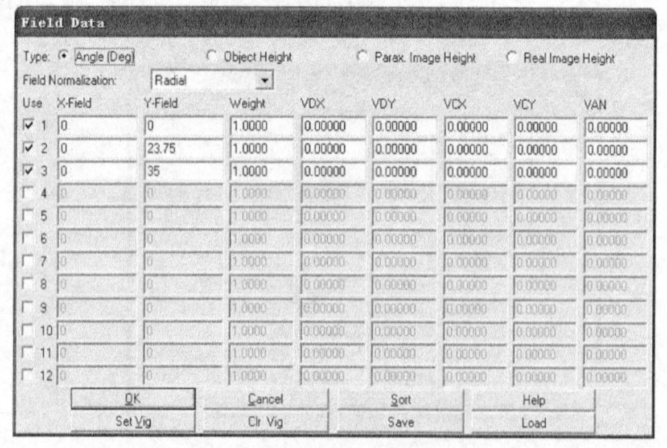

图9-58　视场输入窗口

步骤 3：波长 0.51、0.56、0.61。

（1）在快捷按钮栏中单击“Wav”。

（2）在弹出对话框“Wavelength Data”中“Use”栏里，选择“1”、“2”、“3”。

（3）在“Wavelength”栏输入数值“0.51”、0.56”、“0.61”。

（4）单击“OK”按钮，如图 9-59 所示。

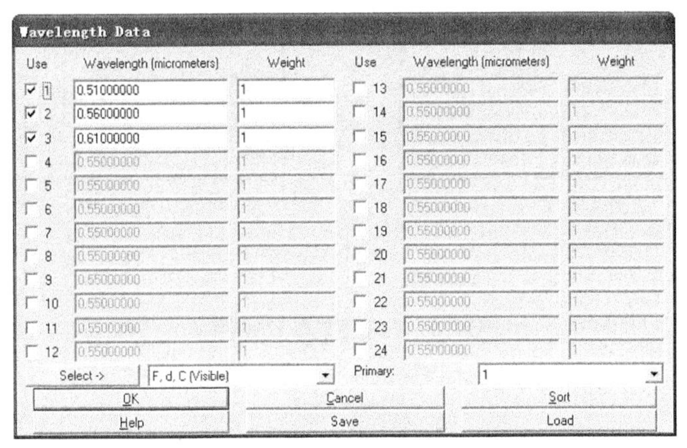

图 9-59 波长输入窗口

步骤 4：输入镜头参数。

（1）在文件菜单“File”下拉菜单中单击“New”，弹出对话框“Lens Date Editor”。

（2）在弹出对话框“Lens Data Editor”中输入半径、厚度、材料相应数值。如图 9-60 所示。

Lens Data Editor

Edit Solves View Help

Surf:Type		Comment	Radius	Thickness	Glass
OBJ	Standard		Infinity	Infinity	
STO	Standard	入瞳	Infinity	14.400	
2*	Standard		62.700	2.000	SF2
3*	Standard		25.500	12.500	BK7
4*	Standard		-38.300	0.500	
5*	Standard		78.100	2.400	SF2
6*	Standard		31.800	13.700	BK7
7*	Standard		-48.200	1.500	
8*	Standard		40.000	13.500	BK7
9*	Standard		-40.000	1.500	SF2
10*	Standard		142.000	7.870	
IMA	Standard		Infinity	-	

图 9-60 镜头数据编辑界面

步骤 5：查看结构光路图与像差畸变图。

（1）在快捷按钮栏中单击光路结构图“L3d”，如图 9-61 所示。

（2）在快捷按钮栏中单击光程像差图“Ray”，如图 9-62 所示。

RKE 广角目镜类似于埃尔弗目镜结构，其中央的透镜采用双胶合镜。RKE 广角目镜的视场为 70 度，并且具有良好的像质和足够的接目距。

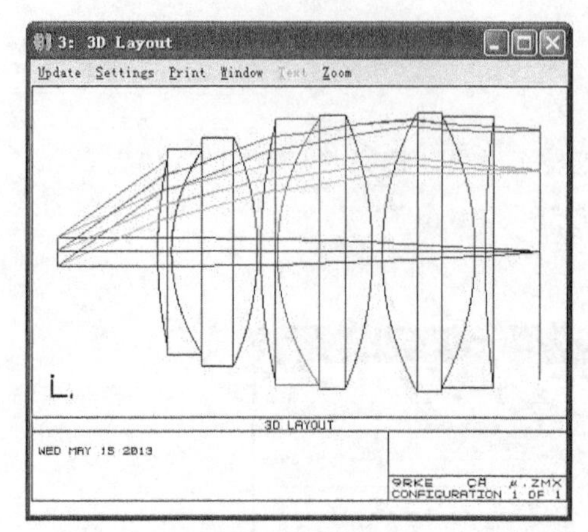

图 9-61　光路结构图

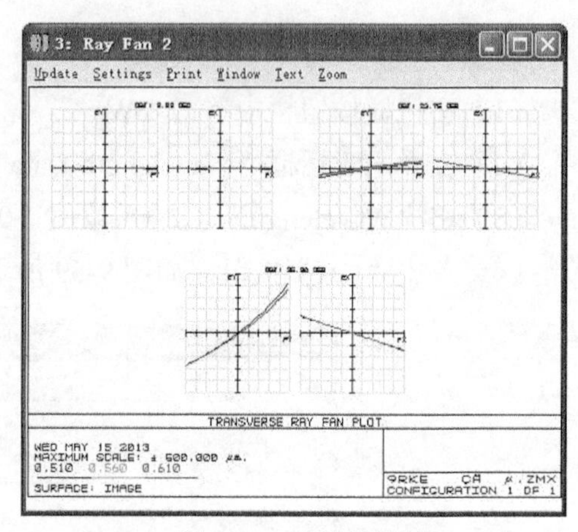

图 9-62　光程像差图

9.2　目镜调焦

在一个仪器中，目镜设计完成后，那么必须要确定该目镜的焦点或者确定目镜调焦所需要的移动量。对于固定焦点的仪器，一般而言，目镜的调整要使被观察的像出现在距人眼1～2米距离上。这相当于屈光度调整范围从–0.5～1.0。屈光度值等于以米为单位的最后像距的倒数。

对于可调目镜的仪器，目镜的读数范围最终要根据最后的仪器技术要求来决定。一般的目镜调焦范围在–0.4～+3.0 屈光度。这个范围允许在不戴眼镜，也不考虑个人眼睛校正条件下，大多数人都能使用该仪器。

用下面的公式可求出产生1个屈光度调焦范围所要求的目镜轴向移动量：

$D = f^2 /1000$

对于28 mm焦距的目镜，该公式表明目镜在轴上必须要调节0.78 mm（0.031英寸）/屈光度。对于–0.75D的定焦仪器，这说明目镜必须相对于标称零屈光度的标线朝像的方向移动0.59mm。对于目镜可调范围从–4～+3 屈光度的仪器，目镜相对于标称零屈光度标线的移动范围要求在–3.12mm～+2.34mm之间。

在进行屈光度调整位置测量时，我们可使用一种叫屈光度的仪器。为了获得非常精确的结果，屈光度计的入瞳应位于目镜的出瞳上。

利用上述9种目镜设计中的一种设计并把这种设计与模型眼结合起来进行分析，这种做法是很有意义的。对于这种实践，我们以上面的对称目镜为例进行研究。在放入模型眼之前，必须使基本的透镜结构反向。

最终文件：第9章\目镜翻转.zmx

ZEMAX设计步骤如下。

步骤1：打开对称式目镜结构。

（1）单击打开“ZEMAX→对称式目镜.zmx”。

（2）在快捷按钮栏单击“L3d”，打开 3D 视图，如图 9-63 所示。

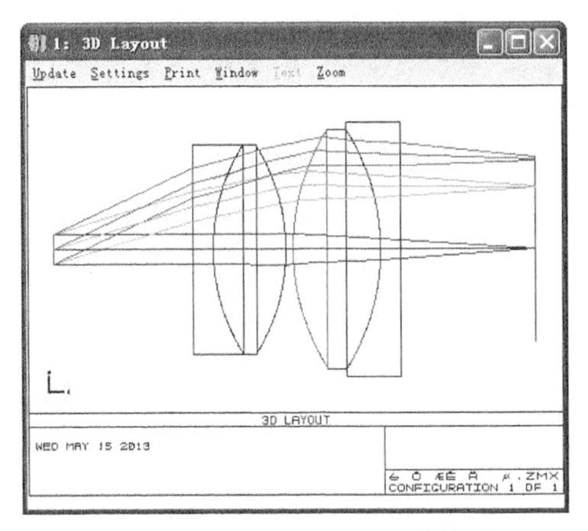

图 9-63　对称式目镜光路结构图

步骤 2：翻转对称式目镜。

（1）单击菜单“Tools→Apertures→Convert Semi-Diameters to Circular Apertures”，将透镜数据编辑栏中所有面的口径固定。如图 9-64 所示。

（2）菜单栏单击“Tools→Misc→Reverse Elements”打开翻转元件工具。如图 9-65 所示。

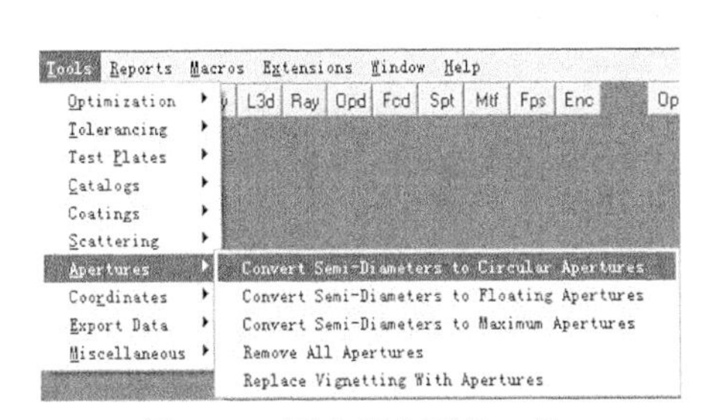

图 9-64　固定所有面的口径

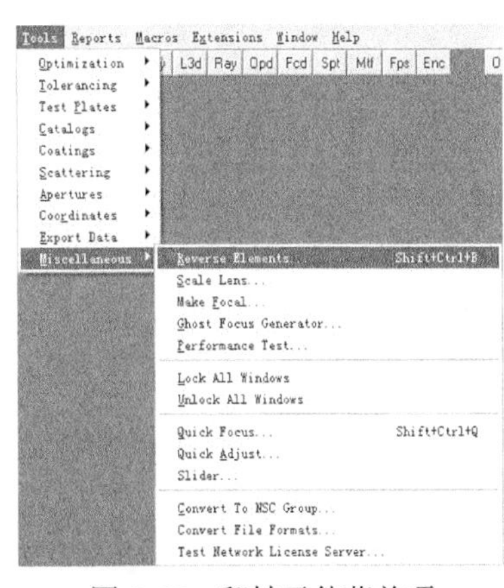

图 9-65　翻转元件菜单项

（3）在翻转元件工具里选择从第 1 面到第 7 面，如图 9-66 所示。

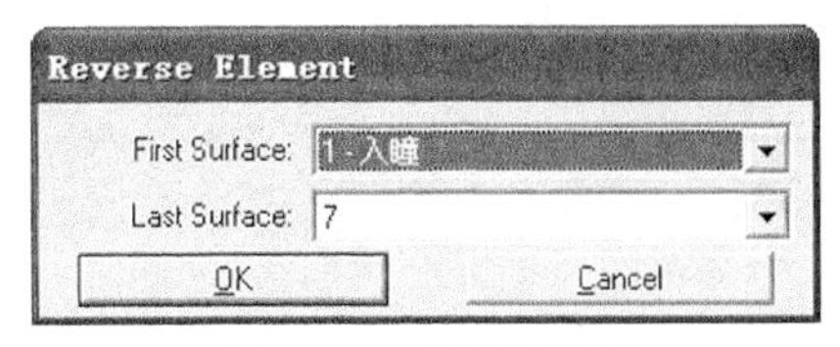

图 9-66　选择翻转面

步骤 3：修改参数。

（1）修改像距为物距“18.36”，如图 9-67 所示。

Lens Data Editor

Edit Solves View Help

Surf:Type		Comment	Radius	Thickness	Glass
OBJ	Standard		Infinity	18.360	
1*	Standard		Infinity	2.800	SF5
2*	Standard		29.800	12.000	BAK1
3*	Standard		-29.800	1.000	
4*	Standard		26.000	10.000	BAK1
5*	Standard		-26.000	2.800	SF5
6*	Standard		Infinity	18.900	
*	Standard	入瞳	Infinity	0.000	
IMA	Standard		Infinity	-	

图 9-67 修改像距

（2）修改视场为物高类型，输入 3 个视场“0”、“8.7”、“12”，如图 9-68 所示。

Field Data

Type: Angle (Deg) ● Object Height Parax. Image Height Real Image Height

Field Normalization: Radial

Use	X-Field	Y-Field	Weight	VDX	VDY	VCX	VCY	VAN
☑ 1	0	0	1.0000	0.00000	0.00000	0.00000	0.00000	0.00000
☑ 2	0	8.7	1.0000	0.00000	0.00000	0.00000	0.00000	0.00000
☑ 3	0	12	1.0000	0.00000	0.00000	0.00000	0.00000	0.00000
☐ 4	0	0	1.0000	0.00000	0.00000	0.00000	0.00000	0.00000
☐ 5	0	0	1.0000	0.00000	0.00000	0.00000	0.00000	0.00000
☐ 6	0	0	1.0000	0.00000	0.00000	0.00000	0.00000	0.00000
☐ 7	0	0	1.0000	0.00000	0.00000	0.00000	0.00000	0.00000
☐ 8	0	0	1.0000	0.00000	0.00000	0.00000	0.00000	0.00000
☐ 9	0	0	1.0000	0.00000	0.00000	0.00000	0.00000	0.00000
☐ 10	0	0	1.0000	0.00000	0.00000	0.00000	0.00000	0.00000
☐ 11	0	0	1.0000	0.00000	0.00000	0.00000	0.00000	0.00000
☐ 12	0	0	1.0000	0.00000	0.00000	0.00000	0.00000	0.00000

OK Cancel Sort Help

Set Vig Clr. Vig Save Load

图 9-68 输入 3 个视场

（3）修改孔径类型为随光阑尺寸浮动，如图 9-69 所示。

（4）查看当前光路输出情况，各视场主光线并未完全在光阑处相交，此时需开启光线瞄准，如图 9-70 所示。

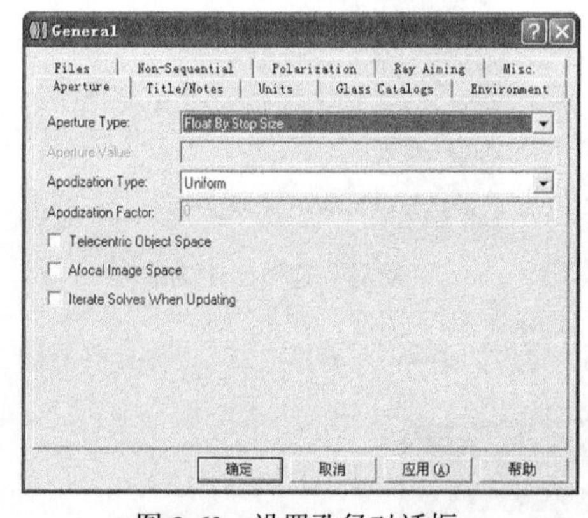

图 9-69 设置孔径对话框

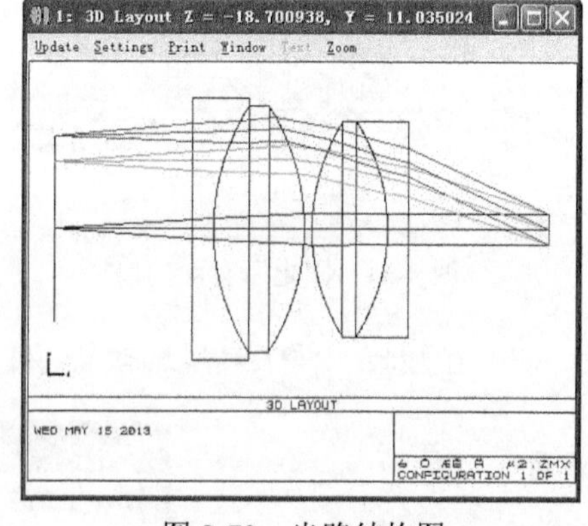

图 9-70 光路结构图

步骤 4：使用光线瞄准功能。

（1）在快捷按钮栏中单击“Gen→Ray Aiming”。

（2）在弹出对话框“General”中，“Ray Aiming”栏选择“Paraxial (see documentation before using)”。开启光线瞄准功能，让所有视场的光束更好地瞄准光阑位置，如图 9-71 所示。

（3）再打开 3D 视图，如图 9-72 所示。

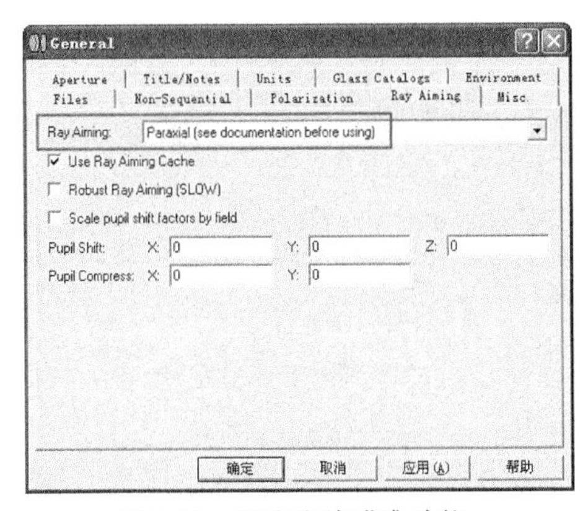

图 9-71 开启光线瞄准功能

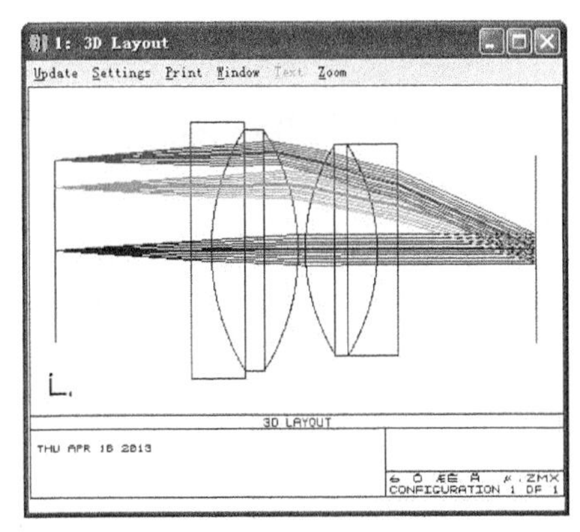

图 9-72 3D 视图

此时，目镜翻转顺利完成，如图 9-72 所示。接下来，需在目镜后添加人眼模型查看最终人眼成像效果。

步骤 5：添加人眼模型。

（1）菜单栏单击“Files→Insert Lens”，找到我们之前设计好的人眼结构模型，插入位置如下图 9-73 所示。

（2）删除多余的虚拟面，并将眼睛瞳孔面设置为新的光阑面，将像面曲率半径设置为人眼视网膜曲率半径−12.5，修改过的数据如下图 9-74 中矩形框所示。

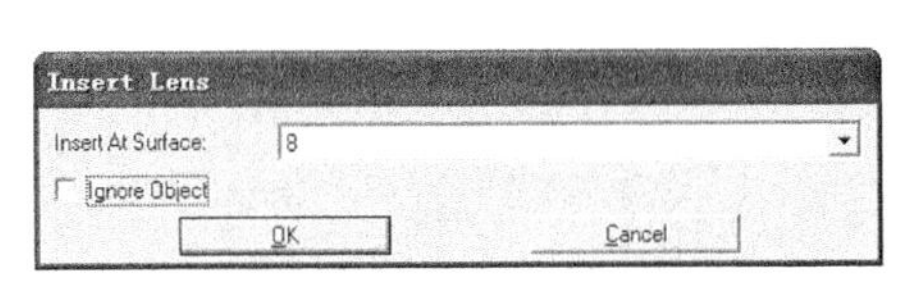

图 9-73 插入人眼结构模型

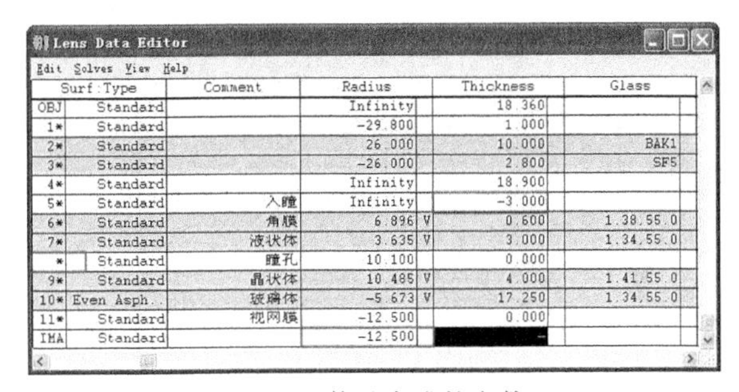

Surf:Type		Comment	Radius		Thickness	Glass
OBJ	Standard		Infinity		18.360	
1*	Standard		-29.800		1.000	
2*	Standard		26.000		10.000	BAK1
3*	Standard		-26.000		2.800	SF5
4*	Standard		Infinity		18.900	
5*	Standard	入瞳	Infinity		-3.000	
6*	Standard	角膜	6.896	V	0.600	1.38,55.0
7*	Standard	液状体	3.635	V	3.000	1.34,55.0
*	Standard	瞳孔	10.100		0.000	
9*	Standard	晶状体	10.485	V	4.000	1.41,55.0
10*	Even Asph..	玻璃体	-5.673	V	17.250	1.34,55.0
11*	Standard	视网膜	-12.500		0.000	
IMA	Standard		-12.500		-	

图 9-74 修改完成的参数

（3）打开连接好的系统光路图，如图 9-75 所示。

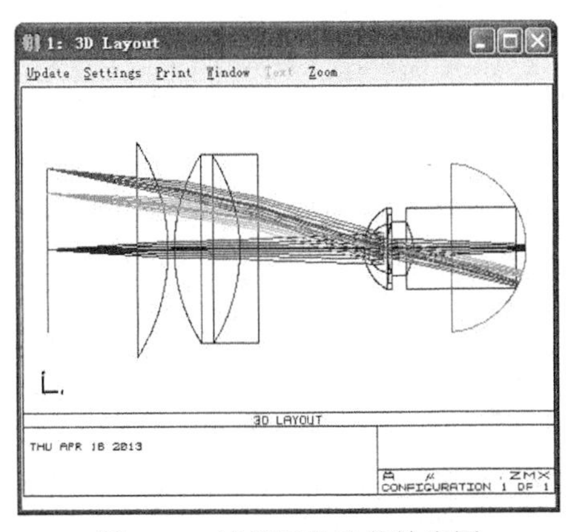

图 9-75 连接好的光路输出图

（4）打开光斑图和 Ray Fan 图，如图 9-76、图 9-77 所示。

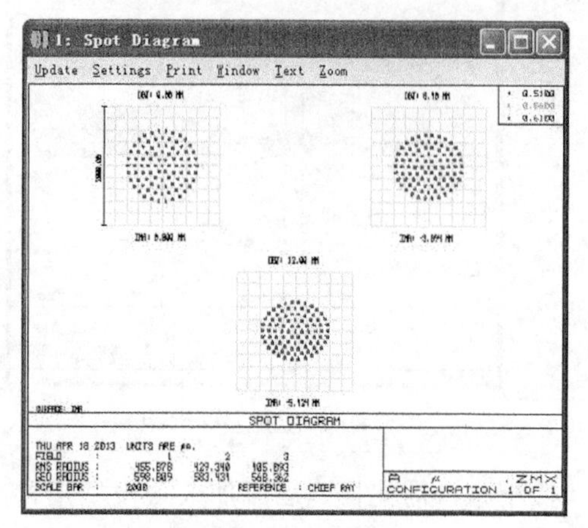

图 9-76 光斑图

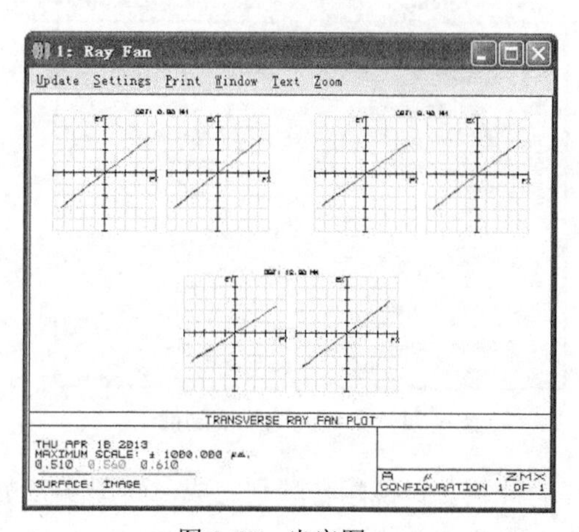

图 9-77 光扇图

从上面图上可以明显看出，0～0.7 视场范围内的像差被校正的很好，是人眼可接受的像质范围（光斑半径 20μm 以内）。而最大视场有很大的外视场像差，主要像散与慧差。

这就是说，如果观察的物体位于 0.7 视场（全视场角 35 度）以内，人眼可以看到很清晰的像，如果物体位于 0.7 视场外，则需移动物体或转动目镜使其重新位于较好的观察范围内。

我们再来查看组合系统后的畸变图，如图 9-78、图 9-79 所示。

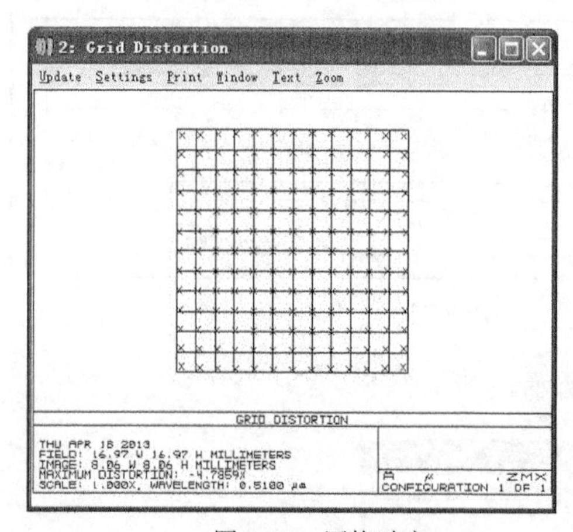

图 9-78 网格畸变

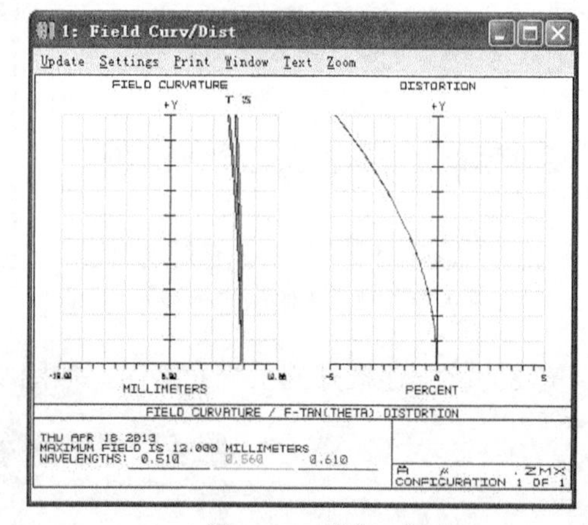

图 9-79 畸变、场曲

从图 9-78、图 9-79 两个畸变图上分析，大约有 5%的负畸变，这对人眼观察来说并不是很明显的。在视网膜上像畸变程度的曲率图说明，5%的负畸变不会对像质产生严重影响。

我们可以用 ZEMAX 来模拟眼睛的转动，眼睛绕其转动中心简单转动，并观察轴外视场点，这会严重限制呈现在视网膜上的像。这个问题观察者可以自然地解决，只要改变眼睛的轴向位置，然后再相对于系统光轴使眼睛偏离中心。

由于这种调节过程是很难预测的，所以只有通过保证标称的瞳孔重合（如前所述的那样），并使视场中央部分的像质最佳化，才能最好地服务于最终设计。

9.3 本章小结

本章论述了目镜的设计和在整个光学系统中的实现过程。通过对 9 种独立而又有联系的目镜进行深入地分析，证实了目镜复杂化的演变发展过程。文中对每个实例都缩放到常用的 28 mm 焦距以便于作有效的并列比较。推荐的目镜设计方法涉及到如何选择一种与技术要求相称的目镜形式，解决该问题，首先需要对相应放大率所作的目镜设计进行缩放计算，然后对设计进行精确调整，使目镜与构成最终的完整系统的其他光学系统相适应。

第 10 章　显微镜设计

当放大镜的放大率达到上限（约 25 倍）时，人们开始考虑称为显微镜的系统。显微镜有两个基本的光学部分：物镜和目镜。每个部分都有各自的放大率系数，因而，显微镜总的放大率是物镜放大率和目镜放大率之积。

学习目标：

（1）了解显微镜的系统设计原理。

（2）熟练运用 ZEMAX 进行显微镜的系统设计。

10.1　技术指标

对于这种设计实例，我们先从设计一个总放大率为 100 的显微镜开始。这种特殊的结构将采用 1 个 10x 物镜和 1 个 10x 目镜。设计程序的最初步骤是要确定基本系统的技术要求以及薄透镜系统设计。

10.1.1　基本系统技术要求

目前有许多现成的显微镜型式。本设计采用基本的德国工业标准（DIN）的显微镜尺寸。就本例而言，物镜的数值孔径 NA 为 0.25（在物方为 *f*/2），从物到像的总行程为 195 mm。物体直径为 1.8 mm，而像直径为 18 mm。

物镜与 25 mm（10x）消畸变目镜配合。已知在物方的透镜速度为 *f*/2，镜放大率为 10x，由此可见，在内部像上光束的速度为 *f*/20。

所得到的出瞳直径等于目镜有效焦距/20=25/20=1.25 mm。对上节中所讲的消畸变目镜设计进行缩放，使接目距估计约为 20 mm。

对眼睛的表现半视场角的正切可根据最大像高（9 mm）除以目镜有效焦距（25 mm），计算得到 $\tan^{-1}9/25=20$ 度。确定了这些基本技术要求后，就能进入透镜设计阶段了。

10.1.2　分辨率目标和极限

为了获得一个真实的设计，设计人员一定要知道大概的系统的分辨率目标和极限。就本例而言，因为它毕竟是一个目视系统，所以，把典型人眼的分辨率看作是最终分辨率的限制因素是合理的。

从人眼模型我们知道：瞳孔直径为 1.25 mm 的典型人眼对位于视力近点（254 mm）的目标的分辨率约为 6.5 周/mm。了解这一点之后，我们能假设 10 倍目镜放大率允许典型观察者能分辨目镜像面上约 65 周/mm。这个值又相当于物体上的 650 周/mm。

当要作比较时，计算出物镜在衍射极限情况下的分辨率极限是有用的。我们知道物镜的 f 数为 $f/2$，主波长是 0.00056 mm。在本例中用下面公式可求得衍射极限的截止频率：

最大分辨率（截止）=1/（λ *F/#）=1/（0.00056×2）=893 周/mm。

所得出的结论是：如果我们要利用眼睛全部的分辨能力（650 周/mm），那么光学系统的像质要非常接近衍射极限。确定这个基准点之后，就允许设计人员决定何时这项设计达到了可被接受的像质水平。

10.2　10 倍物镜初始透镜形式

大多数透镜设计项目在开始之前要先研究与新设计镜头在型式和性能上类似的已有的设计。在已有的设计中大多能容易地找到现有的而且是合法的数据，这种现成的设计使设计人员事半功倍地找到最终的解决办法。

随着计算机文件的出现，在确定最佳出发点时，透镜设计软件包、设计人员的经验和技能三者往往是一个不可缺少的组成部分，这已成为设计过程取得成功的一个重要因素。

就本例而言，很明显 10x 显微镜物镜是多年来广泛被使用的一种物镜，在商业上有许多成功的设计范例。本例选定了一种李斯特型式的物镜设计，这种型式在密尔顿·兰金（Milton Laikin）著的《透镜设计》一书有介绍。该设计数据取自该书，将单位转换到 mm。最后输入到 ZEMAX 软件中。

原始设计与我们设计要求的主要差别是物到像的距离（180 对 195 mm）和内部像直径（6 对 18 mm）。

> **注意：**为了便于显微镜物镜设计和分析，内部像假定为物，而实际物面假定为像面。这种颠倒关系对透镜性能没有影响，仅仅是一种习惯和方便而已。

> **注意：**假定物面半径为 18 mm。它可以消除分析时的场曲影响。这种设计的光线追迹分析显示，该设计受高级球差和一些剩余像散的限制。多色 MTF 分析说明，该物镜在轴上实际上是衍射极限的。由于剩余像散的存在，轴外 MTF 略有下降。平均来说，MTF 数据说明透镜性能约有 1/4 波长的剩余波前差（光程差）。

对于本设计，采用弯曲场是正确的，因为通过眼睛自然调节能力或通过显微镜精确调焦，轴外点可以被调到最佳焦点。此外，显微镜放置物件的活动载物台可以使物移动到物镜的光学中心，对观察者而言是轻而易举的事。这是一个典型的设计例子，说明了为什么设计人员应了解最终仪器的使用方法是很重要的，目的是在设计过程中能对诸如上述这种情况作出正确和有效地综合考虑。

10.2.1　显微镜设计步骤

最终文件：第 10 章\显微镜.zmx

ZEMAX 设计步骤如下。

步骤 1： 输入入瞳直径 7.76 mm。

（1）在快捷按钮栏中单击“Gen→Aperture”。

（2）在弹出对话框“General”中，“Aperture Type“选择“Entrance Pupil”，“Diameter”，“Aperture Value”输入“7.76”，“Apodization type”选择“Uniform”。

（3）单击“确定”按钮，如图 10-1 所示。

步骤 2： 输入视场。

（1）在快捷按钮栏中单击“Fie”。

（2）在弹出对话框“Field Data”中选择“Object Hejght”。

（3）在“Use”栏里，选择“1”、“2”、“3”。

（4）“Y-Field”栏输入数值“0”、“5.6”、“8”。

（5）单击“OK”按钮，如图 10-2 所示。

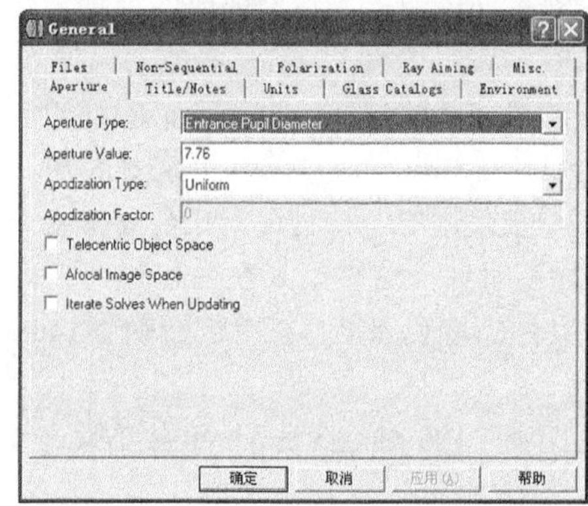

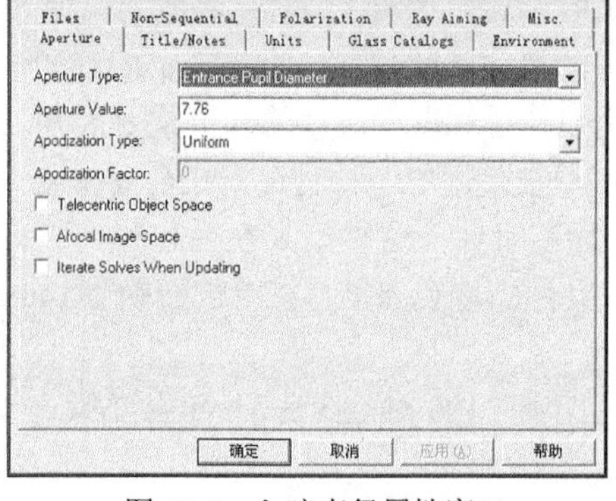

图 10-1 入瞳直径属性窗口

图 10-2 视场属性窗口

步骤 3： 输入波长 0.51、0.56、0.61。

（1）在快捷按钮栏中单击“Wav”。

（2）在弹出对话框“Wavelength Data”中“Use”栏里，选择“1”、“2”、“3”。

（3）在“Wavelength”栏输入数值“0.51”、“0.55”、“0.61”。

（4）单击“OK”按钮，如图 10-3 所示。

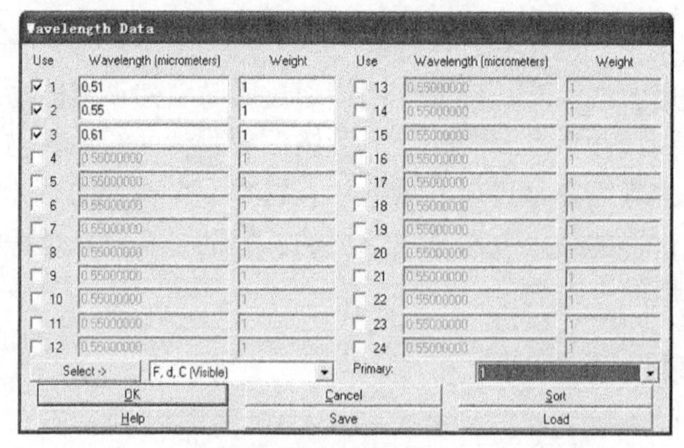

图 10-3 波长属性窗口

步骤 4： 在透镜数据编辑器内输入镜头参数。

（1）在文件菜单“File”下拉菜单中单击“New”，弹出对话框“Lens Date Editor”。

（2）在弹出对话框“Lens Date Editor”中输入半径、厚度、材料等相应数值。如图 10-4 所示。

Lens Data Editor

Edit Solves View Help

	Surf:Type	Comment	Radius	Thickness	Glass
OBJ	Standard		18.000	155.000	
STO	Standard		Infinity	0.300	
2	Standard		13.090	3.500	K5
3	Standard		-9.380	1.130	F2
4	Standard		-112.240	8.640	
5	Standard		11.480	3.350	K5
6	Standard		-6.000	0.970	F2
7	Standard		-21.250	7.660	
IMA	Standard		Infinity	-	

图 10-4　透镜数据编辑器

步骤 5： 查看初始结构光线输出图与光斑图。

（1）在快捷按钮栏中单击光路结构图“L3d”，如图 10-5 所示。

（2）在快捷按钮栏中单击光斑图“Spt”，如图 10-6 所示。

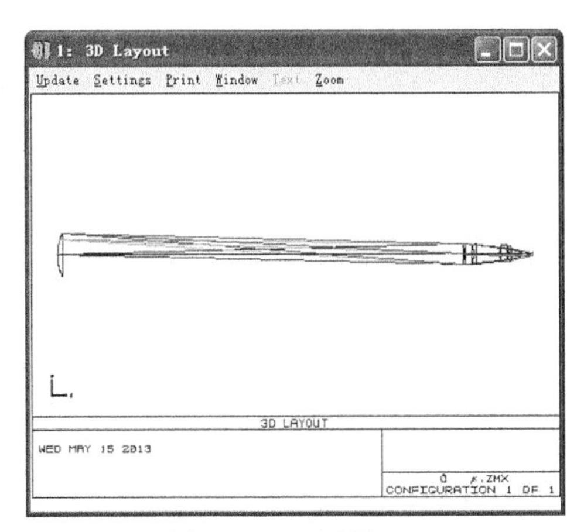

图 10-5　3D 视图

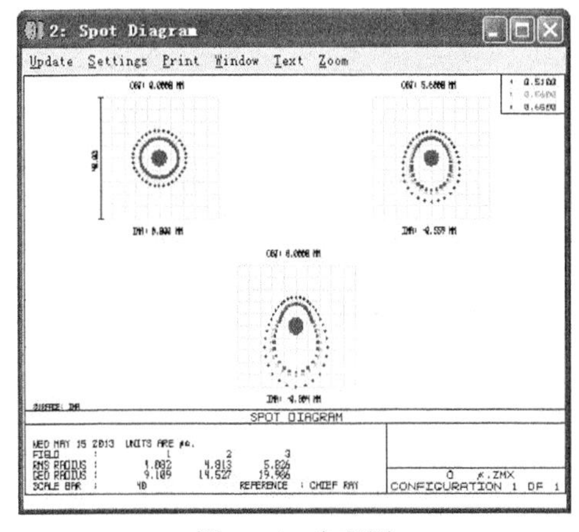

图 10-6　光斑图

可以看到光斑效果很好。

接下来需要使用这个初始结构，修改为我们要求的 10 倍物镜。首先，对共轭距进行缩放，当前系统总长 180 mm，焦距 15 mm，可知当前共轭距为 195 时焦距为 16.25 mm。

步骤 6： 对共轭距进行缩放。

（1）在菜单栏单击“Tools→Miscellaneous→Make Focal”，如图 10-7 所示。

（2）在弹出对话框“Make Focal Length”中输入“16.25”，如图 10-8 所示。

（3）单击“OK”按钮完成。

此时查看系统总长，已经变为 195 mm，接着我们修改物镜的物高，使其半高变为 9 mm，物面曲率半径相应变为 19.5（与原始结构成比例变化），如图 10-9 所示。

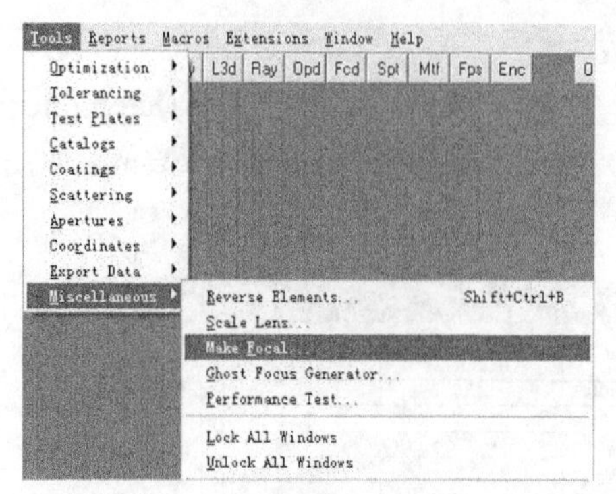

图 10-7　生成焦距菜单栏

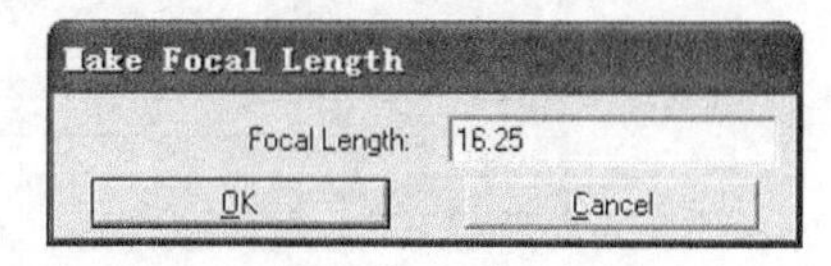

图 10-8　生成焦距对话窗口

步骤 7： 修改物高。

（1）在快捷按钮栏单击“Fie”打开“Field Data”对话框。

（2）把“Y-Field”栏的数值“5.6”、“8”修改为“6.5”、“9”，如图 10-10 所示。

（3）单击“OK”按钮完成。

Lens Data Editor

Edit Solves View Help

	Surf:Type	Comment	Radius	Thickness	Glass	Semi-Diameter
OBJ	Standard		19.508	167.987		9.000
STO	Standard		Infinity	0.325		4.205
2	Standard		14.187	3.793	K5	4.284
3	Standard		-10.166	1.225	F2	4.157
4	Standard		-121.644	9.364		4.104
5	Standard		12.442	3.631	K5	3.481
6	Standard		-6.503	1.051	F2	3.156
7	Standard		-23.030	8.302		3.000
IMA	Standard		Infinity	-		0.927

图 10-9　透镜数据编辑器

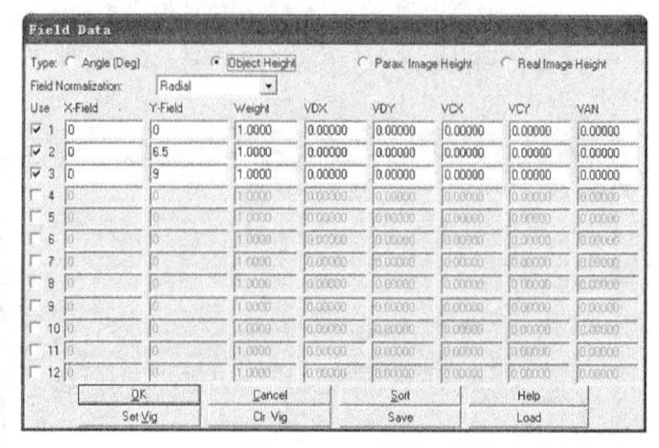

图 10-10　视场属性窗口

此时设置优化变量，将所有透镜曲率半径设置为变量，物距和像距设置为变量，我们在尽可能不改变初始结构形式的前提下，对系统性能进行稍微的提高。

步骤 8： 设置变量。

（1）单击透镜数据编辑器“Lens Date Editor”。

（2）把透镜数据编辑器中的半径、物距、像距设置为变量，如图 10-11 所示。

设置误差函数，我们要保证总共轭距 195 不变，像面直径 1.8 mm 的前下，优化最小的 RMS 光斑半径。

Lens Data Editor

Edit Solves View Help

	Surf:Type	Comment	Radius		Thickness		Glass		Semi-Diameter
OBJ	Standard		19.508		167.987	V			9.000
STO	Standard		Infinity		0.325				4.205
2	Standard		14.187	V	3.793		K5		4.284
3	Standard		-10.166	V	1.225		F2		4.157
4	Standard		-121.644	V	9.364				4.104
5	Standard		12.442	V	3.631		K5		3.481
6	Standard		-6.503	V	1.051		F2		3.156
7	Standard		-23.030	V	8.302	V			3.000
IMA	Standard		Infinity		-				0.927

图 10-11　透镜数据编辑器

步骤 9：设置评价函数。

（1）按“F6”快捷键打开评价函数编辑器，在评价函数编辑器“Merit Function Editor”里选择“Tools→Default Merit Function”。如图 10-12 所示。

（2）在弹出对话框“Default Merit Function”中设置各项指标，如图 10-13 所示。

图 10-12　评价函数编辑器

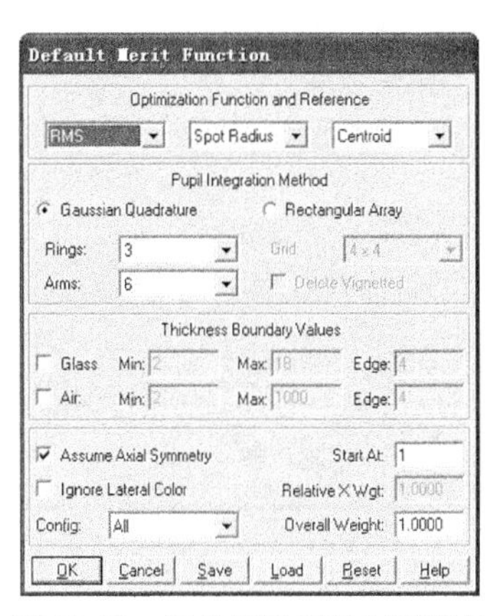

图 10-13　评价函数属性对话窗口

（3）单击“OK”按钮完成。

（4）在评价函数操作数前插入 3 个空白操作数 BLNK。

（5）把插入的 3 个空白操作数分别修改为“ISNA”、“REAY”和“TTHI”。

（6）输入“ISNA”控制像空间孔径为“0.25”，“REAY”控制像面大小为“–0.9”，“TTHI”控制系统总长为“195”。如图 10-14 所示。

Merit Function Editor: 1.090623E+001

Edit Tools View Help

Oper #				Target	Weight
1 ISNA				0.250	1.000
2 REAY				-0.900	1.000
3 TTHI				195.000	1.000
4 DMFS					
5 BLNK	Default merit function: RMS spot radius centroid GQ 3 rings 6 ar				
6 BLNK	No default air thickness boundary constraints.				
7 BLNK	No default glass thickness boundary constraints.				
8 BLNK	Operands for field 1.				

图 10-14　评价函数编辑器

步骤 10：优化。

（1）单击快捷按扭“Opt”打开优化对话框“Optimization”。

（2）在弹出对话框“Optimization”中单击“Automatic”按钮开始优化。

（3）优化完成，查看优化结果窗口，从初始 MF 值和优化后的 MF 值可看出系统像质得到很大的提高。如图 10-15 所示。

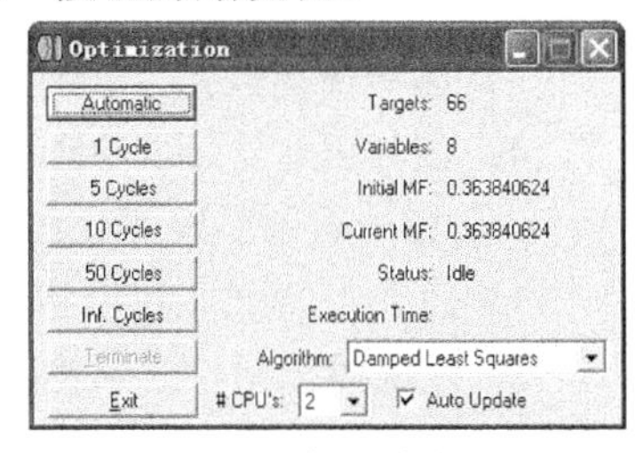

图 10-15　优化结束窗口

步骤 11：打开优化效果图。

（1）在快捷按钮栏中单击“Spt”打开光斑图。最终得到的光斑大小，可看出系统光斑各视场均在 2 微米左右。如图 10-16 所示。

（2）在快捷按钮栏中单击“Mtf”打开 MTF 曲线图。从 MTF 曲线来看，各视场在 650 线对时仍不太满足设计要求。如图 10-17 所示。

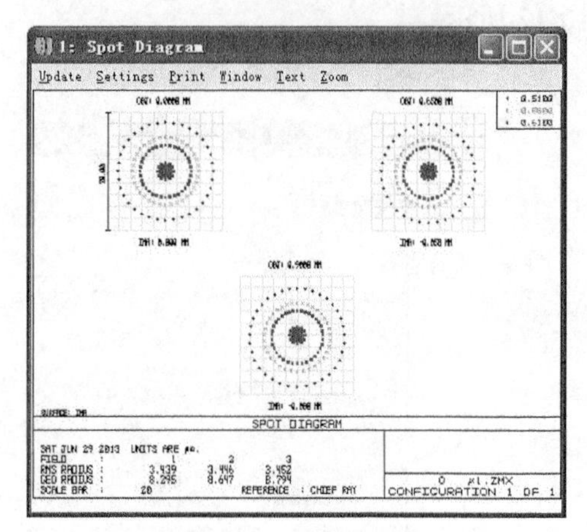

图 10-16　优化后光斑图

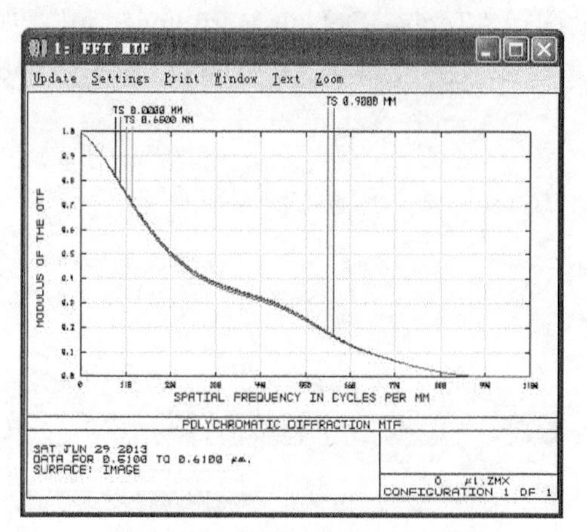

图 10-17　优化后 MTF 曲线图

进一步提高系统的 MTF，可通过优化波前差来提高 MTF。

步骤 12：继续优化。

（1）按“F6”快捷键打开评价函数编辑器，在评价函数编辑器“Merit Function Editor”里选择“Tools→Default Merit Function”。

（2）在弹出对话框“Default Merit Function”中将默认评价函数修改为波前，如图 10-18 所示。

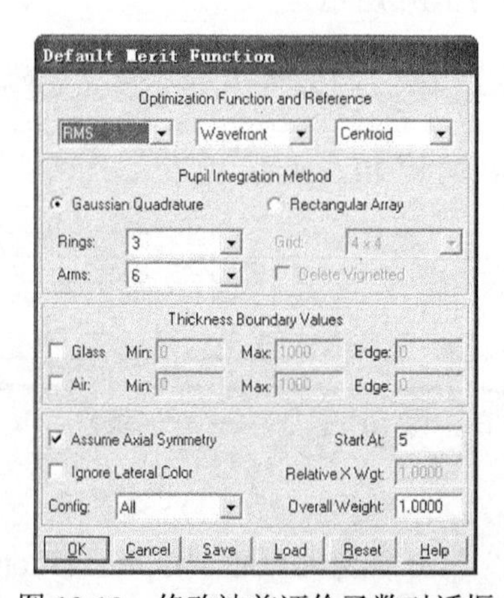

图 10-18　修改波前评价函数对话框

（3）单击快捷按扭“Opt”打开优化对话框“Optimization”。

（4）在弹出对话框“Optimization”中单击“Automatic”按钮开始优化。

步骤 13：查看最终优化结果。

（1）打开最终优化数据窗口，如图 10-19 所示。

（2）在快捷按钮栏中单击“Mtf”打开 MTF 曲线图，MTF 曲线有明显提高，如图 10-20 所示。

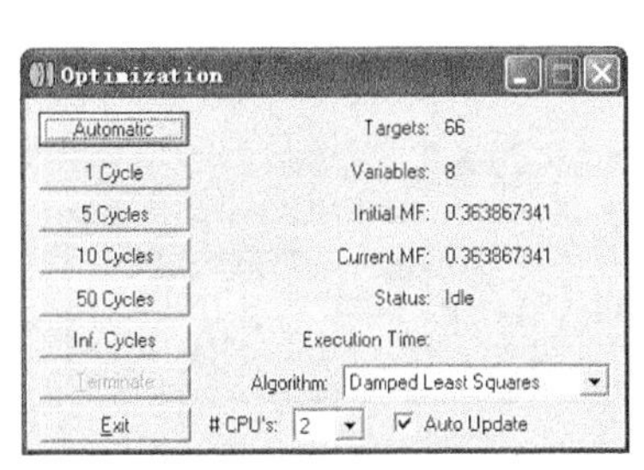

图 10-19　优化波前完成窗口

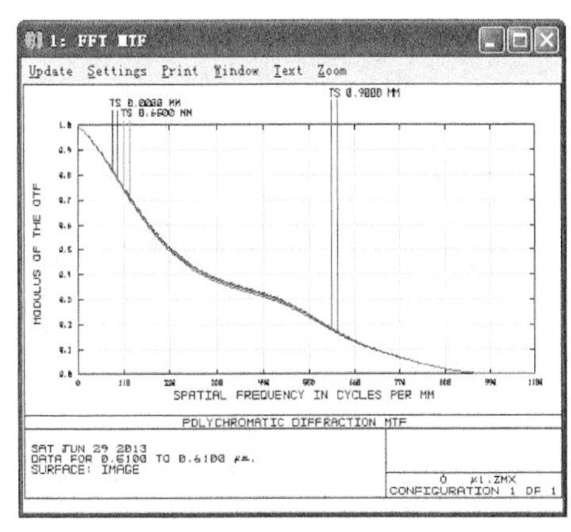

图 10-20　优化波前函数 MTF 曲线图

其实可以通过优化透镜与透镜之间的间距来进一步改善性能。深入分析表明：在满足全部既定基本透镜技术要求的同时，这个新设计经最佳化可在 80%视场上获得衍射极限（1/4 波长光程差）的性能。至此，我们的 10 倍显微物镜就设计完成了。

10.2.2　物镜与目镜的连接

把 10 倍目镜加到已设计好的 10 倍物镜上，那么就能产生 100 倍的显微镜。早已确定目镜需要有 40 度视场。在第 9 章中的 RKE 目镜或消畸变目镜很适合这种应用。选用消畸变目镜，再缩放到 25 mm 有效焦距，以得到我们所要的 10 倍放大率。然后把这项设计结合到 10 倍新物镜上，就能获得最终的 100 倍显微镜结构。

首先需要将物镜倒置过来，因为我们之前设计是从中间像面到物的顺序。在之前讲解目镜系统中我们已经详细介绍了如何倒置一个系统，在这里将过程再截图如下。

步骤 1：除去所有变量。

在菜单栏选择“Tools→Optimization→Remove All Variables”去除所有变量，如图 10-21 所示。

步骤 2：将所有孔径固定。

菜单栏选择“Tools→Apertures→Convert Semi-Diameter to CircularApertures”固定所有孔径，如图 10-22 所示。

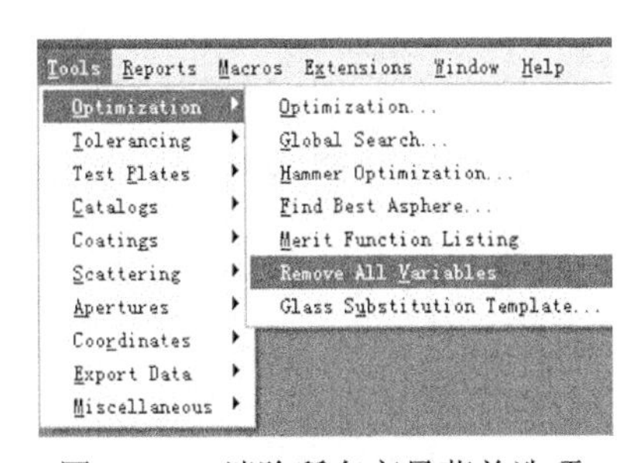

图 10-21　消除所有变量菜单选项

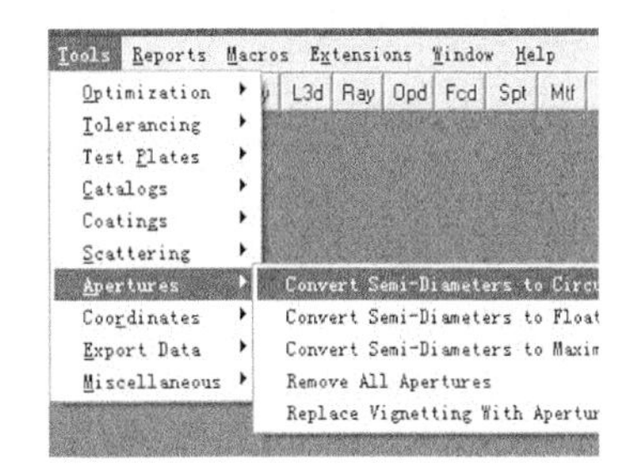

图 10-22　变换半口径为环形口径菜单

步骤 3：使用倒置工具翻转镜头组。

（1）在菜单栏选择“Tools→Miscellaneous→Reverse Elements”，如图 10-23 所示。

（2）在弹出对话窗口“Reverse Elements”中“First SurfaceL”选择“1”，“Last Surface”选择“7”。如图 10-24 所示。

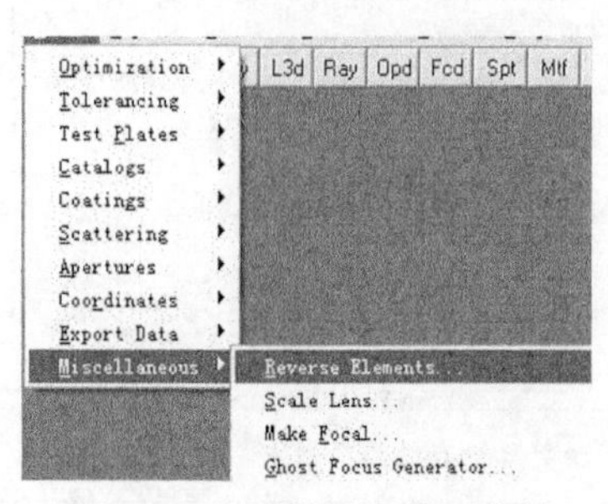

图 10-23　零件反向排列菜单

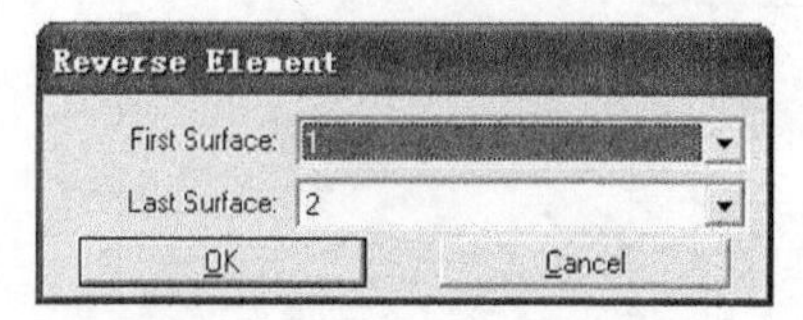

图 10-24　零件反向排列属性窗口

（3）翻转后打开透镜数据编辑器输入物距和像距，如图 10-25 所示。

步骤 4：修改孔径类型为随光阑浮动。

（1）在快捷按钮栏中单击“Gen→Aperture”。

（2）在弹出对话框“General”中，“Aperture Type“选择“Float By Stop Size”。

（3）单击“确定”按钮完成，如图 10-26 所示。

Lens Data Editor

Surf:Type		Comment	Radius		Thickness		Glass
OBJ	Standard		Infinity		8.462		
1*	Standard		11.650	V	1.051		F2
2*	Standard		5.231	V	3.631		K5
3*	Standard		-78.224	V	9.364		
4*	Standard		21.994	V	1.225		F2
5*	Standard		7.502	V	3.793		K5
6*	Standard		-18.609	V	0.325		
*	Standard		Infinity		167.149	V	
8	Standard		-20.000	V	0.000		
IMA	Standard		Infinity		-		

图 10-25　翻转后透镜数据窗口

步骤 5：修改视场。

（1）在快捷按钮栏中单击“Fie”。

（2）在弹出对话框“Field Data”中把“Y-Field”栏数值修改为“0”、“0.65”、“0.9”。

（3）单击“OK”按钮完成，如图 10-27 所示。

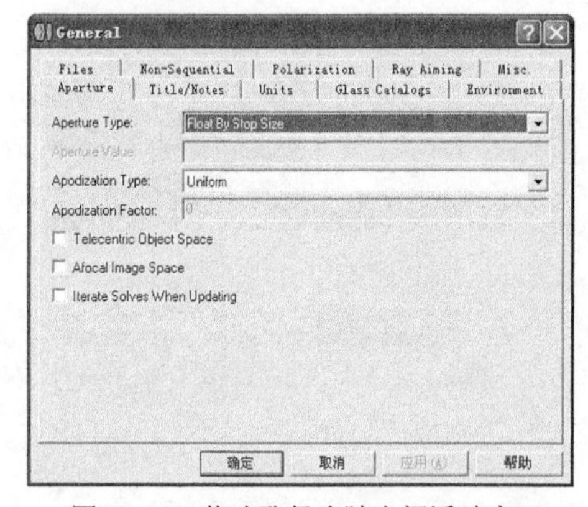

图 10-26　修改孔径为随光阑浮动窗口

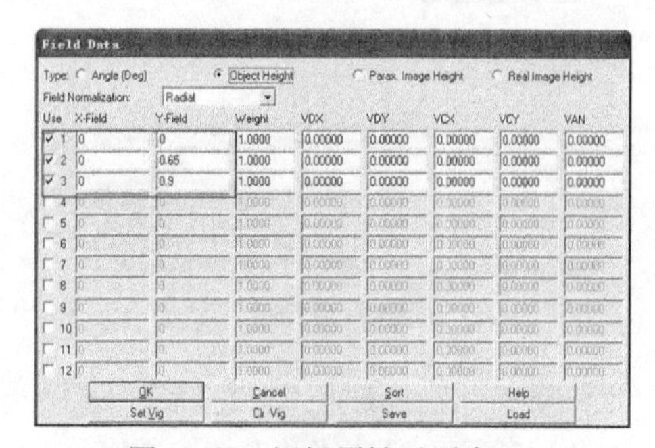

图 10-27　视场属性对话窗口

步骤 6：物高倒置完成，查看光线输出图。

在快捷按钮栏中单击光路结构图“L3d”，如图 10-28 所示。

步骤 7：打开第 9 章中设计好的消畸变目镜。

（1）打开目录[E：\ZEMAX\消畸变目镜.zmx]，如图 10-29 所示。

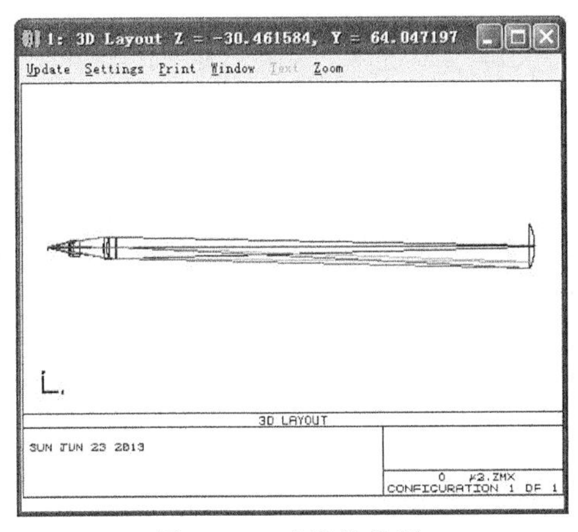

图 10-28　光路结构图

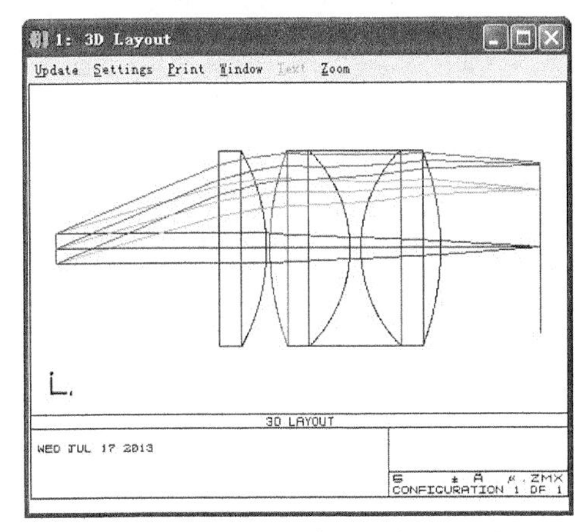

图 10-29　消畸变目镜 3D 视图

（2）在菜单单击“Tools→Miscellaneous→Make Focal”，使用生成焦距工具直接将目镜焦距缩放为 25 mm。如图 10-30 所示。

（3）倒置镜片，如图 10-31 所示。

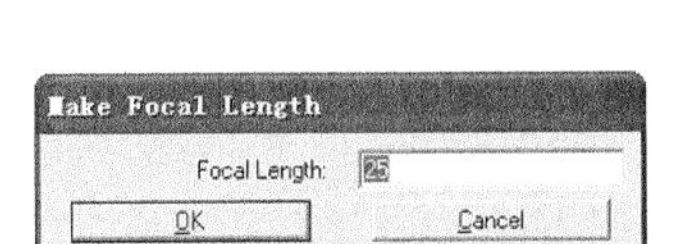

图 10-30　缩放焦距

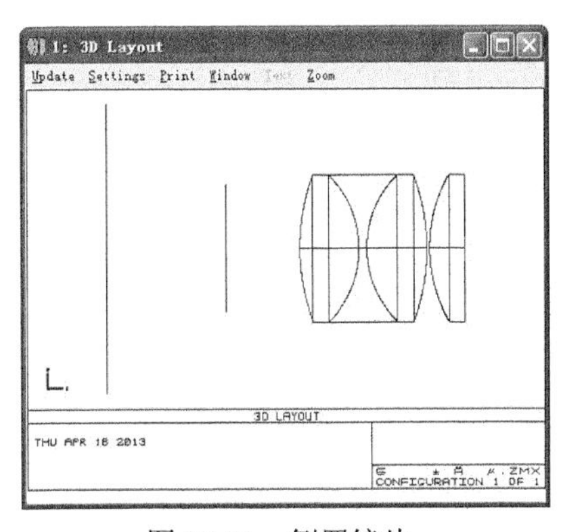

图 10-31　倒置镜片

步骤 8：连接系统。

（1）打开显微镜系统，在菜单栏单击“Files→Insert Lens”，在弹出“Insert Lens”对话框中插入图 10-31 中翻转的目镜，插入位置如图 10-32 所示。

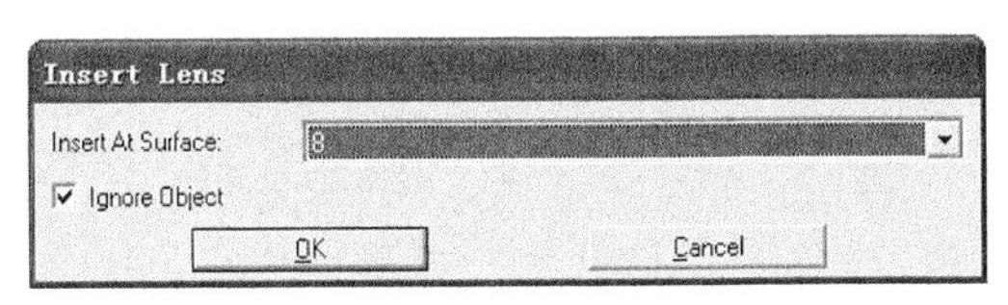

图 10-32　插入对话框

（2）调整好目镜的物距和像距，如图 10-33 所示。

（3）打开组合好的系统，如图 10-34 所示。

Lens Data Editor

Edit Solves View Help

Surf	Type	Comment	Radius	Thickness	Glass
OBJ	Standard		Infinity	8.055	
1*	Standard		12.126	1.051	F2
2*	Standard		5.296	3.631	K5
3*	Standard		-55.983	9.364	
4*	Standard		22.869	1.225	F2
5*	Standard		7.600	3.793	K5
6*	Standard		-17.615	0.325	
*	Standard		Infinity	167.565	
8	Standard		Infinity	12.160	
9*	Standard		32.366	9.835	K5
10*	Standard		-15.915	1.341	F2
11*	Standard		15.915	9.835	K5
12*	Standard		-32.366	0.447	
13*	Standard		23.067	5.812	BAK1
14*	Standard		Infinity	20.000	
IMA	Standard		-20.000	-	

图 10-33 插入后镜头参数

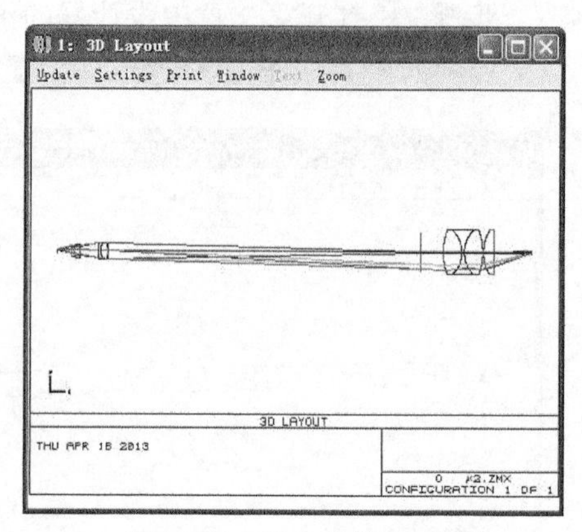

图 10-34 组合系统 3D 视图

10.3 本章小结

本章介绍的 100 倍显微镜设计采用专门设计和市场上现有的光学系统的组合方案。这种设计实践的配置是为了使读者得到各种光学设计、工程原理和技术的知识。在物镜设计的初始阶段，我们已阐明了选择良好的原始设计的重要性。我们已经知道如何使用高质量的软件让设计人员能对自己的原始设计进行修改和重新优化，目的是使这种设计符合既定的性能要求。本章还说明如何运用第 9 章中基本目镜设计数据来完成系统设计，以便对整个系统作有意义的分析。

本章论述的设计过程中的几个方面对目镜系统的设计是独具特色的。本章基于典型眼睛的分辨能力确定像质和分辨率目标。基于人眼的调节特性以及观察者在最终仪器使用时对使用方法的了解程度，决定了最终像差校长（特别是场曲和像散）的状态。

第 11 章　望远镜设计

望远镜的光学系统与显微镜的光学系统有若干相似之处。首先，物镜用于对被观察的物体形成一个像。然后，采用目镜去观察在增大放大率情况下的那个像。与显微镜一样，望远镜的总放大率是物镜和目镜各个放大率之积。

这两种系统的最大差别是显微镜用于观察小（微小）的物体并使这些物体看起来比它们实际原有的要大，而望远镜用于观察远处（遥远）的物体并使这些物体看起来比它们的实际位置更接近观察者。

学习目标：

（1）了解天文望远镜系统设计原理。

（2）熟练运用 ZEMAX 进行天文望远镜的系统设计。

11.1　天文望远镜

天文望远镜的特点：它的放大率一般非常高而放大率的上限一般是由人眼分辨能力所确定的。物镜的尺寸一般尽量大，它主要受经费预算、可接受的整个望远镜尺寸和重量的限制，一系列的目镜通常是望远镜装置的一个组成部分，它允许通过交换所使用的目镜来改变总的放大率。

对于这个练习，我们假设望远镜是热衷于业余天文观察的人员使用。这意味着经费预算和允许的望远镜尺寸是受限制的。假定采用折射式方案，物镜的通光孔径限制在约 120 mm 是合理的。

对于大多数的天文观察而言，典型的透镜速度是 *f*/10，这就得到一个 *f*/10 的物镜，该物镜的有效焦距如下：

有效焦距=孔径直径×F/#=1200 mm

11.1.1　天文望远镜设计步骤

我们使用 1 个双胶合消色差透镜来设计这个望远镜，假设像面直径大小 24 mm，波长 0.51μm，0.55μm，0.61μm。

最终文件：第 11 章\天文望远镜.zmx

使用 ZEMAX 设计步骤如下。

步骤 1：在透镜数据编辑器内输入镜头参数。

（1）在文件菜单“File”下拉菜单中单击“New”，弹出对话框“Lens Date Editor”。

（2）在弹出对话框“Lens Date Editor”中输入透镜参数初始数值。

（3）在“4”对应“Radius”处单击右键，弹出对话框“Curvature solve on surface 4”。

（4）在弹出对话框中“Solve Type”栏选择“F Number”，“F/#”栏输入“10”。

（5）把曲率半径与厚度设置为变量，如图 11-1 所示。

Lens Data Editor

Edit Solves View Help

	Surf:Type	Radius		Thickness		Glass
OBJ	Standard	Infinity		Infinity		
1	Standard	Infinity		20.000		
STO	Standard	Infinity	V	0.000	V	BK7
3	Standard	Infinity	V	0.000	V	F7
4	Standard	Infinity	F	0.000	V	
IMA	Standard	Infinity		-		

图 11-1　完成数据输入编辑器窗口

步骤 2：入瞳直径 120 mm。

（1）在快捷按钮栏中单击“Gen→Aperture”。

（2）在弹出对话框“General”中，“Aperture Type“选择“Entrance Pupil Diameter”，“Aperture Value”输入“120”，“Apodization type”选择“Uniform”。

（3）单击“确定”按钮完成，如图 11-2 所示。

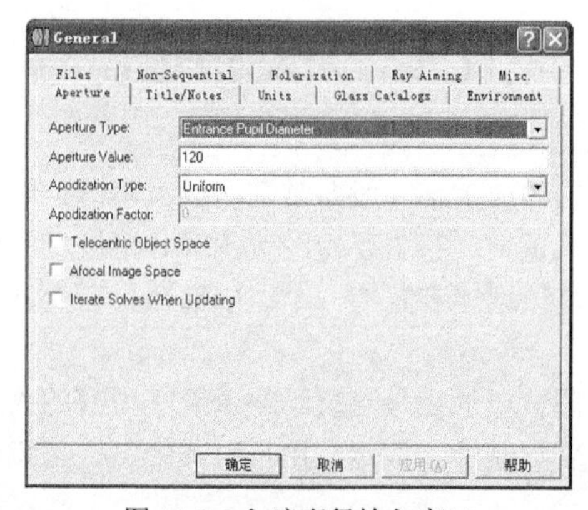

图 11-2　入瞳直径输入窗口

步骤 3：输入 3 个视场。

（1）在快捷按钮栏中单击“Fie”。

（2）在弹出对话框“Field Data”中选择“Paraxial Lmage Height”。

（3）在“Use”栏里，选择“1”、“2”、“3”。

（4）“Y-Field”栏输入数值“0”、“8.4”、“12”。

（5）单击“OK”按钮完成，如图 11-3 所示。

步骤 4：输入 3 个波长 0.51、0.55、0.61。

（1）在快捷按钮栏中单击“Wav”。

（2）在弹出对话框“Wavelength Data”中“Use”栏里，选择“1”、“2”、“3”。

（3）在“Wavelength”栏输入数值“0.51”、“0.55”、“0.61”。

（4）单击“OK”按钮完成，如图 11-4 所示。

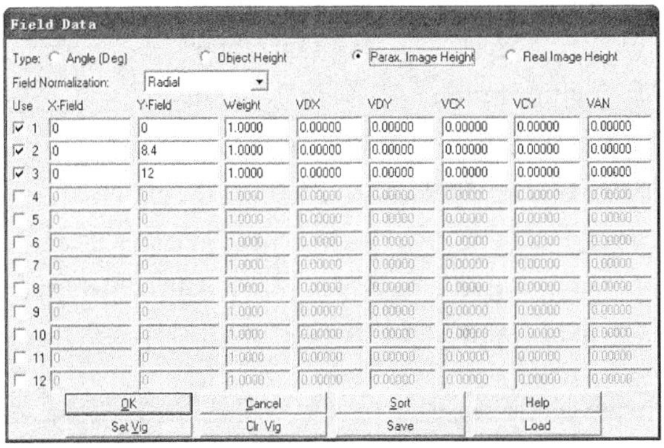

图 11-3 视场输入窗口

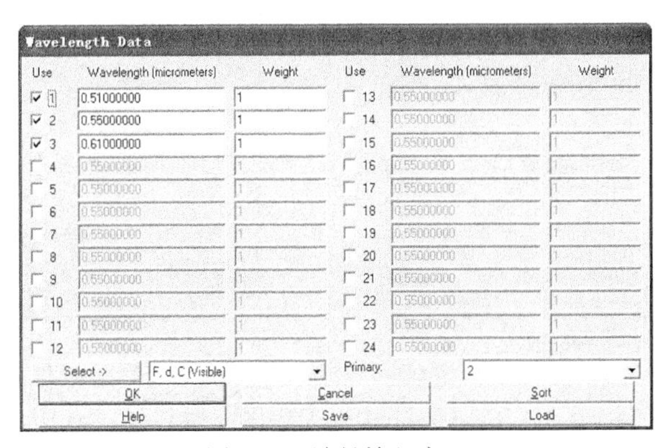

图 11-4 波长输入窗口

步骤 5： 设置评价函数。

（1）按“F6”快捷键打开评价函数编辑器“Merit Function Editor”，在评价函数编辑器里选择“Tools→Default Merit Function”，如图 11-5 所示。

（2）在弹出对话框“Default Merit Function”中进行设置，如图 11-6 所示，单击“OK”按钮完成。

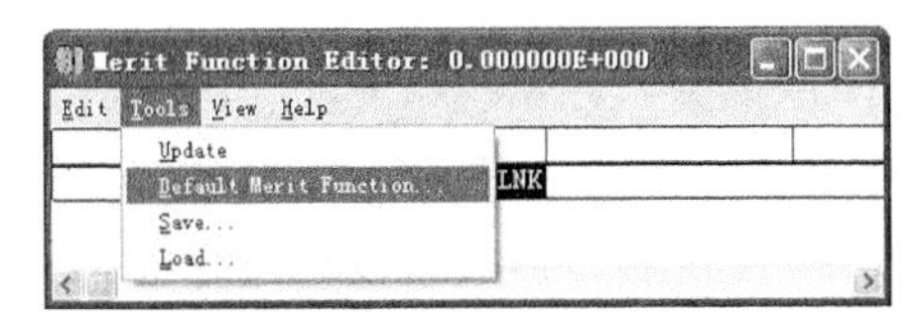

图 11-5 评价函数编辑器

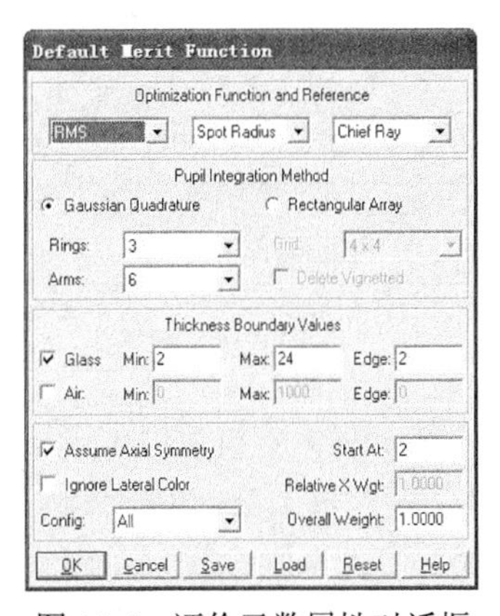

图 11-6 评价函数属性对话框

步骤 6：优化。

（1）在菜单栏打开“Tools→Optimization→Optimization...”或单击快捷按扭“Opt”打开优化对话框“Optimization”。

（2）在弹出对话框“Optimization”中单击“Automatic”按钮开始优化。优化完成，从初始 MF 值和优化后的 MF 值可看出系统像质得到很大的提高，如图 11-7 所示。

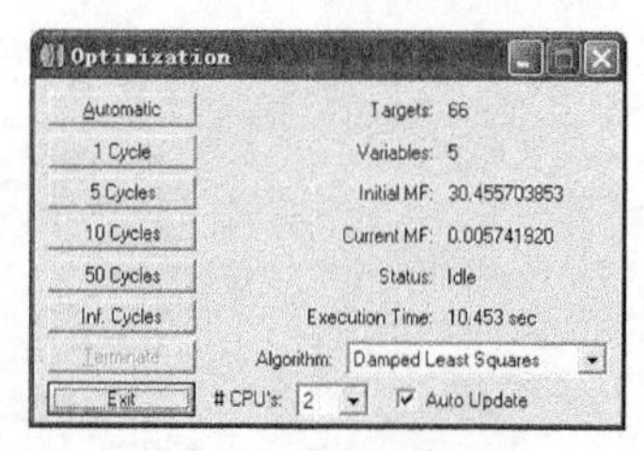

图 11-7 优化结果

步骤 7：查看优化效果。

（1）在快捷按钮栏中单击“L3d”打开 3D 视图，如图 11-8 所示。

（2）在快捷按钮栏中单击“Spt”打开光斑图，如图 11-9 所示。

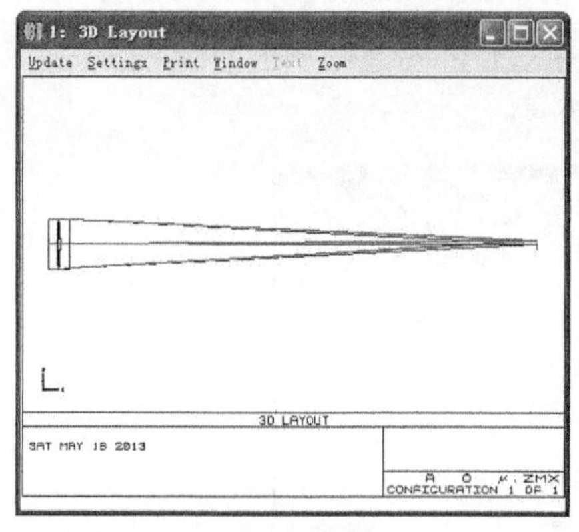

图 11-8 3D 视图

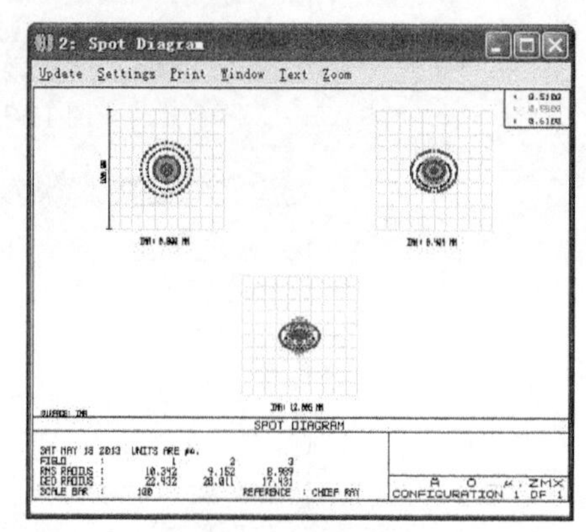

图 11-9 光斑图

（3）在快捷按钮栏中单击“Opd”打开光程差图，如图 11-10 所示。

（4）在快捷按钮栏中单击“Mtf”打开 MTF 曲线图，如图 11-11 所示。

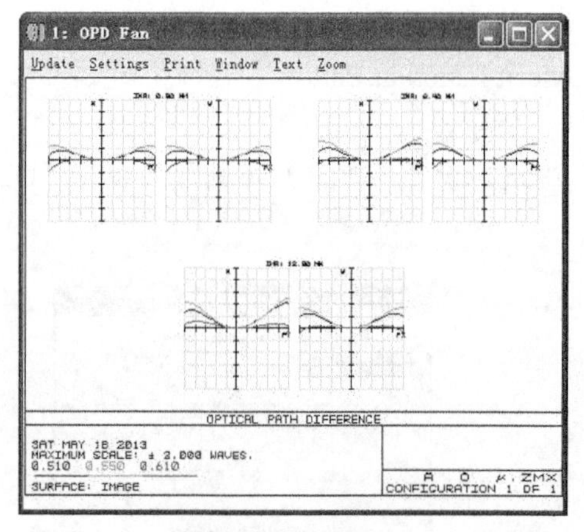

图 11-10 光程差

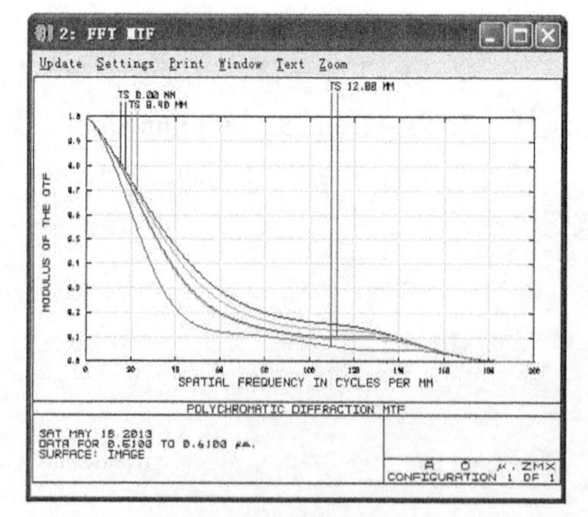

图 11-11 MTF 曲线

从图 11-10 分析窗口可以看出，系统对全部的单色像差及初级色差校正的很好，波像差在 1/2 波长范围内，但对于天文望远镜而言，这并不是理想的像质水平。

接下来把双胶合镜变换为具有空气间隔的双分离镜，然后再对该设计进行优化。把 2 mm 空气间隔加入到图 11-1 所示的设计上，火石玻璃的牌号从 F7 改为更普通玻璃牌号 F2。

当设计人员需要对这项设计做重要修改时（如现在），这就需要结合最佳成本和可生产性来审查全部透镜参数并对该参数进行精确调整。

步骤 8： 重新设置，对空气间隔双分离透镜优化。

（1）把全部曲率和焦点设置为变量，如图 11-12 所示。

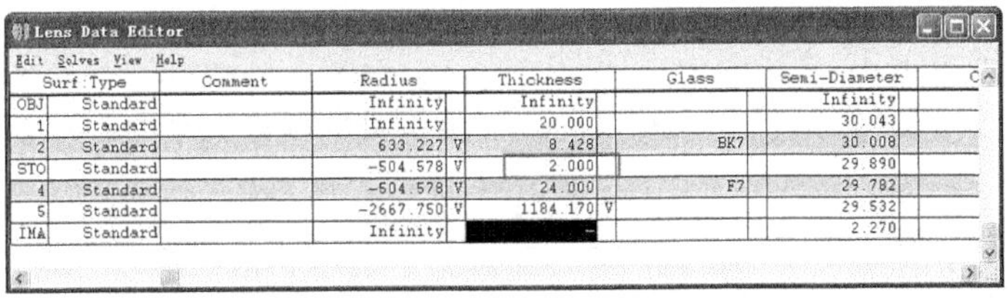

Lens Data Editor

Edit Solves View Help

Surf:Type		Comment	Radius		Thickness		Glass		Semi-Diameter
OBJ	Standard		Infinity		Infinity				Infinity
1	Standard		Infinity		20.000				30.043
2	Standard		633.227	V	8.428		BK7		30.008
STO	Standard		-504.578	V	2.000				29.890
4	Standard		-504.578	V	24.000		F7		29.782
5	Standard		-2667.750	V	1184.170	V			29.532
IMA	Standard		Infinity		-				2.270

图 11-12 曲率和焦点设置为变量

（2）单击“Tools→Optimization→Optimization...→Automatic”开始优化。

（3）优化结束，单击快捷按钮“L3d”打开 3D 透镜结构图，如图 11-13 所示。

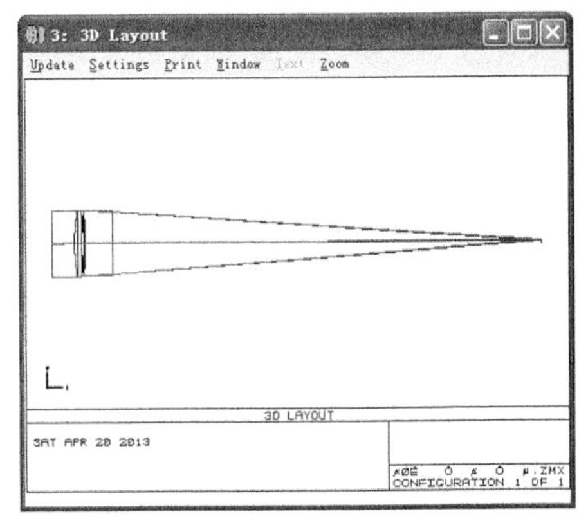

图 11-13 3D 透镜结构图

（4）在快捷按钮栏中单击“Mtf”打开 MTF 曲线图，如图 11-14 所示。

（5）在快捷按钮栏中单击“Spt”打开光斑图，如图 11-15 所示。

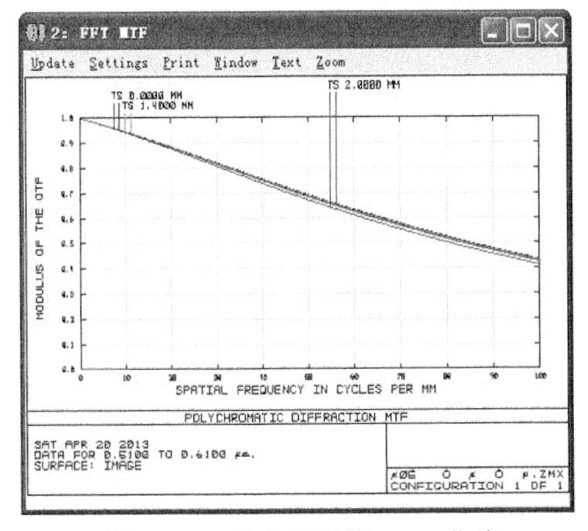

图 11-14 天文望远镜 MTF 曲线

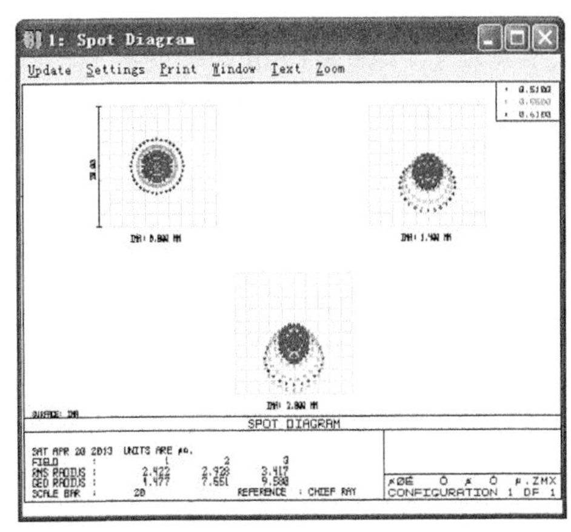

图 11-15 光斑图

重新优化后的系统性能，相比之前有了进一步改善，根据这次 MTF 数据，可以得出结论：现有的剩余像差小于 0.25 波长。这个值表示基本的衍射极限性能，对于所研究的应用，即业余天文学应用，这个值被公认为是可以接受的。

11.1.2 分辨率与衍射极限

分析图 11-16 中的像差曲线显示球差已被完全消除，同时红光和蓝光的球差曲线已在 0.7 孔径点处相交。在进行最佳优化时，通过对误差函数做仔细地监控可以获得这个最终的校正状态。

> **注意**：在某些情况下，该目标是要把剩余像差减少到 0（球差）。而在另外情况下，把球差校正到特定的非零值对设计是有利的。

对色差而言，这样做是为了得到最小的弥散斑尺寸值和最佳 MTF 值。目前，大多数光学设计软件都很适用于这种像差平衡处理。

评价望远镜物镜像质的另一种很普通很有意义的方法是点扩展函数。物镜衍射极限的公式（根据瑞利判据）如下：

像的间隔=1.22×λ×F/#=1.22×0.00056×10=0.0068 mm

角距=0.00068/1200=1.17 弧秒

这些结果证实了这项设计达到了基本的衍射极限性能，如图 11-16 所示。

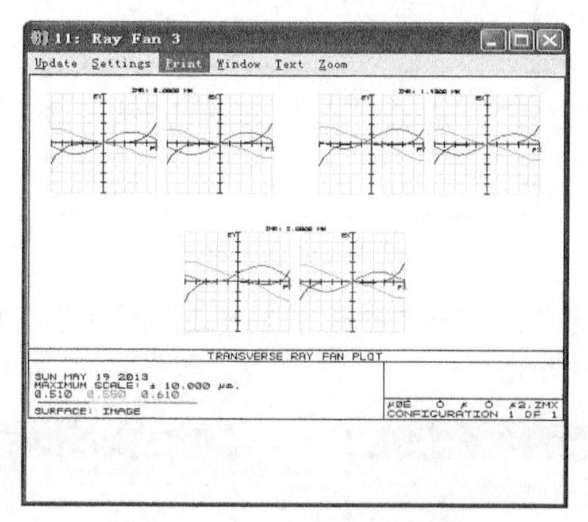

图 11-16 天文望远镜光线像差

11.2 地上望远镜

地上望远镜适用于观察几英里的物体，普通的应用如体育运动、划船和观鸟。对于这样一种应用，这种设计练习要与望远镜的设计相结合。这种望远镜的一般特点：合理的尺寸、中等放大率、大视场、大出瞳、正像和精确调焦能力。这种设计采用下列技术要求：

放大率　　　　12 倍

入瞳直径　　60 mm
出瞳直径　　5mm
视场　　　　40（真）
　　　　　　48 度（表现）
像方向正像、用双普罗棱镜装置

最后的望远镜结构是根据目镜的选用决定的。为了达到 48 度表现视场，需要用复杂目镜设计，如埃尔弗型目镜。目镜 *f*/7 速度和 5 mm 光瞳要求目镜焦距为 35 mm。因为望远镜放大率是用物镜有效焦距除以目镜有效焦距求得，所以得出的物镜有效焦距等于 35×12=420 mm。

物镜的孔径等于 5 mm 出瞳直径乘以 12 放大率即 60 mm 直径。物镜的速度则为 420/60=*f*/7 的，它等于原先目镜速度所假定的值，这并非是意想不到的。

从所知的物镜有效焦距和真视场可以推导出中间像直径：

$$像/视场光阑直径=2\times（420\times\tan2°）=29.3\ mm$$

物镜设计首先是把早先设计的 1200 mm 物镜缩放到 420 mm 焦距，使速度为 f/7，半视场角 2 度。当优化时，发现该透镜因无法接受的像散和场曲而困扰。

当优化时对这种设计增加了模拟正像普罗棱镜的玻璃方体，与此同时，在玻璃方体和最终像面之间增加一块双胶合校正镜以校正轴外像差，然后再对该透镜进行最佳化。

最终文件：第 11 章\地上望远镜.zmx

ZEMAX 设计步骤如下。

步骤 1：使用之前优化好的 1200 mm 焦距的双胶合物镜，并缩放焦距为 420 mm。

（1）打开【E：\ZEMAX\双胶合物镜.zmx】，如图 11-17 所示。

（2）在菜单栏单击“Tools→Miscellaneous→Make Focal”。

（3）在弹出缩放焦距对话框“Make Focal Length”中输入“420”，如图 11-18 所示。

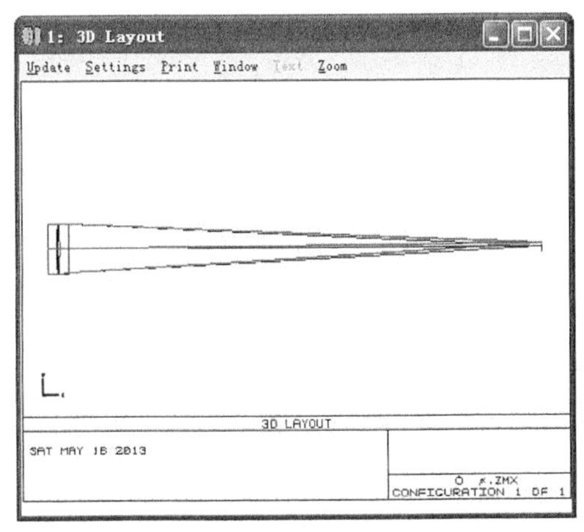

图 11-17　双胶合物镜 3D 视图

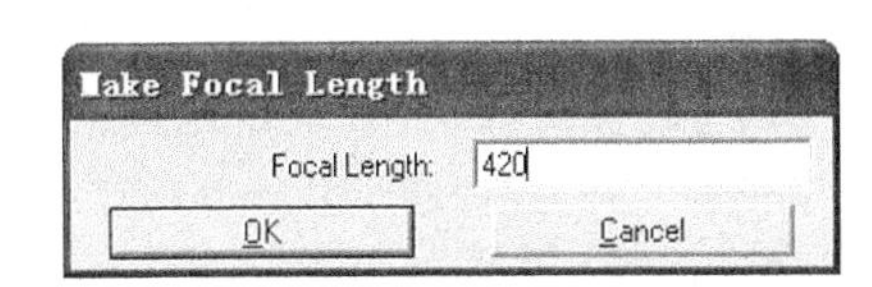

图 11-18　焦距缩放对话框

步骤 2：修改入瞳直径为 60 mm。

（1）在快捷按钮栏中单击“Gen→Aperture”。

（2）在弹出对话框“General”中，“Aperture Value”栏输入“60”。

（3）单击“确定”按钮完成，如图 11-19 所示。

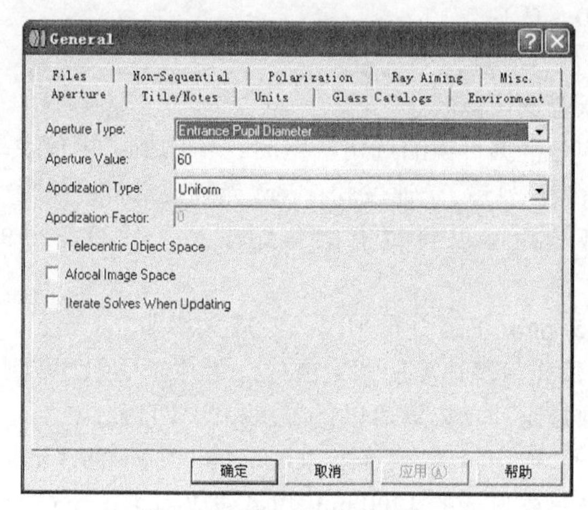

图 11-19　修改入瞳直径窗口

步骤 3：视场改变 2 度半视场角。

（1）在快捷按钮栏中单击“Fie”。

（2）在弹出对话框“Field Data”中选择“Angle（Deg）”。

（3）“Y-Field”栏输入数值“0”、“1.4”、“2”。

（4）单击“OK”按钮完成，如图 11-20 所示。

Field Data

Type: ◉ Angle (Deg)　○ Object Height　○ Parax. Image Height　○ Real Image Height

Field Normalization: Radial

Use	X-Field	Y-Field	Weight	VDX	VDY	VCX	VCY	VAN
☑ 1	0	0	1.0000	0.00000	0.00000	0.00000	0.00000	0.00000
☑ 2	0	1.4	1.0000	0.00000	0.00000	0.00000	0.00000	0.00000
☑ 3	0	2	1.0000	0.00000	0.00000	0.00000	0.00000	0.00000
☐ 4	0	0	1.0000	0.00000	0.00000	0.00000	0.00000	0.00000
☐ 5	0	0	1.0000	0.00000	0.00000	0.00000	0.00000	0.00000
☐ 6	0	0	1.0000	0.00000	0.00000	0.00000	0.00000	0.00000
☐ 7	0	0	1.0000	0.00000	0.00000	0.00000	0.00000	0.00000
☐ 8	0	0	1.0000	0.00000	0.00000	0.00000	0.00000	0.00000
☐ 9	0	0	1.0000	0.00000	0.00000	0.00000	0.00000	0.00000
☐ 10	0	0	1.0000	0.00000	0.00000	0.00000	0.00000	0.00000
☐ 11	0	0	1.0000	0.00000	0.00000	0.00000	0.00000	0.00000
☐ 12	0	0	1.0000	0.00000	0.00000	0.00000	0.00000	0.00000

OK　Cancel　Sort　Help

Set Vig　Clr Vig　Save　Load

图 11-20　修改视场对话框

步骤 4：重新创建评价函数，设置焦距控制操作数 EFFL 目标值为 420。

（1）按“F6”键打开评价函数编辑器“Merit Function Editor”，在评价函数编辑器里选择“Tools→Default Merit Function”。

（2）在弹出对话框“Default Merit Function”中设置各项指标，如图 11-21 所示。

（3）设置完成，在自动跳出来操作数窗口设置焦距控制操作数 EFLY 目标值为 420。如图 11-22、图 11-23 所示。

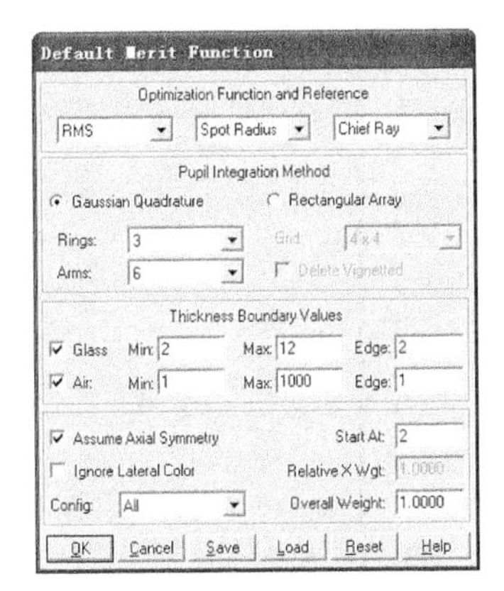

图 11-21 设置评价函数

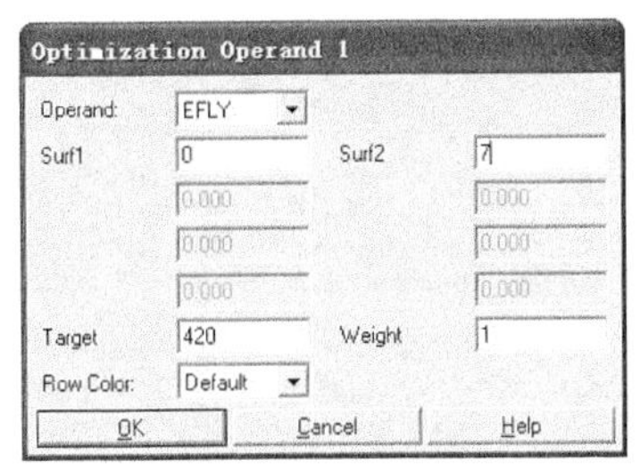

图 11-22 设置焦距操作数对话框

步骤 5： 优化。

（1）单击快捷按扭“Opt”打开优化对话框“Optimization”。

（2）在弹出对话框“Optimization”中单击“Automatic”按钮开始优化。优化结束如图 11-24 所示。

Merit Function Editor: 5.664237E+001

Edit Tools View Help

Oper #				Target	Weight
1 EFLY				420.000	1.000
2 DMFS					
3 BLNK	Default merit function: RMS spot radius chief GQ 3 rings 6 arms				
4 BLNK	Default air thickness boundary constraints.				
5 MNCA				1.000	1.000
6 MXCA				1000.000	1.000
7 MNEA				1.000	1.000
8 BLNK	Default glass thickness boundary constraints.				

图 11-23 操作数窗口界面

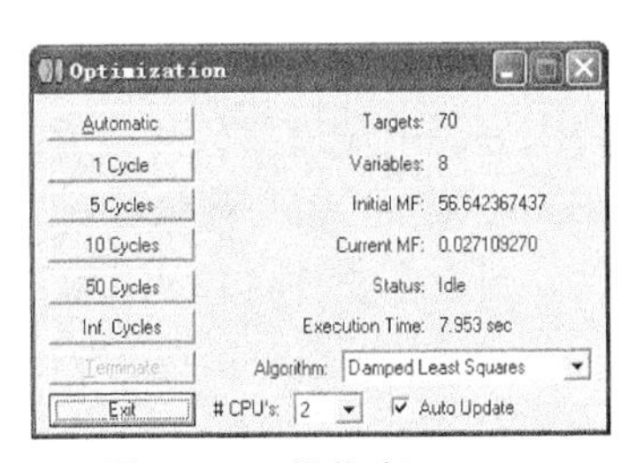

图 11-24 优化窗口

步骤 6： 查看优化效果。

（1）在快捷按钮栏中单击“Spt”打开光斑图，如图 11-25 所示。

（2）在快捷按钮栏中单击“Ray”打开光程像差图，如图 11-26 所示。

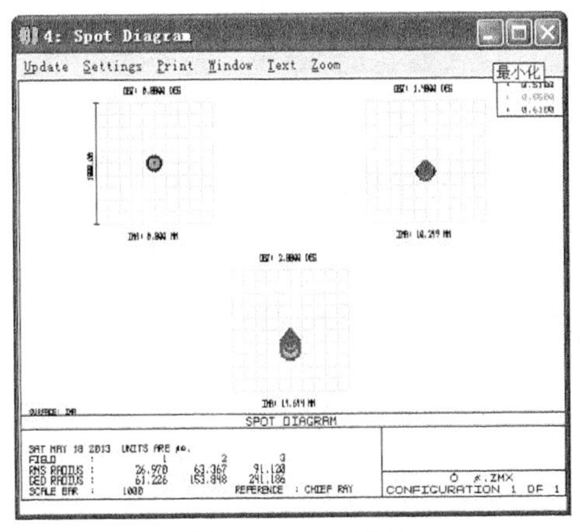

图 11-25 光斑图

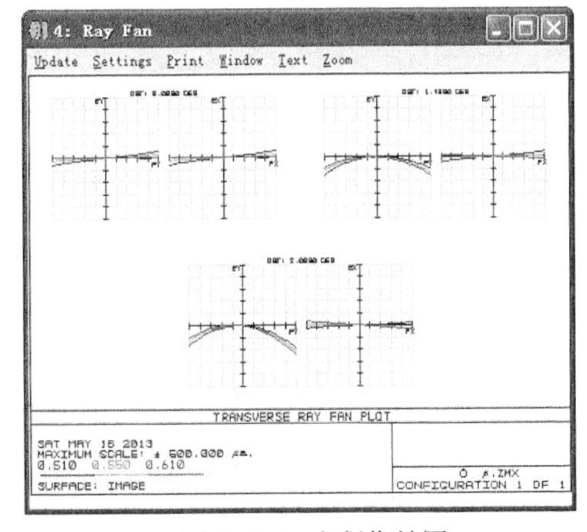

图 11-26 光程像差图

（3）在快捷按钮栏中单击“Mtf”打开 MTF 曲线图，如图 11-27 所示。

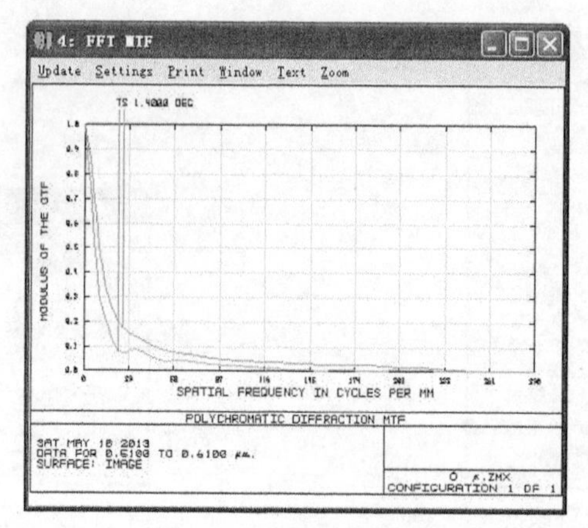

图 11-27　MTF 曲线图

优化后的结果如图 11-25、图 11-26 所示，从光斑图或 Ray Fan 图上可以看出，此系统目前存在很大的外视场像差，主要为像散和场曲。从 MTF 曲线上可以看到，轴上视场出现了严重的离焦现象，这也是由于场曲造成的。

为了提高系统性能，达到较好的像质，更精确模拟望远物镜，需在中间光路中加入转像棱镜。因为转像棱镜类似于折反镜，不会引入任何的像差，仅仅影响光程大小。在这里我们只需用玻璃板代替棱镜位置即可。

步骤 7：加入转像棱镜。

（1）在文件菜单“File”下拉菜单中单击“New”，弹出对话框“Lens Date Editor”。

（2）在弹出对话框“Lens Date Editor”中插入两个面，厚度、材料、变量输入如图 11-28 所示。

Lens Data Editor

Edit Solves View Help

Surf	Type	Radius		Thickness		Glass		Semi-Diameter
OBJ	Standard	Infinity		Infinity				Infinity
1	Standard	262.333	V	12.000	V	BK7		30.030
STO	Standard	-154.888	V	0.999	V			29.717
3	Standard	-154.894	V	12.000	V	F2		29.542
4	Standard	-575.334	V	160.000				29.236
5	Standard	Infinity		160.000		BK7		18.503
6	Standard	Infinity		141.542	V			11.482
IMA	Standard	Infinity		-				2.028

图 11-28　插入两个面

（3）在棱镜与像面之间加入 2 片透镜，厚度、材料、变量设置如图 11-29 所示。

Lens Data Editor

Edit Solves View Help

Surf	Type	Radius		Thickness		Glass		Semi-Diameter
OBJ	Standard	Infinity		Infinity				Infinity
1	Standard	253.992	V	30.772	V	BK7		30.092
STO	Standard	-157.921	V	1.216	V			28.943
3	Standard	-157.191	V	9.124	V	F2		28.736
4	Standard	-607.483	V	160.000				28.479
5	Standard	Infinity		160.000		BK7		17.777
6	Standard	Infinity		40.000				10.760
7	Standard	-1.157E+005	V	18.012	V	BK7		8.093
8	Standard	-9.440E+004	V	16.131	V			7.305
9	Standard	-3.733E+006	V	5.572	V	F2		6.230
10	Standard	1.151E+006	V	60.000				6.002
IMA	Standard	Infinity		-				2.004

图 11-29　加入 2 片透镜

（4）打开此时的3D视图，如图11-30所示。

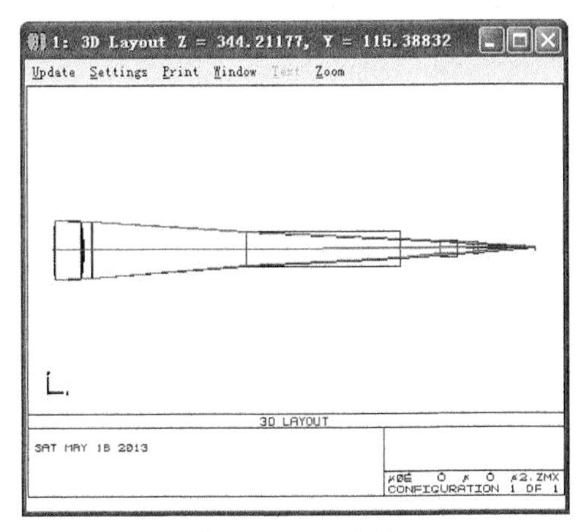

图11-30 3D视图

步骤8：重新优化。

（1）按“F6”快捷键打开评价函数编辑器“Merit Function Editor”，在评价函数编辑器里选择“Tools→Default Merit Function”。

（2）在弹出对话框“Default Merit Function”中选择默认函数单击“OK”按钮。

（3）单击快捷按扭“Opt”打开优化对话框“Optimization”。

（4）在弹出对话框“Optimization”中单击“Automatic”按钮开始优化。

步骤9：查看结果。

（1）在快捷按钮栏中单击“Spt”打开光斑图，如图11-31所示。

（2）在快捷按钮栏中单击“Mtf”打开MTF曲线图，如图11-32所示。

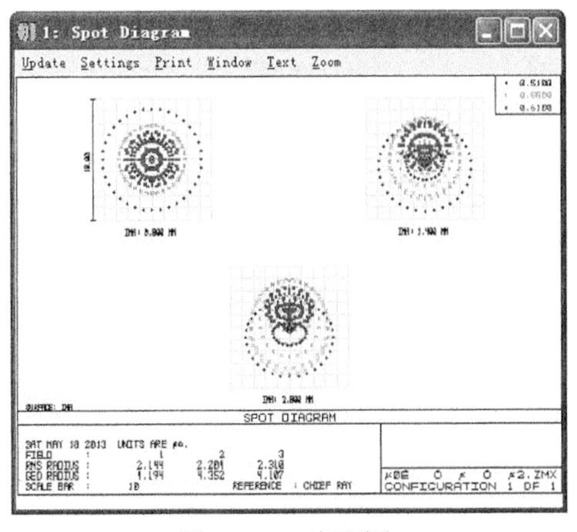

图11-31 光斑图

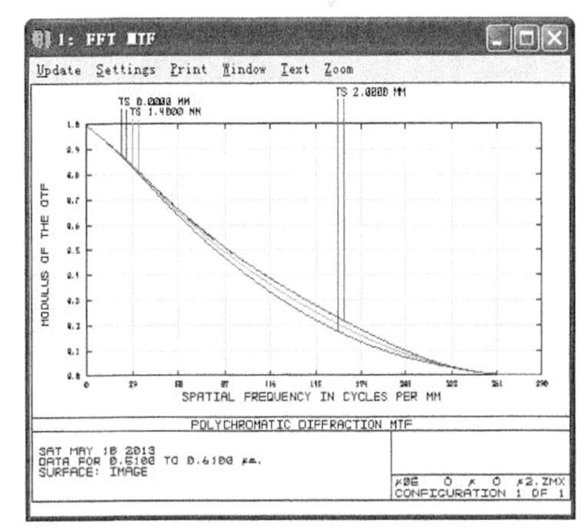

图11-32 MTF曲线

（3）在快捷按钮栏中单击“Ray”打开光程像差图，如图11-33所示。

重新创建默认评价函数并优化，像质有了很明显提高，外视场像差校正得非常好，光斑处于衍射受限，也就是说经过添加2片透镜后，物镜达到了衍射受限的水平。

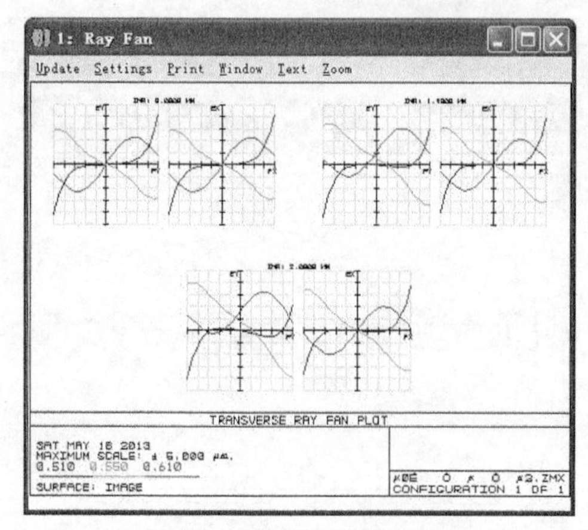

图 11-33　光程像差图

11.3　本章小结

本章讨论了用于目视的两种截然不同的望远镜设计中所涉及的基本依据和程序。第一种是天文望远镜，用于业余天文观察。第二种是较小的、倍率不大的望远镜，适用于地上观察，如体育运动、划船和观鸟。两种设计都需要专用的物镜以适合特定的应用，然后，把目镜加到物镜设计中从而构成完整的望远镜。就天文望远镜而言，假定可以用一组市场可买的目镜。对地上望远镜而言，可以从本章叙述的那些设计中选择一种合适的目镜。然后，把目镜的有效焦距放到规定的要求。

在这两种情况中，最终像质的评价是相对于典型人眼的最大分辨能力而做的，两种望远镜的轴上分辨率是受眼睛限制的，在理论衍射极限的百分之几以内。尽管两种物镜在大部分视场上保持高水平的像质，但这两种情况的目镜都会产生轴外像差，这些像差实质降低了性能。本章给出的全部结果考虑到了眼睛直径对最后目视性能的影响。当光瞳直径小于 2 mm 或大于 4 mm 时，眼睛像质的下降必定会影响到任何相关性能的预测。